# ÉLÉMENTS
# DE CHIMIE.

---

TOME PREMIER.

PARIS. — IMPRIMERIE DE BOURGOGNE ET MARTINET,
RUE JACOB, 30.

# ÉLÉMENTS
# DE CHIMIE,

PAR

**M. ORFILA,**

Doyen et professeur de la Faculté de Médecine de Paris, membre du Conseil royal de l'Instruction publique, du Conseil général du département de la Seine, du Conseil municipal de la ville de Paris, du Conseil général des hospices, du Conseil académique, du Conseil de salubrité; commandeur de la Légion-d'Honneur; médecin consultant de S. M. le Roi des Français; membre de l'Académie royale de Médecine, membre correspondant de l'Institut, de la Société médicale d'émulation, de chimie médicale; de l'Université de Dublin, de Philadelphie, de Hanau, des Académies de Madrid, de Berlin, de Barcelone, de Murcie, des îles Baléares, de Livourne, etc.; président de l'association des médecins de Paris.

SEPTIÈME ÉDITION, REVUE ET CORRIGÉE.

---

TOME PREMIER.

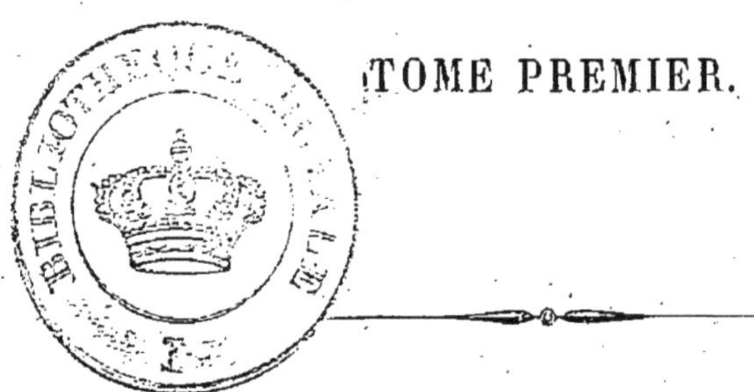

PARIS,

FORTIN, MASSON ET C^ie^, LIBRAIRES,

PLACE DE L'ÉCOLE-DE-MÉDECINE, 1.

1843.

# TABLE DES MATIÈRES

## CONTENUES DANS CE VOLUME.

## CHIMIE INORGANIQUE.

### PREMIÈRE PARTIE.

## SUPPLÉMENT.



FIN DE LA TABLE DU TOME PREMIER.

# ÉLÉMENTS

# DE CHIMIE.

## PREMIÈRE PARTIE.

### NOTIONS PRÉLIMINAIRES SUR LES CORPS ET SUR LES PARTIES QUI LES COMPOSENT.

On donne le nom de corps à tout ce qui frappe un ou plusieurs de nos sens. Les corps se présentent sous trois états : ils sont *solides*, *liquides* et *gazeux* ou *aériformes* (1). Ils sont *élémentaires* ou *composés* : les premiers, appelés encore *principes* ou *éléments*, ne renferment qu'une sorte de matière : ainsi, quels que soient les procédés que l'on emploie, on ne retire que des parties de plomb ou d'or d'un morceau de l'un ou de l'autre de ces métaux, que l'on regarde comme des éléments. Les corps *composés*, au contraire, renferment au moins deux sortes de matières : supposons que l'on ait fondu ensemble du plomb et de l'or, la masse que l'on a obtenue contient ces deux métaux.

Les anciens ne reconnaissaient que quatre corps élémentaires : l'*eau*, l'*air*, la *terre* et le *feu;* aujourd'hui on en admet *cinquante-cinq*, parmi lesquels on ne voit plus figurer ni l'eau, ni l'air, ni la terre, que l'on a démontré être des

(1) Toutefois, d'après M. Boutigny, les corps pourraient affecter un quatrième état, qu'il appelle l'état *sphéroïdal* ou *globulaire*. Cet état se manifesterait particulièrement lorsqu'un corps liquide serait projeté sur un corps solide porté à une température fort élevée. Ainsi tout le monde sait qu'en versant un peu d'eau dans un vase chauffé au rouge blanc, cette eau se rassemble sous forme de gouttelettes arrondies et ne se volatilise pas ; elle est alors à l'état sphéroïdal.

corps composés. En admettant d'après cela que ces divers éléments puissent s'unir deux à deux, trois à trois, quatre à quatre, on concevra sans peine la possibilité de donner naissance à tous les corps composés que l'on trouve dans la nature.

Le nombre des corps élémentaires pourra être augmenté ou diminué d'après les progrès ultérieurs de la science : ainsi, peut-être verra-t-on par la suite qu'un ou plusieurs des corps regardés actuellement comme élémentaires, sont au contraire des corps composés ; il est probable aussi que, par de nouvelles recherches, on parviendra à découvrir des corps nouveaux qui, ne pouvant pas être décomposés, devront être rangés parmi les éléments : d'où il suit qu'en fixant le nombre de ces derniers à cinquante-cinq, je ne prétends pas dire qu'il soit exact, mais seulement qu'il est tel dans l'état actuel de la science.

## NOMS DES CORPS ÉLÉMENTAIRES.

1. Oxygène.
2. Soufre.
3. Sélénium.
4. Bore.
5. Silicium.
6. Carbone.
7. Hydrogène.
8. Phtore.
9. Chlore.
10. Brome.
11. Iode.
12. Phosphore.
13. Azote.
14. Arsenic.
15. Tellure.
16. Potassium.
17. Sodium.
18. Calcium.
19. Baryum.
20. Strontium.
21. Lithium.
22. Magnésium.
23. Aluminium.
24. Yttrium.
25. Glucynium.
26. Thorinium.
27. Zirconium.
28. Manganèse.
29. Zinc.
30. Fer.
31. Étain.
32. Cadmium.
33. Cobalt.
34. Nickel.
35. Molybdène.
36. Vanadium.
37. Chrome.
38. Tungstène.
39. Columbium.
40. Antimoine.
41. Urane.
42. Cérium.
43. Lantane.
44. Titane.
45. Bismuth.
46. Plomb.

47. Cuivre.
48. Osmium.
49. Mercure.
50. Rhodium.
51. Iridium.
52. Argent.
53. Or.
54. Platine.
55. Palladium.

Un corps *élémentaire* doit être considéré comme étant formé d'une multitude de très petites parties *semblables* ou *homogènes* et invisibles, que l'on désigne sous le nom de *molécules intégrantes*, de *particules* ou d'*atomes intégrants*. Il en est de même d'un corps *composé* : ainsi, par exemple, le composé d'or et de plomb dont j'ai parlé, résulte de l'assemblage d'un très grand nombre de *molécules intégrantes* ; mais chacune de ces molécules en renferme deux autres de *différente nature*, l'une d'or, l'autre de plomb, que l'on désigne sous le nom de molécules *constituantes* ; ces molécules en se combinant ne se pénètrent pas, elles ne sont que juxtaposées, et n'éprouvent, par la combinaison, aucune altération réelle, en sorte que si le composé d'or et de plomb, par exemple, vient à être détruit, les molécules *constituantes* se trouvent isolées, jouissant de toutes leurs propriétés, et probablement de leur forme et de leur dimension. On peut, d'après ce qui précède, définir la *molécule*, la particule excessivement petite d'un corps qui ne subit plus d'altération dans les réactions chimiques. Tous les corps *composés* sont dans le même cas que le composé d'or et de plomb ; le nombre des molécules constituantes sera égal au nombre des éléments que contiendra le corps composé.

Mais pour concevoir comment ces molécules peuvent rester unies, attachées les unes aux autres avec assez de force pour pouvoir donner aux corps qu'elles forment toute leur dureté, leur stabilité, il faut qu'en principe nous admettions l'existence d'une force universelle qui étend son empire sur chaque particule de matière de l'univers, et à laquelle Newton a rattaché le système du monde entier, de même que les chimistes ne peuvent unir deux éléments sans avoir recours à son influence.

Cette force, qui est l'attraction, agit sur les molécules des corps à des distances infiniment grandes ou infiniment petites. On lui donne le nom de *cohésion* lorsqu'elle réunit des molécules intégrantes ou homogènes, et celui d'*affinité* quand elle s'exerce entre les molécules constituantes ou hétérogènes. Il est donc évident que lorsque deux corps différents s'uniront pour en former un troisième, ce sera en vertu de l'*affinité;* on dit, dans ce cas : *les deux corps se sont combinés, ils ont réagi*, ou bien *ils ont exercé l'un sur l'autre une action, en vertu de leur affinité réciproque,* etc.

## DE LA COHÉSION.

La force de cohésion ne doit donc pas être la même dans les différents corps; elle est plus grande dans les solides que dans les liquides, et nulle dans ceux qui sont aériformes. On peut, en quelque sorte, la mesurer par l'effort qu'il faut faire pour désunir les molécules intégrantes des corps. On peut admettre dès lors que si ces molécules sont attirées les unes près des autres avec une grande force, le corps aura beaucoup de solidité, tandis que si au contraire cette force est tellement atténuée que les molécules soient très éloignées les unes des autres, elles pourront se placer dans telle situation que l'on voudra leur faire occuper; c'est alors que le corps devient liquide et qu'il prend la forme de tous les vases dans lesquels on l'enferme; enfin si cette force est entièrement détruite et qu'il existe entre les molécules une sorte de répulsion, le corps prend l'état gazeux.

D'après cela, deux corps simples ou composés auront en général d'autant plus de tendance à s'unir, que la force de cohésion de chacun d'eux sera moins grande; car plus leur cohésion sera faible, plus l'affinité au contraire sera forte; ainsi le plomb et l'or cités à la page 1re s'unissent à merveille quand la force de cohésion qui existe entre leurs molécules a été diminuée; ce qui n'aurait pas lieu s'ils étaient mêlés même après avoir été finement pulvérisés, parce que la cohésion serait encore trop forte et l'emporterait sur l'affinité.

## DE LA CRISTALLISATION.

La *cristallisation* est une opération dans laquelle les molécules des corps liquides ou aériformes se rapprochent de manière à donner naissance à un solide régulier que l'on nomme *cristal;* d'où il suit que la cohésion, ou l'attraction des molécules intégrantes, joue un grand rôle dans la cristallisation. Si le rapprochement de ces molécules se fait d'une manière brusque et irrégulière, loin d'obtenir un cristal, il ne se forme qu'une masse confuse à laquelle on donne quelquefois le nom de *précipité.*

1° On n'est pas encore parvenu à faire cristalliser tous les corps ; mais un très grand nombre de ceux que l'on ne peut pas obtenir sous cet état se trouvent parfaitement cristallisés dans la nature.

2° Si la substance que l'on veut faire cristalliser est solide, il faut la rendre liquide ou aériforme, au moyen du feu, de l'eau, de l'esprit-de-vin ou d'un autre liquide.

3° La cristallisation par le *feu* peut avoir lieu de deux manières différentes : ou la substance se transforme en vapeur, se volatilise et ne cristallise qu'à mesure que cette vapeur se condense et passe à l'état solide ; ou bien, après avoir été fondue, elle se refroidit lentement et donne des cristaux réguliers : dans ce cas, le refroidissement commence par la surface du liquide, qui forme une espèce de croûte : on doit percer celle-ci aussitôt qu'elle se produit, et décanter les parties internes encore liquides, pour obtenir, sous forme de cristaux réguliers, celles qui restent dans le vase où la fusion a été opérée.

4° La cristallisation par les *liquides* peut également se faire par deux procédés distincts : ou bien le solide est dissous dans le liquide bouillant, et alors il peut cristalliser par refroidissement, ou bien la dissolution est abandonnée à elle-même ou soumise à une douce chaleur ; par ce moyen le liquide s'évapore, les molécules solides se rapprochent et fournissent des cristaux réguliers. En général, les solides qui cristallisent dans l'eau en retiennent une portion.

Le même corps peut, en cristallisant, donner des solides dont la forme varie ; ces formes diverses dérivent tantôt l'une de l'autre, tantôt le contraire a lieu. Ainsi pour le *premier cas* un corps *A B* peut cristalliser en rhombes, en prismes hexaèdres, en dodécaèdres, etc.; on désigne ces formes sous le nom de *formes secondaires*. Chacun de ces cristaux peut être transformé, par la division mécanique, en une forme qui sera la même pour tous, et que l'on connaît sous le nom de *forme primitive;* ainsi on retire, dans quelques circonstances, un rhomboïde du prisme hexaèdre, du dodécaèdre et du rhomboïde dont nous venons de parler. Le cristal qui constitue la forme primitive peut encore être subdivisé et fournir de plus petits cristaux que l'on appelle *molécules intégrantes* : la forme de ces molécules peut être différente de celle de la forme primitive.

Le *second cas*, celui dans lequel les formes diverses sous lesquelles un corps peut cristalliser ne dérivent pas l'une de l'autre, a été désigné sous le nom de *dimorphie*; on ne l'a encore reconnu que dans un petit nombre de corps, tels que le soufre, peut-être le diamant et le graphite, les acides titanique et arsénieux, le persulfure de fer, les sulfates de magnésie, de zinc et de nickel, le mellitate d'ammoniaque, le carbonate de chaux dans l'arragonite, et le spath calcaire, etc. Dans tous les cas où l'on peut produire artificiellement cette transformation d'une forme dans une autre, ce phénomène se manifeste par la perte de transparence des cristaux, parce qu'alors le cristal d'une forme se trouve changé en un aggrégat de beaucoup d'individus de l'autre forme.

C'est dans l'ouvrage de Haüy, l'illustre auteur de la *Cristallographie*, et dans les mémoires de M. Mitscherlich, que l'on trouvera des détails sur cette belle partie de l'*histoire naturelle*.

*Isomorphisme*. — Il est des corps très différents par leur nature qui peuvent se remplacer mutuellement dans une série de composés, sans altérer le système de la forme cristalline primitive de ces composés, quoique la valeur des angles ne soit pas rigoureusement la même : ces corps sont appelés *isomorphes* (de ἴσος semblable et de μορφή forme). *Exemples* : 1° que l'on ait des cristaux *cubiques* d'iodure de potassium (iode + potassium); si on fait dissoudre cet iodure dans l'eau, et qu'on le décompose par du chlore, on obtiendra du chlorure de potassium qui fournira aussi des cristaux *cubiques;* on voit que le chlore a remplacé l'iode sans que la forme cubique ait été changée; le chlore et l'iode sont donc des corps *isomorphes;* 2° que le carbonate de protoxyde de fer (composé d'acide carbonique et de protoxyde de fer), dont la forme cristalline rentre dans le système *rhomboédrique,* soit décomposé par des oxydes qui se substituent au protoxyde de fer et qui se combinent avec l'acide carbonique, tels que les protoxydes de plomb, de baryum, de strontium, de calcium, de magnésium et de manganèse, il en résultera des carbonates de protoxyde de plomb, de baryum, etc., dont les cristaux affecteront la même forme rhomboédrique, si ce n'est que les angles varieront : on dira que les protoxydes de fer, de plomb, de baryum, de strontium, de calcium, de magnésium et de manganèse, sont *isomorphes;* 3° que l'on ait de l'alun *octaédrique* composé d'acide sulfurique, d'alumine, de potasse et d'eau; qu'on substitue à l'alumine du sesqui-oxyde de fer, il se formera des cristaux *octaédriques* composés des mêmes proportions d'acide sulfurique, de potasse et d'eau que les premiers, et dans lesquels le sesqui-oxyde de fer aura remplacé l'alumine; on dira que l'alumine et le sesqui-oxyde de fer sont *isomorphes.*

## DE L'AFFINITÉ.

L'affinité est cette modification de l'attraction qui porte les corps de nature différente à s'unir entre eux. Beaucoup de causes peuvent la modifier ou la favoriser.

1° L'affinité s'exercera avec d'autant plus d'intensité que la cohésion des corps sera moindre; dès lors toute force qui tendra à diminuer la cohésion favorisera l'affinité.

2° La tendance des corps à s'unir entre eux sera d'autant plus grande que leurs propriétés seront plus dissemblables: ainsi un acide qui rougit la teinture du tournesol a beaucoup d'affinité pour un de ces oxydes qui possèdent au contraire la propriété de ramener à la couleur bleue primitive le tournesol rougi par un acide.

3° La chaleur, en écartant les molécules des corps, en diminue la cohésion, et en doit par conséquent favoriser l'affinité; cependant on serait induit en erreur si l'on admettait ce principe sans restriction; car il peut arriver que deux corps se combinent avec facilité à une certaine température, et qu'étant soumis à une chaleur plus intense, ils soient désunis. La chimie nous en offre des exemples très nombreux.

4° La lumière agit dans le même sens que la chaleur.

5° Lorsque deux corps sont susceptibles de s'unir, la réaction s'opérera en général beaucoup plus facilement s'ils sont libres que si l'un d'eux est déjà combiné avec un autre corps : ainsi l'or et le mercure se combinent aussitôt qu'ils sont en contact; au contraire, l'or ne s'unit plus au mercure si celui-ci est combiné avec le chlore.

Cependant il est des corps qui ne peuvent bien se combiner que lorsque l'un d'eux au moins prend naissance sous l'influence de l'autre : l'hydrogène et l'arsenic sont dans ce cas.

6° L'état électrique dans lequel se trouvent les molécules influe puissamment sur leurs combinaisons, comme je le prouverai bientôt.

7° La pression exercée sur les corps soumis à quelque réaction, en déterminant le rapprochement des molécules, influé beaucoup sur le résultat des combinaisons : ainsi, que du carbonate de chaux (corps formé d'oxyde de calcium qui est solide et d'acide carbonique qui est un corps gazeux) soit porté à la température rouge sous la seule influence de la pression atmosphérique, l'acide carbonique se dégagera, et l'oxyde restera seul, tandis que si l'on fait l'expérience en plaçant ce carbonate dans un canon de fusil dont les ouvertures soient bien fermées, le carbonate fondra seulement sans éprouver la moindre altération.

On conçoit d'après cela combien la pression peut influer sur l'union d'un corps gazeux avec un corps solide ou liquide.

8° Il existe encore une force particulière qui, en désunissant mécaniquement les molécules des corps, exerce une très grande influence sur leur disposition, et par cela même sur leurs combinaisons : c'est la force de dissolution que possèdent certains liquides.

Lorsqu'un corps solide disparaît dans un liquide sans éprouver d'autre altération qu'une séparation des molécules, soit simples, soit composées, on peut dire que le corps est dissous; le sucre et le sel qui fondent dans l'eau sont des exemples connus de tout le monde; en effet, on peut se convaincre facilement que le sucre ou le sel, quoique ayant disparu dans l'eau, n'ont éprouvé qu'une division mécanique en particules tellement ténues, qu'elles échappent à tout moyen d'observation; car il suffit de faire évaporer l'eau pour que l'on retrouve ces substances sans qu'elles aient rien gagné ni rien perdu sous le rapport de leurs quantités ou de leurs propriétés.

La force de dissolution ne fait donc qu'écarter les molécules des corps en en diminuant la cohésion; par conséquent elle doit favoriser l'affinité; aussi les anciens chimistes avaient-ils pris ce fait comme une règle absolue en érigeant en principe : *Corpora non agunt nisi soluta.* Mais la force de dissolution se caractérise elle-même par des propriétés différentes de celles qui appartiennent à la force d'affinité : ainsi par son action les corps éprouvent une division moléculaire portée au dernier terme, sans subir d'altération dans leur nature chimique ; elle s'exerce d'autant plus facilement entre un liquide et un solide que la composition des deux corps sera plus semblable, tandis que le contraire a lieu pour l'affinité : ainsi les résines, qui contiennent beaucoup d'hydrogène et de carbone, ne se dissolvent que dans les corps qui offrent une composition presque identique, tandis qu'elles sont entièrement insolubles dans l'eau et dans tous les liquides qui, comme celle-ci, contiennent une proportion très considérable d'oxygène.

La nature du liquide dissolvant et le degré de concentration des dissolutions influent beaucoup sur les résultats; ainsi tout le monde sait que de l'acide chlorhydrique ordinaire, c'est-à-dire dissous dans l'eau, décompose la craie, tandis que le même acide dissous dans l'alcool n'agit en aucune manière.

L'acide azotique dissous dans l'eau attaque les métaux, décompose aussi les carbonates, tandis que le même acide très concentré n'exerce aucune action sur les mêmes matières.

Enfin il est encore d'autres conditions sous l'influence desquelles l'affinité est modifiée ; je n'en parlerai qu'en traitant des lois qui président à la composition et à la décomposition des sels.

Il résulte de ce qui vient d'être établi que lorsque les corps agissent les uns sur les autres pour se combiner, on doit, pour concevoir les phénomènes qu'ils présentent, avoir égard à toutes les influences que je viens d'énumérer.

On voit qu'il y a loin de cette manière d'envisager les forces qui président aux combinaisons chimiques, et par conséquent aux diverses décompositions, à l'opinion de Geoffroy, de Bergman, etc., qui faisaient dépendre *principalement* les réactions chimiques de l'affinité pure et simple des corps les uns pour les autres.

Ces résultats, dont la plupart sont dus au savant auteur de la *Statique chimique*, me conduisent naturellement à donner une définition de la science dont je vais m'occuper. La chimie *a pour objet de déterminer l'action que les corps simples ou composés exercent les uns sur les autres, en vertu d'un certain nombre de forces, et de faire connaître leur nature et les moyens de les obtenir.*

## LOIS QUI PRÉSIDENT A LA COMPOSITION DES CORPS.

Les lois qui président à la composition des corps sont au nombre de deux : 1° la loi des *proportions multiples ;* 2° la loi des *équivalents* ou des *nombres proportionnels,* que l'on désigne plus souvent sous le nom de *proportions.*

### § Ier. Loi des proportions multiples.

*Les corps ne peuvent se combiner qu'en un très petit nombre de proportions et dans un rapport fort simple, s'ils ont beaucoup d'affinité :* ils forment alors des combinaisons que l'on appelle *définies*. On pourrait citer un nombre prodigieux d'expériences pour prouver que les corps doués d'une très grande affinité ne se combinent le plus souvent qu'en une, en deux ou en trois proportions, rarement en quatre, et plus rarement encore en cinq : cette vérité sera mise hors de doute par la suite. Démontrons maintenant que les proportions dans lesquelles ces corps se combinent sont dans un rapport fort simple.

Le chimiste allemand Wenzel paraît être le premier qui ait cherché ces rapports par l'expérience ; mais c'est surtout à Richter, de Berlin, que nous devons les premières indications positives des rapports qui existent dans les combinaisons chimiques. Il publia vers 1790 les résultats de nombreuses expériences faites à ce sujet. Enfin Dalton et Berzélius précisèrent les faits et les firent connaître sous forme de lois de la plus grande simplicité. Voici les plus importantes de ces lois : *Lorsque deux corps simples sont susceptibles de s'unir en diverses proportions, ces proportions sont constamment le produit de la multiplication par* 1, 2, 3, 4, etc., *de la quantité d'un des corps, la quantité de l'autre restant toujours la même.*

Ainsi l'azote en se combinant avec l'oxygène peut, si l'on fait varier les quantités de ce dernier corps, donner naissance à cinq composés différents :

| | | | | | |
|---|---|---|---|---|---|
| 177,02 | d'azote et | 100 | d'oxygène | donnent le | protoxyde d'azote. |
| 177,02 | id. | 200 | id. | — | bi-oxyde d'azote. |
| 177,02 | id. | 300 | id. | — | acide azoteux. |
| 177,02 | id. | 400 | id. | — | acide hypo-azotique. |
| 177,02 | id. | 500 | id. | — | acide azotique. |

D'où l'on voit qu'entre 100, 200, 300, 400 et 500 d'oxygène, c'est-à-dire entre les termes exacts de ces quantités, qui sont multiples les unes des autres, il ne peut exister d'autre combinaison.

Telle est la loi simple et précise qui préside à la combinaison de tous les corps entre eux, et que M. Gay-Lussac vint enrichir d'une autre observation non moins digne d'intérêt, en faisant des recherches avec M. de Humboldt sur les combinaisons des gaz. Il remarqua que les gaz en général se combinent de telle manière, qu'une mesure d'un gaz absorbe 1, 1 1/2, 2, 3, etc., mesures d'un autre gaz en donnant naissance à un nouveau corps, c'est-à-dire que les gaz se combinent en volumes égaux, ou que le volume de l'un est multiple de celui de l'autre ; ainsi :

| | | | | |
|---|---|---|---|---|
| 100 volumes d'azote | et 50 | d'oxygène | = | protoxyde d'azote. |
| 100 | id. | 100 | id. | bi-oxyde d'azote. |
| 100 | id. | 150 | id. | acide azoteux. |
| 100 | id. | 200 | id. | acide hypo-azotique. |
| 100 | id. | 250 | id. | acide azotique. |

Le même chimiste fit encore voir que, *lorsque, par suite de la combinaison, le volume des gaz est contracté, la contraction a un rapport simple avec les volumes des gaz, ou plutôt avec celui de l'un d'eux. Par exemple :*

| | S'unissent avec | et forment |
|---|---|---|
| 100 vol. de gaz oxyg. | 200 vol. de gaz hydrog. | 200 vol. d'eau. |
| 100 vol. de gaz azote | 300 id. | 200 — de gaz ammoniac. |
| 100 id. | 50 vol. d'oxygène | 100 de protoxyde d'azote. |
| 100 id. | 100 id. | 200 — de bi-oxyde. |
| 100 id. | 150 id. | de l'acide hypo-azoteux. |
| 100 id. | 200 id. | de l'acide azoteux. |
| 100 id. | 250 id. | de l'acide azotique. |
| 100 v. de gaz hydrog. | 100 v. de chlore | 200 v. de gaz chlorhydrique. |

Nous croyons devoir indiquer d'une manière succincte une des principales applications qui peuvent être faites des lois sur la combinaison des gaz.

Veut-on connaître le poids spécifique d'un gaz composé, par exemple du gaz ammoniac ; on sait que deux volumes de gaz ammoniac résultent d'un volume de gaz azote et de trois volumes d'hydrogène ; il suffit de faire l'addition des poids spécifiques d'un volume d'azote et de trois volumes d'hydrogène, et de diviser la somme par 2 ; ainsi :

| | | |
|---|---|---|
| Poids spécifique de l'azote . . . . . . . . . | | 0,9757 |
| Poids spécifique de l'hydrogène . . . | 0,0688 | 0,2064 |
| Que l'on multiplie par . . . . . . | 3 | |
| Somme . . . . . . . . . . . . . | | 1,1821 |
| La moitié . . . . . . . . . . . . | | 0,5915 |

0,5915 sera la densité du gaz ammoniac.

Mais, il faut le dire, pour que les diverses applications de ces lois soient rigoureuses, la dilatation des gaz doit être exactement la même pour tous et par chaque degré du thermomètre, en un mot il faut que la loi de Mariotte soit vraie ; car sous le même volume il faut nécessairement que l'on trouve la même quantité de matière ; or il n'en est pas ainsi, d'après les expériences récentes de MM. Rudberg et Regnault, qui ont démontré que le coefficient de dilatation variait pour beaucoup de gaz.

### § II. Loi des équivalents ou des nombres proportionnels appelés vulgairement proportions.

Si la loi des proportions multiples ne s'applique qu'à des corps composés de deux éléments ou de deux corps composés qui sont *toujours les mêmes*, mais dans des proportions *différentes*, il n'en est pas ainsi de la loi des équivalents, qui a pour but de régler tout ce qui se rapporte à la combinaison des corps simples ou composés de *différente nature ;* ainsi, je suppose que l'on ait déterminé par l'expérience que 791 parties de cuivre exigent 200 parties d'oxygène pour former l'oxyde de cuivre brun, et que l'on apprenne également par l'expérience que pour séparer les 200 parties d'oxygène combinées avec le cuivre, il faille 400 parties de soufre, ni plus ni moins, on dira que ces 400 parties de soufre *équivalent* exactement aux 200 parties d'oxygène : c'est à ce rapprochement que l'on donne en chimie le nom de *loi des équivalents.* Hâtons-nous de dire que les rapports que nous signalons se remarquent dans tous les composés dont la nature est bien définie, et citons, à l'imitation de M. Dumas, des exemples propres à mettre cette vérité dans tout son jour.

| | | | | | |
|---|---|---|---|---|---|
| Argent. | 2703 | et 200 | d'oxygène | forment | l'oxyde d'argent. |
| Baryum. | 1713 | et 200 | id. | — | protoxyde de baryum. |
| Bismuth. | 1773 | et 200 | id. | — | oxyde de bismuth. |
| Cadmium. | 1393 | et 200 | id. | — | oxyde de cadmium. |
| Calcium. | 512 | et 200 | id. | — | oxyde de calcium. |
| Cuivre. | 791 | et 200 | id. | — | oxyde de cuivre brun, |

| | | | | | |
|---|---|---|---|---|---|
| Argent. | 2703 | et 400 | de soufre forment le sulfure d'argent. | | |
| Baryum. | 1713 | et 400 | id. | — | sulfure de baryum. |
| Bismuth. | 1773 | et 400 | id. | — | sulfure de bismuth. |
| Cadmium. | 1393 | et 400 | id. | — | sulfure de cadmium. |
| Calcium. | 512 | et 400 | id. | — | sulfure de calcium. |
| Cuivre. | 791 | et 400 | id. | — | sulfure de cuivre. |

Il est aisé de voir que partout il faut 400 parties de soufre pour changer en sulfures des quantités de métal que 200 parties d'oxygène avaient transformées en oxydes; et *s'il était possible* que l'oxygène enlevât le métal aux sulfures de ces métaux, il n'en faudrait que 200 parties pour séparer les 400 parties de soufre. Ainsi, dans cette hypothèse, le sulfure d'argent, par exemple, qui est composé de 2703 d'argent et de 400 de soufre, serait décomposé par 200 parties d'oxygène, c'est-à-dire que l'on aurait un composé de 2703 d'argent et de 200 d'oxygène.

La loi des équivalents s'applique aussi bien à la combinaison des corps composés entre eux qu'à celle des corps simples : ainsi, le sulfate de fer est formé d'un équivalent d'oxyde de fer exprimé par 339,21 de fer et 100 d'oxygène, et par un équivalent d'acide sulfurique formé d'un équivalent de soufre = 201,16 et d'un d'oxygène multiplié par trois = 300. Que l'on décompose ce sel par le protoxyde de sodium, formé lui-même de 290,89 de sodium et de 100 d'oxygène, on obtiendra un sulfate d'oxyde de sodium constitué selon les mêmes lois, puisque l'oxyde de fer contient la même quantité d'oxygène que l'oxyde de sodium, et que les quantités de fer et de sodium peuvent se remplacer près de cet oxygène, quoique ces quantités diffèrent, c'est-à-dire qu'elles sont équivalentes.

### Avantages qui résultent de la connaissance des nombres proportionnels dans l'étude de la chimie.

L'un des grands avantages de la loi des équivalents, c'est de pouvoir calculer la combinaison d'un corps *binaire* sans l'analyser : ainsi, dès que l'on sait que 201,16 sont l'équivalent du soufre, et que l'oxyde d'argent, par exemple, est formé de 135 de métal et de 100 d'oxygène, on peut assurer que le sulfure d'argent correspondant à cet oxyde, et dont on ne connaît pas la composition, sera formé de 135 d'argent et de 201,16 de soufre. On procède souvent ainsi en chimie, pour déterminer les proportions d'un composé qu'il n'a pas encore été possible d'analyser. Il importe toutefois d'éviter un écueil que nous allons signaler, si l'on ne veut pas commettre des erreurs graves : lorsqu'un métal est susceptible de former avec l'oxygène trois oxydes et trois sulfures, qui diffèrent entre eux par les proportions d'oxygène et de soufre, il est évident que la composition du protosulfure correspond à celle du protoxyde, celle du bisulfure à celle du bi-oxyde, et celle du tritosulfure à celle du tritoxyde. Combien l'erreur ne serait-elle pas grave, si on déterminait la composition du tritosulfure d'après celle du protoxyde ! Ainsi, supposons que l'on sache que l'acide arsénieux est formé de

| | | |
|---|---|---|
| 2 proportions d'arsenic | = | 940,24 |
| 3 — d'oxygène | = | 300,00 |

tandis que l'acide arsénique est composé de

| | | |
|---|---|---|
| 2 proportions d'arsenic | = | 940,24 |
| 5 — d'oxygène | = | 500,00 |

Il est évident que l'on se tromperait grossièrement, si l'on admettait que la composition du sulfure *arsénique* correspond à celle de l'acide arsénieux, et celle du sulfure *arsénieux* à celle de l'acide arsénique ; il faut, au contraire, fixer les proportions de ces deux sulfures, en comparant le sulfure arsénieux à l'acide arsénieux, et le sulfure arsénique à l'acide arsénique. D'après ces données, on voit que le sulfure arsénieux sera composé de

| | | |
|---|---|---|
| 2 proportions d'arsenic | = | 940,24 |
| 3 — de soufre | = | 603,48 |

et celle du sulfure arsénique de

| | | |
|---|---|---|
| 2 proportions d'arsenic | = | 940,24 |
| 5 — de soufre | = | 1005,80 |

On peut donc établir d'une manière générale que, lorsqu'un

métal est susceptible de s'unir avec plusieurs quantités d'oxygène et d'un autre corps, *l'expérience seule permet de fixer quelles sont celles de ces combinaisons qui se correspondent.*

*Tableau des équivalents des corps simples.*

| Corps | Équivalent | Corps | Équivalent |
|---|---|---|---|
| CORPS NON MÉTALLIQUES. | | Sodium | 290,89 |
| Oxygène | 100,00 | Fer | 339,21 |
| Hydrogène | 12,48 | Manganèse | 345,78 |
| Carbone | 75,075 | Zinc | 414,00 |
| Phosphore | 196,15 | Cadmium | 696,76 |
| Soufre | 201,16 | Étain | 735,29 |
| Sélénium | 494,58 | Tungstène | 1183,20 |
| Bore | 272,41 | Molybdène | 598,52 |
| Azote | 177,02 | Chrome | 351,82 |
| Chlore | 442,64 | Vanadium | 856,59 |
| Brome | 978,80 | Titane | 303,66 |
| Iode | 1579,50 | Urane | 2711,36 |
| Fluor | 233,90 | Cuivre | 395,6 |
| Silicium | 277,47 | Antimoine | 1612,90 |
| Arsenic | 470,12 | Bismuth | 1330,377 |
| Tellure | 801,74 | Nickel | 369,67 |
| | | Cobalt | 369,00 |
| MÉTAUX. | | Plomb | 1294,50 |
| Aluminium | 114,14 | Mercure | 1265,8 |
| Yttrium | 402,57 | Columbium | 1153,72 |
| Thorinium | 744,90 | Cérium | 574,72 |
| Zirconium | 280,02 | Argent | 1351,60 |
| Magnésium | 158,36 | Or | 2486,02 |
| Glucynium | 220,85 | Platine | 1233,22 |
| Baryum | 856,88 | Osmium | 1244,21 |
| Strontium | 547,28 | Palladium | 665,89 |
| Calcium | 256,01 | Iridium | 1233,26 |
| Lithium | 80,37 | Rhodium | 651,38 |
| Potassium | 489,916 | Lantane | inconnu. |

Bien souvent, il deviendrait sinon impossible, du moins fort embarrassant, d'exprimer la composition d'un corps à l'aide des nombres qui en représentent les équivalents. On a obvié à cet inconvénient en désignant l'équivalent de chaque corps par la lettre initiale, à laquelle on ajoute un exposant pour exprimer seulement le nombre de fois que cet équivalent est répété. Ainsi, S désigne le soufre, O l'oxygène, et $SO^3$ signifie un équivalent de soufre et trois d'oxygène, c'est-à-dire un équivalent d'acide sulfurique. Lorsqu'on veut en outre désigner un certain nombre d'équivalents d'un corps composé, on place le chiffre qui représente ce nombre en coefficient devant la formule du corps composé renfermé entre deux parenthèses. Ainsi l'équivalent du bisulfate de potasse s'écrit ainsi : 2 ($SO^3$) $KO + HO$. Cette manière de représenter la composition des corps est souvent d'un grand secours pour l'intelligence de certaines réactions fort compliquées, et il ne faut pas la confondre avec ce que l'on appelle la théorie atomique, qui n'est qu'une hypothèse dont nous ne nous occuperons même pas.

*Tableau des initiales des corps simples.*

| CORPS NON MÉTALLIQUES. | | MÉTAUX. | | MÉTAUX. | |
|---|---|---|---|---|---|
| Oxygène | O | Argent | Ag | Molybdène | Mo |
| Arsenic | As | Baryum | Ba | Nickel | Ni |
| Azote | Az | Bismuth | Bi | Or | Au |
| Bore | Bo | Cadmium | Cd | Osmium | Os |
| Brome | Br | Calcium | Ca | Palladium | Pa |
| Carbone | C | Cérium | Ce | Platine | Pt |
| Chlore | Cl | Chrome | Cr | Plomb | Pb |
| Fluor | Fl | Cobalt | Co | Potassium | K |
| Hydrogène | H | Columbium | Ta | Rhodium | R |
| Iode | I | Cuivre | Cu | Sodium | Na |
| Phosphore | Ph | Étain | Sn | Strontium | Sr |
| Sélénium | Sé | Fer | Fe | Titane | Ti |
| Silicium | Si | Glucynium | Gl | Tungstène | W |
| Soufre | S | Iridium | Ir | Thorinium | Th |
| Tellure | Te | Lithium | L | Urane | U |
| MÉTAUX. | | Lantane | La | Vanadium | Va |
| | | Magnésium | Mg | Yttrium | Y |
| Aluminium | Al | Manganèse | Mn | Zinc | Zn |
| Antimoine | Sb | Mercure | Hg | Zirconium | Zr |

## DE LA NOMENCLATURE CHIMIQUE.

Les noms de la plupart des corps simples sont *insignificatifs*, et l'on est tellement habitué à les employer, qu'il serait inconvenant de leur en substituer d'autres qui exprimassent quelques unes de leurs propriétés. Nous dirons même plus : il est de la plus haute importance, si l'on veut avoir une bonne nomenclature, de faire disparaître un certain nombre de noms significatifs généralement adoptés, qui, comme nous le ferons voir, sont plus propres à induire en erreur qu'à donner au langage chimique toute la précision qu'il devrait avoir. Il n'en est pas de même des composés auxquels ils donnent naissance ; ces composés sont trop nombreux pour que la mémoire la plus heureuse puisse se rappeler les dénominations arbitraires, insignifiantes et absurdes par lesquelles les anciens chimistes les désignaient. On sentira dès lors la nécessité de leur donner des noms qui expriment, autant que possible, la nature des éléments qui entrent dans leur composition, ainsi que les proportions dans lesquelles ces éléments sont combinés.

### Dénominations des composés inorganiques.

Quelle que soit la nature des éléments qui constituent un composé, nous verrons plus loin que si on le soumet à l'action de l'électricité, d'une pile par exemple, il sera décomposé ; chaque pôle s'emparera de celui des corps simples qui possédera l'électricité qui lui sera opposée. Dès lors on est convenu de nommer toujours le premier celui des corps qui se portera au pôle positif.

L'oxygène, étant de tous les corps simples le plus répandu et celui dont les combinaisons existent en plus grand nombre, constitue dans la nomenclature deux classes de corps binaires, les acides et les oxydes.

*Acides.* — On a donné le nom d'acide à un corps qui a en général une saveur aigre quand il est étendu, âcre et caustique s'il est concentré, qui rougit la teinture végétale bleue du tournesol, et qui possède toujours la propriété de se combiner avec une autre classe de corps composés appelés bases.

Si les acides ne contiennent point d'eau, on les dit *anhydres;* s'ils sont combinés et non pas simplement mélangés avec de l'eau, on les appelle *acides aqueux* ou *hydratés*, tandis qu'on les désigne sous le nom d'*acides étendus d'eau*, quand ils sont simplement mélangés avec ce liquide.

Si l'oxygène, en se combinant avec une substance simple, forme un seul acide, on désigne celui-ci par le nom de cette substance, auquel on ajoute la terminaison *ique* : on dit, par exemple, *acide silicique*, *acide borique*. S'il peut, au contraire, donner naissance à deux acides en se combinant en diverses proportions avec la même substance, le moins oxygéné est terminé en *eux*, et celui qui contient plus d'oxygène en *ique* : ainsi lorsqu'on dit *acide arsénieux, acide arsénique*, on indique que les deux acides sont formés par l'arsenic et par l'oxygène, mais que le dernier est plus oxygéné que l'autre. Si l'oxygène peut se combiner avec une même substance pour former trois acides, et que l'un d'eux soit moins oxygéné que celui qui se termine en *ique* et plus que celui qui se termine en *eux*, on fait précéder le nom du premier de la préposition *hypo*, au-dessous; tout comme on place cette préposition devant le nom de l'acide terminé en *eux*, s'il existe un acide moins oxygéné que celui qui se termine en *eux;* ainsi on dit : *acide phosphorique*, *hypophosphorique*, *phosphoreux* et *hypophosphoreux*.

*Oxydes.* — On donne le nom d'oxydes à une autre classe de corps formés par l'oxygène et un corps simple qui sont insipides ou qui ont une saveur urineuse, et qui, en général, ont une grande tendance à s'unir avec les acides pour former des sels.

Si l'oxygène ne peut fournir avec un corps simple qu'un de ces composés, on désigne celui-ci sous le nom d'*oxyde*. S'il peut, au contraire, s'unir avec un même corps, en plusieurs proportions, on appelle le premier composé *protoxyde*, le second *sesqui-oxyde* s'il contient une fois et demie autant d'oxygène que le premier, et *bi-oxyde* s'il en renferme deux fois autant : ainsi on dit *protoxyde, bi-oxyde de mercure; protoxyde*, *sesqui-oxyde de fer*. Dans le cas où un même corps peut donner naissance, en se combinant avec l'oxygène, à plusieurs oxydes, et que ceux-ci ne sont pas soumis à la loi de composition que nous venons d'indiquer, on désigne les produits sous les noms de *protoxyde*, de *deutoxyde* ou de *tritoxyde;* on appelle *peroxyde* celui qui est le plus oxydé : ainsi le premier oxyde de plomb (massicot) est le protoxyde, le second (minium) est le deutoxyde, et le troisième (oxyde puce) est le tritoxyde ou le peroxyde. Lorsque l'oxyde est combiné avec l'eau, on donne au composé le nom d'*hydrate* : ainsi on dit *hydrate* d'oxyde de fer, de protoxyde de potassium.

Berzélius désigne sous le nom de *sous-oxyde* celui qui n'est pas assez oxydé pour s'unir aux acides, de *sur-oxyde* celui qui l'est trop, et d'*oxyde* celui qui l'est à un degré convenable. Lorsqu'un métal peut fournir plusieurs oxydes susceptibles de se combiner avec les acides, il termine le moins oxydé en *eux*, celui qui est plus oxydé en *ique*, et le plus oxydé de tous en *suroxyde* : ainsi on dira, oxyde *manganeux*, oxyde *manganique*, et oxyde *surmanganique*.

L'*hydrogène* jouit, comme l'oxygène, de la propriété de se combiner avec un certain nombre de substances simples, et de donner naissance à des produits qui tantôt sont acides, tantôt ne le sont pas. On désigne ceux qui sont acides en joignant au nom du corps électro-négatif la terminaison *hydrique* : c'est ainsi que l'on appelle l'acide formé de chlore et d'hydrogène, acide *chlorhydrique*; celui qui est composé de soufre et d'hydrogène, acide *sulfhydrique*.

Jusqu'à présent on a désigné les produits *non acides formés par l'hydrogène* sous le nom d'*hydrures*, quand ils sont solides, et sous celui d'*hydrogène carboné*, *phosphoré*, etc., quand ils sont gazeux. Berzélius, appliquant le principe général de nomenclature qui veut que l'on termine en *ure* les composés non acides de deux corps simples, et que cette terminaison soit donnée à l'élément le plus électro-négatif, c'est-à-dire à celui qui se porte au pôle positif, propose de dire *carbure* et *phosphure d'hydrogène*.

Lorsque *deux corps simples non métalliques* autres que l'oxygène et l'hydrogène, se combinent ensemble ou que l'un d'eux s'unit avec un métal, le nom du corps qui se porte au pôle positif est terminé en *ure* et suivi du nom de l'autre corps ; c'est ainsi que l'on dit, *sulfure de carbone*, *chlorure d'argent*, etc.

Si les mêmes éléments peuvent donner lieu à plusieurs degrés de combinaison, on se sert des mots *proto*, *sesqui*, *bi*, etc., dont on fait précéder le nom en *ure* du composé. On dit par exemple, *protochlorure*, *bichlorure de mercure*, *protosulfure*, *sesquisulfure de fer*.

Lorsque deux métaux se combinent, le produit porte le

nom d'*alliage;* on dit alliage de cuivre et de zinc. Si le mercure s'unit à un autre métal, le produit porte le nom d'*amalgame* (*amalgame de potassium, amalgame d'étain*).

Les combinaisons qui résultent de l'union d'un acide et d'un oxyde constituent les sels; elles sont désignées par des noms formés de telle manière que l'acide détermine le genre, et l'oxyde l'espèce du sel. Ici l'acide doit être toujours nommé le premier, puisqu'un sel décomposé par la pile fournit un acide qui se rend au pôle positif, tandis que l'oxyde se porte au pôle négatif. Toutes les fois que l'acide se termine en *ique,* cette terminaison se change en *ate*, et lorsqu'il est terminé en *eux* elle se change en *ite;* puis l'on fait suivre le nom de l'acide ainsi transformé du nom du métal qui a fourni l'oxyde. L'acide sulfurique donne des *sulfates*, l'acide sulfureux des *sulfites* qui, unis à l'oxyde de plomb, formeront du sulfate de plomb, du sulfite de plomb. Il en est de même des acides hyposulfurique, hyposulfureux et hypochloreux qui donnent avec les oxydes des hyposulfates, des hyposulfites et des hypochlorites.

Il est bien entendu que l'on conservera à l'oxyde métallique combiné à l'acide le nom que lui donne sa composition. Ainsi on dira de l'azotate de protoxyde de plomb, du sulfate de protoxyde de fer, du sulfate de sesqui-oxyde de fer, de l'azotate de bi-oxyde de cuivre, du sulfate de bi-oxyde de manganèse, du carbonate de protoxyde de zinc.

Mais s'il arrive que deux équivalents d'oxyde s'unissent avec un équivalent d'acide, on dit alors que le sel est bibasique, etc. De même lorsque deux équivalents d'acide sont unis à un équivalent de base, on dit que le sel est acide, tandis qu'il est neutre lorsque les deux corps sont unis à équivalents égaux.

Exemples : *Phosphate sesqui-calcique, azotate quadriplombique,* etc., et pour les sels acides, *bisulfate sodique, bi-oxalate potassique.*

Quant aux hydracides, je dirai plus loin que par leur réaction sur les oxydes métalliques, il en résulte de l'eau et un composé binaire en *ure* qui rentre alors dans la catégorie des *chlorures,* des *iodures,* etc.

Guyton de Morveau eut la gloire de créer cette belle nomenclature, dont l'objet principal est de donner aux composés des noms qui indiquent les éléments qui entrent dans leur composition. Lavoisier, Fourcroy et Berthollet y firent quelques changements, de concert avec l'auteur.

### Dénominations des composés organiques.

Les principes immédiats des végétaux et des animaux étant presque tous formés d'oxygène, d'hydrogène, de carbone et quelquefois d'azote, il était difficile, pour ne pas dire impossible, de donner à ces principes des noms tirés de leur composition : aussi les désigne-t-on par des mots insignificatifs ou par d'autres qui expriment quelques unes de leurs qualités, ou bien les substances qui les fournissent : ainsi on dit acides citrique, tartrique, acétique, etc. ; sucre, arabine, stéarine, oléine, quinine, fibrine, urée, etc.

# CHAPITRE PREMIER.

## *Des Fluides impondérés.*

### DU CALORIQUE.

Le *calorique* est un fluide extrêmement subtil, faisant partie constituante de tous les corps, et dont les caractères principaux sont : 1° de se mouvoir sous forme de rayons lorsqu'il est libre ; 2° de produire par son accumulation sur tous les corps une dilatation plus ou moins sensible (1), suivie quelquefois de décomposition ; 3° d'agir par conséquent en sens contraire de l'attraction ; 4° de nous faire éprouver, lorsqu'il est en contact avec nos organes, une sensation particulière connue sous le nom de *chaleur ;* 5° enfin de déterminer, par sa soustraction, des effets inverses aux précédents, savoir la contraction et le sentiment de froid.

Le calorique, en agissant sur les corps, peut les fondre d'abord sans les altérer (acide borique, borate de soude, hydrate de potasse, etc.) ; les fondre et les volatiliser (phosphore, soufre, chlorhydrate d'ammoniaque) ; les volatiliser sans les fondre (arsenic) ; les fondre, les décomposer et en volatiliser les produits (azotate d'ammoniaque, qui après la fusion se décompose en eau et en protoxyde d'azote; sulfate de fer, qui se transforme en oxyde de fer, en acide sulfurique, etc.) ; les décomposer sans les fondre (bi-oxyde de manganèse, qui se partage en un sous-oxyde et en oxygène) ; enfin le calorique peut unir des corps qui ne peuvent pas se combiner à froid (plomb et soufre, oxygène et hydrogène). Quelquefois la combinaison ne s'effectue qu'à une température déterminée au-delà de laquelle elle est détruite : ainsi

(1) Il n'y a qu'un très petit nombre de corps qui fassent exception.

le mercure absorbe l'oxygène à 360 degrés, et forme un composé qui perd son oxygène si on le chauffe plus fortement.

## DE LA LUMIÈRE.

La lumière, comme le calorique, détermine la dilatation et l'échauffement des corps, phénomènes qui depuis longtemps ont conduit les physiciens à admettre qu'elle renfermait du calorique; elle opère également la décomposition de certains corps. Les rayons lumineux du soleil, qui sont plus denses que les autres, influent davantage sur la composition des corps; en général, ils tendent à dégager l'oxygène de ceux qui en contiennent; ainsi l'acide azotique concentré est ramené à l'état d'acide azoteux; l'or et l'argent sont séparés à l'état métallique des dissolutions salines, etc. La faculté d'éclairer, d'échauffer et d'agir chimiquement sur les corps, reconnue aux rayons lumineux, fait que l'on s'accorde aujourd'hui à les regarder comme formés, 1° de plusieurs rayons lumineux colorés; 2° de rayons calorifiques obscurs, susceptibles d'échauffer et de dilater les corps; 3° d'autres rayons obscurs capables de produire des effets chimiques, tels que la coloration en violet du chlorure d'argent.

Les rayons calorifiques obscurs qui font partie de la lumière sont susceptibles d'échauffer et de dilater les corps; ils sont réfractés par le prisme et produisent un spectre plus allongé que celui que forment les rayons lumineux colorés, parce que ceux-ci sont moins réfrangibles que les autres. Si l'on plonge un thermomètre dans les différentes parties du spectre produit par les rayons calorifiques obscurs, on voit qu'il ne s'échauffe pas dans le rayon violet ni à côté de lui en dehors du spectre, et qu'il s'échauffe beaucoup, au contraire, dans le rayon rouge et surtout à une faible distance de l'extrémité rouge du spectre; dans les parties intermédiaires du spectre, la température est d'autant plus élevée qu'on s'approche davantage de la portion rouge. (Voyez *pour plus de détails la lettre de M. Melloni, Ann. de Chim.*, décembre 1831.) Les rayons calorifiques de la lumière du *feu* sont également susceptibles d'être réfractés, condensés et décomposés de manière à former un spectre de sept couleurs principales; mais ils contiennent moins de calorique que ceux de la lumière du soleil, et *le laissent échapper avec plus de facilité;* en effet, ils ne peuvent traverser une lame de verre sans se combiner avec elle, sans l'échauffer, tandis que les rayons lumineux traversent le verre sans l'échauffer sensiblement, comme l'a prouvé depuis long-temps Mariotte (*Traité des Couleurs*).

Quant aux rayons obscurs qui font partie de la lumière, et qui sont *susceptibles de produire des effets chimiques*, on sait qu'ils sont également réfractés par le prisme, qu'ils ne produisent point de chaleur, et qu'ils se trouvent au-delà de la portion violette du spectre solaire; ainsi un papier enduit de chlorure d'argent blanc ne change point de teinte dans le rayon rouge, tandis qu'il noircit beaucoup à l'extrémité externe du rayon violet. A la vérité, quelques expériences tendent à faire croire que la portion rouge du spectre peut également produire un certain nombre d'effets chimiques, en sorte qu'il est des physiciens qui pensent que le côté violet favorise la décomposition ou la réduction de plusieurs corps, tandis que le côté rouge faciliterait l'oxydation. Mais ces faits ne sont ni assez nombreux ni assez concluants pour que l'on doive adopter encore cette opinion, quoiqu'ils démontrent que les rayons qui tombent aux deux extrémités du spectre ne sont pas de même nature. Il est probable, d'ailleurs, que plusieurs des phénomènes *soi-disant* chimiques développés par la portion rouge du spectre, dépendent uniquement de ce que la température de cette extrémité est plus élevée que dans aucune autre portion du spectre.

## DU FLUIDE ÉLECTRIQUE.

La plupart des physiciens admettent, pour expliquer les phénomènes électriques, deux fluides, le *fluide électrique positif* ou *vitré*, et le *fluide électrique négatif* ou *résineux*.

*A*. Tous les corps de la nature contiendraient à la fois ces deux fluides, qui seraient combinés et se neutraliseraient tellement, qu'au premier abord on ne se douterait pas de leur existence dans les corps.

*B*. On connaît plusieurs moyens propres à détruire cette combinaison : alors l'un de ces fluides, ou tous les deux à la fois, deviennent sensibles, et l'on voit qu'ils jouissent toujours de la même propriété, savoir celle d'attirer d'abord et de repousser ensuite les corps légers : le fluide vitré attire en outre le fluide résineux et en est attiré, tandis que les fluides du même nom se repoussent.

*C*. Les moyens dont il s'agit sont, 1° le *frottement* : il suffit de frotter pendant quelques instants un morceau de résine ou de verre pour le rendre électrique, ou pour lui communiquer la propriété d'attirer d'abord et de repousser ensuite les corps légers; 2° la *chaleur* : il est des corps qui, étant chauffés à un degré convenable, s'électrisent, tandis qu'ils ne donnaient aucun signe d'électricité à froid; nous citerons la tourmaline; 3° le *contact* : on sait qu'en pressant l'un contre l'autre deux corps de différente nature, tels que du zinc et du cuivre, l'un d'eux acquiert l'électricité positive, tandis que l'autre devient négatif.

*D*. Le fluide électrique peut être transmis par certains corps que l'on appelle *conducteurs*, tels que les métaux, les animaux, etc.; d'autres, au contraire, ne leur livrent point passage, et portent le nom d'*idio-électriques*, ou non conducteurs : tels sont les huiles, les résines, le verre, etc. La faculté conductrice du cuivre étant représentée par 100, celle de l'or sera 93, celle de l'argent 73, celle de l'étain 21; celles du platine et du potassium seront encore moindres. (BECQUEREL.)

*E*. Le fluide électrique élève assez la température de certains corps pour les fondre et les enflammer.

Le fluide électrique joue un très grand rôle en chimie : c'est un des agents les plus puissants que l'on connaisse pour opérer la décomposition des corps : aussi cette science a-t-elle fait des progrès immenses depuis que son application est devenue plus générale.

Nous croyons devoir étudier séparément l'influence de

l'*étincelle électrique* et celle de la *pile voltaïque* sur la composition et la décomposition des corps.

*Influence de l'étincelle électrique sur la composition et la décomposition des corps.*— Dans certaines circonstances, l'*étincelle électrique favorise la séparation des éléments des corps composés.* Le gaz ammoniac (1), le gaz acide sulfhydrique (2), les gaz hydrogène carboné et phosphoré (3), sont décomposés et réduits à leurs éléments par un courant d'étincelles électriques; il en est de même de l'*eau* lorsqu'on la soumet à l'action d'un certain nombre d'étincelles. Dans d'autres circonstances, l'*étincelle électrique favorise* la combinaison des corps : ainsi une seule étincelle suffit pour transformer en eau 1 volume de gaz oxygène et 2 volumes de gaz hydrogène ; phénomène d'autant plus remarquable, que nous venons d'établir la possibilité de décomposer ce fluide par le même agent. Lorsqu'on fait passer un grand nombre d'étincelles à travers un mélange de 100 parties en volume de gaz azote, de 250 de gaz oxygène et d'une certaine quantité de chaux ou de potasse humides, on obtient de l'acide azotique, et par conséquent un azotate. Le chlore et l'hydrogène, à volumes égaux, se combinent par l'action de l'étincelle et produisent de l'acide chlorhydrique : 1 volume d'oxygène et 2 volumes d'oxyde de carbone donnent de l'acide carbonique.

*Influence de la pile électrique sur la décomposition des corps.* — Nous aurons le plus grand soin de faire connaître par la suite l'action que ces fluides exercent sur les différents corps simples ou composés ; mais nous pouvons énoncer d'une manière générale que si, dans un corps *AB*, les molécules *A* peuvent se constituer dans un état d'électricité positive, et celles de *B* dans un état d'électricité négative, il sera possible de les séparer les unes des autres au moyen de la pile, quelle que soit leur affinité réciproque : en effet, le fluide positif de la pile attirera les molécules négatives de *B*, tandis que les molécules de *A* seront attirées par le fluide négatif.

(1) Composé d'hydrogène et d'azote.
(2) Composé d'hydrogène et de soufre.
(3) Composés d'hydrogène et de carbone ou de phosphore.

Nous croyons devoir appuyer cette proposition d'un certain nombre d'exemples propres à mettre dans tout son jour l'influence de la pile sur la décomposition des corps. 1° *Décomposition de l'eau.* Ce fluide est décomposé par la pile en oxygène qui est attiré par le pôle positif, et en hydrogène qui l'est par le pôle négatif. *Explication.* Puisque l'oxygène est attiré par le pôle positif de la pile, il devra être électro-négatif; et l'hydrogène, qui est attiré par le pôle négatif, devra être électro-positif. Il faut donc admettre que la décomposition d'une particule d'eau par la pile a lieu, parce que l'affinité qui existe entre l'oxygène et l'hydrogène est vaincue par l'énergie avec laquelle l'oxygène est attiré par le pôle positif et repoussé par le pôle négatif, et par l'énergie avec laquelle l'hydrogène est attiré par le fluide négatif et repoussé par le fluide positif. 2° Les oxydes, les acides et les sels seront également décomposés par la pile.

Voici d'après Berzélius l'ordre suivant lequel on peut ranger les différents corps simples, relativement à l'état d'électricité dans lequel ils se constituent:

| | | | |
|---|---|---|---|
| Oxygène. | Bore. | Mercure. | Cérium. |
| Soufre. | Carbone. | Argent. | Thorinium. |
| Azote. | Antimoine. | Cuivre. | Zirconium. |
| Phtore. | Tellure. | Urane. | Aluminium. |
| Chlore. | Tantale. | Bismuth. | Yttrium. |
| Brome. | Titane. | Étain. | Glucynium. |
| Iode. | Silicium. | Plomb. | Magnésium. |
| Sélénium. | Hydrogène. | Cadmium. | Calcium. |
| Phosphore. | Or. | Cobalt. | Strontium. |
| Arsenic. | Osmium. | Nickel. | Baryum. |
| Chrome. | Iridium. | Fer. | Lithium. |
| Molybdène. | Platine. | Zinc. | Sodium. |
| Vanadium. | Rhodium. | Manganèse. | Potassium. |
| Tungstène. | Palladium. | | |

Le second de ces corps (le soufre) sera *électro-positif* si on le compare au premier, et *électro-négatif* relativement au troisième; ou, d'une manière plus générale, un de ces corps sera électro-positif à l'égard de ceux qui le précèdent, et électro-négatif si on le compare à ceux qui le suivent. *Exemples :* Que l'on décompose par la pile un corps formé d'oxygène et d'azote, l'oxygène se portera au pôle positif comme électro-négatif, et l'azote au pôle négatif parce qu'il est électro-positif. Si la pile agit sur un corps composé d'azote et d'hydrogène, l'azote se portera vers le pôle positif comme électro-négatif, et l'hydrogène vers le pôle négatif, parce qu'il est électro-positif dans ce cas.

Suivant Berzélius, les composés d'oxygène et d'un des corps suivants, soufre, azote, chlore, brome, iode, sélénium, phosphore, arsenic, molybdène, chrome, tungstène, bore, carbone, antimoine, tellure, tantale, titane, silicium et hydrogène, sont électro-négatifs par rapport aux composés d'oxygène et d'un des autres corps simples. Ainsi, admettons que l'acide sulfurique (formé d'oxygène et de soufre) soit combiné avec la chaux (composée d'oxygène et de calcium); si on soumet à l'action de la pile le composé d'acide sulfurique et de chaux, l'acide se portera vers le pôle positif comme électro-négatif, et la chaux vers le pôle négatif en sa qualité de corps électro-positif. Un acide, dit cet auteur lorsqu'il cherche à généraliser la proposition, est toujours électro-négatif, par rapport à l'oxyde avec lequel il est uni, qui est au contraire électro-positif.

*Influence de la pile sur la composition des corps.* Après avoir examiné les phénomènes relatifs à la *décomposition* des corps par la pile, nous devons étudier ceux qui ont pour objet les *combinaisons* qu'elle est susceptible d'opérer. Que l'on introduise de l'argent dans de l'eau, et qu'on le fasse communiquer avec le pôle positif d'une pile en activité, il s'oxydera, tandis que l'eau seule ne l'altère point. Le tellure, qui n'exerce point d'action sur ce liquide, se transformera en hydrure si on le met dans l'eau et qu'on le fasse communiquer avec le pôle négatif d'une pile, etc. Nous renvoyons pour plus de détails à l'article ATTRACTION du *Dictionnaire des sciences naturelles.*

*Mais quel est le rôle que peut jouer le fluide électrique dans les diverses combinaisons et décompositions chimiques?* Cette question étant sans contredit une des plus importantes de la théorie moderne, mérite d'être approfondie. Nous remarquons : 1° que lorsque les fluides électriques positif et négatif se combinent, il y a production de chaleur et de lumière; or, dans la plupart des combinaisons chimiques il y a aussi dégagement de chaleur; dans quelques cas même il se dégage de la lumière; 2° que tous les corps composés, soumis à l'influence simultanée des deux fluides à l'aide de la pile électrique, par exemple, sont décomposés; 3° qu'au moment où la combinaison s'opère il y a dégagement d'électricité.

Il s'agit maintenant d'examiner s'il ne serait pas possible d'expliquer toutes ces réactions, à l'aide des seules forces électriques, sans le concours de l'affinité, comme l'a proposé Ampère. Les phénomènes qu'il faut expliquer pendant les *combinaisons* sont le dégagement de calorique et d'électricité, et quelquefois de lumière, ainsi que la stabilité des combinaisons, c'est-à-dire comment il se fait que des atomes constituants de diverse nature restent combinés tant que l'on ne fait pas intervenir de nouvelles forces.

*Théorie d'Ampère.* Chaque atome constituant a une électricité qui lui est propre et dont il ne peut jamais se séparer; donc cet atome, que nous supposerons électrisé *positivement*, ne pourra jamais exister dans une atmosphère de fluide *neutre* sans décomposer en partie celui-ci, sans en attirer le fluide *négatif*, qui formera autour de l'atome une atmosphère négative. Un atome constituant électrisé *négativement*, placé dans les mêmes conditions, se trouvera enveloppé d'une atmosphère *positive*. Supposons maintenant que ces deux atomes viennent à se rapprocher, les deux atmosphères de nom contraire se combineront et reproduiront du fluide naturel. Si les deux atomes sont l'un et l'autre fortement électrisés, les atmosphères qui les entourent seront elles-mêmes très étendues et très denses, et leur combinaison produira non seulement de la chaleur, mais encore de la lumière. Ces deux atmosphères étant détruites, ou du moins l'une d'elles, les atomes constituants resteront combinés puisqu'ils ont conservé leurs électricités propres; d'où il suit que dans toute combinaison chimique il faudrait admettre deux mouvements attractifs, celui des deux atmosphères électriques de noms contraires et celui des atomes constituants : le premier constitue un phénomène transitoire, l'autre est permanent.

Mais en adoptant cette hypothèse, comment concevoir le dégagement d'électricité qui se manifeste constamment pendant les réactions chimiques ; comment se fait-il que les deux atmosphères en se combinant ne se détruisent pas complétement, puisqu'elles forment du fluide neutre, et pourquoi y a-t-il dispersion sensible de fluide électrique? M. Dumas, à qui nous avons emprunté tout ce qui se rapporte à la théorie d'Ampère, dit à ce sujet : « Pour concevoir comment il se fait qu'on observe toujours un dégagement considérable d'électricité en pareil cas, il faut se reporter aux circonstances mêmes de l'expérience : elle se réduit en général à opérer la combinaison de deux corps dans un vase où l'on fait plonger les deux extrémités d'un galvanomètre ; les fils métalliques du galvanomètre offrent donc à l'électricité un passage facile, et c'est en cela que consiste toute l'explication du phénomène. Concevons, en effet, deux molécules électrisées en sens inverse et placées aux deux extrémités d'un arc métallique : tant qu'elles seront éloignées, leurs atmosphères resteront en place; mais si on les rapproche suffisamment pour que la combinaison s'effectue, les atmosphères se combinant tout-à-coup, les molécules mises à nu pourront emprunter au fil une portion de son électricité, et il s'établira dans le fil un courant électrique qui durera jusqu'à ce que les molécules soient combinées. Il est évident que la molécule vitrée prendra du fluide négatif du fil, et que la molécule résineuse lui empruntera au contraire du fluide positif. »

Si les phénomènes que l'on observe pendant la *combinaison* des corps s'expliquent facilement à l'aide des forces électriques, il est encore plus aisé de se rendre compte de ceux qui accompagnent les décompositions, en admettant que la pile électrique restitue aux atomes constituants *A* et *B*, d'un composé *AB*, les atmosphères électriques dont ces atomes doivent être toujours enveloppés lorsqu'ils sont libres. (Voy. pour mieux comprendre ce qui se rapporte à l'influence décomposante de la pile, la page 24.)

Deux objections ont surtout été faites à la théorie d'Ampère. On a dit : 1° si chaque atome constituant est animé d'une électricité qui est positive, et toujours la même pour tel atome et négative pour tel autre, comment se fait-il que le chlore, l'iode, le brome, etc., que vous regardez comme étant électrisés *positivement* lorsqu'on les compare à l'oxygène, soient considérés comme étant électrisés *négativement* quand on les compare à l'hydrogène et à tous les corps qui sont placés au-dessous d'eux dans l'échelle électrique? A cela Ampère répond que l'on peut envisager tous les corps comme renfermant la *même espèce* d'électricité (dans lequel cas on n'admettrait qu'un seul fluide électrique), seulement celui-ci en contiendrait plus que celui-là; dès lors, en supposant que l'électricité de la surface de la terre fût représentée par l'*unité*, on aurait des molécules plus électrisées et d'autres moins électrisées que cette unité; tel corps aurait la moitié de cette unité, tel autre le tiers, le quart, le cinquième, le sixième, etc.; tel autre en renfermerait une, deux, trois, quatre fois, etc., autant que l'unité de convention; on voit que cette hypothèse répondrait suffisamment à l'objection; 2° si l'affinité dépend exclusivement de l'état électrique, l'oxygène, qui est le corps le plus électro-négatif, devrait avoir d'autant plus d'affinité pour les autres corps simples que ceux-ci seraient plus électro-positifs; c'est pourtant ce qui n'a pas toujours lieu : ainsi, pour en citer un exemple, l'affinité de l'oxygène pour le calcium est moins grande que celle qui existe entre le chlore et le calcium, puisque le chlore chasse l'oxygène de l'oxyde de calcium et prend sa place; et pourtant le chlore est moins électro-négatif que l'oxygène. Nous l'avouerons, cette objection nous paraît être restée sans réponse *satisfaisante*, et nous ne pensons pas que l'on puisse considérer comme telle celle qui ferait dépendre ce phénomène du nombre des molécules, ou pour mieux dire des quantités absolues du fluide électrique, dont les molécules constituantes du chlore et d'oxygène seraient animées; aussi sommes-nous obligé d'admettre que les forces électriques n'influent pas seules sur les réactions chimiques, quoiqu'elles jouent un très grand rôle, et que dans certains cas du moins, plusieurs autres circonstances, telles que la nature même des atomes constituants, leur nombre, leur position relative, etc., impriment à ces réactions des modifications plus ou moins importantes et encore inconnues.

Le fluide électrique est rangé parmi les excitants. On s'en est servi avec avantage dans un très grand nombre de cas : 1° dans certaines paralysies ; 2° dans le rhumatisme simple et goutteux ; 3° dans la surdité qui n'est pas de naissance ; 4° dans l'amaurose ; 5° enfin dans la suppression des règles... Il faut pourtant convenir que son emploi n'a été suivi d'aucun succès chez plusieurs individus atteints des maladies que nous venons de désigner. Les observations relatives à l'usage médical de cet agent ne sont pas assez nombreuses pour nous permettre de déterminer les cas où il faut s'en servir. Il peut être communiqué au corps : 1° au moyen du bain ; 2° par les pointes ; 3° par frictions à travers la flanelle ; 4° par décharge au moyen de la machine électrique ; 5° par la bouteille de Leyde ; 6° par la pile.

# CHAPITRE II.

## *Des Corps simples pondérables.*

### ARTICLE PREMIER.

### DES CORPS SIMPLES NON MÉTALLIQUES.

Les corps simples sont partagés en deux groupes différents; le premier renferme les corps non métalliques, et le second les métaux proprement dits. Les caractères des corps non métalliques sont de n'être pas en général conducteurs de l'électricité ni de la chaleur, d'appartenir tous à la série des corps électro-négatifs par rapport aux métaux, et de gagner le pôle positif lorsqu'on les sépare par la pile des métaux avec lesquels ils pouvaient être unis, de n'avoir pas en général cet éclat, ce poli que nous sommes accoutumés à voir aux métaux, et en outre, comme caractère essentiel, de ne pouvoir, en s'unissant à l'oxygène, produire des oxydes susceptibles de s'unir aux acides pour former des sels.

Pour faciliter l'étude de ces corps non métalliques, nous les classerons dans les quatre catégories suivantes, formant chacune une famille naturelle :

| 1re | 2e | 3e | 4e |
|---|---|---|---|
| Oxygène. | Bore. | Fluor. | Phosphore. |
| Soufre. | Silicium. | Chlore. | Arsenic. |
| Sélénium. | Carbone. | Brome. | Azote. |
| | Hydrogène. | Iode. | Tellure. |

### DE L'OXYGÈNE.

L'*oxygène* est de tous les corps simples le plus universellement répandu dans la nature, à l'état libre ou de combinaison. C'est un gaz permanent, incolore, inodore, insipide; sa densité est de 1,1057, d'après les dernières expériences de

MM. Dnmas et Boussingault; son pouvoir réfringent est de 0,924, celui de l'air étant 1; il est le plus électro-négatif de tous les corps.

*Caractère essentiel.* — Si l'on plonge une allumette présentant un point en ignition dans une éprouvette remplie d'oxygène, elle se rallume tout-à-coup et brûle avec une flamme bien plus brillante que dans l'air. Il en est de même pour tous les corps susceptibles de se combiner avec lui; ainsi, du fer, du charbon, du phosphore, dont un point seulement de la surface serait porté à la température rouge, plongés dans un vase contenant de l'oxygène, y brûleraient avec rapidité, en répandant une lumière des plus vives. Il jouit seul de la propriété d'entretenir la vie des animaux et des végétaux, et de fournir l'aliment nécessaire à la combustion dans nos cheminées et nos fourneaux.

Il est sans action sur la teinture de tournesol et sur l'eau de chaux. Il est peu soluble dans l'eau.

Ainsi que nous l'avons dit (pag. 13), son équivalent est représenté par 100, pris comme terme de comparaison, pour déterminer celui des autres corps simples.

Sa découverte est due à Priestley et à Scheele, qui l'obtinrent presque en même temps, en 1774; mais Lavoisier en reconnut les principales propriétés, qui depuis sont devenues la base de la chimie moderne.

*Usages.* — Les *usages* de l'oxygène sont excessivement nombreux; nous en parlerons à mesure que nous ferons l'histoire des corps avec lesquels on le combine.

*Action sur l'économie animale.* — Il doit être considéré comme un excitant. Lors de sa découverte, plusieurs médecins conçurent l'espoir de diminuer l'intensité des symptômes de la phthisie pulmonaire en le faisant respirer; mais il détermina une excitation telle de la membrane muqueuse des poumons, qu'on fut obligé d'y renoncer. Il paraît agir avantageusement dans l'asthme humide, dans la chlorose, dans les affections scrofuleuses, les empâtements du bas-ventre, dans certaines affections lentes des poumons et des viscères abdominaux, dans le commencement du rachitis, le scorbut, mais principalement dans l'asphyxie par défaut d'air, et par les gaz nuisibles à cause de leur non respirabilité.

*Extraction.* — On peut obtenir le gaz oxygène par plusieurs procédés. Nous décrirons les deux qui sont le plus généralement employés. Ils sont fondés sur la propriété que possèdent certaines combinaisons de l'oxygène avec d'autres corps, d'être détruites par l'action de la chaleur. Ainsi l'on introduit quelques grammes de chlorate de potasse (1) desséché dans une petite cornue de verre *C* d'une capacité double du volume de la substance (voy. pl. 1re, fig. 1re) ; on adapte à son col, au moyen d'un bouchon, un tube recourbé *T* propre à recueillir le gaz, et qui se rend sous une cloche remplie d'eau *M*. On chauffe graduellement jusqu'au-delà de 400°. L'air de l'appareil d'abord se dilate, se dégage ; le sel fond, se décompose, et l'on peut recueillir alors l'oxygène qui sort de cette masse en produisant un bouillonnement qui sert à régler la marche de l'opération. Dans cette réaction, le chlorate de potasse laisse dégager tout l'oxygène par l'action de la chaleur, et il reste dans la cornue une matière blanche qui n'est plus que du chlorure de potassium : $Cl\,O^5\,KO = Cl\,K + O^6$. L'autre procédé consiste à substituer à la cornue de verre du précédent appareil une cornue de grès, dans laquelle on introduit 150 grammes de bi-oxyde de manganèse purifié. Alors on chauffe graduellement jusqu'au rouge : à cette température l'oxyde perd le quart de son oxygène, qui se dégage et vient se rendre dans les cloches disposées pour le recevoir. Cette quantité de bi-oxyde de manganèse peut fournir 3 ou 4 litres d'oxygène. Il reste dans la cornue un mélange de protoxyde et de bi-oxyde. Tous les composés oxygénés susceptibles d'être décomposés par l'action de la chaleur pourront fournir de l'oxygène en les plaçant dans les conditions que nous venons d'indiquer ; tels sont entre autres les oxydes d'argent, de mercure, l'azotate de potasse, etc.

L'eau contenant toujours une certaine quantité d'un mélange de gaz oxygène et d'azote, il en résulte, si l'on reçoit le gaz oxygène sous des cloches pleines d'eau, comme cela

(1) Acide chlorique = $Cl\,O^5$ et potasse = $K\,O$.

se pratique habituellement, que cet oxygène est toujours mêlé d'un peu d'azote; il importe donc, pour avoir l'oxygène pur, de le recueillir sous le mercure. Cette remarque s'étend à l'extraction de tous les gaz recueillis sur l'eau.

## DU SOUFRE.

Le soufre est une substance très répandue dans la nature; il existe à l'état natif, principalement aux environs des volcans; tantôt il est cristallisé, tantôt il est en masse ou en poussière fine; on le trouve combiné avec des métaux, comme dans les pyrites de fer, de cuivre, etc.; il fait partie des sulfates de chaux (plâtre), de magnésie (sel d'Epsom), et de tous les autres sulfates, sels excessivement communs; enfin il entre dans la composition de la matière cérébrale et de quelques eaux minérales.

Le soufre est un corps solide, d'une belle couleur jaune citron, affectant deux formes différentes, qui sont tantôt l'octaèdre allongé à base rhombe, tantôt le prisme oblique, selon les moyens employés pour le faire cristalliser. Il est insipide, pouvant acquérir une légère odeur par le frottement, très friable; sa cassure est luisante. Il est si mauvais conducteur de l'électricité et de la chaleur, qu'il suffit d'en tenir un bâton dans la main pendant quelques instants pour qu'il fasse entendre un craquement dû à l'inégale dilatation que subissent ses parties par la chaleur de la main, qui quelquefois suffit même pour le briser. Sa densité est de 2,087.

Lorsqu'on le soumet peu à peu à l'action de la chaleur, il fond entre 107 et 109° c. A cette température il est très fluide, et conserve sa couleur jaune jusqu'à 140°. Mais pousse-t-on la chaleur jusque vers 160°, il commence à s'épaissir, devient rougeâtre, et si l'on chauffe encore davantage, jusque entre 220 et 250°, il acquiert alors une consistance telle qu'on peut renverser le vase qui le contient sans que la masse change même de place. Enfin vers 400°, il entre en ébullition et se volatilise. Si le soufre présente, comme on le voit, une anomalie bien remarquable dans les modifications que lui fait subir la chaleur, les phénomènes qu'il produit par un refroidissement brusque, lorsqu'il se trouve à l'un de ces différents états, ne sont pas moins remarquables. En effet, si le soufre fondu à la température de 109°, et d'une liquidité parfaite, est projeté dans l'eau froide, il se solidifie tout-à-coup, devient friable, et conserve sa couleur propre. Mais si on le porte de 220 à 240°, qu'on le projette de même dans l'eau froide, lorsqu'il est par conséquent en fusion visqueuse, il est mou, transparent et de couleur rougeâtre. Il peut s'étirer en fils fins et élastiques. Il ne devient dur qu'au bout de quelque temps. Il y a donc un rapport constant entre la température à laquelle s'opère la trempe et l'altération que le soufre en éprouve.

Lorsque le soufre a été fondu dans un creuset et qu'il s'y est refroidi lentement, les molécules, obéissant à la force de cohésion qui leur est propre, se rapprochent; il se forme alors à l'extérieur de la masse fondue une sorte de croûte, tandis que la partie intérieure, encore liquide, cristallise peu à peu. Si l'on crève alors cette pellicule, et que l'on fasse écouler la partie encore liquide, on isolera toute la portion qui en se solidifiant la première aura cristallisé, et l'on aura des cristaux qui auront la forme d'aiguilles prismatiques. Si, au contraire, on fait dissoudre du soufre dans du sulfure de carbone, et qu'on laisse évaporer le liquide lentement, l'on obtiendra encore des cristaux, mais qui auront la forme d'octaèdres allongés.

La *lumière* qui traverse les cristaux de soufre éprouve une double réfraction. Lorqu'on le frotte, il devient *électro-négatif*. Il est *électro-positif* par rapport à l'oxygène, et *électro-négatif* par rapport à l'azote. (Voy. pag. 28.)

Le *gaz oxygène* n'exerce sur le soufre aucune action marquée à la température ordinaire; mais il se combine avec lui si on le chauffe.

*Propriété essentielle.* — Si l'on introduit un morceau de soufre qui présente un point en ignition dans une éprouvette à pied remplie de ce gaz, il l'absorbe avec dégagement de calorique et d'une lumière blanche bleuâtre, et passe à l'état de gaz acide sulfureux, facile à reconnaître à son odeur piquante, qui est la même que celle du soufre qui brûle à l'air.

On peut encore obtenir, par des moyens indirects, trois autres composés d'oxygène et de soufre, l'acide hyposulfureux, l'acide hyposulfurique, et l'acide sulfurique.

Le *poids d'un équivalent de soufre* est de 201,165.

*Usages.* — Le soufre fait partie constituante de la poudre à canon; on l'emploie pour soufrer les allumettes et pour préparer les acides sulfureux et sulfurique, dont on fait une grande consommation dans les arts. Le soufre est un excitant général qui paraît agir particulièrement sur les fonctions du système exhalant. Il est utile dans certains cas d'engorgements scrofuleux, d'œdème, de catarrhes, de paralysie produite par les vapeurs mercurielles ou saturnines; on l'emploie surtout avec succès dans le traitement de la gale, des dartres, de la teigne. On l'applique sous forme d'onguent préparé avec de la graisse de porc ou avec du cérat; quelquefois aussi, pour guérir la gale, on se sert d'un liniment fait avec parties égales de soufre et de chaux vive, parfaitement triturés et incorporés dans de l'huile d'olives ou d'amandes douces. Administré à l'intérieur, le soufre est regardé comme purgatif, à la dose de 4 à 12 grammes; mais à petites doses, on doit le considérer comme excitant, spécialement dans les affections chroniques du poumon et des viscères abdominaux. On le donne avec des extraits, ou bien sous forme de bols, de pastilles, d'électuaires, ou en suspension dans du lait : la dose est de 50 centigrammes à 4 grammes par jour; on l'emploie aussi sous forme de *baumes*, qui ne sont autre chose que des huiles essentielles tenant du soufre en dissolution : ainsi, on donne de 20 à 24 gouttes de *baume de soufre térébenthiné*, *de baume de soufre anisé*, *de baume de soufre succiné;* enfin les fameuses pilules de Morton, si souvent employées par cet auteur dans la phthisie pituitaire, et qui ne paraissent réussir que dans les catarrhes chroniques, contiennent du baume de soufre anisé.

*Extraction.* — On retire le soufre des matières terreuses auxquelles il est mélangé, ou en décomposant par la chaleur les sulfures naturels de fer ou de cuivre. 1° Le minerai tel qu'on l'extrait des solfatares de Sicile subit une première opération sur les lieux mêmes, qui consiste à le faire fondre dans de grandes chaudières, à le maintenir ainsi fondu pendant quelque temps afin de laisser déposer les matières terreuses, et à décanter le soufre qui est mis à refroidir dans des fosses en pierre; en cet état il porte le nom de soufre brut en masse. Pour le purifier et pour obtenir le soufre sublimé ou en canon, on procède à la distillation du soufre brut. L'appareil dont on se sert se compose d'une première chaudière dans laquelle le soufre est mis en fusion, afin d'en dégager à l'air libre tous les gaz hydrogénés qu'il pourrait contenir, et au fond de laquelle se déposent, en vertu de leur pesanteur, la plus grande quantité des matières terreuses qu'il pourrait encore retenir. Le soufre ainsi liquéfié s'écoule par un robinet situé un peu au-dessus du fond de cette chaudière dans un cylindre placé horizontalement sur un fourneau et porté à une température excédant un peu 400°; l'extrémité postérieure du cylindre, courbée en forme d'S, débouche dans une chambre où la vapeur arrive. Si cette chambre est grande et que le travail soit suspendu pendant la nuit, toute la vapeur est immédiatement condensée et se dépose sous forme d'une poudre très fine qui porte le nom de *fleurs de soufre* (soufre sublimé); dans le cas au contraire où la chambre est assez petite pour que les parois s'échauffent assez rapidement et que le travail soit continué jour et nuit, la vapeur de soufre n'étant plus ramenée qu'à l'état liquide, on peut couler ainsi le soufre dans des moules de bois qui lui donnent la forme de bâtons coniques; c'est alors du soufre en canon.

Enfin, l'extraction du soufre des sulfures métalliques s'opère en soumettant ceux-ci à l'action de la chaleur dans des cylindres de grès et en recevant le soufre qui s'en dégage dans des pots contenant de l'eau. On recueille aussi celui qui se dégage pendant le grillage de ces minerais à l'air libre, et qui se dépose autour des monceaux où l'opération s'effectue.

## DU SÉLÉNIUM.

Le sélénium a été découvert à la fin de 1816 par M. Berzélius; il a déjà été trouvé : 1° dans le soufre de Fahlun et de Lipari, où il existe en très petite quantité; 2° dans l'*eukairite;* 3° associé au plomb, au mercure, au cobalt, au cuivre, et à l'état de séléniure de potassium dans le duché d'Anhalt-Bernburg. Son nom a été dérivé de *selen*, la lune, pour rappeler son analogie avec le *tellure* (dérivé de *tellus*, *telluris*, la terre).

Le sélénium refroidi après avoir été fondu, est solide, brillant et d'une couleur brune; sa cassure est vitreuse et couleur de plomb; sa poudre est d'un rouge foncé; il n'est point dur; le couteau le raie aisément; il est fragile : sa densité est de 4,32. Il est mauvais conducteur du calorique et de l'électricité. Soumis à l'action du *feu* dans des vaisseaux fermés, il fond à quelques degrés au-dessus de 100°; si on le chauffe presque jusqu'au rouge, il bout et peut être distillé.

Chauffé jusqu'au rouge avec une grande quantité d'oxygène ou d'air, il se transforme en acide sélénieux en brûlant avec une flamme bleue et en répandant une forte odeur caractéristique de *rave* ou de *choux pourris*. Si la température n'était pas poussée jusqu'au rouge, une partie se volatiliserait, tandis que l'autre passerait seulement à l'état d'oxyde.

Le *soufre* peut s'unir directement avec le sélénium et donner un sulfure d'une couleur orange foncée, très fusible, et soluble dans la potasse et la soude; il est formé de 100 parties de *sélénium* et de 60,75 de *soufre*. L'acide sulfurique dissout le sélénium et acquiert une couleur verte; l'eau le précipite de cette dissolution sous forme d'une poudre rouge.

*Extraction.* — On retire le sélénium de la galène sélénifère de Fahlun, en la grillant dans des fours où le sélénium se sublime avec le soufre; mais il faut faire en sorte que pendant le grillage l'air ait assez d'accès pour brûler la totalité ou au moins la presque totalité du soufre. Il y a encore beaucoup d'autres méthodes à l'aide desquelles on se procure le sélénium, mais qui sont peu employées en grand et très longues. Il est sans usages.

Le poids d'un équivalent de sélénium est de 494,583.

## DU BORE.

Le bore est un corps simple qui ne se trouve jamais pur dans la nature, mais qui fait partie de trois composés naturels, savoir : de l'acide borique (boracique), du borax (borate de soude), et du borate de magnésie.

Il est solide, pulvérulent, très friable, insipide, inodore, d'un brun verdâtre et plus pesant que l'eau. Il est *électro-positif* par rapport à l'oxygène. (Voy. pag. 28.)

*Propriété essentielle.* — Lorsqu'on le met en contact avec le *gaz oxygène* à la température ordinaire, il n'éprouve aucune altération ; mais si on le chauffe jusque un peu au-dessous de la chaleur rouge, il se combine avec ce gaz et forme de l'acide borique qui entre en fusion en dégageant une grande quantité de calorique et de lumière. Le *soufre* en vapeur peut se combiner avec le bore chauffé au rouge blanc

Le poids d'un équivalent de bore est de 272,41.

*Extraction.* — On introduit dans un tube de cuivre parties égales de potassium coupé en fragments et d'acide borique vitrifié et pulvérisé (composé d'oxygène et de bore) ; on dispose le mélange de manière qu'il y ait successivement une couche de métal et une autre d'acide ; on ferme le tube avec un bouchon de liége auquel on a pratiqué une légère fissure pour donner issue à l'air, et on le fait rougir. Le potassium décompose une partie de l'acide, s'empare de son oxygène et met le *bore* à nu ; la portion d'acide non décomposé forme avec la potasse produite du borate de potasse. Lorsque le tube est refroidi, on fait bouillir le mélange à plusieurs reprises avec de l'eau, afin de dissoudre tout le borate de potasse ; alors on fait sécher le bore et on le conserve à l'abri du contact de l'air.

## DU SILICIUM.

Le silicium ne se trouve dans la nature qu'à l'état d'acide silicique ou de silice, matière très abondante et très généralement répandue. Il offre la plupart des caractères extérieurs du bore; il est d'un brun noisette, sombre, sans le moindre éclat métallique, inodore, insipide; sans action sur le tournesol ni sur le sirop de violettes. Il ne conduit point l'électricité; il paraît appartenir à la classe des corps les plus infusibles. Il brûle à l'air ou avec le contact du gaz *oxygène*, et forme de la silice (acide silicique) s'il n'a pas été fortement chauffé : mais s'il a été préalablement soumis à une haute température, il est *incombustible*, même dans le gaz oxygène. Il peut se combiner avec le *soufre*. Il a été obtenu par Berzélius en décomposant, par le potassium, le phtorure double de silicium et de potassium. Son équivalent est de 277,47. Il est sans usages.

## DU CARBONE.

Le carbone est très répandu dans la nature : tantôt on le trouve pur, comme dans le diamant, tantôt il est uni à d'autres principes, comme dans toutes les substances végétales et animales, dans le charbon ordinaire, dans la plombagine (1), l'anthracite, etc.; cette dernière est quelquefois formée de carbone presque pur; enfin il existe constamment dans l'atmosphère, combiné avec l'oxygène à l'état de gaz acide carbonique, et quelquefois à l'état de gaz hydrogène carboné.

Le diamant ou le carbone pur se trouve dans les Indes-

(1) La plombagine ou la mine à crayon qui se trouve en France, en Espagne, en Bavière, en Angleterre et en Norwège, a été long-temps considérée comme formée de 8 à 10 parties de fer et de 90 à 92 de charbon; mais il est prouvé aujourd'hui que le fer que l'on obtient assez généralement de ses cendres n'y est qu'accidentel, et qu'elle n'est composée que de charbon dans un état particulier. (Karsten.) Mêlée avec l'argile, on l'emploie pour faire des crayons, des creusets, etc.

Orientales, principalement dans le royaume de Golconde et de Visapour ; on en a aussi découvert dans la Serra do Frio, district du Brésil. Il se présente ordinairement sous forme de cristaux très brillants, limpides, transparents, incolores, qui sont des octaèdres ou des dodécaèdres, ou des sphéroïdes à 48 faces triangulaires, curvilignes : quelquefois ces cristaux sont roses, orangés, jaunes, verts, bleus ou noirs ; leur poids spécifique varie depuis 3,5 jusqu'à 3,55 ; leur dureté est telle qu'ils ne sont rayés et usés que par leur propre poudre. C'est sur ces propriétés qu'est fondée la taille des diamants vendus dans le commerce.

Soumis à l'action du calorique dans des vaisseaux fermés, le diamant n'éprouve aucune altération ; son pouvoir réfringent est de 3,1961, celui de l'air étant 1,0000. Il est *électro-positif* par rapport au bore, et électro-négatif par rapport à l'hydrogène. (Voy. pag. 28.)

*Propriété essentielle.* — Le gaz *oxygène* n'exerce aucune action sur le diamant à froid; mais si on élève la température, il se combine avec lui, disparaît et forme de l'acide carbonique. Dès 1694, les académiciens de Florence, en soumettant le diamant à l'action d'un miroir ardent, avaient vu qu'il disparaissait. Plus tard, Guyton de Morveau, Lavoisier, Davy, etc., mirent sa combustibilité hors de doute en répétant ces expériences; ils s'assurèrent alors que le produit de la combustion du diamant et celle du charbon de bois étaient identiques, puisque l'acide carbonique qui en résultait était formé dans l'un et l'autre cas des mêmes éléments et dans les mêmes proportions. Enfin tout récemment M. Dumas a non seulement reproduit ces phénomènes, mais il a déterminé d'une manière irrévocable, on peut le dire, la composition de l'acide carbonique et le véritable poids de l'équivalent du carbone.

Nous bornerons ici l'histoire chimique du diamant, puisqu'il se confond avec le charbon ordinaire, dont les propriétés et les caractères nous sont beaucoup plus familiers.

Le poids de l'équivalent du carbone est de 37,075.

*Usages.* — Le diamant est un objet de luxe ; on peut s'en servir pour rayer les autres corps, et surtout pour couper le verre et pour faire des microscopes; il grossit les objets par rapport au verre dans la proportion de 8 : 3.

## DU CHARBON.

Sous ce nom on désigne le produit de la calcination en vases clos des matières végétales ou animales. Comme les végétaux contiennent de l'hydrogène, de l'oxygène et du charbon, que les matières animales, indépendamment de ces trois éléments, renferment de l'azote, on conçoit facilement que les propriétés du charbon ainsi obtenu ne soient pas toujours les mêmes; le charbon retient en outre toutes les matières minérales fixes qui faisaient partie des végétaux ou des animaux qui ont servi à sa préparation. — Le charbon peut donc contenir de l'hydrogène, le plus souvent de l'oxygène et de l'azote. Ce dernier surtout caractérise le charbon des matières animales (1). On peut purifier le charbon végétal en le chauffant fortement dans un creuset, pendant une heure environ, à la chaleur d'une bonne forge.

Ainsi préparé, le charbon est toujours solide, noir, inodore, insipide, fragile, et plus ou moins poreux; son poids spécifique est un peu plus considérable que celui de l'eau; cependant il la surnage ordinairement, à raison de l'air contenu dans ses pores; mais si on le laisse pendant quelque temps en contact avec l'eau, la majeure partie de l'air se dégage, et alors il se précipite.

Tel qu'on le trouve le plus souvent, il est mauvais conducteur de la chaleur et de l'électricité; cependant M. Chevreuse a remarqué que lorsqu'il a été calciné il devient beaucoup plus dense, d'une texture plus serrée, et que dans cet état il conduit parfaitement la chaleur et l'électricité, ce qui l'a fait employer pour garnir le pied des paratonnerres. Il n'est ni fusible ni volatil; il agit sur la lumière comme

(1) D'après Dœbereiner 100 parties de charbon de sapin ont fourni 98,56 de carbone et 1,44 d'hydrogène, et 100 parties de charbon animal obtenu en calcinant de la gélatine ont donné 71,7 de charbon et 28,3 d'azote.

tous les corps opaques noirs. L'électricité n'a aucune action sur lui ; seulement, lorsqu'on termine les deux pôles d'une forte pile par deux petits cônes de charbon dont les sommets sont très près l'un de l'autre, la communication des deux fluides se manifeste en dégageant une lumière des plus vives.

Lorsque après avoir fait rougir un morceau de *charbon*, on le plonge dans du mercure, et qu'on l'introduit, sans le sortir à l'air, dans une éprouvette remplie d'un gaz quelconque et placée elle-même sur la cuve à mercure, on remarque qu'il y a absorption de ce gaz et dégagement de calorique. M. Théodore de Saussure, qui a étudié en particulier ce phénomène, a trouvé que 1 vol. de charbon de buis, préalablement chauffé et refroidi à l'abri de l'air, a absorbé, à la température de 12 degrés et sous la pression de 0,72 :

| | | |
|---|---|---|
| 90 | volumes de gaz | ammoniac. |
| 85 | — | acide chlorhydrique. |
| 65 | — | acide sulfureux. |
| 55 | — | acide sulfhydrique. |
| 40 | — | protoxyde d'azote. |
| 35 | — | acide carbonique. |
| 35 | — | hydrogène bicarboné. |
| 9,42 | — | oxyde de carbone. |
| 9,25 | — | oxygène. |
| 7,50 | — | azote. |
| 1,75 | — | hydrogène. |

Les divers charbons n'ont pas tous indistinctement le même pouvoir absorbant ; mais ils absorbent les différents gaz en quantités qui sont entre elles dans le même rapport pour tous : par exemple, si un volume d'un certain charbon absorbe la moitié moins de gaz acide sulfureux qu'un même volume de charbon de buis, il absorbera la moitié moins de toute autre espèce de gaz ; en outre, l'absorption est d'autant plus grande que *la température est plus basse, la pression plus forte, le charbon moins pulvérisé, plus sec et plus dense, à moins cependant que la densité ne soit telle que les gaz ne puissent plus pénétrer dans leurs pores*; d'où il suit que ce phénomène est tout-à-fait mécanique.

Le charbon possède en outre la propriété de retenir un

grand nombre de matières colorantes dissoutes : ce qui l'a fait employer en si grande quantité dans l'industrie pour le raffinage du sucre en particulier. Ainsi, que l'on verse sur une partie de charbon réduit en poudre (celui qui provient des os est le meilleur) dix parties de teinture de tournesol, que l'on agite pendant quelques minutes, l'on observera en filtrant la liqueur que la matière colorante a été complétement absorbée, l'eau devant passer très limpide. C'est à Lowitz, chimiste russe, que nous sommes redevables de la découverte de cette propriété, qui depuis a été si féconde en résultats.

*Propriété essentielle.* — Lorsqu'on introduit du charbon qui présente un point en ignition dans une éprouvette remplie de *gaz oxygène*, ces deux corps se combinent; il y a dégagement de calorique et de beaucoup de lumière, et il se forme du gaz *acide carbonique*. De l'eau de chaux versée dans cette éprouvette se trouble et dépose des flocons blancs composés d'acide carbonique et de chaux. Ce qu'il y a de remarqable dans cette expérience, c'est que l'acide carbonique obtenu occupe précisément un volume égal à celui de l'oxygène qui entre dans sa composition. M. Gay-Lussac a tiré parti de ce fait pour connaître la densité de la vapeur du carbone, qu'il est impossible de déterminer directement; il a supposé que le gaz acide carbonique résultait d'un volume de gaz oxygène et d'un volume de vapeur de carbone (1) condensés en un seul; dès lors la densité de la vapeur du carbone doit être égale à celle du gaz acide carbonique, moins celle du gaz oxygène, ou à 1,5245—1,1057 c'est-à-dire 0,4188. La chaleur dégagée par la combustion d'un kilogramme de charbon peut porter à l'ébullition 79 kilog. 14 d'eau à zéro. (Despretz.)

L'action du *carbone pur* sur le *soufre* n'est pas connue. Il n'en est pas de même de celle qu'exerce le *charbon* calciné. Ces deux corps peuvent se combiner et donner naissance à trois composés, le *sulfure de carbone liquide* (liqueur de Lam-

(1) Nous avons déjà dit, à la page 12, que les corps se combinent en volume dans des rapports simples.

padius), le *sulfure de carbone solide*, et le *sulfure gazeux;* celui-ci n'est pas le résultat de l'action directe. (Berzélius.)

Le *sulfure de carbone liquide*, ou liqueur de Lampadius, est un corps transparent, d'une odeur fétide analogue à celle du chou pourri, d'une très grande volatilité. Sa densité est de 1,263; il bout et distille à + 45°; il n'a pu encore être solidifié, même par un froid très énergique. Il est indécomposable par la chaleur seule. A la température ordinaire, l'air ni l'oxygène n'ont aucune action sur lui, tandis qu'à une température élevée le carbone et le soufre passent à l'état d'acide carbonique et d'acide sulfureux; alors il brûle avec une belle flamme bleue.

Il est à peine soluble dans l'eau.

On le prépare en faisant passer du soufre en vapeur sur du charbon porté à une température rouge, dans l'intérieur d'un tube de porcelaine placé dans un fourneau; l'une des extrémités que l'on pourra fermer par un bouchon, sert à introduire le soufre par fragments et de temps en temps, tandis que l'autre, unie à une allonge communiquant avec un ballon, reçoit le sulfure de carbone qui vient s'y condenser. Il convient de mettre un peu d'eau dans le ballon pour faciliter la condensation; le sulfure de carbone, dans ce cas, se rassemble au fond du liquide sous forme d'un corps oléagineux, jaunâtre, que l'on purifie en le distillant seul dans une petite cornue. (Voy. pl. 1re, fig. 2.)

Il est formé d'un équivalent de soufre = 201,16 et d'un de carbone 37,075; donc son équivalent est de 238,235. Sa formule sera alors S C.

Il est rangé par Wutzer et Pellengam parmi les excitants diffusibles les plus énergiques, dont l'action se porte particulièrement sur le système utérin et sur la peau. On l'a administré comme emménagogue et comme sudorifique à la dose de 3 à 8 gouttes dans les affections rhumatismales et goutteuses sans fièvre, ou accompagnées d'une fièvre très légère. On l'a aussi employé en frictions sur les points affectés de rhumatisme, sur les tumeurs arthritiques chroniques et les engorgements tophacés récents.

*Sulfure de carbone solide.* — C'est le charbon qui reste

dans le tuyau de porcelaine à la fin de l'opération qui a fourni le sulfure liquide; il est très corrodé; brûlé avec de l'azotate de potasse dans un creuset, il fournit du sulfate de potasse, ce qui prouve qu'il contient du soufre.

*Sulfure de carbone gazeux.* — Gaz découvert par Schéele et qui se produit par la distillation dans une cornue, d'un mélange de sulfure de potassium (foie de soufre) et de charbon de bois bien calciné et pulvérisé. Il est incolore, d'une odeur légère analogue à celle de l'acide sulfhydrique, inflammable et donnant par la combustion de l'acide *sulfureux* et de l'acide *carbonique*, insoluble dans l'eau et décomposable instantanément par le chlore qui en précipite du soufre. Il serait à souhaiter qu'on approfondît davantage l'étude de ce gaz.

L'action du *bore* sur le carbone n'est pas connue.

*Usages.* — Il fait partie de la poudre à canon, de l'encre d'imprimerie, de l'acier; on s'en sert beaucoup dans les mines pour enlever l'oxygène aux oxydes métalliques; on polit avec lui plusieurs métaux; les peintres se servent de celui de fusain pour esquisser leurs dessins. Le charbon est employé avec succès pour détruire l'amertume de plusieurs substances, pour priver les matières végétales et animales qui commencent à se putréfier de leur odeur et de leur saveur désagréables; on peut rendre potable l'eau de mare chargée de débris d'animaux, au moyen des fontaines épuratoires de MM. Smith et Ducommun, qui ne sont autre chose que des filtres de charbon; les tonneaux charbonnés à l'intérieur conservent l'eau pour les marins; la viande faisandée perd son mauvais goût lorsqu'on la fait bouillir dans de l'eau avec une certaine quantité de charbon. Il suffit de nettoyer avec du charbon pulvérisé les vases imprégnés des odeurs de l'acide succinique, de l'acide benzoïque, de l'acide sulfureux, des huiles empyreumatiques, des punaises, etc., pour les en débarrasser entièrement. Un très grand nombre de liquides peuvent être décolorés par cette substance.

Le charbon provenant du sang desséché, des poils, de la corne ou des sabots que l'on a fait brûler avec le carbonate de potasse, et que l'on a laissé ensuite dans l'eau, est celui qui jouit au plus haut degré des propriétés dont nous parlons. Le *noir d'ivoire* (charbon d'os), beaucoup moins énergique que le précédent, est supérieur de plusieurs degrés au meilleur charbon de bois, dans lequel cependant cette propriété est déjà très prononcée. Le degré d'activité du charbon dépend de l'état de ses molécules : ainsi, s'il est terne et divisé chimiquement, il est toujours, quelle que soit sa nature, plus décolorant que celui qui est brillant et comme vitrifié ; la calcination peut même avoir été portée assez loin pour que le charbon ne jouisse plus de la propriété décolorante. On peut obtenir un charbon *végétal* doué de cette faculté à un degré très marqué, en ne charbonnant les matières qu'après les avoir mélangées avec des substances qui puissent s'opposer à l'aggrégation des molécules charbonneuses, telles que les os calcinés à blanc, la pierre ponce, etc. On prépare avec les matières *animales* molles des charbons décolorants, égaux en force à ceux des matières animales solides, en mélangeant ces matières avant de les carboniser avec les os calcinés et la pierre ponce : les alcalis fixes confèrent au charbon la propriété décolorante à un haut degré, en atténuant leurs molécules ; c'est ce qui a lieu surtout lorsque le charbon contient de l'azote qu'il peut perdre par sa calcination avec ces alcalis.

Plusieurs médecins emploient le charbon comme antiputride. M. Récamier, qui l'a quelquefois administré avec succès dans les fièvres dites bilieuses rémittentes, a observé qu'il avait la propriété de détruire la mauvaise odeur des matières excrémentielles. Réduit en poudre et mêlé avec du sucre, il est très bon dentifrice ; uni à un mucilage, à un aromate, il est propre à former des pastilles qui corrigent la mauvaise haleine ; on le conseille pour absorber la matière des flatuosités et de la tympanite ; on peut l'employer pour mondifier les ulcères de mauvais caractère, quoique le quinquina jouisse de cette propriété à un degré supérieur. Il paraît avoir été utile dans la teigne ; on l'applique sur la tête du malade préalablement débarrassée des croûtes et nettoyée au moyen de l'eau de savon. En général, le charbon doit être lavé et tamisé avant son administration : la dose est de 1 à 4 grammes; on le fait prendre aux malades sous le nom de *magnésie noire*.

*Extraction.* — On le prépare en grand dans les forêts, en couvrant de terre des monceaux de menu bois auxquels on met le feu, en ayant soin toutefois de ne pas le laisser enflammer : on obtient ainsi le charbon ordinaire. Mais un des meilleurs procédés pour l'avoir pur dans les laboratoires, consiste à calciner fortement une matière végétale, telle que du sucre, après l'avoir débarrassée des matières minérales qu'elle pourrait contenir, par plusieurs cristallisations successives.

## DE L'HYDROGÈNE (1).

L'hydrogène se trouve très abondamment dans la nature. Il entre dans la composition de toutes les substances végétales et animales, de l'eau, des hydracides, de l'ammoniaque et de tous les sels ammoniacaux, etc.

L'hydrogène est un gaz permanent, incolore, sans odeur lorsqu'il est parfaitement pur, sans saveur; sa densité n'est que de 0,0688; il est le plus léger de tous les corps; il pèse quatorze fois et demi moins que l'air. Son pouvoir réfringent est de 0,470. Il est de tous les corps simples non métalliques le plus électro-positif.

Le *gaz oxygène* exerce une action remarquable sur l'hydrogène, et dont les effets varient selon les circonstances dans lesquelles ces gaz se trouvent placés. 1° Si l'on approche un corps enflammé d'une éprouvette remplie d'hydrogène, celui-ci prend feu, brûle en répandant une flamme à peine visible et en produisant une légère détonation.

2° Si au lieu de faire brûler l'hydrogène au contact de l'air libre on commence par remplir d'eau un flacon à l'émeri, en le plongeant dans la partie inférieure d'une cuve à eau; si, lorsqu'il est plein, on le renverse et on le porte à la surface du liquide jusqu'à ce que les cinq sixièmes environ

(1) Hydrogène, mot grec dérivé de ὕδωρ, *eau*, et de γείνομαι, *j'engendre;* principe générateur de l'eau.

se trouvent dans l'atmosphère; si l'on introduit assez de gaz oxygène pour que le tiers de l'eau dont il est rempli soit expulsé; si l'on y fait entrer un volume double de gaz hydrogène qui chasse l'eau qui y restait encore; si on le bouche en le tenant toujours plongé dans le liquide, puis qu'on le retire; si on enveloppe d'un linge toute sa surface, excepté l'extrémité du goulot, afin de se garantir des accidents qui pourraient résulter de la rupture du flacon; si on le débouche et qu'on approche aussitôt son ouverture d'une bougie enflammée, à peine le mélange des deux gaz est-il en contact avec le corps incandescent, que l'on entend une vive détonation et que l'on aperçoit une lumière plus ou moins intense. (*Théorie.* Voy. pag. 53.)

3° Si le mélange de deux parties de gaz hydrogène et d'une de gaz oxygène se trouve dans une vessie munie d'un robinet auquel on a adapté un bouchon percé pour recevoir un tube de verre effilé à la lampe, et que l'on comprime la vessie, afin de faire passer le gaz à travers une dissolution de savon épaisse, préalablement disposée dans un mortier de fer, on remarque que les bulles de gaz font mousser le savon, le dilatent et lui donnent une forme plus ou moins globuleuse. Si, dans cet état, on retire la vessie et le tube, et qu'on approche avec précaution un corps enflammé de la surface du savon, on détermine une vive détonation. (*Théorie.* Voy. pag. 53.)

4° Lorsqu'on exécute cette combustion de l'hydrogène à l'abri du contact de l'air, on observe encore plusieurs phénomènes propres à jeter du jour sur la cause de leur production; pour cela on se sert d'un instrument appelé *eudiomètre*. Il consiste en un tube de verre très épais de 15 à 20 centimètres de longueur, fermé à l'extrémité supérieure par un bouchon en métal terminé extérieurement par une petite boule B (voy. pl. 3, fig. 5); ce bouchon est destiné à donner passage à l'étincelle électrique qui doit opérer la combinaison des deux gaz. Une tige métallique tournée en spirale et terminée supérieurement par une petite boule C, s'introduit dans ce tube pour servir, comme excitateur, à communiquer l'électricité dans toute la masse. Si après avoir rempli d'eau cet instrument plongé verticalement dans la cuve à eau et y avoir introduit un mélange de deux parties d'hydrogène et d'une d'oxygène, de manière à n'en remplir que la moitié, l'on fait passer l'étincelle électrique d'une façon quelconque, on remarquera un dégagement de lumière et une forte secousse produite par l'eau, qui, refoulée d'abord en bas, remontera subitement frapper les parois du tube, lequel se trouvera ainsi rempli de liquide; les deux gaz auront entièrement disparu.

*Théorie.* — Dans toutes ces réactions, il se produit de l'eau par la combinaison de l'hydrogène avec l'oxygène; cette eau est transformée en vapeur par la grande quantité de calorique dégagé; or, la vapeur résultante occupe un espace plus grand que celui qu'occupaient les deux gaz; mais comme cette vapeur est alors en contact avec un corps froid, elle passe à l'état liquide : par suite de cette condensation, presque tout l'espace qu'elle occupait se trouve vide. Dès lors ces deux effets étant presque instantanés, on conçoit qu'il en résulte un double choc capable de rendre raison de la détonation ou de la secousse qui les accompagne, avec cette différence que dans les premières expériences c'est l'air atmosphérique qui est refoulé d'abord en avant, puis qui rentre avec violence, tandis que l'eau le remplace dans l'eudiomètre.

Si, au lieu de faire agir le gaz hydrogène sur le gaz *oxygène*, à une température élevée, on agit à froid, les deux gaz, d'un poids spécifique très différent, se mêlent intimement et forment une masse homogène. — *Expérience.* Lorsqu'on prend deux fioles d'égale capacité, munies chacune d'un bouchon percé d'un trou, et qu'on les remplit, l'une de gaz oxygène et l'autre de gaz hydrogène, on remarque, en les faisant communiquer ensemble à l'aide d'un tube de verre d'environ un pied de long, et en les tenant dans une direction perpendiculaire, que la fiole pleine de gaz oxygène, qui est la plus inférieure, cède une portion de gaz à la fiole supérieure, et qu'une partie de l'hydrogène de celle-ci passe à son tour dans la fiole inférieure, en sorte qu'au bout d'un certain temps les gaz sont mêlés, et l'on peut enflammer le mélange dans chacune des fioles, en les séparant et en les approchant d'une bougie allumée. M. Dalton, à qui nous devons un travail sur cet objet, a conclu, après avoir fait un très grand nombre d'expériences, *qu'un fluide élastique ne peut rester sur un autre plus pesant sans s'y mêler.*

Nous devons à M. Doebereiner une expérience remarquable. Lorsqu'on fait arriver, à l'aide d'un tube étroit, du gaz hydrogène *à la température ordinaire*, sur du platine ou du palladium en masse spongieuse, l'hydrogène s'unit à l'oxygène de l'air qui entoure le platine; il se forme de l'eau, et il se développe assez de chaleur pour rendre le métal incandescent au bout de quelques instants. Le rhodium et l'iridium se comportent de la même manière que le platine.

L'hydrogène peut se combiner avec le *soufre* en deux proportions et former : 1° l'acide *sulfhydrique*; 2° le *polysulfure d'hydrogène*, dont les propriétés ont beaucoup d'analogie avec celles de l'eau oxygénée; ces corps seront décrits plus loin.

L'hydrogène et le *sélénium* à l'état naissant s'unissent et donnent naissance à de l'acide sélénhydrique.

L'hydrogène n'agit pas directement sur le *bore* ni sur le *silicium*.

Le *carbone* s'unit en un grand nombre de proportions avec l'hydrogène, et donne ainsi naissance à plusieurs hydrogènes carbonés que nous étudierons plus loin.

*Caractères essentiels.* — *A.* Lorsqu'on approche une bougie allumée d'une éprouvette remplie de gaz hydrogène, ce gaz se combine avec l'oxygène de l'air en produisant une flamme blanche d'autant plus bleue que le gaz hydrogène est moins pur; il y a aussi une légère détonation, et il ne se forme que de l'eau; car, après l'expérience, l'eau de chaux n'est point troublée par son agitation avec l'air de la cloche, ce qui arriverait s'il était carboné. *B.* Si, au lieu de laisser la bougie à la surface de la cloche, on la plonge dans l'intérieur, elle s'éteint après avoir mis le feu aux premières couches de gaz. *C.* Ce gaz est très léger. — *Expériences.* 1° Que l'on prenne deux cloches à peu près égales, l'une remplie d'air atmosphérique, et dont l'ouverture sera en haut, l'autre pleine de gaz hydrogène, et dont l'ouverture sera en bas; que l'on adapte l'une à l'autre ces deux ouvertures, puis que l'on change la position en renversant les cloches, afin que celle qui contient le gaz hydrogène se trouve inférieure à l'autre; quelques instants après on pourra s'assurer, à l'aide d'une bougie allumée, que la majeure partie de l'hydrogène a passé dans la cloche auparavant remplie d'air atmosphérique.

*Usages.* — On se sert du gaz hydrogène pour faire l'analyse de l'air et pour remplir les ballons aérostatiques.

L'hydrogène, par sa combinaison avec l'oxygène, dégageant une quantité de chaleur capable de fondre 315,2 fois son propre poids de glace à zéro (Despretz), M. Clarke en particulier a employé cette haute température pour fondre en quelques instants des substances regardées jusqu'ici comme les plus réfractaires. L'appareil le plus convenable à employer pour ces expériences est celui de MM. Berzélius et Barruel (voy. pl. 1re, fig. 3); il consiste en une vessie *E* à fortes parois, munie d'un robinet sur lequel se visse un cylindre creux de cuivre *D*, dans lequel sont contenus 150 disques de toile métallique à mailles très fines, comprimés les uns contre les autres, et qui ont pour objet de s'opposer à la transmission de la flamme; l'autre extrémité de ce cylindre reçoit le tube du chalumeau X. Pour faire usage de cet instrument, on visse la vessie vide d'air sur une cloche à robinet contenant un mélange de deux volumes de gaz hydrogène et d'un volume de gaz oxygène; on ouvre les deux robinets de la cloche et de la vessie; on enfonce la cloche dans l'eau, afin que le gaz qu'elle contient entre dans la vessie; alors on ferme le robinet de celle-ci; on la dévisse et on lui adapte les autres parties de l'appareil. Dans cet état, on introduit la vessie dans une boîte de sapin à parois minces, et l'on fait sortir le robinet et l'ajoutage par une ouverture pratiquée à l'une de ces parois : on place sur la vessie une planche faite de manière à entrer aisément dans la boîte de sapin, et sur cette planche mobile on met un poids de 25 kilogrammes : par ce moyen, la vessie se trouve dans tous les instants comprimée de haut en bas; et la compression étant toujours égale, que la vessie soit pleine ou non, il en résulte que le jet de gaz est constamment le même ; on l'enflamme à l'aide d'un corps en ignition, et on le dirige sur le corps que l'on veut fondre ou élever à une haute température.

L'équivalent de l'hydrogène est de 12,48.

Suivant Chaussier, le gaz hydrogène communique une teinte bleuâtre au sang et aux autres parties ; on peut le respirer pendant quelques instants sans danger ; cependant il paraît qu'il altère le timbre de la voix, et il finit par déterminer l'asphyxie. Il n'est pas employé en médecine.

*Extraction.* — 1° On peut obtenir du gaz hydrogène très pur en décomposant l'eau par la pile électrique. 2° Le procédé suivant est beaucoup plus employé (voy. pl. 1re, fig. 4) : on introduit dans un flacon à deux tubulures A d'un demi-litre de capacité environ, une partie de zinc en morceaux ou de fragments de fer ; on le remplit aux deux tiers avec de l'eau ; à l'une des tubulures on adapte un tube droit B muni d'un entonnoir et plongeant dans l'eau du flacon ; à l'autre tubulure on fixe de même un tube recourbé X propre à recueillir le gaz qui se rend sous une éprouvette remplie d'eau E. Alors on verse par le tube droit 6 à 7 parties d'acide sulfurique par petites quantités ; aussitôt il se fait au sein du liquide une vive effervescence due au dégagement du gaz, et qui sert de guide pour régler l'emploi de l'acide. A la fin de l'expérience on trouve du protosulfate de fer ou de zinc dans le flacon.

*Théorie.* — Le fer et le zinc sont des corps simples.

L'acide sulfurique, composé d'oxygène et de soufre, a une grande tendance à s'unir à ces métaux pourvu qu'ils soient oxydés.

L'eau est formée d'oxygène et d'hydrogène.

Il suit de là que l'hydrogène obtenu provient de l'eau, puisque ni les métaux ni l'acide sulfurique n'en contiennent. Voici ce qui se passe : l'eau est décomposée ; son oxygène se combine avec le fer ou avec le zinc pour former un oxyde qui s'unit avec l'acide sulfurique et donne naissance à du protosulfate de fer ou de zinc ; son hydrogène se dégage. Le gaz hydrogène ainsi obtenu contient quelquefois de l'hydrogène arsénié et de l'acide sulfhydrique, surtout lorsque le dégagement du gaz a été rapide et la température élevée. On le purifie en le faisant passer dans un tube en U contenant des fragments de verre imprégnés d'acétate de plomb qui donne du sulfure de plomb avec l'acide sulfhydrique; à ce tube on en adapte un autre contenant aussi du verre pilé imprégné de sulfate d'argent qui transforme l'hydrogène arsénié en arséniure d'argent. Enfin on le dessèche en le faisant passer sur des morceaux de potasse caustique placés dans un tube.

| Proportions des matières employées. | | Proportions produites. | | |
|---|---|---|---|---|
| 1 d'eau . . . . | 112,48 | 1 d'hydrogène. . . . . . | | 12,48 |
| 1 de zinc . . . . | 403,23 | 1 de sulf. de zinc. | 1 d'oxyde. | 503,23 |
| 1 d'acide réel . . | 501,16 | | 1 d'acide. | 501,16 |
| Total. | 1016,87 | | | 1016,87 |

L'équation chimique sera

$$HO + SO^3 + Zn = H + (ZnO, SO^3).$$

## DU FLUOR ou PHTORE.

La plupart des chimistes s'accordent aujourd'hui à regarder l'acide fluorique (fluorhydrique), d'après les expériences de H. Davy, comme formé d'hydrogène et d'un radical particulier auquel on a donné le nom de *fluor*. Ampère, qui a indiqué le premier la composition de l'acide fluorique, a proposé d'appeler son radical *phtore*, de l'adjectif grec φθορως, *délétère, qui a la force de ruiner, de détruire de corrompre* : en effet, ce corps, que l'on suppose simple, jouit exclusivement de la propriété de détruire tous les vases où l'on veut le renfermer, et de former avec l'hydrogène l'acide phtorhydrique (fluorique), dont l'action caustique est excessivement intense.

Il a été impossible d'obtenir jusqu'à présent le *phtore* à l'état de pureté, tant il agit sur les vases qui le contiennent; cependant nous allons exposer un certain nombre de faits propres à donner une idée de son histoire. Le *phtore* se trouve dans la nature combiné avec le calcium ou avec l'aluminium : ces *phtorures* ont été connus sous les noms de *fluate de chaux*, ou de *spath fluor* et de *fluate d'alumine;* tous les composés que les chimistes ont appelés *fluates secs*, sont formés de phtore et d'un métal. Uni au *bore* par des moyens particuliers, il constitue un acide que l'on doit appeler *phtoro-borique*, et que l'on a long-temps désigné sous le nom d'acide *fluoborique;* il forme avec le phosphore un liquide blanc très fumant (Dumas); il produit avec le *silicium* un autre acide appelé *phtoro-silicique* (acide fluorique silicé). Ces acides ne contiennent ni oxygène ni hydrogène. Le *phtore* paraît avoir moins d'affinité pour plusieurs métaux que le chlore; cependant il s'y unit avec énergie, et forme des composés binaires neutres. Il est électro-négatif par rapport au phosphore, et électro-positif par rapport à l'azote. (Voy. page 28.) Il est inaltérable à l'air. Ampère a cru devoir le ranger entre le chlore et l'iode.

L'équivalent du phtore est de 233,90.

### DU CHLORE (GAZ MURIATIQUE OXYGÉNÉ) (1).

Le chlore est un corps simple, qui a été regardé pendant long-temps comme formé d'acide muriatique et d'oxygène. Il n'existe jamais pur dans la nature, mais on le trouve souvent uni à des métaux à l'état de *chlorure*. Lorsqu'on cherche à le séparer des composés qui le renferment, on l'obtient gazeux : il est donc important de l'examiner sous cet état.

### DU CHLORE GAZEUX.

Le chlore est un gaz *non permanent*, d'après M. Faraday, d'une couleur jaune verdâtre (*propriété essentielle*), d'une saveur désagréable, d'une odeur piquante et tellement suffocante, qu'il est impossible de le respirer, même lorsqu'il est mêlé à l'air, sans éprouver un sentiment de strangulation et un resserrement dans la poitrine; son poids spécifique est de 2,4216 : loin de rougir la teinture de tournesol, comme le font les acides, il la détruit en la jaunissant (*propriété essentielle*); il éteint les bougies allumées, après avoir fait prendre à la flamme un aspect pâle d'abord, ensuite rouge.

Exposé à l'action du *calorique* dans des vaisseaux fermés, le chlore gazeux n'éprouve aucune altération lorsqu'il est

(1) Chlore dérive de χλωρος, *vert*, ou qui tire sur le vert.

parfaitement sec. — *Expérience.* (Pl. 1re, fig. 5). Si l'on introduit dans une grande fiole *A*, placée sur un fourneau *F*, le mélange nécessaire pour qu'il se dégage du *chlore* gazeux (Voyez page 64 de ce volume); si l'on adapte à cette fiole, à l'aide d'un bouchon percé, un tube convenablement recourbé *T*, qui se rend dans un long cylindre de verre *C*, rempli de chlorure de calcium, matière capable d'absorber toute l'humidité contenue dans le chlore; si de l'extrémité *T* de ce cylindre part un autre tube *S*, recourbé de manière à pouvoir se rendre dans un tuyau de porcelaine vide, placé dans un fourneau à réverbère *M*, et que l'on entoure de charbon; enfin, si de l'extrémité *E* du tuyau de porcelaine part un troisième tube *R* qui va se rendre dans une cloche *P*, disposée sur la cuve pneumato-chimique, on pourra démontrer l'assertion que nous venons d'établir. En effet, que l'on commence par allumer le charbon contenu dans le fourneau à réverbère, afin de faire rougir le tuyau de porcelaine; lorsque ce tuyau sera rouge, que l'on chauffe légèrement la fiole *A*, le chlore se dégagera, traversera le cylindre *C*, cèdera son humidité au *chlorure de calcium*, à travers lequel il passera pour se rendre dans le tuyau de porcelaine rouge de feu, puis se dégagera par le tube *R* pour remplir la cloche *P*, sans qu'il ait subi la moindre altération.

Le chlore gazeux *sec* n'a pas encore pu être liquéfié par un simple abaissement de température; s'il est humide et qu'on le refroidisse, il se congèle au-dessous de 4°,5 + 0, et ressemble, par ses ramifications, à la glace qui se dépose à la surface des carreaux pendant la gelée : ces cristaux d'*hydrate* de chlore paraissent formés de 27,7 parties de chlore et de 72,3 d'eau. Si, après les avoir desséchés, on les introduit dans un tube de verre que l'on scelle ensuite hermétiquement, on voit qu'il suffit d'élever la température à 38° pour les décomposer et obtenir deux liquides, l'un jaune pâle, qui est de l'eau, l'autre jaune verdâtre, plus foncé, qui est du *chlore liquide;* on remarque en outre au-dessus de ces liquides une atmosphère de chlore gazeux. Cette expérience, faite en 1823 par M. Faraday, prouve que le chlore n'est pas un gaz permanent, puisqu'il peut être réduit à l'état liquide par la compression de sa propre atmosphère : le même chimiste a vu depuis qu'il est également possible de liquéfier le gaz dont il s'agit, en le comprimant dans un tube de verre, après l'avoir *desséché* sur l'acide sulfurique, et en appliquant en même temps l'action du froid.

Le chlore gazeux parfaitement sec n'éprouve aucune altération de la part de la *lumière;* s'il contient de l'eau, celle-ci est décomposée, le chlore s'unit à l'hydrogène pour former de l'acide chlorhydrique, et l'autre principe constituant de l'eau, l'oxygène, se dégage en partie, tandis qu'une autre portion forme, avec le chlore, de l'acide chlorique (M. Gay-Lussac). Sa puissance réfractive est de 2,623, celle de l'air étant prise pour unité (Dulong). La pile *électrique* la plus forte n'altère point le chlore parfaitement sec : si on le soumet à l'action de cet agent lorsqu'il est dissous dans l'eau, celle-ci est décomposée, et le chlore se rend avec l'oxygène de l'eau décomposée au pôle positif. Il est *électro-négatif* par rapport à l'iode, et électro-positif par rapport à l'oxygène. (Voyez page 28.)

Le gaz *oxygène* n'exerce aucune action sur lui, mais lorsque ces deux corps sont à l'état naissant, ils se combinent et donnent plusieurs composés oxygénés que nous examinerons plus loin.

Lorsqu'on fait arriver sur du *soufre* divisé et sec du chlore gazeux parfaitement desséché, il se forme constamment, et à toutes les températures, un sulfure liquide connu sous le nom de liqueur de *Thomson*, qui l'a découvert : il est d'un rouge brun, très volatil, doué d'une odeur piquante, excessivement désagréable ; il ne rougit pas le papier de tournesol parfaitement desséché ; mais si on l'agite avec de l'eau, il la décompose, passe à l'état d'acide chlorhydrique et d'acide hyposulfureux; celui-ci ne tarde pas à se décomposer en acide sulfureux et en soufre qui se précipite : son poids spécifique est de 1,628. Il est formé de 52,39 de chlore et de 47,61 de soufre, ce qui correspond à un équivalent de chlore et à deux de soufre gazeux $= Cl\,S^2$. Il existe encore, d'après M. Dumas, un autre *sulfure de chlore* jaune, un peu visqueux, à la manière des huiles grasses, formé de quatre équivalents de soufre et d'un de chlore. On obtient le premier de ces sulfures en traitant à froid le soufre sublimé par un courant de chlore sec, et arrêtant l'opération avant que tout le soufre ait disparu ; on distille la masse à une douce chaleur, et la liqueur qui se dégage constitue ce protosulfure de chlore. (*Ann. de Chimie*, févr. 1832.) Suivant Rose, ce composé serait le seul sulfure existant ; l'autre, le jaune, ne serait que celui-ci tenant du soufre en dissolution. (*Ibid.*, mai 1832.)

Le chlore est absorbé par le *sélénium* à froid ; il y a élévation de température et formation d'un liquide brun, qui peut se combiner avec une nouvelle quantité de chlore et passer à l'état de perchlorure solide blanc.

Le bore qui n'a pas été fortement chauffé, brûle, *même à froid*, dans le chlore gazeux sec, et fournit un gaz appelé *chlorure de bore* ou *acide chloroborique*. Ce gaz est incolore, d'une odeur très piquante ; il éteint les corps en combustion ; sa densité est au moins de 3,942. Il répand des vapeurs à l'air et se dissout très bien dans l'eau, qui se décompose en donnant naissance à de l'acide borique et à de l'acide chlorhydrique. Il est formé d'un équivalent de bore = 272,41 et de six équivalents de chlore = 2655,84, ou bien d'un volume de vapeur de bore et de trois volumes de chlore condensés en deux volumes.

Le *carbone* n'exerce aucune action sur le chlore gazeux *sec*. Si on substitue le *charbon* ordinaire au carbone pur, et qu'on agisse à une chaleur rouge, le chlore s'empare de l'hydrogène qu'il contient, et il se forme du gaz acide chlorhydrique jusqu'à ce que le charbon ne renferme plus d'hydrogène ; le même phénomène a lieu à la température ordinaire, si l'on introduit dans un flacon plein de chlore des fragments de charbon ordinaire ; mais dans aucun cas le chlore *sec* et le *charbon* privé d'hydrogène ne se combinent directement. Si le chlore est humide et le charbon rouge, l'eau est décomposée et il y a formation d'acide chlorhydrique et d'acide carbonique. Il est cependant possible d'obtenir quatre chlorures de carbone, lorsque le *chlore* et le *carbone* sont placés dans des circonstances particulières.

Le gaz *hydrogène* peut se combiner avec le chlore, et

donner naissance à un acide qui porte le nom d'acide *chlorhydrique* (muriatique). L'expérience doit se faire à la lumière diffuse, ou à une température élevée, car elle ne réussit pas à la température ordinaire et dans un lieu obscur. *A la lumière diffuse.* Que l'on fasse arriver *un volume* de chlore gazeux desséché au moyen du *chlorure de calcium*, dans un flacon tubulé rempli d'air, bientôt le chlore, à raison de son poids, se précipitera dans le flacon, chassera tout l'air; qu'on le bouche après en avoir retiré peu à peu le tube, qu'on remplisse de gaz hydrogène desséché par le même moyen un ballon tubulé plein de mercure, et dont la capacité est égale à celle du flacon (il y aura par conséquent *un volume* d'hydrogène); si, après avoir débouché celui-ci, on introduit dans son goulot le col du ballon usé de manière qu'il s'adapte parfaitement à sa tubulure, et que l'on entoure de mastic fondu les parties qui établissent la communication de ces deux instruments, on remarquera qu'au moyen de la lumière diffuse, le mélange des deux gaz ne tardera pas à s'effectuer; au bout de quelques jours le chlore sera décoloré, et l'appareil ne contiendra plus qu'un volume de gaz acide *chlorhydrique* égal à celui des deux gaz employés; il sera transparent, incolore, fumant à l'air, et rougira la teinture de tournesol; la décoloration du chlore ne saurait être complète, si, vers le deuxième ou le troisième jour, l'appareil n'était exposé pendant vingt ou vingt-cinq minutes à l'action directe des rayons solaires. *A une température élevée.* Si on remplit un flacon contenant de l'eau avec un mélange de parties égales de chlore et d'hydrogène gazeux, et qu'on l'enflamme à l'aide d'une bougie allumée, il y a sur-le-champ détonation et formation d'une fumée blanche qui indique l'existence du gaz *acide chlorhydrique* (muriatique). Si le mélange de ces deux gaz est renfermé dans un flacon bouché, et exposé à la lumière solaire, tout-à-coup il se produit une vive détonation; le flacon est brisé, et l'opérateur court les plus grands dangers, à moins que le flacon ne soit presque entièrement enveloppé dans une serviette, ou mieux encore qu'il ne soit disposé dans un local que l'on puisse éclairer à volonté par une lumière diffuse ou par une lumière solaire. Nous devons les détails de ces expériences intéressantes à MM. Gay-Lussac et Thénard.

La découverte du chlore est due à Schéele, qui l'appela *acide muriatique déphlogistiqué.*

Le poids de l'équivalent du chlore est de 442,64.

Le chlore est soluble dans l'eau, car à 20° et sous la pression ordinaire, ce liquide en prend une fois et demie son volume.

*Usages.* — On s'en sert principalement pour blanchir et pour désinfecter l'air corrompu par des miasmes. Nous renvoyons à la chimie végétale et animale pour les détails relatifs à son emploi dans ces circonstances. La médecine légale peut en retirer des avantages pour décomposer certaines matières organiques qui recèlent des poisons. Respiré pur, le *chlore* gazeux est excessivement irritant, et ne tarde pas à occasionner la mort. Mêlé avec de l'air, il provoque la toux, et détermine une affection catarrhale, suivie quelquefois d'hémoptysie; d'où il résulte qu'on ne l'emploie jamais dans cet état, à moins qu'il ne soit mêlé à beaucoup d'air; ainsi divisé on a proposé de le faire respirer dans certains catarrhes chroniques. Dissous dans l'eau, il agit encore comme irritant, si la dissolution est concentrée : aussi les animaux qui en ont pris une certaine quantité ne tardent-ils pas à périr, et l'on trouve après la mort une vive inflammation des tissus du canal digestif avec lesquels il a été en contact. Il peut cependant être utile dans certaines circonstances, s'il est convenablement administré. Le meilleur moyen de combattre l'empoisonnement par l'acide cyanhydrique, est sans contredit de faire respirer du chlore liquide étendu de quatre parties d'eau. M. Braithwate dit l'avoir employé avec succès dans la scarlatine et dans d'autres phlegmasies cutanées aiguës : il faisait prendre dans la journée 8 grammes de chlore liquide étendu de 250 grammes d'eau; mais il préférait encore l'employer en frictions sur la gorge. Estribaud l'a administré avec avantage, à la dose de 24 à 32 grammes, à des prisonniers espagnols atteints de la fièvre dite putride. Nysten l'a donné avec succès à l'état liquide dans des diarrhées et des dysenteries chroniques, qui paraissaient entretenues par l'état d'atonie de la membrane muqueuse intestinale. MM. Thénard et Cluzel ont reconnu que les immersions des mains dans ce liquide suffisaient pour guérir la gale la plus invétérée : le dernier de ces auteurs avait depuis long-temps annoncé les avantages de ce médicament dans la morsure des animaux enragés. M. Brugnatelli a publié depuis des observations qui lui ont fait croire qu'il pourrait être utile dans cette affection.

*Extraction* (voy. pl. 1re, fig. 6). — On met dans un ballon A, auquel on adapte un tube recourbé T, du bi-oxyde de manganèse pulvérisé et de l'acide chlorhydrique liquide concentré ; on élève un peu la température, et l'on obtient du chlore gazeux, de l'eau et du chlorure de manganèse. Le chlore arrive dans un flacon C qui contient de l'eau afin de le laver. Pour recueillir ce chlore gazeux on le fait passer à travers un tube de verre X rempli de chlorure de calcium qui le dessèche, puis de là il se rend à l'aide d'un tube droit *p* dans un flacon M rempli d'air ; bientôt l'air, beaucoup plus léger que le chlore, sera chassé. On peut encore le recevoir sous des cloches pleines d'eau ; mais dans ce cas, l'eau dissout une partie du gaz. — *Théorie.* L'acide chlorhydrique et le bi-oxyde peuvent être représentés par

| | | | |
|---|---|---|---|
| Acide chlorhydrique | = 2 Hydrogène + | Chlore | + Chlore. |
| Bi-oxyde de manganèse | = 2 Oxygène + | Manganèse. | |
| | 2 Eau. | Chlorure de mang. | + Chlore. |

L'hydrogène de l'acide chlorhydrique s'empare de l'oxygène du bi-oxyde pour former de l'eau ; une portion de chlore est mise à nu ; une autre portion s'unit au manganèse et produit du chlorure de manganèse. Les chiffres qui suivent donneront une idée plus exacte de cette opération.

PROPORTIONS RÉAGISSANTES.

| Quantités employées | | Quantités produites | |
|---|---|---|---|
| 1 de bi-oxyde de manganèse | = 545,780 | 1 de chlore . . . . . | = 442,640 |
| 2 d'acide chlorhydrique | = 910,240 | 2 d'eau. . . . . . . | = 224,960 |
| | 1456,020 | 1 de protochl. de mang. = 1 chlore | = 442,640 |
| | | 1 mang. | = 345,780 |
| | | | 1456,020 |

Pour préparer l'eau chlorée (dissolution aqueuse de chlore), on se sert d'un matras armé d'un tube de sûreté et placé sur un fourneau dans lequel on introduit du bi-oxyde de manganèse réduit en fragments. Ce matras communique avec un appareil de Woolf (V. pl. 3, fig. 1re), dans les flacons duquel on met de l'eau distillée. Les choses ainsi disposées, et l'appareil bien luté, on verse par petites quantités à la fois dans le ballon *A*, de l'acide chlorhydrique dans la proportion de 100 parties d'acide pour 30 de bi-oxyde de manganèse. On chauffe doucement : le chlore se dégage à l'état de gaz, traverse l'eau du premier flacon *B*, passe dans le deuxième *D*, se dissout dans l'eau, et lorsque celle-ci en est saturée se porte sur le troisième *F*, etc.

On peut encore préparer le chlore à l'aide d'un mélange de 250 parties de sel marin, de 50 de bi-oxyde de manganèse, de 100 d'eau et de 100 d'acide sulfurique. — *Théorie* (Voyez GAZ ACIDE CHLORHYDRIQUE).

## DU BROME (1).

Le brome a été découvert en 1826, par M. Balard, dans les eaux-mères des salins, où il existe en quantité variable à l'état de bromure de magnésium. On le trouve encore dans les eaux de la mer Morte et de Bourbonne-les-Bains; les salines d'Allemagne, et surtout celles de Théodorshalle, en fournissent beaucoup. Il existe aussi dans les végétaux et les animaux qui vivent dans la Méditerranée, dans l'éponge marine, dans les cendres du *ianthina violacea*, mollusque de Sainte-Hélène, enfin dans les eaux-mères de la soude de varech, dans le cadmium de Silésie, dans un minerai de zinc, au Pérou à l'état de bromure d'argent, etc.

Le brome est liquide à la température ordinaire, d'un rouge noirâtre quand il est vu en masse et par réflexion, et d'un rouge hyacinthe lorsqu'on l'interpose en couches minces entre l'œil et la lumière. Il a une odeur très désagréable, analogue à celle de l'oxyde de chlore ; sa saveur est des plus

(1) *Brome* dérive de βρωμος, *fœtor*, mauvaise odeur.

fortes ; son poids spécifique est de 2,966. Il décolore le tournesol et le sulfate d'indigo sans les rougir, et colore fortement la peau en jaune. Il est très volatil, et entre en ébullition à 47° ; la vapeur rutilante qu'il fournit est très foncée, et d'une couleur semblable à celle de l'acide azoteux. A la température de 18 à 20°—0, il peut se solidifier et devenir très dur en un instant; alors il offre une structure cristalline, une couleur gris de plomb, et il se brise par le choc. Il n'est point conducteur du *fluide électrique*. Il n'agit point directement sur l'*oxygène*; toutefois il existe un composé d'oxygène et de brome (acide bromique) que l'on obtient par des moyens indirects. Il suffit de verser du brome sur du *soufre* sublimé pour obtenir un sulfure de brome liquide d'un aspect huileux. Le *sélénium* se combine avec lui à froid, et donne un bromure solide, d'un rouge brun, qui répand des vapeurs à l'air. Le *carbone* paraît être sans action sur lui; toutefois, il est possible d'obtenir un composé de brome et de carbone en décomposant le periodure de carbone par le brome. L'*hydrogène* n'agit sur lui ni à la température ordinaire, ni sous l'influence des rayons lumineux; il se combine, au contraire, avec lui, et forme de l'acide bromhydrique, si on expose le mélange à la flamme d'une bougie, ou si on y introduit une tige de fer en ignition. Il n'existe point de bromure de *bore*.

Le brome s'unit au *chlore* à la température ordinaire, et fournit un chlorure liquide jaune rougeâtre, très odorant, volatil, et soluble dans l'eau.

Le poids d'un équivalent de brome est de 978,80.

*Extraction.* — On verse sur un mélange pulvérisé de bromure de potassium et de bi-oxyde de manganèse, placé dans un petit appareil distillatoire, de l'acide sulfurique étendu de la moitié de son poids d'eau ; on chauffe, et il se dégage aussitôt des vapeurs rutilantes de brome qui viennent se condenser dans l'eau froide, dont on a rempli le récipient; à la fin de l'expérience, on sépare le brome, qui occupe le fond du récipient, et on le distille sur du chlorure de calcium, pour le priver de l'eau qu'il pourrait retenir. — *Théorie.* Le bi-oxyde de manganèse cède de l'oxygène au potassium, qu'il transforme en oxyde ; l'acide sulfurique s'empare de cet oxyde pour former du sulfate de potasse ; le brome devenu libre se dégage ; d'autre part, le protoxyde de manganèse provenant de la décomposition du bi-oxyde, s'unit avec une autre portion d'acide sulfurique, et donne naissance à du protosulfate de manganèse.

Le brome agit sur l'économie animale à la manière des poisons irritants, et à peu près comme l'iode : aussi a-t-il été employé comme antiscrofuleux et contre le goître. (Voy. mon *Traité de médecine légale.*)

## DE L'IODE.

L'iode, dérivé de ἰώδης, *violaceus*, qui ressemble à la violette, est un corps simple, découvert en 1811 par M. Courtois, salpêtrier de Paris, et que l'on n'a pas encore trouvé pur dans la nature ; il fait partie de plusieurs espèces de *fucus* et d'ulves, et des éponges, dans lesquels il est uni au sodium ; il existe à l'état d'iodure dans l'eau minérale de Sales en Piémont, dans les eaux sulfureuses de *Castelnuovo*, d'*Asti*, dans plusieurs sources salées et sulfureuses, dans quelques variétés de sel commun, et, d'après M. Balard, dans divers mollusques marins, dans plusieurs polypiers, et surtout dans l'eau-mère des salins alimentés par la Méditerranée. On l'a également trouvé à l'état de combinaison avec l'argent à Albaradon au Mexique, et avec le zinc en Silésie. Il existe aussi dans le foie de morue.

L'iode est solide à la température ordinaire ; il se présente sous forme de petites lames d'une couleur grise bleuâtre, d'un éclat métallique, d'une faible ténacité, et ayant l'aspect de la plombagine ; sa saveur est âcre ; son odeur a de l'analogie avec celle du chlore ; son poids spécifique est de 4,946 à 16° c., et celui de sa vapeur de 8,716 (Dumas) ; il détruit les couleurs végétales, et colore la peau et le papier en jaune ; mais cette couleur ne tarde pas à disparaître. Sa forme cristalline paraît être l'octaèdre allongé à base rhomboïdale.

*Propriété essentielle.* — L'iode, mis en contact avec le *ca-*

*lorique*, fond ; la température de 107° suffit pour produire ce phénomène ; il se volatilise entre 175 et 180°, et il répand des vapeurs violettes très belles, que l'on peut apercevoir facilement en mettant une certaine quantité d'iode sur une plaque de fer ou dans un ballon de verre que l'on a fait chauffer. Lorsqu'on recueille ces vapeurs dans une cloche ou dans un récipient, on remarque qu'elles se condensent pour former de nouveau les lames cristallines. Il est surtout caractérisé par la belle couleur bleue qu'il communique à une dissolution d'amidon dans l'eau ; ce moyen est si sensible, qu'il permet de retrouver des traces d'iode qui ne pourraient être décelées par d'autres agents. Il faut toujours opérer avec des liqueurs plutôt acides qu'alcalines. La *lumière* n'altère point l'iode. Il est *électro-négatif* par rapport à l'hydrogène, et *électro-positif* par rapport au soufre et à l'oxygène. (Voy. pag. 28.)

Le gaz *oxygène* n'agit sur lui ni à froid ni à une température élevée, à moins que ces deux corps ne soient mis en contact à l'état naissant, car alors ils se combinent et peuvent donner deux acides, l'acide iodique et l'acide hyper-iodique.

Le *soufre* forme avec l'iode, à l'aide d'une légère chaleur, une combinaison faible, d'un gris noir, fusible, cristallisable, et dont on dégage l'iode en la distillant avec l'eau. Ce sulfure d'iode est employé sous forme de pommade contre les maladies de la peau et certaines affections scrofuleuses.

Le *bore* est sans action sur l'iode.

L'iode n'exerce à froid aucune action sur le *charbon;* mais placé dans des circonstances particulières, il peut s'unir avec lui, et donner naissance à deux composés, le periodure et le protiodure de carbone, découverts par Sérullas.

Le *sulfure de carbone* liquide (liqueur de Lampadius) dissout l'iode à froid, et donne un liquide *d'un beau violet;* il suffit de verser ce sulfure dans de l'eau saturée d'iode pour qu'il enlève tout l'iode à l'eau : aussi voit-on la dissolution aqueuse se décolorer, et le sulfure de carbone se précipiter et former une couche d'un beau violet ; par l'évaporation de ce liquide violet, à la température ordinaire, le sulfure de carbone se volatilise, et l'iode cristallise. (Lassaigne.)

Le gaz *hydrogène* n'exerce aucune action sur l'iode à froid; mais à une température rouge il peut se combiner avec lui, et donner naissance à du gaz acide iodhydrique. Si l'on projette de l'iode dans un flacon plein de chlore gazeux, il se forme aussitôt un composé brun, demi-liquide, composé de protochlorure d'iode, contenant peut-être un peu d'iode en excès; car si l'on fait arriver un courant de gaz chlore sur ce composé, il se décolore peu à peu, devient blanc jaunâtre, répand une odeur irritante, et constitue le perchlorure d'*iode*.

L'iode est soluble dans l'eau pure, mais en petite quantité, dans la proportion de 1/7000 environ de son poids. Lorsque l'eau est chargée d'un sel, de chlorhydrate ou d'azotate d'ammoniaque plus particulièrement, elle en dissout une plus grande quantité, quoique, suivant M. Gay-Lussac, ce phénomène soit indépendant de toute décomposition.

Le poids d'un équivalent d'iode est de 1579,50 (1).

L'iode doit être rangé parmi les stimulants; il agit directement sur le système reproducteur, et particulièrement sur l'utérus, d'après M. Coindet : aussi est-il regardé comme un des emménagogues les plus actifs. A la dose de 4 à 6 grammes, il détermine l'ulcération de la membrane muqueuse de l'estomac, et la mort. (Voy. mon *Traité de médecine légale.*) Des observations nombreuses ont prouvé qu'il pouvait faire disparaître complétement ou incomplétement la plupart des goîtres, et que son usage était également suivi de succès dans une multitude d'affections scrofuleuses, dans les indurations des testicules, dans la blennorrhagie, etc. Il peut être employé à l'intérieur à la dose de 5 centigrammes dissous dans 400 grammes d'eau distillée mêlée à 6 centigrammes de sel commun; extérieurement on le prescrit soit en solution iodurée plus chargée d'iode, soit sous forme de pommade, dans laquelle on fait entrer aussi l'iodure de potassium,

(1) Si, comme il arrive quelquefois, l'iode était falsifié par du charbon minéral, on reconnaîtrait la fraude à l'aide de l'alcool à 36 degrés bouillant, qui dissout complétement l'iode sans agir sur le charbon. Si le poids de l'iode avait été augmenté par de l'eau, il suffirait de le presser entre deux feuilles de papier joseph. (CHEVALLIER.)

l'iodure de soufre ou les iodures de mercure. Il serait imprudent d'administrer à l'intérieur une forte dose d'iode, qui ne ma iquerait pas d'agir comme poison, ainsi que nous l'avons déj à dit. (Voy. IODURE DE POTASSIUM.)

*Extract on.* — Après avoir dissous dans l'eau toutes les matières solubles contenues dans le produit de la calcination de certains fucus et varechs, on évapore la liqueur jusqu'au point où elle laisse cristalliser les sels qu'elle contient, et en particulier le carbonate de soude; on décante, et l'on obtient ainsi toute la liqueur surnageante, qui porte le nom d'eau-mère de soude de varechs. Ces eaux contiennent plusieurs substances, et entre autres du sel marin et de l'iodure de potassium (composé d'iode et de potassium). On les concentre et on les introduit dans une cornue avec une certaine quantité de bi-oxyde de manganèse et d'acide sulfurique concentré; on adapte au col de cette cornue une allonge et un ballon bitubulé, et on chauffe doucement; bientôt l'iode se volatilise sous forme de vapeurs violettes, et vient se condenser dans le col de la cornue ou dans le récipient, en lames bleuâtres, cristallines, qu'il faut laver avec de l'eau contenant un peu de potasse pour le débarrasser d'une certaine quantité d'acide sulfurique qu'il renferme; ensuite on le fait sécher en le pressant entre deux feuilles de papier, et on le distille de nouveau; il reste dans la cornue du sulfate de potasse et du sulfate de protoxyde de manganèse. Suivant M. Gaultier de Claubry, le *fucus saccharinus* fournit plus d'iode que les autres espèces dont il a fait l'analyse. — *Théorie.* Le bi-oxyde de manganèse cède de l'oxygène au potassium de l'iodure et le transforme en potasse qui s'unit à l'acide sulfurique; l'iode est mis à nu; le protoxyde de manganèse provenant du bi-oxyde décomposé se combine avec une autre portion d'acide sulfurique, et forme du protosulfate.

Ainsi : $2\,SO^3 + MnO^2 + IK = SO^3\,KO + SO^3\,MnO + I.$

En procédant ainsi, il se produit, d'après M. Soubeiran, une certaine quantité de chlorure d'iode, parce que les eaux-mères contiennent des chlorures qui sont décomposés en mettant du chlore à nu, ce qui occasionne une perte.

## DU PHOSPHORE (1).

Le phosphore n'a jamais été trouvé pur dans la nature; il entre dans la composition de plusieurs produits minéraux et animaux; combiné avec l'oxygène, le carbone, l'azote et l'hydrogène, il constitue la laitance de carpe et une partie de la matière cérébrale et des nerfs; uni à l'oxygène et à la chaux, il fait la base de la portion dure du squelette des animaux et de toutes les parties ossifiées. Le phosphate de chaux, qui existe si abondamment en Estramadure, et plusieurs autres phosphates métalliques que l'on trouve dans la nature, contiennent également du phosphore.

*Propriétés.*—Le phosphore pur est un corps solide, transparent ou demi-transparent, d'un aspect corné, incolore, flexible et assez mou pour céder au couteau; on le raie facilement avec l'ongle; il a une odeur d'ail très sensible; il paraît insipide; son poids spécifique est de 1,770; la densité de sa vapeur à 500° c. est de 4,355.

Si on met du phosphore au fond d'une fiole contenant de l'eau, et qu'on élève la *température* jusqu'à 45° c., il entre en fusion et il est transparent comme une huile blanche; si on le laisse refroidir très lentement, il conserve sa transparence et se solidifie; mais d'après M. Thénard, le phosphore fondu et refroidi subitement devient noir; toutefois, pour obtenir ce phénomène, il faut agir sur du phosphore distillé au moins trois ou quatre fois, et dans certains cas huit à dix. Si on rompt la pellicule qui se forme à la surface du phosphore au moment où il va se figer, et que l'on fasse écouler les parties encore liquides, les autres cristallisent en dodécaèdres réguliers. Si, lorsqu'il est fondu dans l'eau chaude, on agite pendant quelque temps la fiole qui le contient, il se convertit en une poudre que l'on a employée en médecine; cette poudre est bien autrement ténue si, au lieu d'eau, on a employé de l'alcool à 36 degrés. Soumis à une

(1) Phosphore, mot grec dérivé de φος, *lumière*, et de φερω, *je porte*, c'est-à-dire *porte-lumière*, parce qu'il est lumineux dans l'obscurité.

température d'environ 200°, le phosphore se volatilise et peut être distillé (voy. pl. 3, fig. 6). Cette expérience se fait dans une cornue *A* privée d'air en la remplissant d'azote, qui est sans action sur le phosphore, et à laquelle on adapte un flacon *B* contenant de l'eau presque bouillante; on dispose la cornue de manière que son bec plonge dans le liquide du récipient : par ce moyen le phosphore volatilisé peut se condenser sans avoir le contact de l'air, qui l'enflammerait.

La *lumière* solaire change en rouge la couleur blanche du phosphore pur renfermé dans de l'eau privée d'air, dans de l'huile d'olive, de l'esprit-de-vin ou de l'éther, etc., sans que le phosphore passe à l'état d'acide. Le même phénomène a lieu lorsque le phosphore est placé sous une cloche vide ou dans le vide d'un baromètre : dans ce dernier cas, il se dépose en paillettes brillantes contre les parois de l'instrument. M. Vogel a prouvé que, dans ces différentes circonstances, le phosphore passe à l'état d'oxyde rouge. Mais comment concevoir l'oxydation du phosphore dans le vide si ce n'est en admettant que le phosphore retient un peu d'humidité qui se décompose et dont l'oxygène forme avec le phosphore un oxyde rouge? Le *fluide électrique* agit sur le phosphore, qui a le contact de l'air comme le calorique; du reste ce corps simple est *électro-positif* par rapport à l'azote et électro-négatif par rapport au bore et au carbone. (Voyez pag. 28.)

Le *gaz oxygène*, très sec et extrêmement pur, n'exerce aucune action sur lui à une température qui ne dépasse pas 27° et sous la pression ordinaire de l'atmosphère; mais si on diminue la pression lors même que le thermomètre marque 20, 15, 10 ou 6°, le phosphore se combine avec le gaz, brûle et devient lumineux dans l'obscurité. Ce phénomène est d'autant plus sensible que la diminution de la pression est plus considérable : aussi réussit-il à merveille lorsqu'on introduit dans le vide barométrique du phosphore avec quelques bulles de gaz oxygène; cependant il cesse de se produire si la température est à 5 + 0° ou au-dessous. Si, au lieu de diminuer la pression, on l'augmente, l'oxygène ne se combine avec le phosphore qu'à une température au-dessus de 27°.

Enfin la combustion du phosphore dans l'oxygène peut encore avoir lieu au-dessous de 27° lorsqu'on mêle ce gaz avec une plus ou moins grande quantité d'un autre gaz, tel que de l'azote, de l'hydrogène ou de l'acide carbonique, qui agissent de la même manière que la diminution de pression. Nous devons la plupart de ces détails à M. Bellani de Monza.

*Propriété essentielle.* — Si l'on place un fragment de phosphore dans une petite coupelle, et qu'on l'introduise dans un flacon rempli de gaz *oxygène* après l'avoir enflammé, il se dégage beaucoup de calorique et une lumière des plus vives; l'oxygène est absorbé par le phosphore, et il en résulte un nuage dense, d'une couleur blanche, qui n'est autre chose que de l'acide phosphorique susceptible de rougir la teinture de tournesol. Une portion du phosphore employé passe à l'état d'oxyde rouge et tapisse l'intérieur de la coupelle. Cet acide et cet oxyde sont les seuls produits qui résultent de l'action directe du phosphore sur le gaz : on connaît cependant plusieurs autres composés de phosphore et d'oxygène que l'on obtient par des moyens indirects; tels sont les acides hypo-phosphoreux et phosphoreux. Enfin si l'on frotte un morceau de phosphore avec un corps quelconque, au milieu de l'air, le phosphore prend feu immédiatement.

Le *soufre* peut, en se combinant avec le phosphore, donner naissance à des composés plus fusibles que le phosphore. Un de ces corps, susceptible de cristalliser, a été trouvé formé, par Faraday, d'équivalents égaux de soufre et de phosphore.

Le phosphore fondu dissout le *sélénium*; les séléniures formés décomposent l'eau. Le *bore* ne se combine pas avec le phosphore. On ne connaît pas bien l'action du *carbone* sur ce corps.

Le phosphore, mis en contact avec le gaz *hydrogène*, se combine en partie avec lui et forme de l'hydrogène phosphoré. Cette combinaison a lieu bien plus facilement lorsque l'hydrogène prend naissance sous l'influence du phosphore. Le *chlore* se combine en trois proportions avec le phosphore, et constitue ainsi trois chlorures. Le *perchlorure* s'obtient en traitant le phosphore directement par le chlore gazeux; il est surtout caractérisé par la propriété qu'il possède de décomposer l'eau avec une grande rapidité, en produisant des acides chlorhydrique et phosphorique. Le *bichlorure* s'obtient encore comme le précédent : seulement il faut avoir soin d'arrêter le dégagement de chlore aussitôt que tout le phosphore est absorbé. Le *protochlorure* enfin est préparé en dissolvant à chaud un excès de phosphore dans le perchlorure ; par le refroidissement tout le phosphore non combiné se précipite ; il devient facile alors de le séparer : ce protochlorure est liquide, et se comporte à peu près comme le perchlorure.

Le phosphore se combine avec le *brome* à la température ordinaire, avec dégagement de chaleur et de lumière, et produit deux bromures, dont l'un est liquide et l'autre solide.

Le phosphore s'unit à l'*iode* en diverses proportions et avec dégagement de chaleur et de lumière. Lorsqu'on met ensemble, dans un tube de verre, une partie de phosphore et huit parties d'iode, on obtient un iodure d'un rouge orangé brun, fusible à environ 100°, volatil à une température plus élevée, et servant par cela même à la préparation de l'acide iodhydrique. L'*iodure phosphoreux* de Berzélius contient douze parties d'iode pour une de phosphore, et l'*iodure phosphorique* vingt.

Le phosphore a été découvert par Brandt, de Hambourg, en 1669.

*Poids de l'équivalent du phosphore.* — Il est de 196,15.

*Usages.* — Le phosphore est employé pour faire l'analyse de l'air et pour la construction des briquets phosphoriques. Parmi les moyens proposés pour faire ces briquets, le plus simple consiste à remplir d'eau à 70 ou à 80° un petit flacon de cristal, et à y introduire de petits fragments de phosphore ; ceux-ci fondent, occupent la partie inférieure du flacon et chassent l'eau. Lorsque la majeure partie de celle-ci est expulsée, le petit appareil se trouve presque rempli de phosphore fondu : alors on le laisse refroidir en tenant le flacon dans l'eau, et on le bouche lorsqu'il est froid. Chaque fois que l'on veut se servir de cet instrument, on introduit dans le flacon l'extrémité d'une allumette soufrée, afin de détacher quelques molécules de phosphore ; on frotte cette extrémité sur un bouchon de liége : par ce moyen la température se trouve élevée, et le phosphore s'enflamme.

*Action du phosphore sur l'économie animale.* — Le phosphore, à petites doses, doit être regardé comme un excitant volatil puissant dont l'action est très prompte, très intense, mais peu durable; il augmente l'activité de tous les systèmes de l'économie animale, et principalement du système nerveux. Les expériences d'Alphonse Leroy, de Pelletier et de Bouttatz prouvent qu'il irrite les organes de la génération et qu'il éveille singulièrement l'appétit vénérien. Il a été administré dans les maladies asthéniques aiguës ou chroniques où il ne faut exciter que momentanément, mais d'une manière très intense : ainsi son emploi a été, dit-on, suivi de succès dans les fièvres dites ataxiques et adynamiques, avec prostration extrême des forces vitales, dans les différentes complications de ces mêmes fièvres, dans les fièvres intermittentes opiniâtres, les affections rhumatismales et goutteuses, la suppression des règles, la chlorose et les infiltrations avec atonie de la fibre; mais particulièrement dans l'apoplexie, la syncope et dans plusieurs maladies nerveuses, telles que la paralysie, les convulsions épileptiques, la manie, la céphalalgie opiniâtre, la goutte sereine et la cardialgie. La dose de ce médicament ne doit pas être portée au-delà de 5 centigrammes dans les vingt-quatre heures, et l'on doit rejeter les préparations où il n'est que suspendu, telles que les pilules, les loochs, les électuaires, les émulsions, les conserves, etc. La manière la plus convenable de l'administrer est de le faire dissoudre dans de l'éther sulfurique, en y ajoutant un peu d'huile essentielle aromatique. On doit suspendre son usage s'il fait éprouver une ardeur à l'estomac, ou s'il occasionne des vomissements. Il est très vénéneux.

On l'a également employé à l'extérieur en frictions, sous forme de pommade phosphorée, camphrée ou non, et de liniment phosphoré dans la goutte, les rhumatismes chroniques et la paralysie.

*Extraction.*—On prend des os que l'on calcine à l'air libre pour en détruire la matière animale; on les pulvérise et on les mêle avec de l'acide sulfurique dans le rapport de trois parties pour deux d'acide; au bout de deux ou trois jours, on délaie dans une suffisante quantité d'eau, pour en faire une bouillie claire; on jette sur un linge. Le liquide passe limpide, et la toile retient tout ce qui est insoluble. Ce liquide ainsi obtenu est évaporé jusqu'en consistance de sirop épais, puis mêlé avec le tiers de son poids de charbon et desséché dans des vases de fonte; dans cet état on l'introduit dans des cornues de grès lutées et bien sèches. On dispose ensuite ces cornues dans un fourneau à réverbère (pl. 3, fig. 6), et à leur col on ajuste une allonge courbée en angle droit, dont l'ouverture assez large plonge de quelques lignes dans l'eau d'un vase disposé à cet effet *B*. Alors on chauffe peu à peu jusqu'au rouge intense; bientôt il se dégage des gaz (1) formés d'oxyde de carbone, d'hydrogène carboné et d'hydrogène phosphoré qui s'enflamme subitement au contact de l'air. Vient enfin le phosphore, qui, distillant dans l'eau, est à l'abri de l'air, par conséquent de toute combustion. — *Théorie*. Les os sont formés de phosphate de chaux (acide phosphorique et chaux); l'acide sulfurique ajouté produit du sulfate de chaux insoluble avec la moitié seulement de la chaux du phosphate; car par l'action de l'acide phosphorique mis en liberté la moitié du phosphate se dissout et échappe ainsi à la réaction. On obtient donc dans la liqueur de l'acide phosphorique uni à du phosphate de chaux (c'est-à-dire du phosphate acide de chaux); mais l'acide phosphorique, composé lui-même de phosphore et d'oxygène, cède cet oxygène au charbon, qui s'en empare et met ainsi le phosphore en liberté.

Comme en cet état le phosphore peut entraîner quelques parties de charbon qui le salissent, on le purifie, en le mettant dans un morceau de peau de chamois; on en fait un nouet bien solide, que l'on comprime au moyen de pinces, en le tenant dans l'eau presque bouillante : le phosphore fond et passe à travers la peau; alors il est transparent et peut être réduit en cylindres : pour cela on plonge verticalement l'extrémité la plus large d'un tube de verre légère-

(1) La rapidité avec laquelle se dégagent ces gaz peut servir à régulariser la marche de l'opération.

ment conique, dans la masse du phosphore recouverte d'eau; on aspire avec la bouche par l'autre extrémité du tube : le phosphore fondu monte dans le tube, et lorsqu'il s'est élevé jusqu'à la moitié ou aux trois quarts de sa hauteur, on ferme avec l'index l'extrémité inférieure tenue toujours dans l'eau; on le porte dans l'eau froide, où il se refroidit; à cette époque on fait sortir le cylindre de phosphore en soufflant par l'extrémité la plus étroite du tube. Il faut dans ces diverses opérations éviter avec le plus grand soin que le phosphore fondu soit en contact avec l'air, sans quoi il s'enflamme, et l'opérateur court les plus grands dangers. Il arrive souvent que le phosphore obtenu par ce moyen n'est pas pur; dans ce cas il faut le distiller par la méthode que nous avons indiquée à la page 72.

## DE L'AZOTE (1).

L'azote est un corps simple, très répandu dans la nature: à l'état solide, il fait partie de presque toutes les substances animales, de toutes les graines et de beaucoup de substances végétales, de tous les azotates et de tous les sels ammoniacaux; il se trouve à l'état de gaz dans l'atmosphère, dont il fait à peu près les quatre cinquièmes, et dans le gaz ammoniac : lorsqu'il est pur, il est toujours gazeux.

## DU GAZ AZOTE.

Le gaz azote est incolore, inodore, transparent, et plus léger que l'air atmosphérique; son poids spécifique est de 0,9757; son pouvoir réfringent de 1,020 (Dulong). Il est *électro-positif* par rapport au soufre, et électro-négatif par rapport au phosphore (voy. p. 28). Le gaz *oxygène* ne peut se combiner directement avec le gaz azote que lorsqu'on fait passer à travers le mélange une grande quantité d'étincelles électriques, et il se forme de l'acide *azoteux*, désigné improprement sous le nom d'acide *nitreux;* il se produit au contraire de l'acide

(1) Azote, mot grec dérivé de α privatif et de ζωη, *vie*, qui prive de la vie.

*azotique*, si on a ajouté de l'eau ou du protoxyde de potassium, substances avec lesquelles l'acide azotique a beaucoup d'affinité. On peut encore obtenir trois autres composés d'oxygène et d'azote, savoir : le protoxyde et le bi-oxyde d'azote, et l'acide hypo-azoteux ; mais ils ne résultent jamais de l'action directe des deux gaz qui les constituent. Le *soufre* ne se combine pas directement avec l'azote. On croit que le *bore* a la faculté d'absorber le gaz azote. Le *carbone* pur n'a point d'action sur lui ; il existe pourtant deux composés de carbone et d'azote que l'on obtient par des moyens indirects, le *cyanogène* et le *mellon*.

Le *gaz hydrogène* ne peut pas se combiner directement avec le gaz azote ; cependant il est des circonstances particulières où ces deux corps s'unissent intimement et forment le gaz ammoniac.

Le *chlore* ne s'unit pas directement avec l'azote. Si l'on fait arriver du chlore gazeux dans une solution de sel ammoniac, préparée avec une partie de sel et 20 parties d'eau, le chlore est d'abord absorbé ; quelque temps après, la dissolution se trouble ; il se dégage une multitude de petites bulles de gaz, et il se forme des gouttes d'un liquide oléagineux, d'une couleur fauve, d'une odeur piquante, insupportable, dont le poids spécifique est de 1,653. Ce liquide, découvert par Dulong, est composé de *chlore* et d'*azote* ; il est très volatil, et détone avec la plus grande violence et avec dégagement de calorique et de lumière, lorsqu'on l'expose à la température de 30°, ou qu'on le met en contact avec le phosphore. Mis sous l'*eau pure*, il disparaît en vingt-quatre heures ; une partie se sépare en chlore et en azote ; l'autre décompose l'eau, et il se forme de l'acide chlorhydrique et de l'acide azotique. (Voy., pour les autres propriétés, le Mémoire de Sérullas, *Ann. de Chim.*, oct. 1829.) — *Théorie de sa formation.* Une portion de l'ammoniaque du sel employé est décomposée par le *chlore*, qui s'empare de son hydrogène ; l'azote mis à nu s'unit à une certaine quantité de chlore et produit ce liquide détonant. — *Mode de préparation.* On prend un entonnoir de verre, dont l'extrémité, tirée à la lampe, n'offre qu'une petite ouverture, et plonge dans du mercure ; on verse dans l'entonnoir assez de dissolution de sel ammoniac pour en remplir presque toute sa capacité ; et, à l'aide d'un tube de verre que l'on fait plonger dans le liquide, et qui descend jusqu'au fond de l'entonnoir, on introduit une dissolution concentrée de sel commun, qui, étant plus pesante que la dissolution de sel ammoniac, occupe la partie inférieure de l'entonnoir. L'appareil étant ainsi disposé, on fait arriver du chlore au moyen d'un tube recourbé qui plonge dans la couche supérieure formée par le sel ammoniac, et qui ne touche pas la couche inférieure de sel commun : à mesure que le composé se produit, il se précipite, traverse la couche inférieure de sel commun, et tombe au fond de l'entonnoir sur le mercure (Dulong). On ne pourrait pas l'obtenir si on se bornait à saturer de chlore une solution de sel ammoniac contenue dans une éprouvette, parce que ce sel le décompose ; on doit donc disposer l'appareil de telle sorte que ce composé soit séparé de la solution de sel ammoniac à mesure qu'il se forme.

L'*iode* ne se combine pas directement avec l'azote, mais il s'unit à lui par des moyens indirects. L'iodure d'azote est sous forme de poudre noirâtre ; desséché, il fulmine très fortement et spontanément. S'il est humide, il ne détone que par une légère pression ; dans tous les cas il y a dégagement de lumière sensible dans l'obscurité, et décomposition du produit en azote et en iode qui se séparent à l'état de gaz. Il est décomposé par l'eau froide, mais surtout par l'eau chaude, et il se forme de l'iodate et de l'iodhydrate d'ammoniaque, un peu d'azote qui se dégage et une petite quantité d'iode qui colore la liqueur : on voit que l'oxygène de l'eau a transformé l'iode en acide iodique et que l'hydrogène a formé avec l'iode de l'acide iodhydrique, et avec l'azote de l'ammoniaque. Lorsqu'on verse sur de l'iodure d'azote de l'acide chlorhydrique *liquide*, ou des *dissolutions* alcalines, telles que la potasse, la soude, etc., l'eau contenue dans ces corps est également décomposée. — *Préparation.* On obtient cet *iodure* en versant dans l'eau de l'iodure d'ammoniaque ; il se précipite aussitôt de l'iodure d'azote, et il reste en dissolution de l'iodhydrate d'ammoniaque : au bout d'un quart d'heure, l'iodure est lavé sur un filtre, mais avec ménagement, pour éviter sa décomposition et la détonation qui l'accompagnerait. — *Théorie.* On peut représenter les éléments de l'iodure d'ammoniaque par

| | | |
|---|---|---|
| Ammoniaque + Hydrogène. | + | Azote. |
| Iode. | + | Iode. |
| Acide iodhydrique. | | Iodure d'azote. |

L'eau détermine la décomposition d'une portion d'ammoniaque; l'hydrogène provenant de cette décomposition s'unit à une partie de l'iode, et donne naissance à de l'acide iodhydrique qui s'empare de l'ammoniaque non décomposée pour former l'iodhydrate, tandis que l'autre portion d'iode se combine avec l'azote qui résulte de la décomposition de l'ammoniaque et produit l'iodure d'azote. Si, au lieu de préparer ainsi cet *iodure*, on versait de l'ammoniaque liquide en excès dans une dissolution alcoolique saturée d'iode, comme le prescrivait Sérullas, on obtiendrait un iodure en poudre plus fine; que l'on pourrait laver dans l'eau et même presser avec un tube, sans qu'il *détonât*, à moins toutefois qu'il n'eût été préalablement mis en contact avec de l'ammoniaque. L'iodure d'azote paraît toujours contenir un peu d'hydrogène à l'état d'iodhydrate d'ammoniaque. D'après M. Marchand il serait formé de

| | |
|---|---|
| Iode. . . . . . . . . . | 88,66 |
| Azote . . . . . . . . . | 9,94 |
| Hydrogène. . . . . . . . | 1,40 |
| | 100,00 |

Le *phosphore* parfaitement blanc passe au rouge dans le gaz azote, fond facilement, et les parois du flacon se tapissent de cristaux rouges étoilés (Mémoire de M. Vogel); l'azote contient une certaine quantité de phosphore gazeux qui semble y être à l'état de mélange. Six litres de gaz peuvent s'unir à 5 centigrammes de phosphore. Le gaz azote phosphoré, mis en contact avec le gaz oxygène, se décompose sur-le-champ, cède le phosphore à l'oxygène, pour former de l'acide phosphoreux, et repasse à l'état d'azote.

M. H. Rose a fait connaître en 1833 (Voy. *Annales de Chimie*, novembre) un *azoture de phosphore*, pulvérulent, très léger, blanc, insoluble dans l'eau et dans presque tous les acides et dans les alcalis dissous, inattaquable par le chlore et par le soufre, décomposable à une haute température par le gaz hydrogène sec, en phosphore et en ammoniaque.

*Propriétés essentielles du gaz azote.* — On pourra facilement distinguer le gaz azote de tous ceux que l'on connaît aujourd'hui, aux caractères suivants : 1° il est incolore; 2° il éteint les corps enflammés; 3° il ne rougit pas la teinture de tournesol; 4° il ne se dissout pas dans l'eau; 5° il ne trouble point l'eau de chaux.

Le poids de l'équivalent de l'azote est de 177,02.

*Usages.* — Le gaz azote est employé pour conserver certaines substances qui absorbent facilement l'oxygène de l'air, par exemple le potassium et le sodium. Il asphyxie les animaux qui le respirent, en s'opposant à la transformation du sang veineux en sang artériel; la respiration devient gênée, on éprouve des vertiges et de la céphalalgie; les lèvres et le visage prennent une teinte livide; ces symptômes ne tardent pas à être suivis de la mort, si on continue à le respirer. L'asphyxie des fosses d'aisances, connue sous le nom de *plomb*, est quelquefois occasionnée par ce gaz. On a conseillé de faire respirer le gaz azote mêlé à de l'air dans les maladies caractérisées par une très grande activité de la circulation et de la respiration; mais on ne sait pas encore jusqu'à quel point ce moyen peut être avantageux.

*Extraction.* — 1° On enflamme du phosphore dans une quantité déterminée d'air : celui-ci cède tout son oxygène, et l'azote est mis à nu : pour cela, on met le feu à un petit morceau de phosphore placé sur un support en brique, que l'on a préalablement disposé sur la planche de la cuve à eau (voy. pl. 3, fig. 2); ce support *A* doit être assez élevé pour que le phosphore soit hors de l'eau de la cuve *CC*, et par conséquent en contact avec l'air : aussitôt que le phosphore est enflammé, on le recouvre d'une grande cloche *D* pleine d'air atmosphérique que l'on fait plonger dans l'eau de la cuve; le phosphore, qui n'est alors en contact qu'avec l'air de la cloche, s'empare de tout son oxygène, passe à l'état d'acide phosphorique, que l'on voit paraître sous forme d'un nuage excessivement épais, et il se dégage une très grande quantité de calorique et de lumière ; l'air, dilaté par la chaleur qui se produit, est en partie expulsé en grosses bulles ; au bout d'une ou deux minutes, le phosphore s'éteint, et l'opération est terminée. On laisse l'appareil dans la même situation, et l'on aperçoit l'eau monter dans l'intérieur de la cloche jusqu'à ce que celle-ci soit entièrement refroidie ; l'acide phosphorique se dissoudre complétement ; et l'intérieur de l'appareil, auparavant nébuleux et très opaque, reprendre sa transparence. Le gaz ainsi obtenu pouvant contenir encore un peu d'oxygène, doit être mis en contact pendant plusieurs heures et à froid, avec quelques petits cylindres de phosphore supportés par des tubes de verre ; par ce moyen le gaz azote se trouvera entièrement privé d'oxygène, mais il contiendra du phosphore vaporisé et à l'état de mélange ; on absorbera ce phosphore à l'aide de quelques bulles de chlore gazeux et d'un peu de potasse ; en effet ; le phosphore se combinera avec le chlore, et le chlorure formé sera absorbé et dissous par la potasse, qui s'emparera aussi de l'excès de chlore et de l'acide phosphorique qui pourraient rester, ainsi que de la petite quantité d'acide carbonique que l'air atmosphérique renfermait. Il est évident que pour faciliter ces réactions chimiques, il faudra agiter la potasse et le gaz pendant quelques minutes.

2° On peut obtenir du gaz azote très pur en faisant réagir du chlore sur de l'ammoniaque liquide en excès (l'ammoniaque est formée d'azote et d'hydrogène) : le chlore s'empare de l'hydrogène, forme de l'acide chlorhydrique qui s'unit avec une portion d'ammoniaque, et l'azote est mis à nu. Pour cela on emploie un tube barométrique fermé à la partie supérieure ; on le remplit de dissolution de chlore jusqu'au 9/10 auxquels on ajoute 1/10 d'ammoniaque liquide ; on renverse ensuite le tube, l'extrémité ouverte plongeant dans la cuve à eau. On voit alors l'azote se dégager sous forme de bulles qui se réunissent au sommet.

## DES CARBURES D'AZOTE.

Le carbone en s'unissant avec l'azote donne naissance à deux produits : l'un, le percarbure d'azote ou *mellon*, décrit pour la première fois par M. Liebig en 1835, et l'autre, le cyanogène ou protocarburé.

Le *cyanogène*, découvert par M. Gay-Lussac, ne se trouve pas dans la nature. Son analogie avec le chlore, le brome et l'iode, ne saurait être mise en doute d'après le rôle qu'il joue dans les diverses combinaisons dont il fait partie.

Il est sous forme d'un fluide élastique, non permanent, d'une odeur très vive, pénétrante, et d'une saveur très piquante ; son poids spécifique est de 1,8064 d'après MM. Berzélius et Dulong ; sa puissance réfractive est de 2,832 (Dulong). Il rougit la teinture de tournesol ; mais, en faisant chauffer la dissolution, le gaz se dégage mêlé avec un peu d'acide carbonique, et la couleur bleue reparaît.

Il peut être soumis à l'action d'une très haute température sans se décomposer ; mais si, étant exposé à l'air, on le met en contact avec un corps en ignition, il absorbe l'*oxygène* et brûle avec une flamme de couleur bleuâtre mêlée de pourpre. On connaît un composé de cyanogène et d'oxygène, que l'on obtient par des moyens indirects, et que nous décrirons sous le nom d'acide *cyanique* ; il existe en outre un acide formé de cyanogène, d'oxygène et d'hydrogène, que l'on désigne sous le nom d'acide *cyanurique*. Lorsque le cyanogène est comprimé par sa propre atmosphère dans un tube hermétiquement fermé, il se liquéfie comme le chlore (voy. pag. 59). Le *soufre* s'unit avec le cyanogène en deux proportions ; l'une d'elles est le *sulfo-cyanogène*, que nous décrirons plus loin. Le gaz *hydrogène* n'agit point sur lui à une température même élevée ; il existe cependant un acide formé de cyanogène et d'hydrogène, connu sous le nom d'acide *cyanhydrique* (prussique).

Le soufre, le cyanogène et l'hydrogène peuvent s'unir par des moyens particuliers, et former un acide appelé *hydro-sulfo-cyanique* (voyez ce mot).

*Iodure de cyanogène.* — Lorsqu'on fait arriver du cyanogène dans un ballon où il y a de l'*iode* en vapeur, il se produit un iodure dont nous devons la connaissance à Sérullas; mais on l'obtient plus facilement et plus abondamment en décomposant le cyanure de mercure par l'iode. Il est très blanc et sous forme de longues aiguilles très minces, d'une odeur très piquante; il irrite vivement les yeux et provoque le larmoiement.

Le *brome* peut former avec le cyanogène un *bromure* solide à 16° + 0, se volatilisant au-dessus de cette température. On l'obtient comme l'iodure, en décomposant le cyanure de mercure.

Le *chlore* est susceptible de fournir deux composés avec le cyanogène. Le *protochlorure* est gazeux à 12° — 0, liquide à 15° — 0°, et cristallisé en longs prismes transparents à 18° — 0; il est très caustique et excessivement délétère; il n'est pas acide; on l'obtient comme le précédent : c'est l'acide *prussique oxygéné* de Berthollet et l'acide *chloro-cyanique* de Gay-Lussac. Le *bichlorure* cristallise en aiguilles, d'une odeur piquante, analogue à celle du souci, fusible à 140°, entrant en ébullition à 190°, et sans action sur le tournesol; il est peu soluble dans l'eau froide, et très soluble dans l'alcool et dans l'éther; il décompose l'eau, et fournit de l'acide chlorhydrique et de l'acide cyanique. Il est excessivement vénéneux : on l'obtient en décomposant l'acide cyanhydrique pur, par du chlore sec; il est composé de 2 atomes de chlore et de 1 atome de cyanogène. (Sérullas, *Annales de Physique et de Chimie*, août 1828.)

*Préparation.* — On obtient le cyanogène en chauffant dans une cornue, à la chaleur de la lampe à esprit-de-vin, du cyanure de mercure *bien sec*, qui se trouve décomposé en mercure et en cyanogène gazeux; celui-ci est recueilli sous des cloches pleines de mercure; toutefois on n'obtient pas tout le cyanogène du cyanure, car une petite portion de ce cyanure se sublime sans éprouver d'altération, et une autre se décompose en mercure et en un corps particulier, noirâtre, qui reste dans la cornue, et dont la composition ne paraît pas encore bien connue. Si le cyanure de mercure dont on fait usage était humide, il se formerait de l'acide carbonique, de l'ammoniaque et de l'acide cyanhydrique.

Le *phosphore* peut être volatilisé dans le cyanogène sans agir sur lui même à une température élevée.

*Composition.*—Il est formé de quatre équivalents de carbone et d'un d'azote, ou pour 100 parties de 45,94 de carbone, et de 54,06 d'azote.

L'équivalent du cyanogène est de 325,320, et son initiale Cy.

## DE L'ARSENIC.

On trouve l'arsenic, 1° à l'état natif; 2° à l'état d'acide arsénieux; 3° combiné avec le soufre et avec plusieurs métaux; 4° enfin à l'état d'arséniate.

L'arsenic est solide, gris d'acier et brillant quand il est récemment préparé; sa texture est grenue et lamelleuse; sa densité est de 5,189. (Guibourt.)

Exposé à la chaleur du rouge naissant, il se sublime sans fondre préalablement, et cristallise en tétraèdres réguliers sur les parois du vase. On ne peut le fondre que sous une pression plus forte que celle de l'atmosphère.

Si on le chauffe au contact de l'oxygène ou de l'air secs, il passe à l'état d'acide arsénieux en absorbant le gaz, avec dégagement de chaleur et d'une lumière bleuâtre. Les vapeurs d'arsenic métallique, au moment où il passe à l'état d'acide arsénieux, exhalent une odeur d'ail si prononcée qu'elle en devient caractéristique. Ces vapeurs sont très dangereuses à respirer.

Le *soufre* se combine avec l'arsenic en cinq proportions; deux seulement offrent de l'intérêt : ce sont le proto et le sesquisulfure.

Le *protosulfure* ou réalgar existe dans la nature, en Chine, au Japon, en Bohême, au mont Saint-Gothard, dans les produits volcaniques, etc. Il est solide, rouge orangé, cristallisé ou en masses, d'une cassure conchoïde, plus fusible que l'arsenic, volatil, et susceptible de passer à l'état d'acide sulfureux et d'acide arsénieux lorsqu'on le chauffe avec le contact de l'air. Il est formé d'un équivalent d'arsenic et d'un de soufre. Sa formule est AsS. On le prépare directement en faisant fondre les deux éléments dans les proportions indiquées, ou en distillant un mélange de soufre et d'acide arsénieux.

Un mélange de 2 parties de réalgar, 1 d'azotate de potasse et 9 de soufre compose le feu indien. On l'emploie quelquefois en peinture.

Le *sesquisulfure* ou orpiment (orpin) existe aussi dans la nature. On le trouve en Hongrie, en Transylvanie, en Géorgie, en Valachie, etc. Il est solide, d'une belle couleur jaune citron, insipide, inodore et lamelleux. Sa densité est de 3,45. Il fond et se volatilise lorsqu'on le chauffe. L'air et l'oxygène le transforment en gaz sulfureux et en acide arsénieux, pourvu que la température soit élevée. Il est soluble dans l'ammoniaque. On l'obtient, soit en faisant passer un courant de gaz sulfhydrique à travers une dissolution d'acide arsénieux (il se forme de l'eau et du sulfure d'arsenic), soit en mêlant ensemble deux dissolutions, l'une d'arsénite de potasse, et l'autre de protosulfure de potassium, auxquelles on ajoute de l'acide chlorhydrique; il se produit alors de l'eau, du chlorure de potassium et du sesquisulfure d'arsenic, qui se précipite sous forme de flocons d'un beau jaune. Il est composé de 2 équivalents d'arsenic et de 3 de soufre. $As^2S^3$.

Le *sélénium* s'unit facilement à l'arsenic.

Le *bore* et le *carbone* ne paraissent pas avoir d'action sur lui. L'*hydrogène* s'unit à l'arsenic et donne l'hydrogène arsenié (voyez ce mot).

Le *chlore* absorbe l'arsenic avec un grand dégagement de chaleur et de lumière; il se forme un chlorure qui apparaît d'abord sous forme de vapeurs blanches, qui se condensent bientôt en un liquide transparent, incolore, très volatil. Il est très vénéneux.

L'*iode* et le *brome* s'unissent également avec l'arsenic avec dégagement de chaleur et de lumière, en donnant naissance à un iodure d'arsenic d'un beau rouge, et à un bromure solide et incolore.

Le *phosphore*, chauffé avec l'arsenic en poudre à l'abri de l'air, fournit un phosphure brillant et cassant, décomposable par l'air ou l'oxygène à une température élevée.

L'eau pure et privée d'air n'exerce aucune action à froid sur l'arsenic ; on peut même le conserver avec tout son brillant sous une couche d'eau distillée et bouillie. L'eau bouillante, au contraire, est décomposée par ce corps ; il se forme de l'acide arsénieux et de l'arséniure d'hydrogène solide sans dégagement d'hydrogène.

L'arsenic entre dans la composition de plusieurs alliages, auxquels il communique des propriétés cassantes.

*Extraction.*—On extrait en particulier l'arsenic des minerais de cobalt, qui sont des arséniures de ces métaux. Par le grillage de ces minerais, une portion d'arsenic est oxydée, l'autre est réduite en vapeur, et se sublime à l'entrée de la cheminée sous laquelle on opère. On recueille cette portion et on la sublime de nouveau dans des cornues de fonte. Dans les laboratoires on peut l'obtenir par la calcination d'un mélange d'acide arsénieux, de charbon et de carbonate de potasse.

Le poids de l'équivalent de l'arsenic est de 470,12.

*Usages.* — Allié au cuivre et au platine, l'arsenic sert à faire les miroirs de télescopes. Réduit en poudre et mêlé avec de l'eau aérée, il est employé pour tuer les mouches ; dans ce cas, l'air contenu dans l'eau transforme le métal en acide arsénieux qui se dissout dans le liquide.

## DU TELLURE.

Le tellure fut découvert en 1782 par Muller, dans un minerai d'or de Transylvanie. Il existe à l'état natif et en combinaison avec l'or, l'argent, le fer et le plomb.

Il est d'un blanc argentin et très brillant ; sa cassure est lamelleuse comme celle de l'antimoine ; sa densité est de 6,11. Chauffé à l'abri de l'air, il fond au-dessous de la chaleur rouge et se volatilise entièrement ; mais au contact de l'*oxygène* ou de l'air il brûle avec une flamme d'un bleu verdâtre.

L'*hydrogène* se combine avec le tellure, et donne un produit qui présente beaucoup d'analogie avec l'acide sulfhydrique.

Le *chlore* s'unit directement avec lui avec dégagement de chaleur et de lumière.

Le poids de son équivalent est de 801,74.

Il n'a aucun usage.

*Extraction.* — On l'obtient facilement en traitant l'un des minerais qui le contiennent par l'eau régale; il se forme des chlorures de tous les métaux unis au tellure. On reprend ces chlorures évaporés à sec par de l'alcool, qui dissout les chlorures d'or et de fer, tandis que ceux de plomb ou d'argent restent unis au tellure. En dissolvant ce résidu dans l'acide sulfurique, le plomb et l'argent sont précipités et le tellure dissous. On le précipite à son tour de cette dissolution filtrée, à l'aide d'un barreau de zinc. Il apparaît ainsi sous forme de flocons noirs qui, lavés et fondus à l'abri de l'air, donnent du tellure pur.

## DE L'AIR ATMOSPHÉRIQUE.

Avant de décrire les composés formés par l'oxygène et par chacun des corps simples non métalliques, il me paraît utile de placer l'histoire de l'air et de l'eau, qui sans cesse interviendront dans la plupart des phénomènes dont nous aurons à nous occuper.

L'air atmosphérique ne se trouve dans la nature qu'à l'état gazeux. Comme son nom l'indique, il constitue l'atmosphère, dont la hauteur paraît être d'environ 6 myriamètres; on le voit aussi dans des lieux souterrains et dans les fissures de plusieurs minéraux. L'analyse la plus sévère n'a démontré jusqu'à présent dans l'air pur que du gaz azote, du gaz oxygène, du gaz acide carbonique, de l'hydrogène carboné, de l'eau, du fluide électrique (1), et le calorique et la lumière

(1) Dans un beau travail sur les causes de l'électricité répandue dans l'atmosphère, M. Pouillet établit : 1° qu'il y a production d'électricité pendant la vaporisation des dissolvants par la chaleur : ainsi l'eau tenant en dissolution de la potasse ou de la soude, fournit une vapeur électrisée négativement, tandis que le résidu alcalin offre l'électricité positive; la dis-

nécessaires pour tenir ces substances à l'état gazeux. Cependant il est facile de prévoir que l'on doit trouver souvent dans l'atmosphère des matières étrangères à celles dont nous venons de parler ; par exemple, toutes celles qui se volatilisent journellement à la surface de la terre.

*Propriétés physiques.* — L'air atmosphérique est fluide, invisible lorsqu'il est en petites masses, insipide, inodore, pesant, compressible et parfaitement élastique. — *Fluidité de l'air.* Cette propriété n'a pas besoin d'être démontrée : les vents en agitant les arbres ne nous en donnent-ils pas une preuve suffisante ? — *Invisibilité de l'air.* Les molécules de ce fluide sont tellement ténues qu'elles ne peuvent pas réfléchir une assez grande quantité de rayons lumineux pour devenir sensibles à côté d'objets qui, au contraire, en réfléchissent beaucoup ; lorsque plusieurs couches d'air sont accumulées, cette réflexion est plus marquée, et ce fluide devient visible, comme par exemple dans la portion bleue que l'on appelle *ciel.* — *Défaut de saveur et d'odeur.* Nous ne pouvons pas affirmer que l'air pur soit insipide et inodore ; peut-être a-t-il de la saveur et de l'odeur dont les impressions sur nos organes deviennent nulles par l'effet de l'habitude. — *Pesanteur de l'air.* Aristote observa un des pre-

solution de sel marin donne, lorsqu'on la fait évaporer, une vapeur électrisée positivement, tandis que le résidu est électro-négatif : l'évaporation de l'eau de mer est donc une des principales sources du fluide électrique ; toutes les solutions répandues à la surface du globe concourent aussi, en s'évaporant, à la production de l'électricité ; 2° que les gaz dégagent de l'électricité lorsqu'ils se combinent, soit entre eux, soit avec les corps solides ou liquides ; 3° que dans ces combinaisons, l'oxygène dégage toujours l'électricité positive, et l'autre corps, quel qu'il soit, l'électricité négative ; 4° que l'action des végétaux sur l'oxygène de l'air est une des causes les plus puissantes de l'électricité atmosphérique ; et si on considère d'une part qu'un gramme de charbon pur, en passant à l'état d'acide carbonique, dégage assez d'électricité pour charger une bouteille de Leyde, et d'une autre part que le charbon qui fait partie des végétaux ne donne pas moins d'électricité que le charbon qui brûle librement, on peut conclure, comme des expériences directes tendent d'ailleurs à l'établir, que sur une surface de végétation de 100 mètres carrés, il se produit en un jour plus d'électricité positive qu'il n'en faudrait pour charger la plus forte batterie électrique. (*Ann. de Phys. et de Chim.*, t. XXXV.)

miers qu'une vessie pleine d'air pèse davantage que lorsqu'elle est vide. Galilée fit voir long-temps après, en injectant de l'air dans un vase, que le poids de celui-ci était plus considérable, lorsqu'on avait injecté beaucoup d'air, que dans le cas contraire. Enfin Torricelli, disciple de Galilée, et l'illustre Pascal, firent des expériences ingénieuses qui mirent la pesanteur de l'air hors de doute. Après ce court exposé sur l'historique de la découverte de la pesanteur de l'air, nous allons prouver : 1° que l'air est pesant ; 2° qu'il pèse en tous sens.—*Expériences*. *A*. Que l'on fasse le vide dans un grand ballon de verre et que l'on note son poids ; qu'on pèse de nouveau le ballon après l'avoir rempli d'air, il pèsera davantage. *B*. Lorsqu'on a fait le vide dans une cloche posée sur le plateau de la machine pneumatique, on voit qu'il est impossible de l'enlever, parce que l'air extérieur pèse avec force sur les parois externes de la cloche ; si on laisse rentrer l'air, la cloche se remplit, et on peut l'enlever avec la plus grande facilité, le fluide aériforme de l'intérieur établissant alors par son ressort l'équilibre avec la colonne extérieure. *C*. Si l'on prend un tube de verre scellé hermétiquement à l'une de ses extrémités, long d'environ 80 centimètres, et de 1 à 2 centimètres de largeur, et qu'on le remplisse de mercure par l'extrémité ouverte, on remarquera, en bouchant celle-ci avec le doigt et renversant l'instrument dans une cuve pleine du même métal, qu'une portion de mercure s'écoule aussitôt qu'on enlève le doigt, que la majeure partie reste, oscille pendant quelque temps, enfin qu'il s'arrête à peu près à la hauteur de 76 centimètres : dans cet instrument, le poids de la colonne de mercure fait équilibre au poids de la colonne d'air ; celui-ci, par une cause quelconque, devient-il plus pesant, le mercure monte dans le tube d'un ou plusieurs millimètres ; le poids de l'air, au contraire, diminue-t-il, la colonne de mercure descend. Si, au lieu d'employer ce métal, on se servait d'un liquide environ quatorze fois plus léger, tel que l'eau, celle-ci monterait quatorze fois autant ; ce que l'on concevra facilement en faisant attention que le poids de la colonne d'air qui détermine l'ascension reste le même : c'est d'après ces principes que l'on a construit le baromètre, instrument fort utile, et dont l'objet principal est de déterminer les variations qu'éprouve le poids de l'air. *D.* Nous pouvons encore fournir comme preuve de la pesanteur de l'air le fait suivant ; le mercure que contient le tube barométrique dont nous parlons s'élève moins sur la cime qu'au pied des montagnes, parce que, dans ce dernier cas, la couche d'air qui comprime le métal est beaucoup plus considérable. Perrier fit le premier cette expérience sur le Puy-de-Dôme, d'après l'invitation de son ami le célèbre Pascal. On a trouvé, par des expériences exactes, qu'un litre d'air à la température de zéro et à la pression correspondante à une colonne de 76 centimètres de mercure environ, pesait 1,2991 grammes. Voici maintenant une expérience qui établit la pression de l'air dans tous les sens : si l'on prend un tube de verre semblable à celui dont nous venons de parler, qui présente en outre une ouverture latérale vers la moitié de sa longueur; si on bouche parfaitement cette ouverture avec un morceau de vessie mouillée, attachée tout autour du tube, on verra, après avoir rempli celui-ci de mercure et l'avoir disposé comme dans l'expérience précédente, qu'en perçant la vessie avec une épingle l'air s'introduira avec force dans le tube, exercera une pression *latérale*, partagera la colonne de mercure en deux portions : l'une, pressée de *bas en haut*, ira frapper la partie supérieure du tube; et l'autre, refoulée de *haut en bas*, se précipitera dans la cuve. — *Compressibilité de l'air.* L'air peut être comprimé; alors il se resserre et diminue d'autant plus de volume que le poids dont il est chargé est plus grand, en sorte que le volume de l'air est en raison inverse de la pression à laquelle il est soumis.

*Tubes de sûreté.* — La théorie des tubes de sûreté à boule ou droits se rattache d'une manière trop évidente à l'histoire des propriétés physiques de l'air pour ne pas être exposée ici.

*Tube de sûreté à boule* (fig. 1er, pl. 7). — Il est formé d'un tube simple recourbé *a T x*, auquel on a soudé en *S* un autre tube recourbé *SPR*, terminé en *R* par un entonnoir, et offrant en *P* une boule que l'on remplit à moitié d'eau ou de mercure. Nous allons faire sentir la nécessité des tubes de sûreté dans les opérations chimiques. Que l'on fasse du feu sous la cornue *C*, dans laquelle on a mis des substances propres à fournir un produit quelconque, et supposons qu'au lieu du tube à boule on se serve d'un tube simple, on obtiendra des gaz, des liquides, etc.; l'air de l'appareil, raréfié par la chaleur, se dégagera en totalité, ou du moins en grande partie. Au moment où l'opération sera terminée, ou dans tout autre moment, si la température de l'appareil diminue sensiblement, une partie de l'eau qui se trouve dans la cloche *O* rentrera rapidement dans le ballon *B*, et de celui-ci passera dans la cornue; non seulement les produits de l'opération pourront être altérés ou perdus, mais encore l'appareil pourra être brisé par son contact subit avec un liquide froid; ce phénomène dépend du refroidissement de l'appareil, qui peut être considéré comme étant vide; alors, en vertu de la pression atmosphérique sur le liquide de la cloche, ce liquide s'introduit dans le ballon, etc. Or le tube à boule empêche cet effet; voyons comment il agit : à mesure que le gaz de l'intérieur de l'appareil se condense par le refroidissement, et que le liquide de la cloche tend à monter dans la branche *xT* du tube, à raison de la pression de l'air extérieur, l'air atmosphérique presse avec la même force sur le liquide contenu dans la branche *Rr* du tube, et le fait descendre autant qu'il le fait monter dans la branche *xT*; un moment arrive où l'eau de la branche *Rr* est poussée par l'air jusqu'en *q*; alors l'air, beaucoup moins pesant que l'eau, traverse le liquide contenu dans la boule du tube de sûreté et se rend dans le ballon : en sorte que le gaz de celui-ci n'est plus aussi raréfié qu'il l'était. Cet effet se succède sans cesse, et bientôt l'intérieur de l'appareil se trouve contenir de l'air qui pèse autant que celui du dehors.

*Tubes de sûreté droits* (pl. 2, fig. 1re). — On peut remplacer les tubes à boule par des tubes droits *xx*, qui plongent de 3 à 4 millimètres dans l'eau. A mesure que le refroidissement de l'appareil a lieu, l'air extérieur, pressant sur la colonne du liquide contenu dans le tube, exerce un effort d'autant plus grand que la résistance intérieure est plus faible, entre par ces tubes et s'oppose à l'absorption de l'eau de l'éprouvette *C*, qui sans cela arriverait jusqu'au flacon *F*.

*Propriétés chimiques de l'air.*—Exposé à l'action du *calorique*, l'air atmosphérique se dilate sans subir aucune décomposition. La *lumière* le traverse et se réfracte ; son pouvoir réfringent est pris comme unité, à laquelle on compare celui de tous les autres gaz. L'air sec n'est point conducteur du *fluide électrique* : il lui livre passage au contraire lorsqu'il est humide. Soumis pendant long-temps à l'action de l'étincelle électrique, il se transforme en acide *azotique* (nitrique), qui n'est qu'une combinaison d'oxygène et d'azote ; cette expérience ne réussit qu'autant que l'on ajoute de l'eau ou un autre corps avec lequel l'acide peut se combiner.

Le gaz *oxygène* ne fait que se mêler à l'air atmosphérique. Tous les corps étudiés précédemment, qui sont avidés d'oxygène, l'enlèvent à l'air, tantôt à chaud, tantôt à froid, et l'azote reste libre. Le *soufre* n'agit sur l'air atmosphérique qu'à la température nécessaire pour le fondre ; alors il s'empare de son oxygène, brûle avec une flamme bleuâtre, et se transforme en gaz acide sulfureux, doué d'une odeur excessivement piquante ; le gaz azote est mis à nu. Le *sélénium* agit sur l'air, comme il a été dit à la page 41.

Lorsqu'on met du *bore* en contact avec l'air atmosphérique à une chaleur rouge, celui-ci cède son oxygène ; l'azote est mis à nu, et il se forme de l'acide borique *solide* : aussi y a-t-il dans cette expérience dégagement de calorique et de lumière : à froid, il n'y a point d'action entre ces deux corps. Le *silicium* agit sur l'air, comme il a été dit à la page 43. Le *carbone pur* ou le diamant ne subit aucune altération de la part de l'air à la température ordinaire ; mais si on expose du diamant à une température élevée au milieu d'une certaine quantité d'air, il en absorbe l'oxygène et se transforme en gaz acide carbonique ; l'azote de l'air est mis à nu. Le *charbon* absorbe l'air atmosphérique à la température ordinaire, et il y a dégagement de calorique et formation d'acide carbonique. (Voy. *Pouvoir absorbant du charbon*, page 46.) L'inflammation spontanée des charbonnières, qui a lieu quelquefois, reconnaît pour cause principale l'absorption de l'air atmosphérique, qui se trouve alors en contact avec les matières hydrogénées que le charbon contient toujours. Lorsqu'on élève la température du charbon exposé à l'atmosphère, il en absorbe l'oxygène, se consume, et ne laisse que des cendres ; il y a, pendant cette opération, dégagement de calorique et de lumière, et formation de gaz acide carbonique ; si pendant la combustion le charbon ne reçoit pas la quantité d'oxygène nécessaire, il se forme du gaz oxyde de carbone ; dans tous les cas, l'azote de l'air est mis à nu (1). Si la température était très élevée, et qu'il y eût un excès de charbon, il se produirait une très grande quantité de gaz oxyde de carbone. La combustibilité du charbon est singulièrement augmentée par son mélange avec le platine ou le cuivre, comme on peut s'en convaincre en réduisant en charbon, dans des vaisseaux clos, du liége râpé, préalablement mêlé avec du chlorhydrate ammoniacal de platine, ou avec du vert-de-gris. (Weler.)

L'*hydrogène* n'agit pas sur l'air à froid ; mais si on élève la température, il s'empare de l'oxygène, avec lequel il forme de l'eau, et l'azote est mis à nu. Ce fait peut être prouvé à l'aide des expériences rapportées à l'article HYDROGÈNE, avec cette différence, qu'on substituera au gaz oxygène de l'air atmosphérique ; et comme celui-ci ne contient que 20,8 pour 100 de gaz oxygène, il faudra, pour obtenir des effets analogues, employer 3 ou 4 parties d'air contre 1 partie de gaz hydrogène ; par ce moyen, le gaz oxygène se trouvera toujours dans le rapport de 1 à 2, rapport nécessaire pour qu'il se forme de l'eau. On peut encore ajouter l'expérience suivante : que l'on place dans une petite fiole munie d'un bouchon percé, qui donne passage à un long tube tiré à la lampe par son extrémité supérieure, le mélange propre à fournir du gaz hydrogène (voy. pag. 56) ; au bout de deux ou trois minutes, lorsque tout l'air contenu dans la fiole sera dégagé, que l'on approche une bougie allumée du gaz qui sort par

(1) Il se dégage en outre, pendant la première période de cette combustion, une assez grande quantité de gaz hydrogène carboné, formé aux dépens de l'hydrogène sur le charbon, et surtout de l'eau que celui-ci renferme.

l'extrémité effilée du tube, ce gaz s'enflammera, et produira un jet lumineux qui durera autant que le dégagement du gaz hydrogène aura lieu : cet appareil est connu sous le nom de *lampe philosophique*. Si l'on place un cylindre en verre bien sec au-dessus de l'ouverture par laquelle sort le gaz hydrogène que l'on fait brûler, on entend un son fort distinct, désigné sous le nom d'*harmonica chimique*. Ce son, qui devient plus grave ou plus aigu suivant la hauteur à laquelle est tenu le cylindre, reconnaît pour cause, d'après Faraday, une série de petites détonations, qui se succèdent avec assez de rapidité pour produire un son continu.

Le *chlore*, le *brome* et l'*iode* sont inaltérables à l'air.

Le *phosphore*, qui n'exerce aucune action sur le gaz oxygène à une température au-dessous de 27°, et sous la pression ordinaire de l'atmosphère, est, au contraire, attaqué par l'air atmosphérique sec ou humide; même au-dessous de zéro; il en absorbe l'oxygène pour former de l'acide hypophosphorique; pendant ce phénomène, il se dégage une certaine quantité de lumière qui ne s'aperçoit bien que dans l'obscurité.

L'action de l'*air* sur le *phosphore* à une température élevée est la même que celle du gaz oxygène, excepté qu'elle est moins vive, et qu'il y a du gaz azote mis à nu (page 73).

L'air transforme l'arsenic en acide arsénieux, si on élève la température (voy. p. 85); à froid il le ternit et le noircit s'il est humide. (Voy. OXYDE D'ARSENIC.)

*Extraction.* — On peut remplir un flacon d'air, en le remplissant d'abord d'eau ou de sable; ou mieux encore de mercure, en le vidant dans l'atmosphère, et en le bouchant.

*Composition et analyse de l'air.* — Nous savons maintenant que l'air contient de l'acide carbonique, de l'eau, une petite quantité d'une matière hydrogénée qui paraît être un hydrogène carboné, en outre de l'oxygène et de l'azote. Nous allons examiner successivement les moyens employés pour en faire l'analyse. 1° Pour constater la présence de l'acide carbonique, il suffit de faire passer l'air que l'on désire examiner à travers une certaine quantité d'eau de chaux ou de baryte très limpide, soit au moyen d'un soufflet, soit en plaçant l'un de ces liquides dans un tube à boule de Liébig, à l'extrémité duquel on adapte un flacon d'aspiration. Il se formera des carbonates de chaux ou de baryte qui, étant insolubles, troubleront la liqueur. Si on pèse le carbonate de baryte obtenu avec une quantité *déterminée* d'air, après l'avoir lavé et desséché on aura facilement le poids de l'acide carbonique, puisqu'on sait que 100 parties de ce carbonate sont formées de 22,34 d'acide carbonique et de 77,66 de baryte. Suivant M. Théodore de Saussure, la quantité d'acide carbonique en volume renfermée dans 10,000 parties d'air est, terme moyen, au milieu du jour, de 4,9.

2° Pour démontrer la présence de l'eau dans l'atmosphère, il suffit d'y placer un vase dont la température soit plus basse que celle de l'air de quelques degrés; aussitôt l'on voit l'eau se déposer à sa surface sous forme de goutelettes ou de neige, selon l'intensité du refroidissement. On exécute cette opération en plaçant dans un flacon bien fermé un mélange de glace et de sel marin, ce qui donne un froid de plusieurs degrés au-dessous de zéro, qui suffit pour faire immédiatement congeler la vapeur d'eau suspendue dans l'air à la surface du flacon. On peut encore exposer pendant quelque temps à l'air certaines substances très avides d'eau, pour les voir augmenter de volume et de poids par la grande quantité d'eau qu'elles ont absorbée.

On détermine la quantité de *vapeur aqueuse* contenue dans l'air en faisant passer une quantité connue de celui-ci à travers du chlorure de calcium parfaitement desséché qui en absorbe l'humidité; la quantité dont son poids augmente indique le poids de l'eau renfermée dans le volume d'air sur lequel on agit. Saussure a trouvé, dans une de ses expériences, que 34,277 décimètres cubes d'air contenaient, à la température de 18°, 75,501 décigrammes, ou 50 centigrammes d'eau.

On apprécie la faible proportion de gaz *hydrogène* contenu dans l'air en faisant passer de l'air parfaitement sec dans un tube de verre enveloppé de clinquant, garni de tournure de cuivre à l'intérieur et chauffé au rouge; pendant cette opération, il se produit de l'eau qui se rend dans un tube garni d'asbeste imbibé d'acide sulfurique; l'augmentation de poids de ce tube indique le poids de l'eau formé aux dépens de l'hydrogène et de l'oxygène de l'air. Il est inutile de dire combien il importe, pour que cette expérience soit concluante, que l'air sur lequel on agit soit bien sec : aussi M. Boussingault prescrit-il, avant de soumettre ce gaz à une chaleur rouge, de le faire passer successivement à travers un flacon contenant de l'acide sulfurique concentré, à travers un tube d'environ 3 mètres rempli de fragments de chlorure de calcium, et enfin à travers un autre tube semblable au précédent, garni d'asbeste imbibé d'acide sulfurique. (Boussingault, *Ann. de Chim.*, octobre 1834.)

3° Plusieurs procédés ont été employés pour doser les quantités d'oxygène et d'azote qui se trouvent dans l'air; mais depuis que Lavoisier, en faisant bouillir du mercure au contact de l'air, en avait fixé l'oxygène et isolé l'azote, on détermina toujours les quantités de ces deux éléments, en mesurant seulement les divers volumes qu'ils présentaient avant et après l'absorption de l'oxygène. L'un de ces procédés consiste à chauffer un fragment de phosphore dans une petite cloche courbe C placée sur la cuve à eau ou à mercure (voy. pl. 1re, fig. 6), avec un volume d'air exactement mesuré. Par l'élévation de température le phosphore absorbe l'oxygène, et il ne reste que l'azote, dont le volume, comparé au volume primitif, fait connaître la quantité d'oxygène qui a disparu. On mesure ce volume à l'aide du tube gradué XX. (Voy. pl. Ire, fig. 6 *bis.*)

L'autre procédé qui fut employé dans les belles recherches de MM. de Humboldt et Gay-Lussac, consiste à placer dans un eudiomètre à eau ou à mercure un certain volume d'air avec un excès de gaz hydrogène, relativement à la proportion d'oxygène soupçonnée dans l'air, et à effectuer la combustion de l'hydrogène au moyen de l'étincelle électrique. Après la détonation, en mesurant le résidu et en le retranchant du volume primitif du mélange, on connaît la quantité absorbée, qui à son tour divisée par 3 donne la proportion d'oxygène au quotient, puisqu'il faut deux volumes d'hydrogène pour absorber un volume d'oxygène. Cette quantité d'oxygène, retranchée elle-même du volume d'air, fournit la quantité d'azote.

Mais dans ces derniers temps MM. Dumas et Boussingault, par des expériences nombreuses et faites à l'aide de moyens qui leur ont permis de peser exactement les quantités d'oxygène et d'azote contenues dans l'air, en ont fixé les proportions avec une précision qui exclut toutes les chances d'erreurs qu'entraîne toujours avec elle l'appréciation du volume d'un gaz. Voici, d'après eux-mêmes, la description de cette nouvelle méthode. (Voy. *Annales de physique et de chimie*, novembre 1841, page 264.)

« Nous étant procuré un ballon vide d'air $B$, nous le mettons en rapport avec un tube de verre $CC'$, long de 3 à 4 décimètres environ, plein de cuivre métallique réduit par l'hydrogène, et armé de robinets $r$, $r'$ à chaque extrémité, qui permettent d'y faire également le vide. On a d'ailleurs déterminé exactement le poids de ce tube. Le cuivre étant chauffé au rouge, on ouvre celui des robinets par où doit arriver l'air, qui se précipite alors dans le tube, où il cède à l'instant tout son oxygène au métal. Au bout de quelques minutes on ouvre le second robinet, ainsi que celui du ballon $B$, et le gaz azote se rend dans le ballon vide $B$. Les robinets demeurés ouverts, l'air afflue, et à mesure qu'il passe dans le tube, il y abandonne son oxygène; c'est donc de l'azote pur que le ballon reçoit. Quand il en est plein ou à peu près, on ferme tous les robinets, on pèse ensuite séparément le ballon et le tube pleins d'azote, puis on les pèse de nouveau après y avoir fait le vide; la différence de ces pesées donne le poids du gaz azote. Quant au poids de l'oxygène, il est fourni par l'excès du poids que le tube qui contient le cuivre a acquis pendant la durée de l'expérience.»

On conçoit aisément quels soins il faut apporter à la détermination de la température du lieu où l'on opère et à la pression atmosphérique, ainsi qu'à la privation totale d'acide carbonique et d'humidité opérée au moyen des tubes $T\,T\,T'\,T''\,T'''\,T''''$. (Voy. la légende de la figure de la pl. 4.)

En opérant de cette manière, ces messieurs ont trouvé

que l'air avait une composition à peu près identique dans tous les lieux de la terre. Ainsi à Paris, à Berne, à Berlin, à Copenhague, dans l'Oberlan, etc., l'air contient 20,8 d'oxygène en volume et 79,2 d'azote, et en poids 23 d'oxygène et 77 d'azote.

On concevra facilement d'après cela qu'il est nécessaire que l'air analysé soit parfaitement privé de tous les corps qu'il contient. On y parvient au moyen des tubes par lesquels l'air passe avant d'arriver dans le ballon, et où se déposent l'acide carbonique et l'eau qu'il renferme. En pesant comparativement ces tubes avant et après l'expérience, on peut donc connaître la quantité de ces deux corps contenue dans l'air.

C'est ainsi que l'on trouve que la proportion d'acide carbonique varie de 4 à 6/10,000. Mais comme la quantité de ces substances mêlées à l'air diffère selon qu'il est confiné ou libre, qu'il se trouve respiré par des animaux ou au milieu de plantes et d'émanations de mille sortes, et qu'il peut alors contenir beaucoup d'autres principes, nous croyons que son influence sur l'économie animale et sur la végétation, dans ces divers états, sera beaucoup mieux placée à l'article RESPIRATION.

## DE LA COMBUSTION.

Le mot *combustion* signifie, dans son acception ordinaire, le changement total qui s'opère dans la nature des corps combustibles, avec émission abondante de calorique et de lumière. Lavoisier et la plupart des chimistes modernes regardent, au contraire, la combustion comme un phénomène dans lequel l'*oxygène se combine avec un corps quelconque;* suivant eux, il y a combustion toutes les fois que l'oxygène s'unit à d'autres corps, même lorsqu'il n'y a aucun dégagement sensible de calorique ni de lumière, tandis qu'ils n'admettent pas qu'il y ait *combustion* lors de la combinaison de deux ou de plusieurs corps ne contenant point d'oxygène, quand même cette combinaison serait accompagnée de flamme et d'un grand dégagement de chaleur.

Il suffit de réfléchir un instant, pour voir qu'il n'est guère possible d'admettre une pareille définition; en effet, on observe tous les phénomènes de la *combustion* dans la formation d'une multitude de produits où l'oxygène n'entre pas: ainsi, que l'on introduise de l'arsenic pulvérisé dans une cloche remplie de chlore gazeux, ces deux substances simples se combineront, même à froid : il y aura dégagement de *calorique* et de *lumière*, et formation d'un liquide qui sera le chlorure d'arsenic. Des phénomènes analogues auront lieu si l'on substitue le phosphore à l'arsenic, et surtout le cuivre divisé en lames aussi minces que possible. D'un autre côté, on ne remarque aucun phénomène de *combustion* dans un grand nombre de cas où l'oxygène se combine avec des substances simples : citons pour exemple l'oxydation du fer que l'on expose à l'air : on n'aperçoit aucun dégagement de *calorique* ni de *lumière*; le fer se combine pourtant avec l'oxygène.

Frappés de l'insuffisance de la définition que nous venons de combattre, quelques auteurs modernes l'ont rejetée, et ont présenté de nouvelles vues sur la combustion. Dans la dernière édition de son système de chimie, M. Thomson admet l'existence de corps combustibles, de corps incombustibles, et d'autres qu'il nomme *soutiens de la combustion*, leur présence étant nécessaire pour que les corps combustibles brûlent. Ainsi, suivant cet auteur, la combustion n'est autre chose que la *combinaison d'un corps combustible avec un des soutiens de la combustion*, *combinaison qui a lieu avec dégagement de calorique* et *de lumière*. Les soutiens de la combustion sont simples ou composés : les premiers sont l'*oxygène*, le *chlore*, le *brôme*, l'*iode*, le *fluor* (phtore); les autres sont l'air *atmosphérique*, l'*acide azotique*, et plusieurs composés dans lesquels on trouve l'un ou l'autre des soutiens simples.

Il est aisé de sentir combien cette manière d'envisager la combustion est plus exacte que celle de Lavoisier, dont elle diffère essentiellement; en effet, dans cette dernière, on n'admet qu'un simple soutien de la combustion, l'*oxygène*, et l'on fait abstraction du dégagement de calorique et de lumière, qui pourtant constitue le phénomène le plus essentiel de la combustion.

Toutefois, la théorie de M. Thomson nous paraît pouvoir être avantageusement modifiée. Quelle nécessité y a-t-il, par exemple, d'admettre des soutiens de la combustion? En les rejetant, on éviterait plusieurs inconvénients : par exemple, M. Thomson ne range point le *soufre* parmi les soutiens de la combustion; il le place, au contraire, dans la section des corps combustibles; or, il est aisé de prouver qu'il appartient aussi bien à l'une qu'à l'autre de ces classes; en effet, il joue le rôle de combustible lorsqu'on le brûle au moyen de l'oxygène, qui agit alors comme soutien de la combustion; mais ne joue-t-il pas le rôle de soutien de la combustion lorsqu'on le fait chauffer avec le cuivre divisé, et qu'au moment de la combinaison il y a un dégagement considérable de calorique et de lumière? Objectera-t-on que, dans ce dernier cas, il n'agit pas comme *soutien?* Il faudrait alors admettre, ou que la combustion n'a pas lieu, malgré le dégagement de calorique et de lumière, ou, si elle a lieu, que le cuivre en est le soutien; opinion qui ne s'accorde point avec les idées de M. Thomson sur la combustion.

Ces considérations nous engagent à regarder la combustion *comme un phénomène très général qui a lieu toutes les fois que deux ou un plus grand nombre de corps se combinent avec dégagement de calorique et de lumière.* Nous avouons cependant que l'oxygène est, parmi les corps connus, celui qui donne le plus souvent lieu à ce dégagement, lorsqu'il s'unit à d'autres.

*Combustion produite par la combinaison d'un corps solide avec un corps gazeux.* — Cette combustion peut avoir lieu à froid ou à une température élevée. 1° *A froid :* que l'on projette de l'antimoine, de l'arsenic ou de l'étain pulvérisés, dans un flacon rempli de *chlore* gazeux; dans le même instant on apercevra une vive lumière, la température s'élèvera, et il se formera du chlorure d'antimoine, d'arsenic ou d'étain, qui paraîtra d'abord sous forme d'une fumée plus ou moins épaisse, et qui ensuite deviendra liquide; 2° *à une température élevée :* que l'on introduise dans un flacon rempli de gaz oxygène un fil mince d'acier suspendu par une de ses extrémités à un bouchon de liége, offrant à l'autre extrémité un morceau d'amadou allumé ; le fer brûlera avec le plus grand éclat et avec la plus grande rapidité; il se combinera avec l'oxygène, et se transformera en oxyde noir ; la température s'élèvera considérablement.

Si on détermine le poids du produit ou du corps brûlé, on le trouvera égal à celui des corps qui se sont combinés pendant la combustion.

*Combustion produite par la combinaison d'un corps liquide avec un corps gazeux.* — Il suffit de mettre le feu à une huile volatile liquide, qui a le contact de l'air, pour que l'oxygène de l'air se *combine* avec l'hydrogène et le carbone de l'huile, avec lesquels il formera de l'eau et de l'acide carbonique ; ces combinaisons auront lieu avec dégagement de calorique et de lumière, et le poids de l'eau et de l'acide carbonique formés, sera égal à celui de l'huile qui aura été brûlée et à celui de l'oxygène fourni par l'air.

*Combustion produite par la combinaison de deux corps solides.* — Si on mêle dans un creuset du soufre et du cuivre très divisés, et qu'on élève suffisamment la température, ces deux corps se combineront; il y aura dégagement de calorique et de lumière, et par conséquent *combustion.* Ici, comme dans l'exemple précédent, le poids du corps brûlé (sulfure de cuivre) est exactement le même que celui du soufre et du cuivre qui se sont combinés.

On pourrait encore citer comme exemple de ce genre de combustion la poudre à canon, qui n'est autre chose que la réunion de trois corps solides, l'azotate de potasse, le soufre et le charbon ; sa combustion est évidemment l'effet de la combinaison de l'oxygène qui fait partie de l'acide azotique de l'azotate de potasse (1) avec le soufre et le charbon.

*Combustion produite par la combinaison de deux gaz.* — Lorsqu'on met le feu à un mélange de deux parties de gaz hydrogène et d'une de gaz oxygène, il y a combustion,

(1) L'acide azotique est formé d'oxygène et d'azote ; l'azotate de potasse est composé d'acide azotique et de potasse.

formation d'eau, et la chaleur dégagée est assez intense pour fondre une multitude de corps infusibles par tout autre moyen. Le poids du liquide obtenu est le même que celui des deux gaz qui se sont combinés.

*Combustion produite par la combinaison de plusieurs liquides.* — Si on verse de l'acide azotique sur de l'huile de térébenthine préalablement mêlée avec une certaine quantité d'acide sulfurique, le mélange prend feu subitement, et il se dégage une très grande quantité de calorique et de lumière. Cette combustion est le résultat de la combinaison de l'oxygène de l'acide azotique avec l'hydrogène et le carbone de l'huile.

La plupart des chimistes ont admis que le calorique qui se dégage dans les diverses combustions dont nous venons de parler, provient du rapprochement des molécules : ainsi, disent-ils, lorsque l'arsenic est projeté dans du chlore gazeux, celui-ci passe à l'état solide, et abandonne, par conséquent, une grande portion du calorique qui le tenait à l'état de gaz ; il en est de même du gaz oxygène, qui brûle le fer, l'hydrogène, etc.; toutefois ils admettent aussi que l'arsenic, le fer et l'hydrogène peuvent dégager une certaine quantité de calorique. Quant à la lumière, ils lui attribuent la même origine, soit qu'on la considère comme une modification du calorique, soit qu'on la regarde comme un fluide distinct.

Les travaux de MM. Delaroche et Berard, relatifs au calorique spécifique des gaz, ne permettent plus d'adopter cette manière de voir, du moins dans beaucoup de cas : il résulte, en effet, de leurs expériences, *que la chaleur spécifique du corps brûlé est souvent aussi grande ou même plus grande que la somme de celle des éléments qui se combinent pendant la combustion.* Nous citerons pour exemple la combustion de l'hydrogène dans l'oxygène pour former de l'eau. La chaleur spécifique de l'hydrogène, qui entre dans la composition de 100 parties d'eau (en poids) peut être représentée par 38,69 ; la chaleur spécifique de l'oxygène, qui fait partie de la même quantité d'eau, est égale à 20,83 ; ce qui donne, pour la chaleur spécifique du mélange, 59,52 : or, la chaleur spécifique des 100 parties d'eau qui résultent de cette combustion, et que nous supposerons refroidie et liquide, est de 100, c'est-à-dire 40,48, de plus que celle de ses deux éléments à l'état de gaz; il est donc impossible d'admettre que la quantité énorme de calorique dégagée pendant la combustion du gaz hydrogène dans l'oxygène provienne de l'un ou l'autre de ces gaz; car, s'il en était ainsi, l'eau devrait en contenir moins, tandis qu'elle en renferme plus.

Si les explications admises jusqu'à ce jour sur l'origine du feu sont défectueuses, dit M. Berzélius, nous nous voyons forcé d'en chercher d'autres. « Pourquoi ne pas adopter, continue ce savant, que, dans toute combinaison chimique, il y a neutralisation des électricités opposées, et *que cette neutralisation produit le feu, de la même manière qu'elle le produit dans les décharges de la bouteille électrique?* L'opinion de MM. Dulong et Petit est tout-à-fait conforme à celle de Berzélius. Voici ce qu'on lit à la page 411 du tome x, des *Annales de Physique et de Chimie.* « M. Davy a prouvé depuis long-temps qu'en faisant communiquer les deux pôles d'une pile voltaïque par un morceau de charbon *placé dans un gaz impropre à la combustion*, on pouvait entretenir ce corps dans un état de *violente ignition* aussi long-temps que la pile reste en activité, et sans que le charbon éprouvât la moindre altération chimique. D'un autre côté, on est autorisé à conclure d'un grand nombre d'expériences galvaniques, que tous les corps qui se combinent se trouvent, l'un par rapport à l'autre, au moment de la combinaison, précisément dans les mêmes conditions électriques que les deux pôles d'une pile? N'est-il donc pas probable que la même cause qui produit l'incandescence du charbon, dans la belle expérience que nous venons de citer, est aussi celle qui élève plus ou moins la température du corps pendant l'acte de la combinaison. C'est du moins un rapprochement fondé sur les plus fortes analogies, et qui mérite d'être suivi dans toutes ses conséquences. »

Ne sait-on pas d'ailleurs que M. Becquerel a prouvé que lorsqu'un morceau de papier brûle, le papier s'électrise positivement, et la flamme négativement. Si on fait brûler de l'alcool dans une capsule de cuivre, celle-ci s'électrise positivement. (*Annales de Chimie et de Physique*, t. XVII.)

D'un autre côté, il a été démontré par M. Pouillet que, dans toute combustion opérée par le gaz oxygène, ce gaz s'entoure d'une atmosphère d'électricité positive, tandis que le corps qui brûle est enveloppé de fluide électrique négatif.

Quoi qu'il en soit, voici les résultats de quelques expériences curieuses tentées par M. Despretz, pour déterminer la quantité de chaleur qui se développe pendant la combustion d'un certain nombre de corps : 1° une partie de charbon de sucre pur, obtenue en calcinant le sucre à un feu de forge, dégage en brûlant une quantité de chaleur capable de fondre 104,2 parties de glace, ou capable d'élever une partie d'eau de 0 à 7914°,7; 2° la chaleur développée par une partie d'hydrogène qui brûle, peut fondre 315,2 parties de glace, ou élever une partie d'eau de 0 à 23640°; 3° le fer, le zinc, l'étain, le protoxyde d'étain, dégagent sensiblement la même quantité de chaleur pour le même volume d'oxygène; cette quantité est égale aux 5/3 de celle que développe le charbon; 4° enfin, un corps qui ne change pas le volume du gaz oxygène pendant la combustion, dégage la même quantité de chaleur, quelle que soit la densité de ce gaz : par exemple, le charbon dégage sous deux ou trois pressions la même quantité de chaleur que sous la pression ordinaire.

Qu'il y a loin de cette manière d'envisager la combustion aux diverses hypothèses imaginées par les chimistes qui avaient précédé Lavoisier, pour se rendre raison du phénomène!

Parmi les anciennes théories de la combustion, la plus célèbre est, sans contredit, celle de Stahl. Suivant cet auteur, un corps n'est combustible que parce qu'il contient un principe subtil, insaisissable, connu sous le nom de *phlogistique*. Lorsqu'on fait brûler ce corps, le phlogistique se dissipe, et c'est dans cette séparation que consiste la combustion : aussi le résidu est-il incombustible. Au moment de se dégager, le phlogistique est affecté d'un mouvement violent : la chaleur et la lumière ne sont autre chose que ce principe subtil dans cet état de grande agitation. Éclaircissons cette théorie par un exemple : le cuivre était considéré comme composé de *phlogistique* et de *chaux* (oxyde de *cuivre*); lorsqu'on le faisait brûler, le phlogistique se dégageait, et le résidu était de la *chaux de cuivre* (oxyde de cuivre), substance brûlée, et par conséquent incombustible. Au contraire, toutes les fois qu'un corps incombustible devenait combustible, il ne faisait que se combiner avec le phlogistique : par exemple, lorsqu'en chauffant fortement la *chaux de cuivre*, dont nous avons parlé, avec du charbon, on obtenait le cuivre qui jouissait de nouveau de la propriété de brûler, c'était parce que le charbon avait fourni du phlogistique qui s'était combiné avec la chaux de cuivre. Il aurait suffi, pour renverser cette théorie, et en faire sentir toute l'inexactitude, de peser comparativement le cuivre avant et après avoir été brûlé : on aurait vu que son poids était plus considérable après la combustion ; or, comment se pourrait-il qu'un corps augmentât de poids en perdant un de ses principes constituants, le phlogistique?

## DE LA FLAMME.

H. Davy, dans un travail intéressant sur la flamme, est parvenu à un certain nombre de résultats importants que nous croyons devoir faire connaître :

*A*. La flamme n'est autre chose, suivant le célèbre chimiste anglais, qu'une matière gazeuse chauffée au point d'être lumineuse, et jouissant d'une température qui surpasse la chaleur blanche des corps solides (1). — *Expériences*. 1° Placez à moins de 2 millimètres de la flamme d'une lampe à esprit-de-vin, un fil fin de platine; cachez cette flamme à l'aide d'un corps opaque : le fil deviendra blanc par l'effet de la chaleur, quoiqu'il n'y ait point de lumière visible dans l'en-

(1) Tout en accordant que la température de la flamme est des plus élevées, n'est-il pas plus rationnel d'attribuer la chaleur extrême du fil de platine à la propriété qu'il a de favoriser la combustion des gaz in-

droit où il se trouve. 2° Si, au lieu de cacher la flamme, on éteint la lampe, le platine reste encore rouge de feu.

*B.* La lumière de la flamme est extraordinairement brillante et intense lorsqu'il se forme quelque *matière solide* et fixe dans cette flamme : ainsi le phosphore, qui se transforme, par la *combustion* rapide, en acide phosphorique *solide*, brûle avec une flamme très intense; il en est de même du zinc, qui, par la combustion, se change en oxyde de zinc solide. Au contraire, lorsqu'il ne se produit point de matière solide dans la flamme, celle-ci est extrêmement faible et transparente : tel est le cas du soufre que l'on fait brûler dans le gaz oxygène, et qui se transforme *en gaz acide sulfureux.* Veut-on augmenter l'intensité de la flamme de ce corps, on n'a qu'à la mettre en contact avec de l'amiante, de l'oxyde de zinc, une gaze métallique ou toute autre matière solide.

*C.* Lorsqu'on fait passer la flamme à travers une gaze métallique très serrée, qui est à la température ordinaire, ce tissu refroidit le gaz qui le traverse de manière à réduire sa température au-dessous du degré auquel il est lumineux. —*Expérience.* 1° Si on allume le gaz hydrogène qui se dégage d'une lampe philosophique (voy. p. 95); si on met un peu au-dessus de la flamme une gaze métallique dont les trous soient excessivement petits, le gaz hydrogène traversera la gaze, mais la matière gazeuse qui constitue la flamme sera tellement refroidie par cette gaze, qu'on ne pourra pas enflammer une allumette soufrée placée un peu *au-dessus* de la gaze, tandis qu'on l'enflammera facilement dans l'espace qui sépare cette toile métallique de l'ouverture du tube qui donne issue au gaz hydrogène; 2° que l'on éteigne la flamme de la lampe philosophique et que l'on place la gaze métallique un peu au-dessus de l'ouverture du tube par lequel sort le gaz hydrogène, celui-ci traversera la gaze, et pourra être enflammé à l'aide d'un corps en combustion, *au-dessus* de la toile; à son tour, la flamme que produira l'hydrogène en

flammables? Dans cette hypothèse, le fil métallique déterminerait l'union du gaz hydrogène carboné qui se dégage de l'esprit-de-vin, avec l'oxygène de l'air.

brûlant au-dessus de la gaze, sera refroidie par cette gaze; en sorte qu'il sera impossible d'enflammer une allumette éteinte que l'on placera entre la face inférieure de la toile et l'extrémité du tube qui donne issue au gaz.

Plus les trous de la gaze sont petits, plus la flamme a de difficulté à les traverser, tout étant égal d'ailleurs. Plus les corps qui produisent la flamme sont combustibles, ou, en d'autres termes, plus cette flamme est chaude, moins la gaze métallique oppose de résistance à se laisser traverser. En général, on facilite le passage de la flamme à travers la gaze, en chauffant celle-ci jusqu'au rouge ou jusqu'au rouge blanc. Il résulte des expériences de M. Davy, qu'un fil de fer d'environ un demi-millimètre d'épaisseur, chauffé même jusqu'au rouge blanc, n'enflamme pas le gaz hydrogène carboné qui se dégage des mines de charbon de terre, tandis qu'un fil de la même épaisseur, chauffé seulement jusqu'au rouge cerise, enflamme le gaz hydrogène.

La belle découverte de la lampe de sûreté, faite par H. Davy, est une conséquence de ces résultats. On sait que les mineurs courent souvent les plus grands dangers lorsqu'ils sont éclairés par une lampe ordinaire; en effet, ils sont alors victimes de la détonation qui a lieu au moment où l'air se mêle avec le gaz hydrogène carboné qui se dégage des mines de charbon de terre, et que le mélange est en contact avec un corps lumineux. On évite facilement cette explosion en construisant une lampe surmontée d'un fil de platine, dont la cage cylindrique a un diamètre qui ne surpasse pas 54 millimètres, et dont les jours sont recouverts d'une toile métallique ayant 750 ouvertures environ sur un carré de 27 millimètres de côté; le fil de fer peut avoir moins d'un demi-millimètre: il est évident que la lumière placée dans cette lampe éclairera suffisamment, et ne traversera pas la toile métallique; par conséquent, on n'aura pas à craindre qu'elle enflamme le mélange détonant dont nous avons parlé. — *Expérience :* que l'on introduise lentement la lampe de Davy allumée dans un grand vase contenant un mélange d'air atmosphérique et de vapeur d'éther ou d'alcool; la combustion continuera d'avoir lieu jusqu'à ce que la flamme soit arrivée assez bas pour être éteinte par les gaz qui se dégagent par suite de la décomposition de l'éther et de l'alcool, et qui sont impropres à la combustion; mais le fil de platine placé à très peu de distance de la flamme, restera rouge (voyez page 106) et éclairera suffisamment. On voit donc que le mineur trouvera dans ce fil de platine assez de lumière pour se diriger et échapper au danger; d'ailleurs il se dégagera de ce fil assez de chaleur pour rallumer la lampe aussitôt que le mineur se trouvera dans une atmosphère moins viciée, comme on peut s'en convaincre en élevant, dans l'expérience que nous décrivons, la lampe éteinte jusqu'auprès de l'ouverture du bocal, là où l'air n'est plus vicié. (Voyez pour plus de détails, les divers *Mémoires* de H. Davy, insérés dans les *Annales de Physique et de Chimie*, tom. I, III et IV.)

## DES COMPOSÉS D'OXYGÈNE ET D'UN DES CORPS SIMPLES PRÉCÉDEMMENT ÉTUDIÉS.

Ces composés sont des acides ou des oxydes.

On donne le nom d'*acide* à une substance solide, liquide ou gazeuse, douée *en général* d'une saveur aigre ou caustique, suivant qu'elle est étendue ou concentrée, de la propriété de s'unir en certaines proportions aux oxydes métalliques pour former des sels, et de la faculté de rougir les teintures de tournesol et de violettes, ainsi que de jaunir ou de rougir l'hématine (1). Il y a un petit nombre de substances rangées parmi les acides, qui pourtant ne jouissent pas de la propriété de rougir les couleurs bleues végétales.

Tous les acides ont la plus grande tendance à se porter vers les corps électrisés positivement : ceux qui sont formés

(1) On doit considérer la couleur bleue du tournesol comme la combinaison d'une matière rouge naturelle avec un alcali qui lui donne la couleur bleue, de manière qu'en versant sur la teinture bleue un acide, on lui enlève la substance alcaline, et la matière rouge est mise en liberté. Ce fait a été parfaitement démontré par les dernières expériences de M. Robert Kane.

par l'oxygène et par un corps simple sont décomposés par la pile voltaïque; l'oxygène se porte au pôle positif, et le corps simple au pôle négatif. Ils sont presque tous solubles dans l'eau; en effet, on ne doit guère considérer comme insolubles, parmi les acides minéraux, que les acides antimonique, antimonieux, silicique, tungstique, titanique et stannique.

Pendant long-temps les chimistes ont cru que l'oxygène entrait dans la composition de tous les acides, et ont regardé ce corps comme le seul principe acidifiant. Cette opinion n'est plus admissible depuis que l'existence d'un certain nombres d'acides sans oxygène est parfaitement établie. Ces acides sans oxygène sont déjà nombreux; huit d'entre eux sont formés par l'hydrogène et par un ou deux corps simples : tels sont les acides chlorhydrique, iodhydrique, bromhydrique, sulfhydrique, sélénhydrique, phtorhydrique (fluorique), cyanhydrique (prussique), et xanthydrique : deux autres sont composés, l'un de phtore et de bore, et l'autre de phtore et de silicium. Toutefois ils présentent une anomalie dans leur réaction sur les oxydes métalliques, que nous examinerons plus loin, ce qui établit entre eux et ceux qui sont oxygénés une grande différence.

### Action des acides sur l'économie animale.

Les acides affaiblis, introduits dans l'estomac, donnent lieu à un sentiment de fraîcheur générale. Administrés convenablement, ils ralentissent la circulation, étanchent la soif, augmentent la sécrétion de l'urine et le ton de l'estomac : cependant les individus qui en abusent éprouvent des symptômes fâcheux, tels que la destruction de l'émail des dents, un sentiment de constriction et d'âcreté dans la gorge, la cardialgie, la toux, l'amaigrissement, qui est la suite de l'altération des digestions, et le racornissement du canal digestif, des glandes lymphatiques et de quelques autres organes.

On les emploie avec le plus grand succès dans les fièvres dites bilieuses, principalement dans celles qui sont continues ou rémittentes, dans les fièvres dites adynamiques et putrides, dans le scorbut avec ou sans dévoiement, dans les diarrhées bilieuses très considérables, dans celles qui sont anciennes, dans les hémorrhagies passives du poumon, de l'utérus, de la vessie urinaire, du conduit alimentaire, dans les catarrhes chroniques de ces divers organes, dans les hydropisies atoniques. Sydenham et quelques autres auteurs en ont obtenu de très bons effets dans la petite-vérole, lorsque la suppuration languit, qu'elle est d'un mauvais caractère, et qu'il se développe des pétéchies dans l'intervalle des boutons. Ils sont contre-indiqués au début de la phthisie pulmonaire et dans les phlegmasies aiguës du poumon. Pour les administrer, on les mêle avec de l'eau jusqu'à ce que celle-ci ait un degré d'acidité agréable au goût, et on fait prendre plusieurs verres de ce liquide dans la journée.

Les acides affaiblis sont employés à l'extérieur comme astringents, dans les hémorrhagies des petits vaisseaux, et dans les écoulements passifs ou par relâchement; on s'en sert aussi quelquefois comme répercussifs dans certaines éruptions cutanées; mais la répercussion qu'ils déterminent peut souvent être dangereuse.

Les acides concentrés agissent tous comme de puissants escharrotiques; ils irritent, enflamment, ulcèrent les parties avec lesquelles on les met en contact, et donnent lieu aux symptômes de l'empoisonnement produit par les poisons corrosifs et âcres. (Voy. notre *Traité de Médecine légale.*) Cependant les médecins les prescrivent quelquefois avec succès à l'extérieur : ainsi ils sont avantageux pour détruire les poireaux, les verrues, la pustule maligne, etc.; ils entrent dans la composition de certains onguents dont on se sert pour exciter la peau dans quelques maladies chroniques de cet organe, etc.

## DE L'EAU (Protoxyde d'Hydrogène).

L'eau est composée de 88,9 parties d'oxygène et de 11,1 d'hydrogène en poids, ou de deux parties d'hydrogène et d'une partie d'oxygène en volume. Elle est très répandue dans la nature : à l'état solide, elle constitue la glace ou la neige que l'on trouve constamment sur les hautes montagnes et sous les pôles; à l'état liquide, elle recouvre une assez grande partie de la surface du globe, mais elle n'est jamais pure : l'eau de la mer, des rivières, etc., contient toujours des substances étrangères; enfin, à l'état de vapeur, l'eau fait partie de l'atmosphère.

*Propriétés physiques.*—L'eau pure est un liquide transparent, incolore, inodore, susceptible de mouiller et de dissoudre une quantité innombrable de corps ; sa pesanteur a été déterminée avec soin : à la température de 4° + 0 c., un centilitre pèse 10 grammes (1). La compressibilité de l'eau nous paraît mise hors de doute par les expériences de Canton, de MM. Parkins, Dessaigne et Œrstedt : d'après ce dernier savant, une pression égale à celle de l'atmosphère produit dans l'eau une diminution de volume de 0,000045. M. Parkins l'a estimée à 0,000048 pour chaque atmosphère, après avoir soumis le liquide à une pression de plusieurs centaines d'atmosphères. (Voyez *Annales de Physique et de Chimie*, tom. XVI, XXI et XXII.)

Ce fut en 1781 que, presque simultanément, Cavendish, en Angleterre, et Lavoisier, en France, démontraient, contrairement aux opinions d'Aristote et des anciens philosophes, que l'eau n'est point un élément, mais bien un composé formé par la combustion de l'hydrogène au contact de l'air ou de l'oxygène pur. Ces résultats furent surtout mis hors de doute par l'expérience mémorable que firent Lavoisier et Meusnier, en 1785, dans laquelle ils produisirent plus de 400 grammes d'eau, par la combustion lente de grandes quantités d'hydrogène et d'oxygène accumulés dans un appareil de leur invention.

*Propriétés chimiques.* — Si l'on fait chauffer de l'eau à 10° + 0, elle se dilate, sa température s'élève, et lorsqu'elle est parvenue à 100°, la pression de l'air étant de 0,76 centi-

(1) Le poids de l'eau n'est jamais plus grand qu'à la température de 4° c. (Voyez le *Mémoire* d'Hallström. *Ann. de Chim. et de Phys.*, t. XXVIII, p. 93.)

mètres, elle passe rapidement à l'état de vapeur, bout, et son volume devient 1698 fois plus grand. Dans ces conditions l'eau ne peut acquérir une température supérieure à 100°, car la quantité de vapeur qui se forme dans le même temps que l'eau s'échauffe, dépense tout le calorique, qui sans cela pourrait s'accumuler au sein de l'eau; aussi, en faisant l'expérience dans un vase très résistant et bien fermé, tel que la marmite de Papin, peut-on élever la température de l'eau même jusqu'au rouge. Tout le monde sait que la vapeur d'eau portée de cette manière à une chaleur supérieure à 100°, possède une force élastique et une expansibilité qui servent de moteurs à toutes les machines dites par cela même à vapeur. La température de l'eau chauffée dans un vase incandescent est *toujours moindre* que 100° ; en effet, si on laisse tomber quelques gouttes d'eau dans un creuset de platine chauffé au rouge-blanc, le creuset ne sera nullement mouillé, et l'évaporation sera presque nulle ; tandis que si l'on enlève le creuset du feu, et qu'on le laisse refroidir, dès qu'il parviendra au-dessous du rouge-brun, l'eau entrera tout-à-coup dans une violente ébullition, et se transformera rapidement en vapeurs. Ces résultats obtenus par M. Le Chevallier sont conformes à ceux qu'avaient fournis les expériences de Leidenfrost et de Klaproth. Le même phénomène aurait lieu si l'on faisait tomber l'eau tout à la fois et non goutte à goutte; c'est qu'alors le creuset se trouvant refroidi immédiatement, l'eau absorbe la chaleur aussitôt que le creuset la reçoit, et elle se vaporise, tandis qu'au contraire, lorsqu'une goutte d'eau tombe sur la surface chauffée, elle ne peut pas subitement abaisser assez la température, et il se forme seulement une certaine quantité de vapeur qui l'isole et l'empêche de se trouver ainsi en contact direct avec la paroi chauffée.

Lorsqu'au lieu de soumettre de l'eau à 10° à l'action du calorique, on la place dans un lieu froid, on remarque qu'elle se refroidit et se contracte jusqu'à ce qu'elle soit parvenue à environ 4° + 0 therm. centig. ; alors elle reste stationnaire pendant quelques instants, et si on continue à la refroidir, elle se *dilate* et se congèle après avoir perdu l'air qu'elle contient, en sorte qu'au moment de la congélation, elle se trouve au-dessus de son premier niveau : elle porte alors le nom de *glace*, qui occupe un volume plus considérable que l'eau liquide à zéro : d'où il résulte que la glace doit être plus légère que l'eau liquide.

C'est à cette augmentation de volume qu'il faut également rapporter la rupture des vases dans lesquels l'eau se congèle et la dégradation des édifices construits en pierres poreuses dans lesquelles de l'eau se solidifie.

Le degré de pureté influe beaucoup sur le point de la congélation de l'eau. M. Gay-Lussac a vu que l'on pouvait abaisser la température d'une certaine quantité d'eau pure et bouillie jusqu'à 12°—0 sans qu'elle se congelât, mais qu'alors il suffisait du plus léger mouvement pour la solidifier immédiatement.

La *lumière* est en partie réfléchie par l'eau sur laquelle elle tombe; aussi ce liquide peut-il servir jusqu'à un certain point de miroir. L'eau pure n'est point conducteur du *fluide électrique*; il n'en est pas de même lorsqu'elle contient un peu d'acide ou de sel : dans ce cas, elle le conduit très bien. Elle est facilement décomposée par un courant galvanique, il suffit de faire communiquer les deux pôles d'une pile avec de l'eau renfermée sous deux petites cloches séparées pour apercevoir bientôt au pôle positif le dégagement du gaz oxygène et au pôle négatif celui de l'hydrogène qui présente toujours un volume double du précédent.

Cent mesures d'eau à la température de 18° c., et à la pression de 76 centimètres de mercure, peuvent dissoudre 5,6 mesures de gaz *oxygène*, d'après M. Théodore de Saussure; dans le vide, elle ne dissout pas un atome de ce gaz. Si, au lieu de mettre directement en contact l'eau et l'oxygène, on opère la combinaison de ces deux corps d'après le procédé découvert par M. Thénard, on verra que l'eau peut s'unir à une quantité d'oxygène égale à celle qui entre dans sa composition. (Voy. Bi-oxyde d'Hydrogène.)

Le *soufre* et le *sélénium* sont insolubles dans l'eau. Le *bore* se dissout dans ce liquide d'après Berzélius, à moins qu'il n'ait été préalablement chauffé dans le vide ou dans des gaz qui ne contiennent pas d'oxygène. Chauffé jusqu'au rouge dans un tuyau de porcelaine, le bore décompose l'eau, lui enlève l'oxygène, se transforme en acide borique, et il se dégage du gaz hydrogène. Le *silicium* est insoluble dans l'eau. L'action du *carbone* pur sur ce liquide est inconnue. Le *charbon* ordinaire est insoluble dans l'eau, mais il peut en absorber, et les gaz contenus dans le charbon se dégagent : ce dégagement est d'autant plus marqué que les gaz sont moins solubles dans l'eau. Si l'on fait passer de l'eau en vapeur à travers du charbon rouge, l'eau est décomposée, et il en résulte du gaz hydrogène (70 parties), du gaz oxyde de carbone (25 parties), et du gaz hydrogène carboné (5 parties). (Henry.) Cette expérience peut aussi être faite en plongeant des charbons rouges dans des cloches pleines d'eau et renversées sur la cuve.

Le gaz *hydrogène* est à peine soluble dans l'eau; 100 mesures d'eau absorbent à la température de 18° c. 4,6 mesures de ce gaz.

L'eau dissout deux fois son volume de *chlore* à 20° c. et à la pression de 0,76 centimètres; quand le chlore liquide est exposé à la lumière ou à l'action d'une chaleur rouge, l'eau se décompose, son hydrogène s'unit au chlore pour former de l'acide chlorhydrique, et l'oxygène se dégage. Si on chauffe de l'iode avec du chlore liquide, l'eau est également décomposée, et il se produit de l'acide iodique et de l'acide chlorhydrique.

Le *brome* se dissout dans l'eau; la solution s'acidifie sensiblement lorsqu'elle est exposée à lumière.

L'*iode* est peu soluble dans l'eau à laquelle il communique une teinte jaune d'ambre; il la décompose à froid en donnant naissance aux acides iodhydrique et iodique. Quand on fait bouillir de l'eau *iodée*, l'iode se volatilise et la liqueur se décolore.

Le *phosphore*, mis en contact avec de l'eau distillée parfaitement *privée d'air*, et exposé au *soleil* pendant une heure, devient rouge et s'oxyde, comme nous l'avons déjà dit : suivant M. Vogel, l'eau est décomposée, et l'on obtient, outre l'oxyde rouge de phosphore, du gaz hydrogène phosphoré, qui reste en dissolution : il ne se forme pas un atome d'acide phosphoreux. Si l'eau dans laquelle on met le phosphore contient de l'air, il se produit, outre ces corps, un acide composé de phosphore et d'oxygène. Si au lieu de faire cette expérience à la lumière *solaire*, on couvre avec un papier noir le flacon contenant le phosphore et l'eau distillée *qui a bouilli*, ce liquide se décompose lentement, et il se forme du gaz hydrogène phosphoré, qui reste en dissolution, et un acide composé de phosphore et d'oxygène : le phosphore conserve sa couleur et sa transparence. Lorsqu'on expose à la lumière *diffuse*, à l'abri du contact de l'air, un flacon contenant du phosphore, et rempli d'*eau ordinaire aérée*, et même d'*eau* qui a *bouilli*, on voit que le phosphore devient opaque, d'un blanc terreux, et se transforme en *hydrate de phosphore;* en même temps l'eau s'acidifie, et il paraît se former un peu d'hydrogène phosphoré; phénomènes faciles à expliquer par la décomposition de l'air contenu dans l'eau et d'une partie de ce liquide.

Le gaz *azote* est presque insoluble dans l'eau.

L'*arsenic* est insoluble dans l'eau; mais en faisant bouillir le mélange de ces deux corps, l'eau est décomposée, et il se forme de l'acide arsénieux soluble et de l'hydrure d'arsenic insoluble. Si l'eau était aérée, une partie de l'arsenic se transformerait en acide arsénieux aux dépens de l'oxygène de l'air, même à la température ordinaire.

L'*eau* à 20° c. agitée pendant quelques minutes avec le *cyanogène*, en dissout quatre fois et demie son volume. Cette dissolution est incolore; abandonnée à elle-même pendant quelques jours, elle jaunit d'abord, devient brune et finit par être entièrement décomposée : les résultats de cette décomposition sont de l'urée, deux substances incolores et cristallisables, dont l'une au moins est un sel d'ammoniaque, et une matière brune, comme charbonneuse; il ne se produit point d'acide *cyanurique;* il est probable que, pour constituer l'urée, il se forme d'abord de l'acide cyanique et de l'ammoniaque qui se combinent (Wohler).

L'eau exerce sur l'*air* une action remarquable; cent mesures absorbent cinq mesures d'air, dont la composition diffère de celle de l'air atmosphérique : en effet, il est formé de 32 parties de gaz oxygène et de 68 de gaz azote, tandis que dans l'air atmosphérique il n'y a que 20,8 parties de gaz oxygène; ce phénomène dépend de ce que l'eau dissout plus facilement le gaz oxygène que le gaz azote.—*Expérience.* On prend une grande fiole munie d'un bouchon percé pour donner passage à un tube recourbé qui doit se rendre sous une cloche pleine d'eau, et renversée sur la table de la cuve à eau ; on remplit la fiole et le tube de ce liquide ; on bouche le vase et on le lute, puis on chauffe graduellement jusqu'à l'ébullition ; l'air contenu dans l'eau ne tarde pas à se dégager et à se rendre dans la cloche ; on en fait l'analyse après avoir mesuré son volume. Il est évident que l'air obtenu par ce moyen était tenu en dissolution dans l'eau, puisque la fiole et le tube étaient entièrement remplis par ce liquide : les premières portions dégagées sont moins oxygénées que les dernières, phénomène qui dépend de la plus grande solubilité de l'oxygène que de l'azote. On peut encore démontrer l'existence de l'air dans l'eau, en plaçant sur la machine pneumatique un vase qui contient une certaine quantité de ce liquide : à mesure qu'on fera le vide, l'air se trouvera moins comprimé, et se dégagera de l'eau sous forme de bulles.

Il résulte des recherches faites par M. Boussingault sur de l'eau prise à différentes hauteurs, que la quantité d'air contenu dans ce liquide est loin d'être toujours la même : ainsi, examiné au niveau de la mer, un litre de ce liquide a fourni 35 parties d'air, tandis qu'au torrent de San Francisco, près Santa-Fé-de-Bogota, à une élévation de 2640 mètres au-dessus du niveau de la mer, la proportion d'air que renfermait un litre d'eau n'était plus que de 12.

Le poids d'un équivalent d'eau est de 112,48, et sa formule HO.

*Préparation de l'eau distillée.*—On place l'eau dans la cucurbite d'un alambic, et on la chauffe ; elle ne tarde pas à se réduire en vapeurs ; on rejette environ les 4/100 qui distillent d'abord, et qui renferment le plus souvent du sesquicarbonate d'ammoniaque volatil, provenant de la décomposition des substances animales qui étaient contenues dans l'eau ; on recueille celle qui se vaporise après ; mais on suspend l'opération lorsqu'il ne reste plus dans la cucurbite qu'environ les 8/100 du liquide employé ; en effet, ce liquide, concentré par l'évaporation, renferme des sels qui peuvent réagir les uns sur les autres, et donner quelquefois naissance à des produits volatils ; il peut d'ailleurs contenir des matières animales, qui se décomposeraient si l'on continuait à chauffer, et donneraient des matières volatiles qui altéreraient la pureté de l'eau. M. Guéranger, partant de ce fait, qu'une eau entretenue bouillante pendant près d'une heure, dégage encore à cette époque une quantité notable d'acide carbonique, qui rend impure l'eau qui distille, propose de fixer cet acide dans la cucurbite par un lait de chaux ; à l'aide de cette précaution et de celles que nous avons déjà indiquées, on est sûr d'obtenir de l'eau distillée parfaitement pure.

L'eau est potable lorsqu'elle offre les caractères suivants : elle doit être fraîche, vive, limpide, inodore et aérée ; elle doit dissoudre le savon sans former de grumeaux et bien cuire les légumes (1) ; elle ne doit se troubler que très légèrement par l'azotate d'argent et par le chlorure de baryum (2). Les eaux potables qui se rendent à Paris contiennent en général de l'air, du gaz acide carbonique, du sulfate et du carbonate de chaux, des atomes de chlorure de sodium (sel marin), et une petite proportion des sels de magnésie, déliquescents. Les *eaux de puits* sont surtout riches en sulfate et en carbonate de chaux. L'eau distillée pèse sur l'estomac, parce qu'elle est privée d'air et d'une petite portion de sel. L'eau de pluie est celle qui approche le plus de l'état de pureté. M. Chaptal a observé que celle qui accompagne les orages est plus mélangée que celle d'une pluie

(1) Les eaux qui contiennent du plâtre (sulfate de chaux) ne cuisent pas bien les légumes, et décomposent le savon, comme nous le démontrerons plus tard.

(2) Réactifs dont nous ferons l'histoire : si l'eau est fortement troublée par eux, c'est qu'elle contient une assez grande proportion de chlorures et de sulfates.

douce, et que cette dernière devient plus pure pendant la durée de la pluie. L'eau de rivière tient en dissolution plusieurs matières salines, et en particulier des sels calcaires; celle qui coule dans le sein de la terre forme des incrustations de ces mêmes sels, tantôt à l'intérieur des canaux qui la reçoivent, tantôt autour des corps organisés qui y sont plongés.

Les *usages* de l'eau solide, liquide et à l'état de vapeur sont tellement nombreux et si généralement connus, que nous croyons inutile de les énumérer.

## DE L'EAU OXYGÉNÉE (BI-OXYDE D'HYDROGÈNE).

Le bi-oxyde d'hydrogène (1), découvert en 1818 par M. Thénard, est formé de 2 équivalents d'oxygène et 1 équivalent d'hydrogène, c'est-à-dire qu'il contient le double de la quantité d'oxygène qui entre dans la composition de l'eau; il est toujours le produit de l'art.

*Propriétés.* — Il est incolore, inodore ou presque inodore; il coule lorsqu'on le verse dans l'eau ordinaire, comme une sorte de sirop, quoiqu'il y soit très soluble. Appliqué sur l'épiderme, il le blanchit, et y détermine des picotements; la peau elle-même peut être attaquée et détruite. Il blanchit la langue; il épaissit la salive, et produit, sur l'organe du goût, une sensation semblable à celle de l'émétique; il détruit peu à peu la couleur des papiers de tournesol et de curcuma, qu'il blanchit: sa densité est de 1,452, celle de l'eau étant représentée par l'unité; nous supposons toutefois que l'oxygénation de l'eau ait été portée à son maximum, c'est-à-dire que l'on ait fait absorber à ce liquide 616 fois son volume d'oxygène.

Lorsqu'on *chauffe* l'eau oxygénée, elle se réduit en eau et

(1) On désigne aussi ce bi-oxyde sous le nom d'*eau oxygénée;* cependant ces deux mots ne sont pas synonymes: le bi-oxyde d'hydrogène est l'eau saturée d'oxygène, celle qui en contient 616 fois son volume, tandis qu'on donne le nom d'*eau oxygénée* à l'eau qui renferme 6, 20, 30, 200, etc., volumes de gaz.

en gaz oxygène : mais à mesure que la proportion d'eau désoxygénée augmente, par rapport à celle de l'eau qui ne l'est pas encore, la décomposition se ralentit; ce qui prouve que les deux oxydes tendent à rester unis. La température nécessaire pour décomposer l'eau oxygénée, varie suivant que l'eau est plus ou moins oxygénée; il serait dangereux de chauffer à 100° dans un vase à col étroit 0,5 grammes d'eau très oxygénée. Le bi-oxyde d'hydrogène peut rester liquide pendant trois quarts d'heure lorsqu'on l'expose à un froid de 30°. Il se décompose en grande partie dans l'*obscurité* ou à la *lumière* diffuse, si la température est à 10° ou 12° + 0, tandis que la décomposition est très faible à zéro. La décomposition est encore assez lente à la lumière directe. La *pile électrique* agit sur le bi-oxyde d'hydrogène comme sur l'eau, si ce n'est qu'il se dégage beaucoup plus d'oxygène au pôle positif.

Le *soufre*, le *bore*, l'*iode* et le *phosphore* n'ont pas d'action ou agissent à peine sur le bi-oxyde d'hydrogène. Le *charbon* de bois finement pulvérisé ramène subitement ce bi-oxyde à l'état de protoxyde ou d'eau ; l'oxygène se dégage à l'état de gaz; il y a élévation de température, et l'action est très vive.

Lorsqu'on expose au vide séché par l'acide sulfurique un mélange de bi-oxyde d'hydrogène et d'*eau*, il s'évapore, dans les premiers temps, une quantité plus considérable d'eau que de bi-oxyde; ce qui prouve que la tension de celui-ci est beaucoup plus faible que celle de l'eau.

L'eau oxygénée est employée pour préparer certains oxydes métalliques, que l'on n'obtiendrait pas sans ce liquide. M. Thénard a vu qu'il était possible de restaurer, au moyen de l'eau faiblement oxygénée, des dessins noircis par le blanc de plomb qui aurait été transformé en sulfure noir : en effet, l'eau oxygénée change rapidement ce sulfure en sulfate de plomb blanc.

*Préparation.*— L'eau oxygénée s'obtient en traitant le bi-oxyde de baryum par de l'acide chlorhydrique refroidi à + 4 ou 5°; il se forme du chlorure de baryum et de l'oxygène qui à l'état naissant se combine avec l'eau; mais en traitant ce sel par l'acide sulfurique, on le décompose en sulfate de baryte et en acide chlorhydrique qui reste dans la liqueur. On pourra décomposer de nouvelles doses de bi-oxyde de baryum de cette manière, jusqu'à ce que la liqueur soit suffisamment chargée d'oxygène. Enfin, on traitera le mélange d'eau oxygénée, de chlorure de baryum et d'acide chlorhydrique par du sulfate d'argent bien pur; il se produira du sulfate de baryte et du chlorure d'argent qui sont insolubles, et la liqueur filtrée restera pure. Ce ne sera plus qu'un mélange d'eau et d'eau oxygénée, dont on pourra séparer l'eau par le moyen du vide et de l'acide sulfurique. (Pour plus de détails, voir le Mémoire de M. Thénard, *Annales de Chimie*, 1818.)

## DE L'ACIDE HYPOSULFUREUX.

Suivant M. Gay-Lussac, lorsqu'on fait bouillir du soufre avec un certain nombre de sulfites (composés d'acide sulfureux et d'un oxyde métallique), le soufre se combine avec une partie de l'oxygène de l'acide sulfureux, qu'il ramène à l'état d'acide hyposulfureux, en y passant lui-même : cet acide s'unit à l'oxyde du sel, et forme un hyposulfite qui a été désigné pendant long-temps sous le nom de *sulfite sulfuré*.

D'après M. Langlois, chimiste de Strasbourg, on obtient facilement l'acide hyposulfureux en décomposant de l'hyposulfite de potasse par l'acide perchlorique; il se forme du perchlorate de potasse et de l'acide hyposulfureux libre.

Il est composé de 1 équivalent d'oxygène = 100, 1 de soufre = 201,16. Son équivalent est donc de 301,16.

Sa formule est $SO$.

## DE L'ACIDE SULFUREUX.

Lorsque l'on combine directement l'oxygène et le soufre, on n'obtient jamais pour produit que de l'acide sulfureux.

Cet acide existe rarement dans la nature; on ne le trouve guère qu'aux environs des volcans, là où le soufre brûle. Obtenu par l'art, il est gazeux ou liquide.

*Gaz acide sulfureux.* — Il est incolore, élastique, transparent, non permanent, doué d'une saveur forte, désagréable, et d'une odeur suffocante qui le *caractérise*; en effet, elle est la même que celle du soufre enflammé; son poids spécifique est de 2,234; il fait passer d'abord au rouge, puis au jaune paille, la couleur du tournesol; toutefois, d'après Berzélius, il ne rougirait le tournesol qu'autant qu'il contiendrait un peu d'acide sulfurique. Il est indécomposable par le *calorique*. Lorsque après avoir été desséché, il est refroidi, il se liquéfie (voy. page 59), et fournit l'acide sulfureux liquide anhydre; si le gaz acide sulfureux n'était pas bien desséché, et qu'on le soumît à l'action d'un mélange frigorifique, il se condenserait en cristaux blancs, composés d'environ 1/5 d'acide et de 4/5 d'eau (Aug. Delarive). La puissance réfractive du gaz acide sulfureux est de 2,260 (Dulong). Le *fluide électrique* agit sur lui comme sur l'acide sulfurique. Il n'*éprouve* aucune altération de la part du gaz *oxygène*, et si l'on parvient à le combiner avec lui et à en faire de l'acide sulfurique, c'est à l'aide d'un troisième corps dont nous parlerons plus bas.

Aucune des substances *simples* non métalliques n'agit sur lui à froid; cependant il en est un certain nombre qui le décomposent complétement à une température rouge. Le *soufre*, le *sélénium*, le *chlore*, le *brome*, l'*iode* et l'*azote*, n'agissent point sur lui s'il est sec. Quand il est humide, le chlore, le brome et l'iode décomposent l'eau, et il se forme de l'acide sulfurique et des acides chlorhydrique, bromhydrique et iodhydrique.

Le *bore* n'a pas été mis en contact avec le gaz acide sulfureux; il est probable qu'il peut aussi s'emparer de son oxygène.

A une température rouge, le *charbon* le décompose, se combine avec son oxygène, et met le soufre à nu. On ne connaît pas l'action qu'exerce sur lui le *phosphore*.

Le gaz *hydrogène* lui enlève son oxygène, forme de l'eau, et le soufre est mis à nu; lorsque ce gaz est en excès et que la température n'est pas très élevée, on obtient du gaz acide sulfhydrique (hydrogène et soufre).

Il n'est pas altéré par l'*air* parfaitement sec, et il n'y répand pas de vapeurs.

*Propriétés essentielles.* L'*eau* à la température de 20°, et à la pression de 76 centimètres, peut dissoudre 33 fois son volume de gaz acide sulfureux ; un fragment de glace introduit dans une cloche remplie de ce gaz, et disposé sur la cuve à mercure, ne tarde pas à se liquéfier.

Stahl considéra le premier ce gaz comme un corps particulier.

*Dissolution du gaz acide sulfureux dans l'eau.* — Lorsqu'il est concentré, il a la même saveur et la même odeur que le gaz ; il s'affaiblit par l'action de la chaleur, qui en dégage presque tout l'acide. L'*iode* le transforme en acide sulfurique, et passe à l'état d'acide iodhydrique ; d'où l'on voit que l'eau de l'acide sulfureux est décomposée par le concours de deux forces, savoir, l'affinité de l'iode pour l'hydrogène, et celle de l'acide sulfureux pour l'oxygène. Il en est à peu près de même du *chlore ;* en effet, en vertu des mêmes forces, il se forme de l'acide sulfurique d'une part, et de l'acide chlorhydrique de l'autre. Mis en contact avec le gaz *oxygène*, il l'absorbe et passe à l'état d'acide sulfurique ; il agit de même sur l'*air atmosphérique*.

*Usages de l'acide sulfureux.* — On emploie le gaz acide sulfureux pour désinfecter les vêtements et l'air des espaces circonscrits non habités ; quelques expériences tendent à prouver qu'il doit être préféré au chlore et au vinaigre pour désinfecter les lettres qui viennent des endroits pestiférés ; il sert à blanchir la soie et la colle de poisson, et à enlever les taches de fruit sur le linge. Le docteur J. Davy a proposé l'usage d'une faible dissolution aqueuse d'acide sulfureux pour conserver les préparations anatomiques. (*Journ. de Chim. méd.*, novembre 1829.)

*Action sur l'économie animale.* — Ce gaz doit être regardé comme un excitant énergique ; il irrite les surfaces avec lesquelles il est mis en contact, et détermine l'éternument, le larmoiement, la toux, la suffocation, etc., suivant qu'il est appliqué sur la membrane pituitaire, sur la conjonctive, ou qu'il pénètre dans les bronches. Son impression sur la peau est moins vive que sur les autres tissus. S'il est pur, il peut déterminer l'empoisonnement et la mort. Le gaz acide sulfureux mêlé à l'air constitue les fumigations sulfureuses dont l'emploi devient si général dans les maladies cutanées chroniques : les gales les plus invétérées cèdent à ce traitement, qui n'exige du reste aucune sorte de régime; certaines affections pédiculaires, des dartres, même héréditaires, des pustules syphilitiques, le prurigo, la teigne, invétérés et regardés comme incurables, ont souvent été guéris par ces fumigations; des douleurs sciatiques, arthritiques et rhumatismales chroniques, des paralysies locales, des engorgements scrofuleux, ont été combattus avec le plus grand succès par ce médicament. On peut l'employer dans les amauroses commençantes, dans les défaillances, les syncopes et les asphyxies. A l'extérieur, on se sert de l'acide sulfureux dissous dans l'eau, en lotions, dans les maladies de la peau et les ulcères atoniques.

Il contient pour 100 parties :

| | |
|---|---|
| Soufre . . . . . . . . . . . | 50,14 |
| Oxygène . . . . . . . . . . | 49,86 |
| | 100,00 |

Ou bien

| | |
|---|---|
| Un équivalent de soufre. . . . | 201,16 |
| Deux équivalents d'oxygène . . | 200,00 |
| | 401,16 |

Son équivalent est de 401,16.

*Préparation.* — On peut obtenir le gaz sulfureux en combinant le soufre directement avec l'oxygène; mais comme ce moyen présente quelques difficultés pour obtenir le gaz dans un état de pureté parfaite, il est plus simple de désoxygéner l'acide sulfurique au moyen d'un corps avide d'oxygène, tel que le charbon, le bois, ou certains métaux. Ainsi on met dans une petite fiole, à laquelle on adapte un tube recourbé, 4 parties d'acide sulfurique concentré et 1 partie de cuivre; on fait chauffer le mélange, et aussitôt que l'acide entre en ébullition, on obtient le *gaz*, que l'on doit recueillir dans des cloches remplies de mercure, parce qu'il est très soluble dans l'eau ; il reste dans la fiole un sel bleu composé d'acide sulfurique et d'oxyde de cuivre; d'où il suit qu'une portion de l'acide a été décomposée et transformée en oxygène et en gaz acide sulfureux. Il se produit aussi du sulfure de cuivre. (Voy. Cuivre, *Action de l'acide sulfurique.*) On peut obtenir la dissolution du gaz dans l'eau avec le même appareil que celui dont on se sert pour préparer le chlore. (Voy. pl. 3, fig. 1re.) On met dans le ballon 5 parties d'acide sulfurique concentré et 1 partie de paille, de sciure de bois, ou de charbon pulvérisé, ou de cuivre; on élève un peu la température, et l'acide ne tarde pas à charbonner les deux premières substances; or nous verrons bientôt que le charbon transforme l'acide sulfurique concentré en gaz acide carbonique et en gaz acide sulfureux ; ces deux gaz se dégagent ensemble; mais l'acide sulfureux, doué d'une plus grande affinité pour l'eau, chasse l'acide carbonique de la dissolution et le remplace. Si l'on chauffe très fortement le mélange d'acide sulfurique et de charbon, une partie de l'acide est entièrement décomposée par le charbon, et il se sublime du soufre.

*Acide sulfureux liquide anhydre* (privé d'eau). — Acide entrevu et annoncé par M. Faraday, mais décrit pour la première fois par M. Bussy en 1824. Il est incolore, transparent, d'une odeur très forte; son poids spécifique est de 1,45. Il entre en ébullition à 10°—0; cependant il est facile de le conserver à la température ordinaire, même pendant un temps assez long, parce que la portion qui se volatilise détermine un froid assez considérable pour abaisser la température du reste au-dessous du point d'ébullition. Mis sur la main, il y produit un froid des plus vifs et se volatilise complétement. Si on le verse peu à peu dans l'eau, à la température ordinaire, il se volatilise en partie, donne lieu à une espèce d'effervescence, et la surface de l'eau se couvre d'une croûte assez épaisse de glace ; il est évident que dans cette expérience la portion d'acide volatilisé a enlevé assez de calorique à l'eau pour la faire passer à l'état solide. Lorsqu'on met une petite quantité de mercure dans un verre de montre, avec de l'acide sulfureux anhydre, que l'on fait évaporer sous le récipient de la machine pneumatique où l'on fait le vide, on voit le mercure se solidifier au bout de quatre ou cinq minutes, phénomène qui tient encore à la rapidité avec laquelle l'acide sulfureux anhydre se volatilise dans le vide, et à ce qu'il absorbe une grande quantité de calorique au mercure. L'alcool à 33 degrés peut être congelé en le plaçant dans une petite boule entourée de coton, que l'on plonge dans l'acide sulfureux anhydre, et que l'on met ensuite sous le récipient de la machine pneumatique où l'on fait le vide. L'alcool absolu et l'éther n'ont pas encore pu être congelés.

*Usages.*— Jusqu'à présent on n'a employé l'acide sulfureux anhydre que pour liquéfier plusieurs fluides élastiques, tels que le chlore, le cyanogène, le gaz ammoniac; il suffit pour cela de faire passer l'un ou l'autre de ces gaz bien secs, dans un tube portant à sa branche horizontale une boule de verre mince, et dont la branche verticale plonge dans une éprouvette contenant du mercure; la boule est entourée de coton sur lequel on verse quelques gouttes d'acide sulfureux. Le froid produit par la volatilisation de cet acide est tellement intense, que le gaz contenu dans la boule ne tarde pas à se liquéfier; le cyanogène a pu même être solidifié.

*Préparation de l'acide sulfureux anhydre.* — On met dans un matras ou dans une cornue le cuivre et l'acide sulfurique nécessaires pour dégager du gaz acide sulfureux; on fait passer ce gaz dans une éprouvette entourée de glace fondante, pour condenser la majeure partie de l'eau qu'il pourrait entraîner; ensuite il passe dans un long tube rempli de fragments de chlorure de calcium fondu; enfin il se rend dans un matras entouré d'un mélange réfrigérant, composé de deux parties de glace et d'une partie de sel marin : là, le gaz sulfureux se condense en liquide à la simple pression de l'atmosphère.

## DE L'ACIDE HYPOSULFURIQUE.

L'acide *hyposulfurique*, découvert en 1819 par MM. Welter et Gay-Lussac, est liquide, inodore, d'une saveur franchement acide ; placé dans le vide de la machine pneumatique, à la température de 10° + 0, il se concentre, sans se volatiliser sensiblement : parvenu à la densité de 1,347, il commence à se décomposer, et se transforme en acide sulfureux qui se dégage, et en acide sulfurique qui reste ; pour que cette expérience ait un plein succès, il faut également introduire sous le vide et dans une autre capsule, de l'acide sulfurique concentré, qui absorbe la vapeur aqueuse à mesure qu'elle se forme. Il se change également en acide sulfureux et en acide sulfurique, lorsqu'on l'expose à l'action de la chaleur du bain-marie. Le chlore, l'acide azotique concentré et le sulfate rouge de manganèse ne l'altèrent point à froid. Il forme des sels solubles avec la baryte, la chaux, la strontiane, les oxydes de plomb et d'argent, et probablement avec toutes les bases. Il dissout le zinc avec dégagement d'hydrogène sans se décomposer. Il est sans usage.

*Composition.* — Il est formé de 2 équivalents de soufre = 402,32, et de 5 d'oxygène = 500,00 ; son équivalent est de 902,32 ; donc sa formule sera $S^2 O^5$.

*Préparation.* — On fait passer du gaz acide sulfureux dans de l'eau tenant en suspension du bi-oxyde de manganèse, et l'on obtient une dissolution neutre du sulfate et d'hyposulfate de manganèse ; on y verse un excès de sulfure de baryum, qui forme du sulfate insoluble et de l'hyposulfate soluble ; ce sulfure est préférable à la baryte, dont s'étaient servis MM. Gay-Lussac et Welter, parce que celle-ci ne peut séparer complétement l'oxyde de manganèse ; on filtre, et on fait passer un courant de gaz acide carbonique pour saturer l'excès de baryte qui se précipite à l'état de carbonate ; on filtre de nouveau, et on fait évaporer pour chasser l'excès d'acide carbonique, et pour obtenir l'hyposulfate de baryte cristallisé. Il suffit de décomposer ce sel par l'acide sulfurique pour avoir l'acide hyposulfurique liquide.

## DE L'ACIDE SULFURIQUE.

L'acide sulfurique existe sous deux états : 1° combiné avec un équivalent d'eau, et alors il est liquide ; 2° anhydre ou privé d'eau.

*Acide sulfurique liquide hydraté.* — Il a été trouvé dans plusieurs grottes, dans les environs de certains volcans, et dans quelques eaux minérales; mais le plus ordinairement il existe à l'état de sulfate uni à la chaux, à la potasse, à la soude, etc. Il est incolore, inodore, d'une consistance oléagineuse et d'une saveur acide très forte; son poids spécifique est plus grand que celui de l'eau : le plus concentré pèse environ 1,85, et marque 66 degrés à l'aéromètre de Baumé. Il noircit et désorganise la majeure partie des substances végétales et animales.

Soumis à l'action du *calorique* dans des vaisseaux fermés, il bout à 326° centigrades, et peut être distillé. (Voy. p. 133, pour la manière de le distiller.) Si on le fait passer à travers un tube de porcelaine incandescent, il se décompose, et se transforme en deux volumes de gaz acide sulfureux et en un volume d'oxygène. Si, au lieu de le chauffer, on le refroidit, il se congèle et cristallise à — 34°, propriété qu'il doit à l'eau qui entre dans sa composition : ce phénomène a même lieu au-dessus de zéro lorsque l'acide est étendu d'un peu d'eau; ainsi l'acide, qui, au lieu de marquer 66 degrés à l'aéromètre, en marque seulement 62, cristallise à zéro, et reste solide pendant deux ou trois mois à quelques degrés au-dessus de zéro. La *lumière* ne lui fait éprouver aucune altération. Il est décomposé par la pile *électrique;* le soufre se rend au pôle négatif, et l'oxygène se combine avec un peu d'acide sulfurique et avec le fil de platine qui représente le pôle positif. Le gaz *oxygène* est sans action sur l'acide sulfurique.

Le *soufre* n'agit pas sur lui à froid; à 200° c. il lui enlève assez d'oxygène pour le faire passer et pour passer lui-même à l'état de gaz acide sulfureux. Le *sélénium* est dissous par l'acide sulfurique; la dissolution est d'un très beau vert, et laisse précipiter du sélénium rouge par l'addition de quelques gouttes d'eau. Le *bore* décompose probablement l'acide sulfurique.

*Propriété essentielle.* — Si l'on fait chauffer, dans une petite fiole, du *charbon* pulvérisé et de l'acide sulfurique concentré, celui-ci perd une partie de son oxygène, se transforme en gaz acide sulfureux, facile à reconnaître à son odeur piquante, qui est la même que celle du soufre enflammé, et le charbon passe à l'état de gaz acide carbonique ou d'oxyde de carbone, selon la température.

Le *chlore*, le *brome*, l'*iode* et l'*azote* ne décomposent point cet acide.

Le gaz *hydrogène* ne le décompose qu'à une température élevée, par exemple dans un tube de porcelaine chauffé au rouge, et il se forme alors de l'eau et du gaz acide sulfureux; quelquefois aussi il y a du soufre mis à nu. Lorsque le gaz hydrogène est en excès, et que la température n'est pas très élevée, il se produit du gaz acide sulfhydrique au lieu d'acide sulfureux.

Le *phosphore*, à la température de 100 à 150°, enlève également à l'acide sulfurique une partie de son oxygène, le fait passer à l'état de gaz acide sulfureux, et se transforme en acide phosphoreux ou phosphorique.

L'acide sulfurique, concentré et pur, exposé à l'*air*, en attire l'humidité et s'affaiblit; il change en outre de couleur, brunit, et finit par noircir. Ce phénomène dépend de ce qu'il absorbe et charbonne les particules des matières organiques suspendues dans l'atmosphère.

*Propriété essentielle.*— Si l'on mêle parties égales d'*eau* et d'acide sulfurique concentré, la température s'élève à 84°; 4 parties du même acide et une partie d'eau font monter le même thermomètre à 105°; dans l'un et dans l'autre cas, le volume du mélange diminue très sensiblement, comme on peut s'en convaincre par l'expérience suivante. On introduit dans un tube de verre, long de 80 centimètres et bouché par l'une de ses extrémités, assez d'acide sulfurique concentré pour le remplir jusqu'à la moitié; le tube étant tenu perpendiculairement, on y verse de l'eau jusqu'à ce qu'il soit plein; on le bouche, et on le renverse de manière que le bouchon se trouve en bas; l'eau, plus légère que l'acide, ne tarde pas à s'élever; les deux liquides se mêlent et s'échauffent au point que le tube ne peut plus être tenu entre les mains : au bout de quelques minutes, on remarque, à la partie supérieure du tube, un espace vide qui prouve la diminution de volume des deux liquides, puisqu'il ne s'en est pas écoulé une seule goutte pendant l'expérience. Le thermomètre monte encore de plusieurs degrés lorsqu'on mêle 4 parties d'acide concentré et une partie de glace pilée ; il descend, au contraire, à 20° — 0, en mêlant 4 parties de glace et une partie d'acide : ce dernier phénomène dépend de ce que la glace absorbe beaucoup de calorique aux corps qui l'environnent, pour passer de l'état solide à l'état liquide.

*Propriété essentielle.* — L'acide sulfurique, lors même qu'il est très étendu, fait naître dans l'eau de baryte un précipité blanc composé d'acide sulfurique et de baryte, insoluble dans l'eau et dans l'acide azotique.

*Usages.* — L'acide sulfurique sert à préparer la plupart des acides, l'alun, la soude, l'éther, le sublimé corrosif, etc.; il est employé pour dissoudre l'indigo ; les tanneurs s'en servent pour gonfler les peaux ; enfin, il est d'un usage commun comme réactif. Ses propriétés médicales ont été exposées en parlant des acides en général; mais nous devons ajouter qu'il est le plus astringent de tous, qu'il fait partie de l'eau de Rabel (voyez Alcool), qu'il entre pour un dixième dans une pommade résolutive dont on se sert avec succès dans les cas d'ecchymoses et dans les gales chroniques, enfin, qu'il suffit de l'étendre de beaucoup d'eau pour avoir la *limonade minérale*, qui est une boisson fort agréable, et dont on peut tirer parti dans beaucoup de phlegmasies. C'est à tort qu'on l'a tant préconisé contre la colique des peintres.

*Composition.* —Il contient : soufre, 40,14 ; oxygène, 59,86; ou un équivalent de soufre 201,16, et trois d'oxygène 300; son équivalent est donc de 500,16, plus un équivalent d'eau. Sa formule devient alors $SO^3 + HO$.

*Préparation.* — Nous avons vu plus haut que le soufre ne pouvait absorber directement plus de deux équivalents d'oxygène, c'est-à-dire la quantité nécessaire pour le transformer en acide sulfureux : aussi ce n'est que par un moyen tout-à-fait détourné que l'on parvient à produire l'acide sulfurique.

Pour cela on se sert du gaz bi-oxyde d'azote, qui, au contact de l'air ou de l'oxygène pur, absorbe un nouvel équivalent d'oxygène, qu'il peut céder facilement au gaz sulfureux humide, en le transformant ainsi en acide sulfurique, en même temps qu'il revient lui-même à son premier état de bi-oxyde d'azote.

On peut facilement se rendre compte par l'expérience de cette théorie, en faisant arriver en même temps, à l'aide de deux tubes recourbés, du gaz sulfureux d'une part, et du bi-oxyde d'azote de l'autre, dans un grand ballon *B* préalablement humecté et ouvert de manière à donner à l'air un libre accès (voy. pl. 7, fig. 2). Aussitôt que le bi-oxyde d'azote est en contact avec l'oxygène de l'air, il en absorbe un nouvel équivalent et passe à l'état d'acide azoteux qui apparaît sous forme de vapeurs rouges. Cet acide azoteux cède à son tour cet équivalent d'oxygène à l'acide sulfureux en donnant naissance à une multitude de petits cristaux blancs qui, en contact avec l'humidité, se dissolvent et se transforment en bi-oxyde d'azote qui reprend l'état gazeux, et en acide sulfurique qui se dissout dans l'eau; de manière que si l'on pouvait successivement offrir de nouvelles quantités d'oxygène à ce bi-oxyde d'azote, on pourrait s'en servir indéfiniment pour convertir l'acide sulfureux en acide sulfurique.

L'équation suivante représente fidèlement cette réaction.

$SO^2$ = acide sulfureux,
$Az\,O^2$ = bi-oxyde d'azote,
$O$ = oxygène,
$+$ aq. = de l'eau,

qui donnent $AzO^3,SO^2$, combinaison d'acide azoteux et d'acide sulfureux, laquelle sous l'influence de l'eau devient $Az\,O^2$ = bi-oxyde d'azote, plus $S\,O^3 +$ aq. acide sulfurique hydraté. $AzO^2$, en contact avec une nouvelle quantité d'oxygène, redevient $Az\,O^3$, pouvant servir comme précédemment, et ainsi de suite.

*L'appareil* dont on se sert dans l'industrie a subi de grandes améliorations depuis les premiers temps de sa découverte. Tel qu'il existe aujourd'hui, il se compose d'un fourneau quadrangulaire en briques, dont la sole en fonte est chauffée au commencement du travail, afin d'élever la température du soufre qu'on y place jusqu'à ce qu'il puisse s'enflammer par un corps en ignition ; dès cet instant, la chaleur qu'il dégage par sa propre combustion suffit pour le maintenir en incandescence; une porte dont on peut diminuer ou augmenter à volonté l'ouverture, permet à une quantité déterminée d'air de venir convertir le soufre en gaz sulfureux à l'aide de son oxygène. Cet acide à son tour se dégage par une cheminée dont le diamètre est en rapport avec la quantité de gaz qui se produit, et va se rendre dans une petite chambre de plomb haute de 5 mètres et large de 6 dans les deux sens, où il est mouillé par un jet de vapeur d'eau, qui y est amené sous la pression de 0,15 à 0,20 centimètres de mercure, par un petit tube de plomb dont l'extrémité présente plusieurs trous extrêmement petits. De cette première chambre les gaz passent dans une seconde de même capacité, dans laquelle on met à profit la propriété que possède l'acide sulfureux de transformer l'acide azotique en bi-oxyde d'azote, en absorbant une partie de son oxygène. Cet acide azotique est envoyé du dehors et par intermittence dans une série de capsules en grès disposées de manière à pouvoir dégorger de l'une dans l'autre l'excès d'acide dont elles sont remplies, et à former ainsi une espèce de cascade qui met sans cesse le gaz en contact avec le liquide.

Le sol de ces deux chambres est plus élevé que celui d'une troisième grande chambre qui porte en hauteur 6 mètres 50 c. environ et 25 mètres de longueur, dans laquelle le gaz sulfureux, mêlé d'un excès d'air, arrive avec le bi-oxyde d'azote provenant de la décomposition dont je viens de parler. La réaction que j'ai indiquée s'opère complétement dans cette chambre, où la condensation de l'acide sulfurique est encore favorisée par plusieurs jets de vapeur d'eau qui, en même temps qu'ils apportent de l'humidité, produisent en outre par l'effet de leur projection un mouvement continu, qui sans cesse établit un contact intime entre tous les gaz. Enfin, ce qui a échappé à la condensation dans cette chambre passe dans deux autres petites chambres disposées comme les deux premières, mais dans lesquelles on n'introduit que de la vapeur d'eau. Tous les gaz qui ne se sont pas condensés s'échappent alors dans l'atmosphère par une cheminée formée par un gros tube de plomb, traversé lui-même par un diaphragme en plomb percé de plusieurs trous que l'on peut boucher à volonté par des tampons d'argile, de manière à faire varier le tirage, qui, comme on le voit, en suivant la communication de toutes ces chambres entre elles, détermine la quantité d'air qui arrive dans le four à combustion du soufre.

L'acide produit se trouve donc répandu sur le sol de la grande chambre. Ce fond est légèrement incliné vers l'un des côtés, d'où l'on peut facilement retirer l'acide produit à l'aide d'un siphon ou d'une façon quelconque.

L'acide ainsi obtenu contient une grande quantité d'eau; on le retire ordinairement des chambres lorsqu'il marque 51 degrés à l'aéromètre de Baumé. Pour le concentrer on le chauffe à une température voisine de son point d'ébullition, dans une espèce de cornue en platine qui peut en contenir de 2 à 300 kilogrammes. Par cette chaleur élevée, l'eau se vaporise en entraînant il est vrai un peu d'acide, et va se condenser dans un serpentin en plomb convenablement refroidi. L'acide une fois amené à concentration convenable est soutiré de la cornue par un siphon également en platine placé dans une tubulure pratiquée à la cornue, et dont la grande branche est refroidie en traversant une grande caisse pleine d'eau, afin de n'être pas trop chaud en arrivant dans les bouteilles de grès dans lesquelles on l'expédie.

Dans cet état, l'acide sulfurique peut servir à un grand nombre d'opérations manufacturières; cependant il n'est pas pur, car il contient : 1° du sulfate de plomb, formé aux dépens des parois des chambres; 2° un peu de sesqui-sulfate de fer, provenant d'un peu de sulfure de fer qui se trouve mélangé au soufre brut; 3° enfin du gaz bi-oxyde d'azote, et quelquefois de l'acide arsénieux.

On le débarrasse facilement des sulfates, et en général de toutes les substances non volatiles qu'il pourrait contenir, en le distillant dans une cornue de verre, dans laquelle on a le soin d'introduire quelques fils de platine, afin de disséminer la chaleur dans toute la masse et d'éviter les soubresauts qui ont ordinairement lieu pendant la distillation de cet acide. On peut facilement dans la même opération détruire la quantité d'acide azotique ou de gaz bi-oxyde d'azote qui peuvent être mélangés à l'acide; il suffit d'ajouter dans la cornue pendant l'ébullition de l'acide, quelques millièmes de sulfate d'ammoniaque pur; car, par son hydrogène, l'ammoniaque transforme en eau et en gaz azote pur le composé oxygéné de l'azote quel qu'il soit. Si, malgré la distillation, l'acide sulfurique, que je supposerai arsenical, retenait un peu d'acide arsénieux, pour l'en débarrasser il faudrait faire passer à travers l'acide un courant de gaz sulfhydrique; il se formerait un dépôt jaunâtre composé de sulfure jaune d'arsenic et de soufre provenant de l'acide sulfhydrique. On filtrerait dans un entonnoir en verre dont le bec serait fermé par un tampon d'amiante préalablement calciné, rouge et lavé; puis on chaufferait pendant vingt ou vingt-cinq minutes l'acide filtré, afin de chasser la quantité infiniment petite d'acide arsénieux qu'il aurait pu retenir.

Cent parties de soufre donnent 312 parties d'acide sulfurique à 66 degrés.

L'*acide sulfurique anhydre* est toujours le produit de l'art; il est blanc opaque, d'une texture soyeuse; il absorbe rapidement l'humidité, se liquéfie, et répand par cela même des vapeurs très abondantes par son contact avec l'air. Il peut dissoudre le soufre, et former des composés bruns, verts ou bleus, suivant les proportions de soufre et d'acide; il dissout également l'iode et devient d'un vert bleu; enfin il jouit de la propriété de dissoudre l'indigo en se colorant en rouge. Il fond à 25°+0. Quand il est fondu, il est d'une fluidité plus grande que celle de l'acide sulfurique ordinaire; il réfracte fortement la lumière; son poids spécifique est de 1,97 à 20° environ. Il faut le conserver à une température de 25° + 0 pour le maintenir liquide : au-dessous de cette température, on aperçoit des houppes soyeuses qui ne tardent pas à se solidifier complétement. On obtient l'acide sulfurique anhydre en chauffant dans des vaisseaux clos l'acide sulfurique de Nordhausen, ainsi appelé du nom de la ville où on le prépare en grand, et qui provient de la distillation du sulfate de protoxyde de fer bien desséché (composé d'acide sulfurique et de protoxyde de fer). Cet acide contient, d'après M. Bussy, de l'acide sulfurique ordinaire *hydraté*, parce que le sulfate retient toujours une certaine quantité d'eau, de l'acide sulfurique anhydre, enfin de l'acide sulfureux produit par la décomposition d'une portion d'acide sulfurique par le protoxyde de fer, qui passe à l'état de sesqui-oxyde ; c'est à cette quantité d'acide anhydre que l'acide sulfurique ainsi obtenu doit d'être employé par les teinturiers pour dissoudre l'indigo. Il suffit donc, d'après cela, de chauffer jusqu'à 30 ou 40° pour que l'acide anhydre qui est volatil à 25 se dégage seul. L'appareil dont on se sert se compose d'une cornue de verre tubulée et bouchée à l'émeri, et dont le bec, après avoir été tiré très longuement à la lampe et effilé par le bout, s'engage dans un tube long et étroit, bouché à l'une des extrémités et servant de récipient : ce tube doit être entouré de glace. On ne saurait employer ni bouchons, ni aucune espèce de lut pour fermer les vases, parce que l'acide les corroderait; il se dégage d'abord de l'acide sulfureux, puis des vapeurs très épaisses d'acide anhydre, qui viennent se condenser dans le récipient en une masse solide; l'acide sulfurique hydraté, moins volatil, reste dans la cornue.

## DE L'OXYDE DE SÉLÉNIUM.

Cet oxyde est le produit de l'art. Il est gazeux, incolore, doué d'une odeur forte de chou pourri, très peu soluble dans l'eau, sans action sur l'*infusum* de tournesol, et ne possédant point la propriété de se combiner avec les acides pour former des sels. On l'obtient en traitant le sélénium par le gaz oxygène, ou par l'air atmosphérique; mais il retient toujours un peu d'oxygène ou d'azote. On le débarrasse de l'acide sélénieux qu'il pourrait contenir, au moyen de l'eau distillée qui dissout cet acide. Il n'a point d'usages.

## DE L'ACIDE SÉLÉNIEUX.

L'acide sélénieux ne se trouve pas dans la nature. Il peut

être obtenu sous forme d'aiguilles tétraèdres très longues, rougissant la teinture de tournesol, douées d'une saveur acide brûlante. Il est volatil, mais beaucoup moins que l'eau; il est indécomposable par le feu; il attire fortement l'humidité de l'air; il se dissout très bien dans l'eau et dans l'alcool : la dissolution aqueuse, évaporée lentement, fournit des prismes striés. *P. E.* L'acide sulfureux lui enlève son oxygène pour passer à l'état d'acide sulfurique, et le sélénium est mis à nu. Il est formé d'un équivalent de sélénium $=494,58$ et de deux d'oxygène $=200$; donc son équivalent est de 694,58, et sa formule $SeO^2$.

### DE L'ACIDE SÉLÉNIQUE.

Cet acide, découvert en 1827 par MM. Mitscherlich et Nitzch, est le résultat de l'action de l'azotate de potasse ou de soude sur le sélénium, l'acide sélénieux ou un séléniure comme celui de plomb que l'on fait fondre avec ces sels. Il est liquide, incolore, âcre, et contient toujours de l'eau; son poids spécifique, à la température de 165°, est de 2,6. Il est volatil : au-delà de 280° il se décompose, et fournit de l'oxygène et de l'acide sélénieux. Il a une grande affinité pour l'eau, et s'échauffe autant avec elle que l'acide sulfurique. *P. E.* 1° Lorsqu'on le fait bouillir avec de l'acide chlorhydrique, les deux acides sont décomposés, et il se produit de l'eau, du chlore et de l'acide sélénieux : le mélange ne précipite point les sels de baryte; 2° il n'est point décomposé par l'acide sulfureux. Il est formé d'un équivalent de sélénium $=494,58$ et de trois d'oxygène $=300$; son équivalent est 794,58, et sa formule $SeO^3$.

### DE L'ACIDE BORIQUE.

Cet acide se trouve dans quelques lacs de l'Inde à l'état de liberté. Les prétendus lacs de Castelnuovo, de Montecerboli et de Cherchiajo, en Toscane, que l'on a dit contenir de l'acide borique libre, n'existent même pas : ce sont de simples réservoirs au milieu desquels jaillit une sorte de volcan boueux qui sans cesse répand de la vapeur d'eau, de l'acide sulfhydrique et divers autres gaz ; au bout de quelque temps on trouve, par l'évaporation de cette eau, de l'acide borique mêlé à d'autres matières. La cause de ce phénomène n'est pas encore bien connue; mais voici l'explication qu'en donne M. Dumas, et à laquelle se rapporte celle de M. Payen, qui en particulier l'a étudié sur les lieux :

« Il faudrait supposer qu'un dépôt de sulfure de bore, très profondément situé, fût atteint par l'eau; il s'établirait immédiatement une vive réaction; cette eau serait décomposée, et il en résulterait de l'acide borique, de l'acide sulfhydrique, et une très grande élévation de température qui vaporiserait l'eau et entraînerait tous ces produits. »

Cette exploitation, dirigée et fondée par M. le comte de Larderelle au milieu d'obstacles de tous genres, est arrivée cependant, on peut le dire, à un haut degré de perfection; et M. de Larderelle a vaincu avec bonheur l'une des plus graves difficultés de cette industrie en remplaçant le dispendieux chauffage au bois par l'application de la chaleur de la vapeur même qui s'échappe du sol de toutes parts.

L'acide borique pur et solide peut être obtenu sous deux états : 1° fondu et privé d'eau ; 2° combiné avec ce liquide à l'état d'hydrate.

L'acide *bihydraté* est celui qui se dépose des dissolutions aqueuses; il est sous forme de petites paillettes ou écailles, blanches, grasses au toucher et d'un aspect nacré; sa densité est de 1,479. Lorsqu'on le chauffe jusqu'à 100° c. il perd la moitié de son eau et devient acide *hydraté;* si on continue à le chauffer, il fond et devient fluide à la température du rouge blanc : en cet état il peut être facilement coulé. Par le refroidissement, l'acide borique fondu prend la transparence, l'aspect du verre et une dureté extrême; mais si on le laisse au contact de l'air, il devient opaque, augmente de poids et se recouvre d'une poussière blanche, ce qui provient de l'absorption de l'eau par l'acide.

Il est soluble dans l'eau; elle en dissout à + 10° un 3/100, mais à + 100° elle peut en prendre 8/100. Cette dissolution rougit faiblement la teinture du tournesol; si on l'expose à l'action de la chaleur, non seulement l'eau s'évapore, mais encore elle entraîne un peu d'acide borique que l'on peut facilement recueillir.

L'acide borique peut se combiner avec l'acide *sulfurique* et produire un composé solide, brillant, nacré, sous forme de larges écailles, qui, étant chauffé dans un creuset, répand des vapeurs blanches piquantes formées d'acide sulfurique qui se dégage.

L'acide borique n'est décomposé que par certains métaux; aucun des *corps non métalliques* n'a d'action sur lui ; il s'unit aux oxydes métalliques et donne des sels bien définis.

*Propriétés essentielles.* — Il se dissout dans l'alcool et communique à celui-ci la propriété de brûler avec une flamme verte. Il se dissout dans la potasse et la soude liquides; ces dissolutions laissent précipiter l'acide sous forme de petites paillettes lorsqu'on sature la potasse ou la soude par les acides sulfurique ou chlorhydrique. Il fournit du bore si on le chauffe avec du potassium.

Quand il est fondu, c'est-à-dire privé d'eau, il contient pour cent :

| | | |
|---|---|---|
| Bore. . . . | 31,19, | ou un équivalent, |
| Oxygène . . | 68,81, | et six d'oxygène = Bo $O^6$; |
| | 100,00 | |

mais lorsqu'il est cristallisé, il renferme 43/100 d'eau; desséché à + 100°, il n'en conserve plus que 27/100.

Il a été découvert en 1702 par Homberg. Il est employé à la préparation en grand du borate de soude et quelquefois dans l'analyse des pierres. Plusieurs médecins l'ont préconisé comme un très bon calmant dans les spasmes, les douleurs nerveuses, l'épilepsie, la manie, etc., et l'ont administré en poudre, en pilules, ou dissous dans l'eau à la dose de 15 à 50 centigrammes; mais il est aujourd'hui presque entièrement abandonné. Il est connu en médecine sous le nom de sel sédatif de Homberg.

*Extraction.* — On retire l'acide borique du borax ou borate de soude; on en dissout 1 partie dans 3 parties d'eau bouillante; on décompose la dissolution en y versant *peu à peu* un excès d'acide sulfurique concentré qui s'empare de la soude; l'acide borique se dépose, ne trouvant pas assez d'eau pour se dissoudre; on laisse refroidir le mélange et on filtre la liqueur, qui contient du sulfate acide de soude; alors on égoutte l'acide borique; on le lave avec un peu d'eau froide; on le fait sécher sur du papier joseph dans une étuve, et on le chauffe en le projetant par parties dans un creuset de Hesse que l'on a fait rougir, pour le débarrasser de l'acide sulfurique avec lequel il restait uni et d'une matière grasse inhérente au borax naturel. Lorsqu'il est fondu on le coule, et on peut, si on veut l'avoir très pur, le dissoudre dans l'eau bouillante et le faire cristalliser de nouveau. En substituant l'acide chlorhydrique à l'acide sulfurique on obtient de suite de l'acide borique, qu'il suffit de bien laver pour l'avoir pur. Il est inutile de dire que les eaux-mères de ces diverses opérations fournissent un peu d'acide borique lorsqu'on les fait évaporer.

On peut encore se procurer de l'acide borique en purifiant l'acide naturel de Toscane par plusieurs dissolutions dans l'eau bouillante et par des cristallisations successives.

## DE L'ACIDE SILICIQUE.

L'acide silicique constitue presque à lui seul les différentes espèces de quartz, telles que le cristal de roche, la pierre à fusil, les cailloux, les sables, etc., substances très répandues dans la nature; il fait partie de toutes les pierres gemmes; on le trouve dans certaines eaux d'Islande, dans la plupart des végétaux, etc. Lorsqu'il est pur, il est d'une couleur blanche, rude au toucher et inodore; son poids spécifique est de 2,66. Soumis à une température élevée, par exemple à celle que l'on peut produire au moyen du chalumeau à hydrogène; il fond dans le même instant, et donne un verre incolore. Les corps simples précédemment étudiés et l'air n'exercent sur lui aucune action.

L'eau en dissout une très petite quantité, d'après les expériences de Kirwan et de M. Barruel, lorsqu'il a été récemment précipité et qu'il est à l'état d'hydrate, car lorsqu'il a été rougi au feu il est insoluble. Les acides borique et phosphorique solides s'y unissent à la chaleur rouge. On l'emploie dans la fabrication du verre, de la poterie et des mortiers; le sable sert à filtrer les eaux, et le cristal de roche à faire de très beaux lustres.

*Composition.* — D'après Berzélius, il est formé de

| | | |
|---|---|---|
| Silicium. . | 48,04, | ou d'un équivalent de silicium |
| Oxygène. . | 51,96, | et de trois d'oxygène. |
| | 100,00 | |

Sa formule est $Si\,O^3$.

*Préparation.* — On introduit dans un creuset 1 partie de sable ou de cailloux bien pulvérisés, et 3 parties de potasse; on chauffe graduellement le mélange jusqu'au rouge; la potasse fond, perd son eau, se boursoufle, et se combine avec l'acide silicique. Lorsque la fusion est opérée, ou du moins que la masse est en pâte molle, on la coule et on la laisse refroidir. On la traite dans une capsule par quatre ou cinq fois son poids d'eau, dont on élève la température; on filtre la dissolution, à laquelle on donnait autrefois le nom de *liqueur de cailloux* (*silicate de potasse*); on y verse assez d'acide sulfurique, chlorhydrique ou azotique, pour saturer la potasse, et l'on obtient un précipité gélatineux d'acide silicique; on décante la dissolution saline formée, et on lave le dépôt, que l'on fait dessécher et rougir. Si la dissolution était trop étendue, et que l'acide silicique ne fût pas précipité par l'acide, il faudrait la concentrer par l'évaporation.

## DU GAZ OXYDE DE CARBONE.

Le carbone, par sa combinaison avec l'oxygène, donne naissance à quatre produits, à l'oxyde de carbone, à l'acide carbonique, à l'acide oxalique et à l'acide croconique.

L'oxyde de carbone est un produit de l'art; jusqu'à présent il n'a été obtenu qu'à l'état gazeux. Il est incolore, transparent, élastique, insipide, sans action sur l'*infusum* de tournesol, et plus léger que l'air; son poids spécifique est de 0,96783. Il n'est décomposé ni par le *calorique*, ni par la *lumière;* sa puissance réfractive est de 1,157. (Dulong.)

Le gaz *oxygène* n'a d'action sur lui qu'à une température rouge ; alors il brûle avec une flamme bleue, et donne naissance à de l'acide carbonique. Le *soufre*, le *charbon*, l'*iode* et le *phosphore* ne lui font éprouver aucune altération. Le gaz *hydrogène* ne le décompose qu'à la température du rouge blanc; il se dépose du carbone, et il se forme de l'eau.

Le *chlore* gazeux exerce une action remarquable sur le gaz oxyde de carbone ; il se combine avec lui comme il s'unirait à un corps simple, et constitue un acide appelé acide chloroxicarbonique.

Si l'on prend un ballon d'une capacité déterminée, et qu'on y fasse le vide; si l'on y introduit successivement des volumes égaux de gaz oxyde de carbone et de chlore secs, et qu'on expose le ballon au soleil, et mieux encore, suivant M. Dumas, à la lumière diffuse, au bout d'un certain temps (15 ou 20 minutes si l'appareil est exposé au soleil), l'expérience étant terminée, si on débouche le ballon dans une cuve à mercure, l'on remarquera que le métal pénètre dans l'intérieur et remplit la moitié de la capacité du ballon ; donc, par l'action que les gaz ont exercée l'un sur l'autre, leur volume a été diminué de moitié, et le poids spécifique du produit doit être très considérable. Ce gaz, découvert par le docteur John Davy, qui l'a appelé *phosgène* (engendré par la lumière), est nommé par quelques chimistes français *gaz acide chloroxycarbonique*, et par d'autres *chlorure d'oxyde de carbone*. Il est incolore et doué d'une odeur suffocante ; il irrite la conjonctive et augmente la sécrétion des larmes ; il éteint les corps enflammés ; son poids spécifique est de 3,438 ; il rougit fortement la teinture de tournesol. Il n'est point décomposé par les corps simples étudiés précédemment. L'étain, le zinc, etc., lui enlèvent le chlore à une température élevée, forment des chlorures, et le gaz oxyde de carbone est mis à nu ; il ne répand point de vapeurs à l'air ; mis en contact avec l'eau, il est décomposé, même à la température ordinaire ; en effet, le chlore s'unit à l'hydrogène de l'eau, et donne naissance à de l'acide chlorhydrique, tandis que l'oxyde de carbone, saturé par l'oxygène de l'eau, passe à l'état d'acide carbonique.

L'*azote* n'agit point sur le gaz oxyde de carbone.

*Propriétés essentielles.* — 1° Lorsqu'on approche une bougie allumée de l'ouverture d'une cloche remplie de ce gaz et exposée à l'air atmosphérique, il absorbe l'oxygène de celui-ci, brûle avec une flamme bleue, et se change en gaz acide carbonique : aussi l'eau de chaux versée dans la cloche après la combustion est-elle troublée. 2° Il n'est pas sensiblement soluble dans l'eau. Il a été découvert par Cruikshanks en Angleterre, et par MM. Clément et Désormes en France. Il est sans *usages*. Injecté dans les veines, il brunit beaucoup plus le sang que le gaz acide carbonique ; respiré, il agit comme un poison énergique.

*Composition.* — Si l'on fait passer dans un eudiomètre sur le mercure, à travers un mélange de 100 parties d'oxyde de carbone et de 50 d'oxygène, une étincelle électrique, il y aura une condensation de 50 parties, et l'on obtiendra 100 parties d'acide carbonique complétement absorbable par une dissolution de potasse (oxyde de potassium). Or, dans un volume de gaz acide carbonique on trouve un volume de vapeur de carbone et un volume de gaz oxygène ; donc, dans un volume de gaz oxyde de carbone, il doit y avoir *un volume de vapeur de carbone* (0,4188), *et 1/2 volume de gaz oxygène* (0,5285) ; ce qui équivaut en poids à 100 parties d'oxygène et à 75,07 de carbone.

Le poids de l'équivalent de l'oxyde de carbone est de 175,07 ; sa formule est $C^2O$ (1).

*Préparation.* — Il suffit, pour se procurer de l'oxyde de carbone, de mettre de l'oxygène en contact avec un excès de carbone, ou bien de décomposer l'acide carbonique lui-même au moyen du carbone. Nous citerons les procédés le plus ordinairement employés à la préparation de ce gaz. On introduit dans une cornue de grès, parties égales de poudre

(1) Quoique le poids de l'équivalent du carbone soit de 75,07, et que dans l'oxyde de carbone il n'y ait qu'un équivalent de carbone, cependant nous représentons le carbone de l'oxyde de carbone par $C^2$, pour éviter d'avoir un demi-équivalent d'oxygène à exprimer dans la formule; on sait, en effet, que dans l'oxyde de carbone il y a un volume de vapeur de carbone et un demi-volume d'oxygène.

de charbon et d'oxyde de zinc également pulvérisé; on adapte à son col un tube recourbé propre à recueillir les gaz; on place la cornue ainsi disposée sur un fourneau, et on la chauffe jusqu'au rouge; l'air, dilaté par la chaleur, se dégage d'abord, il ne faut donc pas recueillir les premières portions de gaz; puis enfin le charbon, en s'emparant de l'oxygène que contient l'oxyde de zinc, le ramène à l'état métallique, tandis qu'il passe lui-même à l'état d'oxyde de carbone.

Si l'on fait passer peu à peu du gaz acide carbonique desséché sur du charbon rouge parfaitement calciné et contenu dans un tube de fer traversant un fourneau à réverbère, ce gaz sera décomposé, cédera une partie de son oxygène au charbon, le fera passer et passera lui-même à l'état de gaz oxyde de carbone; mais l'opération ne peut avoir un plein succès qu'autant que le gaz acide carbonique passe à plusieurs reprises sur le charbon.

Il est encore un autre procédé qui est plus commode et que l'on emploie dans les laboratoires. Il est fondé sur la composition de l'acide oxalique, qui peut être considéré comme formé par de l'acide carbonique et de l'oxyde de carbone, qui restent unis tant que cet acide contient un équivalent d'eau, mais qui se dissocient aussitôt qu'on leur enlève cette eau. Pour cela, on introduit dans une petite fiole 1 partie d'acide oxalique et 5 à 6 d'acide sulfurique concentré; on adapte à son col un tube propre à recueillir le gaz, et l'on chauffe peu à peu. L'acide, qui est solide, fond d'abord, puis au sein du liquide se manifeste une vive effervescence due au dégagement du gaz. On recueille le gaz sous des cloches, dans lesquelles il faut ensuite introduire un peu de dissolution de potasse pour absorber l'acide carbonique, et l'oxyde de carbone reste alors parfaitement pur. Dans cette opération, l'acide sulfurique, qui est très avide d'eau, enlève celle que contient l'acide oxalique, et l'acide carbonique et l'oxyde de carbone dont il est formé se dégagent.

Voici la formule qui peut représenter exactement ce qui a eu lieu :

$\begin{cases} C^4O^3 + HO & \text{acide oxalique hydraté,} \\ SO^3 & \text{acide sulfurique,} \end{cases}$

qui, chauffés ensemble, donnent

$C^2O^2$ acide carbonique,
$C^2O$ oxyde de carbone $+ SO^3 + HO$ acide sulfurique hydraté.

$C^4O^3 =$ acide oxalique employé.

## DE L'ACIDE CARBONIQUE.

L'acide carbonique existe très abondamment dans la nature ; à l'état de gaz, il entre pour une très petite partie dans la composition de l'air atmosphérique ; on le trouve aussi sous cet état dans certaines grottes des pays volcaniques, comme, par exemple, dans la grotte du Chien, près de Pouzzole, dans le royaume de Naples ; à l'état liquide, il fait partie d'un très grand nombre d'eaux minérales ; enfin une multitude de substances solides, principalement les carbonates, les enveloppes des mollusques, des crustacés, etc., en contiennent des quantités notables. Lorsqu'il est dégagé des corps avec lesquels on se le procure, il est gazeux : nous allons donc l'étudier sous cet état.

## DU GAZ ACIDE CARBONIQUE.

Le gaz acide carbonique est incolore, élastique, transparent, doué d'une saveur légèrement aigrelette et d'une odeur piquante ; son poids spécifique est de 1,5245.

*Propriétés essentielles.* — 1° Il éteint les corps enflammés. Que l'on prenne deux éprouvettes, l'une pleine de gaz acide carbonique, et dont l'ouverture soit en bas, l'autre remplie d'air atmosphérique, et dans une position opposée ; que l'on adapte l'une à l'autre les deux ouvertures, quelques instants après on remarquera que le gaz acide carbonique s'est précipité, en vertu de son poids, dans la cloche inférieure, tandis que la cloche supérieure contiendra de l'air atmosphérique : aussi une bougie allumée continuera-t-elle à brûler dans celle-ci, et elle sera éteinte dans l'autre. 2° Il rougit l'*infusum* de tournesol.

Il n'est point décomposé par le *calorique*. Lorsqu'il est comprimé par sa propre atmosphère dans un tube hermétiquement fermé, il se liquéfie comme le chlore. Cette expérience, qui est due à M. Faraday, a été reprise en 1834 par M. Thilorier, mais sur une bien plus grande échelle : non seulement il est parvenu à liquéfier ce gaz, mais aussi à le solidifier; nous l'étudierons tout-à-l'heure sous ces deux états. Il réfracte la *lumière;* sa puissance réfractive est de 1,526 (Dulong). Soumis à un courant d'étincelles *électriques*, il est décomposé, du moins en grande partie, suivant le docteur Henry, et il fournit du gaz oxygène et du gaz oxyde de carbone. Il n'éprouve aucune altération de la part du *gaz oxygène*. Le *soufre*, le *sélénium*, le *chlore*, le *brome*, l'*iode* et l'*azote* n'exercent sur lui aucune action chimique.

Si l'on fait passer à plusieurs reprises le gaz acide carbonique à travers du *charbon* rouge placé dans un tube de porcelaine, il perd une partie de son oxygène, qui se porte sur le charbon, et l'on n'obtient que du gaz oxyde de carbone. Lorsqu'on fait passer à travers un tube de porcelaine rouge un mélange de deux parties de gaz *hydrogène* et d'une partie de gaz acide carbonique, celui-ci est décomposé, et il se forme de l'eau et du gaz oxyde de carbone.

L'*air* atmosphérique peut se mêler avec lui sans l'altérer.

*Propriétés essentielles.* — 1° L'eau dissout son volume de gaz acide carbonique à la température et à la pression ordinaires ; elle en dissout cinq à six fois autant lorsqu'on augmente convenablement la pression, pourvu que la température reste la même : dans tous les cas, le produit est de l'acide carbonique dissous, inodore, incolore, et doué d'une saveur aigrelette; chauffée, cette eau abandonne promptement tout son gaz, qui peut être recueilli dans des cloches pleines d'eau ou de mercure; le même phénomène a lieu lorsqu'on le place dans le vide; 2° l'acide carbonique, gazeux ou dissous, trouble l'eau de chaux, et donne naissance à un précipité blanc floconneux, composé d'acide carbonique et de chaux, soluble dans un excès d'acide carbonique.

Les acides *sulfurique* et *borique* n'exercent aucune action sur le gaz acide carbonique.

L'acide carbonique n'est guère employé qu'en médecine. Les animaux qui le respirent sont empoisonnés au bout de quelques minutes : aussi voit-on les accidents les plus graves se manifester quelquefois chez les brasseurs, dans les celliers au-dessus des cuves en fermentation, dans les fours à chaux, et partout où il est mis à nu. On a proposé de le faire inspirer dans certains cas d'irritation pulmonaire où il serait utile de ralentir la conversion du sang veineux en sang artériel ; mais on s'en sert rarement. Les eaux minérales acidules, naturelles et factices, sont formées par cet acide liquide, que l'on doit regarder comme un excellent diurétique ; il est aussi rafraîchissant et antispasmodique. Il peut être employé avec le plus grand succès pour prévenir la formation du gravier, et pour favoriser la dissolution de celui qui est déjà formé. Nous avons vu souvent certaines douleurs néphrétiques calculeuses très aiguës diminuer singulièrement d'intensité par l'usage de ce médicament. Il convient encore dans tous les cas où les acides affaiblis sont indiqués, et pour arrêter les vomissements opiniâtres (potion anti-émétique de Rivière). (Voy. p. 140.) La dose est d'un ou de deux verres par jour.

*Composition.* — L'acide carbonique est formé d'un équivalent de carbone et de deux d'oxygène, c'est-à-dire,

| | |
|---|---|
| Oxygène. . . . | 200 |
| Carbone. . . . | 75,075 |
| | 275,075 |

le poids de son équivalent est donc 275,075. (Voyez la note de la page 142.)

*Préparation.* — On verse de l'acide chlorhydrique liquide, étendu de deux ou trois fois son poids d'eau, sur du marbre concassé (carbonate de chaux) ; l'appareil est le même que pour le gaz hydrogène (pag. 56) ; le gaz acide carbonique se dégage aussitôt, et l'on obtient dans le flacon du chlorure de calcium très soluble ; d'où il suit que le carbonate est décomposé. On peut encore se procurer ce gaz en substituant au marbre de la craie en bouillie (carbonate de chaux), et à l'acide chlorhydrique de l'acide sulfurique délayé dans dix à douze fois son poids d'eau ; il se forme dans ce cas du sulfate de chaux, qui, étant peu soluble, se dépose, recouvre le carbonate, et empêche le gaz de se dégager : en sorte qu'il est préférable de suivre le premier procédé, surtout lorsqu'on ne vise pas à faire l'opération avec beaucoup d'économie.

*Eau chargée d'acide carbonique.* — Comme l'eau, à la température et à la pression ordinaires de l'atmosphère, ne peut dissoudre que son volume de gaz acide carbonique, et que déjà, dans cet état, elle peut être considérée comme un puissant diurétique, il importe de dire comment on doit la préparer. On fera arriver le gaz sous un flacon rempli d'eau filtrée, au lieu d'employer une cloche ; lorsque la moitié de l'eau du flacon sera chassée, on le bouchera, on agitera le liquide qu'il contient, et on le gardera dans un endroit frais, en le tenant parfaitement bouché. Si l'on veut faire absorber à l'eau quatre ou cinq fois son volume de gaz acide carbonique, on doit comprimer celui-ci fortement au moyen d'un piston que l'on met en jeu dans un corps de pompe qui communique avec l'eau que l'on veut saturer.

## DE L'ACIDE CARBONIQUE ANHYDRE.

Cet acide peut être liquide et solide. C'est à M. Thilorier, ainsi que nous l'avons dit, que l'on doit la connaissance de ce corps sous ces deux états. Liquide, il est incolore, d'une densité de 0,358 à 0°; sa vapeur, sous cet état, possède une tension égale au poids de trente-six atmosphères. Il est plus dilatable même que les gaz, car si on le chauffe de 0 à 30° c. son volume augmente de 116/267, tandis qu'un même volume d'air chauffé au même point ne s'accroît que de 30/267. Il est insoluble dans l'eau, et il la surnage comme ferait une huile essentielle ; il est au contraire soluble dans l'alcool, l'éther et les huiles volatiles. Exposé à l'air, il se volatilise très rapidement, et produit par cela même un abaissement de température de 90° — 0. En vertu de cette prompte volatilisation, cette vapeur possède une force explosive que M. Thilorier évalue à celle qui serait produite par un même poids de poudre à canon.

Le fait de la solidification de l'acide liquide dépend de sa prompte volatilisation ; car si l'on projette dans un verre ou dans une capsule un jet d'acide liquide, on en voit bientôt toutes les parois se couvrir d'une neige blanche, floconneuse d'acide solidifié, par l'absorption de la quantité de calorique qui était nécessaire pour gazéifier l'autre portion du liquide.

Ainsi solidifié, l'acide carbonique produit un abaissement de température de près de 100 — 0°. On peut s'en servir comme réfrigérant pour congeler le mercure.

Il peut se maintenir à l'état solide assez long-temps au contact de l'air, sans qu'il soit besoin d'exercer une pression à sa surface. Lorsqu'on en met un morceau sur la main, la portion qu'il touche se trouve bientôt gelée, et l'on éprouve tous les accidents qu'aurait occasionnés une véritable brûlure.

*Extraction.*—L'appareil dont se sert M. Thilorier est composé de deux cylindres en fonte *A* et *B* (pl. 2, fig. 1re), ayant 50 centimètres de haut, 27 de large et 54 d'épaisseur ; ils sont en outre renforcés par des nervures à l'extérieur. Le cylindre *A* est suspendu sur un axe à vis *V*, *V'*, au moyen des supports *C'*, *C'*, et maintenu ainsi dans une position verticale. L'autre, au contraire, est placé horizontalement sur une table de fonte *T T*. Dans le cylindre *A* on introduit par l'ouverture *O* du bicarbonate de soude, que l'on tasse au fond à l'aide d'un morceau de bois, afin que la décomposition qui doit s'effectuer par l'addition de l'acide sulfurique n'ait lieu que peu à peu. Le bicarbonate étant ainsi disposé, on introduit de l'acide sulfurique concentré, en quantité équivalente de ce sel, dans un tube en cuivre *L L'*, fermé à l'une de ses extrémités, et qu'on dispose verticalement au milieu du bicarbonate. On ferme alors l'appareil avec un bouchon à vis *a*, lequel est surmonté d'un robinet *K* également à vis, pouvant communiquer, au moyen du tube *D* et du robinet *r*, avec l'autre cylindre *B*. Le cylindre *A* étant mis en mouvement autour de son axe, l'acide sulfurique sort du tube de cuivre *L*, et se répand sur le bicarbonate de soude qu'il décompose. L'acide carbonique se degageant de la sorte d'une manière incessante, se comprime lui-même sous la forte pression de 100 atmosphères à peu près. A cet instant on met le cylindre *B* en communication avec le premier; l'acide carbonique s'y précipite et se liquéfie. En substituant alors au conducteur *D* un petit tube qui s'adapte sur le pas de vis *s* du robinet *r*, on peut recevoir le jet de gaz sortant dans une boule *m m'*, qui s'adapte au robinet à l'aide d'un autre tube *T* (fig. 3) qui longe sa circonférence et pénètre dans l'intérieur. Cette boule elle-même est formée de deux hémisphères fermant l'un sur l'autre, dont l'axe *EE'* est perforé de petits trous. De cette manière, en ouvrant le robinet à vis *r* garni de sa boule *mm'* (fig 2), le jet d'acide s'y précipite avec force et par un mouvement de rotation imprimé par la position du tube *T* (fig. 3). Là, comme une partie de l'acide sort à l'état gazeux par les trous de l'axe *E E'*, une autre portion se trouve solidifiée par la soustraction de son calorique faite par la première partie qui se gazéifie, et se réunit par le mouvement du jet en une seule boule ayant l'aspect d'une boule de neige.

Cette expérience est très dangereuse, et doit être faite avec les plus grandes précautions.

## DE L'ACIDE OXALIQUE.

Cet acide sera décrit au tome IIe.

## DE L'ACIDE CROCONIQUE.

Cet acide n'a aucune importance. Il est le résultat de la distillation du tartre brut dans un vase de fer forgé. (Voyez Tartre.)

## DE L'ACIDE HYPOCHLOREUX.

Cet acide, qui est le premier degré d'oxygénation du chlore, a été découvert en 1834 par M. Balard. Il existe dans les dissolutions des chlorures de chaux, de soude, etc.

On le connaît sous deux états, ou en dissolution dans l'eau, ou à l'état gazeux. A l'état de gaz, l'acide hypochloreux a la couleur du chlore, une odeur vive et pénétrante, une saveur des plus énergiques ; ses propriétés décolorantes sont presque analogues à celles du chlore. L'eau en dissout plus de cent fois son volume ; il constitue alors un liquide transparent jaunâtre, possédant les mêmes caractères que l'acide gazeux.

La chaleur le décompose avec explosion et dégagement d'une vive lumière. La lumière solaire le décompose également, mais sans détonation.

Le carbone, le soufre, le sélénium, l'hydrogène, le phosphore, le brome, l'iode et l'arsenic le décomposent instantanément avec une forte détonation et une vive lumière.

*Composition.* — Il est formé d'équivalents égaux de chlore et d'oxygène, Cl O.

*Extraction.* — On l'obtient en versant dans des flacons remplis de chlore gazeux du bi-oxyde de mercure porphyrisé et délayé dans dix à douze fois son poids d'eau distillée. Une partie de l'oxyde est décomposée par le chlore ; l'oxygène s'unit à une partie du chlore pour former l'acide hypochloreux qui reste en dissolution, tandis que le mercure se combine avec le chlore et avec la portion d'oxyde non décomposé pour produire un oxychlorure insoluble. La liqueur filtrée et soumise à la distillation dans le vide, donne l'acide hypochloreux en solution. Pour l'obtenir à l'état de gaz il suffit d'absorber l'eau d'une partie de cette solution placée sous une cloche sur le mercure, à l'aide de fragments d'azotate de chaux desséché.

### DE L'ACIDE CHLOREUX.

Ce corps vient d'être découvert par M. Millon. Il est gazeux à la température ordinaire, d'une couleur verte, plus foncée que celle du chlore ; son odeur rappelle celle de ce gaz et est plus aromatique ; il possède aussi un pouvoir décolorant énergique au contact d'une atmosphère humide.

La chaleur le décompose à 57°, sans explosion ; il donne alors du chlore et de l'acide perchlorique ; il fulmine avec presque tous les corps non métalliques s'ils sont secs ; mais il n'attaque aucun des métaux, excepté le mercure.

Il est soluble dans l'eau ; cette solution participe des propriétés du gaz ; elle donne des chlorites avec quelques oxydes métalliques.

L'acide chloreux présente ce caractère essentiel qu'il n'est pas détruit par l'acide arsénieux comme les autres composés.

Il détruit au contraire le sulfate d'indigo. L'acide carbonique le déplace de ses combinaisons. Sa composition est d'un équivalent de chlore et de trois d'oxygène. $Cl\,O^3$.

*Extraction.*— On l'obtient en versant dans un petit ballon un mélange de 9 parties d'acide tartrique, de 20 de chlorate de potasse, de 45 d'acide azotique pur et de 60 d'eau ; on adapte au col de ce ballon un tube qui communique avec un flacon de lavage dans lequel on obtient l'acide dissous et d'où l'on peut le retirer gazeux en joignant à ce vase un tube plongeant dans un flacon sec et plein d'air, de la même manière que pour recueillir le chlore sec et gazeux. (Voy. pag. 64.)

Dans cette réaction, comme on le voit, l'hydrogène et le carbone de l'acide tartrique ont désoxygéné l'acide chlorique du chlorate de potasse en absorbant de l'oxygène pour former de l'eau et de l'acide carbonique : aussi, quand on désire obtenir l'acide pur et *gazeux*, faut-il employer l'acide arsénieux comme matière désoxydante.

## DE L'ACIDE HYPOCHLORIQUE (OXYDE DE CHLORE du comte Stadion).

Cet acide, isolé par M. Millon en 1841, offre une grande analogie de propriétés avec l'acide hypo-azotique.

Lorsqu'au lieu de traiter le chlorate de potasse par la méthode du comte Stadion ou par celle de M. Gay-Lussac, on introduit 300 grammes environ d'acide sulfurique du commerce dans une capsule de platine ou d'argent que l'on refroidit en la tenant au milieu d'un mélange de glace et de sel marin, et qu'on y projette ensuite peu à peu du chlorate de potasse, jusqu'à ce que l'acide ait pris une consistance huileuse très épaisse, on voit l'acide sulfurique se colorer promptement en jaune, puis en rouge, et s'arrêter à une teinte d'un beau rouge de sang.

Si l'on porte l'acide sulfurique ainsi coloré dans un appareil distillatoire composé d'une cornue munie d'un ballon, et qu'on maintienne le ballon dans un mélange réfrigérant, tandis qu'on place la cornue dans un bain-marie qu'on ne chauffe pas au-dessus de 30°, il distille un liquide rouge.

Ce liquide entre en ébullition à 20° et fournit le gaz. Dans cet état, il est d'un vert brunâtre; il répand à l'air des vapeurs, et il détone violemment à 60°. Il se comporte avec les autres corps comme les acides chloreux et chlorique; par la chaleur il se dédouble en acide chloreux et chlorique. Il détone de même avec tous les corps simples qui ne sont pas métalliques. Il ne donne pas d'*hypochlorates* avec les bases; on n'obtient que des *chlorates* et des *chlorites*. Sa composition est analogue à celle de l'acide *hypo-azotique;* il est formé d'un équivalent de chlore et de quatre d'oxygène; sa formule est donc $Cl\,O^4$.

Comme on le voit par ses propriétés, sa préparation est excessivement dangereuse.

## DE L'ACIDE CHLORIQUE.

L'*acide chlorique* a été découvert par M. Gay-Lussac en 1814; il ne se trouve jamais dans la nature, mais il fait partie constituante des *chlorates*, sels préparés par l'art, et connus pendant long-temps sous le nom de *muriates suroxygénés*.

L'acide chlorique obtenu en 1831 par Sérullas est liquide, *jaunâtre*, d'une *odeur* particulière, et n'a pas l'aspect huileux; il diffère par conséquent de celui qu'avait décrit M. Gay-Lussac, et qui est incolore, inodore et oléagineux. Il rougit d'abord le tournesol et le décolore très promptement. Par une douce chaleur, on peut le concentrer sans qu'il se décompose sensiblement et sans qu'il se volatilise; chauffé plus fortement il se décompose en chlore et en oxygène qui se dégagent, et en acide *perchlorique*, qui distille sous forme d'un liquide incolore, dense, adhérent aux parois de la cornue, tant qu'on ne le chauffe pas assez pour le faire couler dans le récipient. Il est évident que dans cette expérience une partie de l'oxygène de l'acide chlorique décomposé s'est portée sur la portion d'acide non décomposé qu'il a transformé en acide *perchlorique*. La lumière n'altère pas l'acide chlorique. Il ne paraît pas éprouver de changement à l'air.

*Propriétés essentielles.* — 1° L'acide *sulfureux* le décompose, même à froid, lui enlève son oxygène, et le chlore est mis à nu. 2° Il ne précipite pas les sels d'argent. 3° Un papier brouillard sec, plié en plusieurs doubles, qu'on plonge dans cet acide et qu'on retire, s'enflamme vivement, et il s'exhale une odeur forte, analogue à celle de l'acide azotique. 4° S'il est concentré, et qu'on le verse sur de l'alcool à 40 degrés contenu dans un verre à pied, il y a ébullition, dégagement de chlore et formation d'acide acétique. S'il y a très peu d'alcool et beaucoup d'acide, l'action est très violente; il y a inflammation.

*Composition.* — Il est formé d'un équivalent de chlore = 442,64, et de cinq équivalents d'oxygène = 500; son équivalent est donc 942,64, et sa formule $Cl\,O^5$.

*Préparation.* — Sérullas obtenait l'acide chlorique en décomposant une dissolution chaude de chlorate de potasse par l'acide phtorhydrique silicé, qui précipite la base et laisse l'acide chlorique; il suffit de chauffer doucement la liqueur pour volatiliser l'excès d'acide phtorhydrique silicé. (*Jour. de Chim. méd.*, 1831.) Gay-Lussac préparait l'acide chlorique en décomposant le chlorate de baryte par l'acide sulfurique étendu d'eau.

## DE L'ACIDE PERCHLORIQUE.

Cet acide, décrit par le comte Stadion en 1818, n'a été réellement bien connu que par les travaux de Sérullas en 1831. Il est hydraté, liquide et incolore à la température ordinaire de l'atmosphère; il est inodore, et rougit le tournesol sans détruire la couleur : on peut le concentrer par la chaleur, jusqu'à ce qu'il ait acquis la densité de 1,65, celle de l'eau étant 1. Il entre en ébullition à 200°. S'il bout dans un tube, et qu'on présente à sa vapeur, près de l'orifice, du papier sec, celui-ci s'enflamme vivement; mais il ne s'enflamme pas lorsqu'il est liquide et froid, comme le fait l'acide chlorique; cependant le papier ainsi trempé, mis en contact avec un charbon incandescent, lance de vives étincelles avec un violent pétillement, et souvent avec détonation. Quand il est concentré, il répand quelques vapeurs à l'air et en attire promptement l'humidité.

L'acide *sulfureux* n'exerce aucune action sur lui, ce qui le distingue encore de l'acide chlorique. Si on le distille avec cinq fois son volume d'acide sulfurique concentré, il peut être obtenu à l'état solide et cristallisé; cependant l'acide sulfurique le décompose en partie en chlore et en oxygène, surtout par l'action de la chaleur. Il forme avec les oxydes métalliques des *perchlorates* qui jouissent de propriétés qui ne permettent pas de les confondre avec les chlorates.

*Extraction.* — Il suffit, pour obtenir l'acide perchlorique liquide, de décomposer par la chaleur, dans un appareil distillatoire, l'acide chlorique; l'acide perchlorique sera recueilli dans le récipient.

L'acide perchlorique peut servir à distinguer la soude de la potasse et leurs sels, et même à séparer ces deux bases l'une de l'autre; en effet, il forme avec la soude un sel déliquescent, très soluble dans l'alcool, tandis qu'il fournit avec la potasse un sel très peu soluble dans l'eau et insoluble dans l'alcool.

*Composition.* — L'acide perchlorique contient un équivalent de chlore et sept équivalents d'oxygène. Sa formule est $Cl\,O^7$.

## DE L'ACIDE BRÔMIQUE.

L'acide bromique, découvert par M. Balard, n'existe point dans la nature. Il est sous forme d'un liquide à peine odorant, d'une saveur très acide, nullement caustique. Il rougit d'abord le papier de tournesol, puis le décolore. Chauffé, il se vaporise en partie, tandis qu'une autre portion se décompose en brome et en oxygène.

*Propriété essentielle.* — Les acides iodhydrique, chlorhydrique, sulfhydrique, et ceux qui ne sont pas saturés d'oxygène, le décomposent, s'emparent de l'oxygène qui entre dans sa composition et séparent le brome. L'acide bromique précipite en blanc l'azotate d'argent et les dissolutions concentrées de plomb. Mis en contact avec de l'alcool à 40 degrés, il se colore; le mélange s'échauffe, bout; il se dégage des vapeurs de brome et d'éther acétique; il ne se forme point d'acide carbonique. (Sérullas.)

*Composition.* — Il est formé de 978,80 parties de brome et de 500 d'oxygène, ou d'un équivalent de brome et de cinq d'oxygène. Son équivalent est donc = 1478,80, et sa formule $Br\,O^5$.

*Préparation.* — On traite le chlorure de brome par l'eau de baryte; l'eau est décomposée, et l'on obtient du bromate de baryte peu soluble et du chlorure de baryum beaucoup plus soluble. On décante pour obtenir le bromate de baryte, que l'on décompose par l'acide sulfurique affaibli; il se forme du sulfate de baryte insoluble et de l'acide bromique qui reste en dissolution.

## DE L'ACIDE IODIQUE.

L'acide *iodique* est constamment le produit de l'art. Il est sous forme de lames hexagonales blanches brillantes; il est plus pesant que l'acide sulfurique, et doué d'une odeur particulière à travers laquelle on ne peut meconnaître celle de l'iode; à la vérité, cette odeur n'est bien manifeste que lorsque l'on ouvre les flacons où il est resté enfermé; sa saveur est fort aigre et astringente; il rougit d'abord les couleurs bleues végétales et les détruit ensuite.

*Propriété essentielle.* — Si on élève sa *température* jusqu'à 200° environ, il se décompose entièrement et se transforme en *iode* et en gaz *oxygène*. Chauffé avec du *charbon* ou du *soufre*, il est décomposé, cède son oxygène à ces corps simples, et il se produit une détonation. Il est inaltérable dans un air sec, à peine déliquescent dans un air humide, très soluble dans l'eau et fort peu dans l'alcool; sa dissolution évaporée devient pâteuse, et donne de l'acide iodique solide privé d'eau. L'acide *borique* se dissout, à l'aide de la chaleur, dans la dissolution de cet acide.

*Propriété essentielle.* — L'acide *sulfureux*, versé dans la dissolution d'acide iodique, le décompose, lui enlève son oxygène et en sépare instantanément de l'iode.

L'acide iodique est sans usages. Il a été découvert en 1814 par M. Gay-Lussac; mais ce savant ne l'avait obtenu qu'à l'état liquide et combiné avec un peu d'acide sulfurique. H. Davy a décrit le premier les propriétés de l'acide iodique privé d'eau.

*Composition.* — Il est formé d'un équivalent d'iode = 1579,50 et de cinq d'oxygène = 500, ce qui donne pour son équivalent 2079,50, et pour formule $I\,O^5$.

*Préparation.* — On prépare cet acide en soumettant à une douce chaleur dans un matras à long col, surmonté d'un long tube, 1 partie d'iode *nouvellement précipité* avec la moitié d'un mélange de 8 parties d'acide azotique et de 1 1/2 à 2 d'acide azoteux, ou avec une égale quantité d'acide azotique fumant à un équivalent d'eau; une partie de l'iode se volatilisant, on agite pour le ramener de nouveau vers le fond du matras; il se dégage beaucoup de gaz acide azoteux, et l'acide iodique ne tarde pas à apparaître au fond du matras affectant déjà une forme cristalline; lorsque tout l'iode a disparu, on ajoute peu à peu le restant du mélange acide, et on évapore dans une capsule de porcelaine; quand il ne se dégage plus de vapeurs nitreuses, on dissout l'acide iodique solidifié dans de l'eau distillée et on évapore la dissolution, qui est un peu colorée; lorsqu'elle est très concentrée, on y ajoute une ou deux fois son volume d'acide azotique pur et fumant : aussitôt l'acide iodique est précipité; on le lave avec de l'eau acidulée par l'acide azotique, on le redissout dans l'eau distillée; le solutum est mélangé avec deux tiers de son volume d'acide azotique pur; on fait évaporer et cristalliser. (Boutin, *Journal de Pharmacie*, avril 1833.)

## DE L'ACIDE HYPERIODIQUE.

L'acide hyperiodique, découvert en 1833 par MM. *Ammermuller* et *Magnus*, est le produit de l'art.

*Propriétés.* — Il est sous forme de cristaux ayant une

réaction acide, solubles dans l'eau et n'attirant pas l'humidité de l'air; on peut chauffer sa dissolution aqueuse jusqu'à l'ébullition sans la décomposer.

*Propriétés essentielles.* — 1° Si après l'avoir desséché ou cristallisé on élève sa température, il fournit de l'oxygène gazeux et de l'acide iodique, lequel se décompose à son tour en oxygène et en iode si la température est encore plus élevée. 2° L'acide chlorhydrique le transforme en acide iodique; il se dégage du *chlore*, et il y a formation d'eau, d'où il suit qu'une partie de l'oxygène de l'acide hyperiodique s'est unie à l'hydrogène de l'acide chlorhydrique.

*Composition.* — Il est formé d'un équivalent d'iode et de sept d'oxygène $= IO^7$. Il n'a point d'usages.

*Préparation.* — On traite l'*hyperiodate orangé d'argent neutre et anhydre* par de l'eau à la température ordinaire, qui décompose le sel en acide hyperiodique qui reste dissous, et en sous-hyperiodate d'argent jaune paille insoluble; on filtre et on fait évaporer la liqueur.

## DE L'OXYDE JAUNE DE PHOSPHORE.

L'oxyde de phosphore est constamment un produit de l'art. Il est pulvérulent, d'un jaune serin, inodore et insipide, plus pesant que l'eau, insoluble dans ce liquide, dans l'alcool, l'éther et les huiles fixes ou essentielles. Il n'est pas lumineux dans l'obscurité, même lorsqu'on le frotte. Il ne s'enflamme au contact de l'air qu'à une température voisine du rouge obscur; il se transforme alors en acide phosphorique. Les acides azotique et azoteux l'enflamment au contraire subitement et le convertissent en acide phosphorique, ce qui tient sans doute à sa grande division. Il s'enflamme tout-à-coup dans le chlore gazeux, et il se produit de l'acide phosphorique et du perchlorure de phosphore. Le soufre ne le décompose que vers la température à laquelle il fond, et sans détonation, comme cela a lieu si facilement avec le phosphore. Il est formé de 392,31 de phosphore et de 50,26 d'oxygène, ou de quatre équivalents de phosphore et d'un d'oxygène. $= Ph^4O$.

Il n'est pas encore parfaitement démontré que l'*hydrate de phosphore blanc* (voyez page 116) ne constitue pas un autre oxyde de phosphore, de même que celui qui a été décrit jusqu'à présent sous le nom d'*oxyde rouge*, et que l'on obtient en enflammant du phosphore à l'air, ou en le brûlant sous l'eau chaude par un courant de gaz oxygène, n'est que de l'oxyde jaune mêlé à du phosphore en excès et chauffé au-delà de 300°, d'après M. Leverrier.

*Préparation.* — On l'obtient pur en faisant réagir sur le chlorure de phosphore du phosphore en morceaux; on chauffe, et il se produit, par l'action de l'oxygène de l'air, de l'acide hypophosphorique et un composé d'acide phosphorique et d'oxyde de phosphore; on traite par l'eau à 80° c.; l'acide se dissout, et l'oxyde insoluble peut être séparé par le filtre.

## DE L'ACIDE HYPOPHOSPHOREUX.

Cet acide a été découvert par M. Dulong, en 1816; il est constamment le produit de l'art : lorsqu'il est concentré, il est sous forme d'un liquide visqueux, incristallisable, rougissant fortement la teinture de tournesol. Si on chauffe l'acide hypophosphoreux avec le contact de l'air, après quelques minutes d'ébullition on aperçoit à l'extrémité du goulot une flamme phosphorescente d'un blanc jaunâtre. (*P. E.*) Il forme avec les *oxydes métalliques des sels excessivement solubles*. Il décolore le sulfate rouge de manganèse, en s'emparant de l'excès d'oxygène de l'oxyde, surtout lorsqu'on élève un peu la température. Il précipite l'azotate d'argent en noir. Il est sans usages.

Il est formé de deux équivalents de phosphore et de trois d'oxygène, $Ph^2\ O^3$.

*Préparation.* — On met dans de l'eau du phosphure de baryum pulvérisé (composé de phosphore et de baryum), et l'on obtient du phosphate de baryte *insoluble*, de l'hypophosphite *soluble*, et du gaz hydrogène phosphoré. Il est évident que l'eau est décomposée; l'oxygène forme avec le phosphore deux acides et de la baryte avec le baryum, tandis que l'hydrogène se dégage à l'état de gaz hydrogène phosphoré; on filtre la liqueur, qui ne contient que l'hypophosphite de baryte, et on y verse de l'acide sulfurique étendu d'eau; la baryte en est précipitée à l'état de sulfate, et l'acide hypophosphoreux reste en dissolution : on le concentre par l'évaporation.

## DE L'ACIDE PHOSPHOREUX.

L'acide phosphoreux a été découvert par H. Davy; il ne se trouve pas dans la nature.

Il est incolore, inodore, très sapide, fortement acide, et cristallisable en parallélipipèdes transparents. La chaleur agit sur lui comme sur l'acide hypophosphoreux. A l'air il s'oxyde très lentement et passe à l'état d'acide phosphorique : ce phénomène a lieu plus promptement si l'acide est étendu de beaucoup d'eau. Il est soluble dans ce liquide. Il décolore sulfate rouge de manganèse, surtout à chaud. Il précipite le l'azotate d'argent en roux qui passe bientôt au noir; il forme avec les oxydes métalliques des phosphites, sels particuliers distincts des phosphates et des hypophosphites, et qui ne sont pas tous solubles : ainsi, lorsqu'on le verse dans l'eau de baryte, il produit un précipité blanc de phosphite de baryte, ce qui le distingue de l'acide hypophosphoreux *pur*. Il est sans usages.

Il est formé d'un équivalent de phosphore 196,15, et de trois d'oxygène 300; son équivalent = 496,15; sa formule est $Ph\,O^3$.

*Préparation.* — On prend du protochlorure de phosphore (voyez pag. 74); on le met dans de l'eau, et l'on obtient de l'acide chlorhydrique et de l'acide phosphoreux; d'où il suit que l'eau est décomposée; l'oxygène se porte sur le phosphore, et l'hydrogène s'unit au chlore : on fait évaporer le mélange; tout l'acide chlorhydrique se dégage, et l'acide phosphoreux reste pur. M. Droguet a proposé de faire arriver un courant de chlore gazeux dans un long tube rempli d'eau distillée, dont le cinquième inférieur est occupé par du phosphore. (Voy. *Journ. de Chimie médicale,* mai 1828.)

## DE L'ACIDE HYPOPHOSPHORIQUE.

L'acide désigné sous les noms d'acide hypophosphorique ou phosphatique peut être considéré comme une combinaison d'acide phosphorique et d'acide phosphoreux; car, mis en contact avec les bases, il donne pour produit des phosphates et des phosphites. On le prépare en introduisant dans un certain nombre de petits tubes de verre de petits cylindres de phosphore placés dans un entonnoir, supporté lui-même par un flacon, et recouverts d'une cloche mal fermée, afin de permettre à l'air humide de venir se renouveler avec facilité. Peu à peu le phosphore brûle; il se fait des acides phosphoreux et phosphorique qui, combinés avec une certaine quantité d'eau, coulent sous forme d'un sirop dans l'intérieur du flacon placé sous l'entonnoir.

Il est composé d'un équivalent de phosphore et de quatre d'oxygène.

## DE L'ACIDE PHOSPHORIQUE.

L'acide phosphorique n'a jamais été trouvé pur dans la nature. Il y existe souvent combiné avec des oxydes métalliques, par exemple dans les phosphates de chaux, de plomb, dans les os. Il est *anhydre* ou *hydraté;* mais selon les quantités d'eau qu'il contient, il offre des propriétés très remarquables. Lorsqu'on veut l'obtenir *anhydre*, il suffit de porter le phosphore à une température rouge sur un des points de sa surface, au contact de l'oxygène sec ou de l'air également sec pour qu'il absorbe de suite la plus grande quantité d'oxygène qu'il puisse prendre. Pour cela on introduit un fragment de phosphore desséché dans une soucoupe de porcelaine que l'on place sous une cloche disposée sur la cuve à mercure et renfermant de l'air ou de l'oxygène desséché par un morceau de chaux vive. On enflamme le phosphore, et aussitôt des vapeurs blanches d'acide phosphorique viennent tapisser les parois de la cloche sous forme d'une neige légère et d'une grande blancheur. Il se produit en outre une lumière très vive et une haute température.

Ainsi préparé, cet acide est très avide d'eau; car, projeté par petites parties dans ce liquide, il fait entendre le même bruit que produirait un fer rouge que l'on y plongerait; on se sert même souvent dans les laboratoires de cette avidité pour l'eau pour dessécher des corps qui ne pourraient l'être par un autre moyen.

Dissous dans l'eau, il constitue l'acide *hydraté* ordinaire, qui est solide, susceptible de cristalliser en prismes rhomboïdaux, incolores, inodores, très sapides et plus pesants que l'eau. Soumis à l'action du *calorique* dans un creuset de platine, il fond, se vitrifie et se volatilise si la température est assez élevée : ce dernier phénomène a même lieu dans des cornues de grès, d'après les expériences de M. Javal.

L'acide phosphorique est parfaitement transparent et réfracte la *lumière*. Lorsqu'on l'humecte légèrement et qu'on le soumet à l'action de la pile *électrique*, il est décomposé en oxygène et en phosphore, qui se rendent, le premier au pôle positif, et le dernier au pôle négatif.

Le gaz *oxygène*, le *soufre*, le *sélénium*, le *chlore*, le *brome*, l'*iode*, le *phosphore* et l'*azote*, n'exercent aucune action sur lui.

*Propriété essentielle.* — Le *charbon* lui enlève son oxygène à une température élevée, et il en résulte du gaz acide carbonique, du gaz oxyde de carbone, du gaz hydrogène carboné, du gaz hydrogène phosphoré et du phosphore qui s'enflamme, ainsi que nous l'avons vu dans la préparation du phosphore : d'où il suit qu'il y a de l'eau décomposée.

Si l'on fait passer du gaz *hydrogène* à travers un tuyau de porcelaine incandescent contenant de l'acide phosphorique, celui-ci est décomposé; il se forme de l'eau, du gaz hydrogène phosphoré, et il y a du phosphore mis à nu.

Exposé à l'*air* atmosphérique, l'acide phosphorique floconneux et celui qui a été vitrifié attirent rapidement l'humidité et deviennent liquides s'ils sont purs; il n'en est pas de même lorsque l'acide vitrifié renferme de la chaux; dans ce cas, il l'absorbe lentement.

Une partie d'eau peut dissoudre 4 à 5 parties d'acide phosphorique, qui porte alors le nom d'*acide liquide;* cette dissolution, si elle est concentrée et soumise à l'influence du froid, peut cristalliser en prismes rhomboïdaux. Il est également soluble dans l'alcool. Les *oxydes* et les *acides* étudiés précédemment n'exercent sur lui aucune action chimique.

*Propriétés essentielles.* — 1° Si on verse dans l'eau de chaux une goutte d'acide phosphorique liquide, il se produit du phosphate de chaux blanc, insoluble dans l'eau, soluble dans une petite quantité du même acide. 2° Uni à la soude ou à la potasse, il précipite l'azotate d'argent en jaune; mais le précipité, qui est du phosphate d'argent, serait *blanc* si l'acide avait été récemment fondu. 3° Quand il n'a pas été calciné, il dissout l'albumine même coagulée; tandis que lorsqu'il a été chauffé il la précipite avec tant d'affinité qu'il devient le meilleur réactif de ce corps.

M. Graham le premier a reconnu les causes de ce phénomène; il a vu que les modifications de l'acide phosphorique tiennent uniquement aux proportions d'eau ou de base avec lesquelles il est combiné.

Lorsqu'on brûle du phosphore dans l'oxygène sec, il se fait de l'acide anhydre $Ph\,O^5$, lequel, mis dans l'eau, en prend un équivalent et devient $Ph\,O^5 + H\,O$, acide qui précipite l'albumine et l'azotate d'argent en blanc et sous forme de petits caillots. Si l'on abandonne la liqueur à elle-même pendant quelque temps, ou si on la fait bouillir, l'acide phosphorique prend de nouvelles quantités d'eau et devient successivement $Ph\,O^5 + 2\,H\,O$, et $Ph\,O^5 + 3\,H\,O$; à cette dernière modification il a atteint les propriétés de l'acide ordinaire cristallisé et non calciné; il précipite l'azotate d'argent en jaune et ne précipite plus l'albumine. Les diverses quantités d'eau avec lesquelles il est uni lui donnent donc seules ces diverses propriétés; mais ce qui est surtout remarquable, c'est que si l'on vient à remplacer chaque équivalent d'eau par un équivalent d'oxyde métallique, les mêmes phénomènes se représentent comme si l'acide ne renfermait que de l'eau. D'où l'on voit que ces divers équivalents d'eau remplissent, près de l'acide phosphorique, le même rôle que des quantités équivalentes de base; on peut donc considérer ces divers degrés d'hydratation comme de vrais sels d'eau à divers états de baséité.

Ainsi, soit que l'on prenne l'acide anhydre et qu'on lui donne ces différentes quantités d'eau en le dissolvant, comme nous l'avons dit, ou bien que l'on prenne l'acide très hydraté, c'est-à-dire cristallisé, et qu'on le chauffe surtout avec un équivalent de base, on produit facilement ces divers acides, auxquels M. Graham a donné les noms suivants, et que nous allons résumer :

$PhO^5$ = Acide phosphorique anhydre.
$PhO^5 + HO$ = Acide méta-phosphorique. } Tous deux précip. en blanc
$PhO^5 + 2HO$ = Acide para-phosphorique. } l'azotate d'arg. et l'album^e^.
$PhO^5 + 3HO$ = Acide phosphorique ordinaire.

Que l'on remplace chaque équivalent d'eau, ou seulement une partie, par des équivalents correspondants d'oxyde, on aura toujours des acides ou des sels possédant les mêmes propriétés.

*Usages.* — On emploie quelquefois l'acide phosphorique dans l'analyse des pierres gemmes. Il a été administré dans la carie vénérienne, dans la phthisie pulmonaire et dans les cas d'épuisement par l'abus des plaisirs vénériens; mais il faut de nouvelles et nombreuses observations pour adopter l'opinion de Lentin, qui le regarde comme un excellent médicament dans ces maladies. On en donne de 20 à 25 gouttes par jour dans un verre d'eau sucrée.

*Composition.* — L'acide anhydre est formé d'un équivalent de phosphore et de 5 d'oxygène, $= PhO^5$.

1° *Préparation.* — On transforme le phosphore en acide phosphorique au moyen de l'acide azotique étendu de son volume d'eau; pour cela on introduit dans une cornue de verre, à laquelle on adapte un récipient bitubulé, une partie de phosphore coupé en petits fragments, et 6 parties d'acide; l'une de ces tubulures est fermée avec un bouchon percé d'un trou dans lequel passe un tube de verre droit qui donne issue au gaz; l'autre reçoit le col de la cornue; on met quelques charbons rouges sous la cornue, et l'on ne tarde pas à observer que l'acide azotique est décomposé; son oxygène se porte sur le phosphore, et il se dégage du gaz bi-oxyde d'azote ou du gaz azote; on ajoute des charbons incandescents si l'opération se ralentit; on en retire au contraire si elle marche avec trop de rapidité. Aussitôt que le phosphore a disparu et que la liqueur a acquis la consistance sirupeuse, on la verse dans un creuset de platine et on la chauffe jusqu'au rouge brun pour en dégager tout l'acide azotique. L'acide phosphorique ainsi obtenu renferme toujours, d'après Barruel, de l'acide silicique qu'il a enlevé au verre, et il en contiendrait beaucoup plus si, vers la fin de l'opération, on n'eût pas substitué le vase de platine à la cornue de verre. 2° On décompose le phosphate de baryte par de l'acide sulfurique faible, en proportion telle qu'il enlève toute la baryte; il se produit du sulfate de baryte insoluble, et l'acide phosphorique reste en dissolution. 3° On peut encore obtenir cet acide en traitant les os calcinés par l'acide sulfurique. (Voy. PHOSPHATE DE CHAUX.)

## DU PROTOXYDE D'AZOTE.

Le protoxyde d'azote est un produit de l'art; c'est un gaz *non permanent*, incolore et inodore; il a une saveur douceâtre; son poids spécifique est de 1,5269; sa puissance réfractive est de 1,710 (Dulong). Il est décomposé par le *calorique* et par le fluide *électrique*. Lorsqu'il est comprimé par sa propre atmosphère dans un tube de verre hermétiquement fermé, il se liquéfie comme le chlore. (Voy. pag. 59.) Il est sans action sur le *gaz oxygène;* néanmoins, lorsqu'on fait passer un mélange de ces deux gaz à travers un tuyau de porcelaine rouge, on observe que le protoxyde est décomposé par le calorique comme s'il eût été seul. Le *soufre*, fondu et enflammé par le moyen de l'oxygène, brûle dans ce gaz comme dans l'air, et il se produit du gaz acide sulfureux et de l'azote. Le *bore* le décompose à une température élevée; il se forme de l'acide borique, et l'azote est mis à nu. Le *charbon* rouge et éteint dans le mercure l'absorbe et le décompose en partie en lui enlevant son oxygène; en sorte qu'on peut retirer de ce charbon du gaz acide carbonique, du gaz azote et du protoxyde d'azote non décomposé: la décomposition du gaz est complète, si on le met en contact avec du charbon rouge ; il se forme du gaz acide carbonique, et il y a dégagement de calorique et de lumière. Si on fait passer une étincelle électrique à travers un mélange de protoxyde d'azote et de *gaz hydrogène* contenu dans un eudiomètre à mercure, l'oxygène du protoxyde se combine avec l'hydrogène, forme de l'eau, et l'azote est mis à nu ; il y a dégagement de calorique et de lumière. Le *chlore*, le *brome*, l'*iode* et l'*azote* n'exercent aucune action sur ce gaz. Le *phosphore* allumé enlève presque tout l'oxygène au protoxyde d'azote, passe à l'état acide phosphorique, et il se dégage aussi beaucoup de calorique et de lumière, tandis que le phosphore fondu et non enflammé ne l'altère point. L'air *atmosphérique* agit sur lui comme le gaz oxygène.

*Propriétés essentielles.* — 1° Lorsqu'on plonge dans une cloche remplie de gaz protoxyde d'azote une bougie qui présente quelques points en ignition, elle se rallume avec éclat, le gaz est décomposé, et l'azote est mis à nu ; 2° il peut se dissoudre dans l'eau : 100 mesures d'eau bouillie absorbent 77 mesures de ce gaz à + 18° c.

Le protoxyde d'azote a été découvert par Priestley en 1772. Il est sans usages. On a souvent remarqué chez les individus qui l'ont respiré un rire insolite et une gaieté extraordinaire, qui lui ont fait donner le nom de gaz *hilariant ;* mais souvent aussi il a déterminé chez d'autres individus des vertiges, la céphalalgie, la syncope, etc., et il finirait par asphyxier si on continuait à le respirer pendant quelques minutes.

Il est formé d'un équivalent d'azote = 177,02, et d'un d'oxygène = 100. Le poids de son équivalent est donc de 277,02, et sa formule Az O.

*Extraction.* — On chauffe graduellement de l'azotate d'ammoniaque pur et desséché, dans une petite cornue de verre à laquelle on adapte un tube recourbé, et l'on obtient de l'eau et du gaz protoxyde d'azote. (Voy. AZOTATE D'AMMONIAQUE.)

*Théorie.* — L'azotate d'ammoniaque est formé d'acide azotique (azote et oxygène) et d'ammoniaque (azote et hydrogène); par l'action de la chaleur trois équivalents de l'oxygène de l'acide azotique s'emparent des trois équivalents d'hydrogène de l'ammoniaque pour former de l'eau; il reste donc deux équivalents d'azote unis à deux équivalents d'oxygène, qui représentent deux équivalents de protoxyde d'azote. Ainsi, en exprimant cette réaction par une formule, on peut se convaincre qu'elle est une des plus nettes que la chimie produise :

$$Az\,O^5 + Az\,H^3 = H^3\,O^3 + Az^2\,O^2.$$

## DU BI-OXYDE D'AZOTE.

Le bi-oxyde d'azote est toujours un produit de l'art; il est constamment à l'état de gaz; il est incolore, transparent, élastique et plus pesant que l'air; son poids spécifique est de 1,0390; il ne rougit point l'*infusum* de tournesol; il éteint tous les corps enflammés, excepté le phosphore; on ne sait pas s'il est odorant. Sa puissance réfractive est de 1,03 (Dulong).

Si on le fait passer à travers un tube de verre dépoli, dans lequel on ait mis préalablement des fils de platine afin d'augmenter la surface, il est décomposé et transformé en gaz azote et en gaz acide hypo-azotique ($Az\,O^2 + Az\,O^2 = Az\,O^4 + Az$) si la température du tube est *rouge;* le poids du platine n'augmente pas (M. Gay-Lussac). Il est également décomposé par le fluide *électrique* lorsqu'il est placé sur le mercure; l'oxygène se porte sur le métal, et l'azote est mis à nu.

Uni avec la moitié de son volume de gaz *oxygène* bien sec, il se transforme en acide azoteux si la température est de 20°—0; il se produit, au contraire, une vapeur rouge d'acide azoteux si l'on agit à la température ordinaire : cette dernière expérience ne saurait être faite dans des cloches placées sur l'eau ou sur le mercure, car l'eau dissout l'acide azoteux à mesure qu'il se forme, et le mercure le décompose; il faut agir dans des vases de verre, dans lesquels on puisse faire le vide et introduire successivement l'oxygène et le bi-oxyde d'azote.

Lorsque ces gaz sont en contact avec l'eau, on voit que trois volumes de bi-oxyde d'azote absorbent un volume d'oxygène, pour former un composé qui n'est pas parfaitement défini, mais qui cependant présente assez de régularité dans sa production pour qu'en notant la contraction du volume des gaz, et divisant cette quantité par 4, on obtienne pour quotient le volume de l'oxygène employé. Ce moyen a été proposé par Priestley et Fontana, pour faire l'analyse de l'air ; quoiqu'il ne soit pas très rigoureux, on l'emploie cependant encore aujourd'hui pour analyser les gaz contenus dans les chambres de plomb où l'on fabrique l'acide sulfurique.

Le *soufre* allumé s'éteint dans ce gaz. Il est décomposé par le *charbon* rouge; son oxygène forme avec ce corps simple du gaz acide carbonique ou du gaz oxyde de carbone, et l'azote est mis à nu. Le gaz *hydrogène* lui enlève son oxygène à une température élevée; le mélange brûle avec une flamme verte, et il en résulte de l'eau et de l'azote. Le *chlore* paraît pouvoir se combiner avec lui, pourvu que les deux gaz soient parfaitement secs, et il en résulte un *gaz* composé de volumes égaux de chlore et de bi-oxyde d'azote, d'un rouge jaune pâle, d'une odeur moins forte que celle du chlore, plus pesant que l'air (sa densité est de 1,759), détruisant les couleurs végétales, blanchissant le papier de curcuma, rougissant le tournesol avant de le blanchir. Si le chlore gazeux et le bi-oxyde d'azote contiennent de l'eau, celle-ci est décomposée, le chlore s'empare de son hydrogène pour former de l'acide chlorhydrique, tandis que le bi-oxyde d'azote s'unit avec l'oxygène et passe à l'état d'acide azoteux ou nitreux. Le *brome*, l'*iode* et l'*azote* ne se combinent pas avec lui. Le *phosphore* enflammé absorbe son oxygène avec flamme et passe à l'état d'acide phosphorique.

*Propriété essentielle.* — L'*air atmosphérique* agit sur lui comme le gaz oxygène ; il le fait passer à l'état d'acide azoteux (nitreux) rougeâtre et odorant. Plusieurs chimistes ont attribué à tort cette odeur au bi-oxyde d'azote, tandis qu'elle appartient à l'acide qui se forme.

Cent mesures d'*eau* bouillie absorbent, suivant Henry, cinq mesures de ce gaz. Il a été découvert par Hales. Il est employé pour faire l'analyse de l'air. Il empoisonne sur-le-champ les animaux qui le respirent, mais c'est au gaz acide azoteux que l'on doit attribuer les effets que détermine la respiration du gaz bi-oxyde d'azote toutes les fois qu'il a été mêlé avec l'air.

*Composition.* — Il est formé d'un équivalent d'azote $= 177,02$ et de deux d'oxygène $= 200$. Le poids de son équivalent est de 377,02, et sa formule de $Az\,O^2$.

*Extraction.* — On verse, par une des tubulures d'un flacon bitubulé contenant de la tournure de cuivre, de l'acide azotique étendu de son volume d'eau, et l'on obtient sur-le-champ du gaz bi-oxyde d'azote qui se dégage par le tube recourbé, et va se rendre sous des cloches pleines d'eau. Il ne faut recueillir le gaz que lorsque l'atmosphère du flacon, d'abord devenue rouge, est parfaitement incolore. Il reste dans le flacon de l'azotate de cuivre bleu; d'où il suit qu'une portion de l'acide azotique a été décomposée en oxygène et en gaz bi-oxyde d'azote. (Voy. ACIDE AZOTIQUE.)

*Théorie.* — Que l'on suppose quatre équivalents d'acide azotique mis en présence de trois équivalents de cuivre métallique; cet acide, par la tendance qu'il a à s'unir au métal, lui cède trois équivalents d'oxygène d'un équivalent d'acide, et constitue ainsi trois équivalents d'oxyde de cuivre. Mais en même temps cet acide désoxygéné devient $Az\,O^2$ de $Az\,O^5$ qu'il était, et cet $Az\,O^2$ n'est autre chose que le gaz bi-oxyde d'azote qui se dégage. Les trois autres équivalents d'acide intact s'unissant alors avec l'oxyde de cuivre formé, donnent naissance aux trois équivalents d'azotate de cuivre bleu qui reste dans le flacon. Ainsi :

$$4\,Az\,O^5 + 3\,Cu = 3\,Cu\,O,\ 3\,Az\,O^5 + Az\,O^2.$$

## DE L'ACIDE AZOTEUX.

En faisant passer sous une éprouvette contenant de l'eau rendue alcaline par un peu de potasse, 400 volumes de gaz bi-oxyde d'azote et 100 d'oxygène, M. Gay-Lussac avait reconnu qu'il se formait un acide particulier qu'il appela acide azoteux, qui entrait en combinaison avec la potasse, et qu'il lui avait été impossible d'isoler. Depuis lors, M. Ettling, en chauffant au bain-marie, dans une cornue spacieuse, une partie d'amidon et dix parties d'acide azotique à 1,3 de densité, et recueillant dans un récipient refroidi à —20° les vapeurs rouges qui se dégagent, en ayant soin de se mettre à l'abri autant que possible du mélange de la vapeur d'eau, a recueilli un liquide d'un beau bleu à la température ordinaire, mais incolore à —20°, tellement volatil qu'on ne peut le conserver que dans des tubes scellés à la lampe, et qu'il regarde comme l'acide azoteux pur. MM. Berzélius et Graham partagent aussi cette opinion. Cet acide n'a vraiment d'intérêt qu'à cause du rôle qu'il joue dans la préparation de l'acide sulfurique.

Il serait formé d'après cela d'un équivalent d'azote et de trois d'oxygène. Sa formule serait $Az\,O^3$.

## DE L'ACIDE HYPO-AZOTIQUE.

On connaît encore un acide de l'azote, sur les propriétés et la véritable constitution duquel tous les chimistes ne sont pas d'accord. Cet acide est le produit de l'art; il a été remarqué pour la première fois par M. Berzélius, étudié ensuite par M. Gay-Lussac; enfin, M. Dulong en a fait l'objet d'un travail très intéressant.

Il se présente constamment sous forme d'un liquide dont la couleur varie suivant la température : il est jaune orangé entre les limites de 15 à 28° + 0; il est jaune fauve à 0°; il est presque incolore à —10°; il est sans couleur à —20°; au-dessus de 28° + 0 il devient rouge, et cette couleur est encore plus foncée si on élève davantage sa température; son poids spécifique est de 1,451; il est doué d'une saveur caustique très forte et d'une odeur désagréable; il tache la peau en jaune.

Il entre en ébullition à la température de 28° + 0, la pression de l'air étant égale à 76 centimètres de mercure, et il se transforme en acide azotique et en gaz acide azoteux d'un rouge très foncé, qui paraît sous forme de vapeurs que l'on appelle *rutilantes*, et dont il ne faut qu'une petite quantité pour colorer les différents gaz.

Soumis à un froid artificiel de — 10°, il se congèle en une masse blanche parfaitement transparente, qui répand des vapeurs orangées lorsqu'on la met en contact avec l'air dont la température est à 4 ou 5° — 0. Déjà depuis longtemps j'avais constaté ce phénomène avec de l'acide hypo-azotique privé d'eau, préparé en décomposant l'azotate de plomb.

En le faisant passer à travers des fils de fer ou de cuivre très fins, chauffés jusqu'au rouge, il se décompose, cède son oxygène à l'un ou à l'autre de ces métaux, et il se dégage du gaz azote; on obtient à peine du gaz hydrogène, ce qui prouve *que cet acide ne renferme pas d'eau*.

Il n'agit point sur le gaz *oxygène* sec; il se borne à le colorer; mais si on ajoute de l'eau au mélange, il absorbe l'oxygène et se transforme en acide azotique.

Il agit sur les différents corps simples et composés avides d'oxygène, comme l'acide azotique (voy. p. 173); mais l'action qu'il exerce est encore plus vive.

Lorsqu'on l'agite avec une grande quantité d'*eau*, il se décompose, dégage une grande quantité de vapeurs rutilantes qui se volatilisent, et passe à l'état d'acide azotique blanc. Si, au contraire, on verse un peu de cet acide goutte à goutte dans une masse d'*eau*, le mélange acquiert une couleur verte foncée, sans qu'il se dégage de gaz.

Si on prend de l'acide hypo-azotique liquide sec, jaune orangé, et qu'on y verse de l'eau peu à peu, il passera successivement au vert foncé, au vert clair, au bleu, au bleu verdâtre, et enfin au blanc, si on a mis assez d'eau : dans cette expérience, le dégagement du gaz bi-oxyde d'azote ira toujours en diminuant de plus en plus. Il suit de tout ce qui vient d'être établi qu'on ne doit considérer comme de l'acide hypo-azotique pur que celui qui est jaune orangé, et qui ne contient pas d'eau; les variétés bleues, vertes ou jaunes orangées, qui ont été préparées en ajoutant de l'eau à l'acide anhydre, sont formées par une plus ou moins grande quantité d'acide azotique, d'eau, d'acide hypo-azotique et d'acide azoteux.

Mis en contact avec du bi-oxyde d'azote sec, il prend une couleur bleue verdâtre, et les deux corps se transforment ainsi en acide azoteux.

Jusqu'à présent on n'est pas parvenu à produire des hypo-azotates bien définis; lorsqu'on a analysé ces sels, on les a presque toujours trouvés formés d'azotite et d'azotate de la base employée ; cependant, dans beaucoup de circonstances, cet acide s'unit avec d'autres corps comme le ferait un corps simple, et donne, par une sorte de substitution, des corps fort singuliers dont nous citerons des exemples remarquables dans la chimie organique.

Lorsqu'on mêle l'acide hypo-azotique liquide sans eau avec l'acide *sulfurique* concentré, ou même un peu délayé à une température peu élevée, on obtient des prismes quadrilatères allongés, qui sont assez volumineux ; ces cristaux, formés par les deux acides, donnent, lorsqu'on les met dans de l'eau, du gaz acide azoteux.

Cet acide est sans usages ; respiré pur, il irrite fortement la poitrine, détermine un sentiment pénible de constriction, suivi très promptement de la mort.

*Composition.*—D'après les derniers travaux de M. Péligot, qui du reste confirment ceux de M. Dulong, on trouve qu'il contient, lorsqu'on l'analyse cristallisé, 177,02 d'azote, ou un équivalent et 400,00 d'oxygène ; ce qui se représente par la formule $Az\ O^4$ ; son équivalent serait donc de 577,02.

*Préparation.* —On introduit dans une cornue de porcelaine ou de verre lutée de l'azotate de plomb parfaitement desséché (acide azotique et oxyde de plomb) ; le col de la cornue se rend dans un ballon vide, bitubulé, dont l'une des tubulures, munie d'un bouchon percé, donne passage à un tube de sûreté recourbé qui va se rendre au fond d'une éprouvette vide, entourée d'un mélange réfrigérant fait avec du sel et de la glace ; on lute les jointures, et on chauffe graduellement la cornue disposée sur un fourneau à réverbère; on ne tarde pas à observer des vapeurs rougeâtres ; une portion de l'acide se condense dans le récipient en un liquide jaune; une autre portion, d'une couleur blanchâtre, se solidifie dans l'éprouvette, et il se dégage du gaz oxygène; enfin, il reste dans la cornue du protoxyde de plomb jaune. On voit évidemment que l'acide azotique de l'azotate desséché a été décomposé en oxygène et en acide hypo-azotique anhydre.

## DE L'ACIDE AZOTIQUE.

L'acide azotique n'a jamais été trouvé pur dans la nature; il existe combiné avec la chaux, la potasse, la soude et la magnésie. Il est composé d'azote et d'oxygène. Comme, sous l'influence d'une série d'étincelles électriques, un mélange d'azote et d'oxygène dans des circonstances favorables peut produire de l'acide azotique, il n'est point surprenant d'en trouver une petite quantité dans l'eau des pluies d'orages. On n'a jamais pu l'obtenir privé d'eau.

Il est liquide, incolore, transparent, doué d'une odeur particulière désagréable et d'une saveur excessivement acide; il rougit l'*infusum* de tournesol avec la plus grande énergie, et tache la peau et toutes les matières animales en *jaune* avant de les désorganiser; son poids spécifique, lorsqu'il est très concentré, est de 1,554.

Lorsqu'on distille de l'acide azotique ordinaire, son point d'ébullition se fixe d'abord à + 86° c.; il donne alors des vapeurs qui, étant condensées dans un récipient, constituent l'acide azotique distillé et concentré, ne retenant qu'un équivalent d'eau. Mais ensuite arrivant à une densité moindre il ne bout plus qu'à + 120, et distille à cet état d'hydratation qui lui donne un poids spécifique de 1,49, tandis que le poids du premier était de 1,51. Si, à l'aide d'un appareil convenable, on fait passer les vapeurs d'acide azotique à travers un tube de porcelaine ou de verre luté et incandescent, on les décompose, et l'on obtient du gaz bi-oxyde d'azote et du gaz oxygène : ces deux gaz se combinent de nouveau pour former du gaz acide azoteux lorsque la température est sensiblement diminuée. Exposé à un froid de 40° — 0, l'acide azotique le plus concentré peut être gelé; si l'on y ajoute un peu d'eau, la congélation a lieu dès le 20°;

alors il jaunit, acquiert la consistance du beurre, et laisse dégager quelques vapeurs orangées. La *lumière* solaire décompose en partie l'acide azotique; la portion décomposée se transforme en gaz oxygène qui se dégage, et en gaz acide azoteux, qui reste dissous dans l'acide azotique non décomposé, et qu'il colore d'abord en jaune, puis en orangé foncé.

Le gaz *oxygène* n'exerce aucune action sur cet acide.

La majeure partie des corps simples non métalliques précédemment étudiés décomposent l'acide azotique, et lui enlèvent d'autant plus d'oxygène, que leur affinité pour cet agent est plus forte, la température plus élevée, et que l'acide est plus concentré.

Le *soufre*, chauffé avec cet acide, lui prend de l'oxygène, passe à l'état d'acide sulfurique, et il se dégage du gaz bi-oxyde d'azote. Le *sélénium* le transforme à chaud en acide sélénieux qui peut être obtenu sous forme de cristaux prismatiques, si on laisse refroidir la liqueur lentement. Le *bore* à une douce chaleur le décompose, passe à l'état d'acide borique, et il se dégage de l'azote, du gaz protoxyde d'azote ou du gaz bi-oxyde d'azote. Il n'attaque pas le *silicium*.

*Propriété essentielle.*—En substituant le *charbon* au bore, on obtient du gaz acide carbonique et du gaz bi-oxyde d'azote incolore; mais celui-ci ne tarde pas à absorber l'oxygène de l'air, passe à l'état de gaz acide azoteux orangé; en sorte que la fiole se trouve remplie par des vapeurs de cette couleur. Parmi les acides incolores, l'acide azotique seul donne des vapeurs *orangées* lorsqu'il est chauffé avec le charbon pulvérisé.

Si l'on fait passer ensemble et avec précaution de la vapeur d'acide azotique et un excès de *gaz hydrogène* dans un tube de porcelaine rouge, on obtient de l'eau et du gaz azote; si la quantité du gaz hydrogène employé est moindre, il n'en résulte que de l'eau et du gaz bi-oxyde ou protoxyde d'azote.

Le *chlore*, le *brome* et l'*azote* n'agissent point sur cet acide.

L'*iode* n'exerce aucune action à froid sur l'acide azotique; si on élève la température, il se volatilise sous forme de vapeurs violettes, et l'acide finit par être décomposé si on fait retomber dans la cornue l'iode volatilisé et qu'on agite le mélange; il se produit de l'acide iodique.

L'action du *phosphore* sur l'acide azotique est analogue à celle du bore et du charbon : seulement elle est plus vive, parce que le phosphore fond avec la plus grande facilité et présente plus de surface; il en résulte de l'acide phosphorique et du gaz azote ou bi-oxyde d'azote.

L'*arsenic* est transformé par l'acide azotique, à l'aide d'une douce chaleur, en acide arsénique et en une petite quantité d'acide arsénieux; il se dégage du gaz bi-oxyde d'azote. Si, après que l'arsenic a été dissous, on évapore la liqueur jusqu'à siccité, on obtient les deux acides arsenicaux sous forme d'un résidu blanc ou d'un blanc jaunâtre.

Exposé à l'*air humide*, l'acide azotique répand des vapeurs blanches.

Lorsqu'on mêle une partie d'*eau* et deux parties d'acide azotique concentré, la température s'élève de 40 à 46° c.; en ajoutant une plus grande quantité d'eau, la température baisse : dans tous les cas, l'acide se trouve affaibli, et peut être ramené à son degré primitif de concentration par la chaleur.

L'acide azotique du commerce contient diverses quantités d'eau, qui lui donnent des densités différentes que l'on a l'habitude d'évaluer à l'aide d'un aréomètre. Comme il est souvent fort important de connaître l'état exact de concentration de cet acide, on a déterminé par l'expérience directe quelles sont les quantités réelles d'eau qui existent dans un acide à des densités données, et à quel degré de l'aréomètre il correspond.

| Densité de l'acide. | Acide réel contenu dans 100 parties. | Eau contenue dans 100 parties. |
|---|---|---|
| 1,51 | 85,7 | 14,3 |
| 1,49 | 84,2 | 15,6 |
| 1,47 | 72,9 | 27,1 |
| 1,43 | 62,9 | 37,1 |
| 1,42 | 61,9 | 38,1 |
| 1,37 | 51,9 | 48,1 |

L'acide rectifié marque ordinairement 41 ou 42 degrés à

l'aréomètre de Baumé ; il correspond à celui dont la densité est de 1,49 ; celui de 1,37 de densité correspond à 36 de l'aréomètre : c'est l'eau-forte du commerce, laquelle, étendue d'eau et ne marquant plus que 20 degrés à l'aréomètre, devient l'eau seconde des orfèvres.

Le *gaz oxyde de carbone* et l'*oxyde de phosphore* enlèvent une certaine quantité d'oxygène à l'acide azotique.

Le *gaz bi-oxyde d'azote* exerce sur lui une action remarquable. Si l'on fait arriver pendant plusieurs jours ce gaz bulle à bulle dans de l'acide azotique pur, très concentré et à la température ordinaire, on voit que celui-ci est en partie décomposé ; la liqueur devient bleue, passe ensuite au vert, et, si l'opération est continuée, finit par devenir jaune orangée. Ces liquides, diversement colorés, sont formés par une plus ou moins grande quantité d'acide azotique, d'eau, d'acide azoteux, et de gaz bi-oxyde d'azote.

Les acides *borique*, *carbonique* et *phosphorique* sont sans action sur l'acide azotique. L'acide *sulfurique* concentré le décompose à la température de 100 et quelques degrés, s'empare de l'eau sans laquelle ses éléments ne peuvent rester unis, et l'acide azotique ne pouvant pas rester seul, se transforme en gaz acide azoteux et en gaz oxygène : l'expérience peut être faite en mêlant dans une cornue 4 parties d'acide sulfurique et une d'acide azotique. L'acide *sulfureux*, et tous ceux qui comme lui peuvent arriver à un degré supérieur d'oxygénation, chauffés avec l'acide azotique, se combinent avec une portion de son oxygène, et passent à l'état d'acide au *maximum*. L'acide azotique, versé dans une dissolution concentrée d'acide *iodique*, forme des cristaux rhomboïdaux aplatis.

Presque tous les métaux sont attaqués par l'acide azotique à 1,42 de densité, ainsi que nous le verrons plus loin ; mais lorsqu'il est à son *maximum* de concentration, il n'*agit* pas sur eux.

Raymond Lulle découvrit l'acide azotique en 1225.

*Usages.* — Il est employé pour dissoudre les métaux, pour laver les boiseries, pour teindre la soie en jaune, pour faire des dessins jaunes sur la soie teinte en bleu ou en rouge, comme réactif, etc. Il a été regardé pendant quelque temps comme un puissant antivénérien, et administré comme tel à la dose de 4 à 16 grammes par jour dans un litre d'eau ; mais l'expérience n'a pas tardé à prouver qu'il était inférieur à un très grand nombre d'autres préparations antivénériennes. Il entre dans la composition de la pommade oxygénée, que l'on a également préconisée comme antivénérienne. (Voy. GRAISSE.) Uni à l'alcool, il constitue l'esprit de nitre dulcifié : du reste il peut être utile dans tous les cas où nous avons conseillé les acides (voy. pag. 110), et plus particulièrement, à ce que l'on assure, dans les affections chroniques du foie, dans certains cas d'asthme et dans certaines dyspepsies. Concentré, il sert à cautériser les verrues et les plaies compliquées de pourriture d'hôpital.

C'est, parmi les acides, celui qui donne le plus souvent lieu à l'empoisonnement ; les symptômes qu'il détermine sont les mêmes que ceux qui sont développés par les autres substances corrosives et âcres ; mais il colore souvent en jaune la peau des lèvres et quelques parties du canal digestif ; cependant ce caractère manque quelquefois, surtout dans l'estomac, dont les membranes fortement enflammées offrent une couleur rouge de sang. Parmi les remèdes proposés pour neutraliser l'acide et combattre l'empoisonnement, le plus efficace et le moins dangereux est la magnésie calcinée et délayée dans une grande quantité d'eau ; en effet, elle forme avec l'acide un azotate qui exerce à peine de l'action sur l'économie animale. On peut, à défaut de magnésie, employer avec succès l'eau de savon, le carbonate de chaux, les yeux d'écrevisses, etc. (Voy. notre *Toxicologie générale*, t. Ier, 4e édition.)

*Composition.* — Il contient pour 100 parties :

| | |
|---|---|
| Azote . . . . . . . . . . | 26,15 |
| Oxygène. . . . . . . . . | 73,85 |
| | 100,00 |

ou un équivalent d'azote = 177,02, et cinq d'oxygène = 500 ; ce qui donne pour l'équivalent de l'acide 677,02, ou $Az\ O^5$.

*Préparation.* — On prépare l'acide azotique dans les laboratoires en mettant dans une cornue 100 parties d'azotate de potasse et 53 parties d'un mélange fait avec 100 parties d'acide sulfurique concentré et 40 parties d'eau ; on adapte à la cornue une allonge, et à celle-ci un récipient bitubulé, dont une des tubulures sert à donner passage à un tube de sûreté recourbé, propre à recueillir les gaz ; on lute toutes les jointures, sans cependant mettre aucune matière organique en contact avec l'acide, et on chauffe graduellement la cornue disposée à feu nu sur un fourneau muni de son laboratoire. Voici les phénomènes et les produits de cette opération : on obtient bientôt des vapeurs blanches composées d'acide azotique et d'eau qui se condensent dans le ballon ; quelque temps après il se produit de l'acide azoteux, qui paraît sous forme de vapeurs d'un rouge foncé, et il se dégage du gaz oxygène : il reste dans la cornue du sulfate de potasse. — *Théorie.* Si l'on suppose que l'azotate de potasse soit pur, l'acide sulfurique s'empare de la potasse et met à nu l'acide azotique, qui se volatilise avec une certaine quantité d'eau ; le liquide aqueux diminue donc de plus en plus, et il arrive un moment où l'acide sulfurique s'empare de l'eau de l'acide azotique (pag. 174) ; et comme cet acide ne peut pas exister seul, il est décomposé en gaz acide azoteux et en gaz oxygène. C'est pour éviter la décomposition d'une partie de l'acide azotique que Berzélius conseille d'employer pour 100 parties d'azotate de potasse 97 parties d'acide sulfurique du commerce ; alors, dit-il, l'acide sulfurique contient plus d'eau qu'il n'en faut à l'acide azotique pour exister à l'état d'hydrate. Les proportions que nous avons indiquées doivent être préférées comme étant plus économiques. Si à l'azotate de potasse pur on substitue celui du commerce, qui contient un peu de chlorure de sodium, composé de sodium et chlore, l'acide sulfurique s'empare de la potasse et met l'acide azotique à nu ; celui-ci ne tarde pas à se décomposer en *partie* en oxygène qui se porte sur le sodium pour former de la soude, et en acide azoteux qui se dégage avec le chlore du chlorure ; une autre portion d'acide sulfurique se combine avec la soude qui s'est formée. Si, au lieu d'employer les proportions indiquées ci-dessus, on prend 100 d'azotate et 90 d'acide, on obtient l'acide azotique concentré à un équivalent d'eau.

$$AzO^5 + KO + SO^3, HO = SO^3, KO + AzO^5, HO.$$

Il résulte de ce qui vient d'être établi que le produit liquide jaunâtre condensé dans le récipient à la fin de l'opération est formé d'acide azotique, d'acide azoteux, d'eau, et quelquefois de chlore; nous supposerons qu'il contient ce dernier corps. On le purifie en le chauffant lentement dans un appareil semblable au précédent, pour en séparer le chlore et le gaz acide azoteux; l'appareil ne tarde pas à se remplir de vapeurs rougeâtres, et l'acide contenu dans la cornue se décolore; alors il est formé d'acide azotique et d'un peu de chlore. On suspend l'opération; on introduit dans la cornue de l'azotate d'argent cristallisé, qui s'empare du chlore, et alors l'acide, débarrassé de toute matière étrangère, se volatilise et vient se condenser dans le récipient. Il est inutile de distiller l'acide azotique sur de l'azotate de baryte, parce qu'il ne contient pas d'acide sulfurique, à moins toutefois qu'en introduisant cet acide dans la cornue on n'ait eu la maladresse d'en laisser dans le col.

On prépare l'acide azotique en grand en chauffant l'azotate de potasse et l'acide sulfurique dans des cylindres de fonte que l'on fait communiquer, à l'aide d'allonges, avec de grosses bouteilles de grès appelées tourilles, où l'acide est recueilli. On se sert indistinctement d'azotate de potasse ou d'azotate de soude; cependant ce dernier est préféré en raison de son abondance dans la nature. On emploie ordinairement pour 100 parties de nitre raffiné, 60 d'acide sulfurique à 66; mais pour 100 parties d'azotate de soude la quantité d'acide est de 71.

---

## DES COMPOSÉS D'OXYGÈNE ET D'ARSENIC.

L'arsenic en s'unissant à l'oxygène donne naissance à trois produits qui sont : 1° l'*oxyde noir d'arsenic*, 2° l'*acide arsénieux*, 3° l'*acide arsénique*.

## DE L'OXYDE D'ARSENIC.

L'oxyde d'arsenic, admis par M. Berzélius, se forme toutes les fois que l'arsenic métallique réduit en poudre est exposé à l'action de l'air humide. Il est noir, pulvérulent, insoluble dans l'eau; la chaleur le transforme en acide arsénieux et en arsenic métallique.

Sa composition n'est pas encore bien connue; quelques chimistes pensent que cet oxyde n'est qu'un mélange d'arsenic et d'acide arsénieux.

## DE L'ACIDE ARSÉNIEUX.

Cet acide, connu aussi sous les noms d'*arsenic blanc*, de *mort aux rats*, d'*oxyde blanc d'arsenic*, existe très rarement à l'état de liberté; cependant on en trouve en Bohême à l'état de cristaux blancs, transparents, et en Hesse, sous forme de poudre blanche. Celui du commerce provient du grillage des minerais de cobalt arsenical.

Il est en masses blanches opaques, ou vitreuses s'il est récemment fondu, demi-transparentes, inodores; il est jaune ou d'un jaune rougeâtre lorsqu'il contient du sulfure d'arsenic : la saveur de cet acide est âpre, avec un arrière-goût douceâtre; lorsqu'on le réduit en poudre, il a quelque ressemblance avec le sucre pulvérisé; son poids spécifique est de 3,7836 s'il est transparent, et de 3,695 s'il est opaque, d'après M. Guibourt. Chauffé dans un matras de verre, il se volatilise, et vient se condenser à la partie supérieure sous forme d'une croûte blanche ou de petits tétraèdres ou d'octaèdres. Il peut également cristalliser en tables hexagonales très minces, et offrir ainsi un nouvel exemple de *dimorphie*; du moins Wohler dit en avoir trouvé en quantité considérable dans un four à griller le cobalt, quoiqu'il n'ait pas encore pu l'obtenir sous cette forme, soit en sublimant, soit en dissolvant dans l'eau l'acide arsénieux tétraédrique ou octaédrique.

Il n'est point décomposé par le calorique. Le gaz *oxygène*

ne lui fait éprouver aucune altération. Exposé à l'*air*, il devient de plus en plus opaque, phénomène attribué par Wohler à la dimorphie de l'acide arsénieux, c'est-à-dire à ce que le cristal d'une forme se trouve changé en un agrégat de beaucoup d'individus de l'autre forme. Chauffé avec du *soufre*, il lui cède son oxygène, et l'on obtient du gaz acide sulfureux et du sulfure d'arsenic.

*Propriété essentielle.* — Exposé sur des *charbons* ardents, il se décompose et fournit de l'arsenic métallique, qui se répand dans l'atmosphère sous forme de vapeurs épaisses, brunâtres, d'une odeur alliacée; ces vapeurs, en absorbant l'oxygène de l'air à mesure qu'elles montent dans l'atmosphère, passent à l'état d'acide arsénieux *blanc*. Si au lieu de chauffer l'acide arsénieux sur des charbons ardents, on le chauffe dans un creuset, sur une lame de fer ou de cuivre, que l'on a fait rougir, il se volatilise sous forme de vapeurs *blanches*, sans se décomposer, et n'exhale point d'odeur alliacée.

Une lame de cuivre bien décapée, placée à quelques millimètres au-dessus du charbon rouge, sur lequel on a mis de l'acide arsénieux, se recouvre d'une couche *brune* d'arsenic métallique; si au contraire la lame de cuivre est distante de 6 ou 8 centimètres du même charbon, la couche dont elle se recouvre est *blanche* et formée de l'acide arsénieux qui s'est produit par l'action de l'oxygène de l'air sur l'arsenic métallique.

Le gaz *hydrogène*, à l'aide de la chaleur, décompose l'acide arsénieux en donnant pour produits de l'eau, de l'arsenic et de l'hydrogène arsénié.

Le *chlore*, le *brome* et l'*iode* en déplacent l'oxygène et forment du chlorure, du bromure ou de l'iodure d'arsenic. Le *phosphore* décompose aussi l'acide arsénieux; il y a formation de phosphure d'arsenic et d'acide phosphorique ou phosphoreux, selon la quantité de phosphore employée.

L'acide arsénieux, réduit en poudre fine et mêlé avec son volume de *charbon* et de *potasse*, se décompose facilement par la chaleur et donne l'arsenic métallique: l'expérience peut être faite dans un tube de verre long, tiré à la lampe par une de ses extrémités, de manière à ce qu'il ne présente qu'une très petite ouverture : l'arsenic métallique volatilisé vient adhérer aux parois internes du tube, à 4 ou 6 centimètres de son fond, en formant sur ce tube une sorte d'anneau ayant un bel éclat métallique.

Suivant M. Guibourt, 103 parties d'eau à 15° dissolvent 1 partie d'acide arsénieux transparent, tandis qu'il n'en faut que 80 parties si l'acide est opaque : ce dernier se dissout dans 7,72 parties d'eau bouillante, et l'acide transparent exige 9,33 parties du même liquide bouillant. Les dissolutions saturées à la température de l'ébullition et refroidies retiennent, savoir : celle de l'acide transparent, un 56e d'acide arsénieux, et celle de l'acide opaque un 34e.

*Propriétés essentielles.* — 1° Ainsi dissous, l'acide arsénieux rougit faiblement la teinture de tournesol ; si la pâte avec laquelle on a préparé cette teinture contient beaucoup de chaux, comme cela a lieu avec la pâte du commerce, il faut employer une grande quantité d'acide pour déterminer le changement de couleur. 2° Il précipite l'eau de chaux en blanc, et non pas en noir, comme l'indiquent presque tous les auteurs de médecine légale ; ce précipité, formé de chaux et d'acide arsénieux, est soluble dans un excès de ce dernier corps. 3° Le gaz acide sulfhydrique pur, ou l'eau dans laquelle il est dissous, le jaunissent, et en précipitent, au bout de quelques heures, du sulfure jaune d'arsenic soluble dans l'ammoniaque : ici l'oxygène de l'acide arsénieux s'est combiné avec l'hydrogène de l'acide sulfhydrique pour former de l'eau, tandis que le soufre s'est uni au métal : on peut, à l'aide de ce réactif, découvrir l'acide arsénieux dans un liquide qui n'en contient que 1/100000 ; la précipitation a lieu instantanément, lorsqu'on chauffe légèrement le mélange ou qu'on y ajoute une petite quantité d'acide chlorhydrique, d'acide azotique, sulfurique, etc. 4° Les sulfures peuvent lui communiquer une couleur jaune, suivant la proportion où ils sont employés, mais ils ne le troublent en aucune manière, à moins qu'on ne verse dans le mélange quelques gouttes d'acide azotique, chlorhydrique, etc., qui, en séparant le métal du sulfure, mettent le soufre à nu : alors on obtient le même précipité jaune doré. 5° L'acide arsénieux, chauffé avec presque toutes les bases et de l'eau, donne des sels qui sont des *arsénites.*

Plusieurs acides dissolvent l'acide arsénieux, et les dissolutions évaporées fournissent des cristaux que l'on a considérés comme des sels ayant pour base cet acide, mais qui ne sont autre chose que de l'acide arsénieux *mêlé* avec une petite quantité de l'acide du liquide qui les tenait tous deux en dissolution (Berzélius).

On emploie l'acide arsénieux pour faire le vert de Schéele, pour purifier le platine; quelquefois aussi on s'en sert dans la fabrication du verre pour hâter la vitrification. Son action sur l'économie animale est des plus délétères. Quel que soit le tissu sur lequel il ait été appliqué, il est absorbé, et détermine la mort en très peu de temps, en agissant sur le système nerveux, les organes de la circulation et le canal alimentaire. Le meilleur moyen que l'on puisse mettre en usage pour combattre les accidents auxquels il donne lieu, consiste à faire prendre du sesqui-oxyde de fer hydraté, et à favoriser le vomissement au moyen de boissons adoucissantes et mucilagineuses. L'acide arsénieux fait partie de la pâte arsenicale du frère Côme, dont on se sert souvent pour cautériser les ulcères cancéreux de peu d'étendue. Les expériences de M. Smith, l'observation rapportée par M. Roux, et plusieurs autres recueillies par des personnes dignes de foi, prouvent que l'application extérieure de ce médicament peut être suivie des symptômes les plus funestes et même de la mort, lorsqu'il est employé à trop forte dose, ou qu'il entre dans sa composition une trop grande quantité d'acide arsénieux : c'est à tort que plusieurs praticiens s'obstinent à soutenir le contraire. L'acide arsénieux entre dans la composition de la solution minérale de Fowler, que l'on a employée quelquefois avec succès dans les fièvres intermittentes rebelles au quinquina, dans les névralgies périodiques, les affections cancéreuses et certaines maladies de la peau invétérées; on en administre 10, 15 ou 20 gouttes dans une demi-tasse de liquide, trois fois par jour, sans avoir égard aux heures des paroxysmes. (Il est inutile de faire remarquer combien ce médicament doit être employé avec prudence.) Pour obtenir cette teinture, on fait bouillir dans un matras 2 grammes d'acide arsénieux parfaitement pulvérisé, autant de carbonate de potasse du commerce et 250 grammes d'eau distillée. Lorsque la dissolution est complète, on ajoute à l'arsénite formé 16 grammes d'esprit de lavande composé et une assez grande quantité d'eau pour qu'il y ait 500 grammes de liquide. Quelquefois aussi on emploie l'acide arsénieux dissous dans l'eau.

L'acide arsénieux est formé de deux équivalents d'arsenic et de trois équivalents d'oxygène. Sa formule est $As^2 O^3$.

On l'obtient, ainsi que nous l'avons déjà dit, lorsqu'on grille les minerais de cobalt arsenical; l'arsenic absorbe l'oxygène de l'air par l'élévation de la température, passe à l'état d'acide arsénieux qui se sublime; mais comme il n'est pas pur, on le sublime de nouveau dans des vases de fonte.

## DE L'ACIDE ARSÉNIQUE.

L'acide arsénique ne se trouve jamais pur dans la nature; il y existe combiné avec quelques oxydes métalliques à l'état d'arséniate. Il est solide, blanc, incristallisable, doué d'une saveur métallique, caustique, désagréable; il rougit fortement l'*infusum* de tournesol; son poids spécifique est de 3,391.

Exposé à l'action du calorique dans des vaisseaux fermés, il ne se volatilise point; il fond, se vitrifie, et se décompose en oxygène et en acide arsénieux volatil. Il attire l'humidité de l'air : du reste, il n'éprouve de la part de cet agent et du gaz oxygène aucune altération chimique.

*Propriétés essentielles.* — 1° Mis sur les charbons ardents, il se boursoufle, perd toute son humidité et devient opaque; bientôt après il est décomposé par le charbon, qui lui enlève son oxygène, et le fait passer à l'état d'arsenic, qui se volatilise et répand une odeur alliacée. 2° Traité par le charbon et par la potasse, il donne, comme l'acide arsénieux, de l'arsenic métallique. Tous les corps simples non métalliques réagissent sur l'acide arsénique de la même manière que sur l'acide arsénieux. 3° Il se dissout très bien dans 2 parties d'eau froide; le *solutum* rougit l'*infusum* de tournesol et le sirop de violette; il précipite en blanc les eaux de chaux, de baryte et de strontiane, qu'il transforme en arséniates insolubles. L'acide sulfhydrique gazeux ou dissous dans l'eau agit sur lui comme sur le *solutum* d'acide arsénieux, mais beaucoup plus lentement, à moins qu'on ne chauffe surtout après avoir ajouté une ou deux gouttes d'acide sulfureux. Il s'unit à la plupart des oxydes métalliques, et forme des sels. Il est sans usages. Son action sur l'économie animale est encore plus énergique que celle de l'acide arsénieux.

*Composition.*— Il est formé de 100 parties d'arsenic (deux équivalents) et de 53,139 d'oxygène (cinq équivalents). $As^2 O^5$.

*Préparation.*— On fait chauffer dans une cornue de verre, à laquelle on adapte une allonge et un récipient bitubulé, un mélange de 1 partie d'acide arsénieux bien pulvérisé, de 2 parties d'acide chlorhydrique liquide concentré, et de 4 parties d'acide azotique à 34 degrés. L'acide arsénieux, qui, à raison de sa force de cohésion, n'enlèverait l'oxygène à l'acide azotique qu'avec difficulté, se dissout dans l'acide chlorhydrique, se divise, et peut alors être transformé en acide arsénique au moyen de l'oxygène de l'acide azotique: aussi se dégage-t-il beaucoup de gaz bi-oxyde d'azote. Lorsque la liqueur est presque en consistance sirupeuse, on la retire et on continue à l'évaporer dans un creuset de platine: le produit solide que l'on obtient est l'acide arsénique.

---

## DES COMPOSÉS D'OXYGÈNE ET DE TELLURE.

Par sa combinaison avec l'oxygène, le tellure donne deux produits qui par eux-mêmes sont peu importants; ce sont l'oxyde de tellure et l'acide tellurique.

*L'oxyde de tellure* est toujours le produit de l'art. Il est blanc, pulvérulent, fusible et volatil à la chaleur rouge; le charbon le décompose. Il réagit plutôt comme acide que comme base; c'est pourquoi on l'avait considéré comme un acide *tellureux*. Il est formé d'un équivalent de métal et de deux d'oxygène. On l'obtient en le précipitant d'une de ses dissolutions salines par un alcali.

### DE L'ACIDE TELLURIQUE.

Il est le produit de l'art. Il cristallise en hexaèdres aplatis terminés par une pyramide quadrilatère surbaissée. Ces cristaux contiennent 22,5 pour 100 d'eau que la chaleur leur fait perdre ; ils deviennent alors jaune citron. Une température plus élevée décompose l'acide tellurique en oxygène et acide tellureux. Il s'unit bien aux bases.

Il est formé d'un équivalent de tellure et de trois d'oxygène. On l'obtient en traitant l'acide tellureux par l'azotate de potasse, ou mieux par le chlore.

---

## DES COMPOSÉS DE PHTORE ET D'UN CORPS SIMPLE NON MÉTALLIQUE.

### DE L'ACIDE PHTORHYDRIQUE (FLUORIQUE).

Nous suivrons dans leur étude la même marche que pour les acides oxygénés.

L'*acide phtorhydrique* (*fluorique*) n'a jamais été trouvé dans la nature. Préparé par l'art, il se présente sous forme d'un liquide incolore, d'une odeur très pénétrante et d'une saveur caustique insupportable ; il rougit l'*infusum* de tournesol avec beaucoup d'énergie ; on ignore quel est son poids spécifique.

Il entre en ébullition à environ 15°, et il ne se congèle pas à 20°—0° d'après Berzélius. Le gaz *oxygène* et les corps *simples non métalliques* n'exercent sur lui aucune action. Exposé à l'*air*, il répand des vapeurs blanches très épaisses. L'*eau* se combine avec lui en toutes proportions : chaque goutte d'acide que l'on fait tomber dans ce liquide développe une chaleur telle que l'on entend un bruit semblable à celui qui se produirait si l'on y plongeait un fer rouge ; en sorte qu'il y aurait du danger à verser dans de l'eau une certaine quantité d'acide phtorhydrique à la fois. Il n'agit point sur les *oxydes de carbone*, *de phosphore et d'azote*, ni sur les *acides* précédemment étudiés, excepté sur l'acide silicique. Si l'on soumet à l'action de la pile voltaïque l'acide *phtorhydrique*, liquide privé d'eau, il répand des vapeurs épaisses et se décompose; le gaz hydrogène se porte vers le pôle négatif, tandis que le phtore, attiré par le fluide positif, se combine avec le fil de platine qui est à l'extrémité de ce pôle, le corrode, et forme une poudre couleur de chocolat, composée sans doute de phtore et de platine.

*P. E.* — Il corrode fortement le verre.

Schéele est le premier chimiste qui ait parlé de l'acide fluorique; mais il n'avait pas été obtenu concentré avant les recherches de MM. Gay-Lussac et Thénard. Ampère a indiqué qu'il était formé d'hydrogène et d'un autre corps, et M. Davy a fait un très grand nombre d'expériences à l'appui de cette assertion. Il est employé pour graver sur le verre. (Voy. VERRE.)

*Composition.*—Berzélius le regarde comme formé de phtore 94,93, et de 5,07 d'hydrogène. Sa formule serait alors Fl H.

*Préparation.* (Planche 6, fig. 2.)—On prend une cornue de platine composée de deux pièces *A*, *B*, entrant à frottement l'une dans l'autre; on introduit dans la moitié *A* une partie de phtorure de calcium blanc, cristallisé, pur, passé au tamis (substance formée de phtore et de calcium, appelée encore *fluate de chaux*); on le délaie dans deux parties d'acide sulfurique concentré; on adapte la moitié supérieure *B* à la partie inférieure *A*; le col de cette cornue se rend dans un récipient en platine *E*, d'une forme particulière, que l'on entoure de glace et qui se termine par une très petite ouverture; on dispose l'appareil sur un fourneau; on lute les deux pièces de la cornue avec de la terre, et la jointure du col avec du lut gras; on chauffe lentement, et l'on obtient, dans le récipient, de l'acide phtorhydrique liquide, tandis qu'il reste dans la cornue du sulfate de chaux; d'où il suit que le phtorure de calcium et une portion de l'eau contenue dans l'acide sulfurique ont été décomposés; le phtore s'est uni à l'hydrogène de l'eau pour former de l'acide phtorhydrique (fluorique), tandis que le calcium s'est combiné avec l'oxygène de ce liquide pour passer à l'état de chaux, qui reste dans la cornue combinée avec l'acide sulfurique. On démonte l'appareil pour en retirer l'acide et le conserver dans des flacons de platine *D* (pl. 6, fig. 2 *bis*) dont le bouchon est extrêmement poli. Il faut éviter : 1° l'emploi de vases de verre, dont l'acide silicique serait dissous par l'acide ; 2° celui de bouchons qui bouchent mal, car l'acide se dégagerait sous forme de vapeurs ; 3° enfin le contact de ces vapeurs, qui sont excessivement caustiques. Si le phtorure de calcium employé renferme de l'acide silicique (silice), ce qui est assez ordinaire, on traitera l'acide phtorhydrique par une dissolution de phtorure de potassium qui précipitera l'acide silicique sous forme de phtorure de potassium et de silicium ; on décantera le liquide et on distillera. Si, comme il arrive souvent, le phtorure de calcium contenait du sulfure de plomb, il y aurait formation d'acide sulfureux et d'acide sulfhydrique, et par conséquent dépôt de soufre, qui rendrait l'acide trouble et laiteux jusqu'à ce que le soufre fût entièrement précipité.

## DE L'ACIDE PHTORO-BORIQUE.

Le gaz acide *phtoro-borique* est constamment un produit de l'art : il est incolore, doué d'une odeur piquante et suffocante, analogue à celle du gaz acide chlorhydrique ; il rougit l'*infusum* de tournesol avec énergie et éteint les corps enflammés ; son poids spécifique est de 2,3124 d'après Dumas. Il n'est altéré par aucun des fluides *impondérables*, ni par l'*oxygène*, ni par aucun des corps *simples* étudiés jusqu'ici.

*Propriétés essentielles.* — 1° Il noircit à l'instant le bois et le papier en mettant leur carbone à nu. 2° Il n'attaque pas le verre à la température ordinaire. 3° Exposé à l'air ou à l'action de tout autre gaz humide, il s'empare avec avidité de l'eau qu'ils contiennent, et produit des vapeurs excessivement épaisses ; en sorte qu'il peut servir avec le plus grand succès pour déterminer si un gaz est sec ou humide.

L'*eau*, à la température et à la pression ordinaires, peut dissoudre, d'après M. John Davy, sept cents fois son volume de ce gaz, ce qui fait environ deux fois son poids ; d'où il résulte qu'il est beaucoup plus soluble que le gaz acide *chlorhydrique*. Si au lieu de 700 volumes on n'en mettait que 100 ou 150, l'eau et une partie du gaz seraient décomposés; il se précipiterait de l'acide borique, et il resterait en dissolution de l'acide phtorhydrique combiné avec l'acide phtoro-borique non décomposé. C'est à ce corps que quelques chimistes ont donné le nom d'acide *hydro-phtoro-borique*. L'acide phtoro-borique liquide concentré est limpide, fumant et très caustique; il perd un cinquième du gaz qu'il renferme lorsqu'on le chauffe. Les oxydes de *carbone*, de *phosphore* et d'*azote*, ainsi que les *acides* précédemment étudiés, n'agissent point sur lui. Il a été découvert en 1809, par MM. Gay-Lussac et Thénard. Il est sans usages.

*Composition.* — Il est formé, pour 1 volume, de 83,76 parties de phtore et de 16,24 de bore en poids, ou de six équivalents de phtore et d'un de bore. Sa formule est $Fl^6$ Br.

*Préparation.* — On chauffe jusqu'au rouge blanc, dans un canon de fusil fermé à l'une de ses extrémités, un mélange pulvérisé de deux parties de phtorure de calcium et d'une d'acide borique vitrifié; il se produit du borate de chaux et du gaz acide phtoro-borique que l'on recueille sur le mercure.

*Théorie.* — Une partie de l'acide borique a été décomposée; l'oxygène s'est porté sur le calcium, et le bore s'est uni au phtore.

Par le procédé suivant, on obtient du gaz phtoro-borique contenant toujours du gaz phtoro-silicique. On introduit dans un petite fiole de verre, munie d'un tube recourbé, 2 parties de phtorure de calcium pur en poudre, et une partie d'acide borique vitrifié et pulvérisé; on les mêle intimement avec 12 parties d'acide sulfurique concentré, et on chauffe : quelques minutes après, le gaz se dégage et va se rendre sous des cloches remplies de mercure; on ne le recueille que lorsqu'il répand dans l'air des vapeurs excessivement épaisses, et il n'est pur que lorsqu'il est entièrement absorbé par l'eau (1). — *Théorie.* L'acide borique

(1) Si, au lieu d'une fiole et d'un tube de verre, on employait un petit appareil en plomb ou en platine, le gaz obtenu ne contiendrait pas d'acide phtoro-silicique, à moins que le phtorure de calcium employé ne renfermât de l'acide silicique (silice).

est décomposé ; le bore s'unit au phtore et produit le gaz dont nous parlons ; tandis que l'oxygène se porte sur le calcium et forme de la chaux qui reste combinée avec l'acide sulfurique.

## DE L'ACIDE PHTORO-SILICIQUE.

Le silicium forme avec le phtore un acide particulier, connu depuis long-temps sous le nom d'acide *fluorique silicé*.

*Propriétés de cet acide.* — Il ne se trouve jamais dans la nature ; il se présente sous forme d'un gaz incolore, transparent, doué d'une odeur analogue à celle du gaz acide chlorhydrique, d'une saveur très acide, rougissant l'*infusum* de tournesol, et éteignant les corps enflammés ; son poids spécifique est de 3,5735. Il n'est décomposé ni par le calorique ni par les corps simples précédemment étudiés. Il répand des vapeurs blanches épaisses lorsqu'il est exposé à l'*air*. L'*eau* peut en absorber 265 fois son volume ; mais elle le décompose en partie en se décomposant, et forme de l'acide silicique (silice) qui se précipite, et de l'acide phtorhydrique qui reste en dissolution, et qui est combiné à une portion d'acide phtoro-silicique non décomposé. On a désigné ce solutum sous le nom d'*acide hydro-phtoro-silicique* ; il est donc évident que l'hydrogène de l'eau s'est uni à une portion du phtore, tandis que son oxygène s'est combiné avec le silicium.

L'acide phtoro-silicique n'a point d'usages. Il paraît formé de 71,68 de phtore et de 28,32 de silicium (Berzélius). Sa formule sera donc $Si F^3$.

*Préparation.* — On place dans une fiole de verre, et mieux de plomb, munie d'un tube recourbé, un mélange de trois parties de phtorure de calcium (fluate de chaux), et d'une partie de sable réduit en poudre fine ; on y ajoute l'acide sulfurique concentré nécessaire pour faire une bouillie épaisse, et on soumet la fiole à une douce chaleur ; le gaz se dégage aussitôt, et va se rendre dans des cloches préalablement disposées sur la cuve à mercure ; il reste dans la fiole du sulfate de chaux.

*Théorie.* — Le pthorure de calcium et l'acide silicique sont décomposés; le phtore s'unit au silicium pour former le gaz dont nous parlons, tandis que le calcium se combine avec l'oxygène de l'acide silicique, et passe à l'état de chaux, qui reste dans la fiole avec l'acide sulfurique.

## DE L'ACIDE HYDRO-PTHORO-SILICIQUE
(HYDRO-FLUO-SILICIQUE).

L'acide hydro-phtoro-silicique contient toujours de l'eau; il est liquide et d'une saveur acide franche, qui n'offre rien de remarquable. On peut le concentrer par l'évaporation; mais arrivé à un certain point, il se décompose, du gaz phtoro-silicique se dégage, et il reste dans la liqueur de l'acide phtorhydrique. Ce fait explique pourquoi cet acide, qui n'exerce aucune action sur le verre quand il est étendu d'eau, le corrode cependant lorsqu'il est chauffé dans un vase de cette matière.

*Propriétés essentielles.* — 1° Les bases salifiables, si elles ne sont employées que dans la proportion nécessaire pour saturer l'acide hydro-phtoro-silicique, forment des sels, la plupart solubles et cristallisables; si, au contraire, on en met un excès, il se précipite de l'*acide silicique* (silice), et il reste en dissolution un phtorure de la base. 2° L'acide hydro-phtoro-silicique fournit avec les sels neutres de potasse, de soude et de lithine, des précipités tellement gélatineux, qu'on a de la peine à les apercevoir d'abord; ces précipités sont formés d'acide hydro-phtoro-silicique et de la base du sel. On peut aussi considérer ces corps comme des phtorures de silicium et du métal de la base. L'acide *borique* décompose cet acide, et en sépare une grande partie de l'acide silicique.

*Préparation.* — On fait arriver dans de l'eau du gaz acide phtoro-silicique (fluorique silicé); il se dépose un précipité blanc, gélatineux, composé d'acide silicique; l'acide phtorhydrique formé dissout une portion d'acide phtoro-silicique non décomposé et donne de l'acide hydro-phtoro-silicique, qui reste dans la liqueur. Il est évident qu'on ne peut expliquer ces phénomènes que par la décomposition de l'eau ; en effet, l'hydrogène de l'eau transforme le phthore en acide phtorhydrique, tandis que l'oxygène fait passer le silicium à l'état d'acide silicique. Il est important de mettre au fond de l'eau une certaine quantité de mercure, dans lequel on fait plonger le tube qui conduit le gaz; sans cela l'extrémité de ce tube ne tarde pas à être obstruée par la masse gélatineuse qui se forme. On jette le mélange sur un filtre de toile forte et propre, et on exprime la toile sans laver le résidu; autrement l'acide silicique, à raison de sa grande division, serait dissous par l'eau et altérerait l'acide hydro-phtoro-silicique.

---

## DES COMPOSÉS D'HYDROGÈNE ET D'UN CORPS SIMPLE NON MÉTALLIQUE.

Parmi ces composés, il en est un certain nombre qui sont acides et que nous allons décrire d'abord : ce sont les acides sulfhydrique, sélénhydrique, chlorhydrique, bromhydrique, iodhydrique et tellurhydrique.

Ces composés acides, de même que les précédents, rougissent la couleur bleue de tournesol, ont une saveur aigre ou caustique, selon leur degré de concentration; mais lorsqu'on essaie de les combiner avec un oxyde métallique pour produire un sel, ils se décomposent mutuellement : l'hydrogène de l'acide s'unit à l'oxygène de la base, forme de l'eau; tandis que l'élément électro-positif s'unit avec le métal et fournit un composé en *ure*. Ainsi, de l'acide chlorhydrique avec de l'oxyde de mercure donnent du chlorure de mercure et de l'eau, $Cl\,H + Hg\,O = H\,O + Cl\,Hg$. L'acide sulfhydrique et l'oxyde de plomb forment du sulfure de plomb et de l'eau. $S\,H + Pb\,O = H\,O + S\,Pb$.

## DE L'ACIDE SULFHYDRIQUE.

L'acide sulfhydrique existe dans certaines eaux minérales; il se produit souvent dans des lieux où il y a des matières animales en putréfaction; enfin il se trouve dans les fosses d'aisances. Obtenu par l'art, il est gazeux.

*Gaz acide sulfhydrique.* — Il est incolore, transparent, inflammable, doué d'une odeur fétide très considérable, analogue à celle des œufs pourris; il éteint les corps enflammés et rougit l'*infusum* du tournesol; il décolore une multitude de substances végétales, telles que la dissolution d'indigo dans l'acide sulfurique, l'orseille, plusieurs décoctions, l'*infusum* de tournesol lui-même, qu'il rougit d'abord, etc.; dans toutes ces circonstances, la couleur est masquée et non détruite, puisqu'il suffit de volatiliser le gaz en le chauffant pour faire reparaître la couleur primitive. Son poids spécifique est de 1,1912, d'après MM. Gay-Lussac et Thénard.

Lorsqu'on le fait passer à travers un tube de porcelaine *rouge*, il est en partie décomposé en hydrogène et en soufre; il est probable qu'il le serait complétement, si on le soumettait à l'action d'un feu très vif. Lorsqu'il est comprimé par sa propre atmosphère dans un tube hermétiquement fermé, il se liquéfie comme le chlore (voy. p. 59).

*Lumière.* — Son pouvoir réfringent est de 2,187 (Dulong). Un courant d'étincelles électriques, suivant M. Henry, en sépare l'hydrogène, et il se précipite du soufre.

Le gaz *oxygène* n'agit pas sur lui à froid quand il est sec; mais si on élève la température, il s'empare à la fois de l'hydrogène, avec lequel il produit de l'eau, et du soufre qu'il transforme en gaz acide sulfureux : cette expérience peut être faite dans l'eudiomètre à mercure.

Le *soufre* ne peut pas se combiner directement avec lui; il existe cependant un liquide de consistance oléagineuse, connu sous le nom de *polysulfure d'hydrogène*, qui paraît résulter de la dissolution du soufre extrêmement divisé dans ce gaz (voy. p. 204).

Le *bore* est sans action sur cet acide. Le *charbon* l'absorbe, et lorsqu'on met le charbon ainsi imprégné en contact avec le gaz oxygène, celui-ci décompose l'acide sulfhydrique, s'unit à son hydrogène pour donner naissance à de l'eau, et le soufre est mis à nu : ce phénomène est accompagné d'un grand dégagement de chaleur.

*Propriétés essentielles.* — 1° L'*iode* et le *brome* le décomposent, s'emparent de son hydrogène pour former des acides iodhydrique ou bromhydrique, et mettent le soufre à nu. Cette réaction vient même d'être mise à profit par M. Dupasquier pour doser la quantité de gaz sulfhydrique contenu dans les eaux minérales sulfureuses. 2° Si l'on mêle à la température ordinaire parties égales en volume de *chlore* gazeux et de ce gaz, la décomposition a lieu sur-le-champ avec dégagement de calorique et sans lumière; il se forme de l'acide chlorhydrique, et le soufre se précipite; si le chlore est plus abondant, on obtient, outre ces produits, une certaine quantité de sulfure de chlore. 3° Lorsqu'on approche une bougie allumée de l'ouverture d'une cloche remplie de gaz acide sulfhydrique, celui-ci s'enflamme, et les parois de la cloche ne tardent pas à être tapissées de soufre d'une couleur jaune; l'oxygène de l'air se combine de préférence avec l'hydrogène, forme de l'eau; il s'unit aussi avec une portion de soufre, qu'il fait passer à l'état d'acide sulfureux; l'autre portion de soufre se dépose.

L'*azote* est sans action sur lui. L'*eau*, à la température ordinaire, peut dissoudre trois fois son volume de ce gaz, ce qui constitue l'acide sulfhydrique dissous; abandonné à lui-même, ce liquide absorbe l'oxygène de l'air atmosphérique ou de celui qui est contenu dans l'eau, et il se dépose du soufre qui le rend laiteux; d'où il suit que c'est l'hydrogène qui s'est combiné avec l'oxygène. L'eau *oxygénée* le décompose et en précipite le soufre.

Lorsqu'on agite ensemble sur du mercure du gaz acide sulfhydrique et du *cyanogène* gazeux parfaitement secs, on n'aperçoit, même au bout de plusieurs jours, aucun phénomène qui annonce une combinaison ou une décomposition; mais si on introduit une petite quantité d'eau dans le mélange, il y a une absorption prompte; la liqueur prend une couleur jaune paille, qui passe peu à peu au brun, et presque tout le gaz disparaît. Cette liqueur n'est pas *sensiblement acide;* elle n'altère point le sulfate de fer, elle ne précipite ni l'acétate ni l'azotate de plomb, mais elle précipite sur-le-champ l'azotate d'argent en flocons bruns. Doit-on la considérer comme une simple combinaison de cyanogène et d'acide sulfhydrique, ou bien comme un composé d'acide cyanhydrique et de soufre dissous (Vauquelin)?

Les acides *borique*, *carbonique* et *phosphorique* n'agissent point sur l'acide *sulfhydrique*. Il décompose l'acide *sulfurique* même affaibli à toutes les températures; son hydrogène s'unit à une portion de l'oxygène de l'acide sulfurique pour former de l'eau, et il y a dégagement d'acide sulfureux et précipitation de soufre.

Si l'on introduit dans une cloche placée sur le mercure 2 parties 1/2 environ de gaz acide sulfhydrique, et 1 partie de gaz acide *sulfureux*, ces deux acides se décomposent sur-le-champ s'ils sont humides, et très lentement s'ils sont parfaitement secs : l'oxygène de l'acide sulfureux forme de l'eau avec l'hydrogène de l'acide sulfhydrique, et le soufre faisant partie de l'un et de l'autre de ces gaz se précipite. L'acide *sélénieux* est décomposé par l'acide sulfhydrique, dont l'hydrogène se porte sur l'oxygène de l'acide sélénieux pour former de l'eau, tandis que le soufre s'unit au sélénium, et donne un sulfure d'une couleur rouge foncée.

Les acides *iodique*, *chlorique* et *hyperazotique* sont instantanément décomposés par l'acide sulfhydrique à la température ordinaire; ils cèdent leur oxygène en totalité ou en partie à l'hydrogène de l'acide sulfhydrique : on obtient de l'eau, et le soufre se précipite. L'acide *azotique*, même affaibli, est également décomposé par l'acide sulfhydrique; il se dégage du gaz bi-oxyde d'azote, et il se précipite du soufre; toutefois la décomposition n'a pas lieu si l'acide est trop étendu d'eau.

*Usages.* — Cet acide est employé dans les laboratoires pour distinguer les unes des autres plusieurs dissolutions métalliques, et quelquefois même pour en séparer les métaux. Son action sur l'économie animale est des plus nuisibles; il empoisonne et tue subitement les animaux qui le respirent, même lorsqu'il est mêlé avec beaucoup d'air. Suivant MM. Dupuytren et Thénard, il suffit de 1/1000 de ce gaz dans l'atmosphère pour faire périr les oiseaux qu'on y plonge; 1/100 et souvent 1/300 donne la mort aux chiens les plus robustes. La maladie connue sous le nom de *plomb*, à laquelle sont exposés les vidangeurs qui entrent dans les fosses d'aisances, doit être principalement attribuée à ce gaz. Il suffit, comme l'a fait voir Chaussier, d'exposer une partie quelconque de la surface du corps à son action, pour en éprouver les effets délétères; il en est de même lorsqu'on l'injecte dans le tissu cellulaire, l'estomac, les gros intestins, la plèvre, les vaisseaux, etc.; dans ces différentes circonstances, le gaz acide sulfhydrique plonge tous les organes dans un état adynamique. Il n'est jamais employé en médecine à l'état de gaz. Le meilleur moyen pour désinfecter une atmosphère où il est répandu, consiste à faire des fumigations de *chlore* (acide muriatique oxygéné), qui, comme nous l'avons dit, a la propriété de le transformer en gaz chlorhydrique, et d'en précipiter le soufre. Son action sur l'économie animale est beaucoup moins forte lorsqu'il est à l'état liquide : dans ce cas, il se borne à exciter la peau et à modifier ses propriétés vitales : aussi l'emploie-t-on avec le plus grand succès dans une foule d'exanthèmes chroniques. Les eaux minérales sulfureuses de Barèges, de Cauterets, de Bagnères-de-Luchon, de Saint-Sauveur, d'Aix, de Molitg, d'Escaldas, de Bonnes; les eaux dites *chaudes*, celles d'Enghien, etc., doivent leurs principales propriétés à du sulfure de sodium combiné avec l'acide sulfhydrique, et l'on sait combien leur usage a été avantageux aux personnes atteintes de maladies chroniques de la peau, de scrofules, de rhumatismes *chroniques*, d'engorgements rhumatiques, de paralysie, d'anciens ulcères opiniâtres, d'hydropisie des articulations, de suppurations internes, et principalement de celles des organes du bas-ventre. N'a-t-on pas vu, dans quelques cas d'oppressions nerveuses de la poitrine, l'administration de ces eaux couronnée du plus grand succès? On les fait prendre à l'intérieur coupées avec du lait ou avec une décoction émolliente : on commence ordinairement par un verre de cette boisson; ou bien on les emploie sous forme de bains ou de douches. Les eaux sulfureuses artificielles, convenablement préparées, remplissent à peu près les mêmes indications.

*Composition.* — Il est formé de soufre 94,17 d'hydrogène 5,83, ou d'équivalents égaux de soufre et d'hydrogène = SH.

*Préparation.* — On fait chauffer lentement, dans une petite fiole, du sulfure d'antimoine pulvérisé (composé de soufre et d'antimoine), et 4 ou 5 parties d'acide chlorhydrique liquide du commerce : on obtient du gaz acide sulfhydrique que l'on recueille sur l'eau saturée de sel marin, parce qu'il est soluble dans l'eau et qu'il est décomposé par le mercure; il reste dans la fiole du chlorure d'antimoine. Il est évident que l'hydrogène de l'acide s'unit avec le soufre du sulfure d'antimoine, tandis que le chlore se combine avec l'antimoine et le fait passer à l'état de chlorure. Le gaz ainsi obtenu contiendrait toujours un peu d'acide chlorhydrique, si l'on n'avait pas la précaution de le laver en lui faisant traverser une couche d'eau contenue dans un petit flacon placé immédiatement après la fiole, et de la partie supérieure duquel sort le tube qui doit conduire le gaz sous la cloche.

On peut encore employer le protosulfure de fer et l'acide sulfurique étendu d'eau pour obtenir ce gaz ; mais alors il n'est pas pur : il contient toujours de l'hydrogène libre dont on ne peut pas le séparer.

## DE L'ACIDE SÉLÉNHYDRIQUE.

Il a été découvert en 1817 par Berzélius; il est gazeux, incolore, d'une odeur semblable d'abord à celle du gaz acide sulfhydrique, mais qui devient ensuite piquante, astringente et très douloureuse; il est beaucoup plus soluble dans l'eau que le gaz acide sulfhydrique. La dissolution a une saveur hépatique; elle rougit le papier de tournesol, et donne à la peau une couleur brune qu'on ne peut pas enlever par l'eau; par le contact de l'air, elle se décompose, *devient rouge, et laisse déposer du sélénium en flocons légers.*

Le gaz acide sélénhydrique est excessivement délétère. Il n'a point d'usages. Il est formé d'équivalents égaux de sélénium et d'hydrogène, Se H.

*Préparation.* — On l'obtient en versant de l'acide chlorhydrique étendu d'eau sur un composé de *sélénium* et de *potassium*, disposé dans une cornue munie d'un tube recourbé qui va se rendre sous des cloches pleines de mercure; l'eau se décompose, l'oxygène transforme le potassium en protoxyde, tandis que l'hydrogène s'unit au sélénium.

## DE L'ACIDE CHLORHYDRIQUE.

L'acide chlorhydrique existe dans un assez grand nombre d'eaux thermales de l'Amérique, mais on le trouve principalement combiné avec l'ammoniaque à l'état de chlorhydrate. Séparé des substances qui peuvent le fournir, il est gazeux, incolore, transparent, élastique, doué d'une odeur suffocante et d'une saveur âcre, caustique; il rougit fortement l'*infusum* de tournesol et éteint les bougies : avant que la flamme disparaisse, la partie supérieure devient verdâtre. Son poids spécifique est de 1,2474.

Il n'est point décomposé par le *calorique*. Lorsqu'il est comprimé par sa propre atmosphère dans un tube hermétiquement fermé, il se liquéfie comme le chlore (voy. p. 59). Il réfracte la *lumière;* son pouvoir réfringent est de 1,527 (Dulong). Soumis à un courant d'étincelles *électriques*, il est décomposé en hydrogène et en chlore gazeux. Quelle que soit sa température, il est sans action sur le gaz *oxygène* et sur les substances *simples non métalliques* pures.

*Propriétés essentielles.*— 1° Exposé à l'air humide, il se combine avec l'eau suspendue dans l'atmosphère, et répand des vapeurs blanches assez épaisses, douées d'une odeur piquante. 2° Si l'on débouche un flacon rempli de gaz acide chlorhydrique, après l'avoir plongé perpendiculairement dans de l'eau contenue dans une terrine, le liquide s'élance avec force dans le flacon, dissout en un clin d'œil la totalité du gaz, et remplit le flacon. Un morceau de glace introduit dans une cloche pleine de ce gaz est fondu avec autant de rapidité que par des charbons rouges, et le gaz se trouve absorbé en quelques instants. On a prouvé que l'eau, à la température de 10° et à la pression de 76 centimètres de mercure, pouvait dissoudre 464 fois son volume de gaz acide chlorhydrique, ou les 77 100 de son poids. Ainsi dissous dans l'eau, il constitue l'acide chlorhydrique liquide, incolore, dont le poids spécifique, d'après M. Thomson, est de

1,203, lorsqu'il a été saturé à 15°,5. Exposé à l'air, cet acide liquide concentré perd une portion de gaz et répand des vapeurs blanches; il en perd davantage lorsqu'on le chauffe: dans l'un et l'autre cas, il s'affaiblit.

Les oxydes de *carbone*, de *phosphore* et d'*azote* sont sans action sur le gaz acide chlorhydrique; il en est de même des acides *borique*, *carbonique*, *phosphorique* et *phosphoreux*.

L'acide *sulfurique* très concentré, mêlé avec l'acide chlorhydrique liquide également très concentré, s'empare de l'eau qu'il renferme; la température s'élève, et il en résulte une vive effervescence due au dégagement du gaz acide chlorhydrique. L'acide *iodique* le décompose sur-le-champ, en se décomposant lui-même; l'oxygène de l'un s'empare de l'hydrogène de l'autre, tandis que l'iode se combine avec le chlore. L'*acide chlorique* décompose cet acide à froid; l'oxygène se porte sur l'hydrogène de l'acide chlorhydrique, forme de l'eau, tandis que le chlore des deux acides est mis à nu.

*Propriété essentielle.* — L'acide chlorhydrique précipite l'azotate d'argent en blanc; le chlorure d'argent déposé est blanc et insoluble dans l'acide azotique. (Voy. CHLORURES.)

L'action de l'acide azotique sur ce corps est très importante. Si les deux acides sont affaiblis, ils ne font que se mêler à froid; mais s'ils sont concentrés, ils se décomposent en partie, même à froid, soit qu'on les emploie à l'état liquide, ou que l'acide chlorhydrique soit à l'état de gaz, et il en résulte un acide liquide d'un rouge jaunâtre, connu depuis long-temps sous le nom d'*eau régale*, parce qu'il dissout l'or, que l'on appelait autrefois le *roi des métaux*. Les produits de cette décomposition sont de l'eau, du chlore et de l'acide azoteux.

*Théorie.* — L'acide azotique est formé de

Oxygène + Acide azoteux,

et l'acide chlorhydrique de

Hydrogène + Chlore.

L'oxygène de l'un se combine avec l'hydrogène de l'autre, et forme de l'eau; une partie du chlore mis à nu se dégage à l'état de gaz, l'autre partie reste dans le liquide; il en est de même de l'acide *azoteux;* mais la quantité de cet acide qui reste en dissolution dans le liquide est d'autant plus grande, que l'on a employé plus d'acide azotique; d'où il résulte que l'eau-régale est formée d'acide azoteux, de chlore, d'eau, et des acides azotique et chlorhydrique non décomposés. Le sulfure de carbone liquide (voy. page 48), traité par seize fois son poids d'un mélange d'acide azotique et chlorhydrique, se transforme, au bout d'un certain temps, en une masse blanche cristalline, composée de chlore, d'oxygène, de soufre et de carbone (*oxychloride carbo-sulfureux* de Berzélius), qui n'a point d'usages.

Le gaz acide azoteux n'exerce aucune action sur l'acide chlorhydrique. La découverte de cet acide paraît être due à *Glauber*.

*Usages*. — On l'emploie pour faire l'eau régale et plusieurs chlorures, pour analyser un très grand nombre de minéraux, et dans un grand nombre d'opérations chimiques. On s'en sert en médecine dans tous les cas où les acides sont indiqués, pour préparer des pédiluves irritants, comme topique dans la gangrène scorbutique des gencives et des parois de la bouche, dans l'angine couenneuse pharyngienne et laryngo-trachéale asthénique : on le mêle à cet effet avec trois ou quatre fois son poids de miel, et on applique une petite quantité du mélange à l'aide d'un pinceau fait avec du linge effilé; on l'emploie encore dans ces mêmes maladies sous la forme de gargarisme : dans ce cas, il doit être étendu d'eau. A l'extérieur, on s'en sert en lotions, dans les ulcères rebelles et dans certaines maladies de la peau; en injections, dans les gonorrhées rebelles; enfin, on prétend avoir traité la teigne avec succès à l'aide d'un onguent fait avec l'axonge et cet acide.

*Composition*. — On sait déjà que le chlore s'unit à l'hydrogène en volumes égaux, sous l'influence de la lumière directe, et sans condensation. Dès lors on obtient pour sa composition : chlore 97,26 hydrogène, 2,74. Sa formule est Cl H.

*Préparation*. — On met dans une fiole, à laquelle on

adapte un tube recourbé, du sel gris (récemment fondu dans un creuset), qui est principalement formé de chlorure de sodium; on y ajoute un peu d'acide sulfurique concentré; l'eau est décomposée; son oxygène forme avec le sodium de la soude qui s'unit à l'acide sulfurique; son hydrogène se combine avec le chlore et produit le gaz acide chlorhydrique, que l'on recueille sur le mercure après avoir laissé passer les premières portions qui contiennent de l'air; lorsque l'effervescence est passée on chauffe un peu. Pour obtenir cet acide liquide, on se sert de l'appareil que nous avons décrit en parlant du chlore: seulement il faut avoir le soin de ne remplir les flacons que jusqu'aux deux tiers, car par la saturation du gaz chlorhydrique l'eau augmente beaucoup de volume.

Cinq cents grammes de sel (chlorure de sodium) et 500 grammes d'acide sulfurique suffisent pour saturer complétement 341 grammes d'eau distillée.

Ainsi obtenu, l'acide chlorhydrique est pur, incolore et limpide, tandis que celui du commerce est toujours nébuleux et jaune, ce qui tient à ce qu'en le préparant en grand, on chauffe du sel marin non fondu dans des cylindres de fonte. Ce sel brut contient toujours une certaine quantité de mucus de nature animale, provenant des eaux de la mer, qui donne par l'action de la chaleur une huile empyreumatique jaune; il se forme en même temps du chlorure de fer qui vient se dissoudre dans l'acide.

Si au lieu de sel gris on a employé du sel des salpêtriers, qui contient des azotates, il se produit de l'acide azoteux qui colore aussi l'acide en jaune.

Assez souvent il arrive que l'acide chlorhydrique contient de l'arsenic, soit que ce métal provienne de l'acide sulfurique ou de la fonte des cylindres. On y trouve aussi de l'acide sulfureux. On reconnaît qu'il est arsenical en l'introduisant dans l'appareil de Marsh (voy. HYDROGÈNE ARSÉNIÉ), et on le prive de l'arsenic en l'étendant de son volume d'eau, en le faisant traverser par un courant de gaz acide sulfhydrique, en filtrant pour séparer le sulfure d'arsenic formé, et en distillant l'acide qui a filtré. On peut également s'assurer que l'acide chlorhydrique renferme de l'acide sulfureux à l'aide de l'appareil de Marsh ; en effet, s'il est altéré par cet acide, l'hydrogène qui se dégagera par suite de l'action du zinc sur l'eau et sur l'acide chlorhydrique, sera mêlé d'acide sulfhydrique, et il suffira de le faire arriver dans une dissolution d'acétate de plomb pour que celle-ci se trouble et noircisse (sulfure de plomb noir). La production d'acide sulfhydrique n'a rien qui étonne dans l'espèce, l'hydrogène à l'état naissant jouissant de la propriété de décomposer l'acide sulfureux, et de lui enlever son oxygène pour former de l'eau, tandis qu'une autre portion d'hydrogène s'unit au soufre.

## DE L'ACIDE BROMHYDRIQUE.

L'acide bromhydrique, découvert en 1826 par M. Balard, existe dans la nature combiné avec la magnésie (voy. Brome, pag. 65). Il est sous forme d'un gaz incolore, très acide, d'une odeur piquante, provoquant fortement la toux ; d'un poids spécifique de 2,731, indécomposable par la chaleur, et sans action sur l'oxygène.

*Propriété essentielle.* — Le chlore le décompose, s'empare de son hydrogène, et le brome se sépare sous forme de vapeurs rutilantes qui se déposent en partie en gouttelettes.

L'eau dissout très bien le gaz acide bromhydrique. Ce *solutum* est incolore ; il est décomposé par le chlore comme le gaz ; il peut dissoudre du brome, et devient d'un rouge foncé. L'acide azotique cède une portion de son oxygène à l'hydrogène, et met le brome à nu.

*Composition.* — Il est formé dans les mêmes rapports que l'acide chlorhydrique, c'est-à-dire d'équivalents égaux des deux corps. Sa formule est $Br\,H$.

*Préparation.* — On obtient le gaz bromhydrique en humectant légèrement un mélange de brome et de phosphore ; l'eau est décomposée, l'hydrogène s'unit au brome, et l'oxygène au phosphore. Pour préparer l'acide liquide, on fait passer du gaz acide sulfhydrique dans une éprouvette contenant de l'eau et du brome ; celui-ci s'empare de l'hydrogène de l'acide, passe à l'état d'acide bromhydrique, et le soufre se précipite. Il n'a point d'usages.

### DE L'ACIDE IODHYDRIQUE.

L'acide iodhydrique, découvert en 1814 par M. Gay-Lussac, se présente sous forme d'un gaz incolore, dont l'odeur ressemble à celle du gaz acide chlorhydrique; sa saveur est très acide, piquante et astringente; son poids spécifique est de 4,443, d'après M. Gay-Lussac; de 4,4288, d'après M. Thénard; et d'après le calcul, de 4,340. Il rougit l'*infusum* de tournesol et éteint les corps enflammés. Il se décompose en partie à une *température* rouge; mais sa décomposition est complète s'il est mêlé avec le gaz *oxygène :* alors il se forme de l'eau, et l'iode est mis à nu. Il répand des vapeurs à l'air.

*Propriété essentielle.* — Le *chlore* et le *brome* le décomposent sur-le-champ, lui enlèvent l'hydrogène, avec lequel ils produisent des acides chlorhydrique ou bromhydrique, et l'iode paraît sous forme de belles vapeurs pourpres qui se précipitent peu à peu, et qui se redissolvent dans un excès de chlore ou de brome.

L'eau dissout une très grande quantité de ce gaz, et constitue l'acide liquide. Cet acide, comme l'acide sulfurique, perd une portion de son eau et se concentre par l'action de la chaleur; au-delà de 125° c., il commence à distiller, et il bout à 128°. Exposé à l'air, cet acide liquide, concentré, répand des vapeurs comme l'acide chlorhydrique, se colore en rouge-brun, et s'altère; en effet, l'oxygène de l'air est absorbé par l'hydrogène, avec lequel il forme de l'eau, et l'iode, au lieu de se précipiter, se dissout dans la portion d'acide non décomposé et la colore; d'où il suit que l'*iode* a beaucoup d'affinité pour l'acide iodhydrique.

L'acide *iodique* le décompose en se décomposant lui-même; il cède son oxygène à l'hydrogène de l'acide iodhydrique pour former de l'eau, et l'iode appartenant aux deux acides se précipite. Les acides *sulfurique*, *azotique* et *azoteux* concentrés le décomposent également et en précipitent l'iode. L'*eau oxygénée* décompose instantanément le gaz acide iodhydrique; il se forme de l'eau, et il se précipite de l'iode. L'acide iodhydrique est sans usages.

*Composition.* — Il est formé d'équivalents égaux d'iode et d'hydrogène. Sa formule est I H.

*Préparation.* — On peut l'obtenir par plusieurs procédés; mais le plus simple et le plus facile consiste à chauffer légèrement dans un tube fermé à l'une des extrémités, et dont l'autre est munie d'un tube coudé en angle droit, un mélange d'iode et de phosphore humides, disposés par couches de la manière suivante : au fond du tube on place quelques petits fragments de phosphore, dessus une petite couche de verre pilé et humecté, puis une petite couche d'iode, et ensuite une couche de verre pilé; on recommence ainsi avec le phosphore, et l'on continue, en alternant de cette manière, jusqu'à ce que le tube soit à peu près plein. A la première impression de la chaleur, on voit le gaz se dégager sous forme de vapeurs épaisses, que l'on recueille dans des flacons bien secs, et que l'on bouche aussitôt que le gaz en sort avec abondance. On ne peut le recueillir ni sur l'eau ni sur le mercure, puisque l'un le dissout et que l'autre le décompose.

Pour l'obtenir à l'état de dissolution dans l'eau, il suffit de faire rendre le gaz dans ce liquide.

## DE L'ACIDE TELLURHYDRIQUE.

L'hydrogène s'unit au tellure, et donne un hydracide dont les propriétés sont analogues à celles des acides sulfhydrique et sélénhydrique.

Il est gazeux, incolore, d'une odeur qui rappelle celle des œufs pourris; rougissant la teinture de tournesol. Au contact de l'air et d'un corps enflammé, il brûle avec une flamme bleuâtre en se transformant en eau et acide tellurique. L'eau le dissout; mais par le contact de l'air cette dissolution se trouble et laisse déposer des flocons bruns de tellure. Le chlore réagit de même et forme de l'acide chlorhydrique; mais s'il est en excès, le tellure lui-même est dissous.

Cet acide offre avec les autres corps des réactions tout-à-fait analogues à celles que présente le gaz sulfhydrique.

Il est formé d'équivalents égaux de tellure et d'hydrogène.

*Préparation.* — On l'obtient en traitant par l'acide sulfurique étendu d'eau un mélange de potassium ou de zinc et de tellure; l'eau est décomposée; il se forme des sulfates de zinc ou de potasse, et l'hydrogène à l'état naissant se combine au tellure.

---

## DES COMPOSÉS D'HYDROGÈNE ET D'UN CORPS SIMPLE QUI NE SONT PAS ACIDES.

---

### DU POLYSULFURE D'HYDROGÈNE.

Le polysulfure d'hydrogène est toujours liquide à la température ordinaire, d'un jaune tirant un peu sur le brun verdâtre. Appliqué sur la langue, il la blanchit à la manière du bi-oxyde d'hydrogène, et y cause un sentiment de cuisson difficile à supporter; il décolore et altère la peau; il détruit facilement la couleur du tournesol. Il ressemble par sa consistance tantôt à une huile essentielle, tantôt à une huile grasse; sa densité varie aussi : elle a été de 1,769 dans un polysulfure dont la fluidité n'était pas grande. Son odeur est particulière et désagréable. Il n'est point solidifié par un froid de 20°—0°; il est décomposé à la température de 60 à 70° en acide sulfhydrique qui se dégage et en soufre; il éprouve encore ce genre de décomposition lorsqu'il est abandonné à lui-même; il s'enflamme à l'air par l'approche d'une bougie enflammée, et il se produit de l'eau, du soufre et de l'acide sulfureux.

*Propriété essentielle.* — Le charbon très divisé, le platine, l'or, l'iridium, et plusieurs autres métaux en poudre, en dégagent du gaz acide sulfhydrique sans paraître s'unir au soufre. Le bi-oxyde de manganèse, la magnésie, l'acide silicique, des fragments pulvérisés de baryte, de strontiane, de chaux, de potasse et de soude, et même la potasse et la soude dissoutes dans l'eau, en dégagent aussi du gaz acide sulfhydrique avec une *vive effervescence*. Les oxydes d'or et d'argent sont instantanément réduits ; il y a *incandescence* et formation d'eau. Le *polysulfure d'hydrogène* n'est pas sensiblement soluble dans l'eau, qui le décompose en partie et devient laiteuse ; l'alcool agit de même sur lui.

*Propriété essentielle.*—L'éther le dissout et ne tarde pas à laisser déposer une foule d'aiguilles blanches qui deviennent jaunes par la dessiccation, et qui ne sont que du soufre. Par son mélange avec les acides, il acquiert beaucoup de stabilité, peut se conserver long-temps et n'est plus décomposé par le bi-oxyde de manganèse. Ces propriétés, comme on le voit, le rapprochent singulièrement du bi-oxyde d'hydrogène.

*Préparation.*— On verse de l'acide azotique du commerce étendu de deux fois son poids d'eau dans un grand entonnoir dont le bec doit être fermé avec un bouchon ; puis on ajoute peu à peu du sulfhydrate sulfuré de chaux, obtenu en faisant bouillir pendant assez long-temps de l'eau sur la chaux et un excès de soufre ; on agite continuellement la liqueur, et bientôt l'on voit le polysulfure qui commence à déposer : celui qui se sépare d'abord est plus liquide que celui qui se précipite en dernier lieu ; il est aisé de les recueillir l'un et l'autre en fractionnant les produits.

*Théorie.* — L'acide azotique s'empare de la chaux pour former un azotate ; l'acide sulfhydrique s'unit au soufre en excès et forme le polysulfure ; il ne se dégage pas sensiblement d'acide sulfhydrique. Un fait remarquable et déjà connu depuis long-temps, c'est que si, au lieu d'agir comme nous l'avons dit, on versait l'acide sur le sulfhydrate sulfuré, on n'obtiendrait point de polysulfure. En effet, alors le sulfhydrate décomposerait le polysulfure à mesure qu'il se produirait, et il se formerait du gaz acide sulfhydrique et un dépôt de soufre.

*Composition.*—Elle varie. M. Thénard, à qui nous devons ces détails, en a analysé qui contenait 8 et 6 équivalents de soufre pour un d'acide sulfhydrique. (Voyez *Annales de Chim.*, sept. 1831.)

## DE L'HYDROGÈNE CARBONÉ.

L'hydrogène et le carbone forment des composés très nombreux qui affectent, tantôt l'état gazeux, tantôt l'état liquide ou solide. Comme ils proviennent en général de la décomposition de substances organiques, je n'en étudierai ici que deux, dont l'un prenant naissance spontanément dans la vase des marais, et l'autre étant produit particulièrement par la distillation de la houille, doivent être rangés parmi les substances minérales, par la simplicité de leur composition et par la manière dont ils sont produits.

### HYDROGÈNE PROTOCARBONÉ ou GAZ DES MARAIS.

Ce corps, produit dans beaucoup de circonstances naturelles ou artificielles, est un résultat de la décomposition de certaines matières organiques, soit par l'action de la chaleur, soit par leur fermentation spontanée; on le trouve surtout dans la vase des marais d'eaux stagnantes.

Il est gazeux, incolore, d'une odeur infecte lorsqu'il est recueilli de la vase, parce qu'il n'est pas pur; mais dans un état de pureté parfaite, il est inodore, insoluble dans l'eau, d'une densité de 0,5590; son pouvoir réfringent est de 2,0927. Il brûle avec une flamme jaunâtre en se transformant en acide carbonique et en eau.

La chaleur et l'électricité le décomposent en hydrogène et carbone. L'oxygène et l'air le décomposent également à une température élevée en le transformant, comme nous l'avons vu plus haut, en eau et en acide carbonique.

Il est formé d'un équivalent de carbone et de deux équivalents d'hydrogène; ce qui donne : 24,96 hydrogène, et 75,075 carbone. Sa formule est $C H^2$.

*Préparation.* — On l'obtient en plongeant dans une eau stagnante un flacon plein d'eau, dont le col est muni d'un entonnoir; on agite la vase avec un bâton, et le gaz, en se dégageant sous forme de grosses bulles, se rend sous l'entonnoir et remplit le flacon. Ainsi obtenu, le gaz n'est pas pur ; il est mêlé d'acide carbonique dont on le débarrasse en l'agitant avec un peu de potasse ou d'eau de chaux; mais il reste toujours mêlé avec une assez grande proportion d'azote.

On le prépare plus facilement et plus pur en chauffant dans une petite cornue dont le col est armé d'un tube propre à recueillir les gaz, un mélange d'une partie d'acétate de soude avec trois ou quatre fois son poids de baryte caustique. Il se forme des carbonates de baryte, de soude, et le gaz se dégage pur. (Dumas.) Souvent il se développe spontanément dans les mines de houille, où il produit des explosions terribles; le mineurs le connaissent sous le nom de feu grisou.

### DU GAZ HYDROGÈNE BICARBONÉ (GAZ OLÉFIANT *ou* DES HOLLANDAIS).

Il est le produit de l'art ; incolore, insipide, d'une *très faible* odeur, à la fois éthérée et empyreumatique s'il a été bien purifié, et sans action sur l'*infusum* de tournesol ; il éteint les corps enflammés. Son poids spécifique est de 0,9814.

Soumis à l'action du *calorique* dans un tube de porcelaine, il est décomposé, perd une portion de carbone et double de volume.

*Lumière.* — Son pouvoir réfringent est de 2,302 (Dulong). Suivant Dalton, il peut être entièrement décomposé en hydrogène et en carbone par une grande quantité d'*étincelles électriques*.

Le gaz *oxygène* ne l'altère pas à froid ; mais si on élève la température d'un mélange d'un volume de ce gaz et de cinq volumes de gaz oxygène, celui-ci est absorbé avec dégagement de calorique et d'une lumière éclatante, et il se produit de l'eau et de l'acide carbonique ; mais si l'air ou l'oxygène ne sont pas en assez grande quantité, il se dépose du charbon.

Si on le fait passer à travers du *soufre* fondu dans un tube incandescent, il se forme du gaz acide sulfhydrique, et il se dépose du charbon.

Lorsqu'on fait arriver du gaz hydrogène *bicarboné* sur de l'*iode* maintenu à une température de 50 à 60°, il se produit de l'*hydrocarbure d'iode* cristallisé en aiguilles soyeuses, d'une odeur éthérée très vive, fusible à 73°, insoluble dans l'eau, et soluble dans l'éther et l'alcool. (Regnault.)

Le *brome* décompose une partie de ce gaz et forme de l'acide bromhydrique, tandis qu'une autre portion se combine avec l'hydrogène bicarboné et fournit un *hydrocarbure de brome* liquide, d'une odeur éthérée, incolore, et d'une saveur sucrée, plus pesant que l'eau, se congelant à 15°. (Regnault.)

Le *chlore* enlève l'hydrogène au gaz hydrogène bicarboné, forme de l'acide chlorhydrique, et le carbone est mis à nu, pourvu toutefois que le mélange soit placé sous l'influence de la lumière solaire. Si l'on fait arriver dans un ballon volumes égaux de *chlore* gazeux et de gaz hydrogène bicarboné à la température ordinaire et à la lumière diffuse, on remarque, au bout d'un certain temps, qu'il se forme un liquide jaunâtre ou coloré en vert, qui ruisselle de toutes parts en stries fort déliées, et qui va se réunir à la partie inférieure du ballon. Ce liquide, regardé par les chimistes hollandais comme une huile, contient deux composés, dont l'un est destructible par l'eau chaude, la potasse et l'acide sulfurique, tandis que l'autre n'éprouve aucun changement sous l'influence de ces agents. Ce dernier, après avoir été ainsi purifié en le débarrassant de l'autre, constitue l'*huile du gaz oléfiant* ou *hydrobicarbure de chlore*, ou *liqueur des Hollandais*; sa densité est de 1,247 à 18° c.; il bout à 82°,4 c.; son odeur est fortement alliacée; il n'est pas décomposé par l'étincelle électrique.

*Propriété essentielle.* — Si l'on approche une bougie allumée d'une cloche remplie de ce gaz, il s'enflamme lentement et donne naissance à de l'eau et à du gaz acide carbonique.

Cent litres d'*eau* absorbent 15,3 de ce gaz, d'après Berzélius. Si on le fait passer à travers un tube de porcelaine rouge avec de la vapeur d'eau, celle-ci est décomposée; on concevra facilement ce phénomène en se rappelant que dans cette opération le gaz dépose du charbon qui s'empare de l'oxygène de l'eau. Ceux des *acides* formés par l'oxygène qui sont susceptibles d'être décomposés par l'hydrogène ou par le carbone, le sont également par le gaz hydrogène bicarboné à une température rouge. Il y en a cependant quelques uns qui peuvent, à une température moins élevée, se combiner avec ce gaz, et donner ainsi naissance à plusieurs composés.

Le bi-oxyde d'azote, à une température élevée et sous l'influence de l'éponge du platine, le transforme en eau, en ammoniaque, en acides carbonique et cyanhydrique, qui s'unissent et forment du carbonate et du cyanhydrate d'ammoniaque. (Kuhlman.)

*Composition.* — Il est composé d'un équivalent de carbone et d'un équivalent d'hydrogène.

$$\begin{array}{r} C = 75{,}07 \\ H = 12{,}48 \\ \hline CH = 87{,}55 \end{array}$$

Sa formule sera C H.

Il a été découvert par les chimistes hollandais. Il est délétère; on ne s'en sert pas en médecine. On emploie aujourd'hui avec succès, dans l'éclairage, un gaz que l'on obtient en décomposant par le feu la houille, les huiles ou des matières résineuses, et qui renferme de l'hydrogène bicarboné.

*Extraction.* — On chauffe dans une petite fiole de verre à laquelle on a adapté un tube recourbé, un mélange fait avec 4 parties d'acide sulfurique concentré et 1 partie d'alcool (esprit-de-vin), et l'on obtient bientôt après une grande quantité de ce gaz, que l'on recueille sur l'eau, après avoir laissé passer les premières portions qui sont mêlées d'air. Il faut le débarrasser du gaz acide carbonique et du gaz acide sulfureux, ainsi que des vapeurs d'alcool et d'éther qu'il renferme toujours; pour cela, on le lave d'abord avec de l'eau, puis on le fait passer successivement sur de la potasse caustique et sur de l'acide sulfurique concentré (Liébig).

*Théorie.* — L'alcool peut être considéré comme étant formé d'un équivalent d'eau et d'un équivalent d'éther sulfurique, et celui-ci peut être représenté par un composé de carbone et d'hydrogène, plus un équivalent d'oxygène $= C^4 H^5 O$. Or, l'acide sulfurique ayant beaucoup d'affinité pour l'eau, décompose l'alcool, détermine, aux dépens de l'oxygène et de l'hydrogène de cet alcool, la formation d'un équivalent d'eau, et réduit l'alcool à de l'éther sulfurique; mais bientôt après celui-ci est lui-même décomposé par l'acide sulfurique, qui forme encore de l'eau aux dépens d'un équivalent d'hydrogène et d'un équivalent d'oxygène de l'éther; en sorte qu'il ne doit rester, au lieu d'éther, qu'un composé de quatre équivalents de carbone et de quatre équivalents d'hydrogène, ou de l'hydrogène bicarboné. En effet, si on retranche de l'éther $C^4 H^5 O$, un équivalent d'eau $= H O$, on a $C^4 H^4$ = hydrogène bicarboné. Ce ne sont pas là les seuls phénomènes de cette opération; en effet, à mesure que la température s'élève, une portion de l'oxygène de l'acide sulfurique se trouve ramenée à l'état d'acide sulfureux par l'hydrogène et le carbone de l'alcool, en sorte qu'il se forme de l'eau, de l'acide carbonique et de l'acide sulfureux.

*Éclairage.* — La première idée de cet *éclairage* paraît être due à Lebon, ingénieur français, qui cependant la mit en pratique primitivement en Angleterre.

Ce gaz n'est pas formé d'hydrogène bicarboné seulement; il contient toujours des mélanges de divers hydrogènes carbonés, d'oxyde de carbone, d'acide carbonique, d'azote, et quelquefois d'acide sulfhydrique, surtout quand il provient de la décomposition de la houille.

Il est facile, d'après cette composition, de prévoir que ses propriétés ne sont pas toujours les mêmes; l'odeur qu'il répand est fortement alliacée et caractéristique.

Le gaz extrait de la houille étant celui dont on se sert le plus ordinairement, il nous servira d'exemple pour la préparation de ce produit.

On introduit dans des cylindres de fonte placés horizontalement dans un four des morceaux de houille grasse; l'appareil, après avoir été fermé avec soin, est chauffé jusqu'au rouge cerise; alors la houille se décompose, il se forme du gaz qui, par des tubes placés à la partie antérieure du cylindre, va se rendre dans un barillet rempli d'eau, qui tout à la fois sert à refroidir un peu le gaz et à empêcher toute communication de l'air extérieur avec l'intérieur de l'appareil. Après avoir traversé ce liquide, il se rend dans un condenseur qui sert à retenir le goudron et l'eau chargée des sels ammoniacaux qui se produisent et qui ont été entraînés par le gaz; de là on fait passer celui-ci dans le dépurateur, qui consiste en deux cavités, ordinairement en maçonnerie, où l'on place, les uns au-dessus des autres, plusieurs lits de mousse sur laquelle on a répandu de la chaux vive en poudre. Le gaz arrive par la partie inférieure dans le dépurateur ainsi disposé, et sort par la partie supérieure, après avoir traversé la couche de mousse et de chaux, qui l'a débarrassé en grande partie de l'acide sulfhydrique qui lui donnait des propriétés si nuisibles. De là il est conduit sous une cloche en tôle, appelée gazomètre, placée sur l'eau, et qui sert de réservoir pour l'accumulation du gaz jusqu'à ce qu'il soit transporté, au moyen de tubes, au lieu de consommation. Ce n'est que par une pression convenablement calculée que le gaz peut, en sortant du gazomètre, parcourir tous les tuyaux qui lui livrent passage avec la vitesse nécessaire pour qu'en ouvrant les robinets qui les terminent au lieu de consommation, il sorte en un jet toujours égal et qui n'en laisse passer que la quantité qui peut être brûlée dans le même temps. Cette pression peut être évaluée communément à celle qu'exercent 3 centimètres d'eau répandue à la surface du gazomètre. Tout le monde connaît aujourd'hui la lumière éclatante que l'on obtient par ce moyen; mais on sait aussi quels inconvénients lui sont inhérents, indépendamment des explosions terribles qu'il peut causer dans tous les lieux où il s'accumule, quand il a été mélangé avec l'air atmosphérique.

Il n'est jamais débarrassé de tout le gaz sulfhydrique formé aux dépens des sulfures que l'on trouve toujours dans les houilles : aussi noircit-il toutes les dorures, les peintures blanches faites avec le carbonate de plomb, et altère-t-il les couleurs des tissus avec une grande rapidité.

Le gaz qui résulte de la décomposition des matières grasses et résineuses ne donne pas lieu à tous ces inconvénients ; mais comme il contient une très grande proportion d'oxyde de carbone, et que ce gaz est excessivement vénéneux, il peut occasionner des accidents fâcheux s'il échappe à la combustion. J'en dirai autant du gaz provenant de la décomposition de l'eau par le charbon.

Le charbon que l'on trouve dans les cylindres après la calcination de la houille porte le nom de coake; c'est du charbon presque pur ne contenant plus que les matières minérales fixes que la chaleur n'a point décomposées ni dégagées. C'est un excellent combustible.

## DE L'HYDROGÈNE PHOSPHORÉ.

On compte aujourd'hui trois composés différents d'hydrogène et de phosphore. Bien qu'il reste encore des doutes sur leur véritable nature, nous emprunterons au travail de M. Leverrier les principaux faits sur la constitution de ces corps, qui n'ont du reste que fort peu d'importance.

L'*hydrure de phosphore* est un corps solide jaune, insoluble dans l'alcool et dans l'eau, d'une légère odeur alliacée. Il se produit lorsqu'on abandonne sous de l'eau bouillie et à la lumière diffuse, dans un ballon en verre mince, du gaz hydrogène perphosphoré; l'hydrure se dépose alors sur les parois du vase. Il est formé de 96,90 de phosphore et de 3,10 d'hydrogène. Sa formule est $Ph^2 H$.

L'*hydrogène protophosphoré* est un gaz incolore, permanent, élastique comme l'air, d'une odeur alliacée, d'une densité de 1,214, sans action sur le tournesol. L'eau en absorbe un huitième de son volume. Il ne brûle pas spontanément à l'air ni dans le gaz oxygène; cependant il détone lorsqu'il est mêlé avec ce gaz à l'approche d'un corps enflammé; il se forme de l'eau, et, suivant les proportions d'oxygène, de l'acide phosphorique ou de l'acide phosphoreux. Il est composé, d'après les analyses de MM. Dumas et Leverrier, de 18,71 d'hydrogène et de 196,60 de phosphore. Sa formule sera donc $Ph H^3$, ou un équivalent de phosphore et trois d'oxygène.

On l'obtient en chauffant de l'acide phosphoreux à l'état sirupeux dans une petite fiole à laquelle on a adapté un tube recourbé propre à recueillir les gaz sous le mercure. Dans cette opération l'eau est décomposée ; l'oxygène se porte sur une partie de l'acide phosphoreux qu'il convertit en acide phosphorique, tandis que l'hydrogène se combine au phosphore.

L'*hydrogène perphosphoré* n'est jamais un produit pur ; il paraît toujours formé, en proportions qui varient, d'hydrure de phosphore et d'hydrogène protophosphoré ; il participe à la fois des propriétés de ces deux corps ; cependant il offre le caractère essentiel de s'enflammer spontanément au contact de l'air ; ainsi, lorsqu'on le laisse échapper bulle à bulle dans l'atmosphère, il se produit, outre la flamme, une fumée blanche circulaire, ayant la forme d'un anneau horizontal qui s'élargit à mesure qu'elle s'élève, si toutefois l'atmosphère est tranquille : cette fumée est composée de l'eau et de l'acide phosphorique qui résultent de l'action qu'exerce l'oxygène de l'air sur le gaz hydrogène et sur le phosphore. M. Thomas Thomson, assure que la combinaison des deux gaz n'est accompagnée de flamme qu'autant qu'il se produit assez de chaleur pour que la température soit au moins à 64° ther. cent.

L'hydrogène perphosphoré paraît prendre naissance spontanément dans les cimetières et dans tous les lieux où il y a putréfaction de matières animales phosphorées.

*Composition.* — Si l'on en sépare l'hydrure de phosphore, comme cela se pratique en préparant ce corps, on obtient un gaz offrant la même composition que le gaz hydrogène protophosphoré. (Leverrier, *Ann. de phys. et chim.*, novemb. 1835.) — Ce n'est donc pas un gaz particulier.

*Préparation.* — Le gaz inflammable spontanément se prépare en décomposant la plupart des hypophosphites par le feu, ou en faisant agir les alcalis sur le phosphore et sur l'eau. Pour se le procurer d'après ce dernier procédé, on introduit dans une petite fiole munie d'un tube recourbé, une bouillie faite avec 12 parties de chaux vive éteinte par l'eau, une partie de phosphore coupé en petits fragments et un peu d'eau ; on chauffe graduellement ce mélange, et l'on ne tarde pas à obtenir du gaz hydrogène phosphoré que l'on recueille sur le mercure lorsqu'il s'enflamme spontanément, et que l'air de l'appareil s'est dégagé; il reste dans la fiole du phosphate de chaux avec excès de chaux : d'où il suit que l'eau a été décomposée; l'oxygène a acidifié une portion du phosphore, tandis que l'hydrogène, en s'emparant de l'autre portion, a donné naissance au gaz dont nous parlons. On peut aussi l'obtenir en mettant dans la fiole 8 ou 12 grammes d'une dissolution concentrée de potasse, et 75 à 95 centigrammes de phosphore; dans tous les cas, le gaz qui se dégage vers la fin de l'opération ne s'enflamme plus spontanément.

## DE L'HYDROGÈNE AZOTÉ.

L'ammoniaque (*alcali volatil* des anciens chimistes) n'existe jamais pure dans la nature; on la trouve souvent combinée avec des acides, dans l'urine de l'homme, dans les excréments des chameaux, dans les produits de la putréfaction d'un très grand nombre de substances animales, enfin dans quelques mines d'alun. Séparée par l'art des composés qui la renferment, l'ammoniaque se présente à l'état gazeux.

Le *gaz ammoniac* est incolore, doué d'une odeur forte, pénétrante, qui le *caractérise* (*propriété essentielle*), et d'une saveur assez caustique; il est beaucoup plus léger que l'air; son poids spécifique est de 0,5905; il *verdit le sirop de violette* avec beaucoup d'énergie (*propriété essentielle*); il éteint les corps enflammés après que le disque de la flamme a été agrandi. Le gaz ammoniac, parfaitement sec, se condense en un liquide incolore par un simple refroidissement à 40°—0.A + 10°; il peut être également condensé si on le soumet à une pression équivalente à celle de six atmosphères et demie. Si, après l'avoir bien desséché au moyen de la potasse cassée en petits morceaux (1), on le fait passer dans

(1) Le chlorure de calcium, dont on se sert avec tant d'avantage pour dessécher les gaz, ne saurait être employé ici, parce qu'il absorbe le gaz ammoniac.

un tube de porcelaine chauffé au-dessus du rouge cerise, verni intérieurement, luté extérieurement, ne renfermant dans sa capacité aucun fragment de bouchon, il ne se décompose qu'imparfaitement; mais si le tube contient des fragments de porcelaine, ou mieux des fils métalliques de fer, de cuivre, d'argent, de platine ou d'or, le gaz ammoniac se décompose en totalité ou en grande partie; la portion décomposée est également transformée en hydrogène et en azote dans le rapport de 3 à 1 en volume; et l'expérience prouve : 1° que le poids des métaux employés augmente d'une quantité notable; le fer, par exemple, peut prendre jusqu'à 11,5 pour 100 d'augmentation de poids; 2° que leur poids spécifique diminue : la densité du fer est quelquefois réduite à 5, et celle du cuivre à 5,5; 3° que le fer et le cuivre jouissent de cette propriété à un plus haut degré que les autres, puisqu'il faut huit fois plus de platine que de fer pour produire le même effet; 4° que plusieurs d'entre eux changent de propriétés physiques : le fer, par exemple, et le cuivre deviennent cassants; 5° enfin, que leur action est d'autant plus grande que la température est plus élevée. M. Despretz, à qui nous devons ces évaluations, attribue les diverses altérations qu'apporte l'action du gaz ammoniac dans les propriétés des métaux, à la *combinaison durable* ou *instantanée entre l'azote* de l'ammoniaque et *ces métaux*. (*Ann. de Chim.*, octobre 1829.)

Le pouvoir réfringent de ce gaz est de 1,039 (Dulong). En faisant passer, au moyen de la bouteille de Leyde, deux ou trois cents décharges *électriques* à travers une petite quantité de gaz ammoniac, on le décompose en gaz hydrogène et en gaz azote.

A la température ordinaire, le gaz *oxygène* n'agit point sur lui; mais si on chauffe le mélange au moyen d'une bougie allumée ou d'une étincelle électrique, il est décomposé; l'oxygène s'empare de son hydrogène pour former de l'eau; une petite partie du gaz azote s'unit aussi avec l'oxygène et produit de l'acide azotique; mais la majeure partie du gaz azote est mise à nu. Le *soufre* en vapeur décompose le gaz ammoniac, et il en résulte un mélange de gaz hydrogène et de gaz azote, du sulfhydrate d'ammoniaque, dont une partie contient un excès de soufre. Le *charbon* rouge le décompose et donne naissance à du gaz hydrogène carboné, à du gaz azote et à du gaz acide cyanhydrique ou prussique (acide formé d'hydrogène, de carbone et d'azote). L'*hydrogène* est sans action sur le gaz ammoniac.

Si l'on introduit quelques bulles de *chlore* gazeux dans une cloche presque pleine de gaz ammoniac parfaitement sec, disposée sur la cuve à mercure, celui-ci est rapidement absorbé et décomposé en partie ; il y a dégagement de calorique et de lumière : l'hydrogène de la portion de gaz ammoniac décomposé forme, avec le *chlore*, de l'acide chlorhydrique, qui, se combinant dans le même instant avec l'ammoniaque non décomposée, donne naissance à des *vapeurs blanches épaisses* de chlorhydrate d'ammoniaque : l'azote provenant du gaz ammoniac décomposé est mis à nu et reste dans la cloche. On obtient les mêmes produits si l'on met ensemble l'ammoniaque et le *chlore*, l'un et l'autre à l'état liquide, ainsi que je l'ai dit à l'article Azote.

Si l'on met en contact de l'*iode* et du gaz ammoniac parfaitement secs, on obtient sur-le-champ un liquide visqueux, d'un aspect métallique, qui est de l'iodure d'ammoniaque; cet iodure ne tarde pas à s'emparer d'une nouvelle quantité de gaz ammoniac, et donne naissance à un liquide moins visqueux, d'un rouge brun, qui est un iodure avec excès d'ammoniaque. Aucun des deux n'est détonant; mais si on les verse dans l'eau, on obtient de l'iodure d'azote sous forme d'une poudre fulminante, et de l'iodhydrate d'ammoniaque.

L'*azote* est sans action sur le gaz ammoniac.

Exposé à l'*air*, ce gaz ne subit aucune altération à froid et ne répand point de vapeurs, quoiqu'il soit excessivement soluble dans l'eau. Si la température est élevée, on observe les mêmes phénomènes que ceux que produit sur lui le gaz oxygène, mais à un degré plus faible. Cependant, si l'on fait passer un mélange d'air et de gaz ammoniac à une température de 300° sur de l'éponge de platine, tout le gaz ammoniac est transformé en acide azotique aux dépens de l'oxygène de cet air. (Kuhlman.) L'*eau*, à la température et à la pression ordinaires, peut en dissoudre 430 fois son volume, ce qui fait à peu près le tiers de son poids. On peut s'assurer de cette grande solubilité du gaz ammoniac par les moyens employés pour prouver celle du gaz acide chlorhydrique. Il est aisé de prévoir qu'un morceau de glace doit être liquéfié par ce gaz aussi vite que par des charbons ardents.

L'ammoniaque liquide, connue sous le nom d'*alcali volatil*, d'*alcali fluor*, d'*esprit de sel ammoniac*, est la dissolution de ce gaz dans l'eau; elle est incolore; son odeur, sa saveur et son action sur le sirop de violette sont les mêmes que celles du gaz. Si elle est très concentrée, on peut la solidifier et l'obtenir cristallisée en aiguilles, en la soumettant lentement à un froid de 40°; chauffée, elle laisse dégager presque tout le gaz, et s'affaiblit; son poids spécifique est de 0,9054 lorsqu'elle est formée de 23,37 de gaz ammoniac et de 74,63 parties d'eau; il est au contraire de 0,9713 si le gaz ammoniac dissous n'est que 7,17, et l'eau 92,83. Lorsqu'on fait passer du *cyanogène* sur l'ammoniaque liquide, on obtient du cyanhydrate d'ammoniaque, une grande quantité de matière charbonneuse, d'un brun foncé, de l'oxalate d'ammoniaque et de l'urée, qui peut être considérée comme du cyanate d'ammoniaque. (Wohler.)

Le *bi-oxyde d'azote* et le gaz ammoniac sont décomposés sous l'influence du platine excessivement divisé; tout l'hydrogène de l'ammoniaque passe à l'état d'eau en se combinant avec l'oxygène du bi-oxyde, et l'azote contenu dans les deux corps devient libre.

Les *acides* hydratés peuvent se combiner tous avec l'ammoniaque, et donner naissance à des produits qui, par leur analogie avec ceux qui sont formés d'un acide et d'un oxyde métallique, portent le nom de *sels*. M. Gay-Lussac a prouvé que les combinaisons du gaz ammoniac avec les acides gazeux avaient lieu dans des rapports très simples, c'est-à-dire avec la moitié de son volume, ou avec un volume égal au sien ou double de l'acide gazeux.

Les chlorures de phosphore, de silicium et plusieurs chlorures métalliques, se combinent avec l'ammoniaque, et donnent des composés analogues aux sels, dans lesquels l'ammoniaque joue le rôle de base, et les chlorures celui d'acide; de même qu'elle peut se combiner avec plusieurs chlorures métalliques et constituer ainsi des composés doubles. (Persoz, *Annales de Chimie et de Physique*, tom. XLIV.)

*Usages et mode d'action.* — On emploie l'ammoniaque comme réactif dans les laboratoires. Son action sur l'économie animale est des plus meurtrières; elle enflamme fortement les tissus avec lesquels on la met en contact, et paraît agir comme un puissant stimulant du système nerveux. Respiré à l'état de gaz, ou introduit dans l'estomac, ce corps ne tarde pas à développer des symptômes inflammatoires et nerveux qui sont bientôt suivis de la mort, s'il a été employé en assez grande quantité et à un certain degré de concentration. Son action est beaucoup moins vive lorsqu'on le prend affaibli : dans ce cas, il augmente la chaleur générale, la fréquence du pouls et la transpiration; il provoque la sueur, et fait souvent reparaître des phlegmasies qui étaient supprimées. Les médecins peuvent, par conséquent, s'en servir avec succès lorsqu'il est administré avec prudence. Tantôt on l'introduit dans l'estomac, tantôt on l'applique à l'extérieur, tantôt enfin on l'emploie à l'état de gaz. On le fait prendre *intérieurement* dans certaines fièvres dites putrides accompagnées d'affaissement, afin de déterminer la crise par les sueurs, dans certaines fièvres ataxiques lentes, dans les maladies éruptives rentrées ou dans celles dont l'éruption est difficile, dans les affections rhumatismales lentes, dans les piqûres de divers reptiles et insectes venimeux; on l'associe, suivant l'indication que l'on veut remplir, à des potions toniques ou sudorifiques, et on en met 20 ou 30 gouttes dans 160 grammes de potion que l'on fait prendre par cuillerées : il vaudrait mieux, attendu la grande volatilité de ce médicament, ne le mêler à la potion qu'au moment où le malade doit en prendre une cuillerée. On l'applique à l'*extérieur* dans des brûlures récentes, afin d'empêcher l'inflammation et les phlyctènes de se développer, dans plusieurs maladies lentes des muscles, des glandes lymphatiques, dans le rhumatisme chronique, dans les engorgements laiteux des mamelles qui ne sont pas anciens, dans la gale, les dartres, l'œdème. On l'injecte quelquefois dans le vagin pour exciter la membrane muqueuse, et rappeler une phlegmasie locale supprimée : dans ces circonstances on emploie l'ammoniaque liquide étendue d'eau, ou bien un liniment préparé avec 1 partie d'ammoniaque et 10 d'huile, ou bien enfin, on se sert de sachets remplis d'une poudre composée de 3 parties de chaux et 1 de sel ammoniac, mélange dont il se dégage de l'ammoniaque. On fait usage de ce médicament liquide concentré pour brûler les morsures des reptiles venimeux et les piqûres de certains insectes. A l'état de *gaz*, il a été employé dans l'amaurose imparfaite, sous forme de fumigations ; on le fait respirer dans la syncope, l'asphyxie, pour prévenir les attaques d'épilepsie, etc. En général, dans la plupart des cas, il suffit d'approcher du nez un flacon contenant de l'ammoniaque liquide, et il faut suspendre l'emploi de ce médicament aussitôt que le malade revient à lui-même, crainte d'enflammer, par l'action trop prolongée du caustique, la membrane muqueuse pulmonaire.

*Composition.* — Lorsqu'on décompose 100 parties en volume de gaz ammoniac par l'étincelle électrique, on obtient 150 parties de gaz hydrogène et 50 de gaz azote en volume : le gaz ammoniac est donc formé d'un volume et demi d'hydrogène, et d'un demi-volume d'azote condensés de manière à ne former qu'un volume : en déterminant le poids de ces volumes d'après le poids spécifique des deux gaz, on trouve le gaz ammoniac formé de 100 parties d'azote et de 21,15 d'hydrogène en poids. Si on calcule sa composition en admettant qu'il est formé de trois équivalents d'hydrogène qui pèsent 37,44, et d'un équivalent d'azote dont le poids est 177,02, on le trouvera composé de 100 d'azote et de 21,14 d'hydrogène en poids. L'équivalent d'ammoniaque pèsera donc 214,46, et sa formule sera $Az\,H^3$.

Si l'on considère attentivement les propriétés de l'ammoniaque, on est porté à l'assimiler aux oxydes métalliques, puisque comme eux elle bleuit le tournesol rougi, qu'elle a la propriété de s'unir aux acides et de former des sels ; il était donc naturel de supposer, comme le fit M. Berzélius, que l'ammoniaque n'était que l'oxyde gazeux d'un métal tout particulier; de là l'idée de soumettre l'ammoniaque à l'influence de la pile, comme Davy venait de le faire avec tant de succès pour les oxydes du potassium, du calcium, etc., qui jusqu'alors avaient été regardés comme indécomposables. Ce fut cependant en vain que l'on mit de l'ammoniaque seule en communication avec les deux pôles d'une pile : ses éléments furent seulement dissociés, et l'on obtint de l'hydrogène et de l'azote. Mais, si au lieu de la soumettre seulement à cette influence on y joint celle du mercure, les phénomènes changent aussitôt; ainsi, que l'on place un peu de mercure dans une petite capsule faite avec du chlorhydrate d'ammoniaque ; si dans cette capsule on met le pôle négatif de la pile en contact avec le mercure et le pôle positif avec l'extérieur de la capsule, c'est-à-dire avec le sel ammoniacal lui-même, on ne tarde pas à voir le mercure augmenter considérablement de volume, prendre une consistance de beurre, tout en conservant un éclat métallique fort brillant, et offrir tous les caractères d'un véritable alliage.

On peut répéter cette expérience d'une manière plus simple sans avoir recours à la pile. Il suffit de mettre de l'alliage de potassium et de mercure en contact avec un sel ammoniacal dissous : aussitôt l'alliage prend un éclat plus vif, augmente considérablement de volume et acquiert la même consistance butyreuse que dans l'expérience précédente. Il s'est donc encore produit ici un alliage entre le mercure et un métal inconnu. L'analyse de ce composé peut seule nous rendre un compte exact de cette réaction curieuse.

Nous savons jusqu'ici que l'ammoniaque est un composé d'un équivalent d'azote et de trois équivalents d'hydrogène, que dans cet état elle s'unit aux acides pour former des sels ; mais ce qu'il faut surtout considérer, c'est que jamais un sel ammoniacal ne peut se former sans l'intervention d'un équivalent d'eau ; le sulfate d'ammoniaque doit donc être représenté par $Az\,H^3$ (de l'ammoniaque), plus de l'acide sulfurique hydraté $SO^3\ HO$, c'est-à-dire $Az\,H^3$, $SO^3\ HO$; dès lors l'ammoniaque rentre dans la loi commune, et l'on explique facilement ses caractères basiques; en effet, nous pouvons obtenir de cette manière un corps faisant fonction de métal uni à un équivalent d'oxygène. $SO^3\ HO$, $Az\,H^3$ ne peut-il pas, par exemple, être représenté par $SO^3$, $Az\,H^4\ O$, en admettant que l'eau est décomposée, que son hydrogène s'unit avec $Az\,H^3$ pour constituer $Az\,H^4$, c'est-à-dire un métal particulier qui s'empare de l'oxygène pour former un véritable oxyde. Cette manière de voir paraîtra encore plus plausible lorsqu'on saura qu'en chauffant dans une cloche courbe et sur le mercure une petite partie de l'alliage de mercure et de potassium, on voit aussitôt se dégager un gaz formé de $Az\,H^3 + H$, c'est-à-dire $Az\,H^4$, ou le métal dont j'ai parlé tout-à-l'heure et que l'on a nommé *ammonium*. Il faut donc admettre qu'au moment de la formation de l'alliage du potassium et du mercure, l'eau est décomposée soit par la pile, soit par le potassium; dans le premier cas, l'oxygène de l'eau se sera dégagé à l'état de liberté, et dans le second, il aura formé de l'oxyde de potassium que l'on retrouve effectivement dans la liqueur. L'ammoniaque peut donc, comme on le voit, jouer tantôt le rôle de base et tantôt celui d'un métal.

On peut encore obtenir avec l'ammoniaque et le potassium un corps faisant fonction d'un corps simple non métallique analogue au chlore, au soufre, etc. Pour cela, que l'on introduise un fragment de potassium pur dans une cloche courbe remplie elle-même de gaz ammoniac sec et pur. Si l'on chauffe le potassium à l'aide d'une lampe à alcool, on le voit entrer en fusion et répandre une vapeur verte abondante, en même temps que l'ammoniaque disparaît. Mais il reste un gaz formé par une portion de l'hydrogène de l'*ammoniaque*, et le potassium se trouve uni avec un corps qui ne contient plus que $Az\,H^2$, et que l'on appelle *amidogène*.

Dès lors la série est bien complète; l'ammoniaque, moins un équivalent d'hydrogène, fait fonction de corps simple; avec un équivalent d'hydrogène, elle joue le rôle d'un métal, et enfin avec un équivalent d'eau, elle constitue un oxyde de ce même métal. Ainsi,

$Az\,H^2$ est le radical amidogène.
$Az\,H^4$ est le métal ammonium.
$Az\,H^3 + H\,O$ est l'oxyde d'ammonium.
$Az\,H^4\,O$ est l'ammoniaque qui entre dans la composition des sels.

*Préparation.* — On introduit dans une petite fiole munie d'un tube recourbé deux parties de chaux vive et une de chlorhydrate d'ammoniaque, ou mieux encore de sulfate d'ammoniaque torréfié, réduits en poudre séparément, et mêlés : le gaz se dégage de suite, et on le recueille sous des cloches remplies de mercure, après avoir laissé passer les premières portions, qui sont mêlées d'air. On doit, pour hâter le dégagement de l'ammoniaque, élever un peu la température du mélange; il reste dans la fiole du chlorure de calcium ou du sulfate de chaux; d'où il suit que la chaux s'empare de l'acide sulfurique du sulfate, ou qu'elle décompose l'acide chlorhydrique en se décomposant et en donnant naissance à de l'eau et à du chlorure de calcium. Le gaz ammoniac obtenu n'est pur qu'autant qu'il est entièrement dissous par l'eau. On peut préparer l'ammoniaque *liquide* avec l'appareil décrit à l'article CHLORE (voy. planche 3, fig. 1re), pourvu que l'on substitue au matras *A* une cornue de grès disposée sur la grille d'un fourneau à réverbère contenant le mélange de parties égales de sel ammoniacal et de chaux, et que de cette cornue parte un tube de sûreté large, qui plonge dans la petite quantité d'eau du flacon *B*. On chauffe graduellement la cornue jusqu'au rouge, le gaz se dégage et se dissout dans l'eau distillée et refroidie des flacons, *D*, *F*, etc.; ces flacons ne doivent tout au plus être remplis qu'à moitié, parce que l'eau saturée d'ammoniaque a un volume double de celui de l'eau. Il importe aussi que ces flacons soient entourés d'eau très froide, ou de glace, parce qu'il se produit beaucoup de chaleur pendant la dissolution du gaz; l'ammoniaque obtenue dans le premier flacon *B* est colorée par une matière huileuse qui se trouve dans le sel ammoniac employé, et ne doit pas être mêlée avec celle des autres flacons. La quantité d'eau dans laquelle on reçoit le gaz doit être égale à celle du sel ammoniacal employé.

---

## DES COMPOSÉS D'HYDROGÈNE ET D'ARSENIC.

L'hydrogène peut se combiner directement avec l'arsenic; il suffit pour cela de le mettre en contact avec le gaz qui se produit en décomposant l'eau par la pile électrique; il se forme dans ce cas un *arséniure d'hydrogène solide* (*hydrure d'arsenic*). Il existe encore un produit gazeux formé aussi de ces deux éléments, que l'on ne peut obtenir directement, et dont nous indiquerons le mode de préparation plus bas.

*Arséniure d'hydrogène solide* (*hydrure d'arsenic*). — Il est inodore, insipide, brun rougeâtre, terne, et indécomposable à une chaleur voisine du rouge cerise. Chauffé avec le gaz oxygène ou avec l'air, il se décompose et se transforme en eau et en acide arsénieux; dans ce cas l'absorption de l'oxygène a lieu avec dégagement de calorique et de lumière. On ne peut l'obtenir en proportions définies qu'en faisant agir sur l'eau un alliage de potassium et d'arsenic. Il est sans usages.

*Arséniure trihydrique de Berzélius* (*hydrogène arsénié*). — On ne trouve jamais ce gaz dans la nature. Il est incolore, d'une odeur fétide et nauséabonde; il ne rougit point la teinture de tournesol; sa densité est de 2,6949. L'étincelle *électrique* et le *calorique* le décomposent en hydrogène et en arsenic.

Quand on le fait passer à travers un tube de verre contenant une certaine quantité d'amiante, il suffit de chauffer avec une lampe à esprit-de-vin la partie du tube où se trouve ce corps, pour que l'arsenic se condense en un *anneau* métallique à peu de distance de l'amiante. Il peut être liquéfié, suivant Stromeyer, à un froid de — 30°. Chauffé avec une *suffisante* quantité de gaz *oxygène*, il se transforme en eau et en acide arsénieux, et il y a dégagement de lumière.

*Propriété essentielle.* — Lorsqu'il est en contact avec l'*air*, il peut être enflammé au moyen d'un corps en ignition; à mesure qu'il absorbe l'oxygène, les parois de la cloche qui le renferme se tapissent d'arsenic. Évidemment ici la quantité d'oxygène absorbée pendant le temps qu'a duré l'expérience n'a pas été suffisante pour brûler tout l'arsenic; l'oxygène s'est combiné de préférence avec l'hydrogène pour former de l'eau, et il ne s'est produit qu'une petite quantité d'acide arsénieux.

C'est sur cette propriété de l'air qu'est fondée l'expérience que l'on fait avec l'appareil de Marsh (voy. pl. 7, fig. 3); en effet, que l'on dégage dans un flacon *A* du gaz hydrogène arsénié (voy. plus bas *Extraction*); que ce gaz passe à travers un tube de verre *B* recourbé, dont la branche horizontale se termine par une extrémité effilée et ouverte *x*; que l'on chauffe à l'aide d'une lampe à alcool la partie de ce tube où se trouve l'amiante *D*; que l'on approche un corps en ignition de l'ouverture par laquelle sort le gaz, et l'on verra bientôt un anneau d'arsenic métallique se former vers la partie *O*, alors que déjà, depuis quelque temps, il se condensait des *taches arsenicales* sur une assiette de porcelaine froide tenue près de l'ouverture *x*. Pour s'assurer que l'anneau et les taches ne sont que de l'arsenic, on constate d'abord que l'anneau est brillant et de couleur d'acier, et que les taches sont brunes ou d'un brun fauve et brillantes. Tous deux sont volatils; l'acide azotique les dissout, et si l'on chauffe le *solutum*, on obtient un résidu blanc ou d'un blanc jaunâtre que l'on partage en deux parties; l'une d'elles, après qu'elle a été refroidie, donne une belle coloration rouge brique par l'azotate d'argent en dissolution concentrée; l'autre, si elle est dissoute dans l'eau et traversée par un courant de gaz acide sulfhydrique, fournit un précipité jaune de sulfure d'arsenic, surtout si l'on ajoute une goutte d'acide sulfureux qui ramène à l'état d'acide arsénieux l'acide arsénique qui s'était formé par l'action de l'acide azotique sur l'arsenic.

Le *soufre* décompose à chaud le gaz hydrogène arsénié, et l'on obtient de l'acide sulfhydrique et du sulfure d'arsenic.

Le *chlore* s'empare de son hydrogène et met à nu l'arsenic. Plusieurs *métaux* le décomposent aussi à une température plus ou moins élevée, et en séparent l'hydrogène.

L'*eau* en dissout 5 pour 100 ; l'eau aérée le décompose ; l'oxygène de l'air contenu dans ce liquide transforme l'hydrogène en eau, et l'arsenic se précipite.

Ce gaz est excessivement vénéneux.

*Composition.* — Il est formé de 96,15 d'arsenic (deux équivalents) et de 3,85 d'hydrogène (trois équivalents).

*Préparation.* — Il se forme toutes les fois qu'un composé arsenical oxygéné (acides arsénieux et arsénique, arsénites, arséniates, etc.) se trouve dans un flacon où il se dégage du gaz hydrogène ; en effet, ce gaz décompose le composé arsenical, s'empare de son oxygène, tandis qu'une autre partie d'hydrogène se combine avec l'arsenic à l'état naissant. Dans les laboratoires on le prépare en chauffant doucement, dans une fiole munie d'un tube recourbé, 1 partie d'alliage de zinc et d'arsenic réduit en poudre, et 4 ou 5 parties d'acide sulfurique faible. Le gaz hydrogène arsénié se dégage, et il reste dans la fiole du sulfate de zinc. — *Théorie.* L'eau est décomposée ; son oxygène oxyde le zinc, tandis que l'hydrogène s'unit à l'arsenic pour former le gaz hydrogène arsénié.

---

## ARTICLE II.

### DES SUBSTANCES SIMPLES MÉTALLIQUES, OU DES MÉTAUX.

On donne le nom de *métal* à toute substance simple, solide ou liquide, presque complétement opaque, en général beaucoup plus pesante que l'eau (1), susceptible de recevoir un poli qui lui donne un brillant plus ou moins considérable, conductrice de la chaleur et du fluide électrique, pouvant

(1) Je dis en général, car on n'en connaît que deux qui soient plus légères que ce liquide.

se combiner, en une ou plusieurs proportions, avec l'oxygène, et donner naissance, tantôt à des produits acides qui *rougissent l'infusum* de tournesol, mais le plus souvent à des oxydes susceptibles de former, à quelques exceptions près, des sels avec les acides.

Les métaux se trouvent dans la nature : 1° à l'état natif; 2° combinés avec l'oxygène ou à l'état d'oxyde; 3° unis au soufre, au chlore, à l'iode ou à d'autres métaux; 4° à l'état de sel, produits qui, comme nous l'avons dit, sont presque toujours formés d'un acide et d'un oxyde métallique.

Les métaux parfaitement connus aujourd'hui sont au nombre de quarante. Plusieurs classifications ont été proposées pour faciliter leur étude; aucune, à notre avis, n'a rempli cet objet d'une manière aussi satisfaisante que celle du professeur Thénard, dont les classes sont fondées sur le degré d'affinité de ces substances pour l'oxygène. Les caractères de plusieurs de ces classes ont le grand avantage d'appartenir à tous les métaux qui les composent, et d'être choisis parmi ceux qu'il importe le plus de retenir; en sorte qu'en se les rappelant, les histoires particulières des substances métalliques sont beaucoup plus courtes et moins fastidieuses; c'est ce qui nous engage à adopter cette classification.

La 1re *classe* renferme les métaux qui absorbent l'oxygène directement et à la température la plus élevée, en produisant des oxydes irréductibles par la chaleur, ces métaux décomposent l'eau à la température ordinaire en se combinant avec l'oxygène, et dégageant l'hydrogène à l'état gazeux; ce sont : le potassium, le sodium, le calcium, le baryum, le strontium et le lithium.

La 2e *classe* contient les métaux qui se comportent avec l'oxygène comme les précédents, mais qui ne décomposent plus l'eau qu'entre 100 et 200°; ce sont : le magnésium, l'aluminium, l'yttrium, le glucinium, le thorinium et le zirconium.

La 3e *classe* est formée de métaux qui agissent sur l'oxygène comme ceux des deux premières classes, mais qui ne décomposent plus l'eau qu'à la température rouge; ce sont : le manganèse, le zinc, le fer, l'étain, le cadmium, le cobalt et le nickel. Les métaux de ces trois classes possèdent en outre le caractère commun de pouvoir décomposer l'eau sous l'influence des acides un peu énergiques à froid.

La 4e *classe* renferme les métaux dont l'action sur l'oxygène est la même que pour les précédents; mais ils ne décomposent plus l'eau ni à chaud ni à froid; ce sont : le molybdène, le vanadium, le chrome, le tungstène, le columbium, l'antimoine, l'urane, le cérium, le lantane, le titane, le bismuth, le plomb et le cuivre.

La 5e *classe* est formée par des métaux qui peuvent absorber l'oxygène à une température déterminée, et dont les oxydes sont décomposés par une chaleur plus élevée ; ils ne décomposent plus l'eau ni à froid ni à chaud ; ce sont : l'osmium, le mercure, le rhodium, l'iridium et l'argent.

La 6e *classe* contient les métaux qui ne peuvent plus absorber l'oxygène directement ni à froid ni à chaud, et qui ne décomposent plus l'eau à aucune température; ce sont : l'or, le platine et le palladium.

Si, au lieu d'examiner l'action de l'air et de l'eau sur les métaux, nous avions mis ces corps en contact avec certains acides oxygénés, nous aurions vu que ceux des premières classes décomposent ces acides en leur enlevant de l'oxygène; tels sont le potassium, l'aluminium, le fer ; tandis que ceux qui sont placés à la fin de l'échelle n'agissent pas de même : ainsi l'or et le platine ne décomposent pas les acides sulfurique et azotique; on peut encore ajouter, et toujours d'après le même principe, que les métaux des premières classes peuvent décomposer les oxydes des métaux rangés dans les classes inférieures : ainsi le potassium et le sodium, à des températures variables, enlèveront l'oxygène aux oxydes de zinc, de cuivre, etc.

*Propriétés physiques des métaux.* — La *couleur* et l'*éclat* des métaux varient presque dans chacun d'eux. Ils ne sont pas parfaitement *opaques*, d'après les expériences de Newton, puisque la lumière passe à travers une feuille très mince d'or, qui, après le platine, est le métal le plus pesant ;

cependant leur opacité est très grande. Leur *densité* varie depuis 0,86507, la plus faible que l'on connaisse, celle du potassium, jusqu'à 21,53, la plus forte de toutes, celle du platine. Il en est de même de la *ductilité* et de la *malléabilité*, propriétés que certains métaux partagent à un très haut degré, et dont plusieurs autres ne jouissent pas : on dit qu'ils sont *ductiles* lorsqu'on peut en faire des fils plus ou moins minces en les passant à la filière : ils sont *malléables* s'ils se laissent aplatir et donnent des lames par le choc du marteau ou par la pression du laminoir ; l'une et l'autre de ces propriétés augmentent si on chauffe les métaux. La *ténacité*, cette faculté qu'ont les fils métalliques de supporter un certain poids sans se rompre, varie aussi dans les différents métaux. Il en est de même de la *dureté*. L'*élasticité* et la *sonorité* des métaux sont en rapport avec leur dureté. Ils ont une *structure* lamelleuse ou granuleuse. Quelques uns d'entre eux sont *odorants*, principalement lorsqu'on les frotte. Ils sont en général tous bons conducteurs du *calorique*, et susceptibles d'être plus dilatés par cet agent que les autres corps solides; les uns sont facilement fusibles, les autres le sont difficilement; ceux-là seulement cristallisent assez aisément. Il y en a qui sont volatils, d'autres qui sont fixes. On ne connaît point de meilleurs conducteurs du fluide *électrique* que les métaux. Soumis à l'action d'une forte batterie composée de piles ou de bouteilles de Leyde, ils entrent en fusion et brûlent avec plus ou moins de rapidité et d'éclat s'ils ont le contact de l'air. On peut consulter à cet égard les expériences curieuses de M. Children. (Voyez *Ann. de Chim.*, t. XCXVI.)

*Propriétés chimiques.* — Le gaz *oxygène* peut se combiner directement avec tous les métaux, excepté avec ceux de la sixième classe : cette combinaison a lieu tantôt à froid, tantôt à chaud; elle est souvent accompagnée d'un grand dégagement de calorique et de lumière. Lorsqu'elle a lieu à la température ordinaire, elle se fait avec beaucoup plus de facilité si le gaz est humide que s'il est sec. Les métaux peuvent s'unir à l'oxygène en une, en deux ou en trois proportions, et donner naissance à un *protoxyde*, à un *sesqui-*

*oxyde*, à un *bi-oxyde*, à un *tritoxyde* ou à un *acide*; il y en a qui ne forment qu'un seul oxyde, d'autres qui en donnent deux, d'autres enfin qui en forment trois.

L'*hydrogène* et le *bore* ont fort peu d'affinité pour les métaux. Le *carbone* se combine avec presque tous, et constitue des carbures, dont quelques uns sont employés dans l'industrie, tels que l'acier, la fonte, etc. Le *soufre* et le *phosphore* peuvent s'unir à tous les métaux, tantôt par des moyens directs, tantôt par des moyens indirects. L'*iode* se combine, à l'aide de la chaleur, avec presque tous les métaux, et forme des iodures. L'action du *brome* sur les métaux ressemble beaucoup à celle du chlore; il en résulte des bromures.

Le *chlore* gazeux s'unit presque à tous les métaux, même à la température ordinaire, et donne des chlorures. Les phénomènes qui accompagnent la formation de ces composés diffèrent : tantôt elle a lieu avec dégagement de calorique et de lumière, tantôt elle n'est accompagnée d'aucune flamme.

Le gaz *azote* n'exerce aucune action sur les métaux; on peut cependant le combiner par des moyens indirects avec le potassium, le sodium et le cuivre, et peut-être avec l'or, le platine et l'argent.

L'*arsenic* contracte avec les métaux diverses combinaisons, qui sont assez abondantes et assez communes pour que les anciens chimistes lui aient donné le nom de minéralisateur.

L'*air atmosphérique* agit sur eux comme le gaz oxygène, mais avec moins d'énergie; en outre, comme l'air contient un peu d'acide carbonique et de l'eau en vapeur, il se passe d'autres phénomènes : l'oxyde métallique formé absorbe l'acide carbonique dans certaines circonstances, et se transforme en carbonate; l'humidité atmosphérique se décompose dans quelques cas; son oxygène oxyde le métal, tandis que son hydrogène s'unit à l'azote de l'air, et produit de l'ammoniaque qui reste dans l'oxyde : ce fait, annoncé d'abord par Austin, a été l'objet des recherches de MM. Chevalier et Collard de Martigny, qui ont retiré de l'ammoniaque des oxydes de fer et de zinc, obtenus dans les laboratoires en faisant agir l'air humide sur les métaux, et de plusieurs oxydes de fer naturels. (*Journal de Chimie médicale*, t. III.)

Les métaux sont insolubles dans l'*eau;* plusieurs la décomposent, comme nous l'avons dit en exposant les caractères de chacune des six classes.

L'*eau oxygénée* n'agit point ou agit à peine sur le fer, l'étain, l'antimoine et le tellure. L'argent, le platine, l'or, l'osmium, le palladium, le rhodium, l'iridium, le plomb, le bismuth et le mercure, très divisés, décomposent ce liquide sans éprouver d'altération, à la température ordinaire, et en dégagent tout l'oxygène, en sorte qu'il ne reste que de l'eau. Le cobalt, le nickel, le cadmium et le cuivre ont une action très faible. On ignore comment l'urane, le titane, le cérium, le baryum, le strontium, le calcium, le lithium et le magnésium, se comporteraient avec l'eau oxygénée. L'arsenic, le molybdène, le tungstène, le chrome très divisés, le potassium, le sodium et le manganèse, décomposent l'eau oxygénée, en s'emparant d'une partie ou de la totalité de son oxygène.

Les *acides formés par l'oxygène* et par un autre corps, par exemple les acides borique, carbonique, phosphorique, sulfurique, sulfureux, azotique, etc., ne peuvent se combiner avec les métaux qu'autant que ceux-ci sont oxydés à un degré déterminé. Il est des acides qui peuvent oxyder un certain nombre de métaux à toutes les températures, par exemple l'acide azotique; toutefois, si cet acide était très concentré, il n'attaquerait pas quelques métaux, tels que l'étain, le fer, le plomb, l'argent, etc., etc. (Braconnot); quelques uns n'en déterminent l'oxydation qu'à un certain degré de chaleur; enfin, il en est qui n'agissent point sur eux. Lorsqu'un des acides, privé d'eau, cède de l'oxygène à un métal, cet oxygène provient nécessairement d'une portion d'acide qui a été décomposée; tandis que si l'acide contient de l'eau, l'oxygène qui se porte sur le métal peut appartenir à l'acide, à l'eau, ou à tous les deux à la fois. On reconnaît que c'est l'eau qui a été décomposée s'il se dégage du gaz *hydrogène;* si le métal a été oxydé aux dépens de l'acide, il se dégagera du gaz *sulfureux,* du gaz *bi-oxyde d'azote,* ou bien le corps simple qui entre dans la composition sera mis à nu; enfin, si l'acide et l'eau ont été décomposés, ce qui n'a lieu que pour les acides azotique et azoteux, il se produira de l'*azotate d'ammoniaque*, l'hydrogène de l'eau s'étant uni avec une portion d'azote des acides azotique ou azoteux. L'*oxyde* résultant de ces actions diverses peut être au premier, au second ou au troisième degré d'oxydation, et être susceptible ou non de se combiner avec la portion d'acide non décomposée. Il est des acides liquides dans la composition desquels entre l'oxygène, par exemple certains acides végétaux, qui dissolvent quelques métaux sans leur céder de l'oxygène; mais alors le métal s'oxyde aux dépens de l'air atmosphérique.

Les *acides gazeux composés d'hydrogène* et d'un corps simple non métallique, par exemple les gaz acides chlorhydrique, bromhydrique, iodhydrique, sélénhydrique et sulfhydrique, ne peuvent pas oxyder les métaux, puisqu'ils ne contiennent pas d'oxygène quand ils sont parfaitement secs; cependant ils peuvent être décomposés par certains métaux, l'hydrogène est mis à nu, et le chlore, le brome, l'iode, le sélénium ou le soufre, se combinent avec les métaux pour former des *chlorures*, des *bromures*, des *iodures*, des *séléniures* ou des *sulfures*. Il en est de même quand ces acides sont dissous dans l'eau; cependant on pourrait admettre, dans ce cas, que l'eau est décomposée par quelques métaux qui s'empareraient de son oxygène pour s'unir ensuite à l'acide et former un sel; mais il est plus simple d'adopter, comme nous venons de le dire, que le métal s'unit au chlore, au brome, à l'iode, au sélénium et au soufre, et que c'est l'hydrogène de l'acide qui se dégage.

Plusieurs métaux peuvent se combiner entre eux et former des *alliages*.

## DES OXYDES MÉTALLIQUES.

Les oxydes, appelés *chaux* par les anciens, sont des composés solides, d'une couleur variable, presque toujours différente de celle du métal qui entre dans leur composition; ils sont, en général, ternes et pulvérulents; cependant plusieurs d'entre eux peuvent être obtenus cristallisés en les faisant dissoudre dans du peroxyde de potassium chauffé jusqu'au rouge naissant, et en traitant le produit par l'eau; ils sont tous électro-positifs à l'égard des acides, qui au contraire deviennent électro-négatifs. (Voy. *Ann. de Chim.*, septembre 1832.)

*Chauffés* dans des vaisseaux fermés, quelques oxydes abandonnent tout leur oxygène; d'autres n'en perdent qu'une portion et passent à un degré d'oxydation inférieur; enfin, il en est qui ne s'altèrent pas. La *lumière* n'en décompose qu'un très petit nombre. Soumis à l'action de la *pile* voltaïque, ils sont tous décomposés; l'oxygène se porte au pôle positif, et le métal est attiré par le pôle négatif. Ceux qui sont déjà saturés d'*oxygène* n'éprouvent aucune altération de la part de cet agent ni de celle de l'*air*; un très grand nombre de ceux qui sont peu oxydés absorbent l'oxygène à des températures variables.

Le gaz *hydrogène*, le *bore*, le *carbone*, le *chlore*, le *brome* et l'*iode* peuvent décomposer un plus ou moins grand nombre d'oxydes à une température élevée; les trois premiers s'emparent, en général, de l'oxygène, donnent naissance à de l'eau, à de l'acide borique, à du gaz acide carbonique, ou à du gaz oxyde de carbone, et le métal est mis à nu. Le gaz oxyde de carbone se trouvant en contact avec l'oxyde métallique s'empare de son oxygène et le réduit; c'est ainsi que l'on peut se rendre compte de la réduction d'un oxyde par le charbon, lors même que ces deux corps sont séparés.

Le *chlore*, le *brome* et l'*iode* en dégagent l'oxygène, et s'unissent au métal, qu'ils transforment en *chlorure*, en *bromure* ou en *iodure*. Le *chlore* et le *brome* dissous dans l'eau peuvent se combiner avec les oxydes de la plupart des métaux qui ne sont pas réductibles par la chaleur; il en est d'autres sur lesquels ils n'exercent aucune action; enfin le chlore, dans une dissolution concentrée d'oxydes solubles, peut dégager l'oxygène d'une portion de ces oxydes, l'absorber et passer à l'état d'acide plus ou moins énergique selon la concentration de la dissolution; cet acide se combine ensuite avec la partie de l'oxyde non décomposée et constitue un hypochlorate ou un hypochlorite. Quelques uns d'entre eux sont sur-oxydés, et perdent par là leur tendance à se combiner avec les acides. (Voy. *les oxydes en particulier.*)

Le *soufre*, à une température rouge, s'unit tantôt au métal pour former un sulfure, et à l'oxygène avec lequel il produit du gaz acide sulfureux qui se dégage; tantôt il donne de l'acide sulfurique qui forme alors un *sulfate;* c'est ce qui a lieu avec les oxydes de la première classe. Il existe un certain nombre d'oxydes qui cèdent leur oxygène au *phosphore*, et il se forme des *phosphures métalliques* et des *phosphates d'oxyde.*

L'*eau* dissout les six oxydes alcalins de la première classe; le bi-oxyde de mercure et le protoxyde de plomb sont aussi très légèrement solubles. Quelques protoxydes s'emparent de l'oxygène de l'eau; certains peroxydes abandonnent de l'oxygène, lorsqu'ils sont mis dans ce liquide, et passent à l'état de protoxyde. On désigne sous le nom d'*hydrate* tout composé d'un oxyde et d'eau; en effet, plusieurs oxydes peuvent absorber ce liquide, se combiner avec lui et donner des composés secs et pulvérulents dont la couleur diffère presque toujours de celle des oxydes : ainsi l'hydrate de protoxyde de cobalt est rose, et l'oxyde anhydre est bleu; celui de bi-oxyde de cuivre est bleu, tandis que le bi-oxyde sec est brun-noirâtre. La composition de certains de ces hydrates est telle, que la quantité d'oxygène dans l'eau est égale à la quantité d'oxygène de l'oxyde avec lequel ce liquide est combiné : ainsi, un protoxyde formé d'une proportion d'oxygène et de métal donnera un hydrate composé d'une proportion de protoxyde et d'une proportion d'eau, ou 112,480 d'eau. Un hydrate de bi-oxyde contiendrait deux proportions d'eau, si le bi-oxyde renfermait deux proportions d'oxygène.

Les oxydes métalliques donnent avec le *cyanogène* divers produits selon la classe à laquelle ils appartiennent et selon la température : ainsi, avec une dissolution concentrée de protoxyde de potassium ou de sodium, le cyanogène se transforme en ammoniaque et en acide carbonique par l'ébullition, tandis qu'il forme des cyanures avec les métaux des autres oxydes en déplaçant l'oxygène comme le fait le chlore.

L'*eau oxygénée* n'agit point sensiblement sur les oxydes d'aluminium, de chrome, sur le bi-oxyde d'étain, sur le protoxyde et le bi-oxyde d'antimoine. Le bi-oxyde de manganèse, le peroxyde de cobalt, le massicot, le sesqui-oxyde de fer hydraté, l'oxyde de nickel noir, le bi-oxyde de cuivre bleu, l'oxyde de bismuth jaune, et les protoxydes de potassium et de sodium, dégagent plus ou moins rapidement tout l'oxygène de l'eau oxygénée, sans éprouver d'altération, à la température ordinaire. Les peroxydes de strontium, de calcium et de baryum, les oxydes d'urane, de titane, de zinc, l'oxyde de cérium en poudre; désoxydent à peine l'eau oxygénée. Les protoxydes de baryum, de strontium et de calcium, dissous dans l'eau, l'hydrate de bi-oxyde de cuivre gélatineux, les hydrates de zinc et de nickel, et les hydrates de protoxydes de manganèse, de cobalt, de fer et d'étain, enlèvent de l'oxygène à l'eau oxygénée, et se suroxydent. L'oxyde d'argent, le bi-oxyde de plomb, l'hydrate de bi-oxyde de mercure, l'oxyde d'or en poudre brune et l'oxyde de platine, dégagent l'oxygène de l'eau oxygénée en même temps qu'ils se désoxydent.

Il existe un très grand nombre d'oxydes qui se combinent avec les *acides* sans éprouver ni leur faire éprouver la moindre décomposition; d'autres, trop oxydés, ne peuvent se combiner avec cette classe de corps sans perdre de l'oxygène; enfin, il en est qui, étant peu oxydés, absorbent de l'oxygène à l'acide ou à l'eau qu'il renferme, pour passer à l'état d'oxydation convenable pour entrer en combinaison. En général, la tendance des oxydes pour s'unir avec les acides est d'autant plus grande qu'ils sont moins oxydés; dans tous les cas, ces combinaisons portent, comme nous l'avons déjà dit, le nom de *sels*.

Parmi les acides précédemment étudiés, il en est un, l'acide hypo-azotique, dont l'action sur les oxydes est assez remarquable pour devoir être examinée en particulier. Cet acide, en se combinant avec les oxydes, est décomposé et transformé en acide azotique et en acide hypo-azoteux; en sorte qu'il donne naissance à un mélange d'azotate et d'hypoazotite.

Il est des *métaux* doués de la faculté de décomposer certains oxydes en s'emparant de leur oxygène. (Voy. ALCALIS, pour l'action de certains métaux sur ces corps.)

L'*ammoniaque* a la propriété de dissoudre quelques uns des oxydes métalliques des quatre dernières sections. Le produit appelé *ammoniure* jouit quelquefois de la propriété de cristalliser.

Il est à remarquer que les dissolutions *alcalines faibles* protègent certains métaux contre l'oxydation : tels sont le fer, l'acier, le nickel, l'antimoine, etc., tandis qu'elles favorisent au contraire l'oxydation de certains autres, comme le cuivre, le plomb, l'étain, le cadmium, etc.

Plusieurs *oxydes* se combinent entre eux; quelques uns peuvent même être dissous par d'autres : c'est ainsi que les protoxydes de potassium ou de sodium dissolvent à merveille les oxydes de plomb, de zinc, de titane, etc.: c'est même en se fondant sur cette propriété et sur l'ensemble de celles que nous avons décrites, que l'on a pu classer les oxydes en un certain nombre de catégories ainsi formées:

D'*oxydes basiques*, c'est-à-dire qui s'unissent bien avec les acides et constituent des sels;

D'*oxydes acides*, qui ne se combinent pas avec les acides ou qui n'en altèrent pas les propriétés, et qui au contraire se combinent avec les bases;

D'*oxydes indifférents*, c'est-à-dire tous ceux qui peuvent jouer à la fois le rôle d'acide avec les bases puissantes et le rôle de base avec les acides énergiques;

Enfin, d'*oxydes salins*, qui comprennent tous ceux qui sont formés de deux oxydes, dont l'un fait fonction de base et l'autre d'acide.

*Composition des oxydes.* — Elle est très variable; cependant les divers oxydes d'un métal sont composés de telle manière que les quantités d'oxygène et de métal sont, en général, dans un rapport fort simple; le protoxyde renferme une proportion de métal et une d'oxygène, c'est-à-dire 100 parties; le sesqui-oxyde contient une fois et demie et le bi-oxyde deux fois autant d'oxygène que le protoxyde. En supposant que le protoxyde soit composé d'une proportion de métal et d'une d'oxygène, les autres oxydes contiendront une et demie, deux, trois ou quatre proportions d'oxygène.

*Préparation des oxydes.* — 1° Quelquefois on calcine le métal avec l'air ou avec l'oxygène; 2° dans beaucoup de cas on précipite l'oxyde d'un sel soluble par un alcali; 3° on peut obtenir des oxydes en calcinant certains carbonates ou certains azotates; 4° on en prépare quelques uns avec le métal et l'acide azotique; 5° enfin, le bi-oxyde d'hydrogène sert à en former d'autres.

## DES ACIDES MÉTALLIQUES.

L'étain, le chrome, le molybdène, le vanadium, le tungstène, le columbium et le titane peuvent former chacun un acide en se combinant avec l'oxygène; l'antimoine et le manganèse en donnent chacun deux; d'où il suit que ces acides sont au nombre de onze. Ils sont solides, insipides, incolores ou colorés, et rougissent le tournesol, excepté l'acide tungstique. Leur histoire générale a le plus grand rapport avec celle des oxydes, si ce n'est qu'ils peuvent s'unir aux bases pour former des sels, et qu'ils abandonnent plus facilement une partie de leur oxygène, à moins qu'ils ne soient en présence d'un oxyde avec lequel ils puissent se combiner.

## DES PHOSPHURES MÉTALLIQUES.

Tous les phosphures sont solides, inodores, cassants, et plus ou moins fusibles; aucun ne se trouve dans la nature.

*Composition.* — Ils sont soumis, comme les autres corps, aux lois des proportions multiples; ainsi le protophosphure contenant une proportion de phosphore et de métal, le sesqui et le biphosphure devront renfermer une fois et demie ou deux fois autant de phosphore; et comme la proportion de phosphore pèse 196,15, et que celle d'oxygène ne pèse que 100, il est évident que dans un protophosphure il y a presque le double de phosphore qu'il n'y a d'oxygène dans le protoxyde du même métal.

*Préparation.*— On ne peut pas employer le même procédé pour combiner le phosphore avec tous les métaux susceptibles de former des phosphures; il est cependant permis d'établir que presque tous les phosphures peuvent être obtenus en faisant fondre le métal s'il est facilement fusible, ou en le faisant rougir s'il fond difficilement, et en le mettant en contact avec de petits fragments de phosphore. En parlant de l'action de ce corps sur chaque métal en particulier, nous aurons soin d'indiquer les précautions qu'il faut prendre pour parvenir à le combiner avec quelques uns d'entre eux, tels que le zinc, le potassium, le sodium, le mercure et l'arsenic. (Voy. *Action du phosphore sur ces métaux.*)

Les métaux très oxydables qui peuvent décomposer l'acide phosphorique vitreux, comme le fer, l'étain, le manganèse, etc., se transforment en phosphures et en phosphates lorsqu'on les fait rougir avec cet acide dans un creuset de Hesse; le phosphure fond et forme un culot métallique, tandis que le phosphate reste à la surface.

Presque tous les métaux peuvent passer à l'état de phosphure lorsqu'on les chauffe fortement avec de l'acide phosphorique vitrifié et du charbon; car celui-ci s'empare de l'oxygène de l'acide et met le phosphore à nu.

## DES SULFURES MÉTALLIQUES.

Tous les sulfures sont solides, cassants, inodores et plus ou moins fusibles. 1° Chauffés avec le contact de l'air ou du gaz oxygène, lorsqu'ils sont secs, ils s'oxydent et donnent des produits qui diffèrent suivant la nature des sulfures : ainsi les uns se changent en sulfates, d'autres en oxysulfures, d'autres en oxydes, d'autres enfin en acide sulfureux et en métal. 2° S'ils sont humides ou dissous dans l'eau, ils commencent par se transformer en sulfures sulfurés, c'est-à-dire qu'une portion de sulfure est décomposée par l'oxygène de l'air qui oxyde le métal et met le soufre en liberté; cette portion de soufre se dissout alors dans le sulfure métallique non décomposé, et donne un polysulfure : on remarque surtout l'altération dont nous parlons, avec les sulfures alcalins dissous. Ainsi altérés, ils sont jaunes, tandis qu'auparavant ils étaient incolores ; bientôt après le soufre en excès, celui qui avait été dissous dans le sulfure, absorbe à son tour l'oxygène de l'air, et passe à l'état d'acide hyposulfureux qui se combine avec l'oxyde métallique que nous avons dit s'être produit d'abord : la dissolution ne contenant plus de soufre en excès, et l'hyposulfite étant incolore, la liqueur perd sa couleur jaune. L'action oxygénante de l'air continuant de s'exercer tant qu'il reste du sulfure, il est évident qu'au bout d'un certain temps la totalité de ce sulfure doit se trouver changée en hyposulfite, en sulfite et même en sulfate. 3° Le chlore, à diverses températures, transforme tous les sulfures en chlorures, en s'emparant du métal et mettant à nu le soufre *qui se précipite*, ou qui peut s'unir avec une portion de chlore, et constituer ainsi un composé particulier désigné par M. Rose sous le nom d'acide *sulfochlorique*, si le sulfure était dissous (propr. essent.). 4° La plupart des sulfures sont insolubles dans l'eau et insipides : ceux de potassium, de sodium, de lithium, de baryum, de strontium, de calcium, de magnésium, de glucynium et d'yttrium, se dissolvent dans ce liquide; parmi ceux qui ne sont pas solubles, il en est trois, ceux de zinc, de fer et de manganèse, qui sont hydratés. 5° Tous les sulfures solubles sont décomposés par les *acides*, sans en excepter l'acide carbonique, d'après les expériences de M. Henry fils; l'eau de ces acides se décompose, son oxygène oxyde le métal, son hydrogène s'unit au soufre et forme de l'acide sulfhydrique qui se dégage; *il ne se précipite point de soufre;* cependant les acides azotique et azoteux cèdent presque toujours une portion de leur oxygène à l'hydrogène de l'acide sulfhydrique, et il se dépose du soufre. 6° Les *sels* de la première classe, ainsi que ceux d'yttria et de glucyne, n'exercent aucune action sur les sulfures; tous les autres les décomposent en donnant des produits divers; mais il se forme constamment un précipité blanc ou coloré, qui est tantôt un *sulfure*, tantôt un polysulfure.

*Théorie.* — On peut représenter les deux sels par

| | | |
|---|---|---|
| Soufre + | Potassium. | |
| Zinc + | Oxygène + Acide sulfurique. | |
| Sulfure de zinc. | Oxyde de potassium combiné à l'acide sulfurique. | |

Il est évident que l'oxyde de zinc du sulfate est décomposé, que son oxygène se porte sur le potassium du sulfure, et que le soufre de ce sulfure s'unit au zinc.

*Composition.* — L'expérience prouve que presque tous les oxydes métalliques donnent, lorsqu'on les traite par l'acide sulfhydrique, un sulfure et de l'eau, c'est-à-dire qu'un équivalent d'oxygène se combine avec deux équivalents d'hydrogène de l'acide pour former de l'eau; il résulte de ce fait que la quantité de soufre des sulfures métalliques dont je parle est proportionnelle à la quantité d'oxygène que contiennent les oxydes, puisque l'acide sulfhydrique contient un équivalent de soufre, comme l'eau renferme un équivalent d'oxygène. Suivant M. Berzélius, on ne peut former avec les métaux tout au plus qu'autant de sulfures qu'ils peuvent donner d'oxydes; en outre, le protosulfure d'un métal quelconque renferme deux fois autant de soufre en poids qu'il y a d'oxygène dans le protoxyde du même métal; le bisulfure en contient deux fois autant qu'il y a d'oxygène dans le bi-oxyde : on sait que le poids de l'équivalent d'oxygène étant 100, celui du soufre est de 201,16; or, j'ai dit en parlant de la composition des oxydes d'un même métal que la quantité d'oxygène contenue dans ceux qui sont très oxydés, était 1, 1 1/2, 2 ou 4 fois aussi considérable que celle du protoxyde : donc nous devons admettre la même loi de composition pour les sulfures. Éclaircissons ces données par un exemple : supposons que, des trois oxydes d'un métal, le protoxyde contienne sur 100 parties de de métal, 6 d'oxygène, le bi-oxyde 12, et le tritoxyde 24; supposons de plus que l'on puisse former trois sulfures avec le même métal, le protosulfure sera composé de 100 de métal+12 de soufre; le bisulfure contiendra 24 de soufre, et le trisulfure 48. Quelques métaux semblent au premier abord pouvoir fournir un plus grand nombre de sulfures que d'oxydes; mais ces diverses combinaisons doivent être considérées, d'après M. Berzélius, comme de véritables sulfures avec un excès de soufre ou de métal, ou comme des mélanges de divers sulfures du même métal.

Il suit de là qu'un protosulfure étant formé d'un équivalent de métal et d'un équivalent de soufre, si l'on donne au soufre la quantité d'oxygène nécessaire pour passer à l'état d'acide sulfurique, et au métal celle qui lui est nécessaire pour passer à l'état de protoxyde, on constituera ainsi un sulfate neutre. Il en serait de même pour un bisulfure, et *vice versâ:* en enlevant à un sulfate neutre l'oxygène de l'acide et celui du métal, on formera un protosulfure.

*Préparation.* — 1° On prépare un assez grand nombre de sulfures métalliques, en décomposant leurs dissolutions par les sulfures solubles de potassium et de sodium, et quelquefois même par l'acide sulfhydrique. M. Becquerel a obtenu cristallisés plusieurs sulfures métalliques en faisant usage d'un appareil électro-chimique. (Voyez *Ann. de Chim.*, novembre 1829.) 2° Quelques autres sulfures peuvent être obtenus en traitant à une température élevée les sulfates du protoxyde métallique par le charbon. On connaît encore d'autres procédés. (Voyez *les métaux en particulier.*)

## DES POLYSULFURES OU PERSULFURES.

Les polysulfures auxquels le soufre et les métaux donnent naissance sont en général solides, d'une couleur jaune ou rouge, solubles ou insolubles dans l'eau, sapides quand ils peuvent être dissous, décomposables par les acides avec effervescence, avec dégagement de gaz acide *sulfhydrique* et avec *précipitation* de *soufre* ou de polysulfure d'hydrogène (hydrure de soufre); ce qui les distingue des sulfures simples (voy. p. 204). Ils sont également décomposables par l'acide *sulfhydrique*, qui en précipite l'excès de soufre, et il reste dans la liqueur un sulfhydrate de sulfure. L'air et le chlore agissent sur les polysulfures comme sur les sulfures.

*Préparation.*—Les polysulfures insolubles se préparent en versant un polysulfure soluble dans une dissolution d'un sel métallique. On peut obtenir un assez grand nombre de polysulfures en fondant un excès de soufre avec un oxyde ou un carbonate métallique; l'oxygène de l'oxyde se porte sur une partie du soufre, pour former de l'acide sulfureux qui se dégage, et le métal se combine avec l'autre portion de soufre.

## DES SULFHYDRATES DE SULFURES OU DES BISULFHYDRATES.

On désigne ainsi certains composés *salins*, formés d'acide sulfhydrique et d'un sulfure métallique.

*Propriétés.*— 1° Lorsqu'on traite ces sels par un acide, celui-ci agit sur le sulfure, comme nous l'avons dit à la page 239 en parlant des sulfures simples : il se dégage de l'acide sulfhydrique, et il ne se précipite point de soufre; 2° ils se comportent avec les sels métalliques comme les sulfures simples, si ce n'est qu'il y a de l'acide sulfhydrique mis à nu; 3° lorsqu'ils sont dissous, l'air ou l'oxygène les transforme d'abord en polysulfures, puis en hyposulfites, en sulfites et en sulfates (voy. SULFURES); il est évident que l'oxygène commence par s'emparer de l'hydrogène de l'acide sulfhydrique.

Ils doivent être considérés comme des protosulfures auxquels s'unit un équivalent de gaz sulfhydrique que l'on peut regarder aussi comme un sulfure d'hydrogène, ce qui dès lors constitue un sulfure double d'hydrogène et de métal.

*Préparation.*— On fait passer du gaz sulfhydrique sur les oxydes métalliques, ou sur leurs carbonates en dissolution dans l'eau ou suspendus dans ce liquide, jusqu'à complète saturation. Il se précipite, surtout lorsqu'on agit avec de la potasse ou de la soude, une matière gélatineuse, mêlée d'une poudre noire, qui donne à la liqueur un aspect brunâtre trouble, et qui, à la fin de l'opération, se rassemble au fond du vase et peut être séparée par le filtre : cette matière est composée d'acide silicique, d'oxyde de fer et d'oxyde de manganèse, substances qui se trouvent ordinairement dans les alcalis employés, et qui se déposent à mesure que l'acide sulfhydrique sature ces alcalis. Quelquefois aussi on découvre dans ce précipité de l'oxyde d'argent, qui provient de la potasse et de la soude que l'on a fait fondre dans des chaudières d'argent. Lorsque l'opération est terminée, ce qui n'a lieu qu'au bout de plusieurs jours, on filtre les sulfhydrates, et on les agite avec du mercure : ce métal s'empare de leur excès de soufre, et leur fait perdre la couleur jaune qu'ils avaient. Le mercure, dans cette expérience, noircit d'abord, puis se transforme en sulfure rouge (cinnabre).

## DES SULFO-SELS.

M. Berzélius a désigné ainsi, tantôt les sulfhydrates de sulfures, tantôt des sels composés de deux sulfures métalliques; ces doubles sulfures sont en général solubles dans l'eau, qui en décompose même quelques uns. Les acides les décomposent avec ou sans dégagement d'acide sulfhydrique, et précipitent un des sulfures métalliques, s'il est insoluble, ce qui arrive le plus souvent.

*Préparation.*— Elle est très variée suivant les cas. (Voy. Berzélius, tom. III, pag. 334.)

## DES SÉLÉNIURES.

Les séléniures ressemblent beaucoup aux sulfures pour leurs propriétés physiques et chimiques. On en trouve un certain nombre dans la nature. Les séléniures alcalins seuls sont solubles dans l'eau ; le chlore en sépare le sélénium. Leur *composition* est soumise aux lois des proportions multiples dont nous avons déjà parlé ; ainsi le séléniure correspondant à un protoxyde formé d'une proportion d'oxygène et de métal, est lui-même composé d'une proportion de sélénium et de métal.

*Préparation.* — On obtient la plupart des séléniures en versant dans une dissolution saline de l'acide sélénhydrique.

## DES IODURES MÉTALLIQUES.

Ils sont presque tous le produit de l'art ; ils sont tous solides, inodores, fragiles; plusieurs sont colorés; mais cependant la plupart sont incolores, sapides et cristallisables. Il en est qui sont solubles dans l'eau. Plusieurs de ceux qui sont insolubles peuvent être obtenus cristallisés par l'électricité (Becquerel). Le *chlore* les décompose tous, s'empare du métal et met l'iode à nu. Les acides *sulfurique* et *azotique* opèrent aussi cette décomposition. L'*azotate d'argent* précipite ceux qui sont solubles, en blanc, et l'iodure d'argent précipité est *insoluble dans l'ammoniaque*. Le *proto-azotate de mercure*, les sels de *bi-oxyde de mercure*, et les sels *de plomb*, précipitent les iodures solubles, savoir : le premier en jaune verdâtre, le second en rouge et les autres en jaune : ces décompositions, aussi bien que celle que détermine l'azotate d'argent, s'expliquent en admettant que l'oxygène des oxydes d'argent, de mercure ou de plomb, se porte sur le métal qui fait partie de l'iodure dissous, tandis que ces trois métaux mis à nu s'unissent à l'iode. Le *chlorure de platine* produit un iodure soluble, d'un rouge garance très foncé. Les iodures solubles dissolvent de l'iode, se colorent en rouge-brun, et deviennent des *iodures iodurés*.

*Préparation.* — 1° On peut combiner directement l'iode, à l'aide de la chaleur, avec un certain nombre de métaux, tels que le potassium, le sodium, le mercure, le fer, le zinc, l'étain, etc.; 2° les dissolutions métalliques dont les métaux ne décomposent pas l'eau à froid, comme sont celles de cuivre, de plomb, d'argent, de bismuth, etc., donnent par les iodures solubles un précipité d'*iodure;* en effet, l'oxygène des oxydes de plomb, d'argent, de bismuth, etc., se combine avec le métal de l'iodure soluble, et l'iode se précipite uni au plomb, à l'argent, etc.; 3° plusieurs iodures se préparent par des procédés particuliers.

*Composition.*—L'acide iodhydrique donne, avec la plupart des oxydes métalliques, de l'eau et un iodure : or, cet acide est formé d'équivalents égaux d'hydrogène et d'iode; donc un iodure correspondant à un protoxyde qui renfermait un équivalent d'oxygène doit contenir un équivalent d'iode, puisqu'il aura fallu un équivalent d'hydrogène pour former de l'eau avec l'équivalent d'oxygène du protoxyde. La quantité d'iode dans les bi-iodures, etc., sera proportionnelle à la quantité d'oxygène des oxydes.

## DES IODURES IODURÉS.

Ces corps d'un rouge brun ne retiennent l'iode qu'avec peu de force ; ils l'abandonnent par leur ébullition et par leur exposition à l'air quand ils sont desséchés ; l'iode n'altère point leur neutralité. Le chlore, l'azotate d'argent, les sels de mercure et de plomb, agissent sur eux comme sur les iodures.

*Préparation.*— Il suffit de mettre l'iode en contact avec un iodure dissous, pour le transformer en iodure ioduré (1).

## DES BROMURES MÉTALLIQUES.

Ils sont tous solides, colorés ou incolores, sapides ou insipides ; la plupart de ceux qui ont été étudiés se dissolvent dans l'eau. Le chlore les décompose et en dégage le brome. Il en est de même des acides chlorique et azotique. Ils précipitent les sels de plomb en blanc, et l'azotate d'argent en jaune serin : ce dernier précipité noircit à la lumière.

*Préparation.* — Les bromures de cuivre, de chrome, d'urane, de cadmiun, de zinc, de nickel, de cobalt, de fer et de manganèse, proviennent de l'action directe du brome sur les métaux, par la voie sèche ou par l'intermède de l'eau ; ou bien de l'action de l'acide bromhydrique sur les carbonates ou sur les oxydes métalliques. Ils sont tous solubles dans l'eau, excepté le protobromure de cuivre. Les bromures de cérium, de zirconium, de glucynium, d'aluminium et de strontium, s'obtiennent par l'acide bromhydrique et l'oxyde ; ils sont tous solubles dans l'eau, excepté

(1) Dans un mémoire intéressant publié en 1827, M. Polydore Boullay établit : 1° qu'il existe des composés de deux iodures métalliques ; 2° que les iodures métalliques peuvent se partager en iodures acides et en sous-iodures, et que l'union de ces corps donne naissance à de véritables sels ; 3° que les iodures et les chlorures peuvent se combiner entre eux.

celui de cérium. (Berthemot, *Journ. de Pharm.*, novembre 1830, et Henry fils, *ibid.*, fév. 1829.)

*Composition.* — L'acide bromhydrique étant composé d'équivalents égaux d'hydrogène et de brome, et formant avec les oxydes métalliques de l'eau et un bromure, la composition des bromures ne diffère pas de celle des iodures. (Voy. pag. 243.)

## DES CHLORURES MÉTALLIQUES.

Ces chlorures sont solides, blancs ou colorés, pour la plupart sapides; plusieurs sont volatils.

L'action des corps *simples* sur les chlorures est trop variée pour pouvoir être exposée d'une manière générale. Excepté les protochlorures de cuivre, de mercure, d'or et de platine et le chlorure d'argent, ils sont tous solubles dans l'eau. Les chlorures de bismuth et d'antimoine sont décomposés par l'eau distillée. Les *acides* privés d'eau n'agissent sur aucun chlorure.

*Propriétés essentielles.* — 1° Plusieurs acides liquides les altèrent; l'eau de ces acides se décompose; son oxygène forme avec le métal du chlorure un oxyde, tandis que le chlore s'unit à l'hydrogène de l'eau et donne naissance à du gaz acide chlorhydrique, qui se dégage sous forme de vapeurs blanches assez épaisses, d'une odeur piquante : tel est l'acide sulfurique, par exemple. 2° Tous les chlorures liquides sont décomposés à froid par la dissolution d'azotate d'argent, sel formé, comme son nom l'indique, d'oxyde d'argent et d'acide azotique ; il en résulte un azotate soluble, et du chlorure d'argent *blanc*, *caillebotté*, *lourd*, *noircissant à la lumière*, *insoluble dans l'eau*, *dans l'acide azotique*, *et soluble dans l'ammoniaque*. Nous allons exposer la théorie de ce phénomène, l'un des plus importants de l'histoire de ce genre de sels. On peut représenter le chlorure par

Chlore + Métal.
Et l'azotate d'argent par Argent + Oxygène + Acide azotique.

Chlorure d'argent. Azotate de l'oxyde métallique.

Les deux sels solubles mêlés peuvent donner naissance à

un sel soluble et à un sel insoluble, la décomposition est donc forcée (voy. p. 202); l'argent s'unit avec le chlore, et forme un chlorure insoluble; tandis que l'oxygène de l'oxyde d'argent transforme le métal en oxyde qui se combine avec l'acide azotique pour donner naissance à de l'azotate d'argent; c'est en vertu de ces affinités et de la cohésion du chlorure d'argent que la décomposition a lieu.

*Composition.*— Lorsqu'on fait agir de l'acide chlorhydrique sur un oxyde métallique, on obtient de l'eau et un chlorure : or, l'eau est formée d'un équivalent d'hydrogène et d'un d'oxygène; tandis que, dans l'acide chlorhydrique, il y a un équivalent d'hydrogène et un de chlore: donc la quantité de chlore d'un chlorure métallique doit être à la quantité d'oxygène de l'oxyde du métal comme 1 à 1.

*Préparation.*—1° On peut combiner directement le chlore gazeux avec presque tous les métaux, tantôt à froid, tantôt à une température un peu élevée : il en résulte des chlorures qui peuvent être au *minimum* ou au *maximum* de chlore. 2° On peut obtenir plusieurs chlorures en faisant passer du chlore gazeux sec à travers des oxydes incandescents placés dans un tuyau de porcelaine : tels sont les oxydes de magnésium, de calcium, de baryum, de strontium, etc. 3° En traitant plusieurs métaux par l'acide chlorhydrique, on les transforme en chlorures, car l'acide se décompose; le chlore s'unit au métal, et l'hydrogène se dégage. 4° En combinant tous les oxydes métalliques avec l'acide chlorhydrique; en effet, l'oxygène de l'oxyde s'unit à l'hydrogène de l'acide, tandis que le métal et le chlore se combinent.

### DES PHTORURES (Fluates ou Hydro-phtorates).

Les *phtorures* (fluates anhydres ou secs) sont indécomposables par le feu; quelques uns d'entre eux peuvent être décomposés s'ils sont humides, phénomène qui dépend de ce que l'eau est également décomposée; en effet, l'hydrogène se combine avec le phtore pour former de l'acide phtorhydrique, tandis que l'oxygène se porte sur le métal de l'oxyde. L'acide borique *vitrifié* est le seul, parmi ceux qui ne contiennent pas d'eau, susceptible de décomposer les phtorures à une température élevée; mais il se décompose lui-même; le bore et le phtore s'unissent pour former de l'acide phtoroborique (fluoborique, voyez page 187), tandis que l'oxygène de l'acide borique se combine avec le métal qui entre dans la composition du phtorure.

*Propriété essentielle.*—A froid, les acides *sulfurique*, *phosphorique* et *arsénique* contenant de l'eau, décomposent les phtorures, surtout ceux qui sont solubles; il se dégage de l'acide phtorhydrique sous forme de vapeurs blanches, piquantes, *ayant de l'action sur le verre;* on voit que, dans ce cas, l'eau de l'acide employé est décomposée; son hydrogène transforme le phtore en acide phtorhydrique; l'oxygène oxyde le métal, et l'oxyde formé se combine avec l'acide sulfurique, phosphorique ou arsénique.

On ne connaît que trois phtorures neutres solubles dans l'eau, ceux de potassium, de sodium et d'argent; les autres se dissolvent dans un excès d'acide.

*Propriété essentielle.* — 1° Les phtorures solubles décomposent tous les sels calcaires et les précipitent en blanc; le précipité, regardé pendant long-temps comme du fluate de chaux, est du *phtorure de calcium.* On peut concevoir sa formation en représentant le phtorure que nous supposons être celui de potassium par :

| | | | | |
|---|---|---|---|---|
| | Phtore | + Potassium. | | |
| Et le sel calcaire, par | Calcium | + Oxygène | + Acide. | |
| | Phtorure de calcium. | Protoxyde de potassium. | + Acide | = Sel de potasse. |

Le phtore s'unit au calcium, tandis que l'oxygène de l'oxyde de calcium se combine avec le potassium et l'acide pour former un sel de potasse.

*Préparation.*— Les *phtorures solubles* s'obtiennent par le premier procédé, en combinant l'acide phtorhydrique avec les bases; l'hydrogène de l'acide s'unit à l'oxygène de l'oxyde pour former de l'eau; le phtore et le métal se combinent.

Les *phtorures insolubles* se préparent par la voie des doubles décompositions, en versant un phtorure soluble dans une dissolution saline contenant le métal que l'on cherche à transformer en phtorure.

### DES PHTORO-BORURES (PHTORO-BORATES, FLUO-BORATES).

On n'a pas encore assez de données pour établir les caractères de ces composés salins.

### DES CYANURES.

Les cyanures ne seront étudiés qu'après avoir fait l'histoire de l'acide cyanhydrique (hydrocyanique) en parlant des matières organiques dans le tome II<sup>e</sup>.

### DES SELS.

Autrefois, en donnait le nom de *sel* à tout corps soluble dans moins de cinq cents fois son poids d'eau. Plus tard et jusque dans ces derniers temps, on désigna ainsi les composés d'un ou de deux acides, et d'une ou de plusieurs bases *salifiables;* celles-ci étaient de trois ordres, savoir : les oxydes métalliques, l'ammoniaque, et des substances végétales alcalines, telles que la morphine, la brucine, la quinine, etc. Suivant M. Berzélius, le sel doit être défini, *tout composé dont les éléments,* quel que soit leur nombre, *anéantissent réciproquement, d'une maniere complète, leurs propriétés électro-chimiques :* ainsi, le chlore, l'iode, le phtore, en se combinant avec les métaux électro-positifs, donnent des sels, tout comme les acides qui s'unissent avec les bases, parce que, dans l'un et dans l'autre cas, il y a anéantissement des propriétés électro-chimiques des composants; tandis que l'oxygène, en se combinant avec les mêmes métaux *électro-positifs*, fournit des oxydes qui ne sont pas des sels, parce que, dans ces composés, les réactions électriques ne sont pas anéanties. Les sels, d'après cette manière de voir, doivent être divisés en deux classes : 1° *Sels haloïdes* (d'*halogène*, qui veut dire générateur de sels); ce sont ceux qui résultent de la combinaison du soufre, du sélénium, du chlore, de l'iode, du brome, du phtore et du cyanogène, avec un métal électro-positif; on les désigne sous les noms de *sulfures*, de *séléniures*, de *chlorures*, d'*iodures*, de *bromures*, de *phtorures* et de *cyanures*, et on dit chlorure cuivreux, chlorure cuivrique; 2° *Sels amphides*(1). Pour bien concevoir ce que c'est qu'un *sel amphide*, il faut savoir que, loin d'admettre, comme on l'a fait pendant si long-temps, que les *bases* métalliques sont constamment formées d'un métal et d'oxygène, M. Berzélius pense qu'elles sont composées d'un métal et d'*oxygène*, ou d'un métal et de *soufre*, ou d'un métal et de *sélénium*, ou d'un métal et de *tellure*: aussi désigne-t-il l'oxygène, le soufre, le sélénium et le tellure par la dénomination de *basigènes*. Les *sels amphides* sont subdivisés en quatre sections: *A. Oxy-sels*, ceux dont le basigène est l'*oxygène*: tels sont le sulfate de fer, l'azotate de potassium, etc. *B. Sulfo-sels*, ceux dont le basigène est le *soufre*, comme le *sulfo-hydrate potassique*, le *sulfo-carbonate sodique*, le *sulfo-arséniate calcique*: le premier de ces sels est formé de *sulfure de potassium* (base), et d'acide sulfhydrique; le second se compose de *sulfure de sodium* (base), et de sulfure de carbone; enfin, le troisième résulte de la combinaison du *sulfure de calcium* (base), avec le sulfure d'arsenic, ou *sulfure arsénique; C. Séléni-sels*, ceux dont le basigène est le *sélénium*. *D. Telluri-sels*, ceux dont le basigène est le *tellure*. (Voyez pour plus de détails, le *Mémoire de Berzélius*, inséré dans les *Ann. de Chim. et de Phys.*, t. XXXI et XXXII, 1826.)

Ajoutons à ces faits que bien long-temps avant Berzélius, Ampère avait établi que les chlorures et les sulfures jouaient dans les sels exactement le même rôle que les oxydes métalliques; et nous voyons en 1833 M. Péligot décrire des chromates ayant pour base le chlorure de sodium, le chlorure de calcium, le chlorure de magnésium, le chlorure de potassium, ou le chlorhydrate d'ammoniaque. Déjà quelques années auparavant, Boullay fils avait décrit des iodhydrates d'iodures métalliques analogues aux sulfhydrates de sulfures.

(1) *Amphide*, mot dérivé d'ἀμφὶς, des deux côtés.

Tout en admettant les idées de ces savants, et, par conséquent l'existence d'un très grand nombre de sels, nous ne décrirons sous le nom de sels métalliques 1° que les *sels amphides oxy-sels* qui, comme nous l'avons déjà dit, sont formés d'une ou de plusieurs bases et d'un ou de deux acides; 2° les *sulfures*, les *séléniures*, les *chlorures*, les *bromures*, les *iodures*, les *phtorures*, et les *cyanures* (sels haloïdes de M. Berzélius).

On appelle *sel double* celui qui renferme deux bases, et *sel triple* celui qui en contient trois. Les sels ont été divisés en *neutres, acides* et avec *excès de base*; ceux-ci portent le nom de *sous-sels*, tandis que les sels acides ont reçu la dénomination de *sur-sels*. On avait pendant long-temps considéré comme neutres *seulement* les sels qui ne rougissent pas le tournesol et qui ne verdissent pas le sirop de violette, et on avait regardé comme sels acides tous ceux qui rougissent le tournesol, et comme sels avec excès de base ceux qui verdissent le sirop de violette; la neutralité, l'acidité ou l'alcalinité des sels était jugée, comme on voit, d'après certaines *propriétés*, et surtout d'après l'action qu'ils exercent sur le tournesol et la violette. Berzélius a pensé avec raison qu'il fallait établir la neutralité d'après la composition des sels; il ne pouvait en être autrement. On désigne, d'après lui, sous le nom de *sel neutre* tout sel dans lequel l'acide et la base sont unis à équivalents égaux; il arrive alors que toujours il y a un rapport simple entre l'oxygène de la base et l'oxygène de l'acide d'une même classe de corps, lequel rapport, comme on le conçoit, ne peut jamais varier; ainsi, lorsque l'on combine un équivalent d'acide sulfurique pesant 501,16 avec un équivalent de potasse pesant 589,92, on a constitué un sulfate neutre dans lequel l'oxygène de l'acide sulfurique est à celui de la potasse dans le rapport de 3 : 1 ($SO^3$ KO) : donc tout sel ainsi composé sera un sel neutre, qu'il rougisse ou non le tournesol; tandis que nous dirons qu'un sel sera *acide* quand un équivalent de base sera uni avec une fois et demie, deux, trois ou quatre fois autant d'acide qu'il y en a dans le sel neutre : il n'y a pas de degrés intermédiaires entre ces nombres; on désigne ces sels acides sous les noms de *sesquisels, bisels, trisels, quadrisels;* tandis que si c'est l'équivalent de la base qui est multiple, ces sels sont appelés sels *sesquibasiques, bibasiques, tribasiques, quadribasiques,* etc.

### Propriétés générales des sels.

*Propriétés physiques des sels.* — On ne connaît aucun sel gazeux; il y en a un petit nombre de liquides; mais la plupart sont solides, d'une couleur et d'une cohésion variables, cristallisés ou pulvérulents, inodores ou odorants, sapides ou insipides, et plus pesants que l'eau.

*Propriétés chimiques. — Action de l'eau sur les sels.* — Les sels sont solubles ou insolubles dans l'eau. En général, ceux-ci sont insipides; les autres ont de la saveur. La solubilité d'un sel dans l'eau dépend de son affinité pour ce liquide et de sa cohésion; il sera d'autant plus soluble que cette affinité sera plus grande et la cohésion moins forte, et *vice versâ*. De deux sels ayant la même affinité pour l'eau, le plus soluble sera celui qui a moins de cohésion. Il arrive quelquefois qu'un sel qui a moins d'affinité pour l'eau qu'un autre se dissout plus facilement, parce que sa force de cohésion est beaucoup moindre. Lorsqu'un sel a été dissous dans l'eau, celle-ci perd, en général, la propriété d'entrer en ébullition à 100° (la pression de l'air étant à 76 centimètres), et en exige 102, 104, 120, 180°, etc. Plus l'affinité du sel pour l'eau est grande, plus la température doit être élevée pour que le liquide entre en ébullition; on peut donc déterminer l'affinité de plusieurs sels pour l'eau en en mettant quantités égales dans ce liquide, et en examinant le degré auquel il bout. L'eau qui est déjà saturée d'un sel peut encore dissoudre une certaine quantité d'un autre sel soluble, pourvu que les deux sels ne se décomposent pas.

Presque toujours la dissolution d'un sel s'opère plus facilement et plus abondamment dans l'eau chaude que dans l'eau froide (1) : aussi, lorsqu'on a dissous dans de l'eau bouil-

(1) Nous disons presque toujours, car il existe des sels et d'autres corps plus solubles à froid qu'à chaud : tels sont le carbonate de magnésie, la

lante tout le sel dont elle pouvait se charger, une partie cristallise-t-elle par le refroidissement, si ce sel est cristallisable; mais il est presque impossible d'obtenir par ce moyen des cristaux réguliers. Voici comment on doit procéder pour avoir de beaux cristaux : 1° on fera dissoudre 3 ou 4 kilog. de sel dans une assez grande quantité d'eau bouillante pour qu'il ne s'en dépose pas beaucoup par le refroidissement; 2° après avoir décanté la dissolution, on la placera dans des vases à fond plat, sur lesquels elle ne puisse exercer aucune action chimique, et qui soient dans un lieu tranquille; 3° lorsque, par l'évaporation spontanée de l'eau, il se sera formé des cristaux au bout de quelques jours, on choisira les plus gros et les plus réguliers, et on les mettra dans un autre vase pareil, dans lequel on introduira une nouvelle dissolution de sel préparée de la même manière; on les retournera chaque jour, et on les verra grossir par toutes leurs faces et d'une manière régulière. Il faudra recommencer la même opération jusqu'à ce que les cristaux aient acquis un volume assez considérable; alors on n'en mettra qu'un dans chaque vase contenant la dissolution : quelques semaines suffiront pour obtenir des cristaux très volumineux. Ce procédé est dû à M. Leblanc. Il arrive quelquefois que les dissolutions salines, même les plus concentrées, ne cristallisent qu'autant qu'on les agite, qu'on les renferme dans un vase lorsqu'elles sont encore très chaudes, ou que le vase présente des aspérités. On a donné le nom d'*eau-mère* à la dissolution saline qui reste sur les cristaux après leur formation : cette eau contient encore du sel, mais elle n'en est pas saturée.

magnésie calcinée, la chaux vive, etc. Voici comment s'exprime le rédacteur des *Annales de Chimie et de Physique*, en traitant ce sujet : « Le phénomène d'une moins grande solubilité à chaud qu'à froid, qui est sans doute plus commun qu'on ne pense, cesse de paraître extraordinaire lorsqu'on se rappelle que la chaleur, d'abord nécessaire pour produire une combinaison, détruit souvent cette même combinaison lorsque son intensité est devenue plus grande : c'est que la chaleur, après avoir exalté les forces attractives des molécules des corps, peut souvent les affaiblir, et les changer même en forces répulsives. » (Tom. XVI.)

Les sels renferment très souvent de l'eau; tantôt elle n'est qu'interposée entre les molécules, et constitue l'eau de cristallisation, que l'on peut dégager quelquefois par la pression, et toujours par la chaleur; elle n'altère nullement la nature chimique du sel, tandis que sa présence y détermine souvent une coloration ou une transparence qui disparaissent par la dessiccation et reviennent par une nouvelle hydratation; tantôt enfin l'eau est combinée chimiquement au sel et lui donne des propriétés spéciales, car presque toujours elle y remplit le rôle d'une base énergique qui contiendrait comme elle un équivalent d'oxygène. Ainsi tous les bisulfates formés de ($2\ SO^3$) deux équivalents d'acide sulfurique et d'un équivalent de base ($B\ O$) contiennent en outre un équivalent d'eau ($H\ O$) qui renferme exactement la même quantité d'oxygène que l'oxyde métallique.

*Action de la glace sur les sels solubles.* — Lorsqu'on mêle promptement, et dans des proportions convenables, de la glace pilée ou de la neige avec un sel soluble *cristallisé* ou peu *desséché*, le mélange devient liquide, et il se produit un froid plus ou moins considérable; d'où il suit qu'il y a eu du calorique absorbé aux corps environnants pour liquéfier les deux solides, phénomène qui ne peut dépendre que de l'affinité qui existe entre ces deux corps à l'état liquide. On peut, en mêlant trois parties de chlorure de calcium et une partie de neige, faire descendre le thermomètre jusqu'à 58°,33 — 0°; tandis que deux parties de neige et une partie de chlorure de sodium (sel commun) ne produisent qu'un froid de 20,55. Il est évident que le refroidissement sera d'autant plus considérable, toutes choses égales d'ailleurs, que le sel employé aura plus d'affinité pour l'eau (1).

*Action de l'eau oxygénée sur les sels.* — Les sulfates de potasse, de soude, de chaux, de baryte, de strontiane, d'ammoniaque et d'alumine; le sous-sulfate de bi-oxyde de

(1) On peut obtenir un froid de 19° c. en dissolvant dans 4 parties d'eau froide un sel préparé en Angleterre, et qui n'est qu'un mélange de 57 parties de chlorure de potassium, de 33 parties de chlorhydrate d'ammoniaque, et de 10 d'azotate de potasse. (Voy. SULFATE DE SOUDE, pour la formule d'un autre mélange réfrigérant.)

mercure; les azotates de potasse, de soude, de baryte, de strontiane, de plomb et de bismuth; le phosphate de soude et le chlorate de potasse sont sans action sur l'eau oxygénée. Les sulfates de manganèse, de zinc, de cuivre et de fer; les azotates de manganèse, de zinc, de cuivre, de protoxyde de mercure et d'argent; le carbonate de soude, le carbonate de potasse, le chlorure de manganèse et le chlorhydrate d'ammoniaque dégagent lentement l'oxygène de l'eau oxygénée. L'iodure de baryum cristallisé, le polysulfure de potassium, le sulfure de fer, et le kermès, décomposent l'eau oxygénée et absorbent la totalité ou une partie de son oxygène.

*Action du gaz oxygène sur les sels.* — Les sels dont l'acide et l'oxyde sont au *summum* d'oxydation n'éprouvent aucune altération de la part de cet agent; parmi ceux qui ne sont pas dans ce cas, il en est qui l'absorbent. L'*air* atmosphérique agit de la même manière.

*Action hygrométrique de l'air à la température ordinaire.* — Indépendamment de l'action dont nous venons de parler, l'air en exerce une autre qu'il nous importe beaucoup de connaître. Les sels insolubles sont inaltérables à l'air. Parmi ceux qui sont solubles, il en est un certain nombre qui, étant placés dans l'air à l'état d'humidité ordinaire, attirent cette humidité et deviennent liquides; on les appelle *déliquescents;* il en est d'autres qui n'éprouvent point d'altération. Tous les sels solubles non déliquescents dans un air humide tombent en *deliquium* si l'air est chargé d'humidité. Enfin, il existe un certain nombre de sels qui, étant exposés à l'air, perdent leur transparence, la totalité ou une partie de leur eau de cristallisation, et se transforment en une poudre blanche; ces sels, que l'on appelle improprement *efflorescents*, ont peu d'affinité pour l'eau, et n'ont presque pas de cohésion, ce qui explique leur grande solubilité (1). En général, les sels déliquescents et efflorescents contiennent une très grande quantité d'eau de cristallisation.

(1) Le sulfate de soude perd facilement toute son eau de cristallisation, même lorsqu'il est exposé à un air peu sec. Le phosphate et le carbonate de soude retiennent des quantités variables d'eau, lors même qu'ils sont effleuris.

*Action du calorique sur les sels solides.* — Les sels *efflorescents*, et ceux qui sont très *déliquescents*, fondent dans leur eau de cristallisation lorsqu'on les chauffe ; on dit alors qu'ils éprouvent la fusion *aqueuse;* mais, comme cette eau ne tarde pas à être entièrement volatilisée, ils se dessèchent; si on continue à les chauffer, plusieurs d'entre eux sont de nouveau fondus par le feu : on désigne cette fusion sous le nom d'*ignée*. Plusieurs des sels qui ne sont ni efflorescents ni déliquescents dans un air peu humide, *décrépitent*, pétillent, ou font entendre un bruit que l'on a attribué à tort à la vaporisation de l'eau et à la séparation des petites molécules salines; car il y a des sels qui décrépitent et qui ne contiennent pas d'eau; tels sont, par exemple, le sulfate de protoxyde de *potassium*, le sulfate de baryte : aussi M. Baudrimont fait-il consister la décrépitation dans la séparation des lames externes des cristaux qui, ayant été échauffées et dilatées les premières, s'éloignent des parties voisines qui n'ont pas encore atteint la même température. Plusieurs des sels qui décrépitent sont susceptibles d'éprouver en outre la fusion ignée. Il existe des sels qui peuvent être fortement chauffés sans se décomposer, et qui ne se volatilisent que très difficilement; d'autres qui sont volatils et qui ne tardent pas à se sublimer; enfin, d'autres qui se décomposent avant ou après avoir éprouvé l'une ou l'autre des fusions dont nous avons parlé.

*Action du fluide électrique sur les sels.* — Tous les sels peuvent être décomposés par le courant du fluide électrique qui se produit dans la pile de Volta, pourvu qu'ils soient humides ou dissous; mais tous ne donnent pas les mêmes produits. — *Oxysels.* Quelquefois l'oxyde métallique est attiré par le pôle négatif, et l'acide par le pôle positif; mais le plus souvent le métal seul se porte sur le pôle négatif, et l'oxygène et l'acide sur le pôle positif; dans ce cas, si le métal que l'on doit obtenir a de la tendance à s'amalgamer avec le mercure, on favorise singulièrement la décomposition du sel en le mettant en contact avec ce métal. Dans quelques circonstances, très rares à la vérité, les acides et les bases sont décomposés; l'eau qui humectait les sels ou qui les tenait en dissolution est également décomposée, l'hydrogène est attiré par le pôle négatif et l'oxygène par le pôle positif.

La décomposition par le *fluide électrique* peut s'opérer sans que les fils de la pile soient en contact avec le sel ; ainsi, que l'on introduise une dissolution de sulfate de potasse (1) dans un vase; que l'on fasse communiquer ce liquide, à l'aide de deux fils d'amiante, avec de l'eau contenue dans deux tubes de verre placés aux parties latérales et à une certaine distance du vase où se trouve le sulfate de potasse ; que l'on soumette l'eau des deux tubes à l'action de la pile de Volta, de manière qu'elle soit en contact, d'un côté avec le pôle positif, et de l'autre avec le pôle négatif, on observera au bout de quelque temps que cette dernière contient de la potasse, tandis que l'autre renferme de l'acide sulfurique. Pour que cette expérience réussisse, il faut que le niveau de l'eau dans les deux tubes soit au-dessus du niveau de la dissolution de sulfate de potasse.

Il n'est pas nécessaire, pour obtenir la décomposition des sels, d'employer des forces électriques énergiques ; en effet, M. Becquerel a trouvé qu'avec des forces peu intenses, *aidées d'affinités chimiques*, on peut produire les plus grands effets possibles de décomposition. Ainsi, le sulfate et le chlorure de fer, le chlorure de zirconium, les chlorures de glucynium, de titane et de magnésium, ont été décomposés par des piles formées de *cinq* ou *six éléments*, faiblement chargées, et même *d'un seul* élément ; les résultats ont été la séparation immédiate du fer, du zirconium, du glucynium, du titane et du magnésium, que l'on a même pu faire cristalliser. — *Expérience.* On prend un appareil semblable à celui qui sert à décomposer l'eau par la pile (voy. pl. 5, fig. 2), si ce n'est que l'une des petites cloches renversées, celle qui est en communication avec le fil négatif, est à moitié remplie d'une dissolution de sulfate de protoxyde de fer, tandis que la moitié inférieure contient de l'argile très pure, légèrement humectée pour empêcher que la dissolution de sulfate

(1) Nous emploierons souvent les mots *chaux*, *baryte*, *strontiane*, *potasse* et *soude*, comme synonymes de protoxydes de calcium, de baryum, de strontium, de potassium et de sodium.

de fer ne s'échappe; l'autre petite cloche renversée, celle qui communique avec le fil positif, renferme dans sa moitié supérieure une dissolution aqueuse de chlorure de sodium (sel commun), qui ne peut pas s'échapper non plus, parce que la moitié inférieure de la cloche est également occupée par de l'argile humectée. Aussitôt que la petite pile fonctionne, l'eau est décomposée ainsi que le chlorure de sodium; l'hydrogène de l'eau et le sodium du chlorure se portent au pôle négatif, c'est-à-dire dans la cloche où se trouve le sulfate de protoxyde de fer; *une partie* de ce sel est décomposée par le sodium qui s'empare de l'oxygène du protoxyde de fer et de l'acide sulfurique pour former un sulfate double de soude et de fer; une autre partie de protoxyde de fer est décomposée par l'hydrogène qui s'unit à l'oxygène, tandis que le fer métallique *est mis à nu*. On voit qu'ici la force électrique a été aidée par les affinités chimiques, surtout par celle de la soude pour l'acide sulfurique. Dans certaines circonstances, la décomposition est facilitée encore par l'addition d'un sel métallique, dont le métal, facilement réductible, a de l'affinité pour celui de l'oxyde que l'on veut réduire. (*Annales de Chimie et de Physique*, décembre 1851.)

*Galvanoplastie.* — Cette action de l'électricité sur les sels a donné naissance dans ces derniers temps à une nouvelle branche d'industrie. M. Jacobi, de l'Académie des sciences de Saint-Pétersbourg, est parvenu à obtenir, à l'aide d'un courant électrique d'une faible intensité, la reproduction exacte en cuivre cohérent d'objets placés au pôle négatif de la pile au moyen du dépôt métallique provenant de la décomposition d'un sel cuivreux. Voici le procédé qu'il emploie.

Après avoir préparé une dissolution pure et saturée de sulfate de bi-oxyde de cuivre, on l'introduit dans un vase cylindrique $BB'$ (pl. 6, fig. 5). Un manchon en verre $A$, garni à sa partie inférieure d'une peau de vessie, est destiné à contenir une solution peu concentrée de sel marin, ou simplement de l'eau aiguisée de quelques gouttes d'acide sulfurique. On place ce manchon sur une planchette circulaire $m, m'$, percée en son milieu et soutenue par trois pieds également en bois.

Un disque de zinc *d* plonge dans l'eau salée ou acidulée ; un pareil disque en cuivre *d'*, maintenu dans la dissolution cuivreuse, constitue le pôle négatif de la pile. Ces plaques sont mises en communication à l'aide de deux fils métalliques pouvant se réunir à volonté dans un petit cylindre de cuivre *C*.

L'appareil étant ainsi disposé, on fixe sur la plaque de cuivre la pièce dont on veut avoir la reproduction, en ayant soin préalablement de l'enduire de plombagine à l'aide d'une brosse douce.

L'appareil étant ainsi abandonné à lui-même, on trouve au bout d'un temps plus ou moins long, et qui varie selon l'énergie du courant et la concentration de la dissolution, la surface du moule recouverte de cuivre ; on doit alors, à l'aide d'un coup de lime donné sur l'un des côtés de la pièce, s'assurer de l'épaisseur de la couche métallique : si elle n'était pas suffisamment épaisse pour être détachée, il faudrait la remettre immédiatement dans la dissolution. Dans le cas contraire on continue à limer les bords ; on peut ensuite facilement, à l'aide d'une lame de couteau, séparer les deux pièces juxtaposées.

La sensibilité de ce procédé est telle, que non seulement on est parvenu à reproduire des médailles, des bas-reliefs, etc., mais aussi des épreuves daguerriennes dont l'exactitude ne laisse rien à désirer.

La dissolution de sulfate de cuivre s'affaiblissant peu à peu par l'action galvanique, on place sur la partie saillante de la planchette *m, m'*, des cristaux de ce sel ; de cette manière on la maintient constamment au même état de saturation.

Ce procédé peut également s'appliquer à la précipitation d'autres métaux, tels que l'or, l'argent, le platine, etc. C'est ainsi que, par une action analogue, M. Delarive parvint à dorer des pièces de laiton, d'argent, etc., en employant une dissolution étendue de chlorure d'or. Mais la difficulté d'avoir un chlorure parfaitement neutre rendait ce procédé d'une exécution incommode et coûteuse, lorsque M. de Ruoltz mit au jour son procédé au moyen duquel l'or, l'argent, le platine, etc., peuvent être appliqués en couches excessivement minces à la surface de tous les métaux et alliages employés dans l'industrie. Les procédés de dorure pouvant supprimer l'emploi si dangereux du mercure furent principalement expérimentés.

La solution aurique employée par M. de Ruoltz se prépare de la manière suivante : On dissout 10 parties de cyanure de potassium dans 100 parties d'eau distillée, on filtre, et on ajoute dans la dissolution une partie de chlorure d'or préparé avec soin. On renferme le tout dans un flacon bouché à l'émeri que l'on maintient à l'abri de la lumière à une température de 15 à 25 degrés ; au bout de deux ou trois jours la dissolution est complète, on n'a plus qu'à la filtrer pour l'employer. Pour cela, on la verse dans un vase de verre ou de faïence dans lequel on fait arriver les deux fils conducteurs d'une pile à courant constant ; les extrémités de ces fils qui plongent dans le liquide doivent être en platine. En plaçant alors sur le fil du pôle négatif des objets parfaitement décapés, ils se recouvrent, au bout de quelques instants, d'une couche d'or parfaitement luisante, dont on peut faire varier la teinte selon la durée de l'opération et l'intensité du courant galvanique. Il suffit alors de retirer les pièces, de les laver à grande eau, et de les sécher dans le son ou la sciure de bois, après quoi elles peuvent facilement supporter le brunissage et le polissage.

Il paraîtrait malheureusement que ce procédé, fort ingénieux d'ailleurs, et qui offre une grande facilité de manipulation, ne donne pas des résultats aussi satisfaisants qu'on l'avait d'abord espéré, et que la dorure ainsi produite ne peut pas remplacer celle que l'on obtient par l'emploi du mercure.

*Action de la lumière.* — La *lumière* n'agit que sur quelques sels de la cinquième et de la sixième section, dont elle change la couleur.

*Actions des corps simples non métalliques.* — Plusieurs d'entre eux peuvent décomposer un très grand nombre de sels à l'aide de la chaleur ; mais en général ils agissent peu sur leurs dissolutions.

*Action des acides hydratés sur les sels.* — A. *Oxysels.* Ils peuvent être décomposés par certains acides, à des températures variables ; tantôt l'acide s'empare en totalité de l'oxyde métallique et forme un nouveau sel ; alors l'acide du sel décomposé se dégage à l'état de gaz, ou reste dissous, ou se précipite, suivant qu'il est gazeux, liquide ou solide, et qu'il est plus ou moins soluble dans l'eau : tantôt l'acide décomposant ne s'empare que d'une portion d'oxyde ; alors on obtient deux sels (1) ; tantôt, enfin, il y a décomposition de l'acide décomposant et de l'oxyde du sel ; c'est ce qui arrive lorsqu'on verse des acides sulfhydrique, chlorhydrique, iodhydrique, bromhydrique, etc., dans certaines dissolutions salines. Éclaircissons ce dernier fait par un exemple : supposons que l'on verse de l'acide sulfhydrique dans une dissolution d'azotate de protoxyde de plomb ; nous pouvons représenter ce sel par

| | | | |
|---|---|---|---|
| | Acide azotique + | (oxygène | + plomb). |
| Et l'acide sulfhydrique par. . . . | | Hydrogène | + soufre. |
| | | Eau | + Sulfure de plomb. |

L'hydrogène de l'acide sulfhydrique forme de l'eau avec l'oxygène du protoxyde de plomb, tandis que le soufre s'unit avec le plomb et donne naissance à un sulfure insoluble.

Si cependant le sel est de nature à pouvoir fournir de l'oxygène au soufre, celui-ci est transformé en acide sulfu-

(1) MM. Henry fils et Soubeiran ont lu, le 30 juillet 1825, un Mémoire à l'Académie royale de médecine, dans lequel, après avoir étudié l'action de l'acide sulfurique sur le chlorhydrate et le phosphate de soude, et sur l'azotate de potasse, celle des acides chlorhydrique et phosphorique sur le sulfate de soude, ils ont conclu : 1° qu'un acide ajouté à la solution d'un sel s'empare toujours d'une partie de sa base, quelle que soit d'ailleurs l'énergie chimique des deux acides ; 2° que la décomposition du sel peut être complète, si l'acide décomposant est en assez grand excès ; 3° que dans les réactions de ce genre il se fait toujours des sels en proportions définies, et que les acides *hors de combinaison* existent en même temps dans la liqueur, et s'empêchent mutuellement d'agir ; 4° que les quantités d'acide qui peuvent se contre-balancer ne sont pas toujours dans un même rapport, que leurs proportions relatives sont variables avec les circonstances sous l'influence desquelles on a opéré ; 5° enfin, que la décomposition d'un sel par un acide, quand tous les produits restent en dissolution, ne s'écarte pas des lois ordinaires des combinaisons. (*Journ. de Pharm.*, tome XI, page 430.)

rique; tels sont les chlorures de fer, les chlorates, les iodates et les bromates de potasse et de soude, ainsi que les perchlorates de ces bases.

L'acide *sulfurique*, lors même qu'il est employé en petite quantité, décompose en totalité ou en partie tous les *oxysels*, excepté les sulfates.

B. *Sels haloïdes.* — Les sulfures, les séléniures, les chlorures, les bromures, les phtorures et les cyanures, sont également décomposés par plusieurs acides, et fournissent des produits trop différents pour pouvoir être décrits d'une manière générale.

Presque tous les sels insolubles dans l'eau peuvent se dissoudre dans les acides azotique, chlorhydrique, etc.; cependant, dans beaucoup de cas, la dissolution ne s'opère que parce qu'il y a décomposition du sel. Nous citerons deux exemples pour éclaircir ce fait : le carbonate de chaux ne se dissout dans l'acide azotique qu'après avoir été décomposé et transformé en azotate de chaux soluble; le phosphate de chaux se dissout dans l'acide azotique sans avoir été décomposé.

*Action des métaux sur les sels qui ont été desséchés.* — Cette action est trop variée pour pouvoir être détaillée dans les généralités. Si le métal et le sel appartiennent à l'une des quatre dernières classes, et que le sel soit en dissolution, il arrive souvent qu'il est décomposé, par exemple lorsque le métal dont on se sert n'a pas beaucoup de cohésion, et qu'il a plus d'affinité pour l'oxygène et pour l'acide que n'en a celui qui entre dans la composition du sel : alors le métal de la dissolution est précipité, et le métal précipitant fournit avec l'oxygène et avec l'acide un nouveau sel métallique. Tantôt le métal précipité se dépose seul sous forme d'une poudre terne ou de cristaux brillants; tantôt il s'unit au métal précipitant, et produit quelquefois des cristallisations métalliques plus ou moins belles; tantôt, enfin, il se combine avec l'hydrogène de l'eau de la dissolution ou avec l'oxygène de l'acide. Nous reviendrons sur ces divers phénomènes en faisant l'histoire particulière des sels.

Toutefois, il arrive que lorsqu'un métal qui n'a pas la

propriété de décomposer une dissolution métallique, est mis en contact avec un autre métal, il se produit une petite pile qui décompose de suite le sel et en précipite le métal.

*Action des oxydes métalliques ou des bases. Oxysels.* — Ces sels peuvent être décomposés par certains oxydes à des températures variables; tantôt l'oxyde décomposant s'empare en totalité de l'acide, et il en résulte un nouveau sel : alors l'oxyde du sel décomposé se précipite ou reste en dissolution, ou se volatilise; tantôt il ne s'en empare qu'en partie, et il se forme un *sel double* ou à double oxyde (1). Il n'existe pas un seul oxyde qui décompose tous les sels; mais les *protoxydes de potassium et de sodium* (potasse et soude) peuvent décomposer tous ceux des cinq dernières classes, et la plupart de ceux de la première.

La plupart des sels *haloïdes* sont également décomposés par ces oxydes qui cèdent leur oxygène au métal du sel, tandis que le corps *halogène* (chlore, brome, etc.), s'unit au métal de l'oxyde décomposant.

*Action de l'ammoniaque sur les sels.* — L'ammoniaque décompose en totalité ou en partie les oxysels formés par les métaux des cinq dernières classes; elle s'empare de l'acide avec lequel elle forme un sel soluble, tandis que l'oxyde métallique est précipité; souvent cet oxyde est redissous par un excès d'ammoniaque, et il se produit alors, le plus ordinairement, un sel double soluble; quelquefois aussi on obtient un sel double insoluble. La plupart des sels *haloïdes* sont également décomposés par l'ammoniaque.

Cependant, lorsque les sels et l'ammoniaque sont secs, ils peuvent se combiner et former des composés dans lesquels l'ammoniaque remplit les mêmes fonctions qu'une quantité d'eau qui lui serait équivalente. (Rose.)

*Action des sels solubles les uns sur les autres.* — Toutes les fois qu'on met ensemble deux sels dissous, et que ces sels renferment les éléments capables de donner naissance à un sel soluble et à un sel insoluble ou bien deux sels insolubles,

(1) Voyez, pour les sels doubles qui peuvent être obtenus par voie sèche, le mémoire de M. Berthier, dans le cahier de juillet 1828 des *Ann. de Chim. et de Phys*

leur décomposition a nécessairement lieu, à moins qu'il ne puisse se former un sel double. Ce fait, dont nous devons la découverte à Berthollet, est de la plus haute importance; l'art de formuler peut en tirer de grands avantages : ainsi l'on se gardera bien de prescrire ensemble du *chlorure* de baryum et un *sulfate* soluble, par exemple celui de *soude*, car les deux sels seraient décomposés et transformés en *sulfate de baryte* insoluble, et en *chlorure de sodium* soluble; la même décomposition aurait lieu si l'on prescrivait à la fois l'*acétate de plomb* (sel de saturne) et un sulfate soluble, car il se formerait du sulfate de plomb insoluble et un acétate soluble de la base du sulfate, ou bien l'azotate d'*argent* et un *chlorure* soluble, par exemple celui de *potassium* : on obtiendrait, dans ce dernier cas, du chlorure d'argent insoluble, et de l'azotate de potasse soluble; évidemment, l'oxygène de l'oxyde d'argent se serait porté sur le potassium du chlorure de ce métal.

Si les deux sels solubles que l'on a mêlés ne sont pas de nature à pouvoir donner un sel soluble et un sel insoluble, la dissolution n'est pas troublée; il peut même arriver qu'il n'y ait aucune décomposition. Si l'on évapore la liqueur, il se forme des cristaux, ou il se dépose un précipité; et si on continue à évaporer, on obtient encore des cristaux qui peuvent être d'une autre nature que les premiers : la même chose a lieu si on pousse encore plus loin l'évaporation. Dans ces cas, les deux sels peuvent finir par se décomposer : ainsi, par exemple, que l'on mêle parties égales de *sulfate de potasse* et de chlorure de *magnésium* en dissolution, la liqueur ne se trouble pas; si l'on fait évaporer, il se déposera d'abord des cristaux de sulfate de potasse; en continuant l'évaporation, on obtiendra du chlorure de potassium, du sulfate de potasse, et du sulfate de potasse et de magnésie; enfin, si l'on continue à faire évaporer, il se formera du chlorure de potassium et du sulfate de magnésie, et l'eau-mère contiendra un peu de chaque sel. Ce fait et une multitude d'autres, que nous passons sous silence, nous permettent d'affirmer que les phénomènes que présentent les deux sels solubles, dans ce cas particulier, varient suivant la concentration de la liqueur, les proportions dans lesquelles les sels sont mêlés, et l'action qu'ils exercent les uns sur les autres. Dès lors on peut conclure que toutes les fois que deux sels solubles sont mis en contact et que de l'échange réciproque de leurs bases et de leurs acides il peut en résulter un sel moins soluble que les deux préexistants, une double décomposition s'effectue.

*Action des sels solubles sur les sels insolubles.* — Toutes les fois qu'un sel soluble et un sel insoluble renferment les éléments propres à donner naissance à deux sels insolubles, la décomposition est forcée.

Tous les sels insolubles récemment précipités, ou réduits en poudre impalpable, sont *en partie* décomposés par les *bicarbonates* ou les carbonates de potasse ou de soude dissous dans l'eau, pourvu qu'on fasse bouillir le mélange pendant une heure : ainsi *le sulfate de baryte*, sel très insoluble, sera décomposé par le *carbonate de potasse*, et il en résultera du carbonate de baryte insoluble et du sulfate de potasse soluble ; mais on ne pourra jamais décomposer la *totalité* du sulfate de baryte employé.

*Action des sels à l'état solide les uns sur les autres.* — Lorsqu'on chauffe ensemble deux sels dont les éléments peuvent donner lieu à un sel fixe et à un sel volatil, la décomposition est forcée : ainsi, par exemple, le chlorhydrate d'ammoniaque et le carbonate de chaux se transforment, à une température élevée, en carbonate d'ammoniaque volatil, et en chlorure de calcium fixe ; cette décomposition a même lieu dans le cas où il peut se former un ou deux sels fusibles.

*Composition.* — Nous avons vu en commençant quelles sont les lois qui président à la constitution des sels ; nous avons vu en outre qu'il existe un rapport simple entre l'oxygène de l'acide et celui de la base, rapport qui est invariable dans un même genre de sel : ainsi il est de 3 : 1 dans les sulfates, de 5 : 1 dans les azotates et les phosphates, etc.

Ces données ont conduit Berzélius à formuler la loi suivante : *deux corps oxydés se combinent toujours l'un avec l'autre dans des proportions telles, que la quantité d'oxygène contenue dans l'un soit un* multiple *par un nombre entier* (on considère 1 1/2 comme un nombre entier) *de celle qui se trouve dans l'autre corps oxydé.* L'application de cette loi à la composition des oxysels n'a pas tardé à faire voir que les acides qui, dans leurs combinaisons *neutres*, contiennent trois fois autant d'oxygène que la base, comme les sulfates, *prennent rarement deux fois, et ne prennent jamais quatre* fois autant de base qu'il y en a dans le sel neutre : au contraire, les acides qui renferment deux ou quatre fois autant d'oxygène que la base qui les *neutralise ne se combinent pas*, dans les sels basiques, avec une fois et demie ou trois fois autant de base que le sel neutre, mais avec deux, quatre ou huit fois autant.

Les détails dans lesquels nous venons d'entrer rendent parfaitement raison d'un fait important relatif au mélange de deux sels neutres. *Lorsqu'on mêle deux sels neutres dissous dans l'eau, ils conservent leur neutralité, même quand ils se décomposent;* en effet, il résulte de ce qui précède qu'un acide a pour toutes les bases la même capacité de saturation, ou, ce qui revient au même, *que les quantités de différentes bases qui saturent un poids donné d'un même acide doivent toujours contenir la même proportion d'oxygène* : ainsi, admettons, ce qui est réel, que 100 parties d'acide sulfurique exigent, pour former du sulfate *neutre* de potasse, 117,72 p. de protoxyde de potassium, dans lesquels il entre 19,96 p. d'oxygène (117,72 de ce protoxyde contiennent en effet 97,76 de potassium et 19,96 d'oxygène), 100 parties de tout autre sulfate neutre renfermeront une quantité de base dans laquelle il y aura 19,96 p. d'oxygène ; l'expérience prouve d'un autre côté que dans l'*azotate neutre de baryte* 100 parties d'acide azotique sont combinées avec une quantité de baryte qui contient 14,76 p. d'oxygène, et qu'il en est de même de tous les autres azotates neutres. Si on vient à mêler ces deux sels en proportions convenables, il se formera du sulfate *neutre* de baryte insoluble, et de l'azotate *neutre* de potasse soluble, et il ne pourra pas ne pas se produire deux sels neutres. Voici quelles sont ces proportions :

| | | |
|---|---|---|
| 217,22 de sulfate de potasse. | Acide 100 une proportion. Potasse 117,22 id. | 117,22 de potasse contiennent 19,96 d'oxygène. |
| 326,05 d'azotate de baryte. | Acide 135,12 une proportion. Baryte 190,93 id. | 190,93 de baryte renferment 19,96 d'oxygène. |

Les résultats sont :

| | | |
|---|---|---|
| 290,93 de sulfate de baryte. | Acide 100 une proportion. Baryte 190,93 id. | 190,93 de baryte renferment 19,96 d'oxygène. |
| 252,34 d'azotate de potasse. | Acide 135,12 une proportion. Potasse 117,22 id. | 117,22 de potasse contiennent 19,96 d'oxygène. |

On voit qu'après la décomposition mutuelle des deux sels, l'oxyde contenu dans le sulfate de baryte contient 19,96 d'oxygène, comme dans le sulfate de potasse, ou que toujours les quantités d'oxygène contenu dans les bases sont proportionnelles aux quantités des sels que l'on emploie, quelle que soit leur espèce, pourvu qu'ils soient au même degré de saturation.

*Préparation des sels.* — On connaît plusieurs procédés à l'aide desquels on peut obtenir des sels. 1º On met les oxydes en contact avec les acides, après les avoir réduits en poudre fine, ou mieux encore lorsqu'ils sont récemment précipités et à l'état d'hydrate; la combinaison a lieu tantôt avec dégagement de calorique, tantôt sans aucun phénomène sensible; dans certains cas, on ne peut l'opérer qu'en élevant un peu la température, mais le plus souvent elle se fait très bien à froid : on peut se procurer tous les sels par ce procédé. 2º On les obtient aussi presque tous en substituant aux oxydes leurs carbonates : dans ce cas il y a effervescence. 3º Presque tous les sels insolubles peuvent être préparés par la voie des doubles décompositions : ainsi le sulfate de baryte insoluble peut être obtenu au moyen du sulfate de potasse et de l'azotate de baryte, sels qui se décomposent mutuellement, parce qu'ils peuvent donner naissance à un sel soluble et à un sel insoluble. Il suffit, pour réussir dans la préparation de ces sels, de prendre une dissolution saline dont l'acide soit le même que celui du sel insoluble que l'on veut avoir, et de la verser dans une autre dissolution saline dont l'oxyde soit aussi le même que celui du sel insoluble que l'on cherche à obtenir, pourvu toutefois que les deux dissolutions puissent donner naissance à un sel soluble et à un sel insoluble. Ainsi, dans l'exemple que nous avons choisi, pour avoir le sulfate de baryte insoluble, on emploie deux dissolutions, dont l'une renferme l'acide sulfurique et l'autre la baryte. Si l'on voulait préparer du phosphate de chaux insoluble, on prendrait une dissolution de phosphate de potasse ou de soude, et une autre d'azotate de chaux, etc. En général, il faut que les dissolutions salines soient dans un état convenable de concentration. 4° Plusieurs sels peuvent être obtenus en faisant agir les métaux sur les acides concentrés : il y a décomposition d'une partie de l'acide, oxydation du métal, et combinaison de l'oxyde avec l'acide non décomposé ; *exemple*, acide sulfurique concentré et mercure. Il y a des cas où il faut élever la température ; d'autres, au contraire, où le sel se forme à froid. 5° On peut préparer un assez grand nombre de sels en mettant les métaux en contact avec les acides affaiblis : l'eau est décomposée, le métal oxydé se combine avec l'acide, et il se dégage du gaz hydrogène. 6° Les sous-sels insolubles s'obtiennent en versant dans la dissolution du sel une certaine quantité de potasse, de soude ou d'ammoniaque, qui ne saturent qu'une partie de l'acide et en précipitent le sous-sel ; on les lave à grande eau. Il y a encore quelques autres procédés dont nous omettons de parler, parce qu'ils sont particuliers à certaines espèces de sels. Les *sels doubles* s'obtiennent : 1° en mêlant les sels simples qui les composent : ainsi le sulfate ammoniaco-magnésien se produit lorsqu'on mêle du sulfate d'ammoniaque avec du sulfate de magnésie ; 2° en ajoutant à l'un des sels simples qui entrent dans la composition du sel double la base qui lui manque : ainsi le même sel double peut être obtenu en versant de l'ammoniaque dans une dissolution de sulfate de magnésie.

*Purification des sels. — A. Sels solubles et cristallisables.* — Ordinairement on purifie ces sels par des cristallisations successives ; mais il arrive souvent qu'ils retiennent une si grande quantité d'eau-mère, qu'il faut, pour les dépouiller entièrement des matières étrangères, recourir à de nombreuses évaporations et cristallisations. M. Gay-Lussac propose d'employer le procédé suivant, applicable à un très grand nombre de sels, mais surtout au *carbonate de soude.* On fait dissoudre à chaud le sel cristallisé et impur; pendant que le liquide se refroidit, on l'agite sans cesse avec une spatule, pour en troubler la cristallisation et n'obtenir que des cristaux arénacés. On peut accélérer le refroidissement en tenant plongé dans l'eau froide le vase qui contient la dissolution saline. Il arrive quelquefois que, quoique très refroidie, la dissolution ne cristallise pas, et que tout-à-coup la cristallisation se détermine : c'est dans ce moment surtout qu'il importe d'agiter très rapidement pour empêcher l'agglomération des cristaux. On peut prévenir ce long retard de cristallisations en projetant dans la dissolution une pincée de cristaux au moment où elle commence à être sursaturée. On remplit de ces cristaux un entonnoir, dans le bec duquel on aura mis un peu d'étoupe ou de coton pour les retenir. On les laisse d'abord s'égoutter, puis on les arrose avec de petites quantités d'eau distillée, attendant pour chaque nouvel arrosage que le précédent se soit écoulé. Lorsque les réactifs propres à découvrir les sels qui accompagnent ordinairement celui que l'on cherche à obtenir ne décèlent plus de traces de ces sels étrangers, on cesse les lavages. L'eau-mère et les eaux de lavage peuvent être évaporées et traitées comme il vient d'être dit. L'efficacité de ce procédé est fondée sur l'extrême facilité avec laquelle se laissent pénétrer par l'eau, et bien laver les cristaux sableux, tels qu'ils sont obtenus par une cristallisation troublée. (*Ann. de Chim.*, février 1834.)

B. *Sels insolubles.* — On doit les laver à grande eau et à plusieurs reprises, jusqu'à ce que les liquides décantés et filtrés ne se troublent plus par les réactifs propres à déceler les sels solubles qu'ils doivent contenir.

Après avoir examiné l'action des divers agents étudiés jusqu'ici sur les sels en général, nous devons faire connaître la marche que nous nous proposons de suivre dans leur histoire particulière. On a remarqué depuis long-temps que les sels formés par un même acide jouissent d'un certain nombre de propriétés communes, et peuvent former un groupe plus ou moins naturel auquel on a donné le nom de *genre*. Nous allons exposer succinctement les caractères de chacun de ces groupes avant de parler des sels en particulier.

### CARACTÈRES DU GENRE HYPOSULFITE.

Les hyposulfites sont décomposés par le *feu;* l'*air* ne les transforme en sulfates qu'avec la plus grande difficulté. L'*eau* dissout plusieurs hyposulfites; ceux qui sont insolubles se dissolvent dans un excès d'acide sulfureux, et peuvent même cristalliser.

*Propriété essentielle.* — Ils sont décomposés par les *acides* qui décomposent les sulfites, et il se forme, outre le gaz acide sulfureux qui se dégage, un dépôt de soufre et un nouveau sel.

*Composition.* — Suivant M. Gay-Lussac et M. Langlois, les hyposulfites contiennent deux fois autant de soufre que les sulfites. Ces chimistes considèrent les hyposulfites comme des composés d'un sulfure métallique et d'acide sulfureux ou sulfurique.

*Préparation.* — Ceux de potasse, de soude et d'ammoniaque se préparent en faisant bouillir les sulfites simples avec de l'eau et du soufre divisé; ou bien, comme pour les sulfites simples, en faisant arriver le gaz acide sulfureux dans ces bases dissoutes et mêlées avec du soufre. Ceux de baryte et de strontiane s'obtiennent en mettant les sulfures de baryum et de strontium dans l'eau. Enfin, ceux de zinc et de fer sont le résultat de l'action directe de l'acide sulfureux sur les métaux.

### CARACTÈRES DU GENRE SULFITE.

Tous les sulfites sont décomposés par le *feu;* ceux des métaux de la première section et celui de magnésie donnent du soufre et des sulfates, tandis que ceux des autres sections laissent dégager le gaz sulfureux, et il reste l'oxyde ou le métal réduit. Les sulfites exposés à l'*air* en attirent l'oxygène, et passent à l'état de sulfates d'autant plus promptement, toutes choses égales d'ailleurs, qu'ils sont plus solubles dans l'eau et plus divisés. Il n'y a guère que les sulfites de potasse, de soude et d'ammoniaque qui soient très solubles dans l'*eau*. Plusieurs sulfites peuvent se combiner avec le soufre très divisé, et donner naissance à des hyposulfites.

*Propriété essentielle.* — Les *sulfites* sont décomposés avec effervescence par un grand nombre d'acides, tels que les acides sulfurique, chlorhydrique, etc.; et il se dégage du gaz acide sulfureux dont l'odeur est caractéristique.

*Composition.*— L'acide des sulfites renferme deux fois autant d'oxygène que l'oxyde qui entre dans leur composition.

*Préparation.* — Les sulfites insolubles se préparent par le troisième procédé, c'est-à-dire par la voie des doubles décompositions (p. 266). Ceux qui sont solubles s'obtiennent avec la base simple ou carbonatée et le gaz acide sulfureux; pour cela, on dégage ce gaz, à l'aide du charbon et de l'acide sulfurique, dans l'appareil déjà décrit (voy. *Préparation de l'acide sulfureux*, page 124); on le fait arriver dans des flacons tubulés, contenant de la potasse, de la soude ou de l'ammoniaque liquide, etc.; on suspend l'opération lorsque la saturation de ces bases est complète. On parvient presque toujours à obtenir, par ce procédé, des sulfites cristallisés; s'ils sont avec excès d'acide, on les sature par une quantité convenable d'alcali.

### CARACTÈRES DU GENRE HYPOSULFATE.

Tous les hyposulfates neutres sont solubles. Leurs dissolutions, mêlées avec les acides, ne donnent de l'acide sulfureux qu'autant que le mélange s'échauffe de lui-même, ou lorsqu'on l'expose à l'action de la chaleur. Ils laissent dégager beaucoup d'acide sulfureux à une température élevée, et sont convertis en sulfates neutres. Aucun hyposulfate ne précipite les sels de baryte.

*Composition.* — Dans les hyposulfates neutres, la quantité d'oxygène de l'oxyde est à la quantité d'oxygène de l'acide comme 1 est à 5.

## CARACTÈRES DU GENRE SULFATE.

Soumis à l'action du *calorique*, les sulfates se comportent de différentes manières : celui de magnésie et ceux de la première classe ne se décomposent pas ; les autres se décomposent, fournissent de l'oxygène, de l'acide sulfureux et de l'acide sulfurique anhydre, et laissent pour résidu l'oxyde, le métal ou un oxyde plus oxydé. Le *carbone* enlève l'oxygène à l'acide de tous les sulfates, et quelquefois aux oxydes ; les produits de cette réaction varient en raison de la température ; ainsi, tantôt il se formera de l'acide carbonique, de l'acide sulfureux, et le métal sera mis à nu ; tantôt il ne se fera que de l'oxyde de carbone, point ou peu d'acide sulfureux, et un sulfure métallique avec le soufre et le métal. La transformation des sulfates de baryte, de strontiane, de chaux, de potasse, de soude et de magnésie, en protosulfures métalliques par le charbon, a été mise hors de doute par M. Berthier, en chauffant ces sels mêlés de charbon dans un creuset brasqué à la température d'un essai de fer. (*Ann. de Chim. et de Phys.*, t. XXII.) A une température moins élevée, par exemple au rouge cerise, le charbon transforme ces sulfates, d'après M. Gay-Lussac, en protosulfure et en persulfure métallique et en oxyde. C'est à cette réaction qu'est liée l'histoire des pyrophores, matières qui ne sont que le produit de la calcination de 28 à 30 parties de sulfate de potasse avec 15 parties à peu près de noir de fumée. Il en résulte un protosulfure très divisé, qui étant projeté dans l'air, prend feu, par suite de l'absorption de l'oxygène, lequel, en se combinant au protosulfure, constitue de nouveau un sulfate neutre. Plusieurs sulfates sont susceptibles de produire cette réaction. L'*hydrogène* décompose également les sulfates, et fournit des produits analogues aux précédents, c'est-à-dire un mélange de sulfure métallique et d'oxyde, ou un sulfure métallique, ou un mélange de sulfure et de métal, ou le métal, ou enfin un mélange de métal, d'oxyde et de sulfure. (*Ann. de Chim. et de Phys.*, t. XXVII.) Tous les sulfates sont solubles dans l'*eau*, excepté ceux de baryte, d'étain, d'antimoine, de plomb, de mercure et de bismuth, qui sont insolubles; et ceux de strontiane, de chaux, d'yttria, de zircone, de bi-oxyde de cérium et d'argent, qui sont peu solubles. Ils sont tous insolubles dans l'alcool.

*Propriétés essentielles.* — 1° Tous les sulfates sensiblement solubles sont troublés par un sel soluble de *baryte* dissous dans l'eau; le précipité est insoluble dans l'eau et dans l'acide azotique pur; 2° aucun sulfate ne cède complétement l'acide sulfurique à la température ordinaire, à d'autres *acides* employés en petite quantité, excepté le sulfate d'argent, qui est décomposé par l'acide chlorhydrique. Les acides phosphorique et borique solides peuvent, au contraire, les décomposer tous à une chaleur rouge, et former des phosphates et des borates.

*Composition.* — L'acide des sulfates neutres contient trois fois autant d'oxygène que l'oxyde qu'il sature.

*Préparation.* — Tous les sulfates insolubles s'obtiennent par le troisième procédé. (Voy. page 266.)

La plupart des *sulfates* solubles peuvent être transformés en sous-sulfates insolubles au moyen de la potasse, de la soude ou de l'ammoniaque; il s'agit, pour les obtenir, de ne pas ajouter assez d'alcali pour enlever tout l'acide à l'oxyde.

## CARACTÈRES DU GENRE SÉLÉNITE.

Les sélénites sont décomposés à une température rouge, par le charbon, qui s'empare de l'oxygène de l'acide pour former du gaz oxyde de carbone ou de l'acide carbonique : le sélénium mis à nu se sublime en partie, tandis qu'une autre portion reste unie avec l'oxyde métallique ou avec le métal provenant de la décomposition de cet oxyde. Les sélénites neutres, excepté ceux de potasse, de soude et d'ammoniaque, sont insolubles ou peu solubles dans l'*eau*. Les *bisélénites* et les *quadrisélénites* sont tous solubles. Si les sélénites neutres sont rendus acides par l'acide sulfurique, et qu'on les mêle avec du sulfite d'ammoniaque, il se précipite du sélénium. Ils n'ont point d'usages.

*Composition.* — Dans les sélénites neutres, l'acide contient deux fois autant d'oxygène que l'oxyde. Dans les *bisélénites*, l'acide renferme quatre fois autant d'oxygène que l'oxyde; enfin dans les *quadrisélénites*, l'acide paraît contenir huit fois autant d'oxygène que l'oxyde.

*Préparation.* — On obtient les sélénites par le premier procédé. (Voy. p. 266.)

## CARACTÈRES DU GENRE SÉLÉNIATE.

Les séléniates de potasse, de soude, de cuivre, etc., sont solubles; ceux de baryte, de plomb, etc., sont insolubles.

Les *séléniates* solubles sont transformés par l'azotate de plomb en séléniate de plomb insoluble. Celui-ci *bien lavé* et traité par l'acide sulfhydrique fournit l'acide sélénique, facile à reconnaître. (Voy. p. 136.)

*Composition.* — Dans les séléniates, l'oxygène de la base est à celui de l'acide comme 1 : 3.

## CARACTÈRES DU GENRE BORATE.

Soumis à l'action du *calorique*, la majeure partie des borates fondent et se vitrifient sans se décomposer; il en est un certain nombre dont l'oxyde se décompose : tels sont ceux de la sixième classe, et ceux d'argent et de mercure. A une température rouge, les borates ne sont décomposés que par les acides fixes; tel est l'acide phosphorique. Les borates de potasse, de soude, d'ammoniaque et de lithine, sont les seuls qui soient solubles dans l'*eau*.

*Propriété essentielle.* — Tous les *acides* précédemment étudiés, excepté les acides carbonique et borique, décomposent les borates à la température de l'ébullition : l'acide employé s'empare de l'oxyde du borate, et l'acide borique est mis à nu; si le borate est soluble dans l'eau, on verse l'acide décomposant sur le *solutum*, et l'on obtient des écailles d'acide borique; si le borate est peu soluble, on le réduit en poudre et on le traite par l'acide étendu d'eau.

*Composition.*— Dans les borates, la quantité d'oxygène de l'oxyde est à la quantité d'oxygène de l'acide comme 1 : 6.

*Préparation.* — Tous les borates, excepté ceux de soude, de potasse, d'ammoniaque et de lithine, étant peu solubles dans l'eau, s'obtiennent par le troisième procédé (voy. p. 266). On verse dans une dissolution de borate de soude (le plus commun des borates solubles) la dissolution saline dont on veut séparer l'oxyde; il se produit un borate insoluble. Si l'on employait le borate de soude du commerce (borax), le précipité serait mêlé de beaucoup d'oxyde qui aurait été séparé par la soude libre.

## CARACTÈRES DU GENRE SILICATE.

Il existe des silicates, des bisilicates, des trisilicates, des quadrisilicates et des sexsilicates : on connaît aussi des silicates bibasiques, tribasiques, quadribasiques et sexbasiques. Ces sels sont tellement abondants dans la nature, qu'ils forment à eux seuls la moitié au moins des minéraux connus.

Les silicates et les bisilicates sont pour la plupart fusibles à une température élevée; ceux dont l'oxyde est fusible, comme ceux de plomb, de bismuth, de potasse et de soude, fondent beaucoup plus facilement que ceux dont l'oxyde est peu ou point fusible ; ainsi les silicates d'alumine et de magnésie ne font que s'agglutiner, même lorsqu'on les soumet à l'action du chalumeau de Brook. Les tri, quadri et sexsilicates, ainsi que les silicates basiques, ont déjà moins de tendance à fondre que les silicates et les bisilicates. Les silicates à plusieurs bases sont en général fusibles.

Parmi les silicates *simples*, il n'y a guère que ceux de potasse et de soude qui se dissolvent dans l'eau; plus les silicates sont acides, moins ils se dissolvent dans ce liquide. Les silicates à plusieurs bases sont un peu solubles dans l'eau; ainsi le verre ordinaire, composé de silicate de soude et de silicate de chaux, cède une portion de silicate de soude à l'eau bouillante.

Les acides, même l'acide carbonique, décomposent les silicates solubles, s'emparent de la base et précipitent l'acide silicique sous forme de gelée. Les silicates insolubles ne sont attaqués que par les acides forts et concentrés et à l'aide de la chaleur. L'acide phtorhydrique attaque tous les silicates et forme des phtorures doubles de silicium et du métal qui faisait la base du silicate; évidemment l'oxygène de l'acide silicique et de l'oxyde s'unit à l'hydrogène de l'acide pour former de l'eau.

*Composition.* — Tout porte à croire que dans les silicates neutres, l'oxygène de l'acide est à celui de la base comme 1 : 1.

*Préparation.* — On obtient plusieurs silicates en faisant fondre un mélange d'acide silicique et de la base. D'autres se préparent par la voie des doubles décompositions.

## CARACTÈRES COMMUNS AUX CARBONATES, AUX SESQUICARBONATES ET AUX BICARBONATES.

Les acides sulfurique, azotique, chlorhydrique, acétique, etc., faibles, les décomposent avec effervescence, et sans vapeur; il se dégage du gaz acide carbonique, incolore et presque inodore (1). (Voy. Acide carbonique, p. 144.)

## CARACTÈRES DU GENRE CARBONATE.

1° Tous les carbonates sont décomposés par le calorique, excepté celui d'ammoniaque, qui est volatil, et ceux de potasse, de soude et de lithine, dont on peut opérer la décomposition à l'aide de cet agent et de la vapeur d'eau : les produits que l'on obtient sont le gaz acide carbonique, le métal ou l'oxyde métallique, ou bien cet oxyde, du gaz oxyde de carbone et de l'oxygène. Les carbonates fixes indécomposables par le feu sont décomposés à une température élevée par le bore, le phosphore, le fer et le zinc,

(1) Quelquefois on observe une légère vapeur formée par l'acide qui décompose le carbonate. — Il est des cas où, par suite d'une trop grande concentration de l'acide, la décomposition n'a pas lieu ; ainsi l'acide azotique très concentré ne dégage point l'acide carbonique des carbonates de chaux, de baryte, etc. (*Braconnot.*)

qui agissent en s'emparant, en totalité ou en partie, de l'oxygène de l'acide carbonique. 2° Excepté les carbonates de potasse, de soude et d'ammoniaque, tous les autres sont insolubles dans l'eau; toutefois il n'est aucun de ces derniers qui, étant très divisé, ne puisse être dissous dans l'eau contenant de l'acide carbonique libre. 3° Les dissolutions aqueuses des carbonates verdissent le sirop de violette, précipitent abondamment les sels de magnésie (1), et ne perdent point d'acide carbonique lorsqu'on les chauffe; il n'y a que le carbonate d'ammoniaque qui, étant plus volatil que l'eau, se dégage dans l'atmosphère. 4° Si on les fait traverser par un courant d'acide carbonique gazeux, elles se changent en bicarbonates moins solubles que les carbonates. 5° Les carbonates insolubles sont tous décomposés à chaud par les sels à base de potasse ou de soude dont l'acide peut former un sel insoluble avec la base de ces carbonates : citons pour exemple le carbonate de baryte et le sulfate de potasse; il se forme, dans ce cas, du sulfate de baryte insoluble et du carbonate de potasse soluble : mais cette décomposition n'est pas complète. (Dulong.)

*Composition.* — L'acide carbonique de ces sels contient deux fois autant d'oxygène que l'oxyde qui est combiné avec lui. Ils sont formés d'un équivalent de base et d'un d'acide.

*Préparation.* — Tous les carbonates, excepté ceux de potasse, de soude, d'ammoniaque, étant insolubles dans l'eau, se préparent par le troisième procédé (voy. pag. 266), en versant une dissolution de carbonate de potasse ou de soude dans la dissolution saline qui contient l'oxyde que l'on veut combiner avec l'acide carbonique.

## CARACTÈRES DES BICARBONATES.

On ne connaît bien que ceux de potasse, de soude et d'ammoniaque. Chauffés à l'état solide jusqu'au rouge, ils perdent la moitié de leur acide carbonique et se trouvent ramenés à

(1) Si le carbonate d'ammoniaque était effleuri, il ne précipiterait point les sels de magnésie. (Voy. *Sels de magnésie.*)

l'état de carbonates. Ils se dissolvent dans l'eau, mais moins que les précédents; ainsi dissous, si on les chauffe jusqu'à la température de l'ébullition, ils perdent un quart de leur acide carbonique et se transforment en *sesquicarbonates*. Le bicarbonate d'ammoniaque toutefois se change en acide carbonique et en carbonate qui se volatilise. Leurs dissolutions verdissent le sirop de violette et ne précipitent point les sels de magnésie à froid.

*Composition.* — L'acide des bicarbonates renferme quatre fois autant d'oxygène que l'oxyde qu'il sature; ce qui prouve qu'ils contiennent un équivalent de base et deux d'acide. Les *sesquicarbonates* sont formés de deux équivalents de base et de trois d'acide.

## CARACTÈRES DU GENRE HYPOCHLORITE.

Les hypochlorites sont peu stables; ils sont facilement décomposés par la chaleur, et ils fournissent une petite quantité de chlore, puis de l'oxygène et un chlorate. Ils sont solubles dans l'eau. Leurs dissolutions exhalent une faible odeur de chlore et possèdent un pouvoir décolorant considérable.

Les oxacides les décomposent, soit en mettant l'acide hypochloreux en liberté, soit en le décomposant en partie. L'acide chlorhydrique en dégage du chlore, étant lui-même décomposé par l'oxygène de l'acide hypochloreux, qui s'unit à l'hydrogène de l'acide chlorhydrique.

*Composition.* — Dans les hypochlorites, la quantité d'oxygène de l'oxyde est à la quantité d'oxygène de l'acide comme 1 : 1.

*Préparation.* — Tous les hypochlorites s'obtiennent directement.

## CARACTÈRES DU GENRE CHLORATE.

Tous les chlorates sont décomposés par le feu et transformés en gaz oxygène et en chlorure métallique, ou en gaz oxygène et en chlorure métallique, plus une portion d'oxyde du chlorate; il est évident que dans cette décomposition l'oxygène provient et de l'acide chlorique et de l'oxyde métallique.

*Propriétés essentielles.* — 1° La plupart des chlorates étudiés jusqu'à présent *fusent* sur les *charbons* ardents et produisent une flamme d'une couleur variable ; l'acide chlorique, dans ce cas, cède de l'oxygène au charbon. 2° Mêlés avec des substances avides d'oxygène, telles que le charbon, le phosphore, le soufre, les sulfures d'antimoine, d'arsenic, etc., certains chlorates, et principalement celui de potasse, forment des poudres que l'on désigne sous le nom de *fulminantes*, qui détonent toutes avec plus ou moins de violence par l'action de la chaleur, et que le choc seul suffit le plus souvent pour enflammer. La plus forte de ces poudres est sans contredit celle que l'on fait avec le phosphore.

Tous les chlorates connus sont solubles dans l'eau, excepté le chlorate de protoxyde de mercure. Leurs dissolutions ne sont point troublées par l'azotate d'argent. Les *acides* forts paraissent pouvoir les décomposer tous, mais à des températures diverses et avec des phénomènes variables.

*Propriété essentielle.* — Les acides sulfurique et chlorhydrique concentrés leur communiquent une couleur *jaune foncée.*

*Composition.* — L'oxygène de l'acide est à celui de l'oxyde comme 5 : 1.

*Préparation.* — Les chlorates de *potasse*, de *soude*, de *strontiane*, de *baryte*, de *magnésie*, d'*ammoniaque*, d'*oxyde de zinc*, d'*oxyde d'argent*, de *protoxyde de plomb*, et de *bi-oxyde de cuivre*, peuvent être préparés par le premier et le deuxième procédé, en saturant ces oxydes ou leurs carbonates par l'acide *chlorique*. Les quatre premiers s'obtiennent également en faisant arriver du *chlore* gazeux sur leurs oxydes humectés ou en dissolution très concentrée. On remarquera au bout de quelques heures qu'il se sera formé dans ces dissolutions : 1° un chlorate qui se trouve cristallisé au fond de l'éprouvette lorsqu'il est à base de potasse ou de soude ; 2° un chlorure soluble ; il se sera en outre dégagé du gaz oxygène, surtout si l'appareil a été exposé à la lumière (1).

(1) Lorsqu'on agit sur le carbonate de potasse, le chlore commence par

La formation du chlorate et du chlorure est le résultat de la décomposition d'une partie de l'oxyde par le chlore, qui s'empare d'une portion de son oxygène pour passer à l'état d'acide chlorique, tandis qu'une autre partie s'unit au potassium, au sodium, etc., mis à nu pour former un chlorure; cette décomposition est favorisée par la différence de solubilité entre le chlorure et le chlorate. Le dégagement de gaz oxygène dépend de ce que la lumière favorise la décomposition d'une partie de l'alcali en oxygène et en métal. Si, au lieu de faire usage de dissolutions concentrées, on employait de la potasse et de la soude faibles, on obtiendrait seulement des chlorures d'oxydes (eau de Javelle, chlorure de chaux, etc.).

## CARACTÈRES DU GENRE PERCHLORATE.

Tous les perchlorates fusent plus ou moins vivement sur les charbons incandescents; ils affectent en général dans leur cristallisation la forme prismatique. Ils restent *incolores* quand on les traite par les acides sulfurique ou chlorhydrique concentrés. Ceux de soude, de baryte, de strontiane, de chaux, de magnésie, d'alumine, de lithine, de zinc, de cadmium, de manganèse, de fer et de cuivre sont déliquescents, et par conséquent très solubles dans l'eau. Celui de potasse est peu soluble.

*Composition.* — Dans les chlorates, l'oxygène de la base est à celui de l'acide comme 1 : 7.

## CARACTÈRES DU GENRE BROMATE.

Tous les bromates sont décomposés par le feu; ceux qui sont solubles sont décomposés par les acides iodhydrique, chlorhydrique et sulfhydrique, qui en séparent le brome (voy. p. 65). L'azotate d'argent y fait naître un précipité

s'emparer de la potasse libre ou en excès, et il se précipite du bicarbonate de potasse; bientôt après ce bicarbonate est décomposé par le chlore, qui en dégage l'acide carbonique avec effervescence en agissant sur l'alcali.

blanc, pulvérulent, qui noircit à peine à la lumière. Les bromates d'argent et de protoxyde de mercure sont insolubles.

*Composition.* — Dans les bromates neutres, la quantité d'oxygène de l'oxyde est à la quantité d'oxygène de l'acide comme 1 : 5.

*Préparation.* — On les obtient comme les iodates.

## CARACTÈRES DU GENRE IODATE.

Tous les iodates sont décomposés à une chaleur rouge obscur; presque tous fournissent de l'oxygène et de l'iode; les autres donnent de l'oxygène et un iodure. Il n'y en a qu'un très petit nombre qui fusent sur les charbons ardents. Ils sont, en général, insolubles dans l'eau; ceux de potasse et de soude sont peu solubles.

*Propriété essentielle.* — Les acides sulfureux et sulfhydrique les décomposent, s'emparent de l'oxygène de l'acide iodique et en séparent l'iode. Si on emploie un excès d'acide sulfhydrique, l'iode déposé s'unit à l'hydrogène pour former de l'acide iodhydrique, et il se précipite du soufre.

L'acide chlorhydrique concentré décompose les iodates de potasse, de magnésie et d'ammoniaque, en donnant naissance à du chlore et à un composé d'un équivalent de perchlorure d'iode et d'un équivalent de chlorure de la base de l'iodate employé.

*Composition.* — Dans les *iodates*, la quantité d'oxygène de l'oxyde est à la quantité d'oxygène de l'acide comme 1 : 5.

*Préparation.* — Les iodates insolubles s'obtiennent par la voie des doubles décompositions (troisième procédé), en versant de l'iodate de potasse dans une dissolution de l'un ou de l'autre des métaux avec lesquels on veut préparer l'iodate. L'iodate de potasse s'obtient en versant sur de l'iode une dissolution de potasse carbonatée jusqu'à ce que la liqueur ne soit plus colorée : cette liqueur renferme de l'iodate et de l'iodure de potassium, produits par la décomposition de l'eau (voy. Potasse, action de l'iode). On la fait évaporer jusqu'à siccité, et on traite la masse par l'alcool à 0,81 de densité, qui dissout l'iodure sans agir sur l'iodate; on le lave deux ou trois fois avec de l'alcool pour le débarrasser de tout l'iodure; s'il est avec excès d'alcali, on le fait dissoudre dans l'eau et on le neutralise par l'acide acétique (vinaigre), en sorte que l'on a un iodate et un acétate; on évapore jusqu'à siccité, et l'on traite la masse par l'alcool, qui ne dissout que l'acétate : l'iodate reste alors pur. On prépare ainsi les iodates de baryte, de strontiane et de chaux.

L'*iodate d'ammoniaque* s'obtient directement (deuxième procédé, voy. p. 266).

## CARACTÈRES DU GENRE HYPOPHOSPHITE.

Les hypophosphites sont décomposés à une *température* élevée, et fournissent *pour la plupart* du gaz hydrogène phosphoré qui s'enflamme, du phosphore, un phosphate, et un produit rouge qui paraît être de l'oxyde de phosphore : on concevra facilement les résultats dont nous parlons, en admettant que l'eau contenue dans les hypophosphites est également décomposée. Quelques hypophosphites donnent par la chaleur un gaz *qui n'est point inflammable* de lui-même, et qui contient moins de phosphore que l'autre : dans ce cas, le résidu renferme un excès d'acide phosphorique. Mis sur les *charbons* incandescents, les hypophosphites secs se transforment en phosphates, et produisent une belle flamme jaune. Ils sont extrêmement solubles dans l'*eau*, et ne précipitent par conséquent pas les sels solubles de chaux, de baryte ni de strontiane.

*Propriétés essentielles.*— Ils décolorent le sulfate rouge de bi-oxyde de manganèse, surtout à l'aide de la chaleur. Ils décomposent les dissolutions d'or et d'argent, enlèvent l'oxygène à leurs oxydes et en précipitent les métaux. Ils sont sans usages. (Voyez, pour les hypophosphites en particulier, le Mémoire de M. Rose, dans le cahier de juillet 1828, des *Annales de Physique et de Chimie.*)

*Préparation.*— On les obtient directement en combinant l'acide avec la base.

## CARACTÈRES DU GENRE PHOSPHITE.

Les phosphites sont neutres, acides ou avec excès de base. Les phosphites neutres de baryte, de chaux, de strontiane, de potasse, de soude, de protoxyde de fer, de glucyne, de chrome, de cobalt, de nickel, de cadmium, d'antimoine et de bismuth hydratés, *chauffés*, se changent en phosphates neutres, et il se dégage de l'hydrogène pur; les autres phosphites neutres donnent du gaz hydrogène plus ou moins phosphoré. (Rose, *Annales de Chimie et de Phys.*, t. XXXV.) Mis sur les *charbons* incandescents, les phosphites produisent une flamme d'un jaune d'autant plus intense qu'ils contiennent plus d'acide. Les phosphites de potasse, de soude et d'ammoniaque sont solubles dans l'*eau;* les autres sont insolubles. Ceux qui sont solubles précipitent en blanc les sels de chaux, de baryte et de strontiane, ce qui les distingue des hypophosphites solubles.

*Propriété essentielle.* — Ils décolorent le sulfate rouge de manganèse, à l'aide de la chaleur. Les phosphites neutres passent à l'état de phosphates neutres, lorsqu'on les fait bouillir avec une grande quantité d'acide azotique, qui leur cède de l'oxygène.

*Composition.* — Dans les phosphites, l'oxygène de l'oxyde est à celui de l'acide comme 2 est à 3.

*Préparation.* — On les obtient par le premier ou par le troisième procédé. (Voy. p. 266.)

## CARACTÈRES DU GENRE PHOSPHATE.

Les phosphates neutres, excepté ceux des deux dernières sections et celui d'ammoniaque, sont indécomposables par la chaleur; toutefois les phosphates de potasse et de soude, chauffés jusqu'au rouge, se transforment en *pyrophosphates*, tandis que les phosphates insolubles, placés dans les mêmes circonstances, ne passent point à l'état de pyrophosphates. Si l'on chauffe avec du *charbon* les phosphates des cinq dernières classes, moins ceux d'alumine, de glucyne et d'yttria, ils sont décomposés ; l'oxygène de l'acide et celui de l'oxyde transforment le charbon en gaz acide carbonique, ou en gaz oxyde de carbone, et il se forme un phosphure métallique. Ceux de la première classe ne se décomposent pas en totalité; il n'y a qu'une partie de l'acide qui cède son oxygène au charbon, et il se forme, dans beaucoup de cas, un phosphure métallique qui reste mêlé d'un peu de sous-phosphate. L'*eau* ne dissout facilement que les phosphates de potasse, de soude et d'ammoniaque, mais l'acide phosphorique dissout tous les phosphates insolubles.

*Propriétés essentielles.* — 1° Presque tous les *acides* forts ont la propriété de transformer les phosphates en phosphates acides, en se combinant avec une portion de leur oxyde; quelques uns de ces acides peuvent même enlever tout l'oxyde à certains phosphates : dans tous les cas, l'acide phosphorique ou le phosphate acide mis à nu, étant chauffés jusqu'au rouge avec du charbon, donnent du phosphore. 2° L'acide azotique dissout tous les phosphates insolubles. 3° Les phosphates solubles précipitent l'azotate d'argent en jaune (phosphate d'argent), et les sels solubles de chaux en blanc (phosphate de chaux).

*Composition.* — Le rapport de l'oxygène de l'acide des *phosphates neutres* à celui de l'oxygène de l'oxyde qui entre dans leur composition, est comme 5 : 2. Mais comme tous les phosphates contiennent, outre deux équivalents de base, un, deux ou trois équivalents d'eau qui jouent alors le même rôle qu'un protoxyde, ce rapport est de 5 : 3. On connaît en outre des *sesqui-phosphates*, des *biphosphates*, des *phosphates sesqui-basiques* et des *phosphates bibasiques*.

*Préparation.* — Tous les phosphates insolubles s'obtiennent par le troisième procédé, en versant du phosphate de soude dissous dans une dissolution saline formée par l'oxyde que l'on veut combiner avec l'acide phosphorique.

## CARACTÈRES DU GENRE PYROPHOSPHATE.

1° Les pyrophosphates solubles de potasse et de soude dissous dans l'eau, se transforment en phosphates au bout de quelques jours, tandis que les pyrophosphates insolubles ne subissent aucune altération. 2° Ceux qui sont solubles précipitent l'azotate d'argent en *blanc*, ce qui les distingue des phosphates qui fournissent un précipité jaune avec le même sel. 3° Après avoir été dissous dans l'eau, ils peuvent être soumis à des cristallisations répétées sans repasser à l'état de phosphates. 4° Plusieurs pyrophosphates insolubles, traités par l'acide sulfhydrique, sont décomposés, et fournissent l'acide pyrophosphorique, s'ils ont peu de cohésion; il en est, au contraire, qu'il faut d'abord traiter par le sulfhydrate d'ammoniaque pour les décomposer; alors on obtient du pyrophosphate d'ammoniaque soluble, que l'on précipite par un sel de plomb; c'est sur le pyrophosphate de plomb obtenu qu'il faut faire agir l'acide sulfhydrique. Les pyrophosphates ne contiennent que deux équivalents de base ou un équivalent de base minérale et un d'eau, de manière que le rapport de l'oxygène de l'acide est à celui de la base comme 5 : 2.

## CARACTÈRES DU GENRE HYPO-AZOTATE.

Tous les hypo-azotates sont décomposés par le *feu* et donnent des produits variables. L'air *atmosphérique* n'agit pas sur eux à la température ordinaire; il paraît, au contraire, les transformer en azotates et en sous-azotates, si on les chauffe. Tous les hypo-azotates connus sont solubles dans l'*eau*.

*Propriétés essentielles.* — 1° Tous les acides liquides décomposent les *hypo-azotates*, et en dégagent du gaz acide azoteux jaune orangé : tels sont les acides sulfurique, azotique, phosphorique, chlorhydrique, phtorhydrique, etc. 2° Les corps simples et composés, avides d'oxygène, agissent sur les hypo-azotates comme sur les azotates; ils se comportent avec le sulfate de fer ou la narcotine comme les azotates.

*Composition.* — Dans les hypo-azotates neutres, l'oxygène de l'acide est à celui de l'oxyde comme 3 : 1.

*Préparation.* — Le procédé généralement suivi pour la préparation de quelques hypo-azotates, qui consiste à calciner les azotates jusqu'à un certain point, pour transformer l'acide azotique en acide hypo-azotique, doit être abandonné, car il est extrêmement difficile de suspendre la calcination juste au moment où ce changement est opéré. (Voy. les histoires particulières des *hypo-azotates.*)

### CARACTÈRES DU GENRE AZOTATE.

Soumis à l'action du *calorique*, tous les azotates sont décomposés : tantôt on obtient l'oxyde et l'acide azotique, tantôt l'oxyde et les éléments de l'acide, tantôt enfin l'oxyde peu oxydé de l'azotate absorbe une certaine quantité d'oxygène à l'acide azotique et s'oxyde davantage.

*Propriétés essentielles.* — Mis sur les *charbons* ardents, les azotates fusent, et l'oxygène de l'acide est absorbé par le charbon. 2°. La plupart des *corps simples* et plusieurs corps *composés*, avides d'oxygène, décomposent les azotates à une température élevée, s'emparent de l'oxygène de l'acide, et donnent lieu à des produits variables ; en général, l'absorption de l'oxygène a lieu avec dégagement de calorique et de lumière. L'*acide* sulfurique décompose complétement tous les azotates à froid, et il se dégage de très légères vapeurs blanches d'acide azotique, si l'azotate est pur et l'acide peu concentré; tandis que les vapeurs seraient orangées (acide azoteux), si l'acide sulfurique était en grande quantité et très concentré, ou si l'on ajoutait du cuivre divisé.

Les acides phosphorique, phtorhydrique et arsénique opèrent également cette décomposition à des températures différentes ; enfin, l'acide chlorhydrique ne les décompose qu'en partie, et forme de l'eau régale.

Il suffit de verser une petite quantité d'un azotate dans un mélange de protosulfate de fer dissous dans l'acide sulfurique concentré, pour que le produit devienne brun café. Cette coloration acquiert une couleur violette ou rose, si l'on ajoute un grand excès d'acide. Quand on mélange une très petite quantité d'un azotate avec un peu de narcotine (base végétale), dissoute dans l'acide sulfurique concentré, la liqueur, qui était jaune, prend de suite une couleur rouge de sang très intense.

L'eau dissout tous les azotates; quelques uns cependant ne se dissolvent bien que dans un excès d'acide.

*Composition.* — L'oxygène de l'oxyde est à celui de l'acide comme 1 : 5. Dans les sous-azotates analysés jusqu'à ce jour, l'oxygène de l'acide est à l'oxygène de l'oxyde comme 5 : 1, 2, 3, 4, 6 et 8. (Grouvelle.)

*Préparation.* — On obtient les azotates d'*alumine*, de *glucyne*, d'*yttria*, de *magnésie*, de *chaux*, de *soude* et d'*ammoniaque* par le premier et par le deuxième procédé, en traitant ces bases divisées, ou leurs *carbonates*, par l'acide azotique étendu d'eau.

## CARACTÈRES DU GENRE ARSÉNITE.

Les arsénites sont décomposés à une température qui n'est pas très élevée, par tous les corps simples avides d'oxygène, et il se sublime de l'arsenic. Ceux de potasse, de soude et d'ammoniaque sont seuls solubles dans l'eau; leurs dissolutions *concentrées* sont décomposées par les acides forts qui en précipitent l'acide arsénieux; quelquefois celui-ci reste dissous dans un excès de l'acide décomposant; elles précipitent l'azotate d'argent en jaune et les sels de bioxyde de cuivre en vert; les précipités sont des arsénites d'argent ou de cuivre. L'acide sulfhydrique ne leur fait subir aucun changement, à moins qu'elles ne soient très concentrées; car alors il les jaunit; mais par l'addition d'un acide, il en précipite du sesquisulfure jaune, soluble dans l'ammoniaque. Introduits dans un appareil de Marsh en activité (voy. page 224), ils fournissent aussitôt du gaz hydrogène arsénié.

*Composition.* — Dans les arsénites, la quantité d'oxygène de l'oxyde est à la quantité d'oxygène de l'acide comme 2 : 3.

*Préparation.* — On obtient directement ceux qui sont solubles; les autres se préparent par la voie des doubles décompositions.

## CARACTÈRES DU GENRE ARSÉNIATE.

L'action du *calorique* sur les arséniates est extrêmement variée. Il y en a qui se décomposent en oxygène, en acide arsénieux et en métal, tel est l'arséniate d'argent; d'autres fournissent de l'acide arsénieux et un oxyde métallique plus oxydé que celui qui entrait dans la composition de l'arséniate; d'où il suit que l'oxygène de l'acide arsénique s'est porté sur cet oxyde : tel est le proto-arséniate de fer; enfin, il en est qui ne se décomposent pas, et qui sont plus ou moins fusibles; par exemple, les arséniates de potasse et de soude. Traités par le *charbon*, à une température élevée, les arséniates sont décomposés; l'acide arsénique cède son oxygène au charbon, qui se trouve transformé en gaz acide carbonique ou en gaz oxyde de carbone; le métal est mis à nu et se vaporise en répandant une odeur alliacée. (*Propriété essentielle.*) L'oxyde de l'arséniate est également décomposé dans quelques circonstances. Excepté les *arséniates de potasse, de soude et d'ammoniaque*, tous les autres sont insolubles dans l'eau; mais ils se dissolvent dans un excès d'acide, si toutefois l'on en excepte l'arséniate de bismuth.

*Propriétés essentielles.* — 1° Les dissolutions des arséniates précipitent en rose les sels de cobalt; le précipité, formé d'acide arsénique et d'oxyde de cobalt se dissolvant dans un excès d'acide, n'aurait pas lieu dans une dissolution de cobalt très acide. 2° Les arséniates dissous ne sont pas troublés par l'acide chlorhydrique, tandis que les arsénites sont précipités en blanc par cet acide. 3° L'azotate d'argent fait naître dans les dissolutions des arséniates un précipité rouge brique, composé d'acide arsénique et d'oxyde d'argent. 4° Les sels de cuivre en précipitent de l'arséniate de cuivre d'un blanc bleuâtre. 5° Il suffit de les laisser en contact, pendant douze ou quinze heures, avec de l'acide sulfhydrique liquide et quelques gouttes d'un autre acide, à la température de 15 à 20°, pour les décomposer et en précipiter du sulfure jaune d'arsenic. 6° Introduits dans un appareil de Marsh en activité (voy. pag. 224), ils fournissent du gaz hydrogène arsénié.

*Composition.* — Dans les arséniates *neutres*, l'oxygène de l'oxyde est à celui de l'acide comme 2 à 5. Les *bi-arséniates* contiennent deux fois autant d'acide, et les *sesqui-arséniates* une fois et demie autant pour la même proportion de base.

*Préparation.* — On obtient les arséniates insolubles par le troisième procédé (voy. page 266), en versant un arséniate soluble dans une dissolution saline, contenant l'acide que l'on veut transformer en arséniate.

## DES MÉTAUX DE LA PREMIÈRE CLASSE.

Ces métaux sont au nombre de six : le potassium, le sodium, le calcium, le baryum, le strontium et le lithium. Ils offrent des propriétés communes que nous avons exposées en énumérant les caractères des six classes. En se combinant avec une certaine quantité d'oxygène, ils donnent naissance à des oxydes que l'on appelle *alcalins*.

Ces oxydes sont au nombre de onze, savoir : deux de calcium, deux de strontium, deux de baryum, un de *lithium*, deux de potassium et deux de sodium (1). Ils sont tous solides, doués d'une saveur âcre plus ou moins caustique. Six d'entre eux se dissolvent dans l'eau, sans éprouver ni faire éprouver à ce liquide la moindre décomposition : tels sont les protoxydes de potassium, de sodium, de calcium, de strontium et de baryum et l'oxyde de lithium ; on les appelait autrefois *alcalis*, groupe auquel on ajoutait encore l'ammoniaque. Cinq de ces oxydes, savoir : les peroxydes de potassium, de sodium, de calcium, de baryum et de strontium, ne se dissolvent dans ce liquide qu'autant qu'ils perdent de l'oxygène et se changent en protoxydes.

Ainsi dissous, et transformés en *alcalis*, ils verdissent le sirop de violette, rougissent la couleur jaune du curcuma et ramènent au bleu la couleur de l'*infusum* de tournesol

(1) L'oxyde de magnésium, appartenant à la deuxième classe, est également rangé parmi les alcalis minéraux. (Voy. *deuxième classe.*)

rougie par les acides ; ils ont la plus grande tendance à s'unir avec les acides, dont ils font disparaître, en tout ou en partie, les caractères; et on peut dire que les six d'entre eux qui constituent les alcalis enlèvent complétement, ou presque complétement, les acides à toutes les dissolutions salines formées par les oxydes métalliques des cinq dernières classes, et par l'ammoniaque.

Exposés à l'*air*, ces oxydes alcalins en attirent rapidement l'humidité et passent à l'état d'hydrates; bientôt après ils absorbent le gaz acide carbonique et se transforment en carbonates.

Ils se combinent avec tous les *acides*, et forment des sels qui sont solubles ou insolubles dans l'eau.

## DES SELS FORMÉS PAR LES MÉTAUX DE LA PREMIÈRE CLASSE.

Les dissolutions des sels de la première classe ne sont décomposées ni troublées par l'ammoniaque, ni par les sulfures solubles, ni par le cyanure jaune de potassium et de fer; ces caractères suffisent pour les distinguer des sels des autres classes.

## DU POTASSIUM.

Le potassium se trouve dans la nature, combiné avec l'oxygène dans certains sels et dans quelques produits volcaniques. Il est solide, très ductile, plus mou que la cire; lorsqu'on le coupe, on voit que la section est lisse, qu'il est doué d'un grand éclat métallique qu'il perd par le contact d l'air, et qu'il ressemble à l'argent poli; sa texture est cristalline. Son poids spécifique est de 0,865 à la température de 15° c.

Si l'on chauffe le potassium placé dans de l'huile de naphthe, il fond à la température de 58° c.; si on le met dans une petite cloche de verre, et qu'on le chauffe jusqu'au rouge naissant, il se volatilise et donne des vapeurs vertes.

Mis en contact avec le gaz *oxygène*, il s'en empare subitement, même à la température ordinaire; il devient d'abord bleuâtre, puis se transforme en protoxyde blanc; enfin il finit par se changer en peroxyde d'un jaune verdâtre (1) : on observe principalement cette oxydation à la surface du métal. Si on élève sa température jusqu'à le faire fondre, l'absorption de l'oxygène est rapide et se fait avec dégagement de calorique et de lumière; il en résulte du peroxyde de potassium. L'*air* atmosphérique agit sur lui à chaud à peu près comme le gaz oxygène, mais avec moins d'énergie : il le fait passer à l'état carbonate à la température ordinaire par l'acide carbonique qu'il contient.

Lorsqu'on élève un peu la température du potassium, et qu'on l'agite dans du gaz *hydrogène*, on obtient un hydrure de potassium solide, gris, sans apparence métallique, inflammable à l'air et au contact du gaz oxygène. Cet hydrure est sans usages. Suivant M. Sementini, on devrait admettre deux autres composés d'hydrogène et de potassium.

On ne peut pas combiner directement le *bore* avec le potassium; toutefois la masse brune que l'on obtient en décomposant l'acide borique par ce métal paraît contenir du *borure* de potassium; du moins elle décompose l'eau à froid et en dégage de l'hydrogène, ce que ne fait pas le bore.

Quoiqu'on ne puisse pas combiner directement le potassium avec le *charbon*, on est obligé d'admettre l'existence d'un composé de ce genre, *au moins;* en effet, lorsqu'on prépare du potassium par la méthode de Brunner (voyez pag. 298), il reste dans la cornue une masse noire charbonneuse, qui, mise dans l'eau, fournit du gaz hydrogène carboné et du carbonate de potasse, et que Berzélius regarde comme du *percarbure* de potassium.

Le *phosphore*, chauffé avec ce métal dans des vaisseaux fermés, donne un phosphure caustique, terne, brun marron, facile à réduire en poudre, qui décompose l'eau en donnant naissance à de l'hypophosphite de potasse, à du gaz hydrogène phosphoré et à du gaz hydrogène.

On peut aussi combiner directement le *soufre* et le potas-

(1) On avait cru d'abord que le corps bleuâtre était un oxyde particulier, mais il paraît que c'est un mélange de potassium et de protoxyde.

sium au moyen de la chaleur; cette combinaison se fait avec un grand dégagement de calorique et de lumière; le sulfure qui en résulte est un *persulfure*. Il existe plusieurs sulfures de potassium : 1° le *protosulfure*, composé d'un équivalent de soufre ou de 201,16 parties, et d'un équivalent de potassium ou de 489,916. On l'obtient en décomposant à la chaleur blanche et dans des creusets brasqués le sulfate de potasse par le charbon ou par l'hydrogène. — *Propriétés*. Il est mamelonné, cristallin, d'un *beau rouge de chair*, d'une saveur d'œufs pourris, fusible avant le degré de la chaleur rouge, déliquescent, soluble dans l'eau et dans l'alcool, et susceptible de se combiner avec l'acide sulfhydrique pour former un sulfhydrate que l'on peut obtenir cristallisé, et qui a été connu pendant long-temps sous le nom d'*hydrosulfate de potasse*. 2° Le *bisulfure*, composé de deux équivalents de soufre (402,32) et d'un équivalent de métal (489,916) : il se produit lorsqu'on abandonne à l'air une dissolution alcoolique de sulfhydrate de protosulfure de potassium, jusqu'à ce qu'elle commence à se troubler à la surface; pendant l'action de l'air, l'oxygène se combine avec l'hydrogène. On se le procure aussi en décomposant au *rouge blanc* le carbonate de potasse anhydre par le soufre; mais dans ce cas il renferme du sulfate de potasse. *Trisulfure*, composé de 3 équivalents de soufre (603,48) et d'un équivalent de métal (489,916) : on l'obtient en faisant arriver sur du carbonate de potasse rougi au feu de la vapeur de sulfure de carbone (carbure de soufre), ou bien en chauffant *au-dessous du rouge* 100 p. de carbonate de potasse anhydre et 58,22 p. de soufre; dans ce dernier cas, il contient du sulfate de potasse. *Quadrisulfure* : il est formé de quatre équivalents de soufre (804,64) et d'un équivalent de métal (489,916). Il est produit par l'action de la vapeur du sulfure de carbone sur du sulfate de potasse rougi au feu. *Quintisulfure ou persulfure* : il est composé de 5 équivalents de soufre (1005,80) et d'un équivalent de potassium (489,916). On le prépare en faisant fondre dans un creuset un excès de soufre avec du proto, du bi, du tri ou du quadrisulfure, et en chassant l'excès de soufre. Celui que l'on obtient en chauffant le carbonate de potasse avec un excès de soufre, et que l'on connaît depuis long-temps sous le nom de *foie de soufre*, est composé de 131 parties de *quintisulfure* de potassium et de 31,5 de sulfate de potasse. On admet encore deux autres *sulfures de potassium*, dont l'un contiendrait sept équivalents de soufre et deux de métal, et l'autre neuf équivalents de soufre pour deux de potassium ; il est probable que ces sulfures ne sont que des combinaisons de deux des cinq dont nous avons reconnu l'existence.

*Du foie de soufre.* — On désigne sous ce nom le *quintisulfure* de *potassium* ou le *persulfure* uni à une certaine proportion de sulfate de potasse ; le *bisulfure* et le *trisulfure* de potassium constituent également des variétés de foie de soufre ; d'où il suit que ce nom est particulièrement réservé aux trois sulfures qui proviennent de l'action du soufre sur le carbonate de potasse. Toutefois le foie de soufre des pharmacies, lorsqu'il est bien préparé, est un quinti ou un *persulfure* de potassium uni à du sulfate de potasse.

*Propriétés.* — Il est solide, d'une couleur brune, dur, fragile et vitreux dans sa cassure ; il est doué d'une saveur âcre, caustique et amère ; il verdit le sirop de violette ; il est très soluble dans l'eau qu'il colore en jaune rougeâtre ; cette dissolution n'est que du persulfure de potassium et du sulfate de potasse ; si on la laisse à l'air, l'excès de soufre se précipite ; le sulfure restant en dissolution absorbe l'oxygène de l'air et passe à l'état d'*hyposulfite* de potasse, état sous lequel il reste tant que la liqueur conserve une teinte jaune ; bientôt après, par une nouvelle oxydation, l'hyposulfite se change en sulfite et même en sulfate (1). Le foie de soufre exposé à l'air en attire l'humidité, et éprouve des changements analogues à ceux que l'eau lui fait subir. (Voy. SULFURES, pag. 239 pour les autres propriétés.)

Pour obtenir le foie de soufre, on chauffe ensemble dans un creuset parties égales de soufre pulvérisé et de carbonate de potasse ; on fait rougir le mélange pendant une heure

(1) Parmi les divers sulfures de potassium, le protosulfure est le seul dont la dissolution aqueuse exposée à l'air ne laisse pas précipiter du soufre en se transformant en hyposulfite.

environ, et on coule le produit sur une table de marbre; on l'enferme dans des flacons bien secs, et on le conserve à l'abri du contact de l'air : dans cette expérience, le soufre dégage l'acide carbonique du carbonate; une partie de ce soufre s'empare de l'oxygène d'une portion de potasse pour passer à l'état d'acide sulfurique et former du sulfate de potasse avec la portion d'alcali non décomposée; l'autre partie de soufre forme du persulfure avec le potassium provenant de la potasse décomposée. Vauquelin a prouvé qu'il fallait au moins une partie de soufre pour une de carbonate de potasse.

Le foie de soufre doit être regardé comme un des médicaments les plus utiles: pris à petite dose, il augmente la chaleur générale et les sécrétions muqueuses, qui deviennent plus fluides; il produit souvent des nausées, des vomissements, etc.; à la dose de 4 ou 6 grammes, il agit comme un des plus violents caustiques; s'il n'est pas vomi, il irrite, enflamme, ulcère et perfore les tissus du canal digestif, par conséquent son administration exige beaucoup de prudence. Il est employé avec le plus grand succès dans une foule de maladies cutanées, dartreuses, psoriques et autres, dans les scrofules, dans le croup, l'asthme, la coqueluche, les toux et les rhumatismes chroniques; la dose est de 20, 30 ou 40 centigrammes deux fois par jour. On l'administre rarement dissous dans l'eau, à cause de son odeur et de sa saveur désagréables. Chaussier a fait préparer un sirop qui peut être très avantageux : on dissout 8 grammes de foie de soufre dans 250 grammes d'eau distillée de fenouil; on filtre la dissolution et on y ajoute 500 grammes de sucre; 32 grammes de ce sirop contiennent 30 centigrammes de persulfure. On peut aussi donner le foie de soufre dans du miel. On l'emploie souvent à l'extérieur; il fait la base du liniment sulfureux antipsorique de M. Jadelot; il sert à préparer des douches et des bains sulfureux; il suffit pour cela d'en faire dissoudre une partie sur mille parties d'eau. Navier l'avait proposé comme contre-poison des dissolutions d'arsenic, de plomb, de cuivre, de mercure, etc. Nous avons prouvé que, non seulement il ne s'opposait pas aux effets de ces poisons, mais qu'il était dangereux de l'administrer, à raison de ses propriétés caustiques. L'expérience nous démontre chaque jour que le *bisulfure de calcium*, obtenu en faisant bouillir parties égales de soufre et de chaux vive dans l'eau, peut remplacer à merveille celui de potassium, dont nous venons de faire l'histoire, surtout pour les applications externes : son emploi devrait donc devenir plus général, puisqu'il est moins dispendieux. Le foie de soufre préparé avec le carbonate de soude agit sur l'économie animale comme celui de potasse, et peut être employé dans les mêmes circonstances et aux mêmes doses ; c'est le sulfure de sodium qui constitue la préparation sulfureuse qui existe dans les *eaux de Barèges, de Cauterets*, etc.

L'*iode* s'unit au potassium avec dégagement de beaucoup de chaleur et de lumière ; l'iodure qui en résulte a une apparence nacrée et cristalline : il existe dans les fucus, dans certaines eaux minérales, dans les eaux-mères des salins, etc. Purifié et convenablement évaporé, il est en cristaux cubiques d'un blanc laiteux, presque toujours opaques, quelquefois transparents, ou en octaèdres, d'une saveur âcre, piquante, facilement fusibles et se volatilisant à la température rouge; il est déliquescent : 100 parties d'eau à 10° en dissolvent 143 parties, tandis qu'à 120° c., c'est-à-dire à la température à laquelle la dissolution entre en ébullition, elles en dissolvent 221 p. L'iodure de potassium est moins soluble dans l'alcool. On le reconnaîtra aux caractères des *iodures* et des sels de potasse. — *Composition*. Il est formé d'un équivalent de métal 489,91 et d'un équivalent d'iode 1579,50.

*Préparation.*—On le prépare le plus ordinairement dans les laboratoires, en décomposant le proto-iodure de fer par le carbonate de potasse. Pour cela, on place dans un matras 100 parties de limaille de fer, 30 d'iode et 500 d'eau distillée, on chauffe jusqu'à ce que la liqueur de brune qu'elle est devienne incolore. On filtre ce proto-iodure de fer ainsi obtenu, et on le décompose peu à peu par une solution de carbonate de potasse, qui précipite le fer à l'état de carbonate insoluble, tandis que l'iode se combine avec le potassium et forme un iodure soluble; on sépare ces deux produits par le filtre, et l'on obtient l'iodure de potassium, par la concentration de la liqueur, sous forme de cristaux assez volumineux.

L'iodure de potassium simple ou *ioduré* est employé avec succès dans le traitement de la plupart des goîtres et dans certaines affections scrofuleuses, comme l'a prouvé le docteur Coindet de Genève (voyez Iode, page 69). On en dissout 2 grammes 50 centigrammes dans 30 grammes d'eau distillée : on prescrit d'abord de 6 à 10 gouttes de solution dans une demi-tasse d'eau sucrée, trois fois par jour, augmentant ou diminuant cette dose selon ses effets. Toutefois il est préférable d'employer ce médicament à l'extérieur; on fait des frictions soir et matin sur la tumeur avec un morceau de pommade gros comme une noisette, composée de 2 grammes d'iodure de potassium et de 45 grammes de graisse de porc. Nous engageons le lecteur à consulter les Mémoires du docteur Coindet, insérés dans les tomes XV, XVI et XVIII des *Annales de Chimie et de Physique*. On l'a également employé dans certains cas de cancers, de gonflement scorbutique des gencives, d'hypertrophie du cœur, etc.

Le *brome* se combine avec le potassium et fournit un *bromure* en cubes ou en longs parallélipipèdes rectangulaires que l'on a employé comme antiscrofuleux, emménagogue et atrophiant.

Lorsqu'on agite le potassium dans un flacon plein de *chlore* gazeux, celui-ci est absorbé et solidifié, d'où il résulte qu'il y a dégagement de calorique et de lumière; il se forme du *chlorure de potassium*. Ce chlorure, connu autrefois sous le nom de *sel fébrifuge de Sylvius*, se trouve dans quelques liqueurs animales, dans les cendres de plusieurs végétaux et dans certaines eaux minérales. Il cristallise en prismes à quatre pans, d'une saveur piquante, amère, peu altérables à l'air : il décrépite au feu, et fond si on le chauffe assez fortement. Cent parties d'eau en dissolvent 34,5 à 19°,3 et 59,3 à 109°,6. Pendant sa dissolution dans l'eau il produit un abaissement de température assez considérable : ainsi 1 partie de ce chlorure et 4 parties d'eau abaissent la température de 11°,4. Il est insoluble dans l'alcool. On l'a employé comme fondant dans la fabrication du verre. Il a été regardé pendant long-temps comme apéritif, digestif, désobstruant, etc.; mais il est entièrement abandonné aujourd'hui. — *Préparation.* (Voy. p. 266.) — *Composition.* Potassium, 489,91 (un équivalent). Chlore, 442,650 (un équivalent).

Le *phtore* et le *potassium* fournissent un *phtorure* déliquescent, très soluble dans l'eau. On l'obtient en saturant le carbonate de potasse par l'acide phtorhydrique.

L'*azote* est sans action sur le potassium, en sorte que l'on peut très bien conserver ce métal si oxydable dans ce gaz.

Le *silicium* se combine avec le potassium, et il en résulte un siliciure brun sans éclat métallique.

Si l'on introduit un peu d'*eau* dans une éprouvette pleine de mercure, renversée sur la cuve de ce métal, et qu'on y fasse entrer un petit fragment de potassium, la décomposition de l'eau aura lieu dans l'instant même où le métal sera en contact avec elle; le gaz hydrogène sera mis à nu, et le potassium, en s'emparant de l'oxygène, passera à l'état de protoxyde, susceptible de verdir le sirop de violette : cette expérience aura lieu avec un léger dégagement de lumière, si la température de l'eau est à 70° c., comme l'a prouvé M. Balcells, directeur du collége de pharmacie de Barcelonne. Si, au lieu de faire réagir ces deux corps sans le contact de l'air, on jette quelques fragments de potassium dans une terrine pleine d'eau, le métal tourne, s'agite en tous sens, court à la surface du liquide, le décompose, et dégage une vive lumière. Ce dernier phénomène ne dépend pas exclusivement, comme on l'avait cru avant les expériences de M. Balcells, de ce que la chaleur développée est assez forte pour enflammer le gaz hydrogène, puisqu'il a lieu à l'abri du contact de l'air; il tient à la fois à l'élévation de température produite par la combinaison de l'oxygène de l'eau avec le métal, et à ce que la combustibilité de l'hydrogène est augmentée par une petite quantité de potassium avec lequel il est uni. Si, lorsque le potassium s'agite sur l'eau, on le frappe fortement avec une spatule de bois ou de fer en cherchant à l'enfoncer vivement dans l'eau, il se produit une forte détonation, et il se dégage beaucoup de gaz hydrogène qui, s'élançant dans l'air, s'enflamme tout-à-coup par le moyen du feu qui éclate à la suite du frottement brusque qui a été opéré (Wagner).

Les oxydes de *phosphore* et d'*azote* sont décomposés à une température élevée, par le potassium, qui s'empare de leur oxygène et passe à l'état d'oxyde.

Les *acides* solides et gazeux, parfaitement desséchés, formés par l'oxygène et par un corps simple, tels que les acides borique, phosphorique, sulfureux, etc., sont décomposés en totalité ou en partie, à une température élevée, par le potassium, qui leur enlève tout l'oxygène qu'ils renferment : il en résulte des produits variables : l'acide *borique*, par exemple, donne du bore et du borate de protoxyde de potassium ; avec l'acide carbonique on obtient du carbone et du protoxyde de potassium ; l'acide *phosphorique* fournit du protoxyde de potassium phosphoré, si le potassium est en excès ; dans le cas contraire, du phosphate de protoxyde de potassium et du phosphore ; le gaz acide *sulfureux* transforme le potassium en protoxyde, et le soufre est mis à nu ; le gaz acide *azoteux* donne du protoxyde de potassium et du gaz azote, etc. Si les acides formés par l'oxygène contiennent de l'eau, celle-ci est décomposée, même à la température ordinaire, et il se forme du protoxyde de potassium hydraté (potasse), qui se combine avec l'acide non décomposé.

Les gaz acides *chlorhydrique*, *bromhydrique*, *iodhydrique*, *sulfhydrique* et *sélénhydrique* sont décomposés à chaud par le potassium ; l'hydrogène est mis à nu, tandis que le chlore, le brome, l'iode, le soufre ou le sélénium forment avec le métal un chlorure, un iodure, un sulfure, etc. Si l'on met peu à peu de l'acide *phtorhydrique* liquide sur du potassium, le gaz hydrogène se dégage, et il se forme du phtorure de potassium ; la quantité d'hydrogène et de calorique dégagée est tellement grande et subite, qu'il y aurait une vive détonation si l'on employait beaucoup d'acide. Le potassium, à une température élevée, décompose le gaz *phtoroborique* (fluoborique), et il en résulte du bore et du phtorure de potassium. On ignore quelle est l'action de ce métal sur le gaz *hydrogène carboné*; il décompose à chaud le gaz *hydrogène phosphoré*, met l'hydrogène à nu, et forme avec le phosphore un phosphure de couleur de chocolat.

Si l'on chauffe du *potassium* ou du *sodium* dans du gaz ammoniac jusqu'à ce que les métaux aient disparu en entier, une partie du gaz sera absorbée et une autre décomposée; il se dégagera de l'hydrogène, et le potassium ou le sodium se seront unis avec le nouveau composé que nous avons dit pouvoir être considéré comme un métal, qui porterait le nom d'*ammonium*. (Voy. page 219.)

Il a été découvert par M. Davy en 1807.

*Poids de l'équivalent du potassium.* — Il est de 489,916.

*Préparation.* — On l'obtient en décomposant la potasse (ou protoxyde hydraté de potassium) par plusieurs procédés. 1° On peut se servir de la pile, comme nous l'avons dit; pour cela on creuse une cavité dans un fragment de potasse pure; on y met du mercure, et on ne tarde pas à la décomposer; l'oxygène de l'oxyde et de l'eau qu'il renferme se rend au fil positif, tandis que le fil négatif attire l'hydrogène qui se dégage à l'état de gaz, et le métal, qui se combine avec le mercure; on le sépare de cette combinaison comme nous le dirons plus bas. (Voyez Calcium.) En décomposant ainsi la potasse, on ne peut se procurer qu'une petite quantité de métal.

2° Il n'en est pas de même lorsqu'on suit le procédé de MM. Gay-Lussac et Thénard, qui consiste à décomposer cet oxyde hydraté par le fer à une température très élevée; mais mieux encore en employant le procédé de M. Brunner, qui est le seul suivi par le commerce aujourd'hui. Ce procédé consiste à décomposer à une température élevée dans une cornue de fer forgé un mélange de 14 parties de tartre charbonné (carbonate de potasse et de charbon) et d'une partie de charbon de bois. La cornue étant placée dans un bon fourneau à vent, on adapte à son col un canon de fusil destiné à conduire le potassium en vapeur dans une sorte de boîte en cuivre remplie d'huile de naphthe, où il se condensé. Dans la paroi externe, et vis-à-vis du col de la cornue, il y a un trou fermé par un bouchon, qui permet d'introduire à volonté une tige de fer dans le tube lorsqu'il est obstrué. Ce procédé est le plus économique, parce que les matériaux employés sont peu coûteux, et qu'on peut l'exécuter assez en grand pour obtenir 120 à 150 grammes de métal à la fois. Cinq cents grammes d'un mélange fait avec 475 grammes de tartre charbonné et 25 grammes de charbon de bois, fournissent de 30 à 40 grammes de potassium. C'est dans cette opération qu'il se forme du *croconate de potasse* et du *carbure de potassium*.

## DES OXYDES DE POTASSIUM.

Ces oxydes sont au nombre de deux.

Le *protoxyde de potassium*. — Ce protoxyde n'existe jamais dans la nature que combiné avec des acides ou avec d'autres oxydes métalliques, comme dans certains produits volcaniques. Lorsqu'il a été convenablement purifié et fondu, il est solide, anhydre, d'une belle couleur blanche, très caustique, et plus pesant que le potassium; il verdit fortement le sirop de violettes, et rougit la couleur du curcuma. Il fond un peu au-dessous de la chaleur rouge, et ne peut être décomposé à aucune *température*. Il est décomposable par la pile électrique. Le gaz *oxygène* le transforme en peroxyde de potassium à une haute température. L'*hydrogène*, le *bore* et le *carbone* n'exercent aucune action sur lui. Le *phosphore* et le *soufre* s'y unissent, et donnent des produits dont les propriétés sont analogues à celles du phosphure et du sulfure, décrits à la page 290.

Si l'on fait passer de la vapeur d'*iode* ou du *chlore gazeux* parfaitement secs à travers ce protoxyde chauffé jusqu'au rouge obscur, il est décomposé, et l'on obtient du gaz oxygène et de l'iodure ou du chlorure de potassium. Si l'on fait un mélange d'eau, d'*iode* et de ce protoxyde, l'eau se décompose; il se forme de l'acide iodique et de l'acide iodhydrique qui, en se combinant avec le protoxyde, donnent naissance à de l'iodate et à de l'iodure de potassium. L'eau saturée de protoxyde de potassium est également décomposée par le *chlore;* son hydrogène forme avec ce corps de l'acide chlorhydrique, tandis que son oxygène donne naissance à de l'acide chlorique, et l'on obtient par conséquent du chlorate et du chlorure de potassium. (Voy. pag. 278.) L'*azote* est sans action sur le *protoxyde de potassium.* L'*air* atmosphérique, à la température ordinaire, lui cède de l'eau et de l'acide carbonique, en sorte qu'il se forme du carbonate de protoxyde de potassium déliquescent; mais si la température est élevée, l'oxyde de potassium passe à l'état de peroxyde, qui ne tarde pas à être décomposé par l'acide carbonique, et il se produit encore le même sel. L'*eau* est absorbée par ce protoxyde avec dégagement de chaleur, et il en résulte de l'hydrate de protoxyde de potassium (potasse). Il n'a point d'usages. Sa formule est K O.

*Composition.* — Il est formé de 489,916 de potassium (un équivalent) et de 100 d'oxygène (un équivalent).

*Préparation.* — On l'obtient en faisant agir le gaz oxygène desséché sur le métal, qui ne tarde pas à se transformer en protoxyde. On doit éviter d'employer l'air, qui contient toujours de l'acide carbonique.

De la potasse (*Hydrate de protoxyde de potassium*). — La potasse jouit des mêmes propriétés *physiques* que le protoxyde de potassium; elle fond au-dessous de la chaleur rouge. Soumise à l'action de la pile électrique, elle est décomposée. Chauffée à l'*air,* elle perd une portion de son eau et passe à l'état de peroxyde. A la température ordinaire, l'*air* atmosphérique lui cède de l'eau, de l'acide carbonique, et la fait passer à l'état de carbonate déliquescent. Le *charbon,* à une température rouge cerise, décompose l'eau qu'elle renferme, et donne du gaz hydrogène carboné et du gaz acide carbonique; celui-ci s'unit au protoxyde de potassium; si la chaleur est rouge blanc, la potasse est également décomposée, et l'on obtient du gaz hydrogène carboné, du gaz oxyde de carbone et du potassium. Si l'on chauffe du *phosphore* et de la potasse, l'eau que celle-ci renferme est décomposée, et il se forme de l'hydrogène phosphoré et de l'acide hypophosphoreux qui s'unit avec l'alcali.

Le soufre agit sur la potasse à la chaleur rouge brun, et donne un produit connu sous le nom de *foie de soufre*. (Voy. pag. 292.) Lorsqu'on fait réagir le *chlore* sur une dissolution peu concentrée de potasse, on obtient du chlorure de potasse (eau de Javelle), dont les propriétés médicales sont les mêmes que celles du chlorure de soude. (V. SOUDE.)

L'*iode* s'unit très bien à la potasse pure et sèche, d'après M. Grouvelle; à une température rouge, il la décompose, et en dégage l'oxygène à l'état de gaz.

La *potasse* détermine dans la dissolution aqueuse du *cyanogène* la formation d'acides cyanhydrique et carbonique qui se combinent avec la potasse, et il se dégage de l'ammoniaque. Si l'alcali a été employé en excès, il ne se forme pas de dépôt brun, parce que la matière qui le constitue est soluble dans l'alcali, auquel elle communique cependant cette couleur. Si au lieu de potasse on faisait agir sur le cyanogène de l'ammoniaque liquide, on obtiendrait entre autres produits de l'acide oxalique et une substance blanche cristalline qui paraît être de l'*urée*.

La potasse absorbe l'eau avec dégagement de calorique et s'y dissout en très grande quantité; la dissolution est incolore, caustique, et susceptible de cristalliser en lames très grandes, qui quelquefois présentent cependant des octaèdres groupés ensemble, par exemple, lorsqu'après l'avoir concentrée on la laisse long-temps en repos dans un vase clos et dans un endroit frais. Elle s'empare subitement du gaz acide carbonique de l'atmosphère, et se transforme en carbonate *déliquescent*. Les acides peuvent se combiner avec elle et former des sels de potasse, en général solubles, que nous examinerons après avoir fait l'histoire du peroxyde. Les acides carbazotique, perchlorique, tartrique et phtorhydrique silicé précipitent pourtant la potasse.

Lorsqu'on chauffe dans un creuset de l'acide silicique et de la potasse, ces deux corps se combinent et donnent des silicates qui, selon les proportions d'acide ou de base qu'ils contiennent, offrent des propriétés particulières.

*Caractères distinctifs de la potasse pure.* — 1° Elle verdit le sirop de violette; 2° elle n'est point troublée par l'acide carbonique; 3° elle est précipitée en blanc par l'acide perchlorique et par l'acide phtorhydrique silicé; 4° le chlorure de platine la précipite en jaune serin; le précipité est dur, cristallin, grenu et adhérent aux parois du verre; 5° l'acide tartrique en excès forme dans ses dissolutions un précipité blanc cristallin; 6° le sulfate d'alumine y détermine aussi un précipité blanc cristallin de sulfate double d'alumine et de potasse.

La potasse pure est souvent employée dans les laboratoires comme réactif. Son action caustique est tellement forte, qu'on ne l'a presque jamais employée à l'intérieur; on l'a cependant administrée, très étendue, dans la gravelle, les coliques néphrétiques, les scrofules, la lèpre, etc. La potasse dont on se sert pour ouvrir les cautères, et qui, par cela même, porte le nom de *pierre à cautère*, contient: 1° potasse; 2° carbonate, sulfate de potasse et chlorure de potassium; 3° acide silicique; 4° oxydes de fer et de manganèse, qui cependant s'y trouvent accidentellement.

*Composition.* — L'hydrate de protoxyde de potassium chauffé jusqu'au rouge contient un équivalent de protoxyde ou 589,916 p. et un d'eau ou 112,479. Si la potasse à la chaux ou à l'alcool n'a pas été fondue, lors de sa préparation, et que l'on se soit borné à arrêter l'évaporation dès que la matière se prenait en masse par le refroidissement, elle renferme une quantité beaucoup plus grande d'eau.

*Préparation.* — On obtient la potasse en décomposant le carbonate de potasse pur par la chaux vive. On prépare d'abord le carbonate en projetant par cuillerées, dans une bassine de fonte presque rouge, un mélange pulvérulent fait avec 1 partie d'azotate de potasse pur et 2 parties de tartre (bitartrate de potasse); ces deux sels se décomposent avec dégagement de calorique et de lumière, et il y a formation d'eau, d'acide carbonique, de gaz azote, etc.; le résidu blanc est du *carbonate de potasse*, contenant peut-être un peu de tartrate ou d'azotate de potasse: dans cette expérience, l'oxygène de l'acide azotique se combine avec l'hydrogène et le carbone de l'acide tartrique, et la potasse des deux sels s'unit à l'acide carbonique provenant de l'action de l'oxygène sur le carbone. Alors on fait bouillir ce carbonate de potasse avec 12 ou 15 p. d'eau et de chaux *vive* hydratée égal au sien, que l'on ajoute par petites parties, jusqu'à ce que celle qui a été mise précédemment se soit changée en une poussière sableuse, se déposant facilement et jusqu'à ce que l'on n'obtienne plus de précipité par l'eau de chaux dans un peu de la liqueur filtrée (1); il se forme du carbonate de chaux insoluble, et la potasse reste en dissolution; après quelques heures d'ébullition, on passe à travers une toile, et on fait bouillir le précipité qui reste sur la toile, avec une nouvelle quantité d'eau, afin de dissoudre toute la potasse. Alors on la fait évaporer à grand feu jusqu'en consistance de sirop; on la laisse refroidir jusqu'à ce qu'elle soit à 50° ou 60°, et on l'agite avec trois ou quatre fois son poids d'alcool à 33 degrés, qui ne dissout que la potasse pure. On enferme cette dissolution dans des flacons où elle reste pendant quelques jours, afin de laisser déposer les matières insolubles qu'elle peut tenir en suspension. Ces opérations doivent être faites avec promptitude pour que la potasse n'absorbe pas l'acide carbonique de l'air. On décante, au moyen d'un siphon rempli d'esprit-de-vin, l'alcool potassé, et on le fait chauffer dans une cornue de verre, à laquelle on adapte un récipient tubulé que l'on a soin de refroidir; l'alcool se volatilise, vient se condenser dans le récipient, et la liqueur se concentre; lorsqu'elle est réduite à peu près au quart de son volume primitif, on la fait évaporer à grand feu dans une bassine d'argent pour la dessécher, la fondre, et la couler dans une autre bassine du même métal ou de cuivre, bien sèche; on la concasse, et on la renferme sur-le-champ dans des flacons bouchés à l'émeri (2).

(1) Si l'on n'employait que 4 parties d'eau, on n'obtiendrait point de potasse caustique, puisque celle-ci, si elle est en dissolution concentrée, décompose le carbonate de chaux et lui enlève l'acide carbonique (Liébig).

(2) L'azotate de potasse du commerce contenant du chlorure de sodium, il est préférable, lorsqu'on veut obtenir de la potasse *pure*, de calciner le bitartrate de potasse seul, que d'employer un mélange de ce sel et d'azotate de potasse; en effet, la calcination du bitartrate fournira du carbonate de potasse, exempt de chlorure de sodium.

Si, comme on le fait habituellement et à tort, on se sert de potasse du commerce, composée de carbonate et de sulfate de potasse, de chlorure de potassium, d'acide silicique, d'oxydes de fer et de manganèse, et quelquefois d'un peu de carbonate de soude, on doit la soumettre aux mêmes opérations : on la fait dissoudre dans l'eau, et on la traite par la chaux vive hydratée, qui ne lui enlève que l'acide carbonique ; en sorte que le liquide provenant de ce traitement est formé de potasse et des autres produits que nous venons de nommer. Ce liquide étant évaporé jusqu'à siccité, donne la potasse à la chaux (pierre à cautère), dont on peut extraire par l'alcool la potasse pure comme nous venons de le dire, et qui porte le nom de potasse à l'alcool. À la vérité, cette potasse contiendrait de la soude, si le carbonate du commerce renfermait du carbonate de cette base.

Du peroxyde de potassium. — Il est constamment le produit de l'art ; sa couleur est jaune verdâtre ; il est caustique et verdit le sirop de violette ; il est très facilement décomposé par presque tous les corps simples non métalliques qui lui font perdre de l'oxygène et le ramènent à l'état de protoxyde.

*Composition.* — Il est formé de 489,916 de potassium (un équivalent) et de 300 d'oxygène (trois équivalents.)

*Préparation.* — On fait chauffer le métal avec un excès de gaz oxygène pur, dans une cloche courbe et sur le mercure.

## DU VERRE.

On prépare ordinairement le verre en chauffant fortement du sable blanc ou coloré avec des matières alcalines ; en sorte que l'on doit regarder ce produit comme un silicate d'un ou de deux alcalis ; il entre aussi quelquefois dans sa composition du protoxyde de plomb, de l'oxyde de manganèse, etc. On trouvera les détails sur les opérations mécaniques qui constituent l'art de la verrerie dans le *Traité de M. Loisel ;* nous nous bornerons ici à indiquer, d'après cet auteur, les proportions des matériaux propres à fournir les principales variétés de verre.

*Glaces de Saint-Gobin.* — Sable blanc, 100 parties ; chaux

éteinte à l'air, 12 parties; sel de soude calciné contenant beaucoup de carbonate de soude, 45 à 48 parties; calcin, ou rognures de verre de la même qualité que les glaces, 100 parties : on ajoute quelquefois 0,25 de bi-oxyde de manganèse pour enlever au verre la couleur jaune qu'il peut avoir.

*Glaces communes.*— Sable, 100 parties; soude brute pulvérisée, 100 parties; rognures ou calcin, 100 parties; bioxyde de manganèse, 0,5 à 1.

*Verre à bouteilles.* — Sable, 100 parties; soude brute de varech, 200 parties; cendres neuves, 50 parties; cassons de bouteilles, 100 parties.

*Verre de cristal* ou *flint-glass.*— Sable blanc, 100 parties; minium (deutoxyde de plomb), 80 à 85 parties; potasse du commerce calcinée et un peu aérée, 35 à 40 parties; nitre de première cuite, 2 à 3 parties; bi-oxyde de manganèse, 0,06. On ajoute quelquefois, acide arsénieux, 0,05, à 0,1; ou bien la même quantité de sulfure d'antimoine.

*Verres colorés.* — L'art d'obtenir les verres colorés consiste à mêler avec les matières qui constituent le verre ordinaire une très petite quantité d'un oxyde métallique coloré : ainsi les oxydes de cobalt colorent en bleu, le bi-oxyde de manganèse en violet, le pourpre de Cassius uni au bi-oxyde de manganèse, en rouge, l'oxyde de chrome en vert : on obtient aussi une nuance verte avec un mélange d'oxyde de cobalt et de chlorure d'argent ou de verre d'antimoine, ou bien encore avec un mélange d'oxyde de fer et d'oxyde de cuivre, etc.

On peut graver sur le verre par le procédé suivant : on met dans un petit vase de plomb le mélange propre à dégager l'acide phtorhydrique (phtorure de calcium et acide sulfurique); d'une autre part, on applique sur la lame de verre sur laquelle on veut graver une couche de mastic composé de 3 parties de cire et d'une partie de térébenthine. Aussitôt que cette couche est refroidie, on trace avec un burin le dessin que l'on se propose d'obtenir : pour cela, on enlève une portion de mastic, afin de mettre à nu les parties du verre qui doivent donner ce dessin; alors on recouvre avec la lame de verre le vase de plomb d'où se dégagent les vapeurs d'acide phtorhydrique ; celui-ci n'attaque que les portions de verre découvertes ; il les dépolit et les décompose ; on fait fondre le mastic pour le détacher, et l'on achève les traits du dessin avec le burin.

*Théorie.*— L'acide phtorhydrique est formé de phtore et d'hydrogène. L'hydrogène se combine avec l'oxygène de l'acide silicique pour former de l'eau, tandis que le phtore, s'unissant au silicium, donne naissance à de l'acide phtorosilicique. (Voy. p. 189.)

## DES SELS DE POTASSE.

Les sels de potasse sont constamment formés par le protoxyde de potassium : le peroxyde ne peut se combiner avec les acides sans perdre de l'oxygène. Ils sont tous solubles dans l'eau (1). Ils ne sont pas précipités par les carbonates de potasse, de soude et d'ammoniaque. Ils ne dégagent point d'ammoniaque lorsqu'on les triture avec un des oxydes de la première classe. Ils sont tous précipités en jaune serin par la dissolution de chlorure de platine : le précipité, composé de chlorure de potassium et de platine, ne se formerait pourtant pas si les dissolutions étaient étendues ; nous ajouterons encore que l'iodure et le sulfure de potassium précipitent le sel de platine, le premier en rouge vineux plus ou moins foncé, et l'autre en noir, ce qui dépend de l'action qu'exercent l'iode et le soufre sur le chlorure de platine : si l'on veut obtenir le précipité jaune-serin avec ces deux sels, il faut préalablement les décomposer par le chlore, et verser le chlorure de platine dans le chlorure formé. Agités avec une dissolution concentrée de sulfate d'alumine, les sels de potasse dissous se troublent et se transforment en alun (sulfate d'alumine et de potasse) qui se précipite sous forme de petits cristaux. Ils sont précipités en blanc par l'acide perchlorique. L'acide hydrophtorique silicé y fait naître un précipité blanc gélatineux, composé d'hydrophtoro-

(1) Le carbazotate de potasse exige 260 parties d'eau à 15° c. pour se dissoudre entièrement ; le chlorate, le bitartrate et le phtorhydrate silicé de potasse sont peu solubles.

silicate de potasse. Les sels de potasse jouissent d'ailleurs, comme tous les autres sels de cette classe, des propriétés indiquées à la page 288.

CARBONATE. — Il est très répandu dans la nature; il entre dans la composition des cendres de presque tous les végétaux, particulièrement de ceux qui sont ligneux, soit qu'il existe tout formé dans les plantes, soit qu'il se produise pendant leur incinération; il fait la base des diverses espèces de potasses du commerce, connues sous les noms de *potasse de Russie, d'Amérique, de Trèves, de Dantzick, des Vosges*, enfin de *potasse perlasse*. Il est solide, d'une couleur blanche; sa saveur est âcre et caustique; il verdit le sirop de violette; il est très soluble dans l'eau et insoluble dans l'alcool; il est même déliquescent. On avait pensé qu'il était incristallisable jusqu'à l'époque où M. Fabroni a annoncé qu'il avait retiré de la potasse du commerce du carbonate de potasse en *lames rhomboïdales*. (Voy. le procédé dans le *Journal de Pharmacie*, t. x, pag. 450.) Il est susceptible d'absorber une assez grande quantité de gaz acide carbonique qui sature la potasse et lui fait perdre presque toute sa causticité; il est fusible un peu au-dessus de la chaleur rouge, et ne se décompose pas à une température élevée. Il est formé d'un équivalent de potasse ou de 68,18, et d'un équivalent d'acide ou de 31,82. Il est employé dans les laboratoires. La potasse du commerce, dont il fait la majeure partie, a des usages nombreux : on s'en sert dans la fabrication du verre, du savon mou, de l'alun, du salpêtre, du bleu de Prusse, enfin dans l'opération de la lessive. Le carbonate de potasse est regardé par les médecins comme apéritif, diurétique et fondant; il est utile dans les fièvres quartes avec engorgement des viscères du bas-ventre, dans l'hydropisie passive atonique, principalement quand le malade urine peu, dans les engorgements de la rate, du foie, dans ceux des mamelles, surtout lorsqu'ils sont anciens, dans les scrofules, le carreau, dans la goutte et les rhumatismes anciens, etc. On l'administre aux adultes depuis un jusqu'à 4 ou 6 grammes, dans du vin blanc ou dans d'autres boissons apéritives; 8, 10, 12 gouttes suffisent quand on veut le donner en potion, surtout aux enfants. Pris en dissolution concentrée, il est vénéneux, même à petite dose, propriété qu'il doit à l'excès de potasse qu'il renferme.

*Préparation.* — Dans les laboratoires, on prépare ce sel au moyen du nitre et du tartre (voy. pag. 302) ; alors il est plus pur que par le procédé suivant, qui est employé en grand. On fait brûler les bois jusqu'à ce qu'ils soient réduits en cendres ; on traite celles-ci par l'eau bouillante, qui dissout le carbonate, le sulfate de potasse et le chlorure de potassium, une certaine quantité d'acide silicique, d'oxyde de fer et d'oxyde de manganèse ; on évapore la liqueur jusqu'à siccité, et on chauffe la masse ou le *salin* jusqu'au rouge pour détruire quelques matières charbonneuses avec lesquelles elle pourrait être mêlée : on donne au produit le nom de *potasse du commerce*. M. Becquerel a vu que les cendres de bois vert fournissent une proportion plus grande de *salin* que les cendres de bois sec ; la différence est surtout marquée pour les cendres de fougère. (*Journ. de Pharm.*, oct. 1832.)

Bicarbonate. — Ce sel n'existe pas dans la nature ; il est sous forme de prismes tétraèdres rhomboïdaux, incolores, terminés par des sommets dièdres ; sa saveur est faible et alcaline ; il verdit légèrement le sirop de violette ; il n'exige que 4 parties d'eau à 15° pour se dissoudre ; il est insoluble dans l'alcool et inaltérable à l'air ; chauffé à l'état solide jusqu'au rouge, il perd la moitié de son acide et devient *carbonate ;* il en perd moins lorsqu'on chauffe sa dissolution, puisqu'il ne se transforme alors qu'en *sesquicarbonate.* (V. p. 277.) Il est employé comme réactif. Il est formé d'un équivalent de base (51,72), et de deux équivalents d'acide carbonique (48,28) ; le sel cristallisé contient deux équivalents d'eau et un de bicarbonate. On s'en sert rarement en médecine, et cependant il devrait être préféré au précédent, 1° parce qu'il jouit des mêmes propriétés médicales à un plus haut degré ; 2° parce qu'étant presque saturé d'acide carbonique, il n'agit point comme caustique. Il a été administré avec succès, ainsi que le précédent, pour prévenir la formation des calculs vésicaux, et même pour dissoudre le gravier. Il est purgatif à la dose de quelques grammes.

*Préparation.* — On le prépare en faisant passer du gaz acide carbonique sur du carbonate de potasse obtenu de la calcination du tartre et mélangé avec le charbon produit par la calcination, et seulement humecté. L'absorption du gaz se fait avec tant de rapidité, et la chaleur produite pendant cette réaction est si élevée, qu'il est nécessaire de refroidir le vase dans lequel elle a lieu; l'abaissement de la température indique la fin de l'opération. On dissout alors la masse dans l'eau; on filtre, et par l'évaporation de cette liqueur on obtient le bicarbonate en beaux cristaux. L'opération dure plusieurs jours, et elle n'est terminée que lorsqu'il se forme des cristaux dans la dissolution du carbonate. Si l'on veut préparer ce sel en même temps que les bicarbonates de soude et d'ammoniaque, on doit mettre la dissolution de carbonate d'ammoniaque dans le dernier flacon, parce qu'une portion de ce sel est entraînée par le gaz.

Sulfate (*Sel de Duobus, sel polychreste de Glaser, arcanum duplicatum, potasse vitriolée, etc.*). — On le trouve dans les cendres des végétaux ligneux, dans les mines d'alun de la Tolfa et de Piombino, dans certaines eaux minérales et dans quelques fluides animaux. Il est sous forme de cristaux blancs, qui sont des prismes courts à six ou à quatre pans, surmontés de pyramides à six ou à quatre faces; sa saveur est légèrement amère. Le charbon le transforme en sulfure de potassium. (Voy. pag. 271.) Il est inaltérable à l'air; il fond au-dessus du rouge cerise, après avoir décrépité. Cent parties d'eau à la température de 12°,72 en dissolvent 10 p. 59, tandis qu'à 101,50 elles en dissolvent 26 p. 33. Combiné avec le sulfate acide d'alumine, il forme de l'alun; il sert encore dans la fabrication du salpêtre, pour transformer l'azotate de chaux en azotate de potasse. Il est composé d'un équivalent d'acide ou de 45,93, et d'un équivalent de base ou de 54,07. On l'emploie en médecine à la dose de 30 ou 50 grammes, dissous dans une tisane acidulée, comme purgatif principalement dans certaines affections que plusieurs praticiens regardent comme des métastases laiteuses, dans les maladies chroniques du foie; on le donne aussi quelquefois en lavement à la dose de 24 ou 30 grammes. Il fait partie de la poudre tempérante de Stahl.

*Préparation.* — On l'obtient par le deuxième procédé (voy. pag. 266), ou bien en chauffant jusqu'au rouge le sulfate acide de potasse qui provient de la décomposition du nitre par l'acide sulfurique. (Voy. pag. 177.)

Bisulfate. — Ce sel est le produit de l'art; il a une saveur aigre, piquante; il rougit fortement les couleurs bleues végétales. Il cristallise en aiguilles fines et brillantes; chauffé, il entre en fusion, et si on le chauffe plus fort, il perd une portion d'acide sulfurique et repasse à l'état de sulfate neutre; il est soluble dans six parties d'eau froide. Il est sans usages.

*Préparation.* — (Voy. pag. 177.)

*Composition.* — 37,05 de base (un équivalent) et 62,95 d'acide (deux équivalents).

Chlorate. — Ce sel est constamment le produit de l'art; il est sous forme de lames rhomboïdales, fragiles, brillantes, ou de prismes oblongs, ou d'aiguilles, suivant la manière dont il a été préparé, d'une belle couleur blanche; sa saveur est fraîche, piquante et un peu acerbe. Soumis à l'action du feu dans une cornue de verre à laquelle on adapte un tube recourbé pour recueillir les gaz, il entre en fusion, bout, laisse dégager une très grande quantité de gaz oxygène, et il ne reste dans la cornue que du *chlorure de potassium* (voy. pages 36 et 277); d'où il suit que l'oxygène obtenu provient à la fois de l'acide chlorique et de la potasse; 100 parties de ce sel fournissent 38,88 de ce gaz. Il est inaltérable à l'air, à moins que celui-ci ne soit très humide; dans ce cas, il s'humecte un peu et jaunit. Mis sur les charbons rouges, il en active la flamme en leur cédant de l'oxygène. Cent parties d'eau à 0° dissolvent 3,33 parties de ce sel, et à 104°, 78,60 parties. On l'emploie, 1° pour obtenir le gaz oxygène et les briquets oxygénés, qui ne sont que des allumettes soufrées avec une pâte préparée avec parties égales de ce sel et de soufre et une dissolution de gomme; il suffit de plonger l'extrémité de ces allumettes dans de l'acide sulfurique concentré pour qu'elles prennent feu; lorsqu'on le triture dans un mortier avec du soufre, il détone avec une grande violence; 2° pour obtenir l'acide chloreux. On l'a administré comme antisyphilitique; mais il est aujourd'hui généralement abandonné.

*Préparation.* — (Voy. pag. 278.) M. Liébig a proposé un mode de préparation beaucoup plus économique et qui fournit des prismes oblongs ou des aiguilles. Il chauffe le chlorure de chaux sec (hypochlorite) jusqu'à ce qu'il cesse de détruire les couleurs végétales; on dissout dans l'eau chaude le produit, qui est un mélange de chlorure de calcium et de chlorate de chaux; on rapproche la dissolution, puis on y ajoute du chlorure de potassium, et on laisse refroidir; on obtient par le refroidissement une grande quantité de cristaux de chlorate de potasse, que l'on purifie par une seconde cristallisation; il se dépose encore des cristaux abondants, même après trois ou quatre jours de repos. (*Ann. de Chim.*, mars 1831.)

*Composition.* — 38,49 de base (un équivalent), et 61,51 d'acide chlorique (un équivalent).

Perchlorate de potasse. — Il est le produit de l'art. Il est solide, incolore, neutre, légèrement amer, inaltérable à l'air, soluble dans 65 parties d'eau à 15° + 0°, insoluble dans l'alcool, détonant à peine lorsqu'on le broie avec du soufre et avec la plupart des autres corps avides d'oxygène, décomposable par le feu en oxygène et en chlorure de potassium, laissant dégager son acide lorsqu'on le traite par l'acide sulfurique étendu du tiers de son poids d'eau, à 140°. La forme de ses cristaux paraît dériver de celle de l'octaèdre.

*Préparation.* — On l'obtient en décomposant le chlorate de potasse par l'acide sulfurique étendu. Cette préparation est dangereuse.

Azotate (*nitre, salpêtre*). — Il existe dans la nature; quoique peu abondant, il est disséminé çà et là, ce qui fait qu'on le trouve souvent; il existe aussi dans différentes parties de l'Espagne, de l'Amérique, et principalement de l'Inde, à la surface des murs humides et dans les lieux bas, obscurs et exposés aux émanations des animaux, tels que le sol des écuries, des bergeries, etc. Suivant l'abbé Fortis, il se trouve dans la pierre calcaire des grottes del Pulo de Molfetta. Il entre dans la composition de plusieurs plantes appelées *nitreuses :* telles sont la bourrache, la buglose, la ciguë, la pariétaire, etc.

L'azotate de potasse purifié est blanc, inodore; sa saveur fraîche, piquante, finit par laisser un arrière-goût amer. Il cristallise en prismes à six pans terminés tantôt par des sommets dièdres, tantôt par des pyramides hexaèdres, ou en octaèdes cunéiformes; ces cristaux, demi-transparents, offrent souvent des cannelures, et ne contiennent point d'eau de cristallisation. Il est inaltérable à l'air. Lorsqu'on le chauffe, il entre en fusion vers 350° c. bien avant de rougir; si la température à laquelle il est soumis est plus élevée, il se transforme d'abord en hypo-azotate en perdant du gaz oxygène, puis se décompose complétement, et donne du gaz oxygène, du gaz azote et du peroxyde de potassium. Si, après l'avoir fondu dans un creuset, on y ajoute par petites parties 1 128 de son poids de soufre sublimé, et qu'on le coule, on obtiendra le *cristal minéral* ou le *sel de prunelle*, qui n'est autre chose que de l'azotate de potasse mêlé d'une petite quantité de sulfate de potasse; ce dernier sel a été formé aux dépens du soufre et de l'oxygène d'une portion d'acide azotique ainsi que d'une certaine quantité de potasse; 100 parties d'eau à 0° dissolvent 13,32 de ce sel, tandis que 100 parties d'eau bouillante peuvent en dissoudre 246,15. Il active singulièrement la flamme de divers corps avides d'oxygène, comme nous l'avons dit en parlant des azotates. Il est formé d'un équivalent d'acide ou de 53,45, et d'un équivalent de base ou de 46,55.

*Usages.* — On se sert du nitre pour obtenir les acides azotique et sulfurique, et plusieurs préparations antimoniales employées en médecine, telles que l'antimoine diaphorétique, le fondant de Rotrou, etc.; pour préparer le flux blanc et le flux noir (mélange de nitre et de tartre); on l'emploie encore dans l'analyse de quelques mines; enfin, il sert à faire la poudre. Il est regardé par les médecins, lorsqu'il est étendu de beaucoup d'eau, comme sédatif, tempérant, et surtout comme rafraîchissant et diurétique; on l'emploie avec succès dans les fièvres ardentes, intermittentes, principalement dans les vernales, dans certains cas d'ictère, dans la dernière période des inflammations aiguës et intenses des voies urinaires, dans les commencements des gonorrhées bénignes, etc. On le fait prendre ordinairement depuis 30 centigrammes jusqu'à 4 grammes, dans une pinte de petit-lait, de chicorée, d'oseille, etc.; quelquefois aussi dans les fièvres aiguës on donne quatre ou cinq fois par jour un bol, composé de 10 centig. de nitre et de 20 centig. de camphre. Le cristal minéral est quelquefois substitué au nitre dans ces sortes de prescriptions. A la dose de 20 à 30 grammes, solide ou *dissous dans peu de véhicule*, il produit des évacuations par haut et par bas; il agit puissamment sur le système nerveux, en déterminant la paralysie, des convulsions et l'inflammation des tissus du canal digestif.

*Préparation.* — Les opérations que l'on pratique pour extraire le nitre varient suivant la nature du terrain qui le fournit. Si le sel se trouve en grande quantité, on traite la terre par l'eau, et on fait évaporer la dissolution saline pour obtenir des cristaux de nitre : ce procédé est mis en usage dans l'Inde. Si, comme il arrive plus ordinairement, le terrain renferme peu d'azotate de potasse et beaucoup d'azotate de chaux et de magnésie, on transforme ces deux sels en azotate de potasse, afin de s'en procurer une plus grande quantité.

On a beaucoup disserté sur la cause de la production des azotates de potasse, de chaux, de magnésie, etc. Personne ne conteste que le concours des bases qui font partie de ces sels, ou d'autres oxydes forts, est indispensable pour que la nitrification s'opère; on reconnaît aussi la nécessité de l'air, d'une certaine quantité d'humidité, et d'une température de 15 à 25°; mais on n'est pas d'accord sur le degré d'influence des matières animales, considérée par les uns comme *indispensable*, et par les autres comme *utile* seulement. Parmi ceux qui admettent la *nécessité* des matières animales, les uns pensent que l'azote de ces matières s'unit à l'oxygène de l'air pour former de l'acide azotique; les autres croient que l'ammoniaque provenant des substances animales s'unit au terrain nitrifiable, et favorise ainsi par sa présence la production de l'acide azotique aux dépens des éléments de l'air. Ceux des chimistes qui ne regardent les matières animales que comme *utiles* au développement de la nitrification, établissent que l'oxygène et l'azote de l'air sont absorbés, condensés et transformés par les bases en acide azotique. L'opinion généralement admise aujourd'hui est que la nitrification n'est produite que par une sorte de fermentation des matières animales, qui, au lieu de ne former que de l'ammoniaque, éprouvent une modification spéciale de la part des bases qui se trouvent en présence, à la suite de laquelle il y a absorption d'oxygène et transformation de l'azote en acide azotique.

On donne le nom de *plâtras* à des substances pierreuses provenant de la démolition des vieux bâtiments, et douées d'une saveur fraîche, âcre et piquante ; c'est dans ces plâtras que l'on trouve les azotates de potasse, de chaux et de magnésie dont nous venons de parler ; ils renferment en outre des chlorures de calcium, de magnésium et de sodium. Les plus riches en azotate sont ceux que l'on trouve à la partie inférieure des bâtiments ; cependant ils n'en contiennent guère que 5 p. 100 de leur poids. Les analyses qui ont été faites prouvent que les sels qu'ils renferment sont dans le rapport suivant :

| | | |
|---|---|---|
| Azotate de potasse . . . . . . . . | 10 | parties. |
| Azotates de chaux et de magnésie . . | 70 | |
| Chlorures de calcium et de magnésium. | 5 | |
| Chlorure de sodium. . . . . . . . . | 15 | |
| | 100 | |

*Lixiviation.* — On dispose, à côté les uns des autres et sur trois rangs, trente-six tonneaux percés près de leur partie inférieure et latérale, d'un trou de 15 millimètres de diamètre, que l'on peut fermer à volonté au moyen d'un robinet ou d'une cheville ; on introduit dans chacun de ces tonneaux un seau de plâtras en petits fragments, que l'on a soin de maintenir, à l'aide d'une douve, à une certaine distance du trou, qui serait obstrué sans cette précaution ; on met par-dessus un boisseau de cendres (1), et on achève de les remplir avec de la poudre de plâtras passée à travers une claie. On verse de l'eau dans les tonneaux de la première bande ou du premier rang; on la laisse pendant quelques heures, puis on la fait écouler en ouvrant le robinet : cette eau contient une certaine quantité de sels en dissolution, et porte le nom d'*eau de cuite;* on la met à part. Il est évident que le plâtras n'est pas complétement épuisé par cette première lixiviation; on le traite de la même manière par une nouvelle quantité d'eau, qui dissout encore des sels, mais en moindre quantité; on laisse écouler le liquide, et on remet de l'eau sur le résidu pour l'épuiser complétement. Ces deux dernières eaux de lavage, moins chargées que l'*eau de cuite*, sont ensuite versées successivement sur la seconde bande de tonneaux, où elles se saturent; on agit sur cette bande comme sur la première, et l'on en fait autant sur la troisième; en sorte qu'au bout d'un certain temps, le plâtras contenu dans les divers tonneaux se trouve privé des sels solubles, et l'on a obtenu une très grande quantité d'*eau de cuite;* cette eau marque plus de 5 degrés à l'aréomètre de Baumé.

*Evaporation.* — On fait évaporer les eaux de cuite dans une chaudière de cuivre jusqu'à ce qu'elles marquent 25 degrés à l'aréomètre de Baumé. Pendant l'évaporation, il se forme des écumes que l'on sépare, et un dépôt boueux qui se ramasse dans un petit chaudron placé au fond de la chaudière, que l'on peut enlever de temps en temps au moyen d'une corde.

*Décomposition.* — On verse, dans la liqueur évaporée, du sulfate de potasse, qui transforme l'azotate de chaux et le chlorure de calcium en azotate de potasse et en chlorure de potassium solubles, et en sulfate de chaux presque insoluble; on y ajoute un excès de dissolution concentrée de potasse du commerce, qui précipite la magnésie de l'azotate et du chlorure, ainsi que les dernières portions de chaux, si

(1) Nous avons déjà dit que les cendres contiennent du carbonate et du sulfate de potasse et du chlorure de potassium solubles.

la totalité des sels calcaires n'a pas été décomposée par le sulfate de potasse; en sorte que la dissolution renferme alors 1° l'azotate de potasse qui se trouvait dans le plâtras, et celui qui provient de la décomposition des azotates de chaux et de magnésie; 2° le chlorure de potassium formé aux dépens des chlorures de calcium et de magnésium; 3° le chlorure de sodium faisant partie du plâtras; 4° un peu de sulfate de chaux; 5° une petite quantité de sels de chaux et de magnésie non décomposés. On met cette dissolution toute chaude dans des cuviers appelés *réservoirs*, et on la tire à clair au moyen de robinets adaptés aux cuviers; on lave le dépôt, et on réunit les eaux de lavage à la dissolution que l'on reçoit dans une chaudière; on procède de nouveau à l'évaporation : la petite quantité de sulfate de chaux et une assez grande quantité de chlorure de sodium se déposent; on les enlève avec des écumoirs, et on les laisse égoutter dans des paniers d'osier placés au-dessus de la chaudière. Lorsque la liqueur marque 42 degrés à l'aréomètre, on la met dans des vases de cuivre, où elle cristallise par le refroidissement; on décante l'eau-mère, on lave le sel avec de l'eau de cuite, on le fait égoutter, et on le livre dans le commerce sous le nom de *salpêtre brut*, *nitre de première cuite;* il est formé d'environ 75 parties d'azotate de potasse et de 25 parties d'un mélange de beaucoup de chlorure de sodium, d'une petite quantité de chlorure de potassium, et de sels de chaux et de magnésie *déliquescents*.

*Raffinage du salpêtre.* — On fait bouillir dans une chaudière 30 parties de nitre brut avec 6 parties d'eau; l'azotate de potasse et les sels déliquescents, beaucoup plus solubles que les chlorures de sodium et de potassium, se dissolvent, tandis que ceux-ci restent *presque en totalité* au fond de la chaudière; on les enlève; on ajoute 4 parties d'eau à la dissolution; on clarifie la liqueur par la colle, et on la met, lorsqu'elle est encore chaude, dans de grands bassins en cuivre peu profonds; on l'agite, pour hâter le refroidissement et la cristallisation; on obtient par ce moyen une poudre cristalline formée de nitre et d'une petite quantité des autres sels. Pour achever la purification de ces cristaux, on les met en contact avec des eaux chargées d'azotate de potasse et avec de l'eau ordinaire, qui dissolvent presque la totalité des sels étrangers et n'agissent point sur le nitre; en sorte qu'il suffit de laisser écouler la solution pour avoir le nitre *du commerce*, que l'on fait sécher.

## DE LA POUDRE.

On connaît plusieurs espèces de poudre : celle de guerre, de chasse, de mine, de fusion, etc.; elles doivent toutes être considérées comme des mélanges de nitre, de soufre et de charbon, dans des proportions diverses. Voici ces proportions :

| | Poudre de guerre. | Poudre de chasse. | Poudre de mine. |
|---|---|---|---|
| Salpêtre. . . . | 75,0 | 78 | 65 |
| Charbon . . . . | 12,5 | 12 | 15 |
| Soufre . . . . . | 12,5 | 10 | 20 |

Après avoir fait choix de nitre pur non déliquescent, de soufre qui a été distillé, mais en bâton, et de charbon sec, sonore, léger et récent comme celui de bourdaine, de peuplier, de tilleul, de marronnier, de sapin, etc., on en pèse les quantités nécessaires, on les pile séparément, et on les tamise; alors on procède aux diverses opérations. 1° *Mélange*. Il se pratique dans un atelier qui porte le nom de *moulin à pilon*, et qui offre plusieurs mortiers dans lesquels on humecte d'abord également le charbon; on introduit ensuite le salpêtre et le soufre, et on ajoute une certaine quantité d'eau qui s'oppose à la volatilisation des matières pulvérisées; on remue le tout avec la main, et on procède au battage au moyen de pilons que l'on met en mouvement par un courant d'eau. Proust pense que le charbon de chènevotte doit être préféré aux autres espèces, parce qu'il est moins cher et qu'il se mêle plus facilement avec le nitre et le soufre. 2° *Grenage*. Lorsque la poudre a subi l'opération que l'on appelle rechange, qu'elle a été battue pendant quatorze heures environ (suivant Proust deux heures de battage suffisent), et qu'elle est sous forme d'une pâte humide, on la grène; on la fait sécher pendant un jour ou deux, et on la fait passer successivement dans deux tamis de peau, dont le premier est appelé *guillaume* et le second *grenoir*; celui-ci offre des trous dont le diamètre est égal à celui des grains de poudre que l'on cherche à obtenir; enfin on la fait passer dans un troisième tamis appelé *égalisoir*, et même dans un quatrième : ces tamis ne livrent passage qu'au poussier et au fin grain. 3° *Séchage*. On étend une couche de poudre d'une certaine épaisseur sur des toiles placées dans une chambre dont la température est à 50 ou 60°, et dans laquelle on fait arriver de l'air. La poudre de mine n'est soumise à aucune autre opération; il n'en est pas de même de celle de chasse et de guerre. 4° *Epoussetage*. On fait passer la poudre ainsi desséchée à travers un tamis de crin très fin pour la débarrasser du poussier qui s'est formé pendant la dessiccation. Ici se bornent les manipulations propres à fournir la poudre de guerre; il n'en est pas de même de la poudre de chasse. 5° *Lissage*. Avant d'être lissée, cette poudre, qui n'a été que grenée, est soumise à une dessiccation superficielle en l'exposant pendant une heure au soleil; on l'époussette, puis on la place dans des tonnes qui tournent sur leur axe et qui sont mises en mouvement par un courant d'eau. Ces tonnes offrent à leur intérieur quatre barres carrées qui servent à augmenter les frottements du grain.

Que se passe-t-il dans la détonation de la poudre?..... Lorsque sa température est assez élevée, l'acide azotique de l'azotate de potasse est décomposé par le charbon et par le soufre, qui lui enlèvent une plus ou moins grande quantité d'oxygène, le transforment en gaz bi-oxyde d'azote (1) et en gaz azote, et donnent naissance à du gaz acide carbonique et à de l'acide sulfurique : le premier de ces acides passe presque en totalité à l'état de gaz; le dernier se combine au contraire avec la potasse qui résulte de la décomposition de l'azotate de potasse; enfin l'eau *interposée* entre les molécules du nitre se réduit en vapeur, et une portion du sulfate de potasse produit est transformée par le charbon en sulfure de

(1) MM. Colin et Taillefert ont prouvé qu'il n'y avait production de bi-oxyde d'azote qu'autant que la combustion de la poudre était lente.

potassium solide. Quelquefois, suivant M. Thénard, il se forme d'autres corps, tels que du gaz hydrogène carboné et sulfuré, du gaz acide azoteux, du gaz oxyde de carbone, de l'hypo-azotate de potasse et du cyanure de potassium. C'est à la rapidité avec laquelle ces substances solides passent à l'état de gaz, et par conséquent à leur augmentation de volume, qu'il faut attribuer la force avec laquelle la poudre lance le mobile.

Lorsqu'on fait un mélange de trois parties d'azotate de potasse, de deux parties de carbonate de la même base (potasse du commerce), et d'une partie de soufre, on obtient une espèce de *poudre fulminante* qu'il suffit de faire chauffer pendant quelques minutes dans une cuillère à projection pour faire détoner; cette explosion est due principalement au dégagement subit du gaz azote, du gaz oxyde d'azote, du gaz acide carbonique et de la vapeur d'eau, produits dont on concevra la formation en se rappelant la théorie que nous venons de donner.

Si l'on fait un mélange de 3 parties d'azotate de potasse, d'une partie de soufre et d'une partie de sciure de bois, on obtient la *poudre de fusion*, ainsi appelée parce qu'il suffit d'en recouvrir un morceau de cuivre et de la mettre en contact avec un corps enflammé pour que le métal soit fondu dans le même instant. Il y a dans cette expérience dégagement de beaucoup de chaleur, production de flamme et formation de sulfure de cuivre (soufre + cuivre), plus fusible que le métal.

Arsénite de potasse. — Cet arsénite se prépare directement : on met de l'acide arsénieux en poudre dans un ballon; on y verse une dissolution de potasse, mais en ayant le soin de maintenir toujours un excès d'acide; on fait bouillir pendant quinze ou vingt minutes, en agitant de temps en temps; ensuite on filtre pour séparer l'excès d'acide arsénieux, et l'on fait rapprocher la liqueur jusqu'en consistance de sirop. Il ne faudrait pas évaporer jusqu'à siccité, car alors le sel se transformerait en arséniate par la décomposition de l'eau, et il se dégagerait de l'hydrogène.

Cet arsénite est blanc, ne cristallisant pas et ne pouvant

s'obtenir par l'évaporation qu'en masse sirupeuse. Il faut le conserver dans un flacon bouché à l'émeri.

Il fait la base de la liqueur arsenicale de Fowler, en usage contre la lèpre et les dartres rebelles. On l'emploie aussi à la préparation des arsénites insolubles. Il est formé d'un équivalent d'acide et d'un de base.

Arséniates de potasse. — L'acide arsénique s'unit en deux proportions avec la potasse.

L'*arséniate neutre* contient, pour un équivalent d'acide, deux équivalents de base, $2\,KO, As^2O^5$ ; on le prépare en ajoutant au bi-arséniate autant de base qu'il en contient. Il paraît incristallisable et déliquescent.

Le bi-arséniate est formé d'un équivalent d'acide arsénieux, d'un équivalent de potasse et de deux d'eau. Sa formule est $KO, As^2O^5 + 2\,HO$. Il cristallise en prismes à quatre pans terminés par des pyramides à quatre faces. Il est très soluble dans l'eau, et plus à chaud qu'à froid. On l'obtient en chauffant jusqu'au rouge dans un creuset, 1 partie d'acide arsénieux et 1 1/3 partie d'azotate de potasse; on dissout le résidu dans l'eau et l'on évapore. Il est sans usages.

Sulfhydrate de protosulfure de potassium (*hydrosulfate de potasse*). — On ne trouve jamais ce sel dans la nature. Il cristallise en gros prismes incolores à quatre ou six pans, terminés par des pyramides à quatre ou six faces, doués d'une saveur âcre et amère. Il se dissout très bien dans l'eau et dans l'alcool; il attire d'abord l'humidité de l'air, puis l'oxygène, et finit par passer à l'état de polysulfure jaune qui se transforme en hyposulfite de potasse incolore. Sa dissolution aqueuse chauffée perd l'acide sulfhydrique et se trouve changée en sulfure de potassium. Les acides le décomposent sans précipitation de soufre, avec effervescence et dégagement d'acide sulfhydrique. Le soufre en poudre en dégage lentement l'acide sulfhydrique, et il reste du persulfure de potassium.

*Préparation.* — On fait arriver du gaz acide sulfhydrique dans une solution aqueuse de potasse à l'alcool jusqu'à ce qu'elle n'en absorbe plus; on chasse l'excès d'acide et l'eau en faisant évaporer la liqueur au milieu du gaz hydrogène jusqu'en consistance sirupeuse ; cette évaporation doit être faite à l'abri du contact de l'air si on veut obtenir un sulfhydrate incolore.

*Théorie.* — L'acide sulfhydrique et la potasse sont décomposés ; l'hydrogène de l'un s'empare de l'oxygène de l'autre pour former de l'eau, tandis que le soufre et le potassium donnent naissance à du sulfure de potassium qui se combine avec de l'acide sulfhydrique et produit le sulfhydrate de sulfure de potassium. Ce sulfhydrate est un bon réactif pour distinguer les unes des autres diverses dissolutions métalliques.

## DU SODIUM.

Le sodium n'existe pas dans la nature à l'état de pureté ; il fait partie de quelques sels de soude que l'on trouve assez abondamment.

Il jouit des mêmes propriétés physiques que le potassium, excepté que sa couleur ressemble à celle du plomb, et que son poids spécifique est de 0,972. Il fond à la *température* de 90° et ne se volatilise qu'au-dessus du rouge naissant. Il a fort peu d'action sur le gaz *oxygène* à froid ; mais si on élève la température, il fond, absorbe ce gaz avec dégagement de calorique et de lumière, et passe à l'état de sesquioxyde jaune. Son action sur l'*air* est la même que celle qu'exerce le potassium, mais elle est moins vive ; il faut, pour la constater, agiter le métal dans un têt que l'on fait chauffer ; en outre, le protocarbonate de sodium qui se produit est efflorescent, tandis que celui de potassium est déliquescent. L'*hydrogène* et le *bore* ne se combinent pas avec le sodium.

*Sulfure de sodium.* — L'action du soufre sur le sodium est analogue à celle qu'il exerce sur le potassium : on peut donc obtenir plusieurs sulfures. (Voyez page 290, PROTOSULFURE.)

Il existe, dans les eaux minérales des Pyrénées, un principe sulfureux, qui, pendant long-temps, fut regardé comme un protosulfure de sodium, mais qui, d'après les dernières recherches de M. Fontan, ne paraît être qu'un sulfhydrate de sulfure de sodium formé d'un équivalent de protosulfure et d'un équivalent d'acide sulfhydrique, HS, NaS. « En effet, dit ce médecin, ce sulfhydrate de sulfure existe dans ces eaux à l'état de dissolution très étendue. Lorsque cette eau arrive directement à l'air libre, elle perd son principe sulfureux, sans se colorer ; l'oxygène de l'air se porte sur le sodium pour former de la soude, sur le soufre pour produire de l'acide hyposulfureux, et ces deux nouveaux corps se combinent ensemble pour former de l'hyposulfite de soude. L'acide carbonique de l'air s'empare d'une portion de la soude pour former du carbonate de soude, et l'acide sulfhydrique, devenu libre, se dégage et répand l'odeur qui lui est propre, car le sulfhydrate lui-même est inodore.»

On peut obtenir ce sulfhydrate de sulfure en cristaux formés de prismes droits à quatre pans, terminés par des sommets à quatre faces ; sa saveur est âcre et amère ; il est déliquescent ; sa dissolution ne jaunit pas avec l'acide arsénieux, à moins qu'on n'y ajoute un acide.

On l'obtient dans les laboratoires en faisant passer un courant de gaz sulfhydrique à travers une dissolution de soude caustique marquant 36 degrés. Une partie du gaz sulfhydrique est décomposée, son hydrogène s'unit à l'oxygène de la soude et forme de l'eau, tandis que le soufre donne, avec le sodium, un protosulfure qui à son tour s'unit avec un équivalent d'acide sulfhydrique libre.

On l'emploie pour préparer les eaux sulfureuses artificielles. Il remplace avantageusement en médecine le foie de soufre.

Le *phosphore* agit sur lui comme sur le potassium. (Voy. pag. 290.)

Lorsqu'on élève la température du sodium, et qu'on le met en contact avec du *chlore* gazeux, il s'en empare, passe à l'état de *chlorure*, et il y a dégagement de calorique et de lumière. Ce *chlorure* (sel commun) existe abondamment dans les eaux de la mer, de certains lacs et d'un très grand nombre de sources ; on en trouve des masses en Pologne, en Hongrie, en Russie, en Espagne, en Angleterre, en Allemagne, en France, etc. ; dans ces cas, il est presque toujours coloré en jaune, en rouge, en brun, en violet, etc.

Il cristallise en cubes, d'une saveur fraîche, salée; il est inaltérable à l'air lorsqu'il est pur; chauffé, il décrépite, fond un peu au-dessus de la chaleur rouge, et se volatilise sous forme de fumée sans subir d'altération. Cent parties d'eau à 15° en dissolvent 35,81 et seulement 40,38 à 109°; d'où l'on voit qu'il n'est guère plus soluble dans l'eau bouillante. On l'emploie pour saler les viandes et les mets, pour préparer la soude artificielle, l'acide chlorhydrique, le chlore, le sel ammoniac; on s'en sert comme engrais, pour produire le vernis de certaines poteries, etc. On l'administre en médecine comme fondant, à la dose de 2 à 4 grammes dans un litre d'eau; il a été employé avec avantage dans les engorgements du foie, de la rate, du mésentère, et dans une foule d'affections scrofuleuses, dans les maladies cutanées, etc. Nous l'avons vu quelquefois réussir, sous forme de lavement, dans les douleurs rhumatismales des lombes.

*Composition.* — Il contient 39,65 de sodium (un équivalent) et 60,35 de chlore (un équivalent.)

*Préparation.* — On se procure ce chlorure, 1° en l'arrachant du sol lorsqu'il est en masses, et en le dissolvant dans l'eau pour le faire cristalliser s'il est impur; 2° en traitant convenablement les eaux salées. *A.* Dans les pays chauds, on fait arriver les eaux de la mer (1) dans des marais salants, sorte de bassins très larges, très peu profonds, favorisant par conséquent l'évaporation, tapissés d'argile, et communiquant entre eux : à mesure que l'eau s'évapore, on en ajoute de nouvelle. Lorsque le sel est cristallisé, on le retire, et on le laisse égoutter pour le débarrasser, autant que possible, des sels déliquescents, et le dessécher. L'évaporation dure ordinairement depuis le mois d'avril jusqu'au mois de septembre, et la dessiccation n'est complète qu'au bout de plusieurs mois. Le sel obtenu par ce procédé est diversement coloré, parce qu'il est intimement mêlé avec l'argile

(1) L'eau de la mer est composée de chlorures de sodium et de magnésium, de sulfates de chaux et de magnésie, de carbonates de chaux et de magnésie dissous dans l'acide carbonique, et d'une très petite quantité de chlorure de potassium.

qui tapisse le fond des bassins. Dans le département de la Manche, on profite des hautes marées, des nouvelles et des pleines lunes, pour baigner une certaine quantité de sable que l'on a préalablement disposé sur les bords de la mer. Lorsque l'eau se retire, le sable se dessèche, et se trouve recouvert d'une plus ou moins grande quantité de sel; on l'enlève et on le fait dissoudre dans de l'eau de la mer, qui, par ce moyen, se trouve plus chargée; on la fait évaporer dans des bassins de plomb placés sur le feu, et l'on obtient du sel blanc. *B*. Dans les pays froids, on tire parti de la propriété qu'a l'eau salée de ne se congeler que bien au-dessous de zéro : en effet, l'eau de la mer peut être considérée comme un mélange d'eau douce et d'eau fortement salée; celle-ci ne se congèle pas, tandis que l'autre se solidifie à cette température; donc, on peut, en la soumettant à un froid de 1° ou de 2° — 0, en geler une grande portion, et avoir de l'eau liquide fortement salée, qu'il suffit de chauffer pour obtenir le sel cristallisé. *C*. Dans les climats tempérés, on élève, à l'aide de pompes, les eaux qui ne sont pas trop chargées de sel, et on les verse sur des fagots pour que le liquide se divise, présente plus de surface, et s'évapore en partie; alors, on le fait chauffer pour en obtenir des cristaux. *D*. Si les eaux contiennent 14 ou 15 centièmes de sel, on les fait évaporer dans des chaudières de fer; il se dépose du sulfate de chaux que l'on enlève, et le sel cristallise.

Aucun de ces procédés ne fournit du chlorure de sodium pur; il contient quelquefois de l'iodure de potassium, et toujours d'autres sels déliquescents, ainsi que des sulfates de chaux, de magnésie, etc., comme on peut s'en convaincre en versant dans sa dissolution un carbonate alcalin soluble qui en précipite du carbonate de chaux, de magnésie, et quelquefois aussi du carbonate de fer. Il faut, pour le purifier, le faire cristalliser de nouveau en évaporant la dissolution : alors on obtient une multitude de petits cubes qui se réunissent de manière à former des pyramides quadrangulaires creuses.

Le sel marin a été falsifié par les débitants en y ajoutant de l'eau ou du sel des salpêtriers, ou le sel retiré de la soude de vareck, ou du sulfate de soude, ou du sulfate de chaux, ou du chlorure de potassium, ou des matières terreuses. L'acide arsénieux a été trouvé dans quelques échantillons de sel, mais il n'y était qu'accidentellement et probablement par suite d'une méprise.

Mis en contact avec l'eau *froide*, le *sodium* la décompose sans s'enflammer, lors même qu'il a le contact de l'air; tandis que nous avons dit que, dans ce dernier cas, le potassium dégageait une vive lumière. Ce phénomène doit paraître d'autant plus extraordinaire, que pendant la décomposition de l'eau par le sodium, la température s'élève davantage que lorsqu'on fait usage de potassium; il dépend, suivant M. Balcells, de ce que l'hydrogène pouvant dissoudre le potassium, est susceptible de s'enflammer à une température beaucoup plus basse que dans le cas où il est pur, comme lorsqu'on agit avec le sodium. Si, au lieu de mettre le *sodium* en contact avec l'eau froide, on le place sur de l'*eau* à 40°, même dans des vaisseaux clos, il se dégage une *vive lumière;* et si l'expérience se fait à l'abri du contact de l'air, l'hydrogène résultant de la décomposition de l'eau ne subit aucune altération : l'élévation de température dépend uniquement de la combinaison de l'oxygène de l'eau avec le sodium (Balcells.) Si, lorsqu'il s'agite sur l'eau, on le frappe fortement, il se comporte comme le potassium. (Voy. p. 297.)

Il exerce sur les *acides* précédemment étudiés la même action que le potassium. Il agit de même sur les gaz *hydrogène carboné* et *phosphoré*. Le gaz *ammoniac* se comporte avec lui comme avec le potassium; mais il est absorbé et décomposé en plus grande quantité.

Chauffé avec du *potassium* dans une capsule contenant de l'huile de naphte, il donne un alliage qui est toujours plus fusible que le sodium, et qui, suivant les proportions des métaux qui le composent, peut être liquide à 0° et plus léger que l'huile de naphte. Cet alliage exposé à l'air en attire l'oxygène; mais le potassium absorbe beaucoup plus rapidement ce gaz que le sodium; en sorte que l'on peut mettre cette propriété à profit pour débarrasser le sodium d'une petite quantité de potassium qu'il contient quelquefois.

Le *sodium* a été découvert par Davy : il a les mêmes usages que le potassium.

Le poids de l'équivalent du sodium est de 290,89.

*Préparation.* — On l'obtient comme le potassium. (Voyez page 298.) Nous devons seulement faire remarquer que la décomposition de la soude pure est plus difficile que celle de la soude contenant un ou deux centièmes de potasse; mais alors on obtient du sodium un peu potassié. Il suffit de mettre cet alliage sous forme de plaques dans de l'huile de naphte, et de renouveler de temps en temps l'air du vase : le potassium absorbe l'oxygène très facilement, et le sodium reste pur. (MM. Gay-Lussac et Thénard.)

## DES OXYDES DE SODIUM.

On connaît deux oxydes de sodium. Berzélius admet encore un *sous-oxyde* qui ressemble parfaitement au sous-oxyde de potassium dont il reconnaît également l'existence.

Protoxyde de sodium sec. — Il entre dans la composition de plusieurs sels que l'on trouve dans la nature, mais il n'y existe jamais pur. Ses propriétés physiques, son action sur les fluides impondérés et sur les corps simples non métalliques, ne diffèrent pas de celles du protoxyde de potassium sec. Exposé à l'air, il s'empare de l'humidité et de l'acide carbonique, et passe à l'état de protocarbonate de sodium, qui ne tarde pas à s'effleurir. Il absorbe l'eau avec dégagement de calorique, et se transforme en hydrate de protoxyde de sodium (soude).

*Composition.* — Il est formé de 74,42 de sodium (un équivalent) et de 25,58 d'oxygène (un équivalent).

*Préparation.* — La même que celle du protoxyde de potassium. (Voyez page 300.)

Hydrate de protoxyde de sodium (*soude*). — Les propriétés physiques de la soude ne diffèrent pas de celles de la potasse : elle se comporte aussi de la même manière avec les agents pondérables et impondérés précédemment étudiés, excepté que le carbonate de soude formé par l'exposition de la soude à l'air est efflorescent, tandis que celui de potasse est déliquescent. Lorsqu'on fait réagir le chlore sur une dissolution peu concentrée de soude, on obtient du chlorure de soude, que l'on peut préparer aussi pour l'usage médical, d'après M. Payen, en décomposant 500 grammes de chlorure de chaux à 98 degrés par 690 grammes de carbonate de soude cristallisé et 9000 grammes d'eau ; il se forme du carbonate de chaux insoluble, et du chlorure de soude soluble. Ce sel est liquide, légèrement verdâtre, d'une odeur forte, savonneux au toucher, d'une saveur salée un peu caustique; il décolore le tournesol et verdit le sirop de violettes : l'azotate d'argent y fait naître un précipité abondant de chlorure et d'oxyde d'argent ; le chlorure de platine et l'oxalate d'ammoniaque ne le troublent point quand il est pur. Les acides en séparent beaucoup de chlore, et s'unissent à la soude. Evaporé, il perd une grande quantité de chlore, et fournit une masse blanche gélatineuse. Il est employé comme le chlorure de chaux en qualité de désinfectant, et dans le traitement des brûlures, de certains ulcères, de quelques affections syphilitiques, de la pourriture d'hôpital, etc. M. Chomel l'a administré avec succès dans le traitement des fièvres typhoïdes.

On le prépare pour les usages du commerce en saturant de chlore gazeux une solution peu concentrée de carbonate de soude; le chlore chasse d'abord l'acide carbonique, puis s'empare de la soude et constitue le chlorure de soude. Cette liqueur porte dans le commerce le nom d'*eau de Javelle.* Elle est presque toujours colorée en rose par un peu de perchlorure de manganèse.

*Caractères distinctifs de la soude.* — 1° Elle verdit le sirop de violettes ; 2° elle n'est troublée ni par l'acide carbonique ni par l'acide perchlorique ; 3° elle est précipitée en blanc par l'acide phtorhydrique silicé ; 4° le chlorure de platine ne la précipite pas, à moins qu'elle ne soit excessivement concentrée.

*Composition.*— Soude, 77,67 (un équivalent), eau, 22,33 (un équivalent). Sa formule est NaO, HO.

*Préparation et usages.*— On agit sur le carbonate de soude du commerce comme sur celui de potasse. (Voyez page 302.)

On n'emploie la soude que dans les laboratoires comme réactif.

Sesqui-oxyde de sodium. — Son histoire ressemble beaucoup à celle du peroxyde de potassium, mais il est moins fusible. Il est formé de 65,98 de métal (deux équivalents) et de 34,02 d'oxygène (trois équivalents).

## DES SELS DE SOUDE.

Le sodium ne peut former des sels avec les acides qu'autant qu'il est oxydé au premier degré ; il doit perdre de l'oxygène s'il est plus oxydé.

Tous les sels de soude sont solubles dans l'eau; l'acide phtorhydrique silicé y fait naître un précipité hydrophane, comme gélatineux, composé d'acide phtorhydrique silicé et de soude; ils ne dégagent point d'ammoniaque lorsqu'on les triture avec les oxydes de la première section : ils ne sont point précipités par les carbonates de potasse, de soude et d'ammoniaque, ni par le chlorure de platine; ils ne se troublent point lorsqu'on agite leurs dissolutions concentrées avec du sulfate d'alumine, parce que l'alun de soude qui se forme est très soluble dans l'eau; ils ne sont pas précipités par l'acide perchlorique. Ces trois derniers caractères établissent une grande différence entre ces sels et ceux de potasse. Ils jouissent, d'ailleurs, comme tous les autres sels de cette section, des propriétés indiquées à la page 289.

Borate prismatique (*borax*). — Ce sel se trouve dans la province de Potosi au Pérou, dans plusieurs lacs de l'Inde, dans l'île de Ceylan, dans la Tartarie méridionale, en Transylvanie, en Basse-Saxe, etc. Lorsqu'il a été purifié, il se présente sous forme de prismes hexaèdres comprimés et terminés par des pyramides trièdres, incolores et translucides, verdissant le sirop de violettes (1), doués d'une saveur

(1) M. Meyrac a prouvé que lorsqu'on verse de l'eau dans une dissolution concentrée de borate de soude, de potasse ou d'ammoniaque avec réaction acide, et par conséquent rougissant l'*infusum* de tournesol, on la transforme en borate, qui, loin de rougir le tournesol, verdit le sirop de violettes.

styptique, alcaline, légèrement efflorescents à l'air sec, et solubles dans l'eau. Deux parties d'eau bouillante en dissolvent une de ce sel, tandis qu'il en faut 7 ou 8 d'eau froide. Chauffé dans un creuset, le borax éprouve d'abord la fusion aqueuse, puis se dessèche et fond de nouveau, si la température est de 300° (fusion ignée) : alors il est sous forme d'un verre limpide qui devient opaque à l'air; ce phénomène paraît dépendre de ce qu'il absorbe l'humidité. Mêlé au charbon et mis en contact à la chaleur rouge avec du chlore sec, il est décomposé; le charbon s'empare de l'oxygène de l'acide borique, et le bore mis à nu se combine au chlore, avec lequel il forme du *chlorure de bore* (Dumas). Il est composé de 30,95 de soude (un équivalent), et de 69,05 d'acide (un équivalent). Le borax cristallisé contient 52,90 de borax anhydre (un équivalent), et 47,10 d'eau (dix équivalents). On se sert du borax, 1° dans l'analyse des oxydes métalliques : il se combine avec la plupart d'entre eux, en facilite la fusion, et se colore souvent en bleu, en vert, en violet, etc., suivant la nature de l'oxyde, ce qui sert à les distinguer, comme nous le dirons par la suite; 2° pour souder les métaux : en effet, les deux bouts d'un métal ne sauraient être soudés s'ils étaient oxydés, ou si la soudure qui sert à les réunir, en facilitant leur fusion, l'était aussi; or, le borax que l'on met en contact avec l'alliage fusible qui constitue la soudure, s'oppose à l'oxydation des métaux en les enveloppant, et même s'empare des oxydes qui peuvent ternir leur surface; 3° pour rendre les tissus incombustibles (voy. *Annales de Chimie et de Physique*, tome XVIII); 4° pour préparer l'acide borique, les borates, et, suivant M. Doebereiner, le *bore*. Le borax, employé autrefois en médecine comme fondant, dans les engorgements de la matrice, dans la suppression des règles, etc., n'est guère administré à l'intérieur. En Allemagne on le donne cependant quelquefois pour réveiller les douleurs dans les accouchements laborieux. Il entre dans la composition des gargarismes détersifs dont on fait usage dans les cas de salivation excessive, accompagnée d'ulcérations de la langue, et qui sont composés de 30 grammes de sirop de mûres et de 4 grammes de borax,

On emploie aussi quelquefois sa dissolution pour toucher les ulcères rongeants, les verrues, les condylômes. On peut s'en servir pour rendre la crème de tartre soluble.

*Préparation.* — On trouve dans le commerce du borax appelé *tinckal*, qui vient de l'Inde, et qui paraît avoir été extrait du fond de certains lacs; il est coloré en gris jaunâtre par une matière savonneuse, composée d'une substance grasse et d'une portion de soude du sel; il contient en outre du sulfate de soude et du chlorure de sodium; on le purifie en le lavant à plusieurs reprises avec de l'eau et avec ce même liquide, auquel on a ajouté une faible dissolution de soude, marquant 5 degrés à l'aréomètre; le tinckal, ainsi débarrassé d'une partie de la matière savonneuse, est dissous dans 2 parties 1/2 d'eau bouillante, puis mêlé avec 12 parties de carbonate de soude pour 100 de sel; on filtre lorsque le dépôt est bien formé; on évapore, et on fait cristalliser. MM. Payen et Cartier préparent aujourd'hui le borax du commerce en traitant le carbonate de soude par l'acide borique provenant des lacs de Toscane.

Il existe une autre variété de borate de soude qui cristallise en *octaèdres*; il contient moitié moins d'eau que le précédent.

Carbonate. — Presque toutes les plantes qui croissent sur les bords de la mer, et particulièrement le *salsola soda* de L., contiennent de l'oxalate de soude, qui se transforme en carbonate par la calcination, aussi trouve-t-on celui-ci dans leurs cendres. Il est solide, d'une couleur blanche; sa saveur est âcre, légèrement caustique; il verdit le sirop de violettes. Convenablement évaporé, il fournit des cristaux qui sont des prismes rhomboïdaux, ou des pyramides quadrangulaires appliquées base à base et à sommets tronqués. Exposés à l'air, ces cristaux s'effleurissent; chauffés dans un creuset, ils éprouvent successivement la fusion aqueuse et la fusion ignée sans se décomposer, à moins qu'on ne les mette en contact avec de la vapeur aqueuse. Deux parties d'eau à 10° suffisent pour en dissoudre 1 partie; l'eau bouillante en dissout beaucoup plus. A une température élevée, le phosphore le décompose, s'empare de l'oxygène de l'acide carbonique, passe successivement à l'état d'acide phosphorique et de phosphate de soude, et le charbon est mis à nu. Il est formé d'un équivalent de soude et d'un d'acide, ou de 58,57 de soude et de 41,43 d'acide. S'il est cristallisé, il contient un équivalent de sel sec (37,21) et dix d'eau (62,79). Il est susceptible d'absorber une assez grande quantité de gaz acide carbonique, qui sature la soude et lui fait perdre presque toute sa causticité. On ne l'emploie que dans les laboratoires et en médecine; mais les diverses soudes d'Alicante, de Carthagène, de Malaga, de Narbonne (salicor), d'Aigues-Mortes (blanquette), de Normandie (vareck), et celle que l'on prépare artificiellement, le contiennent en plus ou moins grande quantité, et ont des usages nombreux. On se sert de ces soudes dans la fabrication du savon dur, du verre, pour couler les lessives, et pour diverses opérations de teinture. Le carbonate de soude est administré en médecine dans les mêmes circonstances que le carbonate de potasse; il est même employé de préférence parce qu'il est moins caustique; quelques praticiens en ont fait usage contre le goître; on le donne ordinairement à l'état solide avec des extraits, à la dose de quelques décigrammes.

*Préparation.* — On prépare ce sel avec la soude artificielle, qui est formée de soude caustique, de carbonate de soude, de sulfure de calcium, de sulfate de chaux et de charbon. Après l'avoir réduite en poudre, on la traite par l'eau froide, qui ne dissout que la soude et le carbonate de soude; on décante la liqueur, on l'évapore jusqu'à siccité, et on la laisse à l'air pendant dix, douze ou quinze jours. La soude caustique se combine avec l'acide carbonique et s'effleurit; à cette époque, on fait redissoudre dans l'eau, et on évapore la dissolution pour en obtenir des cristaux.

*Préparation de la soude artificielle.* — On introduit dans un four, dont la température est au-dessus du rouge cerise, un mélange pulvérulent fait avec 18 parties de sulfate de soude sec, 18 parties de craie (carbonate de chaux), et 11 parties de charbon de bois; lorsque ce mélange est pâteux, on le pétrit avec un ringard, et on le retire du four. On traite par l'eau, qui dissout le carbonate de soude formé et laisse le sulfure de calcium combiné avec de la chaux qui est insoluble (oxisulfure de calcium). On purifie le carbonate de soude en le faisant cristalliser.

*Théorie.* — Le sulfate de soude est décomposé par le charbon et transformé en sulfure de sodium; il y a alors échange entre le soufre du sulfure et l'oxygène de la chaux; il se fait du sulfure de calcium et de l'oxyde de sodium, lequel, en se combinant avec l'acide carbonique dégagé pendant la réaction, avec celui qui se produit par l'oxydation du charbon, et par la décomposition du carbonate de chaux, forme du carbonate de soude indécomposable par la chaleur; tandis que le sulfure de calcium se combinant avec une portion de chaux indécomposée, donne un oxisulfure insoluble. On traite cette masse par l'eau, et le carbonate de soude soluble se sépare des autres produits insolubles. Leblanc, à qui nous devons ce procédé, a reconnu que les proportions que nous avons indiquées étaient les plus convenables pour obtenir le carbonate de soude; toutefois, nous croyons devoir faire connaître ce qui arriverait en employant des proportions qui diffèrent peu des précédentes, qui fournissent également du carbonate de soude, et qui nous mettront à même d'expliquer l'opération avec plus d'exactitude.

*Produits employés.*

| | | |
|---|---|---|
| 2 équivalents de sulfate de soude sec . . . . . | 1784 | ou 41 |
| 3 équivalents de carbonate de chaux . . . . . | 1893 | 44 |
| 9 équivalents de charbon. . . . . . . . . | 675 | 15 |
| | 4352 | 100 |

*Produits obtenus.*

| | | |
|---|---|---|
| 2 équivalents de carbonate de soude sec . . . | 1332 | ou 30 |
| 1 équivalent de chaux . . . . } combinés. . <br> 2 équivalents de sulfure de calcium } | 1270 | 29,5 |
| 10 équivalents d'oxyde de carbone . . . . . | 1750 | 40,5 |
| | 4352 | 100,0 |

On voit que les produits obtenus sont égaux en poids à ceux qui ont été employés.

*Extraction de la soude des plantes marines.* — On fait brûler ces plantes, comme nous l'avons dit en parlant de la potasse du commerce, et l'on obtient une masse saline composée de carbonate et de sulfate de soude, de chlorure de sodium, d'alumine, d'acide silicique, d'oxyde de fer, de charbon, et quelquefois de sulfate de potasse et de chlorure de potassium.

Sesquicarbonate. — Confondu pendant long-temps avec le carbonate, il doit en être distingué par sa composition et par ses caractères. Il existe abondamment dans le *natron*, produit salin que l'on trouve dans quelques lacs d'Égypte, de Hongrie, etc., et qui contient, outre le sesquicarbonate, une certaine quantité de sel marin et de sulfate de soude. Il constitue presque à lui seul l'*urao*, matière très abondante qui se trouve dans les eaux d'un lac de l'Amérique du Sud (province de Maracaybo) : on le trouve effleuri sur les murs de plusieurs souterrains; enfin, il existe dans quelques eaux minérales. Il cristallise en prismes rhomboïdaux terminés par des pyramides quadrangulaires. Il est *inaltérable à l'air* et soluble dans l'eau; il verdit le sirop de violettes. D'après M. Boussingault le sesquicarbonate d'Afrique et d'Amérique ne précipiterait pas les sels de magnésie et ferait effervescence avec les sels de chaux. Il est formé de deux équivalents de base et de trois d'acide; les cristaux contiennent un équivalent de sel sec (78,14) et quatre d'eau (21,86).

*Préparation.* — On dissout dans 4 parties d'eau 6 parties de carbonate de soude et 4 parties de carbonate d'ammoniaque : on évapore à pellicule à une douce chaleur, et le sesquicarbonate se dépose sous forme de plaques cristallisées à mesure que la liqueur se refroidit.

Le *natron* s'obtient par l'évaporation spontanée des eaux qui le tiennent en dissolution.

Bicarbonate de soude. — Il existe dans les eaux alcalines gazeuses, naturelles et artificielles. Il est sous forme de prismes rectangulaires à quatre pans, terminés par une base rectangulaire oblique, d'une saveur faiblement alcaline, soluble dans 10 parties d'eau à la température ordinaire; chauffé, lorsqu'il est dissous, il se transforme en sesquicarbonate. Il est formé de 41,52 de soude (un équivalent) et de 58,48 d'acide (deux équivalents). Le sel cristallisé contient 89,26 de sel anhydre (un équivalent) et 10,74 d'eau (un équivalent). Il est employé en médecine dans tous les cas où le bicarbonate de potasse est indiqué, et il lui est même préféré. Il fait la base des pastilles de M. D'Arcet, que l'on administre quelquefois avec succès comme digestives, surtout chez les goutteux.

*Préparation.* — On l'obtient en saturant de gaz acide carbonique le carbonate de soude, mais alors il est toujours mêlé d'une portion de ce carbonate, dont on peut le débarrasser en le comprimant entre des papiers, puis le lavant avec une *petite* quantité d'eau, et comprimant de nouveau; le carbonate étant beaucoup plus soluble que le bicarbonate, est enlevé par ce moyen.

PHOSPHATE (*sel microscomique* ou *fusible, sel admirable perlé*). — Ce sel se trouve dans l'urine, dans le sérum du sang, et dans quelques autres matières animales. Il cristallise en rhomboïdes oblongs, ou en prismes rhomboïdaux, ou en petites lames brillantes et nacrées; il est blanc, doué d'une faible saveur salée, nullement amère; il verdit le sirop de violettes; il s'effleurit rapidement à l'air, et se dissout très bien dans quatre parties d'eau froide et dans une d'eau bouillante. Les acides sulfurique, azotique et chlorhydrique s'emparent d'une portion de la soude qu'il renferme, et le transforment en phosphate de soude. Chauffé dans un creuset, il éprouve successivement la fusion aqueuse et la fusion ignée, et donne un verre opaque et laiteux. Ainsi calciné, il précipite l'azotate d'argent en blanc et non en jaune, comme avant la calcination, et constitue un nouveau sel, car nous avons vu que l'acide phosphorique était susceptible d'acquérir des propriétés nouvelles lorsqu'il est uni aux bases par la calcination; en effet, le phosphate de soude neutre contient pour un équivalent d'acide, deux équivalents de base et un équivalent d'eau. Vient-on à le calciner, il perd cette eau et constitue le pyrophosphate de M. Graham, qui possède les caractères que nous venons d'indiquer. Lorsqu'il est dissous il peut, au bout de quelque temps, reprendre l'eau qu'il a perdue et redevenir alors phosphate ordinaire : cette action a lieu plus rapidement en le faisant bouillir. Il est employé dans les laboratoires pour préparer les divers phosphates insolubles, et en médecine comme purgatif : on l'administre ordinairement à la dose de 32 à 64 grammes dans un litre de bouillon aux herbes : cette boisson purge très bien et n'est point désagréable.

*Préparation.* — On l'obtient par le deuxième procédé (voyez p. 266), ou bien en décomposant le biphosphate de chaux par le carbonate de soude.

SULFATE (*sel de Glauber, sel admirable, soude vitriolée, alcali minéral vitriolé*).— On trouve ce sel anhydre en Espagne; hydraté, il existe dans certaines eaux de source, par exemple, à Dieuze, à Château-Salins, etc., dans les cendres des plantes marines, enfin, combiné avec le sulfate de chaux. Il est sous forme de prismes à six pans cannelés, terminés par un sommet dièdre, transparents, excessivement diaphanes, d'une belle couleur blanche, doués d'une saveur amère, fraîche, salée, efflorescents et très solubles dans l'eau. Le charbon le transforme en sulfure de sodium (voy. p. 271). Le sulfate de soude a un *maximum* de solubilité à environ 33°; cent parties d'eau à cette température en dissolvent 50,65; à partir de ce terme, la solution va continuellement en diminuant à mesure que la température s'élève jusqu'à 100° : toutefois une dissolution de ce sel, faite dans l'eau bouillante, contient beaucoup plus de sel que lorsqu'elle a été faite à 8 ou 10° + 0, et doit cristalliser par le refroidissement de la liqueur. Cependant la dissolution, ainsi saturée et bouillante, est enfermée dans un tube de verre d'où l'on ait chassé l'air, elle ne cristallise plus, lors même qu'elle est agitée, mais il suffit d'y faire entrer une bulle d'air ou d'un gaz quelconque, pour que la cristallisation ait lieu; on ignore quelle peut être la cause de ce phénomène. Chauffé dans un creuset, le sulfate de soude éprouve successivement la fusion aqueuse et la fusion ignée; si on le refroidit après l'avoir fondu, il a l'aspect d'un émail. On l'emploie pour préparer la soude artificielle, on s'en sert maintenant avec avantage dans la fabrication du verre. On l'administre en médecine comme purgatif, à la dose de 32 à 50 grammes dans trois verres de bouillon aux herbes ou d'une autre tisane ; il est usité dans tous les cas où il est nécessaire de procurer des évacuations alvines, sans produire d'excitation générale, dans les maladies cutanées, dans les jaunisses de longue durée, etc. ; il est donné aussi comme apéritif et fondant. M. Courdemanche s'en est servi dans ces derniers temps pour composer le mélange frigorifique de Walker, dont il a fait une heureuse application à la congélation de l'eau; en effet, lorsqu'on mêle 2 kilogrammes de sulfate de soude pulvérisé, et 2 kilogrammes d'acide sulfurique à 36 degrés, ou 2 kilogrammes 750 grammes du même sel, et 2 kilogrammes 128 grammes de résidu d'éther sulfurique, ramené à une densité de 33 degrés, et qu'on plonge dans ce mélange des cylindres de fer-blanc contenant de l'eau, celle-ci ne tarde pas à être congelée. Les précautions à employer dans cette opération sont de refroidir les deux substances dans des vases peu conducteurs du calorique avant de les mêler, de ne pas employer de sels effleuris, de faire usage de l'eau qui a bouilli, d'agiter le mélange pour que l'action réciproque du sel et de l'acide soit plus prompte et plus complète; enfin, de renouveler ces mélanges deux ou trois fois, si le refroidissement obtenu d'abord n'était pas suffisant. Le sulfate de soude anhydre est formé de 48,82 de soude (un équivalent) et de 56,18 d'acide (un équivalent). Les cristaux contiennent 44,23 de sel anhydre et 55,77 d'eau (dix équivalents).

*Préparation.* — On prépare le sulfate de *soude* en décomposant le chlorure de sodium (sel commun) par l'acide sulfurique; mais comme le sulfate qui en résulte contient souvent du sulfate de fer et du sulfate de manganèse, on le fait rougir dans un creuset pour décomposer ces deux sels; on traite la masse par l'eau, qui ne dissout que le sulfate de soude pur. On le prépare aussi, mais en petite quantité, en faisant évaporer les eaux de source qui le renferment; on traite la masse solide par l'eau bouillante, et le sulfate de soude cristallise par refroidissement.

CHLORATE. — Il est constamment le produit de l'art; il ne

cristallise que lorsque sa solution a une consistance presque sirupeuse ; les cristaux qu'il fournit sont des lames carrées, d'une saveur fraîche et piquante, non déliquescents et très solubles dans l'eau ; ils fusent rapidement sur les charbons allumés, produisent une lumière jaunâtre, et se fondent en globules. Chauffé dans une cornue, ce sel fournit beaucoup de gaz oxygène mêlé d'un peu de chlore, et se transforme en chlorure de sodium sensiblement alcalin. (Vauquelin.)

*Préparation.* — (Voy. page 278). Il est formé de 29,31 de soude (un équivalent), et de 70,69 d'acide chlorique (un équivalent).

Azotate. — Il existe abondamment dans le district d'Atacama, près du port d'Yquique. Dans les laboratoires, on l'obtient cristallisé en prismes rhomboïdaux incolores, d'une saveur fraîche, piquante et amère, légèrement déliquescents, solubles dans 3 parties d'eau à 15°, tandis que l'eau bouillante en dissout plus que son poids ; il est moins fusible que l'azotate de potasse. Il est formé de 36,83 de soude et de 63,17 d'acide anhydre (un équivalent de chaque) ; on peut le substituer avec avantage à l'azotate de potasse pour préparer l'acide azotique, parce qu'il contient plus de cet acide.

*Préparation.* — (Voy. pag. 266).

## DU CALCIUM.

Le calcium ne se trouve jamais dans la nature qu'à l'état de phtorure, de chlorure, etc., ou à l'état d'oxyde combiné avec divers acides, c'est-à-dire à l'état de *sel*. Ce métal n'a été obtenu qu'en très petite quantité, en sorte qu'il a été impossible d'étudier toutes ses propriétés : on sait qu'il est blanc, très brillant, et qu'il absorbe l'oxygène avec beaucoup de rapidité, pour passer à l'état d'oxyde ; il est susceptible de former deux *oxydes*. Il existe au moins deux sulfures de calcium. Berzélius en admet trois. Le *protosulfure* est incolore, d'une saveur âcre et amère ; on n'a pas essayé de l'obtenir cristallisé ; il résulte de l'action du charbon sur le sulfate de chaux à une forte chaleur, ou de celle de l'acide sulfhydrique sur de la chaux suspendue dans l'eau. Il est formé d'un équivalent de soufre et d'un de calcium. Le *bisulfure hydraté* en cristaux jaunes orangés, soluble dans 400 parties d'eau à 16° + 0°, est le résultat de l'action de l'eau bouillante et du soufre sur la chaux. Le *persulfure* s'obtient en faisant bouillir le protosulfure avec de l'eau et du soufre. Le protosulfure peut être employé en médecine en remplacement du foie de soufre ; son bas prix doit souvent le faire préférer pour la préparation des bains sulfureux. La poudre de Pyhoret, dont on se sert quelquefois contre la gale, en frictions dans la paume de la main, et à la dose de 2 à 4 grammes par jour, n'est que du sulfure de calcium broyé et délayé dans un peu d'huile d'olives.

Le *phosphore* peut former avec le calcium un phosphure brun marron, qui décompose l'eau en dégageant de l'hydrogène phosphoré spontanément inflammable, et en donnant naissance à de l'hypophosphite de chaux. Il est formé d'un équivalent de calcium et d'un équivalent de phosphore. Celui que l'on obtient en traitant la chaux à une température élevée par le phosphore, contient du phosphate de chaux. (Voy. pag. 340.)

Le *chlore*, uni au calcium, donne un chlorure que l'on trouve dans les eaux de plusieurs fontaines et dans les matériaux salpêtrés, et qui a été long-temps désigné sous les noms de *muriate de chaux desséché*, d'*ammoniaque fixe*. Si on le chauffe dans un creuset, il éprouve d'abord la fusion aqueuse s'il contient de l'eau, puis la fusion ignée ; dans ce dernier état, il constitue le *phosphore de Homberg*. On l'a appelé ainsi, parce qu'après avoir été fondu et refroidi, il devient lumineux par le frottement, surtout dans l'obscurité ; dans cet état, il est demi-transparent, lamelleux, fixe, et ne conduit point l'électricité ; sa saveur est âcre, piquante et amère ; il se dissout dans le quart de son poids d'eau à 15°, et il n'exige que la moitié de son poids du même liquide à 0° ; il attire puissamment l'humidité de l'air, ce qui le rend d'un très grand usage pour dessécher les gaz, et pour obtenir des froids artificiels. Sa dissolution aqueuse évaporée fournit de longs prismes à six pans, striés et terminés par des pyramides très aiguës. Il est très soluble dans l'alcool. Fourcroy l'a proposé comme fondant, et il a été depuis employé dans les engorgements et les tumeurs squirrheuses ; mais il est rarement administré aujourd'hui. A haute dose, il est purgatif. On peut s'en servir pour conserver des préparations anatomiques. Il est formé d'un équivalent de calcium (256,01), et d'un de chlore (442,650), ce qui correspond à 36,65 de calcium, et à 63,35 de chlore. On le *prépare* en décomposant le carbonate de chaux par l'acide chlorhydrique, en faisant évaporer, et en faisant fondre le produit solide. Le résidu de l'opération qui fournit l'ammoniaque est en grande partie formé par ce chlorure ; il n'est en effet mêlé que d'un peu de chaux, dont on le débarrasse aisément en traitant par l'eau froide, qui dissout rapidement tout le chlorure, et en le fondant ensuite dans un creuset.

Le calcium existe très abondamment dans la nature combiné avec le *phtore ;* ce composé ne peut pas être obtenu directement. Les minéralogistes le désignent sous le nom de *spath fluor.* Il est tantôt pur, incolore, cristallisé en cubes ou en octaèdres ; tantôt, et le plus souvent, il est combiné avec le silex, de l'argile, etc. : alors il est coloré en bleu, en violet, en jaune ou en rose ; il existe en France, en Saxe et en Angleterre. Il est insoluble dans l'eau, insipide et inaltérable à l'air ; il se dissout dans l'acide phtorhydrique. Si l'on jette sur les charbons rouges les cristaux cubiques fournis par la nature, ils décrépitent légèrement ; chauffés plus fortement, ils fondent et donnent un verre transparent. On l'emploie dans la préparation des acides phtorhydrique, phtoro-borique et phtoro-silicique, etc. (Voyez pour les autres propriétés de ce corps, les *caractères des phtorures*, page 246.) Il est formé de 256,01 de calcium (un équivalent) et de 233,09 de phtore (un équivalent).

Le poids de l'équivalent du calcium est de 256,01.

*Préparation.* — Le calcium s'obtient en décomposant la chaux à l'aide de la pile. Cette décomposition est favorisée par l'intervention du mercure qui se combine avec le calcium aussitôt qu'il est mis en liberté et le préserve ainsi de l'oxydation. On ne peut conserver ce métal qu'avec de grandes précautions et en le plaçant sous l'huile de naphte.

### DU PROTOXYDE DE CALCIUM (CHAUX).

La chaux est un des produits que l'on trouve le plus abondamment dans la nature, quoiqu'elle n'y existe jamais pure; le plus souvent elle est combinée avec les acides carbonique, sulfurique, phosphorique et azotique.

La chaux pure est blanche (1), d'une saveur âcre, caustique, verdissant fortement le sirop de violettes, et rougissant la couleur du curcuma; son poids spécifique est de 2,3. Si on élève fortement sa température au moyen du chalumeau à gaz de Brook, elle fond et donne des globules vitrifiés qui ont la couleur de la cire jaune; cette fusion est accompagnée d'une flamme de couleur pourpre, et n'aurait pas lieu au feu le plus violent de nos fourneaux. Soumise à l'action de la pile voltaïque, la chaux se décompose en oxygène et en calcium. Elle est sans action sur les gaz *oxygène* et *hydrogène*, sur le *bore* et sur le *charbon*.

Le *phosphore*, le *soufre*, l'*iode* et le *brome*, donnent avec la chaux, des phosphures, sulfures, iodures et bromures de calcium, en déplaçant l'oxygène de l'oxyde et en formant par cette raison des acides phosphorique, hyposulfurique, iodique et bromique, qui s'unissent à une portion de chaux non décomposée. Ces composés possèdent les propriétés que nous avons indiquées plus haut.

Le chlore en agissant sur la chaux vive et sèche, en dégage l'oxygène, et donne du chlorure de calcium dont nous avons déjà fait connaître les propriétés, tandis que si la chaux contient de l'eau, il se formera du chlorure de chaux comme nous le verrons plus loin.

L'*azote* est sans action sur la chaux.

Exposée à l'*air*, la chaux vive commence par se combiner

(1) La chaux obtenue de la pierre calcaire est d'un blanc grisâtre quand elle est privée d'eau, et blanche lorsqu'elle est combinée avec ce liquide; elle renferme de l'alumine, de l'acide silicique, de l'oxyde de fer, et parfois un peu de magnésie et d'oxyde de manganèse.

avec l'humidité, puis elle absorbe le gaz acide carbonique, et se transforme en carbonate mêlé d'*hydrate*.

Si l'on verse sur de la chaux vive quelques gouttes d'*eau*, celle-ci est rapidement absorbée, sans que la chaux paraisse mouillée; le mélange s'échauffe; il s'exhale de la vapeur; la chaux se fendille, acquiert un plus grand volume, blanchit et se réduit en poudre : on dit alors que la chaux est *délitée* ou éteinte; elle est à l'état d'*hydrate*. Dans cette expérience, la température s'élève jusqu'à 300°; c'est à l'aide de cette chaleur qu'une portion d'eau se réduit en vapeur au centre même du morceau de chaux, et c'est à l'effort que fait cette vapeur pour se dégager qu'il faut attribuer la division de cet oxyde. Cette vapeur d'eau peut être employée avec avantage pour faire prendre des bains de vapeur dans des lieux où l'on est dépourvu des appareils nécessaires; il suffit de placer la personne dans une baignoire ou un cuvier, d'en couvrir l'ouverture en laissant sortir la tête de l'individu, et alors d'éteindre devant lui un morceau de chaux vive placé dans une terrine. La température dégagée est plus que suffisante pour déterminer la fusion du soufre qui recouvre l'extrémité des allumettes soufrées; aussi quelques unes de ces allumettes, plongées dans le sein d'un morceau de chaux divisé par l'eau, s'enflamment aussitôt qu'on les met en contact avec l'air, pourvu que le morceau sur lequel on opère soit assez gros.

Lorsque la chaux a été réduite en poudre par ce moyen, on peut la faire dissoudre dans l'eau. D'après M. Dalton, une partie d'eau à 15°,6 centigr. dissout 1/770 de son poids de chaux et 1/584 d'hydrate de chaux; tandis qu'à 100° elle ne dissout qu'un 1/1270 de chaux et 1/952 d'hydrate; ajoutons à cela que l'eau à 0° dissout deux fois plus de chaux qu'à 100° : la dissolution porte le nom d'*eau de chaux*. On distingue dans les pharmacies l'eau de chaux *première, seconde*, etc.; ordinairement celle-ci est moins caustique que l'autre, parce qu'elle ne contient pas de potasse, tandis que la première en renferme 7 pour 100, suivant M. Descroizilles (1); mais il est évident que si la chaux est pure et dis-

(1) Les 7/100 de potasse proviennent du bois qui a servi à la prépara-

soute en assez grande quantité pour saturer l'eau, ces liqueurs ne doivent pas différer entre elles. L'eau de chaux enfermée dans un récipient de verre et placée à côté d'un vase contenant de l'acide sulfurique concentré, donne de petits cristaux transparents qui sont des hexaèdres réguliers coupés perpendiculairement à leur axe. On ne pourrait obtenir que très difficilement l'hydrate de chaux cristallisé en faisant évaporer la dissolution à l'air, parce que l'eau de chaux en attirerait l'acide carbonique et se transformerait en carbonate (crême de chaux) insoluble. On peut aussi faire cristalliser parfaitement la chaux hydratée en décomposant un sel calcaire au moyen de la pile électrique. (Riffaut et Chompré.)

*Propriétés essentielles.* — 1° L'acide carbonique précipite l'eau de chaux en blanc; le carbonate déposé se dissout dans un excès d'acide carbonique; 2° l'acide sulfurique concentré ne trouble pas l'eau de chaux, phénomène qui tient à ce que le sulfate de chaux formé est plus soluble que la chaux, et par conséquent trouve assez d'eau pour être tenu en dissolution; 3° la chaux forme avec l'acide chlorhydrique un chlorure très déliquescent; 4° la chaux est précipitée de toutes ses combinaisons par l'acide oxalique ou les oxalates solubles; le précipité est blanc, pulvérulent et insoluble dans l'acide acétique concentré.

Tous lés *acides* peuvent se combiner avec la chaux et donner naissance à des sels calcaires.

Lorsqu'on fait chauffer dans un creuset parties égales de chaux et d'acide silicique, en obtient, si la température est assez élevée, un silicate blanc fondu, demi-transparent sur les bords, tenant le milieu entre la porcelaine et l'émail, et faisant feu avec le briquet, quoique faiblement (Kirwan). Si on ajoute de la magnésie on obtient un verre d'un beau jaune. Lorsqu'on verse de l'eau de chaux dans une dissolution de *silicate de potasse* (liqueur de cailloux), il se forme un précipité composé de silicate de chaux (stuc). La possi-

tion de la chaux; en sorte que si, comme cela se pratique le plus ordinairement aujourd'hui, on emploie du charbon de terre au lieu de bois, la chaux ne doit pas contenir de potasse.

bilité de combiner l'acide silicique avec de la chaux, est d'ailleurs parfaitement prouvée par les expériences de Vicat. On peut également fondre complétement, à une température élevée, un mélange de 33, de 25 ou de 20 parties de chaux et de 67,75 parties d'argile (Herman).

*Composition.* — Le protoxyde de calcium est formé de 71,90 de métal et de 28,10 d'oxygène, ou d'équivalents égaux de métal et d'oxygène. Le poids de l'équivalent de la chaux sera 356,01. L'hydrate de protoxyde de calcium est composé d'un équivalent de chaux (75 p.) et d'un d'eau (25 p.). Sa formule sera Ca O, H O.

*Usages.* — On emploie la chaux pour préparer la potasse, la soude et l'ammoniaque caustiques, pour chauler le blé, pour boucher les fissures qui se forment quelquefois dans les bassins pleins d'eau et pour conserver les œufs frais. Unie au sable et à de l'eau, elle constitue le mortier dont on fait usage comme ciment dans la bâtisse, et qui a la propriété de se durcir en se séchant, et par conséquent d'adhérer fortement aux surfaces des pierres auxquelles il sert seul de liaison. On se sert encore de la chaux comme engrais et comme réactif. Son action sur l'économie animale mérite de fixer notre attention. Avalée en poudre, à la dose de 4 ou de 8 grammes, elle détermine l'empoisonnement à la manière des substances âcres et corrosives; les animaux ne tardent pas à succomber, et l'on trouve après la mort une vive inflammation des tissus du canal digestif. On employait autrefois la chaux à l'état solide pour cautériser; mais on l'a abandonnée depuis que l'on fait un si grand usage de la pierre à cautère, de la pierre infernale, etc. L'*eau de chaux* est souvent administrée avec succès, suivant Whytt, pour combattre la formation de la gravelle. M. Andry l'a vue réussir dans certaines tympanites; on en a retiré des avantages dans la diarrhée, le hoquet, les éructations, et dans tous les cas où il se développe un acide dans l'estomac; elle a été également employée dans le diabètes et dans les affections vermineuses. On en donne 200, 250, 300 grammes par jour avec autant de lait ou d'une décoction mucilagineuse. Injectée dans l'anus, dans le vagin ou dans l'urètre, elle a été quelquefois utile pour arrêter les anciennes dysenteries muqueuses, certaines diarrhées, des gonorrhées passives virulentes, les flueurs blanches, les suppurations de vessie, etc. On l'a employée extérieurement pour laver les ulcères sordides dont les bords sont mous et infiltrés, et pour résoudre les engorgements des articulations. M. Giuli dit avoir obtenu le plus grand succès des bains d'eau de chaux dans les rhumatismes aigus et dans la goutte. La température de ces bains doit être plus élevée que celle des bains tièdes. On se sert avec avantage d'un mélange d'eau de chaux et d'acétate de plomb (sel de saturne) contre les brûlures. Enfin, l'eau de chaux paraît avoir réussi dans la teigne, dans la gale, et quelques autres maladies de la peau. Elle entre dans la composition de l'eau phagédénique.

*Préparation.*—On fait chauffer dans un creuset de *platine* du marbre blanc (carbonate de chaux); au bout d'une heure ou deux, si la chaleur a été assez forte, on obtient de la *chaux* pure, car tout le gaz acide carbonique s'est dégagé. Une petite quantité d'eau favorise singulièrement cette décomposition, à raison de la tendance qu'elle a à s'unir avec la chaux. Pour se procurer la chaux en grand, on chauffe la pierre à chaux (carbonate) dans des fours ayant la forme d'un cône renversé, en employant de préférence le charbon de terre : les phénomènes chimiques sont absolument les mêmes. Il est important de ne pas trop chauffer la pierre lorsqu'elle contient de l'acide silicique; car il se formerait une espèce de fritte, et la chaux ne serait plus propre aux constructions; il faut cependant la calciner assez pour lui faire perdre tout l'acide carbonique qu'elle renferme.

## DU BI-OXYDE DE CALCIUM.

M. Thénard a prouvé, en 1818, que la chaux (protoxyde de calcium) est susceptible de se suroxyder et de former un hydrate de bi-oxyde, qui est en paillettes très fines. On obtient ce nouvel oxyde en versant de l'eau de chaux dans l'eau oxygénée contenant de l'acide chlorhydrique ou azotique; l'eau oxygénée cède de l'oxygène à la chaux, et l'hydrate de bi-oxyde se précipite. Il est formé d'un équivalent de métal (256,01) et de deux d'oxygène (200).

## DES SELS FORMÉS PAR LE PROTOXYDE DE CALCIUM.

Les dissolutions calcaires sont toutes précipitées par la potasse ou la soude, mais non par l'ammoniaque; par les carbonates de potasse, de soude ou d'ammoniaque; le précipité obtenu en vertu de la loi dont nous avons parlé à la page 262, est du carbonate de chaux blanc qui étant desséché et calciné donne la chaux vive. L'acide oxalique décompose toutes les dissolutions des sels calcaires et se précipite avec la chaux; le précipité, incolore, peu soluble dans un excès d'acide oxalique, se décompose par la calcination et laisse de la chaux vive; l'oxalate d'ammoniaque opère encore mieux cette décomposition.

Carbonate. — Ce sel se trouve très abondamment dans la nature : il constitue la craie, la pierre à chaux, les marbres, les stalactites, les albâtres, et une foule de variétés de cristaux qui ornent les cabinets de minéralogie ; il fait partie de tous les terrains cultivés, des enveloppes des mollusques, des crustacés, des radiaires, et des nombreux polypiers; enfin il entre dans la composition de quelques eaux de source, où il est tenu en dissolution par un excès d'acide carbonique. Il est insoluble dans l'eau, par conséquent insipide; il est soluble dans un excès d'acide carbonique. C'est à cette solubilité et à sa précipitation spontanée, au contact de l'air qu'est due la formation des stalactites et de ces sortes de pétrifications que l'on produit en exposant des objets quelconques dans les eaux qui sont chargées de carbonate de chaux. Il est inaltérable à l'air et décomposable par la simple action de la chaleur en gaz acide carbonique et en chaux. Il partage avec les autres carbonates les propriétés déjà exposées à la page 275. On s'en sert pour préparer la chaux vive, pour bâtir, etc.; tout le monde connaît les nombreux usages du marbre. Le carbonate de chaux doit être regardé comme absorbant; les yeux d'écrevisse, les écailles d'huîtres, les coquilles d'œufs, les coraux, etc., tant vantés par les anciens médecins, et que l'on emploie encore aujourd'hui pour absorber les acides qui se développent dans l'estomac, ne doivent leurs vertus qu'au carbonate de chaux qui entre dans leur composition ; on peut faire usage de ces substances dans les cas où la magnésie est indiquée. (Voy. MAGNÉSIE.)

*Préparation.* — (Voy. pag. 267.) Il est formé d'un équivalent de chaux (356,01) et d'un d'acide (275,075), ou de 56,39 de chaux et de 43,51 d'acide carbonique.

CARBONATE DE CHAUX HYDRATÉ. — En exposant à l'air de l'eau sucrée tenant de la chaux en dissolution (voy. SUCRE), on peut obtenir du carbonate de chaux hydraté. Ce dernier est blanc, cristallisé en rhomboèdres très aigus, insipides, insolubles, d'une densité de 1,783 à + 10°. Il abandonne son eau de cristallisation et devient pâteux à la température de 28 à 30°; si on le chauffe à 100°, il perd toute son eau, c'est-à-dire 47,08 pour cent.

PHOSPHATES DE CHAUX. — Il existe plusieurs phosphates de chaux, savoir : un phosphate composé de deux équivalents de chaux et d'un d'acide; on l'obtient en versant du phosphate de soude dissous dans une dissolution de chlorure de calcium ; 2° un phosphate *sesquibasique* formé de trois équivalents de chaux et d'un d'acide qui constitue l'apathite de Werner, et qui existe aussi formant des collines entières à Logrosan, en Estramadure, où il sert comme pierre à bâtir; il se prépare comme le précédent, si ce n'est que l'on emploie un excès de phosphate ; 3° le *phosphate des os*; 4° le *sesquiphosphate* de chaux, composé de quatre équivalents de chaux et de trois d'acide; on l'obtient en précipitant le biphosphate par l'alcool; 5° le *biphosphate de chaux.* Nous ne décrirons que le phosphate des os et le biphosphate.

PHOSPHATE DES OS. — Ce sel existe dans les os de tous les animaux et dans toutes les matières végétales et animales ; il fait quelquefois partie des calculs vésicaux. Le phosphate des os pur peut être fondu en un verre transparent, tandis que s'il contient un excès de chaux, il ne donne, après la fusion, qu'une masse opaque; chauffé avec du potassium dans un tube de verre, il se décompose et fournit du phosphure de calcium dont les caractères sont très saillants (voy. pag. 338), et qui, mis dans l'eau acidulée, dégage du gaz hydrogène phosphoré ; cette propriété permet de reconnaître un demi-milligramme de phosphate de chaux. Il est insoluble dans l'eau, et par conséquent insipide. Traité à froid par l'acide sulfurique concentré, il cède à cet acide la chaux qu'il renferme, et se transforme en acide phosphorique ; si l'on n'emploie pas assez d'acide sulfurique, il se produit du biphosphate de chaux soluble que l'on peut séparer du sulfate de chaux au moyen de l'eau. Le phosphate des os sert à la préparation du phosphate acide dont on fait usage pour extraire le phosphore. On n'emploie jamais ce sel, en médecine, à l'état de pureté. On administrait autrefois dans l'angine l'*album græcum* ou l'excrément des chiens auxquels on avait fait ronger des os, et qui est principalement composé de phosphate de chaux. Ce sel fait partie de la poudre de James ; il constitue presque à lui seul la *corne de cerf* calcinée au blanc, avec laquelle on prépare le plus souvent la décoction blanche de Sydenham, employée avec tant de succès comme adoucissant dans les anciens dévoiements, les ténesmes, les épreintes de la dysenterie, la phthisie, etc.

*Préparation.* — On l'obtient en saturant l'excès d'acide du *biphosphate* par l'ammoniaque. Il est formé de huit équivalents de chaux et de trois d'acide, ou de 51,55 de chaux et de 48,45 d'acide.

Biphosphate de chaux. — Il est constamment le produit de l'art; il est déliquescent, et par conséquent très soluble dans l'eau ; il cristallise en paillettes nacrées. Exposé à l'action du calorique, il se dessèche, se boursoufle, et donne un verre insipide, insoluble, sans action sur l'*infusum* de tournesol, s'il a été préparé dans un creuset de terre, parce que le creuset a cédé une certaine quantité d'acide silicique ; tandis qu'il a une saveur acide, qu'il rougit le tournesol, et qu'il est un peu soluble dans l'eau, s'il a été obtenu dans un creuset de platine. Le charbon le décompose à une température élevée, s'empare de l'oxygène de l'acide, et le phosphore est mis à nu. L'ammoniaque, la potasse, la soude et leurs carbonates, versés dans une dissolution de ce sel, en saturent l'excès d'acide, et le phosphate de chaux se précipite. L'eau de chaux le transforme entièrement en phosphate insoluble. On fait usage de ce sel pour extraire le phosphore. Il est composé d'un équivalent de chaux (356,01) et d'un équivalent d'acide (892,200), ou bien de 28,52 de chaux et de 71,48 d'acide.

*Préparation.*—On chauffe les os de bœuf, de mouton, etc., jusqu'à ce que toute la matière animale qu'ils renferment soit décomposée; on obtient des cendres qui sont principalement formées de phosphate de chaux et de carbonate de chaux ; on les passe au tamis et on les réduit en une bouillie liquide au moyen de l'eau ; on mêle peu à peu cette bouillie avec un tiers de son poids d'acide sulfurique concentré, et on agite : l'acide enlève au phosphate une partie de la chaux, et décompose tout le carbonate, en sorte qu'il y a dégagement de gaz acide carbonique et formation de sulfate et de biphosphate de chaux; le mélange de ces deux sels est très consistant, presque solide, et sa température assez élevée à raison de l'action de l'acide sulfurique sur l'eau et sur la chaux; on l'abandonne à l'air pendant quelques jours; il en attire l'humidité, et la décomposition devient plus complète; alors on y verse de l'eau bouillante qui dissout le biphosphate de chaux et un peu de sulfate de chaux ; on décante après avoir laissé reposer, et on traite de nouveau le résidu par de l'eau bouillante, opération que l'on recommence deux ou trois fois; on filtre les liqueurs à travers une toile serrée, et on les fait évaporer jusqu'en consistance sirupeuse dans une chaudière de plomb; par ce moyen, on en sépare presque tout le sulfate de chaux, qui est très peu soluble; on décante le liquide sirupeux; on lave le sulfate de chaux afin de dissoudre tout le biphosphate ; on réunit les eaux de lavage et on les fait évaporer : la masse obtenue est le biphosphate de chaux, qui peut être vitrifié par la chaleur. Si ce phosphate doit servir à la préparation du phosphore, on emploie pour le préparer cinq parties de cendres d'os et deux parties d'acide sulfurique concentré ; il importe de ne pas ajouter une plus grande quantité d'acide sulfurique si l'on veut obtenir le phosphore de l'acide phosphorique ; en effet, il résulte des expériences de M. Javal que l'acide phosphorique est plus volatil qu'on ne le croyait généralement, et que si on ne le fixe pas à l'aide d'une certaine quantité de chaux ou de tout autre alcali, il se volatilise en partie et échappe à la décomposition ; or, dans le cas dont il s'agit, le moyen le plus sûr de le fixer consiste à ne lui enlever, par l'acide sulfurique, que la portion de chaux strictement nécessaire pour que l'expérience ait un plein succès.

Sulfate. (*Plâtre, gypse, sélénite*, etc.) — Ce sel existe très abondamment dans la nature à l'état anhydre ou à l'état d'hydrate ; tantôt il est cristallisé, tantôt amorphe. On le trouve assez souvent en dissolution dans les eaux de puits. Lorsqu'il a été obtenu dans les laboratoires à l'état d'hydrate, il cristallise en octaèdres, en prismes hexaèdres avec sommets tétraèdres, en lentilles ou sous forme d'aiguilles blanches, satinées, peu consistantes ; il est presque insipide, soluble dans 460 parties d'eau, plus soluble dans l'eau chargée d'acide sulfurique, verdissant lentement le sirop de violettes. Soumis à l'action du calorique, les cristaux de sulfate de chaux décrépitent et deviennent opaques, en perdant leur eau de cristallisation, qu'ils peuvent facilement reprendre en augmentant de volume, et en donnant ainsi naissance à une masse compacte, volumineuse, qui constitue le plâtre dont on se sert pour enduire les murailles. Chauffé dans un creuset, le sulfate de chaux fond et donne un émail blanc. Le *charbon* le transforme en sulfure de calcium (voy. p. 337). Exposé à l'air, il en attire l'humidité, s'il a été préalablement desséché ; mais il ne tombe pas en *déliquium*. Il est formé à l'état anhydre d'un équivalent de chaux (356,01) et d'un d'acide (501,16), ou de 41,53 de chaux et de 58,47 d'acide. Le sulfate de chaux *hydraté* contient un équivalent de sulfate anhydre et deux équivalents d'eau.

*Usages.* — Il sert pour faire le plâtre. Lorsque celui-ci est destiné aux objets de sculpture, il suffit de calciner le sulfate de chaux pur pour le priver de l'eau qu'il renferme, et de le tamiser ; si l'on veut s'en servir pour les objets de construction, on a conseillé, après l'avoir calciné, de le mêler avec un dixième de son poids environ de chaux, si toutefois le sulfate dont il s'agit ne contient pas de carbonate de chaux; par ce moyen, le plâtre absorbe, dit-on, plus d'eau en se solidifiant, acquiert plus de dureté et de ténacité. M. Gay-Lussac réfute cette assertion, et pense qu'il faut chercher la différence des divers degrés de consistance que prennent avec l'eau les plâtres cuits, dans la dureté qu'ils présentent à l'état cru, dureté qu'on ne peut expliquer, et qu'on doit prendre comme un fait. Ce qu'il y a de certain, c'est que l'addition de la chaux aux plâtres peu consistants ne les améliore pas sensiblement; d'ailleurs, le plâtre cuit ne renferme pas ordinairement de chaux libre, lors même qu'il contenait du carbonate de chaux avant la calcination. Les expériences de M. Payen établissent que la cuisson la plus utile du plâtre a lieu à 80° environ, et que si on le chauffe même au-dessous de la température à laquelle il devient rouge, il peut perdre totalement la qualité essentielle de se solidifier avec l'eau. Le sulfate de chaux sert encore pour faire le stuc, composition qui imite parfaitement le marbre, et que l'on prépare en gâchant le plâtre avec une dissolution de gélatine (colle forte), et en ajoutant au mélange encore en bouillie des substances colorées : on l'applique lorsqu'elle est sèche, et on la polit après l'avoir appliquée sur les objets que l'on veut en recouvrir. Tout récemment on est parvenu à donner au plâtre la dureté du marbre en le faisant bouillir dans une dissolution d'alun ou de sulfate de zinc, lorsqu'il a été préalablement desséché, et en le faisant cuire une seconde fois, avant de l'employer, comme s'il n'avait subi aucune modification. Le sulfate de chaux dissous dans l'eau est laxatif; on sait que les eaux de puits ou de source chargées de sélénite sont crues, pesantes, et occasionnent quelquefois le dévoiement.

*Préparation.* (Voy. p. 266.)

CHLORURE. — Si l'on fait passer du *chlore* gazeux parfaitement sec à travers du protoxyde de calcium dont la température a été élevée dans un tube de porcelaine, on obtient du gaz oxygène et du chlorure de calcium. En faisant arriver du chlore gazeux sur de la chaux éteinte, en poudre fine et humectée, il se forme un produit généralement connu sous le nom de *chlorure de chaux*, et que l'on a aussi considéré comme un composé d'hypochlorite de chaux et de chlorure de calcium. Voici les proportions des principes constituants de ces produits, indiquées par les chimistes qui les ont regardés comme des *chlorures* d'oxydes.

| *Chlorure liquide.* | | *Chlorure solide.* | |
|---|---|---|---|
| Chaux. . . | 51 | Chaux. . . | 60 |
| Eau . . . | 17 | Eau . . . | 20 |
| Chlore. . . | 32 | Chlore. . . | 20 |

Ce produit, désigné vulgairement sous le nom de *chlorure de chaux*, est solide, blanc; il répand une légère odeur de chlore et se dissout dans l'eau; sa dissolution décolore l'indigo, précipite du chlorure d'argent par l'azotate de ce métal, et de l'oxalate de chaux par l'oxalate d'ammoniaque; elle absorbe l'acide carbonique de l'air, laisse dégager du chlore, et finit par se décomposer.

Si elle marque 100 degrés au chloromètre, et qu'on enlève la croûte de carbonate de chaux, il s'en forme une autre, et ainsi de suite. Au lieu de cela, si on n'enlève pas la croûte de carbonate de chaux, la chaux est décomposée en oxygène qui se dégage, et en calcium qui s'unit au chlore; en sorte que le chlorure de chaux se trouve transformé en chlorure de calcium. Si, au lieu de 100 degrés, le chlorure n'en marque que 66, il donne naissance, dans cette dernière circonstance, à du chlorure de calcium mêlé d'un dix-huitième de chlorate de chaux. — L'action de l'air sur le chlorure de chaux *sec* est la même, parce qu'il en attire l'humidité : aussi finit-il par tomber en *déliquium*, parce qu'il se change en chlorure de calcium. (Morin de Genève.)

Comme selon son degré de concentration cette dissolution possède un pouvoir décolorant et désinfectant, qui varie, M. Gay-Lussac a donné le moyen suivant d'en doser exactement le titre. Il est fondé sur la propriété que possède une quantité déterminée de chlore, à quelque état qu'il se trouve, de décolorer une quantité de dissolution d'indigo dans l'acide sulfurique, qui lui correspond exactement. La dissolution qui sert pour ces essais contient 1 partie d'indigo dissoute dans 9 parties d'acide sulfurique à 66° ; elle est ensuite étendue d'une quantité d'eau convenable pour qu'un volume de chlore en décolore dix fois ce même volume. On se sert, pour effectuer cette analyse, d'une petite buvette graduée, appelée chloromètre, de telle façon qu'en prenant une quantité déterminée de dissolution d'indigo, on voit par le nombre de centimètres cubes qu'indique la buvette quel pouvoir décolorant possède une liqueur qui contient du chlorure de chaux.

On se sert encore d'autres moyens ; mais celui-ci étant le plus facile, est le plus employé.

*Préparation.* — Le chlorure de chaux solide, employé à la désinfection des matières animales, s'obtient en faisant arriver du chlore gazeux sur de la chaux vive éteinte ; on aura atteint le point de saturation convenable, lorsqu'une partie de ce chlorure, dissous dans 130 parties d'eau, décolorera 4 parties 1/2 de sulfate d'indigo.

Si l'on voulait avoir du chlorure de chaux liquide, on mettrait dans 40 litres d'eau 1 kilogramme 1/2 de chaux *vive* délitée, et on ferait arriver le chlore gazeux jusqu'à saturation. On devrait, avant d'employer ce chlorure, l'étendre d'eau. En général, il faut dans la préparation de ce corps agir à froid et éviter l'élévation de température, parce qu'alors il se décompose et se transforme en chlorure de calcium et en chlorate de chaux. (*Ann. de Phys. et de Chim.*, février 1828.)

Ce sel est employé avec le plus grand succès pour désinfecter les fosses d'aisances, et pour enlever l'odeur aux matières putréfiées. Il agit sur l'économie animale comme stimulant. On ne l'emploie guère à l'intérieur que pour désinfecter l'haleine. A l'extérieur, on s'en sert avec beaucoup de succès dans le traitement de divers ulcères, de plaies fétides, et surtout du charbon, de la pourriture d'hôpital, des plaies gangréneuses et cancéreuses, du cancer du sein et de la matrice, de certaines dartres rongeantes, des ulcérations des gencives, de la langue, de la membrane pituitaire, etc. On l'a aussi administré avec succès contre la gale.

Azotate. — Ce sel fait partie des plâtras et des divers matériaux salpêtrés dont on se sert pour obtenir l'azotate de potasse. Il est très déliquescent et par conséquent très soluble dans l'eau et dans l'alcool. Une partie d'eau suffit pour en dissoudre 4 ou 5 parties; cette dissolution cristallise très difficilement; on peut cependant obtenir l'azotate de chaux cristallisé en le faisant dissoudre dans l'alcool; sa saveur est très âcre. Le *phosphore de Baudouin*, qui a la propriété de luire dans l'obscurité, n'est autre chose que ce sel parfaitement desséché. Il ne sert qu'à la formation du salpêtre.

*Préparation*. — (Voy. pag. 266.) Il est formé de 34,46 de base (un équivalent), et 65,54 d'acide (un équivalent).

## DU BARYUM.

Le baryum ne se trouve dans la nature qu'à l'état de sel. Il n'a été obtenu jusqu'ici qu'à l'aide de la pile. Il paraît être plus brillant que le calcium et partager avec ce métal les autres propriétés.

Le *soufre* peut se combiner avec le baryum en plusieurs proportions par des procédés analogues à ceux que l'on emploie pour former les sulfures de potassium; mais ces différents degrés de sulfuration n'ont pas encore été examinés. Le *protosulfure* est sous forme de lames blanches, soyeuses, d'une saveur âcre, sulfureuse, plus solubles dans l'eau bouillante que dans l'eau froide; ce solutum peut dissoudre du soufre et former des polysulfures; à l'air il se transforme en hyposulfite. On l'obtient en décomposant le sulfate de baryte par 1/6 de charbon à un feu violent. Il est formé de 80,98 de métal (un équivalent) et de 19,02 de soufre (un équivalent).

Le *chlorure de baryum* est solide, incolore, d'une saveur âcre, piquante, inaltérable à l'air, fusible, indécomposable par la chaleur et sans action sur l'oxygène. Cent parties d'eau à 16° en dissolvent 34,86, et 59,58 à la température de 105,48; ainsi dissous, il peut cristalliser en prismes à quatre pans très longs et peu épais qui décrépitent sur les charbons ardents, insolubles dans l'alcool. On l'emploie dans les laboratoires comme réactif. Il est formé de 65,94 de baryum (un équivalent) et de 34,06 de chlore (un équivalent).

Le chlorure de baryum est un des poisons les plus violents; appliqué sur le tissu cellulaire, à la dose de quelques centigrammes, il est rapidement absorbé, et détermine des convulsions qui ne tardent pas à être suivies de la mort; il exerce, indépendamment de cette action, une irritation locale capable de produire l'inflammation des parties avec lesquelles il a été en contact. Le meilleur antidote de ce sel et des autres préparations de baryte est, sans contredit, la dissolution d'un sulfate, tel que celui de soude, de magnésie ou de potasse : en effet, ces sels ont la propriété de décomposer tous ces poisons et de les transformer en sulfate de baryte insoluble, qui est sans action sur l'économie animale. Le chlorure de baryum a été prôné par Crawfort comme un excellent remède contre les scrofules : nous l'avons souvent employé et vu employer sans succès. Quoi qu'il en soit, on doit l'administrer à la dose de 1 à 5 centigrammes dans une tasse d'eau distillée. On l'a également employé contre l'hydropisie, et comme anthelmintique. On s'en est également servi comme exitant et escarrotique faible, en lotions sur les ulcères scrofuleux.

*Préparation.*— On traite le sulfure de baryum par l'acide chlorhydrique; le chlorure reste en dissolution, l'excès de soufre se précipite, et il se dégage du gaz acide sulfhydrique.

L'*iodure de baryum* est le produit de l'art; il cristallise en prismes très fins ou en aiguilles; il ne fond pas à la chaleur rouge; chauffé avec du gaz oxygène, il abandonne de l'iode; quoique très soluble dans l'eau, il n'est que faiblement déliquescent. Exposé à l'air, il se colore et passe à l'état d'iodure ioduré. (Voyez IODURES.) Il est sans usages. Il est formé de 35,35 de métal (un équivalent) et de 64,65 d'iode (un équivalent.) On l'obtient en dissolvant la baryte dans l'acide iodhydrique et en chauffant le produit jusqu'au rouge. Il a été quelquefois employé à l'extérieur sous forme de pommade dans les engorgements scrofuleux.

Le poids d'un équivalent de baryum est de 856,88.

*Préparation.* — On obtient ce métal en décomposant un sel de baryte, comme il a été dit à la page 339.

## DES OXYDES DE BARYUM.

On connaît deux oxydes de ce métal, le protoxyde et le bi-oxyde.

PROTOXYDE DE BARYUM (*Baryte*, *barote*, ou *terre pesante*). — La baryte n'existe pas dans la nature à l'état de pureté; mais on la trouve combinée avec l'acide carbonique, et principalement avec l'acide sulfurique. Elle est solide, poreuse, d'une couleur grise, plus caustique que la strontiane; elle verdit le sirop de violettes et rougit la couleur de curcuma : son poids spécifique est de 4.

Soumise à l'action du chalumeau à gaz, la baryte fond en émail blanc grisâtre. On peut la décomposer au moyen de la *pile électrique*.

Le gaz *oxygène* est absorbé par le protoxyde de baryum soumis à une chaleur rouge, et il en résulte du bi-oxyde. L'*hydrogène*, le *bore* et le *charbon* sont sans action sur la baryte. Le *phosphore* la décompose à une chaleur rouge, et donne du phosphate de baryte et un phosphure de baryum d'un rouge brun, qui jouit, comme ceux de calcium et de strontium, de la propriété de décomposer l'eau. Le *soufre* la décompose aussi à une température élevée, et forme un sulfure de baryum (voy. p. 353). Si l'on fait passer l'*iode* sur de la baryte rouge de feu, l'on obtient un *sous-iodure de baryte*. Si, au lieu d'*iode*, on fait passer du *chlore* gazeux, le protoxyde de baryum est décomposé, et il en résulte du gaz oxygène et du *chlorure de baryum*. Le chlore peut se combiner avec la baryte hydratée, et former un chlorure de baryte (voy. p. 352).

Exposé à l'air à la température ordinaire, le protoxyde de baryum en attire d'abord l'humidité, puis l'acide carbonique, passe à l'état de protocarbonate, augmente de volume, acquiert une couleur blanche, et se réduit en poudre. Si on élève sa température, il absorbe à la fois l'oxygène et l'acide carbonique de l'air, passe en partie à l'état de bi-oxyde de baryum, et en partie à l'état de protocarbonate ; mais si on continue à le chauffer, le bi-oxyde de baryum formé se décompose et devient protoxyde, qui s'unit encore avec l'acide carbonique de l'air, en sorte que le tout finit par se transformer en protocarbonate de baryum difficilement décomposable par la plus haute chaleur.

La baryte se boursoufle, et donne lieu aux mêmes phénomènes que la strontiane, lorsqu'on la met en contact avec une petite quantité d'*eau;* l'hydrate blanc qui en résulte, exposé à une chaleur rouge, fond et finit par perdre son eau. Il est formé de 89,49 de baryte (un équivalent) et de 10,51 d'eau (un équivalent). Il suffit de 20 parties d'eau à 15° et de 10 parties d'eau bouillante pour dissoudre une partie de baryte ; plusieurs chimistes prétendent même qu'il ne faut que 2 parties d'eau à 100° pour opérer cette dissolution. Quoi qu'il en soit, il est évident que le *solutum* concentré de baryte, fait à chaud, doit déposer, par le refroidissement, une certaine quantité de ce protoxyde hydraté ; il se sépare alors sous forme de cristaux indéterminables ou de prismes hexagones, terminés à chaque extrémité par une pyramide tétraèdre ; quelquefois aussi on obtient des octaèdres. Ces cristaux sont formés de *surhydrate* de baryte dans lequel il entre 62,99 de base (un équivalent) et 37,01 d'eau (cinq équivalents). Ils fondent dans leur eau de cristallisation à une température peu élevée ; si on les chauffe autant que possible, ils perdent *une grande partie* de l'eau, et passent à l'état d'*hydrate.*

*Propriétés essentielles.* — 1° L'acide carbonique précipite l'eau de baryte en blanc ; 2° une goutte d'acide sulfurique, versée dans une dissolution *très étendue* de baryte, la trouble sur-le-champ, et ne tarde pas à y former un précipité blanc de sulfate de baryte insoluble dans l'eau et dans l'acide azotique.

Les *acides* se combinent tous avec elle, et donnent des sels dont nous nous occuperons après avoir fait l'histoire du bi-oxyde.

*Usages et action sur l'économie animale.* — La baryte n'est employée que dans les laboratoires de chimie comme réactif. Son action sur l'économie animale est très meurtrière; elle est rapidement absorbée lorsqu'on l'applique sur le tissu cellulaire; elle agit sur le système nerveux, et ne tarde pas à déterminer la mort.

*Composition.* — Le protoxyde de baryum est formé de 89,55 de baryum (un équivalent) et de 10,45 d'oxygène (un équivalent).

*Préparation.* — On obtient la baryte en décomposant l'azotate de cette base comme nous le dirons pour la strontiane (voy. p. 364).

Bi-oxyde de baryum. — Il est constamment le produit de l'art; sa couleur est grise blanchâtre; il est caustique, et verdit le sirop de violettes; si on le chauffe fortement, il se décompose en oxygène et en protoxyde. Tous les corps *simples* non métalliques, excepté l'*azote*, le décomposent à une température élevée, lui enlèvent une portion de son oxygène, et le transforment en protoxyde (baryte). Que l'on fasse chauffer, par exemple, ce bi-oxyde avec du gaz *hydrogène*, il y aura dégagement de chaleur et de lumière verdâtre, absorption du gaz, et formation d'un hydrate de protoxyde; d'où il suit que l'hydrogène s'est combiné avec une portion d'oxygène du bi-oxyde pour former de l'eau qui s'est unie au protoxyde résultant. Le chlore liquide le décompose à froid; il se dégage de l'oxygène, et l'on obtient de l'hypochlorite de baryte. L'*eau* froide le transforme en hydrate insoluble; à 100°, le bi-oxyde est décomposé en oxygène qui se dégage et en protoxyde de baryum qui se dissout dans l'eau. Ces caractères suffisent pour distinguer ce corps de tous les autres. On s'en sert pour la préparation de l'eau oxygénée. Il contient deux fois autant d'oxygène que le protoxyde, ou deux équivalents pour un.

On obtient le bi-oxyde de baryum en chauffant dans une cloche courbe disposée sur la cuve à mercure le protoxyde avec du gaz oxygène, ou en décomposant l'azotate de baryte par la chaleur, ou en projetant sur de la baryte rouge des petites quantités de chlorate de potasse; dans ce dernier cas on sépare par l'eau le chlorure de potassium provenant de la décomposition du chlorate.

## DES SELS DE BARYTE.

Les sels de baryte sont formés par un acide et par le protoxyde de baryum (baryte) ; le bi-oxyde ne peut se combiner avec les acides sans se transformer en protoxyde.

Les sels de baryte solubles dans l'eau précipitent en blanc par les carbonates de potasse, de soude ou d'ammoniaque : le carbonate de baryte déposé est difficilement décomposable par la chaleur seule, mais il se décompose parfaitement si on le fait chauffer avec du charbon, et donne de la baryte. L'acide sulfurique et les sulfates solubles y font également naître un précipité de sulfate de baryte blanc insoluble dans l'eau et dans l'acide azotique. Aucun de ces sels ne colore en pourpre la flamme d'une bougie.

Carbonate. — Ce sel se trouve en Angleterre, dans la Haute-Styrie, en Sibérie et dans le pays de Galles : il est tantôt sous forme de masses celluleuses ou rayonnées, tantôt translucide et d'un gris jaunâtre. Il est très difficilement décomposable par le feu, insoluble dans l'eau et inaltérable à l'air. Il est très légèrement soluble dans l'eau saturée d'acide carbonique. On emploie celui qui est récemment préparé dans les laboratoires, à l'analyse des minéraux et pour séparer plusieurs oxydes les uns des autres. Introduit dans l'estomac, il se transforme, à la faveur de l'acide acétique contenu dans les voies digestives, en acétate, ou du moins en un sel soluble, et agit comme la baryte.

*Préparation.* (Voy. p. 266.)

*Composition.* — 77,66 de base (un équivalent) et 22,34 d'acide (un équivalent).

Sulfate. — Il se trouve assez abondamment en France, dans les départements du Puy-de-Dôme et du Cantal; en Hongrie et près de Bologne. Tantôt il est cristallisé, tantôt il est en masses compactes, tuberculeuses, ou sous forme de rognons. Il est insoluble dans l'eau, insipide, inaltérable à l'air, et susceptible de fondre lorsqu'il est fortement chauffé.

Le charbon le transforme en sulfure de baryum. (Voy. p. 267 et 353.) Il se dissout dans l'acide sulfurique concentré, et le *solutum* est décomposé par l'eau, qui s'empare de l'acide et précipite le sulfate ; on peut, en évaporant cette dissolution, en obtenir des cristaux. Mêlé avec de l'eau et de la farine, il peut former une pâte que l'on réduit en gâteaux minces, et qui a la propriété de luire dans l'obscurité lorsqu'on l'a chauffée jusqu'au rouge ; on la désignait autrefois sous le nom de *phosphore de Bologne*. On ignore quelle est au juste la composition du produit de cette calcination, ainsi que la cause de sa phosphorescence. On emploie ce sel pour préparer la baryte, et comme fondant dans les fonderies de cuivre de Birmingham. En Angleterre, on s'en sert comme mort aux rats. Nous l'avons souvent fait prendre à des chiens à la dose de 32 grammes sans qu'ils aient éprouvé la moindre incommodité.

*Préparation.* (Voy. p. 267.) — *Composition.* — Acide, 34,37 (un équivalent), baryte 65,63 (un équivalent).

Chlorate. — On ne le trouve pas dans la nature. Il est sous forme de prismes carrés, terminés par une surface oblique, et quelquefois perpendiculaire à l'axe du cristal ; sa saveur est piquante et austère ; il se dissout dans 4 parties d'eau à 10°. Si, après l'avoir desséché, on le chauffe jusqu'à ce qu'il soit entièrement décomposé, on obtient 1/100 de son poids d'oxygène : le résidu de cette décomposition est du chlorure de baryum, plus de la baryte (Vauquelin). Il est employé pour préparer l'acide chlorique.

*Préparation.* — Pour obtenir le *chlorate de baryte*, on prend le mélange de chlorate et de chlorure de baryum (voy. p. 278), et on le fait évaporer ; le chlorure, beaucoup moins soluble, cristallise en grande partie, et peut être séparé par la décantation ; la dissolution contient tout le chlorate de baryte et une certaine quantité de chlorure ; on la fait bouillir avec du phosphate d'argent, qui n'agit point sur le chlorate et qui décompose le chlorure de baryum ; en effet, il se forme, en vertu des doubles décompositions, un précipité blanc de phosphate de baryte et de chlorure d'argent ; il suffit de filtrer et d'évaporer la dissolution pour avoir le *chlorate de baryte pur*. On a la certitude d'avoir employé assez de phosphate d'argent lorsque la liqueur ne précipite plus par l'azotate de ce métal ; en effet, cet essai prouve qu'elle ne contient plus de chlorure.

*Composition.*— Acide 49,62 (un équivalent), baryte 50,38 (un équivalent).

AZOTATE. — On n'a jamais trouvé ce sel dans la nature. Il cristallise en octaèdres demi-transparents, qui ne contiennent pas d'eau de cristallisation ; sa saveur est âcre ; chauffé jusqu'au rouge dans un creuset, il décrépite, se décompose comme tous les azotates et se transforme en gaz oxygène, en gaz acide azoteux et en baryte ou en bi-oxyde de baryum. Il est inaltérable à l'air. Cent parties d'eau à 0 en dissolvent 5 parties, tandis qu'à 101°,65 elles en dissolvent 35,18. On s'en sert pour préparer la baryte, et comme réactif.

*Préparation.* — On décompose le sulfate de baryte par le charbon, comme dans la préparation de l'azotate de strontiane. (Voy. p. 364.)

*Composition.*— Acide 41,44 (un équivalent), baryte 58,56 (un équivalent).

## DU STRONTIUM.

Le strontium ne se trouve dans la nature qu'à l'état de sulfate et de carbonate de strontiane. La difficulté qu'il y a à le séparer des produits qui le renferment, fait que l'on n'a pas encore pu l'étudier avec soin. Il est blanc, brillant, solide et plus pesant que l'acide sulfurique ; il conserve son éclat pendant plusieurs heures : cependant il finit par absorber l'oxygène de l'air et former un oxyde terreux, connu sous le nom de *strontiane;* il brûle vivement s'il est chauffé avec le contact de l'air. Il existe deux oxydes de strontium.

On connaît au moins deux sulfures de strontium. Le *protosulfure* est composé de 73,13 de métal (un équivalent), et de 26,87 de soufre (un équivalent) ; on l'obtient en chauffant jusqu'au rouge blanc un mélange exactement fait de sulfate de strontiane et de charbon.

Le *chlorure de strontium* est solide, incolore, d'une saveur âcre; il éprouve la fusion aqueuse, puis la fusion ignée, sans se décomposer; il se dissout dans une fois et demie son poids d'eau à 15°, et dans 4/5 de son poids d'eau bouillante; il se dissout aussi dans 19 parties d'alcool bouillant, ce qui établit une différence entre le strontium et le baryum : ce solutum brûle avec une flamme purpurine. On peut l'obtenir cristallisé en longues aiguilles qui sont des prismes hexaèdres, inaltérables à l'air, à moins que celui-ci ne soit humide, car alors ils sont légèrement déliquescents. Il est formé de 55,39 de strontium (un équivalent), et de 44,61 de chlore (un équivalent). On l'obtient en décomposant le carbonate de strontiane par l'acide chlorhydrique.

Le poids de l'équivalent de strontium est de 547,28. Ce métal a été découvert par H. Davy.

*Préparation.* — On obtient le strontium en décomposant un sel de strontiane, comme il a été dit à la page 339.

## DU PROTOXYDE DE STRONTIUM (STRONTIANE).

La strontiane n'existe pas dans la nature à l'état de pureté; mais elle s'y trouve combinée avec les acides sulfurique, carbonique, ou avec le carbonate de chaux; dans ce dernier cas, elle constitue un très grand nombre de variétés d'*arragonite*.

Privée d'eau, la strontiane est d'une couleur grisâtre; elle est blanche lorsqu'elle a absorbé ce liquide; sa saveur est plus caustique que celle de la chaux; elle verdit fortement le sirop de violettes, et rougit la couleur du curcuma. Son poids spécifique est de 4.

Si on élève la *température* au moyen du chalumeau à gaz de Brook, la strontiane produit une belle flamme ondoyante de couleur *pourpre;* le centre du morceau est en pleine fusion; le reste n'est qu'à demi fondu. Le fluide *électrique* la décompose, et agit sur elle comme sur la chaux. L'*oxygène*, l'*hydrogène*, le *bore* et le *charbon* ne lui font éprouver aucune altération. Elle se comporte avec le *phosphore*, l'*iode*, l'*azote* et l'*air* atmosphérique, comme la chaux et la baryte. Le *chlore* à froid aussi bien qu'à une température élevée, agit sur elle comme sur la baryte.

Le *soufre* la décompose à une chaleur rouge, et donne un sulfure de strontium et un hyposulfite de strontiane. Mise en contact avec une petite quantité d'*eau*, elle se boursoufle comme la baryte, donne lieu aux mêmes phénomènes, mais avec un plus grand dégagement de calorique, et il en résulte un *hydrate* sec, composé de 85,21 de strontiane (un équivalent) et de 14,79 d'eau (un équivalent).

Cet hydrate est soluble dans 40 parties d'eau froide et dans 20 parties du même liquide bouillant : aussi une dissolution concentrée faite à chaud, donne-t-elle, par le refroidissement, des cristaux de *sur-hydrate* de strontiane sous forme de lames minces, à bords terminés par deux facettes qui se joignent et forment un angle aigu ; quelquefois l'on obtient des cubes. Les cristaux de sur-hydrate de strontiane paraissent formés de 67,62 de strontiane et de 32,28 d'eau.

*Propriété essentielle.* — 1° Une goutte d'acide sulfurique versée dans de l'eau saturée de strontiane y fait naître un précipité blanc de sulfate de strontiane légèrement soluble dans l'eau ; si la dissolution de strontiane est très affaiblie, il n'y a point de précipité, parce que le sulfate qui en résulte trouve assez d'eau pour être dissous ; 2° l'acide phtorhydrique silicé forme avec la strontiane un sel très soluble dans un léger excès d'acide, tandis que cet acide précipite l'eau de baryte.

L'*iode*, le *soufre*, agissent sur la strontiane comme sur la baryte et la chaux.

Tous les *acides* se combinent avec elle et donnent des sels parfaitement définis.

*Composition.* — Le protoxyde de strontium est formé de 84,55 de strontium (un équivalent) et de 15,45 d'oxygène (un équivalent).

*Préparation.* — On fait rougir dans un creuset de platine de l'azotate de strontiane pur (voy. pag. 364). Ce sel fond ; son acide se décompose en oxygène et en acide azoteux, et il ne reste que la strontiane sous forme d'une masse poreuse ; on la retire et on la conserve dans des flacons bouchés à l'éméri. Si l'on faisait l'opération dans un creuset de Hesse, ses parois seraient attaquées, et il faudrait le casser et faire bouillir les fragments avec de l'eau distillée pour dissoudre au moins une partie de l'oxyde qui y adhérerait fortement.

## DU BI-OXYDE DE STRONTIUM.

M. Thénard est parvenu à suroxyder la strontiane en suivant le procédé décrit p. 344. Ce bi-oxyde est blanc, brillant, satiné, décomposable par le feu en oxygène et en protoxyde ; l'eau surtout, à l'aide de la chaleur, le transforme en oxygène et en hydrate de protoxyde. Il est sans usages, et il paraît contenir le double d'oxygène que le précédent.

## DES SELS FORMÉS PAR LE PROTOXYDE DE STRONTIUM.

Les sels de strontiane, solubles dans l'eau, précipitent par les sulfates solubles, à moins qu'ils ne soient trop étendus d'eau, et par les carbonates de potasse, de soude ou d'ammoniaque ; le précipité, qui est du carbonate de strontiane, est décomposé par le charbon à une chaleur rouge, et fournit de la strontiane facile à reconnaître (voy. p. 362). Les sels de strontiane colorent en pourpre la flamme d'une bougie.

Carbonate. — On le trouve, sous forme de fibres convergentes, à Strontiane en Écosse, au Pérou, etc. Il est insoluble dans l'eau, inaltérable à l'air, décomposable à une température au-dessus du rouge-cerise par le charbon ; chauffé seul, il ne perdrait qu'une partie de son acide carbonique. Il est sans usages : on pourrait s'en servir pour préparer la strontiane, s'il était plus abondant.

*Préparation.* (Voy. p. 267.) Il est formé de 70,16 de strontiane (un équivalent) et de 29,84 d'acide (un équivalent).

Sulfate. — On le trouve en masses opaques à Montmartre, à Ménilmontant, près Paris, et en beaux cristaux prismatiques, en Sicile ; il existe encore à Saint-Médard et à Beuvron, département de la Meurthe. Il est blanc, fusible à une haute température, insipide, et presque insoluble dans l'eau : en effet, une partie exige près de 4000 parties de ce liquide pour se dissoudre. Le charbon le transforme en sulfure de strontium (voy. p. 360). L'acide sulfurique concentré le dissout mieux que l'eau, et on peut l'obtenir cristallisé en faisant évaporer la dissolution. On l'emploie pour préparer la strontiane.

*Préparation.* (Voy. p. 366.) Il est formé de 56,36 de base (un équivalent) et de 43,64 d'acide (un équivalent).

AZOTATE. — Il ne se trouve pas dans la nature ; il cristallise en octaèdres ou en prismes irréguliers ; il a une saveur piquante ; la chaleur rouge suffit pour le fondre ; si on continue à le chauffer, il se décompose comme tous les azotates : il s'effleurit à l'air. L'eau à 15° en dissout environ son poids : à 100° elle en dissout le double ; il est insoluble dans l'alcool. Il suffit de le calciner pour en avoir la strontiane. Il est formé de 51,13 d'acide (un équivalent), et de 48,87 de base (un équivalent).

*Préparation.* — On fait chauffer pendant deux heures, dans un fourneau à réverbère, un creuset contenant 6 parties de sulfate de strontiane et une partie de charbon parfaitement mêlés et passés au tamis, et l'on obtient un mélange de polysulfure de strontium et de charbon (voy. *Action du charbon sur les sulfates*, p. 267) ; on le pulvérise et on le met dans l'eau, qui dissout le polysulfure ; on traite la liqueur par l'acide azotique qui décompose le polysulfure avec effervescence, et dégagement de gaz acide sulfhydrique ; il se précipite du soufre, et il se forme de l'azotate de strontiane que l'on peut obtenir par le filtre, après l'avoir fait chauffer pour le rendre plus soluble dans l'eau. Il est important, avant de mêler le sulfate de strontiane avec le charbon, de le faire bouillir pendant quelque temps avec de l'acide chlorhydrique affaibli, pour le débarrasser du fer et de quelques autres matières qu'il pourrait contenir.

## DU LITHIUM.

H. Davy a séparé le lithium de la lithine au moyen de la pile électrique; il est blanc et ressemble au sodium.

Le poids de son équivalent est de 127,81.

## DE L'OXYDE DE LITHIUM (Lithine).

Cet oxyde a été découvert en 1817, par M. Arfwedson, dans la pétalite d'Uto; il existe aussi dans le triphane et dans la *tourmaline verte*, dite *lépidolithe* cristallisée, dans les eaux de Carlsbad, d'Hofgeismar et de Pyrmont. Il est solide, blanc, inodore, et doué d'une saveur caustique comme les autres alcalis fixes; il verdit fortement les couleurs bleues végétales. Il forme, avec le soufre, un sulfure de couleur jaune, décomposable par les acides, et se comportant avec les différents réactifs comme les sulfures de potassium, de sodium, etc. Il absorbe rapidement l'eau et l'acide carbonique de l'air; sa solubilité dans l'eau est plus grande que celle de la baryte. Il attaque le platine, qu'il ternit et qu'il noircit en l'oxydant, lorsqu'on le fait rougir dans un creuset de ce métal. Il a plus d'affinité pour les acides que l'ammoniaque; par conséquent il dégage celle-ci de ses combinaisons salines. Il ne précipite point le chlorure de platine, comme le fait la potasse. Il se distingue de la potasse et de la soude, parce qu'il est moins soluble dans l'eau, par la propriété de donner des sels déliquescents avec les acides azotique et chlorhydrique, et enfin par une plus grande capacité de saturation, suite nécessaire de la plus grande quantité d'oxygène qu'il contient, et par laquelle il paraît se rapprocher de la magnésie, qui jouit également de la propriété de former des sels déliquescents avec les acides azotique et chlorhydrique.

*Composition.* — Il est composé de 56,10 p. de métal et de 43,90 d'oxygène (un équivalent de chaque). L'hydrate de lithine contient 66,95 d'oxyde (un équivalent) et 33,05 d'eau (un équivalent).

## DES SELS DE LITHINE.

Ils sont incolores, excepté le chromate. Ceux qui sont dissous ne précipitent pas par la potasse à froid ni par le carbonate de potasse bouillant; ce réactif au contraire fait naître un dépôt de carbonate de lithine dans ces dissolutions froides et concentrées. L'alcool tenant en dissolution un sel de lithine, brûle avec une flamme purpurine, comme si c'était un sel de strontiane. Le phosphate de lithine étant peu soluble, il suffit de verser du phosphate de soude dans un sel de lithine dissous, et de faire évaporer pour obtenir du phosphate de lithine blanc pulvérulent.

## DES SELS AMMONIACAUX.

En considérant l'ammoniaque comme un composé d'oxygène et d'un métal inconnu (l'*ammonium*, voy. pag. 219), on doit nécessairement placer l'étude des sels ammoniacaux à la suite de l'histoire des sels formés par les métaux alcalins; d'autant plus que si l'on envisage simplement les réactions de l'ammoniaque comme corps composé, on lui retrouve encore toutes les propriétés des alcalis.

Les sels ammoniacaux sont, en général, solubles dans l'eau; leurs dissolutions ne sont pas précipitées par les carbonates de potasse, de soude et d'ammoniaque, ni par les sulfhydrates, ni par le cyanure de potassium et de fer; comme ceux à base de potasse, ils sont tous précipités en jaune serin par le *chlorure de platine* (voy. p. 306); ils se troublent aussi comme eux lorsqu'on les agite avec une dissolution concentrée de sulfate acide d'alumine et forment de l'alun; *triturés avec de la potasse, de la soude, de la chaux, de la baryte ou de la strontiane, ils sont décomposés, et laissent dégager du gaz ammoniac, facile à reconnaître à son odeur.* Quelques uns d'entre eux sont très volatils; mais la majeure partie sont décomposés par le feu. M. Gay-Lussac a prouvé qu'un mélange de parties égales de phosphate et de chlorhydrate d'ammoniaque, ou de borate et de chlorhydrate d'ammoniaque, rendaient les tissus incombustibles; il suffit pour cela de tremper ces étoffes dans les dissolutions salines, puis de les sécher; on conçoit que par l'action de la chaleur le borate ou le phosphate d'ammoniaque se décomposent, que la base se volatilise, et que les acides phosphorique et borique *fondus* recouvrent le tissu de manière à le préserver du contact de l'air; toutefois ce tissu se détruit et se charbonne par l'action du feu, mais il ne brûle pas avec flamme, et ne peut par conséquent pas enflammer les parties qui l'avoisinent. Il est tellement vrai que les sels ammoniacaux n'agissent que parce qu'ils ont fourni un verre qui a préservé le tissu de l'action de l'air, que *tous les sels solubles* capables d'éprouver la fusion ignée à la chaleur rouge obscure possèdent la même propriété.

Les sels ammoniacaux prennent naissance, en général, quand le gaz ammoniac sec est en contact avec des oxacides ou des hydracides hydratés. Nous avons vu, en effet, que pour expliquer la transformation de l'ammoniaque en oxyde d'ammonium, il était indispensable d'admettre la décomposition d'un équivalent d'eau.

*Préparation* et *composition*.—Ils se préparent tous en saturant les acides par l'ammoniaque en dissolution ou par la décomposition du carbonate d'ammoniaque. Ils contiennent, pour un équivalent d'acide, un équivalent de base lorsqu'ils sont neutres.

Sesquicarbonate (*Alcali volatil concret, sous-carbonate d'ammoniaque, sel volatil d'Angleterre*). — Il est formé de deux équivalents d'ammoniaque = 428,92, et de trois équivalents d'acide carbonique = 725,21. Cent parties en poids contiennent 15,75 d'eau. On ne le trouve que dans certaines matières animales pourries; il se développe quelquefois dans l'urine soumise encore à l'influence de la vie. Nous avons vu, chez deux individus atteints d'ictère symptomatique, cette liqueur excrémentitielle, loin d'être acide, contenir du sesquicarbonate d'ammoniaque au moment même où elle était rendue. Ce sel est solide et sous forme de petits cristaux qui imitent, en se réunissant, les feuilles de fougère ou les barbes d'une plume : il a une saveur caustique, piquante, urineuse; son odeur est ammoniacale; il verdit le sirop de violettes; il est très volatil. Lorsqu'on l'expose à l'air, il perd le quart de sa base, répand une odeur ammoniacale, absorbe la moitié autant de vapeur d'eau qu'il en contient, et se trouve changé en *bicarbonate*. Il se volatilise lorsqu'on le chauffe dans une cornue, ou qu'on cherche à le dissoudre dans de l'eau bouillante; d'où il suit qu'il ne peut être dissous dans ce liquide à la température de l'ébullition. Deux parties d'eau à 10° en dissolvent une partie, et beaucoup plus si elle est à 40°; cette solution, évaporée avec ménagement, fournit des cristaux octaédriques; elle peut absorber du gaz acide carbonique et se transformer en bicarbonate; elle dissout à merveille les carbonates d'yttria et de glucine, et les laisse précipiter lorsqu'on la fait bouillir. On emploie ce sesquisel comme réactif. Son action sur l'économie animale est à peu près la même que celle de l'ammoniaque, excepté qu'elle est moins forte. On l'a administré dans les fièvres dites ataxiques, dans certaines éruptions cutanées, dans la morsure des animaux venimeux, dans les convulsions des enfants dépendantes de la dentition. Peyrilhe le regardait à tort comme un puissant antisyphilitique; on l'a également employé avec succès dans le croup : tantôt on l'a fait respirer pour provoquer la toux, tantôt on l'a appliqué au cou comme rubéfiant, tantôt enfin on l'a administré à l'intérieur. M. Réchou, qui s'en est servi souvent dans cette maladie, fait prendre de temps en temps, et par cuillerées, un sirop préparé avec une partie de ce sel et 24 parties de sirop de guimauve; il administre en outre une tisane adoucissante ou de l'eau de chiendent pour étancher la soif, et il évite avec raison l'emploi des acides, qui décomposeraient le sesquicarbonate. Indépendamment de ces boissons, M. Réchou applique sur les parties latérales et antérieures du cou un mélange fait avec 4 grammes de sel et 60 grammes de cérat; il met sur cet onguent un sachet de cendres chaudes, et il le renouvelle toutes les quatre heures : la peau se couvre de boutons; on éprouve un sentiment de prurit et de cuisson pendant deux ou trois jours; l'épiderme se détache et tombe promptement en desquamation. En général, on ne doit donner à la fois que 30 à 50 centigrammes de sesquicarbonate d'ammoniaque à l'intérieur, car il agit comme un violent poison lorsqu'il est imprudemment administré.

*Préparation.* — On introduit un mélange pulvérulent d'une partie de chlorhydrate d'ammoniaque, ou, ce qui est plus économique, de sulfate d'ammoniaque torréfié et d'une partie et demie de carbonate de chaux dans une cornue de grès lutée, à laquelle on adapte un long récipient en verre ou en terre, et qui est placée dans un fourneau à réverbère. On remarque, en chauffant la cornue, que les deux sels se décomposent : l'acide carbonique donne avec l'ammoniaque du sesquicarbonate volatil qui se dégage sous forme de vapeurs blanches, et dont on facilite la condensation dans le ballon, en entourant celui-ci de linges mouillés ; la chaux s'unit avec l'acide du sel ammoniacal employé ; en sorte qu'il reste dans la cornue, ou du sulfate de chaux, ou du chlorure de calcium (1). Le sesquicarbonate obtenu sera d'autant plus blanc que le sel ammoniacal employé sera moins coloré. Un kilogramme de sel ammoniac peut fournir 7 à 800 grammes de sesquicarbonate d'ammoniaque.

PHOSPHATE NEUTRE. — On le trouve dans l'urine de l'homme, combiné avec le phosphate de soude, dans certains calculs vésicaux, uni au phosphate de magnésie, enfin dans les concrétions intestinales des animaux. On ne peut l'obtenir cristallisé que par une évaporation spontanée, car si on chauffe sa dissolution, elle devient acide en perdant de l'ammoniaque. Il a une saveur piquante; il est inodore et verdit le sirop de violettes. Il s'effleurit à l'air, abandonne une portion de base et devient acide. Il est très soluble dans l'eau, plus à chaud qu'à froid. Il est insoluble dans l'alcool. Il est décomposé par le feu en ammoniaque, qui se dégage, et en acide

(1) Il résulte des expériences de M. Oscar Fignier que si, pendant la préparation du sesquicarbonate d'ammoniaque, au moyen du chlorhydrate, il se forme un sesquisel et non un sel neutre, cela tient à ce que le carbonate neutre primitivement formé, est décomposé par l'eau, en sorte que le sel se trouve réduit à l'état de sesquicarbonate. On ne connaît pas encore la cause qui empêche le gaz ammoniac de s'unir à l'acide carbonique en un composé neutre quand il y a de l'eau. (*Journ. de Pharm.*; mai 1831.)

*pyrophosphorique* qui se vitrifie si la température est assez élevée; cependant ce verre retient toujours un peu d'ammoniaque. On l'emploie en minéralogie comme fondant; il sert aussi dans la fabrication des pierres précieuses artificielles.

*Préparation.* — On le prépare par double décomposition (voy. p. 267).

*Phosphate ammoniaco-magnésien.* — Il se trouve dans quelques calculs de la vessie de l'homme, où il est souvent parfaitement cristallisé. Il est insipide, fusible, presque insoluble dans l'eau, inaltérable à l'air, et décomposable au feu. Il est sans usages.

*Phosphate ammoniaco de soude* (sel microcosmique). — Il existe dans l'urine, verdit le sirop de violettes, se dissout très bien dans l'eau, et peut être obtenu cristallisé; il s'effleurit à l'air et perd de l'ammoniaque. Il est employé comme le borax dans les essais au chalumeau. On le prépare en faisant fondre une partie de sel ammoniac dans une dissolution concentrée de phosphate de soude, et en faisant cristalliser dans un endroit frais.

*Sulfate neutre* (sel ammoniacal secret de Glauber). — On ne le trouve qu'en petite quantité, combiné avec le sulfate d'alumine. Il cristallise en petits prismes hexaèdres, terminés par des pyramides à six faces, ou en lames, ou en filaments soyeux, ou en aiguilles, d'une saveur très amère et très piquante; chauffé, il décrépite légèrement; il éprouve ensuite la fusion aqueuse, perd une portion d'ammoniaque, et se transforme en bisulfate; à une chaleur voisine du rouge-cerise, il se décompose complétement, et ne donne que des produits volatils; il se dégage du gaz azote, de l'eau formée aux dépens d'une portion de l'oxygène de l'acide sulfurique et de l'hydrogène de l'ammoniaque, et des vapeurs blanches de sulfite acide d'ammoniaque. Il est inaltérable à l'air, à moins que celui-ci ne soit très humide : dans ce cas, il se ramollit un peu. Il se dissout dans 2 parties d'eau à 15° et dans son poids d'eau bouillante. On l'emploie dans le commerce pour obtenir l'alun et l'ammoniaque.

*Préparation.* — Il ne doit jamais être préparé avec l'acide et de l'ammoniaque concentrés, parce qu'il y a élévation de température, et la liqueur est projetée. On doit décomposer le sesquicarbonate d'ammoniaque par l'acide sulfurique affaibli. On se le procure en grand en faisant filtrer le sesquicarbonate d'ammoniaque provenant de la distillation des matières animales à travers du sulfate de chaux réduit en poudre fine, et placé dans des tonneaux dont le fond est percé d'un trou, que l'on peut boucher à volonté; les deux sels se décomposent, et il se forme du sulfate d'ammoniaque soluble qui s'écoule, et du carbonate de chaux qui reste dans le tonneau ; la dissolution est évaporée jusqu'à ce qu'elle cristallise.

Azotate (*nitrum flammans*). — On ne le trouve pas dans la nature; il cristallise en aiguilles prismatiques ou en longs prismes à six pans, flexibles, satinés et cannelés, terminés le plus souvent par des pyramides à six faces, doués d'une saveur fraîche, âcre, piquante, urineuse, légèrement déliquescents et solubles dans 2 parties d'eau à 15°; ce liquide, à la température de l'ébullition, peut en dissoudre deux fois son poids. Si on le chauffe dans une cornue de verre munie d'un tube recourbé, propre à recueillir les gaz, il fond dans son eau de cristallisation, perd une portion d'ammoniaque, et se transforme en eau et en gaz protoxyde d'azote.

Si l'azotate d'ammoniaque est projeté dans un creuset rouge, il s'enflamme, se décompose, et donne de l'eau, du gaz azote et du gaz bi-oxyde d'azote (gaz nitreux). On n'emploie ce sel qu'à la préparation du gaz protoxyde d'azote.

*Préparation.* — (Voy. page 266.)

Chlorhydrate (*sel ammoniac*). — On le trouve dans l'urine de l'homme, dans la fiente des chameaux et de quelques autres animaux, aux environs des volcans, dans quelques montagnes de la Tartarie et du Thibet, et dans certains lacs. M. Vogel en a extrait de l'oxyde de fer de Bohême, du rapil d'Auvergne (*produits volcaniques*), ainsi que du sel marin de Friedrichsall, du sel gemme du Tyrol et de tous les sels marins de la Bavière. Il est solide, blanc, doué d'une saveur âcre, piquante, urineuse; il est un peu élastique, ductile, difficile à pulvériser, et inaltérable à l'air. Il se dissout dans un peu moins de 3 parties d'eau à 15° ; l'eau bouillante en dissout beaucoup plus ; en évaporant cette dissolution, on obtient des prismes aiguillés, groupés comme les barbes d'une plume. Il est soluble dans l'alcool. Le *solutum* aqueux saturé dissout le sulfate de chaux beaucoup mieux que ne le ferait l'eau distillée (Vogel). Exposé à l'action du calorique, il fond et se sublime sous forme de rhomboïdes, si l'opération se fait lentement ; dans le cas contraire, il se condense en une masse plus ou moins épaisse.

On emploie le sel ammoniac pour décaper les métaux, dans la teinture, etc. Il sert à préparer l'ammoniaque, le sesquicarbonate d'ammoniaque, la liqueur fumante de Boyle, etc. Il doit être regardé comme stimulant, fondant et sudorifique. Associé au quinquina ou à l'extrait de gentiane, à la dose de 1 à 2 grammes, il est souvent employé avec succès pour combattre les fièvres intermittentes, principalement les fièvres quartes, les affections cutanées, le rhumatisme, l'anasarque, les hydropisies passives ; dissous dans des tisanes sudorifiques, il augmente la transpiration cutanée. On s'en sert à l'extérieur comme résolutif, dans un très grand nombre d'affections cutanées, dans les rhumatismes chroniques, dans les engorgements atoniques des articulations, dans les anciennes gouttes où il n'y a cependant pas de tophus formé, dans les angines chroniques, etc. Il est généralement abandonné dans les maladies syphilitiques. Il entrait autrefois dans la composition de la pierre infernale de *Fallope*, dans l'onguent cathérétique de Barbette, quoique par lui-même il n'ait pas d'action corrosive. M. Smith a prouvé que son application sur le tissu cellulaire des chiens était suivie de vomissements, des symptômes qui constituent l'ivresse, et de la mort. Cinq grammes de ce sel sur la cuisse d'un petit chien suffirent pour le faire périr au bout de douze heures ; à l'ouverture du cadavre, on trouva une multitude de petites ulcérations gangréneuses dans la membrane muqueuse de l'estomac.

*Composition.* — Il est formé de 100 parties d'ammoniaque et de 215,87 d'acide en poids.

*Préparation.* — On mêle le sulfate d'ammoniaque avec le

chlorure de sodium (voy. *Préparation de ce sulfate*, p. 370); il en résulte du sulfate de soude et du chlorhydrate d'ammoniaque. On fait évaporer ce mélange pour obtenir cristallisée la majeure partie du sulfate de soude; on décante l'eau-mère qui contient tout le chlorhydrate d'ammoniaque et une portion du sulfate de soude; on la réduit à siccité par l'évaporation; on met la masse dans des ballons à long col, disposés dans des bains de sable sur des fourneaux de manière que la partie supérieure du col soit hors du fourneau et en contact avec l'air froid; on chauffe graduellement pendant trois jours; on casse après les ballons pour en retirer le chlorhydrate d'ammoniaque que l'on trouve sublimé à leur partie supérieure. Il est important, vers le troisième jour, de plonger de temps en temps une tige de fer dans le col de ces vases, pour empêcher que le sel volatilisé ne les obstrue. En Égypte, on fait brûler la fiente de chameau desséchée au soleil, et on chauffe, dans un appareil analogue à celui que nous venons de décrire, la suie qui provient de cette opération, et qui contient du chlorhydrate d'ammoniaque.

Sulfhydrate. — Ce sel paraît être un produit de l'art; celui qui se trouve dans les fosses d'aisances est à l'état de sulfhydrate sulfuré. Il cristallise en aiguilles ou en lames cristallines; il est très soluble dans l'eau, principalement lorsqu'il contient un excès d'ammoniaque; il est très volatil, répandant une odeur d'œufs pourris très caractéristique; exposé à l'air, il absorbe l'oxygène, jaunit, et passe d'abord à l'état de sulfhydrate sulfuré, puis d'hyposulfite, et même de sulfate d'ammoniaque. On s'en sert comme réactif.

*Préparation.* — On l'obtient en combinant le gaz ammoniac et le gaz acide sulfhydrique à une basse température, dans des vases pleins de gaz hydrogène, afin d'éviter le contact de l'air; il se forme aussitôt des cristaux blancs que l'on enferme.

Sulfhydrate persulfuré (*liqueur fumante de Boyle, hydrosulfate sulfuré, quintisulfure hydrogéné d'ammoniaque*). — Il est liquide, d'une couleur brune rougeâtre, d'une consistance presque sirupeuse, d'une saveur et d'une odeur désagréables. Mis en contact avec l'air ou avec le gaz oxygène sec ou humide, il répand des vapeurs blanches plus ou moins épaisses, tandis que ce phénomène n'a presque pas lieu si on le place dans une cloche remplie de gaz hydrogène ou de gaz azote : il paraît donc que la formation de ces vapeurs dépend du gaz oxygène. On ignore comment ce sel agit sur ces gaz : peut-être se transforme-t-il en sulfite d'ammoniaque. Il est employé comme réactif, et pour former une encre sympathique. (Voy. Plomb, Bismuth.)

*Préparation.*—Si l'on introduit dans une cornue de verre parfaitement sèche un mélange fait avec une partie de *sel ammoniac*, une partie de *chaux* vive et demi-partie de *soufre*; si on place cette cornue dans un fourneau à réverbère, et que l'on fasse communiquer son col avec une allonge et un récipient bitubulé également desséché ; si l'une des tubulures du récipient reçoit un tube très élevé qui ne permette pas à l'air extérieur d'entrer dans l'appareil, on remarquera, lorsque la chaleur aura été graduellement portée jusqu'au rouge, qu'il se produit un liquide jaune, volatil, qui vient se condenser dans le récipient, que l'on refroidit au moyen de linges mouillés. Ce liquide, agité pendant sept ou huit minutes avec du soufre en poudre, dissout ce corps, s'épaissit, acquiert une couleur plus foncée et constitue la liqueur fumante de Boyle ; il reste dans la cornue du chlorure de calcium, du sulfure de calcium et du sulfate de chaux.

# DEUXIÈME PARTIE.

## DES MÉTAUX DE LA DEUXIÈME CLASSE.

Ces métaux sont au nombre de six, savoir : le magnésium, l'aluminium, l'yttrium, le glucinium, le thorinium et le zirconium; ils décomposent l'*eau* à la température de 100 à 200° ; ils absorbent l'*oxygène* à la température la plus élevée, et donnent des oxydes blancs qui sont irréductibles *par la chaleur de nos fourneaux*, aidée même de l'action de l'hydrogène ou du charbon (1).

### DU MAGNÉSIUM.

Le magnésium est blanc d'argent, très brillant, très malléable, s'aplatissant en paillettes sous le marteau, fusible à une température qui n'est pas très élevée, inaltérable à l'air sec, perdant son éclat métallique à l'air humide, et se recouvrant d'une couche blanche d'oxyde; toutefois cet effet est très limité et se borne à la surface du métal. Lorsqu'on chauffe à l'air de très petits fragments de magnésium, ils brûlent en scintillant. L'eau pure, privée d'air, n'a pas d'action sur le magnésium à froid; portée à l'ébullition, elle laisse dégager quelques bulles d'hydrogène (Bussy). Le soufre forme avec lui un sulfure que l'on peut aussi obtenir en décomposant le sulfate de magnésie par le charbon.

Le *chlorure* de magnésium existe, mêlé à d'autres sels, dans certaines eaux salées, dans les matériaux salpêtrés, etc.; il cristallise difficilement. Il est solide, blanc, très amer, très déliquescent, soluble dans la moitié de son poids d'eau et dans deux fois son poids d'alcool. Chauffé *à l'état d'hy-*

(1) On n'a pas encore déterminé par des expériences directes que le thorinium et le zirconium décomposent l'eau à 100 ou à 200° ; mais tout porte à croire qu'il en est ainsi : M. Thénard donne le fait comme probable, et M. Regnault dit : « Ces corps, par leur action sur l'eau et la nature de leurs oxydes, doivent être placés parmi les métaux de la 2e classe. »

*drate*, il fournit de l'acide chlorhydrique et de la magnésie; l'eau a donc été décomposée. Il est formé de 26,36 de magnésium (un équivalent) et de 73,64 de chlore (un équivalent). On l'obtient à l'état d'hydrate en traitant le carbonate de magnésie par l'acide chlorhydrique. Il sert à la préparation du magnésium. L'iode et le brome se combinent également avec lui et fournissent un iodure et un bromure que l'on trouve dans les eaux de la mer et de certains marais salants.

*Poids de l'équivalent de magnésium.* — Il est de 158,36. Ce métal est sans usages.

*Préparation.* — On décompose par le potassium, à une température élevée, le chlorure de magnésium anhydre obtenu en faisant passer un courant de chlore sec sur de l'oxyde de magnésium (magnésie) chauffé jusqu'au rouge dans un tube de porcelaine.

Le magnésium a été découvert par H. Davy; mais M. Bussy, en 1830, l'a isolé en grande quantité par le procédé que nous avons décrit.

## DE L'OXYDE DE MAGNÉSIUM (MAGNÉSIE).

On le trouve cristallisé en Europe et en Amérique; d'où il faut conclure qu'il n'attire pas l'acide carbonique de l'air, tandis que l'hydrate artificiel, qui est pulvérulent, ne pourrait pas rester en contact avec l'air sans attirer ce gaz. Presque toujours cependant l'oxyde de magnésium existe dans la nature combiné avec un acide à l'état de sel ou avec d'autres oxydes. Il est blanc, doux au toucher, insipide, et *verdit le sirop de violettes;* son poids spécifique est de 2,3. Soumis à l'action d'une température élevée à l'aide du chalumeau de Brook, cet oxyde fond avec flamme, et donne un verre poreux si léger, qu'il est emporté par le gaz. Les autres fluides impondérés, ainsi que l'oxygène, l'hydrogène, le bore, le carbone, le phosphore et l'azote, ne lui font éprouver aucune altération. Le *soufre* peut se combiner avec lui et donner naissance à du sulfure de magnésium, mais seulement par la voie humide; le meilleur moyen d'obtenir ce sulfure consiste à faire passer du gaz acide sulfhydrique à travers de l'hydrate de magnésie délayé dans l'eau. Mis en contact avec l'*iode* et de l'eau, il se forme de l'iodate de magnésie peu soluble, qui se précipite, et de l'iodure de magnésium soluble. Si l'on fait passer du *chlore* gazeux à travers de la magnésie chauffée jusqu'au rouge, il se produit du chlorure de magnésium anhydre, et il se dégage du gaz oxygène. Exposé à l'air, il en attire l'acide carbonique. Il peut absorber l'eau et donner naissance à un *hydrate* blanc nacré, pulvérulent, soluble, d'après M. Fife, dans 5,760 parties d'eau à 15°,5 centigrades, tandis qu'il exige 36,000 parties d'eau à 100° pour être dissous; si on calcine cet hydrate jusqu'au blanc, il perd toute son eau, d'après M. Gay-Lussac, et l'hydrate est formé de 69,68 de magnésie (un équivalent) et de 30,32 d'eau (un équivalent). Ce n'est qu'avec la plus grande difficulté qu'on parvient à fondre dans nos fourneaux un mélange de magnésie et d'acide *silicique*.

*Composition.* — La magnésie est formée de 61,29 de magnésium et de 38,71 d'oxygène, ou d'un équivalent de chacun de ces corps. Sa formule est Mg O.

*Propriétés essentielles.* — 1° Elle est blanche et insoluble dans l'eau; 2° elle verdit le sirop de violettes; 3° elle se combine très bien avec les acides et forme des sels doués de propriétés qui servent à la faire connaître; 4° en mêlant de la magnésie avec de l'azotate de cobalt, en faisant sécher le mélange et en le faisant rougir fortement au feu, par exemple au chalumeau, elle devient rosée après le refroidissement.

La magnésie n'est employée qu'en médecine. On s'en sert : 1° comme contre-poison des acides : un assez grand nombre d'observations et plusieurs expériences faites sur les animaux prouvent que la magnésie est le meilleur antidote des acides; en effet, elle se combine avec eux, les neutralise, et par conséquent les empêche d'agir comme caustiques; on peut, dans ces sortes de cas, la donner à la dose de plusieurs grammes, délayée dans de l'eau; 2° pour combattre les calculs vésicaux d'acide urique, et même pour en prévenir la formation. Les succès obtenus par MM. Home et Brande ne laissent aucun doute sur l'avantage que l'on peut retirer de ce médicament dans ces sortes d'affections; la dose est d'un gramme deux fois par jour; 3° pour neutraliser les acides qui se développent souvent dans les premières voies, surtout chez les femmes enceintes et les jeunes enfants : la dose, dans ce cas, est depuis 30 centigrammes jusqu'à 2 grammes; 4° comme purgatif chez les individus qui sont à l'usage du lait, ou qui ont éprouvé de violents accès de goutte ou de rhumatisme : on l'administre, dans ce cas, jusqu'à la dose de 16 grammes. En général, les médecins ne doivent prescrire que la magnésie calcinée, parfaitement débarrassée d'acide carbonique.

*Préparation.*— On l'obtient en précipitant une dissolution bouillante de sulfate de magnésie *pur*, et surtout privé de fer par le sulfhydrate d'ammoniaque, par une dissolution de carbonate de soude également pure et bouillante, formée de 1 partie de carbonate dissous dans 6 parties d'eau. Il y a une double décomposition, il se produit du carbonate de magnésie insoluble et du sulfate de soude soluble. On lave le précipité jeté sur un filtre et on le calcine pour décomposer le carbonate. On obtient alors l'oxyde de magnésium, connu sous le nom de magnésie calcinée.

La magnésie sera d'autant plus légère et se dissoudra d'autant mieux dans les *acides faibles de l'estomac*, qu'elle aura été calcinée sans pression et à une température moins élevée.

## DES SELS DE MAGNÉSIE.

Les sels de magnésie sont entièrement décomposés par la *potasse* (hydrate de protoxyde de potassium) et par les *carbonates* de potasse et de soude; la magnésie, ou le carbonate de magnésie précipités, ne se dissolvent pas dans un excès du réactif décomposant. Les dissolutions de magnésie ne sont pas précipitées à froid par le *bicarbonate de potasse* ni par le *carbonate d'ammoniaque effleuri* (1), parce que ces carbonates renferment assez d'acide carbonique pour tenir

(1) Le carbonate d'ammoniaque effleuri a perdu une partie de sa base, et se trouve converti presque entièrement en bicarbonate.

la magnésie en dissolution; mais si on chauffe le mélange, l'excès d'acide carbonique se dégage, et le carbonate de magnésie blanc se précipite; le carbonate d'ammoniaque transparent ou non effleuri précipite les sels de magnésie, excepté lorsque les liqueurs *sont très étendues, et qu'elles présentent un grand excès de carbonate d'ammoniaque;* le précipité est du carbonate de magnésie ou du carbonate ammoniaco-magnésien, suivant la quantité de carbonate d'ammoniaque employée (Guibourt). L'*ammoniaque* ne décompose jamais complétement ces dissolutions; elle n'en précipite qu'une portion de magnésie; l'autre portion reste dans la liqueur, et forme avec l'ammoniaque un sel double soluble. Les *sulfures* ne précipitent pas les dissolutions de magnésie. Il en est de même de l'*oxalate d'ammoniaque.*

Carbonate neutre. — Ce sel existe à l'état solide en Moravie; il paraît aussi entrer dans la composition de quelques pierres que les minéralogistes appellent *magnésites.* On le trouve dans le commerce, sous forme de pains légers, d'un blanc de neige, doux au toucher; chauffé, il perd l'acide carbonique, et le résidu porte le nom de *magnésie calcinée.* Il est insipide et inaltérable à l'air. Il est très peu soluble dans l'eau : 2493 parties de ce liquide à 15°5 en dissolvent une partie, tandis qu'à 100° il faut 9,000 parties d'eau (Fyfe); mais il peut se dissoudre dans un excès de gaz acide carbonique. Il se dissout très bien dans le chlorure de potassium, dans les sulfates et les azotates de potasse et de soude, d'après M. Lonchamp. Il est formé de 51,59 d'acide carbonique (un équivalent) et de 48,41 de magnésie (un équivalent). Il sert dans les laboratoires et pour la préparation de la magnésie. On l'obtient, comme nous l'avons dit plus haut, en précipitant du sulfate de magnésie par le carbonate de soude, en filtrant et en desséchant le produit à l'air libre. Il sert à préparer la magnésie, et il est employé en médecine comme la magnésie calcinée.

Bicarbonate. — Il existe dans certaines eaux. Il est blanc, cristallisé en prismes hexagonaux, d'une saveur faiblement alcaline, verdissant le sirop de violettes, s'effleurissant très lentement à l'air, très peu soluble dans l'eau froide, se décomposant dans l'eau chaude en carbonate basique (magnésie carbonatée des pharmacies) et en acide carbonique ; il perd alors le quart de son poids d'acide. Il est formé de 22,54 de magnésie (un équivalent), de 48,02 d'acide carbonique (deux équivalents) et de 29,44 d'eau (trois équivalents). On l'obtient en faisant passer de l'acide carbonique à travers un excès de magnésie délayée dans l'eau : on filtre la liqueur et on la laisse évaporer spontanément. Les eaux magnésiennes gazeuses ne sont autre chose qu'une dissolution aqueuse de ce sel : c'est encore lui qui se précipite au bout de quelque temps sous forme de cristaux, lorsqu'on verse du bicarbonate de soude dans du sulfate de magnésie. On l'administre en médecine à la dose de quelques décigrammes.

Phosphate. — On trouve ce sel dans quelques graines céréales, dans les os, dans l'urine de plusieurs animaux. Il cristallise en prismes hexaèdres irréguliers terminés par des extrémités obliques, ou en aiguilles très fines qui, par leur entrelacement, ressemblent à des étoiles ; il est efflorescent, à peine sapide, soluble dans 15 parties d'eau froide ; chauffé, il donne un verre qui conserve sa transparence, même après qu'il a été refroidi. Il est sans usages.

*Préparation.* — On l'obtient en mêlant parties égales de phosphate de soude et de sulfate de magnésie dissous dans l'eau ; il cristallise au bout de quelques heures.

*Composition.* — Magnésie 36,67 (deux équivalents), acide 63,33 (un équivalent).

Sulfate (*Sel d'Epsom, sel d'Égra, de Sedlitz, sel cathartique amer, vitriol de magnésie*). — On le trouve en dissolution dans les eaux de la mer, de plusieurs fontaines salées, et dans les eaux-mères de l'alun ; il existe aussi quelquefois effleuri dans certains terrains schisteux. Il cristallise en prismes à quatre pans, terminés par des pyramides à quatre faces, ou par un sommet dièdre ; quelquefois aussi il est sous forme de masses composées d'une multitude de petites aiguilles ; sa saveur est amère, désagréable et nauséabonde. Exposé à l'air sec, il s'effleurit. Cent parties d'eau à 15° en dissolvent 32,76 parties et 72,30 parties à 97°. Chauffé, il éprouve successivement la fusion aqueuse et la fusion ignée : à la température rouge-cerise, il y en a une petite quantité de décomposée, et la magnésie de cette portion est mise à nu. Traité par le charbon à une chaleur rouge, il se décompose, et se transforme en magnésie et en sulfure de magnésium ; celui-ci se dissout dans l'eau. Il est formé de 34,02 de base (un équivalent), et de 65,98 d'acide (un équivalent). On l'emploie pour préparer la magnésie et le carbonate de magnésie ; il est souvent administré comme purgatif, à la dose de 16, 24 ou 32 grammes, dissous dans deux ou trois verres de liquide ; il fait partie d'une multitude d'eaux minérales naturelles et artificielles, dont on fait un très grand usage pour exciter modérément les évacuations alvines.

*Préparation.* — On l'obtient, 1° en faisant évaporer les eaux qui en contiennent ; 2° au moyen des schistes qui renferment de la magnésie et du sulfure de fer : on les met en contact avec l'air et on les arrose ; au bout de quelques mois, le soufre et le fer ont absorbé l'oxygène de l'air, et se trouvent transformés, le premier en acide sulfurique, qui s'unit à la magnésie, et le second en oxyde de fer : on traite par l'eau, qui dissout le sulfate de magnésie et une certaine quantité de sulfate de fer formé : on verse dans la dissolution de l'eau de chaux pour décomposer le sulfate de fer ; on filtre, et on fait évaporer la liqueur pour obtenir le sulfate de magnésie cristallisé.

Azotate. — Il n'existe jamais pur dans la nature ; il entre dans la composition des eaux-mères du salpêtre ; il cristallise en prismes rhomboïdaux à quatre faces, terminés par des pointes obliques et tronquées, ou en aiguilles très fines groupées en faisceaux. Il a une saveur très amère et piquante ; il attire l'humidité de l'air, et se dissout à froid dans son poids d'eau. Chauffé, il donne du gaz oxygène, du bi-oxyde d'azote, de l'acide azotique et de la magnésie. Il est sans usages.

*Préparation.* — (Voyez page 266.)

*Composition.* — Magnésie 27,61 (un équivalent), acide 72,39 (un équivalent).

## DE L'ALUMINIUM.

L'aluminium a été obtenu par M. Wohler en 1827. Il n'existe jamais pur dans la nature (voy. ALUMINE). Il est sous forme d'une poudre grise qui ressemble beaucoup à celle de platine, et qui sous le brunissoir prend très facilement l'éclat métallique de l'étain. Il n'est pas fusible à la température à laquelle la fonte entre en fusion. Chauffé dans l'air jusqu'au rouge, il prend feu, brûle avec un grand éclat, et passe à l'état d'alumine. Il ne décompose pas l'eau à froid; à la température de l'ébullition, ce liquide est décomposé lentement, et il y a un faible dégagement d'hydrogène. Le soufre, le sélénium, le carbone et le phosphore peuvent s'unir avec ce métal.

Si l'on fait arriver du *chlore* gazeux à travers le résidu noir chauffé jusqu'au rouge, qui résulte de la calcination d'un mélange de charbon, de sucre ou d'huile et d'oxyde d'aluminium, on obtient un *chlorure* en masses demi-transparentes à grandes lames, ou en agrégations cristallines, d'un jaune verdâtre pâle, se liquéfiant et fumant à l'air, en répandant du gaz acide chlorhydrique, solubles dans l'eau avec bruit et chaleur, fusibles à la température où elles se volatilisent. Le chlorure d'aluminium sec est composé de 14,67 d'aluminium, et de 85,33 de chlore, ou deux équivalents d'aluminium et trois de chlore, $Cl^3 Al^2$.

*Poids d'un équivalent d'aluminium.* —Il est de 114,14. Sa formule est Al.

*Préparation.* — On l'obtient en décomposant par du potassium le chlorure d'aluminium; celui-ci se prépare en soumettant à l'action du chlore gazeux et à une température très élevée, un mélange d'alumine hydratée, de poussière de charbon, de sucre et d'huile chauffé jusqu'à décomposition de toute la matière organique. L'aluminium n'a point d'usages.

## DE L'OXYDE D'ALUMINIUM (ALUMINE).

L'alumine paraît se trouver en petite quantité en Saxe, en

Silésie, en Angleterre et près de Vérone. Elle entre dans la composition des argiles; on la trouve aussi combinée avec les acides sulfurique, phosphorique et silicique et à l'état d'*aluminate* de zinc (composé de zinc et d'alumine, dans lequel celle-ci semble jouer le rôle d'acide).

L'alumine pure est blanche, douce au toucher, insipide, mais elle happe à la langue; son poids spécifique est de 200. Exposée à l'action du chalumeau à gaz, elle fond très rapidement en globules d'un vert transparent tirant sur le jaune. La lumière, le fluide électrique, les corps simples précédemment étudiés, et l'air, n'exercent sur l'alumine aucune action; toutefois si l'air était humide elle en attirerait l'humidité et pourrait augmenter jusqu'à 15 p. 100 de son poids, si elle avait été rougie au feu; elle forme pâte avec l'eau, et la retient très fortement. Plusieurs acides peuvent se combiner avec elle, surtout lorsqu'elle n'a pas été calcinée. On n'emploie l'alumine à l'état de pureté que dans les laboratoires; les usages de l'argile, au contraire, sont très nombreux.

*Composition.* — L'alumine est formée de 228,56 d'aluminium (deux équivalents), et de 300 d'oxygène (trois équivalents). Sa formule est $Al^2 O^3$.

HYDRATE D'ALUMINE. — Lorsqu'on le sépare des sels d'alumine, il se présente sous forme d'une gelée demi-transparente, qui étant desséchée à la température de 20 ou 25° c., est composée de 37,08 d'alumine (un équivalent), et de 62,92 d'eau (huit équivalents). Il est blanc, d'apparence cornée, soluble dans la potasse, la soude caustique et même la baryte et la strontiane; l'ammoniaque caustique en dissout à peine. Le *solutum* de potasse ou de soude aluminé, agité avec du silicate de potasse, ne tarde pas à donner une gelée consistante composée de silicate d'alumine; si on le fait sécher et calciner à une très forte chaleur, on obtient une espèce d'émail. La porcelaine, la poterie, les briques, les tuiles, etc., sont principalement formées par des composés de ce genre. On peut également combiner l'alumine et la potasse solides en les faisant chauffer dans un creuset. Si l'on verse de l'eau de chaux, de l'eau de baryte ou de l'eau de strontiane dans un mélange de silicate de potasse et de potasse aluminée, on obtient des précipités composés de silicate d'alumine, de silicate de chaux, de baryte ou de strontiane.

*Propriétés essentielles.* — 1° L'hydrate d'alumine se dissout dans la potasse caustique; 2° il forme de l'alun avec l'acide sulfurique et la potasse; 3° chauffé fortement avec de l'azotate de cobalt, après avoir humecté le mélange, il se produit une masse d'un beau bleu, non fondue. Ce n'est point une base énergique.

*Préparation.* — Il suffit, pour obtenir l'alumine, de calciner, dans un creuset, de l'alun à base d'ammoniaque préalablement desséché : l'acide sulfurique et l'ammoniaque se dégagent, et l'alumine reste. On peut également se servir d'alun ordinaire formé de sulfate de potasse et d'alumine. Le sulfate d'alumine se décompose seul, tandis que le sulfate de potasse reste indécomposé; mais comme il est soluble, en traitant le résidu de la calcination par l'eau, on parvient à l'enlever en totalité.

## DES SELS D'ALUMINE.

On est loin d'avoir étudié tous les sels d'alumine. Leurs dissolutions ont, en général, une saveur styptique astringente. La *potasse* précipite l'alumine sous forme de gelée qui se dissout dans un excès de potasse. L'ammoniaque agit de même, mais le précipité est à peine soluble dans un excès d'ammoniaque. Le sesquicarbonate d'ammoniaque ne redissout pas le précipité qu'il forme dans leurs dissolutions. Les dissolutions concentrées de sulfate de potasse ou de sulfate d'ammoniaque, font naître, dans les dissolutions également concentrées, des sels d'alumine, des cristaux d'alun. Les sulfures solubles en précipitent de l'hydrate d'alumine blanc, et il se dégage du gaz sulfhydrique. L'oxalate d'ammoniaque ne les précipite pas. Aucun de ces sels, excepté le sulfate, n'est employé.

Sulfate. — Il est constamment le produit de l'art; il rougit l'*infusum* de tournesol; on peut l'obtenir cristallisé en houppes soyeuses, ou en lames flexibles, nacrées et brillantes, douées d'une saveur aigre, styptique, attirant l'humidité de l'air; il se dissout dans un poids d'eau moindre que le sien; chauffé, il perd son eau; et si la température est très élevée, l'acide se volatilise ou se décompose en acide sulfureux et en oxygène; il ne reste que de l'alumine. On l'obtient en dissolvant dans l'acide sulfurique de l'alumine récemment précipitée et lavée. Il sert à former l'alun : il suffit pour cela de le mêler avec du sulfate d'ammoniaque ou du sulfate de potasse. Il est formé d'un équivalent d'alumine et de trois d'acide. Les cristaux contiennent un équivalent de sel et neuf équivalents d'eau.

## DE L'ALUN.

La composition de l'alun varie : tantôt ce sel est un *sulfate d'alumine et de potasse*, tantôt un *sulfate d'alumine et d'ammoniaque*, tantôt enfin, et le plus souvent, un *sulfate d'alumine, de potasse et d'ammoniaque*: dans ce dernier cas, il constitue véritablement un *sel triple*. Cette diversité dans sa composition nous engage à lui conserver le nom d'*alun*. Il n'existe guère tout formé qu'en dissolution dans certaines eaux minérales et aux environs des volcans, principalement à la Solfatara; mais on trouve très abondamment du *sous-sulfate d'alumine et de potasse* : il constitue des collines entières à la Tolfa, près de Civita-Vecchia, et à Piombino; il en existe aussi au Mont-Dore.

Les aluns constituent une classe de corps fournis par l'union de deux sulfates neutres, dont l'un a pour base un équivalent de métal et *un* équivalent d'oxygène, tandis que la base de l'autre contient *trois* équivalents d'oxygène et deux de métal; ainsi l'alun du commerce est formé d'un équivalent de sulfate de potasse et d'un équivalent de sulfate d'alumine ($SO^3$ KO, 3 $SO^3$ $Al^2$ $O^3$). Tous les sulfates d'oxydes à trois équivalents d'oxygène pourront remplacer le sulfate d'alumine, de même que tous les sulfates neutres d'oxydes à un équivalent d'oxygène pourront remplacer le sulfate de potasse. Le sulfate d'ammoniaque agit aussi comme le sulfate de potasse.

ALUN DE POTASSE. — L'alun cristallise en octaèdres réguliers, transparents, incolores, et légèrement efflorescents, d'une saveur à la fois acide, douceâtre et très astringente; il rougit l'*infusum* de tournesol. Chauffé, il fond très facilement dans son eau de cristallisation, et donne une masse connue autrefois sous le nom d'*alun de roche*. Si l'on continue à le chauffer, il se boursoufle, perd son eau et une portion d'acide, et devient opaque : il constitue alors l'*alun calciné* ou *brûlé*, que l'on emploie quelquefois comme corrosif, et qui, étant plus fortement chauffé, se décompose plus complétement et donne du gaz oxygène, du gaz acide sulfureux, de l'alumine et du sulfate de potasse; enfin à une chaleur presque blanche long-temps prolongée, le sulfate de potasse se décompose lui-même, seulement en partie, sous l'influence de l'alumine, et l'on obtient de l'acide sulfurique qui se volatilise, et un composé d'alumine et de potasse. L'alun se dissout dans quatorze ou quinze fois son poids d'eau à 15°, tandis qu'il n'exige pas même son poids d'eau bouillante; s'il est à l'état d'alun calciné, il résiste long-temps à l'action de l'eau, et même ne se dissout pas complétement, parce que pendant la calcination, quelque ménagée qu'elle soit, une partie du sel se trouve transformée en sous-sulfate d'alumine et de potasse insoluble. Chauffé jusqu'au rouge avec du *charbon* très divisé, l'alun à base de potasse se décompose et se transforme en une matière connue depuis long-temps sous le nom de *pyrophore de Homberg* (voy. p. 271). Si on fait bouillir une dissolution d'alun avec de l'alumine pure et en gelée, il se précipite une poudre blanche, insipide, insoluble dans l'eau, inaltérable à l'air et incristallisable, qui est connue sous le nom d'*alun saturé de sa terre*. L'alun de potasse est formé d'un équivalent de sulfate de potasse, d'un équivalent de sulfate d'alumine, et de vingt-quatre d'eau; ou d'alumine 10,86, de potasse 9,81, d'acide sulfurique 34,23, et d'eau 45. L'alun a de nombreux usages : on s'en sert souvent comme mordant dans la teinture; il rend le suif plus dur, propriété qui le fait rechercher par les chandeliers; il est employé pour passer les peaux et les préserver des vers; il doit être regardé comme un excellent astringent dont on peut tirer parti dans les hémorrhagies abondantes, continues et passives, principalement dans celles de l'utérus, dans les écoulements atoniques muqueux et séreux; on l'a également employé dans la colique des peintres; on l'administre à l'intérieur depuis 5 jusqu'à 40 centigrammes par jour, associé à quelque extrait astringent ou dans une potion, et on augmente la dose jusqu'à 2 ou 4 grammes. Les pilules *teintes antihémorrhagiques* d'Helvétius sont composées d'alun et de sang-dragon. On emploie quelquefois l'alun en injection; il entre dans la composition de certains gargarismes toniques propres à raffermir les gencives et à faire cesser les angines catarrhales et atoniques; il fait aussi partie de quelques collyres.

Alun cubique *ou* de Rome. — Il diffère du précédent parce qu'il est en cubes opaques, et parce qu'il contient un léger excès d'alumine.

Alun ammoniacal. — Celui-ci ressemble beaucoup à l'alun de potasse octaédrique; il en diffère pourtant, parce qu'il fournit de l'ammoniaque, lorsqu'on le broie avec la chaux vive, et parce que, étant calciné fortement, il ne laisse que de l'alumine. Il est formé d'un équivalent de sulfate d'ammoniaque, d'un équivalent de sulfate d'alumine, et de vingt-quatre équivalents d'eau.

Alun de soude. — Il est sous forme d'octaèdres, et offre la même saveur que l'alun de potasse, dont il partage presque toutes les propriétés; cependant il est beaucoup plus soluble dans l'eau. Il n'est pas usité. Il est composé d'un équivalent de sulfate d'alumine, d'un équivalent de sulfate de soude, et probablement de quarante-huit équivalents d'eau.

*Préparation de l'alun de potasse.* — On prépare ce sel par plusieurs procédés :

1° A la Solfatara, où l'on trouve des terrains qui contiennent de l'alun tout formé et effleuri, on traite ces terrains par l'eau qui dissout le sel : il suffit d'évaporer lentement le liquide dans des chaudières de plomb, pour en obtenir des cristaux.

2° Lorsque la mine est pierreuse, insoluble dans l'eau, et

formée de sous-sulfate de potasse et d'alumine, d'acide silicique et d'un peu d'oxyde de fer, comme à la Tolfa, à Piombino, au Mont-Dore, on la fait chauffer dans des fours à une température qui n'est ni trop forte ni trop faible, et on l'expose à l'air pendant trente ou quarante jours, en ayant soin de l'arroser souvent, pour en opérer la division et la transformer en une espèce de bouillie; passé ce temps, on la traite par l'eau chaude; on fait évaporer la liqueur, et on obtient de très beaux cristaux d'alun. On peut, pour concevoir ce qui se passe dans cette opération, regarder la mine dont on se sert comme formée d'alun avec un excès de potasse et d'alumine, plus, d'acide silicique et d'oxyde de fer : par la calcination, ces deux dernières substances se combinent avec l'excès de potasse et d'alumine, et forment une masse insoluble dans l'eau; alors l'alun seul est dissous par ce liquide.

3° Si la mine est composée de sulfure de fer et d'argile (terre dans laquelle on trouve une assez grande quantité d'alumine), on a recours à un procédé particulier, à l'aide duquel on obtient à la fois de l'alun et de la couperose verte (sulfate de protoxyde de fer) : ce procédé est mis en usage dans les départements de l'Oise, de l'Aisne, de l'Aveyron et dans la Belgique. On expose la mine à l'air; on l'humecte légèrement, et on la laisse pendant un an; au bout de ce temps elle se trouve presque entièrement transformée en sulfate de protoxyde de fer et en sulfate d'alumine, changement qui annonce que l'oxygène de l'air a fait passer le soufre à l'état d'acide sulfurique, et le fer à l'état d'oxyde. On la traite par l'eau, qui dissout les deux sels; on fait évaporer le liquide dans des chaudières de plomb, et l'on obtient des cristaux de *sulfate de protoxyde de fer* et un sulfate double d'alumine et de fer qui constitue ce que l'on appelle l'*alun de fer*. Le sulfate d'alumine, déliquescent et difficilement cristallisable, reste dans la liqueur. On le fait chauffer avec du sulfate de potasse ou d'ammoniaque en poudre, qui le transforment en *alun,* que l'on obtient cristallisé; il faut faire dissoudre et cristalliser de nouveau cet alun, si on veut l'avoir bien pur. Les eaux-mères, qui contiennent encore une certaine quantité de ces deux sels, sont évaporées et traitées de nouveau par le sulfate d'ammoniaque ou de potasse, pour en obtenir une nouvelle portion d'alun et de couperose.

La mine que l'on a fait effleurir à l'air, et dont on a séparé les sels par l'eau, renferme encore un peu de sulfure de fer et beaucoup d'argile ; on y met le feu, soit que le minerai puisse s'enflammer spontanément ou qu'il ait été mélangé avec du bois ; le soufre passe à l'état d'acide sulfurique, qui se porte tout entier sur l'alumine ; en sorte que l'on obtient une nouvelle quantité de sulfate acide d'alumine, avec lequel on peut faire de l'alun, au moyen du sulfate de potasse ou du sulfate d'ammoniaque.

4° On peut aussi se procurer de l'alun en faisant calciner des argiles qui contiennent une petite quantité de carbonates de chaux et de fer; en effet, par la calcination, l'oxyde de fer se trouve porté au *summum* d'oxydation, et devient presque insoluble dans les acides faibles; en sorte que le produit, pulvérisé et chauffé avec de l'acide sulfurique étendu, donne une dissolution qui ne contient guère que du sulfate d'alumine que l'on peut changer en alun au moyen du sulfate de potasse ou du sulfate d'ammoniaque.

## DE LA POTERIE.

On donne le nom de *poterie* aux vases faits avec de la terre argileuse cuite. Toutes les poteries sont essentiellement formées d'alumine et d'acide silicique ; quelques unes d'entre elles contiennent de la chaux et du fer oxydé, de la potasse, de la soude, de la baryte et de la magnésie. Les principales variétés de poterie sont : 1° les grès, les faïences, les alcarazas, les creusets, les briques, les carreaux, les tuiles, etc., qui sont formés de silicates de chaux et d'alumine, et souvent d'oxyde de fer; 2° la porcelaine dure ou chinoise (silicate d'alumine et de potasse) ; 3° la porcelaine tendre, qui comprend la porcelaine anglaise et l'ancienne porcelaine de Sèvres (silicate d'alumine et de soude) ; 4° la porcelaine de Piémont (silicate d'alumine et de magnésie). Nous allons jeter un coup d'œil sur les diverses préparations générales que l'on fait subir aux terres à poterie lorsqu'on veut en faire des vases. 1° On les lave pour en séparer les parties grossières, et surtout l'excès d'acide silicique. 2° On les mêle avec diverses espèces de terres ou de ciments pour en faire une pâte. 3° On laisse macérer la pâte, on la broie, on la corroie, c'est-à-dire on l'étend en la comprimant et en la repliant sur elle-même plusieurs fois pour lui donner du liant et de l'homogénéité. 4° On fait les pièces. 5° On les cuit pour les rendre plus denses et plus dures. 6° On recouvre la plupart d'entre elles d'une couverte que l'on appelle *vernis*, et qui n'est autre chose qu'un verre métallique et terreux, coloré ou incolore, transparent ou opaque, et très fusible.

## DES GRÈS, DES FAIENCES, DES ALCARAZAS, DES CREUSETS, DES TUILES, DES CARREAUX ET DES BRIQUES.

*Des grès.* — On donne ce nom aux poteries à pâte compacte et opaque faisant feu avec le briquet, et que le fer ne raye point. Ils diffèrent des *porcelaines* en ce qu'ils contiennent un peu d'oxyde de fer qui les colore, et en ce qu'ils ne renferment ni potasse ni soude. On les obtient, soit en chauffant à une température très élevée de l'argile pure, soit en faisant fondre diverses argiles avec de la chaux, de la baryte, de la strontiane ou de l'oxyde de fer, et même de l'oxyde de manganèse. Les *grès* colorés de *Wedgwood* contiennent de la baryte ou de la strontiane.

*Faïences.* — Le caractère distinctif des faïences est d'avoir une pâte toujours opaque, et de se cuire convenablement sans éprouver de ramollissement. Dans cette classe se trouvent la *faïence fine* et la *faïence commune*.

*Faïence fine.* — Elle comprend la *poterie fine*, la *terre anglaise*, la *terre blanche*, et la *terre de pipe*. La pâte de ces faïences est composée de quatre cinquièmes d'argile blanche liante, contenant peu de sable, ne renfermant point d'oxyde de fer, peu fusible, et d'un cinquième de silex noir, ou de cailloux préalablement chauffés au rouge. Après avoir laissé évaporer l'eau de cette pâte, on la cuit et on la couvre d'un vernis composé d'acide silicique, de potasse ou de soude et de minium (oxyde rouge de plomb), et quelquefois d'acide stannique (bi-oxyde d'étain); pour cela on fond ces substances et l'on broie finement le verre obtenu; puis on suspend la poudre dans l'eau en agitant et au moyen d'un peu d'argile. On plonge ensuite, pendant quelques instants, dans cette eau trouble, les pièces sèches et poreuses que l'on veut enduire de vernis; par ce moyen, la poudre s'applique à la surface de la faïence; on soumet ensuite la pièce à l'action du feu pour fondre le vernis. Ordinairement les assiettes ou autres pièces de *pipe* sont moins cuites que les autres et presque toujours sans couverte ou vernis; elles ne contiennent pas non plus de sable ni de silex, mais bien du ciment qui provient de pipes cuites et cassées : l'argile dont on les fait doit être lavée et épluchée, ensuite bien battue, très divisée, enfin pétrie et corroyée avec le plus grand soin. Si l'on veut vernir la pipe pour éviter qu'elle ne s'attache aux lèvres et qu'elle ne se salisse promptement, on la plonge dans un mélange fondu dans l'eau, de savon, de cire blanche et de gomme arabique, puis on la frotte avec une flanelle.

*Faïence commune.* — Elle peut être avec ou sans couverte. A. *Avec couverte.* La pâte est rouge ou jaunâtre, ordinairement poreuse, composée d'une argile souvent ferrugineuse, quelquefois calcaire, et d'un sable ferrugineux et quelquefois argileux. On la fait cuire après en avoir laissé écouler l'eau, puis on la recouvre d'un vernis composé de 20 à 25 parties d'étain et de 100 parties de plomb pour la belle faïence, et seulement de 14 à 15 parties d'étain pour la faïence très commune; ces métaux sont oxydés par l'air, et mêlés avec une fritte obtenue avec du sable blanc et du sel commun. Ce vernis s'applique sur le biscuit absorbant comme celui de la faïence fine. Quelquefois, lorsque la faïence est très commune, le vernis qui la recouvre est presque entièrement formé d'oxyde de plomb fondu, mêlé d'oxyde de cuivre et d'oxyde de manganèse; les aliments acides, les graisses, etc., peuvent attaquer cette couverte et contracter des qualités vénéneuses. B. *Sans couverte.* Ce sont les *poteries rouges*, telles que les pots à fleurs, les terrines et autres poteries communes, les vases étrusques, etc. L'argile qui les constitue est ferrugineuse et dégraissée par du sable ou du ciment de la même poterie. Si ces vases sont destinés à recevoir de l'eau, leur intérieur *seulement* est enduit d'un vernis plombifère pour empêcher l'eau de traverser leurs pores. On applique souvent à leur surface externe des couleurs métalliques qu'il suffit de faire fondre.

*Creusets.* — Ils sont de plusieurs sortes. A. *Creusets à graphite.* Outre la pâte ordinaire dont nous allons parler, ils contiennent du graphite ; ils sont excellents, parce qu'ils supportent de hautes températures sans se fondre, qu'ils ne cassent pas au feu, et qu'ils résistent à l'action de beaucoup de corps. B. *Creusets de porcelaine.* (Voy. PORCELAINES, page 393.) Ils sont imperméables, mais très cassants. C. *Creusets à pâte grossière* ou *Creusets de Hesse*, composés de 709 d'acide silicique, de 248 d'alumine, de 38 d'oxyde de fer, et de quelques traces de magnésie. On les prépare avec une argile très riche en alumine et au moins le double de sable quartzeux ; ils résistent très bien aux changements de température et sont infusibles ; cependant ils sont attaqués par la litharge et les oxydes métalliques très fusibles. A part la grande quantité d'acide silicique qu'ils renferment, ils offrent encore l'inconvénient d'être traversés par presque tous les sels en fusion, tant ils sont *poreux*. On fait aussi des creusets avec 2 parties d'argile pure et 1 partie de ciment très cuit de cette même argile ; ils résistent beaucoup plus à l'action des verres alcalins, à la fusion desquels ils servent.

*Tuiles, carreaux et autres terres cuites.* — On les prépare avec toute espèce de terre argileuse que l'on fait cuire. Si on veut leur donner une couleur *gris de fer*, on les enfume à une chaleur rouge, en jetant dans le foyer de petits fagots de bois vert, munis de leurs feuilles.

*Briques.* — On peut en faire avec l'argile qui se dépose au fond des rivières, avec la terre végétale jaunâtre, etc. Quand l'argile est trop tenace, il faut y ajouter du sable ;

d'autres argiles sont quelquefois mêlées avec des cendres de houille passées au tamis. Si on veut obtenir de la brique à *construction*, elle n'a besoin que d'une faible cuisson; si on doit les employer pour faire des tuyaux de cheminée, il faut une argile capable de résister au feu, et la cuisson doit être plus complète.

## DES PORCELAINES.

Le caractère essentiel des porcelaines est d'avoir une pâte qui se ramollit en cuisant, et qui acquiert une certaine demi-transparence.

*Porcelaine dure ou chinoise.* — Elle est formée de kaolin, espèce de sable argileux, infusible, conservant au plus grand feu sa couleur blanche, et d'un fondant appelé *pétunzé*, sorte de roche feldspathique quartzeuse, composée de silicate de chaux. Ces matières se trouvent abondamment à Saint-Yriex-la-Perche, près Limoges.

*Porcelaine tendre.* — Elle comprend l'ancienne porcelaine *tendre* de Sèvres et la porcelaine *tendre* anglaise. Leur pâte est translucide, plus fusible, moins dure et moins fragile que la précédente; elle est formée d'une fritte vitreuse, rendue opaque et moins fusible par l'addition d'une marne blanche; son vernis est composé d'acide silicique, d'alcali et d'oxyde de plomb. On n'en fabrique plus à Sèvres, mais on en fait beaucoup à Tournay et en Angleterre. Les restaurateurs de Paris n'emploient guère que la porcelaine tendre de Tournay. (Voy. l'article Argile, du *Dictionnaire des Sciences naturelles*, par M. Brongniart.)

## DE L'YTTRIUM.

Ce métal a été obtenu à peu près à la même époque, par MM. Bussy et Wöhler, en décomposant le chlorure d'yttrium par le potassium. D'après ce dernier chimiste, il est sous forme d'une poudre luisante, d'un gris noir, composé d'écailles d'un noir de fer, avec un éclat métallique parfait; il paraît être cassant. Le poids de son équivalent est de 402,57.

Il ne s'oxyde ni dans l'air ni dans l'eau à la température ordinaire; mais il décompose l'eau entre 100 et 200°. Chauffé jusqu'au rouge à l'air libre, il prend feu, brûle d'un éclat très éblouissant et se change en oxyde d'yttrium.

Cet oxyde existe dans la nature : on en trouve à Ytterby et à Fahlun en Suède. Il entre dans la composition de plusieurs minéraux, tels que l'orthite, le pyrothite. Il est blanc, insipide, d'une densité de 4,842, infusible; il peut se combiner avec les acides et donner des sels. On l'obtient en traitant les minerais qui le contiennent par l'eau régale et précipitant par le carbonate d'ammoniaque tous les autres corps, excepté l'oxyde d'yttrium qui reste en dissolution; on filtre, et par l'évaporation des liqueurs on obtient l'oxyde d'yttrium. Il est composé de 80,10 d'yttrium et de 19,90 d'oxygène, c'est-à-dire d'équivalents égaux de métal et d'oxygène.

### DES SELS D'OXYDE D'YTTRIUM (YTTRIA).

Ces sels ont une saveur sucrée lorsqu'ils sont solubles dans l'eau. Leurs dissolutions donnent avec la potasse un précipité blanc, insoluble dans un excès d'alcali; le carbonate d'ammoniaque les précipite aussi en blanc, mais il redissout le précipité lorsqu'on en met un excès; les *sulfures* solubles et l'infusion de noix de galle ne les troublent point. Le cyanure jaune de potassium et de fer les précipite en blanc. Ils n'ont point d'usages, et ne se trouvent pas dans la nature.

### DU GLUCYNIUM.

Ce métal est le radical d'un oxyde particulier découvert par Vauquelin en 1798, et nommé glucyne. On l'obtient aussi en décomposant le chlorure de glucynium par le potassium. Ce métal est en poudre d'un gris foncé, prenant l'éclat métallique lorsqu'on le frotte avec l'ongle ou le brunissoir. Son équivalent est de 220,85. L'air n'a aucune action sur lui à froid. Si, au contraire, on élève la température, il absorbe l'oxygène, avec un dégagement de calorique et de lumière assez intense, et donne naissance à de la glucyne, qui est une base assez énergique, s'unissant très bien aux acides. Il ne décompose l'eau ni à froid ni à la température de l'ébullition. Ses caractères le rapprochent beaucoup de l'aluminium.

L'*oxyde* est blanc, pulvérulent, doux au toucher, sans odeur ni saveur, et formé de deux équivalents de glucynium et de trois d'oxygène; sa formule est $Gl^2 O^3$.

Les *sels de glucyne* sont généralement blancs; leur saveur est légèrement sucrée. Ils donnent un précipité blanc avec la potasse et la soude, qui est soluble dans un excès d'alcali; avec le carbonate d'ammoniaque, ils fournissent aussi un précipité blanc, soluble dans un excès de carbonate.

La glucyne existe dans l'aigue-marine, dans le béril et dans l'émeraude de Limoges, d'où on la retire particulièrement, en traitant ce minéral par de la potasse à la chaleur rouge, et en décomposent par l'acide chlorhydrique. On la sépare ensuite de l'alumine, avec laquelle elle pourrait être mélangée, en traitant le tout par le carbonate d'ammoniaque, qui dissout la glucyne sans attaquer l'alumine.

## DU THORINIUM.

Ce métal, découvert par Berzélius en 1830, s'obtient encore comme les précédents, en décomposant le chlorure de thorinium par le potassium. Il est en poudre de couleur gris de plomb, susceptible de prendre l'éclat métallique. Il se combine parfaitement avec l'oxygène, et donne alors naissance à un oxyde d'un beau blanc de neige, infusible et insoluble dans les acides lorsqu'il est anhydre. Il est formé d'un équivalent de thorinium=744,90 et de 100 d'oxygène, un équivalent. Th O.

Les *sels de thorine* sont précipités par le cyanure jaune de potassium et de fer, et par l'acide oxalique en blanc; ils sont décomposables par le feu. Le sulfate présente une anomalie : il est très soluble dans l'eau froide, tandis qu'il est presque insoluble dans l'eau bouillante : aussi le carbonate d'ammoniaque dissout-il très bien l'oxyde de thorinium à froid, comme l'oxyde de zirconium et l'oxyde d'yttrium, tandis qu'il les précipite par la chaleur de l'ébullition. Tous ces sels, de même que les précédents, sont sans usages et peu importants.

## DU ZIRCONIUM.

Le zirconium, obtenu par M. Berzélius, en 1824, en décomposant le phtorure double de zirconium et de potassium, par le potassium, est un métal noirâtre, analogue à la plombagine, dont la plupart des propriétés sont analogues à celles de l'yttrium, et peu connues.

Il se combine très facilement avec l'oxygène, et donne pour résultat un oxyde appelé zircone. Cet oxyde fait la base de la pierre précieuse connue sous le nom de zircon. Il est blanc, insoluble dans l'eau, infusible, et formé de 65,12 de zirconium et de 34,88 d'oxygène, ou de deux équivalents de métal et de trois d'oxygène, $Zr^2 O^3$. Il s'unit très bien aux acides lorsqu'il n'a pas été calciné, et donne des sels dont les dissolutions se comportent avec la potasse et le carbonate d'ammoniaque comme les sels d'yttrium; mais le sulfate de potasse les précipite en blanc. Les sulfures de potassium, de sodium et d'ammoniaque les précipitent en blanc, tandis qu'il se dégage du gaz sulfhydrique.

Le poids de l'équivalent du zirconium est de 280,02. Il est sans usages.

## DES MÉTAUX DE LA TROISIÈME CLASSE.

Ces métaux, au nombre de sept, le manganèse, le zinc, le fer, l'étain, le cadmium, le cobalt et le nickel, absorbent le gaz oxygène à la température la plus élevée, et donnent des oxydes irréductibles par la chaleur seule; ils ne décomposent l'eau qu'à une chaleur rouge; toutefois ils peuvent décomposer ce liquide à froid sous l'influence des acides un peu énergiques.

## DU MANGANÈSE.

Le manganèse n'a jamais été trouvé dans la nature à l'état natif; il y existe combiné : 1° avec l'oxygène ; 2° avec le soufre; 3° avec l'oxygène et l'acide carbonique, l'acide phosphorique, l'acide tungstique ou l'acide silicique. Il est solide, d'un gris blanc, beaucoup plus brillant que le fer, très cassant, très dur et grenu. Son poids spécifique est de 8,013.

Chauffé dans des vaisseaux fermés, le manganèse n'entre en fusion qu'à la température de 160° du pyromètre de Wedgwood. S'il a le contact de l'*air* ou du gaz *oxygène*, il s'oxyde avec dégagement de calorique et de lumière, lance en tous sens des étincelles, et se transforme, si la température est très élevée, en un oxyde brun composé de deux équivalents de protoxyde et d'un de bi-oxyde. Les gaz *humides* le font également passer à l'état d'oxyde à la température ordinaire, mais beaucoup plus lentement et sans dégagement sensible de calorique et de lumière.

L'*hydrogène*, le *bore* n'exercent sur lui aucune action. Le *carbone* se combine avec lui ; du moins lorsqu'on réduit les oxydes de manganèse par le charbon, obtient-on un culot métallique toujours carburé. Le *phosphore* peut s'unir avec lui à une température élevée, et donner un phosphure blanc, brillant, très cassant, plus fusible que le manganèse, qui se transforme en phosphate lorsqu'on le fait chauffer avec du gaz oxygène ou de l'air. En chauffant un mélange de *soufre* et de protoxyde de manganèse, on obtient un protosulfure vert, terne, insipide, plus fusible que le manganèse, inaltérable à l'air, indécomposable par la chaleur, à moins qu'il ne soit en contact avec l'air ou avec le gaz oxygène ; car alors il passe à l'état de sulfate ou de sesqui-oxyde, suivant que la température est plus ou moins élevée, et il se dégage du gaz acide sulfureux. Si le protosulfure a été obtenu par la voie humide en versant du sulfure de potassium dans un protosel de manganèse, il est hydraté et blanc.

L'iode fournit avec le manganèse un proto et un bi-iodure de ce métal. (Vôhler, *Ann. de Ch. et de Phys.*, janv. 1828.)

Chauffé et mis en contact avec le *chlore* gazeux, le manganèse l'absorbe, rougit et se transforme en *chlorure* de manganèse solide, verdâtre, squameux, brillant et fusible. A l'état d'hydrate, ce protochlorure, qui est toujours le produit de l'art, est d'un blanc rosé ; sa saveur est styptique ; il cristallise lorsqu'il est abandonné à lui-même ; il attire l'humidité de l'air et se dissout très bien dans l'eau et dans l'alcool. Il est employé pour teindre les toiles en couleur brune dite *solitaire*.

*Préparation.* — On peut l'obtenir avec le métal et l'acide chlorhydrique faible ; mais le plus souvent on le prépare en faisant chauffer le bi-oxyde ou le sesqui-oxyde avec ce même acide ; il se dégage du chlore, et le sel reste en dissolution. (Voy. p. 64.) Il est formé de 345,78 de métal (un équivalent) et de 442,640 de chlore (un équivalent).

Il existe en outre un perchlorure très instable et sans usages, formé d'un équivalent de métal, 345,78, et de trois de chlore = 1327,92.

Le manganèse décompose l'*eau* à une température rouge, et s'oxyde. La décomposition de ce liquide s'opère instantanément et à froid sous l'influence des acides énergiques. Il n'agit point sur le gaz *oxyde de carbone* ; mais il enlève l'oxygène au *protoxyde d'azote*, et il exerce probablement la même action sur le bi-oxyde d'azote. Il ne paraît point décomposer l'acide *borique*. On ignore comment il agit sur le gaz acide *carbonique*. Il s'empare de l'oxygène de l'acide *phosphorique* à une température élevée. Il décompose l'acide *sulfurique concentré* à l'aide de la chaleur, et il en résulte du gaz acide sulfureux et du protosulfate de manganèse. A la température ordinaire, l'acide n'est point décomposé ; toutefois une très petite partie du métal s'oxyde aux dépens de l'oxygène de l'eau, en sorte qu'il se dégage quelques bulles de gaz hydrogène, et il se produit du protosulfate : mais l'action est presque nulle. On obtient le même sulfate en employant l'acide sulfurique affaibli ; mais, dans ce cas, l'eau est décomposée, et par conséquent il y a dégagement de gaz hydrogène. On ignore comment les acides *sulfureux*, *iodique* et *chlorique* agissent sur ce métal. L'acide *azotique* est en partie décomposé par lui, et le transforme en protoxyde, qui se dissout dans la portion d'acide non décomposée. L'acide *chlorhydrique* gazeux ou dissous dans l'eau est également décomposé par ce métal, dans le premier cas à chaud, dans le second à froid; il se forme du chlorure de manganèse, et l'hydrogène est mis à nu. Le manganèse est sans usages.

*Poids d'un équivalent de manganèse.* — Il est de 345,78.

On l'extrait du bi-oxyde de manganèse pur traité par le charbon dans un creuset brasqué à une très haute température : le charbon absorbe l'oxygène, et le métal est mis à nu.

## DES OXYDES DE MANGANÈSE.

On connaît au moins cinq composés d'oxygène et de manganèse.

Protoxyde. — Il est le produit de l'art; il est vert quand il est sec, et ne change pas à l'air s'il est anhydre. A l'état d'*hydrate*, sa couleur est blanche; il absorbe facilement le gaz oxygène, et devient sesqui-oxyde brun; il est suroxydé et transformé en *hydrate de bi-oxyde* par le chlore liquide, qui ne jouit point de la propriété de se combiner avec le nouvel oxyde formé. Il se dissout dans les acides sulfurique, azotique et chlorhydrique, et forme des sels. Il n'a point d'usages. On l'obtient en faisant fondre à une chaleur rouge du chlorure de manganèse et du carbonate de soude, et en traitant la masse par l'eau (Wöhler et Liébig). Il est formé de 345,78 de métal (un équivalent), et de 100 d'oxygène (un équivalent). Sa formule est Mn O.

Sesqui-oxyde. — On le trouve combiné avec l'eau à l'état d'hydrate, à Undenas, en Westrogothie; il est d'un brun foncé. Soumis à l'action d'une chaleur rouge, il donne un peu de gaz oxygène, et laisse un autre *oxyde rouge brun*. (Voy. p. 401.) Il est susceptible d'absorber de l'oxygène et de passer à l'état de bi-oxyde à une chaleur voisine du rouge brun. Il se dissout dans l'acide chlorhydrique à froid, et à l'aide d'une douce digestion dans l'acide sulfurique; les dissolutions sont d'une couleur foncée. Traité par les acides sulfurique et azotique à chaud, il se décompose, se transforme en protoxyde qui se dissout dans les acides pour former du protosulfate ou du proto-azotate, et en bi-oxyde qui se précipite. L'acide chlorhydrique bouillant est en partie décomposé par lui, et le décompose ; l'hydrogène de l'acide se combine avec une portion de l'oxygène du sesqui-oxyde pour former de l'eau ; le chlore se dégage en partie, et le métal résultant se dissout dans l'autre portion de chlore. On ne l'emploie que dans les laboratoires. On l'obtient en décomposant le proto-azotate de manganèse à une chaleur rouge brun, ou en faisant brunir le protoxyde dans l'air. Il est formé de deux équivalents de métal = 691,56, et de trois équivalents d'oxygène = 300. Sa formule est $Mn^2 O^3$.

Bi-oxyde. — Cet oxyde est très répandu dans la nature. Il existe sous forme d'aiguilles brillantes en Bohême, en Saxe, au Hartz ; sous forme de masses, près de Périgueux, dans les départements de la Moselle, des Vosges, près de Mâcon, etc. ; il est rarement pur ; les substances qui l'accompagnent le plus souvent sont les carbonates de chaux et de fer, l'acide silicique, quelquefois la baryte, l'eau et le phtorure de calcium, des traces de carbone et des débris organiques. Il est brun-noirâtre, sans action sur l'air et sur le gaz oxygène. Si on le chauffe au-dessus du rouge-cerise, il se transforme en gaz oxygène et en une poudre rouge-brune composée de deux équivalents de protoxyde et de un de bi-oxyde, $2\, Mn\, O, Mn\, O^2 = Mn^3\, O^4$ ; il se dégage aussi du gaz acide carbonique qui peut provenir des carbonates contenus dans le bi-oxyde, ou de l'action du carbone qu'il renferme, sur une portion d'oxygène. Il fournit, d'après M. Clarke, du manganèse et de l'oxygène s'il est exposé à l'action du chalumeau à gaz. Il est décomposé par le soufre à une température élevée, et il se forme du gaz acide sulfureux et du sulfure de manganèse. Il se dissout à froid dans l'acide sulfurique concentré ou peu délayé et pur.

*Usages du bi-oxyde de manganèse.* — Il est employé, 1° pour préparer le gaz oxygène, le chlore et plusieurs sels de manganèse ; 2° pour la construction des piles sèches de M. Zamboni ; 3° dans la fabrication du verre. On se sert en médecine d'un onguent composé de 2 parties 1/2 de bi-oxyde de manganèse et de 5 parties d'axonge; on l'emploie dans les maladies chroniques de la peau, telles que la gale, les dartres, la teigne, etc. M. Jadelot en a obtenu des succès marqués contre la dernière de ces affections. M. Denys Morelot pense qu'il est plus utile dans les dartres ulcérées que dans celles qui sont miliaires et écailleuses.

*Composition.* — Il est formé d'un équivalent de métal = 345,78, et de deux d'oxygène = 200. Sa formule est $Mn\,O^2$.

*Préparation.* — On ne fait que purifier celui que l'on trouve dans le commerce, en l'immergeant dans de l'acide chlorhydrique étendu de son poids d'eau pendant environ vingt ou vingt-cinq minutes, afin de décomposer les carbonates de fer et de chaux qu'il contient habituellement; on décante la dissolution, et on lave le résidu.

Il existe encore un autre oxyde connu sous le nom d'*oxyde rouge* de manganèse qui se forme toutes les fois qu'on chauffe fortement du bi-oxyde ou du sesqui-oxyde de manganèse. Il est de couleur brune hépatique; il existe dans la nature, et les minéralogistes le désignent sous le nom d'*hausmannite.* On le prépare en calcinant avec le contact de l'air le proto-carbonate. Il peut être considéré comme formé de deux équivalents de protoxyde faisant fonctions de base, et d'un équivalent de bi-oxyde faisant fonction d'acide : ainsi $2\,Mn\,O\;Mn\,O^2 = Mn^3\,O^4$.

Acide manganique. — Schéele a reconnu le premier que lorsque l'on fait fondre jusqu'au rouge 7 ou 8 parties de potasse avec 1 partie de bi-oxyde de manganèse, il se forme un composé d'une belle couleur verte, soluble dans l'eau, et possédant la propriété singulière de passer par des couleurs intermédiaires de cette couleur verte à un rouge pourpre magnifique, ce qui fit donner à ce composé le nom de caméléon minéral. Dans cette réaction le bi-oxyde de manganèse, par l'influence de la potasse, absorbe un équivalent d'oxygène et devient acide manganique qui, uni à la potasse, constitue le manganate soluble, d'une belle couleur verte que l'on obtient en premier lieu. Ce manganate est très peu stable ; sous l'influence de toutes les matières organiques il se décompose en oxygène, en bi-oxyde de manganèse et en potasse, aussi est-il impossible d'en filtrer les dissolutions : tous les corps avides d'oxygène le décomposent, tandis que ceux qui tendent à mettre l'acide manganique en liberté, tels que les acides, ou qui peuvent lui fournir de l'oxygène, le feront passer à l'état de caméléon rouge qui constitue un sel formé par un acide plus oxygéné que nous appellerons acide *hypermanganique*. Cette explication, qui résulte des expériences de M. Mitscherlich, rend bien compte des divers changements de couleur que prend ce produit, en admettant que l'absorption de l'oxygène se fait successivement. L'acide manganique, à cause de son instabilité, n'a pu encore être isolé. Il est formé d'un équivalent de manganèse 345,78, et de trois d'oxygène = 300. Sa formule est $Mn\,O^3$.

Le *manganate de potasse*, s'il est *très alcalin*, constitue à proprement parler *le caméléon vert*. Mis en contact avec l'air, celui-ci passe au rouge, et présente une série de couleurs qui sont dans l'ordre des anneaux colorés, savoir, le vert, le bleu, le violet, l'indigo, le pourpre et le rouge : dans ce cas, l'acide carbonique de l'atmosphère sature peu à peu l'excès de potasse, et lorsque le manganate est ramené à l'état neutre, l'eau le décompose. Les acides agissent nécessairement sur le manganate de potasse, avec excès de base, comme l'acide carbonique de l'air : seulement leur action est plus prompte. Le manganate neutre de potasse contient un équivalent d'acide manganique et un de potasse $= Mn\,O^3\,KO$.

*Préparation.* — On fait fondre dans un creuset 1 partie de bi-oxyde de manganèse avec 2 parties de potasse, on maintient le tout au rouge pendant un quart d'heure ; on retire du feu et l'on coule cette matière fluide, dans une capsule d'argent ou sur un morceau de porcelaine.

HYPERMANGANATE DE POTASSE (*caméléon rouge*). — Il est sous forme d'aiguilles plus ou moins longues, d'une couleur violette brillante ou d'une teinte brunâtre ; il est neutre, et par conséquent sans excès de potasse. Chauffé dans un tube recourbé, il se transforme en gaz oxygène, en bi-oxyde de manganèse et en caméléon vert (manganate de potasse); il est évident que dans cette expérience, l'acide hypermanganique a été décomposé en oxygène et en bi-oxyde, et en oxygène et en acide manganique. L'hydrogène, le phosphore, le soufre, le carbone, l'arsenic et l'antimoine, chauffés avec le *caméléon pourpre*, le décomposent avec plus ou moins d'énergie, s'emparent de la majeure partie de l'oxygène de l'acide hypermanganique, et le changent en *protoxyde vert :* cette décomposition a quelquefois lieu par la simple trituration, et souvent elle est accompagnée de détonation.

*Préparation de l'hypermanganate neutre de potasse* (caméléon rouge). — On verse de l'eau pure sur du manganate de potasse qui se trouve transformé en hypermanganate neutre soluble et en bi-oxyde de manganèse; d'où il suit qu'une portion d'acide manganique a été décomposée en bi-oxyde et en oxygène; celui-ci s'est porté sur l'autre portion d'acide manganique qu'il a fait passer à l'état d'acide hypermanganique. La liqueur rouge contenant l'hypermanganate est évaporée jusqu'à ce qu'elle fournisse de petites aiguilles : on expose ensuite la liqueur à une chaleur inférieure à celle de l'eau bouillante, et on obtient des cristaux pourpres plus ou moins foncés d'hypermanganate de potasse. Wöhler préfère le procédé suivant : on fond du chlorate de potasse dans un creuset de platine; on y dissout un morceau de potasse à l'alcool et on ajoute du bi-oxyde de manganèse hydraté; il se forme du chlorure de potassium et du caméléon vert (manganate de potasse). On met le tout dans l'eau bouillante, qui transforme le manganate vert en hypermanganate rouge; on décante sans filtrer et on fait évaporer pour obtenir des cristaux noirs opaques, d'un éclat métallique verdâtre, qui sont de l'hypermanganate. (*Journal de Pharmacie*, juillet 1833.)

*Composition.*—Il est formé d'un équivalent d'acide hypermanganique et d'un équivalent de potasse.

Acide hypermanganique. — Il est assez stable pour être obtenu en décomposant l'hypermanganate de potasse par l'acide sulfurique. Toutes les matières organiques le décomposent facilement en oxygène et en bi-oxyde de manganèse.

Il est formé de deux équivalents de manganèse et de sept d'oxygène. Sa formule est $Mn^2 O^7$.

## DES SELS FORMÉS PAR LE PROTOXYDE DE MANGANÈSE.

Ces sels sont incolores lorsqu'ils ont été convenablement purifiés ; ils ont une couleur rosée, s'ils contiennent un peu de sesqui-oxyde ou de bi-oxyde. Ceux qui sont solubles dans l'eau sont précipités en blanc : 1° par la potasse, la soude et l'ammoniaque ; l'oxyde précipité ne tarde point à jaunir, et finit par noircir en absorbant l'oxygène de l'air : on peut le faire passer sur-le-champ au noir en y versant une dissolution de chlore : dans ce cas, l'eau sera décomposée; son oxygène transformera le protoxyde en bi-oxyde noir, et l'hydrogène fera passer le chlore à l'état d'acide chlorhydrique. Si l'on verse sur le protoxyde précipité un excès d'ammoniaque, il sera dissous, et l'on obtiendra un sel double de manganèse et d'ammoniaque ; 2° par le cyanure jaune de potassium et de fer ; 3° par les carbonates de potasse et de soude : le carbonate précipité ne change pas de couleur ; 4° par les phosphates, les borates et les oxalates solubles ; 5° l'acide sulfhydrique *ne les trouble point ;* 6° les sulfures de potassium et de sodium en précipitent un sulfure hydraté *d'un blanc rosé* (couleur de chair) ; 7° ils ne sont précipités ni par la noix de galle, ni par les tartrates alcalins ; 8° les métaux ne réduisent point le manganèse.

Carbonate.— On le trouve en Transylvanie ; il est plus dur que le verre ; sa couleur est blanche, rose ou jaune ; celui qui est le produit de l'art est constamment blanc ; il est insipide et insoluble dans l'eau ; chauffé dans un petit tube sans le contact de l'air, il se décompose en gaz acide carbonique et en protoxyde vert ; s'il a au contraire le contact de l'air, il fournit du sesqui-oxyde de manganèse rouge brun Il est sans usages. — *Préparation.* (Voy. p. 266.)

Protosulfate. — Il est le produit de l'art, et sous forme de prismes rhomboïdaux transparents, d'une couleur blanche, doués d'un saveur amère, styptique, décomposables par le feu, très solubles dans l'eau, insolubles dans l'alcool. Il est en partie décomposé par la dissolution de chlorhydrate d'ammoniaque, et il se forme du sulfate ammoniaco de manganèse et du chlorhydrate des mêmes bases; celui-ci est plus soluble et cristallise le dernier (Vogel). Le protosulfate de manganèse est sans usages.

*Préparation.* — On peut l'obtenir avec l'acide sulfurique affaibli et le métal; mais le plus souvent on le prépare en faisant bouillir le sesqui ou le bi-oxyde pur avec l'acide étendu de son poids d'eau; ces oxydes sont ramenés à l'état de protoxyde, et il se dégage de l'oxygène. Il contient 47,63 de protoxyde (un équivalent), et 52,37 d'acide (un équivalent).

## DES SELS FORMÉS PAR LE SESQUI-OXYDE DE MANGANÈSE.

Ces sels, considérés par plusieurs chimistes comme des mélanges de sels bi-oxydés et protoxydés, sont d'un rouge violet, quelquefois d'un brun tirant sur le jaune; ils ne cristallisent point; ils sont décolorés et ramenés à l'état de protosel, par les corps avides d'oxygène, tels que l'acide hypo-azotique concentré, les acides sulfureux, hypophosphoreux, hyposulfurique et le protochlorure d'étain. Ils précipitent en brun par les alcalis et sont peu stables.

Sulfate de sesqui-oxyde. — On l'obtient en faisant agir à froid du bi-oxyde de manganèse sur l'acide sulfurique concentré ou étendu d'eau; à l'aide d'une très douce chaleur, on parvient à faire dissoudre une plus grande quantité de bi-oxyde, qui doit nécessairement se trouver transformé en sesqui-oxyde et en acide hypermanganique. Calciné avec de la potasse ou de la soude, il fournit du caméléon. Il sert à reconnaître les corps avides d'oxygène, qui jouissent, comme nous l'avons déjà dit, de la propriété de le décolorer.

## DU ZINC.

On ne trouve jamais ce métal pur dans la nature ; il existe, 1° à l'état de calamine, qui n'est autre chose que de l'oxyde de zinc uni aux acides silicique et carbonique, et à de l'oxyde de fer, à de l'alumine et à du carbonate de chaux ; 2° à l'état de zinc oxydé ferrifère, manganésifère ou aluminifère ; 3° à l'état de blende (sulfure de zinc et de fer) ; 4° à l'état de carbonate et de sulfate. Le zinc est un métal solide, d'une couleur blanche, bleuâtre, d'une odeur particulière, d'une structure lamelleuse, ductile, et surtout malléable, peu dur. Son poids spécifique est de 7,1.

*Chauffé* dans une cornue de grès, sans le contact de l'air, il fond au-dessous de la chaleur rouge (à 374° c.), et ne tarde pas à se volatiliser si on le chauffe davantage ; la vapeur qui en résulte se condense en partie dans le col de la cornue, en partie dans le récipient dans lequel on a mis de l'eau. Si le zinc fondu est en contact avec le gaz *oxygène*, et qu'on l'agite, il absorbe ce gaz avec énergie ; il y a dégagement de calorique, et il se produit une belle flamme blanche tirant un peu sur le bleu verdâtre, extrêmement éclatante : le zinc passe à l'état de protoxyde blanc. L'*air atmosphérique* agit sur lui de la même manière, mais avec moins d'intensité, comme on peut s'en assurer en faisant fondre ce métal dans un creuset ouvert, et en l'agitant : l'oxyde blanc formé est entraîné par l'air dans l'atmosphère, en raison de sa légèreté ; il est évident que dans cette expérience l'azote est mis à nu. L'oxygène et l'air *secs* agissent sur le zinc à froid ; mais s'ils sont *humides*, il y a oxydation ; cependant l'action est faible.

L'*hydrogène* et le *bore* n'exercent aucune action sur le zinc. Le *carbone* ne se combine pas avec lui directement ; toutefois il existe un carbure de zinc noir et pulvérulent qui brûle avec flamme sur les charbons ardents, et que l'on obtient en chauffant du *cyanure* de zinc ; on sait d'ailleurs que le zinc du commerce contient toujours un peu de carbone.

Le *phosphore* ne paraît pas avoir une très grande tendance

à s'unir avec ce métal : cependant on peut opérer cette combinaison en jetant peu à peu du phosphore et une petite quantité de résine sur le zinc fondu ; celle-ci s'oppose à l'oxydation du métal : le *phosphure* qui en résulte est brillant, d'un blanc de plomb, légèrement malléable, presque aussi fusible que le zinc, et répand une odeur alliacée lorsqu'on l'aplatit sous le marteau. Le *soufre* en vapeur peut se combiner avec ce métal incandescent, et donner naissance à un sulfure solide, terne, jaune, sans saveur, moins fusible que le métal, décomposable par la chaleur, et qui s'empare de l'oxygène de l'air à une température élevée. Il est formé de 100 parties de zinc (un équivalent), et de 49,88 de soufre (un équivalent). On l'obtient en calcinant pendant une heure, à une chaleur blanche, du sulfate de zinc anhydre dans un creuset brasqué. Le sulfure hydraté se prépare en versant du sulfure de potassium dans un protosel de zinc. Le sulfure naturel, que l'on trouve principalement en France, dans les départements de l'Isère, du Pas-de-Calais, des Côtes-du-Nord et des Hautes-Pyrénées, et qui porte le nom de *blende*, est jaune, roussâtre, brun ou noir, suivant la quantité d'oxyde de fer qu'il renferme ; il perd le soufre lorsqu'on le soumet à l'action du chalumeau de Brook (Clarke), tandis que le métal s'oxyde et est entraîné dans l'air ; il est formé de sulfure de zinc et de protosulfure de fer en proportions variables suivant les espèces. En général, on peut dire que la proportion de sulfure de zinc est de 82 à 95 pour 100 de blende ; celle de protosulfure de fer, de 18 à 5 ; on s'en sert pour préparer en grand le *sulfate* de zinc.

Oxysulfure de zinc. — On peut obtenir ce produit, qui est formé d'un équivalent de protoxyde et d'un de sulfure, en décomposant le sulfate de zinc par l'hydrogène au rouge naissant (Arfwedson). Il existe dans les environs de Freyberg et à Rosiers près de Pontgibaud, un oxysulfure composé de quatre équivalents de sulfure et d'un de protoxyde.

L'*iode* se combine facilement avec ce métal réduit en poudre, même à une température peu élevée.

Le zinc dont la température a été élevée absorbe rapidement le *chlore*, le solidifie et le transforme en *chlorure*; il y a dans cette expérience dégagement de calorique et de lumière; le chlorure obtenu (beurre de zinc) est blanc, d'une saveur styptique, fusible, volatil au-dessous de la chaleur rouge, et cristallisant alors en aiguilles; il est très soluble dans l'eau. On ne l'obtient cristallisé qu'avec peine, lorsqu'on évapore le solutum, parce qu'il se volatilise presque en entier. On le prépare aussi en traitant le zinc par l'acide chlorhydrique liquide. Il est formé de 47,63 de zinc (un équivalent), et de 52,37 de chlore (un équivalent). Il est considéré par les médecins allemands comme antispasmodique. On l'a aussi employé dans la blennorrhagie, et à l'extérieur comme caustique dans le traitement de certaines affections cancéreuses.

Lorsqu'on fait arriver du *brome* en vapeur sur du zinc chauffé jusqu'au rouge, on obtient un bromure incolore, très déliquescent, soluble dans l'alcool et l'éther, et formé de 29,19 de zinc et de 70,81 de brome. L'*azote* n'exerce aucune action sur ce métal. Si l'on fait passer de l'*eau* en vapeur dans un tube de porcelaine rouge contenant du zinc, celui-ci en absorbe l'oxygène, et l'hydrogène est mis à nu. Le gaz *oxyde de carbone* est sans action sur ce métal. On ignore comment l'*oxyde de phosphore* agit sur lui. Il décompose le *protoxyde d'azote* à une température élevée, et il est probable qu'il opère aussi la décomposition du bi-oxyde d'azote.

Il est sans action sur l'acide *borique*. Il décompose l'acide *carbonique* à chaud et le ramène à l'état de gaz oxyde de carbone. Lorsqu'on le met en contact avec l'acide *carbonique* dissous dans l'eau, celle-ci est rapidement décomposée; il se dégage du gaz hydrogène, et le métal oxydé se combine avec l'acide. A une température très élevée, il enlève l'oxygène à l'acide *phosphorique*. L'acide *sulfurique* concentré cède une portion de son oxygène au zinc lorsqu'on *chauffe* le mélange, et se transforme en gaz acide sulfureux, tandis que le métal oxydé passe à l'état de sulfate en se combinant avec l'acide non décomposé : *à froid*, l'action est à peine sensible; il se dégage lentement quelques bulles de gaz hydrogène, par suite de la décomposition de l'eau, et il se produit un peu de sulfate. Si l'acide sulfurique est très affaibli par l'eau, celle-ci est rapidement décomposée à froid; il y a dégagement de gaz hydrogène et formation de sulfate de zinc. M. de la Rive s'est assuré que le zinc, dans cette circonstance, ne doit son énergie qu'à la présence de certains métaux étrangers; c'est ainsi que le zinc *pur* agit à peine sur l'eau; un alliage de 9 parties de zinc et d'une de fer possède au contraire au plus haut degré la propriété de décomposer ce liquide. On ignore comment le gaz acide *sulfureux* agit sur ce métal. L'acide *chlorique* le dissout sans qu'il se dégage aucun gaz; l'eau n'est pas décomposée : ne pourrait-on pas, comme le dit Vauquelin, supposer que le zinc a été oxydé par l'oxygène d'une portion d'acide chlorique qui se décomposerait, et regarder ce produit comme une combinaison triple de chlore, d'acide chlorique et d'oxyde de zinc?... L'acide *azotique* est en partie décomposé par ce métal, qui lui enlève une certaine quantité d'oxygène, et met de l'azote, du bi-oxyde ou du protoxyde d'azote à nu; l'oxyde de zinc formé se combine avec l'acide azotique non décomposé et se transforme en azotate. L'acide *hypo-azotique* est également décomposé en partie, et il se forme, à la température ordinaire, de l'*azotite* et de l'azotate de zinc. Le gaz acide *chlorhydrique* sec, chauffé avec ce métal, le fait passer à l'état de *chlorure*, et l'hydrogène est mis à nu; si l'acide chlorhydrique contient de l'eau, il est rapidement décomposé à froid. Le zinc décompose le gaz acide *sulfhydrique*, s'empare du soufre, et l'hydrogène est mis à nu.

L'*ammoniaque* liquide et concentrée exerce sur ce métal une action remarquable, dont nous devons les détails à Delassone. A l'aide d'une légère chaleur, et même à froid, l'eau de l'ammoniaque est décomposée, son oxygène se porte sur le métal, l'hydrogène se dégage, et l'oxyde formé se dissout dans l'ammoniaque; cette dissolution évaporée fournit des cristaux d'où l'on peut dégager l'ammoniaque par la chaleur.

Le *carbonate de soude* bouillant dissout lentement le zinc, avec dégagement de gaz hydrogène, et il se forme, au bout de quelques jours de repos, des cristaux octaédriques ou tétraédriques de *carbonate double de soude* et d'*oxyde de zinc* insolubles dans l'eau; d'où il suit que l'eau a été décomposée (Wôlher).

Le zinc est employé à la construction de conduits, de gouttières, de baignoires, de couvertures de toits; on s'en sert aussi pour faire des casseroles et plusieurs autres ustensiles : mais nous pensons qu'il est imprudent d'en faire usage dans les cuisines, car il est parfaitement prouvé que les dissolutions de sel commun, d'acide acétique, d'acide oxalique et citrique, qui entrent dans la composition de plusieurs aliments, facilitent son oxydation et sa dissolution; or, l'ingestion d'une préparation de zinc peut, dans quelques circonstances, être suivie d'accidents fâcheux. Le beurre, fondu dans des vases de zinc, les attaque également, favorise l'oxydation du métal et dissout l'oxyde. On emploie encore le zinc pour la construction de la pile de Volta, pour préparer l'oxyde blanc (fleurs de zinc), le gaz hydrogène, le laiton, et un alliage d'étain dont on fait usage pour frotter les coussins des machines électriques.

Le procédé de galvanisation du fer consiste dans l'application d'une petite couche de zinc à la surface du fer; pour cela on frotte le fer bien décapé avec du zinc en fusion, sur lequel on a projeté préalablement un peu de chlorhydrate d'ammoniaque.

Le fer préparé de cette manière peut être impunément soumis, du moins pendant un laps de temps assez long, à l'action simultanée de l'air et de l'humidité; car l'action galvanique exercée par la réunion des deux métaux tend constamment à détruire l'oxyde qui pourrait se former. Les fers galvanisés sont principalement employés dans la fabrication des objets exposés aux injures du temps, tels que gouttières, tuyaux de cheminées, etc.

Le poids d'un équivalent de zinc est de 403,23.

*Extraction.* — On introduit dans des tuyaux de terre, fermés par une de leurs extrémités, un mélange de charbon et de *calamine* calcinée; ces tuyaux traversent un fourneau, et sont légèrement inclinés, de manière que leur extrémité ouverte est plus élevée que l'autre, et communique avec d'autres tuyaux inclinés dans un sens opposé : c'est, en quelque sorte, un appareil distillatoire dans lequel la cornue serait représentée par les premiers tuyaux, et le récipient par les autres. On chauffe fortement; la calamine, formée d'oxyde de zinc, d'acide silicique, d'eau, d'un peu d'oxyde de fer, de carbonate de chaux et d'alumine, et quelquefois d'arsenic et d'étain, se décompose; le zinc provenant de la décomposition de l'oxyde par le charbon, se sublime, se condense dans les tuyaux extérieurs, d'où on le fait tomber dans un bassin de réception : on le fait fondre, et on le verse dans le commerce. On fait cette exploitation dans la Belgique (ancien département de l'Ourthe). En le sublimant de nouveau, on le purifie; mais il est difficile, pour ne pas dire impossible, de l'avoir pur et de le priver entièrement de charbon et des autres métaux que contenait la calamine.

### DU PROTOXYDE DE ZINC (FLEURS DE ZINC; POMPHOLIX, NIHIL ALBUM, LANA PHILOSOPHICA).

On trouve cet oxyde dans la nature; il entre pour beaucoup dans la composition de la calamine et du zinc gahnite. L'oxyde de zinc est blanc, doux au toucher, fixe lorsqu'on le chauffe dans des vaisseaux fermés, décomposable par la pile; il absorbe, à la température ordinaire, l'acide carbonique de l'air; fortement chauffé avec du charbon, il perd son oxygène, et il se forme du gaz oxyde de carbone. Il se combine parfaitement avec les acides, et se dissout à merveille dans la potasse, la soude et l'ammoniaque. Il doit être regardé comme un excellent antispasmodique; il a été quelquefois utile dans l'épilepsie, où il a été employé seul par quelques praticiens : on peut l'administrer depuis 30 centigrammes par jour, jusqu'à 2 grammes, mêlé avec du sucre, de la gomme ou toute autre poudre, et divisé en plusieurs prises. On le donne quelquefois, associé à la jusquiame noire et à la valériane, pour combattre certaines névralgies faciales rebelles : on fait prendre ordinairement deux pilules par jour, composées de 5 centigrammes d'oxyde de zinc et d'une égale quantité d'extrait de jusquiame et de valériane, et on augmente progressivement la dose. La *tutie* ou *cadmie* n'est autre chose que le sublimé blanc qui se condense dans les fourneaux où l'on exploite les minerais de zinc. Elle est composée de 90 à 94 pour cent de protoxyde de zinc et de 10 ou 6 parties de protoxyde de fer et de plomb, de laitier et de charbon. Elle fait partie de certains collyres fortifiants, du baume vert, de l'opodeldoch, etc.; on compose avec elle et du sucre candi une poudre que l'on souffle dans les yeux pour dissiper les taies : il serait préférable d'employer de l'oxyde de zinc pur.

*Préparation du protoxyde de zinc.* — On fait fondre le métal dans un creuset ; il ne tarde pas à être oxydé par l'air, et à donner des flocons blancs qui s'attachent aux parois du creuset, et que l'on enlève avec une spatule à mesure qu'ils se produisent.

*Composition.* — Il est formé de 100 parties de zinc (un équivalent) et de 24,79 d'oxygène (un équivalent). Sa formule est Zn O.

## DU PEROXYDE DE ZINC.

M. Thénard est parvenu à suroxyder l'oxyde de zinc au moyen de l'eau oxygénée mêlée d'acide chlorhydrique (voy. p. 119). C'est probablement un bi-oxyde.

## DES SELS DE ZINC.

Ces sels sont incolores lorsqu'ils sont purs : leurs dissolutions sont précipitées en *blanc*, 1° par la potasse, la soude ou l'ammoniaque, qui en séparent l'oxyde ; celui-ci ne change pas de couleur à l'air, et se redissout dans un excès de l'un ou de l'autre de ces alcalis concentrés ; la possibilité de dissoudre le précipité dans l'ammoniaque distingue ces sels de ceux d'alumine ; 2° par les protosulfures solubles et par l'acide sulfhydrique, qui en précipitent un sulfure de zinc plus ou moins sulfuré : ce dernier ne les précipiterait pas s'ils étaient très acides ; 3° par le cyanure de potassium et de fer (prussiate) ; 4° par les carbonates, les phosphates et les borates solubles ; 5° aucun métal ne précipite le zinc de ses dissolutions.

Carbonate. — Ce sel est blanc, décomposable par le charbon en zinc métallique et en oxyde de carbone. On s'en sert quelquefois pour remplacer le carbonate de plomb dans la peinture, surtout dans les lieux où il se dégage de l'acide sulfhydrique. On le prépare par double décomposition.

Sulfate neutre (*couperose blanche*, *vitriol blanc*). — Ce sel se trouve dans la nature, mais en petite quantité. Il cristallise en prismes à quatre pans incolores, terminés par des pyramides à quatre faces : il est doué d'une saveur âcre, styptique; il est efflorescent : 100 parties d'eau à 15° cent. en dissolvent 140 parties; il est plus soluble dans l'eau bouillante. Il éprouve la fusion aqueuse lorsqu'on le chauffe; à une température plus élevée, il perd de l'acide sulfurique anhydre, il se dégage du gaz sulfureux et du gaz oxygène, et il reste du sulfate basique de zinc. Il est formé de 50,1 de protoxyde (un équivalent) et de 49,9 d'acide sulfurique (un équivalent). Le sel cristallisé contient sept ou huit équivalents d'eau, suivant la température à laquelle on l'a fait cristalliser. On vend dans le commerce du sulfate de zinc en masses d'un blanc sale, tachées çà et là en brun rougeâtre, qui contient du sulfate de zinc basique, du sulfate de fer, et quelquefois un peu de sulfate de cuivre, de l'alun et des traces de sulfate de cadmium. Le sulfate de zinc a été administré dans les mêmes circonstances que l'oxyde, mais il ne paraît pas être aussi avantageux : il est employé par quelques praticiens comme émétique, à la dose de 60 à 75 centigrammes dissous dans l'eau distillée; on s'en sert souvent, et avec succès, dans les dernières périodes des ophthalmies et des leucorrhées : dans le premier cas, on en fait dissoudre 5 ou 10 centigrammes dans 30 grammes d'eau de roses, à laquelle on ajoute huit ou dix gouttes de laudanum de Sydenham, et on fait tomber une ou deux gouttes de *solutum* entre les paupières; dans le second cas, on l'administre en injection et étendu de beaucoup d'eau, de crainte d'irriter trop fortement la membrane muqueuse. Pris à forte dose il donne lieu à des symptômes analogues à ceux que déterminent les poisons irritants; toutefois nous ferons observer qu'étant doué à un très haut degré de la propriété émétique, il ne tarde pas à être vomi, et que le plus ordinairement les accidents qu'il a développés cèdent à l'emploi des médicaments adoucissants que l'on fait prendre. Les lésions organiques qu'il occasionne sont en général peu intenses et bornées à quelques portions de l'estomac et des intestins.

*Préparations.* — On le prépare dans les laboratoires, en suivant le cinquième procédé (voy. p. 267). Pour l'obtenir en grand, on fait griller la *blende* dans un fourneau à réverbère; le sulfure de zinc, et la petite quantité de sulfures de fer, de cuivre et de plomb qui composent ce minéral, passent, en absorbant l'oxygène de l'air, à l'état de *sulfates;* on les traite par l'eau, qui les dissout tous, excepté le sulfate de plomb; on laisse déposer celui-ci, on décante la dissolution, et on la fait évaporer jusqu'à ce qu'elle soit assez concentrée pour fournir une masse cristalline semblable au sucre en pain, que l'on livre dans le commerce sous le nom de *vitriol blanc.* Ce vitriol contient, outre le sulfate de zinc, un peu de sulfate de fer et de cuivre, d'alun, etc.; on le purifie en le dissolvant dans l'eau et en le faisant bouillir avec de l'oxyde de zinc, qui précipite les oxydes de fer et de cuivre.

Azotate. — Il est le produit de l'art; il cristallise en octaèdres déliquescents, très solubles dans l'eau et dans l'alcool, fusibles et fusant sur les charbons ardents, en donnant une flamme bleue verdâtre. On l'obtient avec l'acide azotique et le métal ou le protoxyde. Il est composé de 42,63 de protoxyde (un équivalent) et de 57,37 d'acide (un équivalent).

## DU FER.

Ce métal se trouve dans la nature, 1° à l'état natif, dans des filons, auprès de Grenoble, à Kamsdorf en Saxe, en Amérique, suivant Proust; ou bien en masses considérables : on en a rencontré une à *Olumpa*, lieu de l'Amérique méridionale, dont le poids s'élevait à 1500 myriagrammes; d'autres ont été trouvées en Sibérie, à Aken, près de Magdebourg, en Bohême; et il en existe, suivant M. de Humboldt, au Pérou, au Mexique, à Colombie; 2° combiné avec diverses proportions d'oxygène, constituant des oxydes anhydres ou hydratés; 3° avec des corps simples, tels que le soufre, l'arsenic et quelques autres métaux; 4° enfin, avec l'oxygène et un acide, ce qui constitue des sels ferrugineux.

Le fer est un métal solide, d'une couleur grise bleuâtre, d'une structure granuleuse, un peu lamelleuse, malléable et surtout ductile : on sait qu'il a été réduit en fils assez minces pour pouvoir en faire des perruques : sa ténacité est extrême : on ne peut rompre un fil de fer de 2 millimètres de diamètre, qu'en lui faisant supporter un poids de 242,659 kilogrammes; il est très dur, et répand une odeur sensible lorsqu'on le frotte; il jouit, à un très haut degré, de la propriété magnétique, en sorte qu'on l'emploie pour faire les aimants artificiels (1) : il ne partage cette propriété qu'avec le nickel et le cobalt, qui la possèdent à un degré beaucoup plus faible. Son poids spécifique est de 7,788.

Soumis à l'action du calorique, le fer entre en fusion à 130° du pyromètre de Wedgwood (environ 9958° centigr.); il semble pouvoir cristalliser en cubes et en octaèdres; du moins, d'après Wôhler, on l'aurait obtenu sous la première de ces formes, à l'ouverture des hauts-fourneaux qui servent à extraire le fer; et sous la seconde, dans le coulage de grandes masses de fonte. S'il est en contact avec le gaz *oxygène*, lorsqu'on l'a chauffé, il brûle vivement, en lançant de tous côtés des étincelles brillantes. M. D'Arcet a fait voir qu'il en était de même avec *l'air atmosphérique*, si l'on présentait une barre de fer, chauffée au rouge blanc, au vent d'un fort soufflet de forge : dans l'un et l'autre cas, le fer s'oxyde, augmente de poids, donne lieu à un grand dégagement de calorique et de lumière, et passe successivement à l'état de *protoxyde* et de *sesqui-oxyde*, si toutefois la température n'est pas rouge blanc, car alors il se formerait un composé de protoxyde et de sesqui-oxyde. Les battitures qui se détachent du fer que l'on a fait rougir pendant quarante-huit heures, et que l'on bat après, ne sont point homogènes, d'après M. Mosander; la première couche contient d'autant

(1) Les aimants naturels sont principalement formés d'un équivalent de protoxyde et d'un équivalent de sesqui-oxyde.

plus de sesqui-oxyde de fer, que l'on approche davantage de sa surface extérieure; mais la seconde couche est homogène, et peut être considérée comme formée par la réunion de six équivalents de protoxyde de fer avec un équivalent de sesqui-oxyde, d'où l'on voit qu'en raison de la température et de la surface chauffée on peut faire varier la composition de ces oxydes. Quoi qu'il en soit, si on continue à faire rougir pendant quelque temps ces battitures avec le contact de l'air, on les transforme en *sesqui-oxyde* (*safran de mars astringent*). A la *température* ordinaire, le gaz oxygène humide le fait passer aussi à l'état d'oxyde; il en est de même de l'air atmosphérique qui n'a pas été desséché : celui-ci le transforme en outre en *safran de mars apéritif*, composé d'après M. Soubeiran d'hydrate de sesqui-oxyde à trois équivalents d'eau, mélangé à des quantités variables et acidentelles de carbonate sesquibasique de fer, et quelquefois de carbonate neutre de protoxyde. Il se produit en outre un peu d'*ammoniaque*, par le contact de l'air froid et humide sur le fer; d'où il faut conclure que la vapeur aqueuse de l'atmosphère a également été décomposée, que son oxygène a oxydé le métal, tandis que l'hydrogène s'est combiné avec l'azote de l'air, pour former de l'ammoniaque (Austin, Chevallier) (1).

L'action du gaz *hydrogène* sur le fer n'est pas encore bien connue, malgré les travaux récents de M. Dupasquier, qui admet l'existence d'un hydrogène *ferré*. On ignore quel est le résultat de l'action directe du *bore* sur lui ; mais il existe un borure de fer que l'on obtient en chauffant fortement, dans un tube de porcelaine, du sous-borate de fer, et en le faisant traverser par un courant de gaz hydrogène. Ce borure est d'un blanc argentin brillant, inaltérable à l'air froid, et composé de 77,40 parties de fer et de 22,60 de bore.

(1) Ce fait est d'autant plus important pour la médecine légale, que les gens de l'art sont souvent appelés pour décider si les taches rougeâtres que l'on observe sur les instruments tranchants, sont formés par du sang : or, il est évident, d'après ce qui vient d'être dit, qu'il est impossible de reconnaître, par la simple action de la chaleur et par cela seul qu'il se dégage de l'ammoniaque, si les taches sont produites par du sang ou par de la rouille.

Le *carbone* et le fer peuvent s'unir en diverses proportions et donner naissance à plusieurs carbures, tels que l'acier, la fonte, etc. L'*acier* est constamment un produit de l'art; on en distingue quatre espèces, savoir :

1° L'*acier d'Allemagne*, qui n'est que l'acier naturel obtenu en laissant pendant plusieurs heures la fonte en fusion sous l'influence d'un courant d'air qui en brûle l'excès de carbone. Il est d'une qualité inférieure aux deux autres, car il contient souvent du fer mélangé qui le rend plus mou, mais aussi plus facile à forger.

2° L'*acier de cémentation*, que l'on prépare en chauffant dans des caisses en tôle ou en brique, des barres de fer doux enveloppées d'un mélange de poudre de charbon de bois, de suie, auxquels on ajoute quelquefois de la cendre de bois et du sel marin, et qui porte le nom de cément; le fer, ainsi chauffé pendant cinq ou six jours, se combine avec une portion du charbon, et constitue de l'acier, qui, en raison des boursouflures qui couvrent sa surface, porte aussi le nom d'acier *poule*. Il est de bonne qualité.

3° L'*acier fondu* est le plus homogène de tous et le meilleur pour la fabrication des instruments tranchants. On le prépare en fondant des morceaux des aciers précédents dans des creusets de terre très réfractaire, après les avoir recouverts d'une couche de charbon et de verre pilé; il se forme des scories que l'on enlève, et lorsque cet acier a été maintenu en fusion pendant quelque temps, on le coule sous forme de lingots.

4° L'*acier damassé* enfin n'est que l'un des précédents maintenu long-temps en fusion avec un excès de carbone, de manière qu'il en dissout une plus grande quantité qui paraît cristalliser et produit des dessins que l'on met à nu en lavant la surface des instruments fabriqués avec cet acier, à l'aide d'une eau légèrement acidulée.

Ces aciers sont presque entièrement formés par du fer, car ils ne contiennent que depuis un millième jusqu'à 20 millièmes de leur poids de charbon; les meilleurs sont ceux dans la composition desquels il n'entre que 7 à 8 millièmes de charbon. Suivant M. Boussingault, l'acier contiendrait aussi une certaine quantité de silicium provenant de l'acide silicique que renferme le charbon dont on s'est servi; du moins il dit avoir trouvé 0,225 de ce corps dans l'acier cémenté et dans l'acier fondu, et 0,125 dans l'acier poule. (*Ann. de Chim. et de Phys.*, t. XVI.)

L'acier est brillant, susceptible d'être poli, insipide, inodore, très malléable, très ductile, d'une structure granuleuse, et un peu moins pesant que le fer. Si, après l'avoir fortement chauffé, on le refroidit subitement en le plongeant dans l'eau froide, dans du mercure, dans des acides, dans des huiles, etc., il acquiert de l'élasticité, de la dureté, et devient cassant; il perd par conséquent sa ductilité et sa malléabilité ; son tissu est plus serré et plus fin : on désigne cette opération sous le nom de *trempe*. L'acier trempé peut être *détrempé* et reprendre ses propriétés primitives si on le fait rougir et qu'on le laisse refroidir lentement.

La *fonte* contient depuis 2 jusqu'à 6 de carbone pour 100 ; elle renferme aussi du silicium, et quelquefois un peu de manganèse, des traces d'aluminium, de calcium, de cuivre, de phosphore et de soufre. (Voy. *Extraction du fer*.)

Il existe encore d'autres *carbures* de fer pulvérulents, noirs, très combustibles (tricarbure, quadricarbure), etc., que l'on obtient soit en distillant le bleu de Prusse, ou un mélange de cyanure de fer et de cyanhydrate d'ammoniaque, ou des sels de fer composés d'un acide végétal. Ces carbures sont inusités.

La *plombagine*, ou la mine à crayon, considérée pendant long-temps comme un percarbure de fer, n'est que du charbon dans un état particulier.

Le *phosphore* en vapeur peut s'unir directement avec le fer, et donner un phosphure composé de 22,43 parties de phosphore (un équivalent) et de 77,57 de fer (deux équivalents) ; il est d'un gris bleuâtre, brillant, cassant, plus fusible que le fer, pouvant cristalliser en prismes rhomboïdaux : il n'a point d'usages. Ce phosphure est si fragile, que lorsque le fer en contient quelques millièmes il devient lui-même très cassant.

On peut combiner le *soufre* avec le fer par l'action de la

chaleur; on connaît un assez grand nombre de sulfures, qui ne sont pas tous le résultat de l'action directe du soufre sur le métal. — *Protosulfure.* Il existe quelquefois dans la nature; on l'obtient pur en décomposant à une température élevée le protosulfate de fer par le charbon, ou bien en chauffant en vases clos un mélange de soufre et de lames de fer minces, et en volatilisant l'excès de soufre; si on veut l'avoir hydraté, on verse du protosulfure de potassium dans un *solutum* de sulfate de protoxyde de fer neutre. Il est formé de 62,77 de fer (un équivalent), et de 37,23 de soufre (un équivalent). Il est solide, brillant, *non magnétique* et d'une couleur jaunâtre quand il est en poudre; par le contact simultané de l'air et de l'humidité, il se transforme en protosulfate de fer. Le protosulfure que l'on prépare dans les laboratoires, en projetant dans un creuset rouge et par portions un mélange de soufre et de limaille de fer, contient souvent du sesquisulfure; c'est lui que l'on emploie à la préparation du gaz acide sulfhydrique. Le protosulfure de fer *hydraté* qui se forme lorsqu'on fait une pâte avec un peu d'eau, 60 parties de limaille de fer et 40 de soufre, et en la chauffant *légèrement* dans un ballon, constitue le *volcan de Lémery*; il suffit d'exposer à l'air ce produit, même refroidi, pour qu'il s'échauffe beaucoup et devienne incandescent en se transformant en sulfate, surtout lorsqu'on l'étale en couches minces. — *Sesquisulfure.* Il existe dans la pyrite de *cuivre*. On l'obtient en faisant passer du gaz acide sulfhydrique sur du sesqui-oxyde de fer hydraté artificiel, bien sec, à froid et à l'abri du contact de l'air. Il est formé de 678,420 de fer (deux équivalents) et de 603,48 de soufre (trois équivalents). Il est gris jaunâtre, non magnétique, mais il devient attirable à l'aimant lorsqu'on le chauffe et qu'il perd 2/9 de soufre. — *Bisulfure* ou *persulfure.* Il est très abondant dans la nature et connu en minéralogie sous les noms de *pyrite jaune, martiale, blanche,* etc. Il est formé de 45,74 p. de fer (un équivalent) et de 54,26 de soufre (deux équivalents). On l'obtient en faisant passer du gaz acide sulfhydrique sur du sesqui-oxyde de fer à une température qui est entre 100° et la chaleur rouge. Il est jaune ou d'un blanc jaunâtre, brillant, *non magnétique;* si on le chauffe, il se transforme en un sulfure attirable à l'aimant, parce qu'il perd du soufre; il est inaltérable à l'air sec à froid; au rouge naissant, cet agent le change en gaz acide sulfureux et en sulfate. Si la température est plus élevée, on obtient du gaz sulfureux et du sesqui-oxyde de fer. On l'emploie à l'extraction du soufre et à la fabrication de l'acide sulfurique. La *pyrite magnétique* naturelle est composée d'*un équivalent* de bisulfure et de *six équivalents* de protosulfure. Il existe encore plusieurs sulfures composés de protosulfure et de bisulfure, mais qui n'ont que peu d'importance.

L'*iode* agit sur le fer comme sur le zinc. Le proto-iodure de fer est brun, fusible à la température rouge, soluble dans l'eau, à laquelle il communique une couleur verte; ce *solutum* évaporé fournit des cristaux lamelleux. On l'obtient en mettant de l'eau sur de la limaille de fer et de l'iode. Il est formé de 17,8 de fer (un équivalent) et de 82,2 d'iode (un équivalent). On l'emploie aujourd'hui en médecine, mais il faut avoir soin de le préparer bien neutre.

Le *sesqui-iodure* est liquide, rouge jaunâtre, et s'obtient en faisant agir l'acide iodhydrique sur le sesqui-oxyde de fer hydraté.

Avec le *chlore*, le fer donne un proto et un sesquichlorure. Le protochlorure est vert pâle, volatil, absorbant rapidement l'oxygène de l'air, qui le transforme en bichlorure jaune et en sesqui-oxyde de fer de couleur d'ocre rouge, qui se précipite. On le prépare soit en dissolvant le fer dans l'acide chlorhydrique si l'on veut l'avoir hydraté, soit en faisant passer du gaz chlorhydrique sur des fragments de fer portés au rouge dans un tube de porcelaine. Dans l'une ou l'autre de ces opérations, l'acide chlorhydrique est décomposé, l'hydrogène se dégage, tandis que le chlore est absorbé. Il est formé d'un équivalent de fer et d'un équivalent de chlore, Fe Cl.

Le sesquichlorure s'obtient en dissolvant le sesqui-oxyde de fer dans l'acide chlorhydrique et évaporant à siccité, ou bien en chauffant à 400° du fer que l'on plonge dans du chlore gazeux. Le chlorure qui se forme est très volatil, et vient se condenser sous forme de paillettes violettes foncées et brillantes. Lorsqu'on chauffe ce chlorure avec du chlorhydrate d'ammoniaque, il donne un sublimé jaunâtre connu sous le nom de fleurs martiales. Ce sesquichlorure contient deux équivalents de métal et trois de chlore, $Fe^2$ $Cl^3$.

Le *brome* se combine aussi en deux proportions avec le fer.

L'*azote* peut se combiner avec le fer rouge lorsqu'on expose celui-ci à un courant de ce gaz; en effet, le métal augmente de poids, et il se dégage de l'azote quand on le dissout dans les acides (Desprets). Lorsqu'on fait agir à la fois l'azote et l'eau sur le fer, celle-ci se décompose, et il se forme de l'oxyde de fer et de l'ammoniaque (Austin).

Le fer pur, tenu sous l'*eau* privée d'air, n'éprouve aucune altération : si l'eau contient de l'air, il se forme de l'hydrate de sesqui-oxyde d'un rouge brun, qui conserve sa couleur s'il est isolé du fer, mais qui devient d'un vert brunâtre s'il reste adhérent à sa surface : on explique ce dernier fait en admettant que, par le contact du fer et du sesqui-oxyde, il se forme un élément de la pile voltaïque : alors l'eau est décomposée par l'électricité, et il en résulte de l'hydrogène qui ramène à un degré inférieur l'oxyde rouge formé par l'action de l'air; il est évident, d'après cela, que l'hydrogène obtenu par Lavoisier, en mettant du fer avec de l'eau sur le mercure, doit son origine au contact des deux métaux hétérogènes. La préparation de l'*æthiops martial* repose sur ce qui vient d'être dit : en effet, lorsqu'on humecte et que l'on remue de temps en temps de la limaille de fer bien décapée et exposée l'air, le fer est d'abord oxydé par l'air, avec une légère élévation de température; bientôt l'eau se décompose par l'effet électrique indiqué, et il se dégage de l'hydrogène; le produit résultant de cette action constitue l'*éthiops martial* qui paraît être composé de sesqui-oxyde et de protoxyde de fer (1). Lorsqu'on laisse le fer et l'eau en contact avec

(1) La production de ces oxydations locales et tuberculeuses brunes-verdâtres, que l'on a signalées dans ces derniers temps, çà et là dans les tubes d'une conduite en fonte que traversait l'eau, et qui finissaient par obstruer le passage de ce liquide, tient également à la même cause; ces exubérances sont en effet composées de protoxyde et de sesqui-oxyde

l'air, à la température ordinaire, l'oxyde formé se dissout dans l'acide carbonique, surtout si on renouvelle l'air, en sorte que l'eau tient réellement du carbonate de fer en dissolution. L'eau *ferrugineuse* ou *chalybée* se prépare en effet en faisant digérer de vieux clous dans ce liquide exposé à l'air. Si, au lieu d'agir ainsi, on fait passer de la *vapeur d'eau* à travers du fer chauffé jusqu'au rouge obscur dans un tube de porcelaine, il se forme sur-le-champ une très grande quantité d'un oxyde noir, composé d'un équivalent de protoxyde et d'un équivalent de sesqui-oxyde : cette décomposition s'opère, comme l'a prouvé M. Gay-Lussac, depuis le rouge obscur jusqu'au rouge-blanc, et en proportion croissante avec la température. Il peut être obtenu en rhomboèdres qui ressemblent aux cristaux de l'île d'Elbe, si, comme l'a fait M. Haldat, on a employé un petit faisceau formé de fil de fer de deux ou trois millimètres de diamètre, aplati sous le marteau, lié aux deux extrémités et au milieu, et fixé par un bout à un fil du même métal conduit hors du tube pour en retirer le faisceau : c'est sur la surface de ces lames que l'on voit les cristaux.

Le *fer* se dissout en partie dans la dissolution aqueuse de cyanogène : en effet, la liqueur acquiert une belle couleur pourpre par l'addition de l'infusion de noix de galle ; il se produit en même temps du bleu de Prusse insoluble, qui reste mêlé avec le fer non dissous (Vauquelin) : dans cette expérience, l'eau et une partie du cyanogène sont décomposés, et il se forme de l'acide carbonique, et un autre acide oxygéné, qui est probablement de l'acide cyanique, de l'ammoniaque, et un composé de cyanogène et de fer (bleu de Prusse).

On ignore quelle est l'action des oxydes de *carbone* et de *phosphore* sur le fer. Ce métal décompose le *protoxyde d'azote* à une température élevée : il agit probablement de même sur le gaz *bi-oxyde d'azote*.

Il n'altère point l'acide *borique*. Il transforme, au con-

de fer, et paraissent se former surtout lorsque les eaux sont très légèrement salées et à faible réaction alcaline (Payen, 1833).

traire, le gaz acide *carbonique* en gaz oxyde de carbone, et passe à l'état d'oxyde de fer, pourvu que la température soit assez élevée; l'eau saturée de ce gaz dissout peu à peu la limaille de fer, et la fait passer à l'état de carbonate; le métal s'oxyde aux dépens du liquide. Il opère la décomposition de l'acide *phosphorique* à une température rouge. Il agit sur l'acide *sulfurique* comme le zinc (voyez page 408), et passe à l'état de protosulfate. L'acide *chlorique* attaque le fer, le dissout sans dégagement de gaz, et produit une chaleur très sensible. Suivant Vauquelin, l'oxygène de cet acide oxyde le métal, et il se forme un composé de chlore et de sesqui-oxyde de fer.

L'acide *azotique* très concentré n'a pas d'action sur le fer à froid, et agit à peine à la température de l'ébullition; étendu d'un peu d'eau, il se décompose en partie, cède une portion de son oxygène au fer, et se transforme en gaz azote, en protoxyde d'azote ou en bi-oxyde d'azote; le fer passe à l'état de sesqui-oxyde rouge, qui se précipite en grande partie sous forme de flocons, et qui se dissout en partie dans l'acide non décomposé; il se produit en outre de l'azotate d'ammoniaque, par l'union de l'azote mis en liberté et de l'hydrogène d'une petite partie d'eau décomposée.

Si l'acide azotique est excessivement faible, s'il ne marque, par exemple, que 5 degrés à l'aréomètre, il se forme un sel composé de *proto* et de *sesqui*-azotate.

L'acide *hypo-azotique* agit aussi avec beaucoup d'énergie sur le fer. Les acides *chlorhydrique* et *sulfhydrique* exercent sur lui la même action que sur le zinc. Les usages de ce métal précieux sont innombrables et généralement connus.

*Poids d'un équivalent de fer.* — Il est de 339,210.

*Extraction.* — On peut extraire ce métal d'une assez grande variété de minerais et par plusieurs procédés différents; cependant toutes ces méthodes se résument dans l'action qu'exerce le charbon sur un oxyde de fer porté à une température élevée. D'abord ces minerais sont soumis à des opérations mécaniques, qui ont pour but soit de les débarrasser par des lavages des matières terreuses qui les souillent, soit de volatiliser certains principes par l'action de la chaleur, ou de les désagréger. Ainsi préparés, les minerais sont placés dans un four, formé par deux cônes en briques réfractaires, réunis base à base, auquel on donne le nom de haut-fourneau, et dans lequel ils sont réduits. Pour cela, on chauffe d'abord le fourneau, et lorsque sa température est suffisamment élevée, on projette de temps à autre, par la partie supérieure appelée *gueulard*, un mélange de charbon et de minerai, afin de maintenir le fourneau toujours plein. A cette température, activée par le vent de bons soufflets, le charbon s'empare de l'oxygène de l'oxyde de fer, et donne naissance à de l'oxyde de carbone et à de l'acide carbonique qui se dégagent, tandis que le fer ramené à l'état métallique fond, se combine avec une certaine quantité de charbon, et constitue la *fonte*. A cet état, elle se rend dans la partie inférieure du fourneau appelée creuset, et à la paroi duquel il existe une ouverture, bouchée seulement avec de l'argile, que l'on ouvre aussitôt que la quantité de fonte est assez considérable, pour la conduire dans des sillons formés de sable où elle se refroidit. Ainsi moulée, elle porte le nom de *gueuse*.

Il est des minerais qui sont mélangés d'une grande quantité d'acide silicique, lequel, en se combinant avec une portion de fer, formerait un silicate qui, par son abondance, causerait une perte considérable. On évite cet inconvénient en ajoutant une petite quantité de carbonate de chaux, auquel on donne le nom de *castine*, et qui forme un silicate à base de chaux et non de fer. Si au contraire le minerai était chargé de chaux, il serait difficilement réductible ; il faudrait alors y ajouter une quantité proportionnelle d'argile, portant le nom d'*erbue*, qui, par l'acide silicique qu'elle renferme, formerait du silicate de chaux ne pouvant plus nuire à l'opération.

Tous ces silicates, plus légers que la fonte, se réunissent à la partie supérieure du bain de fonte, et constituent les scories vitreuses que l'on désigne sous le nom de *laitier*.

La fonte obtenue de cette opération, pour être réduite à l'état de fer, est coupée en morceaux appelés *loupes*, que l'on porte au rouge dans un four, sous l'influence d'un courant d'air, afin de brûler la plus grande partie du carbone qu'elle renferme. Cette opération porte le nom de *pudlage*. On soumet enfin ces loupes à l'action d'un très fort marteau appelé *martinet*, qui les transforme en barres de fer que l'on livre au commerce.

## DES OXYDES DE FER.

Ils sont au nombre de deux.

PROTOXYDE. — Il n'existe qu'à l'état d'*hydrate* et dans les sels de protoxyde de fer. Il est solide, *non magnétique*, blanc au moment même où il vient d'être préparé; car à peine a-t-il le contact de l'air ou de l'eau aérée, qu'il change rapidement de couleur et de nature : ainsi il devient successivement d'un vert clair, d'un vert foncé, bleu noirâtre et jaune d'ocre; alors il se trouve transformé en sesqui-oxyde hydraté. Si on le fait bouillir dans de l'eau *non aérée* pendant un temps suffisant, il perd son eau, devient noir, se trouve changé en un composé de protoxyde anhydre et de sesqui-oxyde (oxyde magnétique). Il est soluble dans l'ammoniaque. Il n'existe dans la nature que combiné à du sesqui-oxyde de fer, comme dans l'aimant naturel, ou à des acides.

*Préparation.* — Comme il se produit toutes les fois que l'on traite le fer par l'acide sulfurique, il ne s'agit que de décomposer le protosulfate de fer par de la potasse, en vaisseaux *clôs*, en employant des dissolutions non aérées. Jusqu'à présent il a été impossible de preparer du protoxyde de fer anhydre sans mélange de sesqui-oxyde ; ce qui fait qu'on ne saurait affirmer qu'il soit noir, comme cela paraît pourtant probable.

*Composition.* — Il est formé de 77,23 parties de fer (un équivalent), et de 22,77 d'oxygène (un équivalent). Sa formule est Fe O.

SESQUI-OXYDE OU PEROXYDE (safran de mars astringent, rouge d'Angleterre, colcothar). Il existe très abondamment dans la nature, et se présente sous diverses formes. Il est rouge-violet, sans action sur l'aimant, à moins qu'il ne soit en grandes masses et beaucoup plus fusible que le fer;

chauffé jusqu'au rouge blanc, il est décomposé et transformé en gaz oxygène et en un composé de protoxyde et de sesqui-oxyde de fer. Le gaz *oxygène* et l'air ne lui font éprouver aucune altération. Le *chlore*, placé dans des circonstances particulières, peut s'unir avec cet oxyde et former un chlorure de sesqui-oxyde rouge; on peut même obtenir ce composé directement, d'après M. Grouvelle, en traitant le protoxyde de fer par le chlore. Il est décomposé par le *soufre* à une température élevée, et il se forme du gaz acide sulfureux et du bisulfure de fer. Chauffé avec l'acide *sulfurique* concentré, il donne un sulfate incolore plus ou moins acide, contenant peu d'eau. Il est composé de 69,34 parties de fer (deux équivalents), et de 30,66 d'oxygène (trois équivalents). Sa formule est $Fe^2 O^3$. On l'emploie pour extraire le métal, pour polir, pour colorer les rouges-bruns, etc. Il constitue la rouille, le safran de mars astringent, et fait la base du safran de mars apéritif.

*Préparation.* — On l'obtient, 1° en chauffant le fer jusqu'au rouge-cerise avec le contact de l'air; 2° en décomposant les sesquisels de fer par la potasse, et lavant le précipité; 3° en traitant le fer par l'acide azotique, et décomposant l'azotate par la chaleur; 4° en décomposant le protosulfate de fer par le feu.

On l'emploie avec avantage comme contre-poison de l'acide arsénieux, avec lequel il forme un arsénite insoluble dans les liqueurs neutres, mais cependant soluble dans des liqueurs acides. Celui que l'on emploie à cet usage est hydraté et doit être préparé en oxydant le sulfate de protoxyde de fer pur, par une ébullition prolongée dans l'eau aiguisée d'acide azotique et en précipitant cette dissolution par l'ammoniaque; il se forme un abondant précipité rouge brun gélatineux, que l'on jette sur un filtre, et qu'on lave à grande eau pour le débarrasser du sel ammoniacal qui s'est formé et de l'excès d'ammoniaque libre. On le conserve dans un flacon bouché, sous une couche d'eau distillée.

Il faut bien se garder dans cette circonstance de précipiter cet oxyde par la soude ou la potasse, car il retient, malgré le lavage, une certaine quantité de l'une ou de l'autre de ces bases qui formeraient avec l'acide arsénieux des arsénites solubles.

Il arrive assez fréquemment que le sesqui-oxyde de fer, préparé à l'aide du sulfate du commerce, contient lui-même de l'arsenic; cela provient de ce que le sulfate a été obtenu par l'oxydation des pyrites qui renferment toujours une assez forte proportion de sulfure d'arsenic. Ce sesqui-oxyde ne sera jamais arsenical, si avant de traiter par l'acide azotique le protosulfate de fer, on a eu soin de faire passer à travers celui-ci un courant de gaz acide sulfhydrique, jusqu'à ce que tout l'arsenic ait été précipité à l'état de sulfure jaune.

Oxyde de fer magnétique.— Si nous consacrons un article particulier à l'histoire de cet oxyde, ce n'est pas qu'il constitue un oxyde à part, car il est formé d'un équivalent de protoxyde ou de 439,210 parties et d'un équivalent de sesquioxyde où 978,44 parties, $Fe^3\ O^4$, mais seulement en raison de son importance. On le trouve, 1° cristallisé; 2° en couches considérables de masses granuleuses, faisant partie des terrains primitifs ou intermédiaires anciens; 3° dans certains sables ferrugineux, 4° à l'état d'*aimant,* nom qui est réservé pour désigner les variétés *compactes* de cet oxyde. C'est encore lui qui se forme quand la vapeur d'eau est décomposée par le fer à une température rouge obscur, et lorsqu'on fait bouillir dans l'eau l'hydrate de protoxyde blanc (voy. p. 422).

*Propriétés.*—Il est solide, noir, fusible, susceptible d'absorber l'oxygène de l'air et de passer à l'état de *sesqui-oxyde* rouge lorsqu'on le chauffe dans des vases ouverts, indécomposable par le feu, formant avec les acides sulfurique ou chlorhydrique, des sels solubles *jaunes* qui diffèrent des sels de protoxyde; en effet, pour ne citer qu'un caractère distinctif, l'ammoniaque en précipite un *oxyde noir hydraté, magnétique même sous l'eau*, et que l'air *ne transforme point* en sesqui-oxyde rouge.

## DES SELS DE FER.

Chacun des deux oxydes de fer connus peut se combiner avec un certain nombre d'acides, et former des sels.

## DES SELS FORMÉS PAR LE PROTOXYDE DE FER.

Les dissolutions de ces sels sont légèrement colorées en vert; elles ont une saveur astringente; les alcalis en précipitent le protoxyde blanc, qui, par le contact de l'air, passe subitement au vert foncé (sesqui-oxyde protoxydé), puis au rouge; phénomène qui dépend de ce que le protoxyde absorbe l'oxygène de l'air, et se transforme finalement en sesqui-oxyde : l'ammoniaque dissout une partie du protoxyde précipité. Le carbonate de potasse en précipite du protocarbonate blanc qui verdit aussi par son exposition à l'air, mais avec beaucoup moins de rapidité. Il en est à peu près de même du précipité blanc formé par le borate de soude; celui qui est déterminé par le phosphate de soude est également blanc, et tarde beaucoup plus à passer au vert : le cyanure *jaune* de potassium et de fer y fait naître un précipité blanc, qui devient bleu aussitôt qu'il a le contact de l'air; le cyanure *rouge* les précipite en vert ou en bleu; il est même beaucoup plus sensible que le précédent. Les divers changements de couleur dont nous parlons, et la suroxydation qui en est la cause, peuvent être instantanément produits par le chlore : en effet, ce corps favorise la décomposition de l'eau en s'unissant à l'hydrogène pour former de l'acide chlorhydrique, tandis que l'oxygène se combine avec le protoxyde. Les sulfures solubles précipitent les dissolutions de protoxyde en noir; le précipité est du sulfure de fer plus ou moins sulfuré. L'acide sulfhydrique ne les précipite pas. Elles absorbent le gaz bi-oxyde d'azote en assez grande quantité, et deviennent brunes. L'acide gallique ne change point leur couleur : il en est de même de l'acide *hydro-sulfocyanique;* l'acide *indigotique* les jaunit dans le même instant sans les précipiter, mais peu à peu la couleur passe à l'orangé et même au rouge; cette dernière nuance ne se manifeste que lorsque le sel s'est transformé en sel de sesqui-oxyde, par le contact de l'air. L'infusion de noix de galle ne les précipite en violet qu'autant que le mélange a eu le contact de l'air pendant quelque temps.

CARBONATE. — On trouve ce sel dans la nature, pur et cristallisé, mais le plus souvent uni en diverses proportions, tantôt avec des carbonates de chaux, de magnésie, de manganèse et de l'eau, tantôt avec quelques unes de ces substances. On appelle, en minéralogie, le composé qui résulte de ces différents corps, *fer spathique* ou *mine d'acier*. Il existe en France, en Saxe, en Hongrie, etc.; sa couleur est blanche, jaune, grise ou brunâtre (1); sa texture est lamelleuse; son poids spécifique est de 3,67. Celui que l'on obtient dans les laboratoires est blanc et passe rapidement au vert, puis au jaune rougeâtre, par le contact de l'air humide dont il absorbe l'oxygène; il est décomposable par le feu en oxyde de fer noir magnétique et en un mélange d'acide carbonique et d'oxyde de carbone. Il est insoluble dans l'eau. Il est formé de 61,47 de protoxyde de fer (un équivalent) et de 38,53 d'acide carbonique (un équivalent). On s'en sert avec grand avantage pour en extraire le fer et pour faire l'acier.

Ce *carbonate*, lorsqu'il est récemment précipité, se dissout très bien dans l'acide carbonique et forme un sel acide soluble qui fait partie de la plupart des eaux minérales ferrugineuses: ce solutum exposé à l'air se trouble et laisse précipiter du sous-carbonate de sesqui-oxyde jaune rougeâtre; la chaleur en dégage de l'acide carbonique, et il se précipite aussi du sous-sesqui-carbonate; enfin le même précipité se produit lorsque la dissolution est enfermée dans des vases *privés d'air*, qui sont exposés à l'action de la *lumière solaire*. Ces caractères peuvent servir à faire reconnaître les eaux minérales ferrugineuses carbonatées.

SULFATE. — On ne trouve presque jamais ce sel à l'état de pureté dans la nature; il y existe très souvent mêlé avec le sous-sesquisulfate, ce qui constitue la *couperose verte* ou le *vitriol vert*: on trouve aussi assez fréquemment dans les argiles ferrugineuses un sulfate double d'alumine et de fer qui constitue l'alun de fer connu sous le nom d'alun de plume. Enfin, l'on conçoit que selon la nature du minerai qui le

(1) Dans certaines variétés de fer spathique, le carbonate de fer est à l'état de sesqui-oxyde.

fournit, il peut contenir du manganèse et le plus souvent du cuivre, du sulfate de chaux, et quelquefois du zinc et de l'étain. Lorsque le sulfate de fer a été obtenu par l'art, il se présente sous forme de rhombes terminés par un biseau partant de la plus grande diagonale du rhombe, transparents, d'un vert d'émeraude, et doués d'une saveur styptique analogue à celle de l'encre : exposés à l'air, ils s'effleurissent, et leur surface se recouvre de taches jaunâtres *ocreuses* et opaques, phénomène dû à l'absorption de l'oxygène, qui transforme les molécules extérieures du sel en sous-sesquisulfate jaune. Lorsque le sulfate, préparé avec soin, a cristallisé dans de l'eau contenant un peu d'alcool, ou qu'il a été précipité par cet agent, il absorbe l'oxygène avec plus de difficulté, et par conséquent se conserve plus long-temps à l'état de pureté. Cent parties d'eau à 10° dissolvent 60 parties de ce sel, et 333 parties si elle est à 100°. Ce *solutum* est transparent et d'une belle couleur verte; mais il ne tarde pas à se décomposer par le contact de l'air; il en absorbe l'oxygène, passe à l'état de sous-sesquisulfate *jaune* insoluble qui se précipite, et de sur-sesquisulfate rouge qui reste en dissolution. Il peut absorber une grande quantité de gaz bi-oxyde d'azote qui se combine avec le protoxyde de fer et semble jouer le rôle de base vis-à-vis de l'acide sulfurique. Le sulfate prend alors une coloration brune noirâtre qui devient d'un beau violet, si l'on ajoute un grand excès d'acide sulfurique. Nous avons déjà signalé cette coloration comme un réactif des composés oxygénés de l'azote (Voy. *Journal de Pharmacie*, décembre 1833, le Mémoire de M. Péligot). Il est en partie décomposé par la dissolution de sel ammoniac, et il se forme du sulfate ammoniaco de fer et du chlorhydrate des mêmes bases; celui-ci est plus soluble et cristallise le dernier (Vogel, sept. 1834).

Chauffé dans un creuset, le protosulfate de fer éprouve la fusion aqueuse, se boursoufle, perd son eau de cristallisation, et donne une masse blanche opaque, que l'on peut décomposer à une température plus élevée ; les produits de cette décomposition sont du gaz acide sulfureux, puis du gaz oxygène et des vapeurs blanches très épaisses et très suffocantes d'acide sulfurique anhydre ou glacial (voy. ce mot, p. 134). Il reste dans la cornue du sesqui-oxyde fer (colcothar).—*Théorie.* La température étant très élevée, une portion de l'acide *sulfurique* se décompose en gaz oxygène et en gaz acide sulfureux; le premier de ces gaz se combine en partie avec le protoxyde de fer, et le fait passer à l'état de sesqui-oxyde; l'autre partie se dégage avec l'acide sulfureux à l'état de gaz; enfin, l'acide sulfurique non décomposé se volatilise à l'état anhydre.

Le protosulfate de fer est composé de 46,71 de protoxyde (un équivalent) et de 53,29 d'acide (un équivalent). Les cristaux contiennent 58,14 de sulfate anhydre (un équivalent) et 41,86 d'eau (douze équivalents).

La couperose verte a des usages nombreux; elle sert à faire l'encre, le colcothar (rouge d'Angleterre), le bleu de Prusse, les teintures en noir, en gris, etc., à préparer l'or très divisé que l'on emploie pour dorer la porcelaine, à dissoudre l'indigo, etc.

*Préparation.*— Il peut être obtenu par le cinquième procédé (voyez page 267); on le prépare toujours ainsi dans les laboratoires, et même quelquefois dans les manufactures : cependant on se le procure le plus souvent en grand, par l'oxygénation de la pyrite naturelle, en suivant la méthode que nous avons décrite à l'article Alun (voy. p. 388).

Azotate de fer.— Il est liquide, d'un vert clair et peu stable; en effet, il se transforme en sous-azotate de sesqui-oxyde dès qu'on l'évapore à une douce chaleur. On l'obtient en traitant le sulfure de fer hydraté par l'acide azotique affaibli; il se dégage du gaz sulfhydrique.

## DES SELS FORMÉS PAR LE SESQUI-OXYDE DE FER.

Les dissolutions formées par le sesqui-oxyde de fer sont, en général, d'un jaune rougeâtre et d'une saveur âpre, très astringente; les alcalis en précipitent du sesqui-oxyde jaune rougeâtre; le cyanure de potassium et de fer *jaune* y fait naître un dépôt d'un bleu très foncé; le cyanure *rouge*, au contraire, ne les trouble point, tandis que nous avons vu qu'il précipitait en vert ou en bleu les sels de fer protoxydé; toutefois nous remarquerons que la couleur du sel devient verte et se fonce beaucoup. L'*infusum* de noix de galle les précipite en violet noirâtre, et les sulfures solubles en noir. L'acide sulfhydrique en sépare du soufre, et il se forme de l'eau et un proto-sel. L'acide *gallique* leur communique une couleur bleue foncée, et l'acide *indigotique* une couleur rouge. L'acide *hydrosulfocyanique* les colore en rouge de sang plus foncé encore que le précédent, mais ne les précipite pas plus que lui. L'acide hydrosulfocyanique est un des réactifs les plus sensibles pour déceler les atomes de sesqui-sels de fer.

Sous-carbonate hydraté. — Il est jaune rougeâtre, insoluble dans l'eau, insipide et à peine soluble dans le gaz acide carbonique. Il se décompose en perdant son acide carbonique et passant à l'état d'hydrate de sesqui-oxyde. C'est lui qui se forme lorsqu'on précipite le protosulfate de fer par un carbonate soluble et qu'on expose le protocarbonate précipité à l'air; il se produit aussi, quand le fer est mis en contact avec l'air humide. Déjà nous avons dit que le *safran de mars apéritif* est un composé de ce sel et d'hydrate de sesqui-oxyde (voy. p. 416).

Sulfate neutre. — Il est soluble dans l'eau qu'il colore en rouge, d'une saveur très styptique; il se dissout dans l'alcool; évaporé, il fournit une masse non cristalline, déliquescente et d'un jaune clair; le gaz sulfhydrique le transforme en protosulfate acide. On l'obtient en traitant le sesqui-oxyde de fer par l'acide sulfurique concentré et en remuant le mélange; on chauffe ensuite pour chasser l'excès d'acide. Il peut être avantageusement employé, d'après M. Braconnot, pour les embaumements et pour la conservation des matières animales.

Sulfate acide.— Il est solide, *blanc*, pulvérulent et s'obtient en traitant quatre parties du précédent par une d'acide sulfurique concentré. Si on substitue à l'acide concentré le même acide convenablement affaibli, on peut l'obtenir, au bout de quelque temps, en cristaux réguliers et incolores.

Azotate. — Il est solide, d'un brun rouge, déliquescent,

très soluble dans l'eau et dans l'alcool, facilement décomposable au feu en laissant du sesqui-oxyde de fer. Vauquelin est parvenu à l'obtenir cristallisé en prismes carrés, *incolores*, excessivement déliquescents et très solubles dans l'eau, en laissant pendant quelques mois l'oxyde magnétique noir de fer en contact avec un grand excès d'acide azotique concentré. Étendu d'eau et mêlé avec un excès de dissolution de carbonate de potasse, il est décomposé, et il se forme, d'une part, de l'azotate de potasse soluble et du carbonate de sesqui-oxyde de fer, qui se précipite, et qui peut être dissous en totalité ou en partie par un excès de carbonate de potasse : la liqueur qui en résulte, et qui est composée d'azotate de potasse + de carbonate de sesqui-oxyde de fer dissous par du carbonate de potasse, portait autrefois le nom de *teinture martiale alcaline* de Stahl. Cette teinture ne tarde pas à laisser déposer une grande partie du carbonate de sesqui-oxyde de fer qui entre dans sa composition.

*Préparation.* — On l'obtient en versant de l'acide azotique concentré sur du fer; mais dans ce cas il est jaune, et il y a une grande portion de sesqui-oxyde formé qui ne se dissout pas dans l'acide. Si on veut l'avoir cristallisé et incolore, on fait agir l'oxyde noir sur l'acide concentré (Vauquelin.)

*Propriétés médicinales du fer.* — Les préparations ferrugineuses doivent être regardées comme toniques, astringentes et apéritives; elles déterminent la plénitude et la turgescence des vaisseaux, accélèrent la marche des humeurs, paraissent rendre la bile plus fluide, la couleur de la peau plus intense, etc. : aussi ne les emploie-t-on jamais dans les maladies aiguës des individus pléthoriques, principalement de ceux qui ont des affections de poitrine ou qui sont sujets à l'hémoptysie. Elles sont très utiles, 1° dans les débilités d'estomac; 2° dans les engorgements scrofuleux ou laiteux des glandes; 3° dans certaines hydropisies passives, et dans la plupart des leucophlegmaties; 4° dans les hémorrhagies passives et dans les écoulements atoniques du vagin, de l'urètre, des intestins, etc.; ainsi le flux abondant des menstrues, occasionné par le relâchement de l'utérus et la faiblesse de tous les organes, les flueurs blanches, certaines diarrhées, cèdent facilement à ces sortes de préparations ; 5° dans la chlorose désignée par les auteurs sous le nom d'*ictère blanc*, où la vitalité de toutes les parties est singulièrement diminuée; 6° dans l'anémie ou privation du sang, maladie qui a beaucoup de rapports avec la précédente; 7° dans la suppression des règles provenant d'un défaut de ressort de la matrice, car elles seraient dangereuses dans le cas où il y aurait pléthore, pesanteur de la matrice, irritation, etc.; 8° dans les vomissements abondants et spasmodiques ; elles sont inutiles lorsque ce symptôme dépend d'une affection organique du pylore, du foie, etc.; 9° dans les affections vermineuses, suivant Alibert.

Parmi les préparations dont nous venons de faire l'histoire, les plus employées sont la limaille de fer et d'acier, l'éthiops martial, le safran de mars astringent et apéritif, l'eau ferrée, et les dissolutions de carbonate ou de sulfate de fer; les trois premières s'administrent depuis 20 centigrammes jusqu'à 1 gramme, sous forme sèche, et associées à divers extraits ou à des conserves toniques. Les eaux ferrugineuses se composent ordinairement avec un ou plusieurs centigrammes de carbonate ou de sulfate de protoxyde de fer, que l'on fait dissoudre dans de l'eau privée d'air : on a soin d'opérer la dissolution du carbonate à la faveur du gaz acide carbonique; l'eau ferrée est une préparation de ce genre. Quelques observations tendent à prouver que la dissolution de 1 gramme de sulfate de protoxyde de fer dans un litre d'eau peut être excessivement utile pour faire cesser certaines fièvres intermittentes; mais on ne doit jamais perdre de vue, dans l'administration de ce médicament, qu'il est vénéneux quand il est donné à forte dose. M. Smith a fait voir qu'il détermine l'insensibilité générale et la mort lorsqu'il est introduit dans l'estomac, ou appliqué sur le tissu cellulaire à la dose de 8 grammes. *Les fleurs martiales de sel ammoniac* sont données en bols ou dans un bouillon, depuis 10 jusqu'à 60 centigrammes; on emploie aussi, mais rarement, le sesquichlorure de fer (muriate), et la teinture martiale alcaline de Stahl. La teinture de Bestucheff n'est que de l'alcool éthéré tenant du sesquichlorure de fer en dissolution.

## DE L'ÉTAIN.

L'étain se trouve en Allemagne, en Angleterre, à Banca, à Malaca. On a découvert dans le département de la Haute-Vienne une mine d'étain assez riche pour être exploitée avec succès : du moins tels sont les résultats de l'analyse qui en a été faite par Descostils. L'étain existe toujours à l'état d'oxyde ou à l'état de sulfure.

Il est solide, d'une couleur semblable à celle de l'argent; il est plus dur et plus brillant que le plomb ; il est assez malléable pour qu'on puisse en obtenir des lames minces, mais il se tire mal en fil ; son poids spécifique est de 7,291 ; il a la singulière propriété de craquer lorsqu'il est plié, phénomène que l'on désigne sous le nom de *cri de l'étain*. *Chauffé* dans des vaisseaux fermés, il fond à 228°, et ne se volatilise pas ; mais s'il a le contact de l'*air* ou du *gaz oxygène*, il s'oxyde avec dégagement de calorique et de lumière, si la température est assez élevée. A froid, ces gaz n'agissent pas sur ce métal, que nous supposons parfaitement pur, car s'il contient du plomb, il ne tarde pas à être terni par leur contact.

Le gaz *hydrogène*, le *bore* et le *carbone* n'exercent aucune action sur lui. Le *phosphore* se combine avec l'étain et donne un phosphure mou, de la couleur de l'argent, moins fusible que l'étain, susceptible de se transformer en acide phosphorique et en phosphate d'étain lorsqu'on le fait chauffer à l'air; il paraît formé de 88,5 d'étain (deux équivalents), et de 11,5 de phosphore (un équivalent).

Le *soufre* s'unit avec l'étain et donne trois sulfures. Le *protosulfure* existe dans la nature, combiné avec du sulfure de cuivre ; il est d'un gris bleuâtre, brillant, cristallisable en lames, indécomposable par le feu ; il peut absorber de la vapeur de soufre et passer à l'état de bi-sulfure. Il est formé de 78,5 parties d'étain (un équivalent), et de 21,5 de soufre (un équivalent). On l'obtient par le premier procédé.

(Voy. pag. 240.) Le *sesquisulfure* est jaune-grisâtre foncé, décomposable à une température très élevée en soufre et en protosulfure; on le prépare en chauffant au rouge obscur le protosulfure avec le tiers de son poids de soufre jusqu'à ce qu'il ne distille plus de soufre. Il est formé de 71,1 d'étain (deux équivalents), et de 28,9 de soufre (trois équivalents). Le *bisulfure* (or mussif) est en belles écailles jaunes, hexagones, volatiles, décomposable à une chaleur rouge en soufre et en protosulfure gris-bleuâtre fixe. Chauffé avec le contact de l'air, il se change en acide sulfureux et en bioxyde d'étain. L'eau régale le transforme en sulfate d'étain. Il est formé de 64,63 parties de métal (un équivalent), et de 35,37 de soufre (deux équivalents). Il sert à frotter les coussins des machines électriques. On l'obtient 1° par le deuxième procédé (voy. pag. 240); 2° en chauffant parties égales d'étain et de sulfure de mercure (cinabre) : l'étain s'empare du soufre, et le mercure est mis à nu; 3° on fait le plus ordinairement un mélange de 1 partie 1/2 de soufre, 1 partie de chlorhydrate d'ammoniaque, et 1 partie d'un alliage composé de parties égales d'étain et de mercure; on le réduit en poudre fine; on l'introduit dans un creuset que l'on soumet pendant plusieurs heures à l'action d'une douce chaleur, et l'on obtient l'or mussif sous forme d'une masse jaunâtre, légère : le mercure qui entre dans la composition de l'alliage ne sert qu'à le rendre fragile, et par conséquent facile à pulvériser.

L'*iode* et le *brome* s'unissent avec l'étain.

Si, après avoir élevé la température de l'étain, on le met en contact avec du chlore gazeux, il rougit, s'empare du gaz et passe à l'état de *bichlorure* (*liqueur fumante de Libavius*). Il existe encore un autre composé de ce genre contenant moitié moins de chlore; nous allons successivement étudier ces deux produits.

PROTOCHLORURE (*hydrochlorate d'étain, sel d'étain*, etc.)— Il est le produit de l'art; on peut l'obtenir cristallisé en octaèdres, mais le plus souvent il est sous forme d'aiguilles hydratées; si on le chauffe, il perd la majeure partie de son eau et se volatilise presque en entier au rouge naissant; cependant une portion d'eau se décompose et transforme une très petite partie du chlorure en gaz acide chlorhydrique et en bi-oxyde d'étain. Le protochlorure sublimé *anhydre* offre une saveur styptique; il est fusible et soluble dans l'eau *légèrement acidulée* par l'acide chlorhydrique; en sorte que le *solutum* constitue alors un chlorhydrate de protochlorure d'étain. Si l'eau n'était pas acidulée, ce protochlorure ne serait pas entièrement dissous; en effet, Berthollet a prouvé qu'alors il se décomposerait *en partie* en acide chlorhydrique et en protoxyde, celui-ci *se précipiterait* avec une portion de protochlorure, et l'autre portion de protochlorure resterait dissoute dans l'acide chlorhydrique; il est inutile d'ajouter que le dépôt blanc-jaunâtre se dissoudrait dans quelques gouttes d'acide chlorhydrique. Mis en contact avec l'air humide, le protochlorure en absorbe rapidement l'oxygène et se transforme en bichlorure et en un composé de bichlorure et de bi-oxyde; l'eau aérée dans laquelle on le mettrait agirait de même. Le chlore le fait passer à l'état de bichlorure. Il désoxyde complétement ou incomplétement presque tous les corps saturés d'oxygène, et passe à l'état de *bichlorure* ou de *bi-oxyde;* ainsi il change les sels de sesqui-oxyde de fer en sels de protoxyde, ceux de bi-oxyde de cuivre en protochlorure de cuivre, l'acide arsénique en acide arsénieux et même en arsenic, l'acide chromique en oxyde de chrome vert, l'acide hypermanganique en protoxyde; il sépare les métaux de la plupart des composés de mercure et d'or, de l'oxyde d'argent, des oxydes d'antimoine et de zinc. L'explication de ces phénomènes est toute simple : lorsque le protochlorure d'étain agit sur des corps très oxydés qui ne contiennent point de chlore, il abandonne la moitié de son étain, et se change en bichlorure, tandis que l'étain abandonné absorbe l'oxygène des corps oxydés et passe à l'état de bi-oxyde; si les corps dont il s'agit contiennent du chlore, la portion d'étain abandonnée se transforme aussi en bichlorure. Le protochlorure d'étain joue le rôle d'acide vis-à-vis d'autres chlorures, avec lesquels il forme des composés cristallisables en prismes rhomboïdaux; tels sont les chlorures doubles d'étain et de potassium, d'étain et de baryum, d'étain et d'ammoniaque; d'autres chlorures doubles cristallisent en aiguilles. Le protochlorure d'étain sert comme mordant pour les couleurs violacées; il est employé à la préparation du pourpre de Cassius, etc. M. Tauffier a proposé de l'employer pour conserver les substances animales de préférence à toute autre matière. On n'en fait plus usage en médecine; il agit comme les poisons irritants, et détermine la mort au bout de quinze à dix-huit heures, lorsqu'il est administré à la dose de 4 à 6 grammes. Le lait le décompose complétement et avec la plus grande rapidité, et doit être considéré comme son antidote.

*Préparation.* — On l'obtient en faisant chauffer le métal *très divisé* avec 4 parties d'acide chlorhydrique liquide et concentré; il est convenable d'agir dans une cornue à laquelle on adapte un récipient, pour ne pas perdre l'acide chlorhydrique qui se volatilise : il se dégage du gaz hydrogène, et le chlore de l'acide se porte sur le métal. Le chlorure formé cristallise par le refroidissement; on doit le conserver à l'abri du contact de l'air.

*Composition.* — Il est formé de 62,5 d'étain (un équivalent), et de 37,5 de chlore (un équivalent).

Bichlorure d'étain (*liqueur fumante de Libavius*). — C'est un composé liquide, anhydre, transparent, doué d'une odeur piquante très forte; il ne rougit pas le papier de tournesol parfaitement desséché. Chauffé dans des vaisseaux fermés, il se volatilise, et peut être distillé sans éprouver la moindre décomposition, pourvu qu'il ne renferme point d'eau; car s'il en contient, celle-ci se décompose; son hydrogène forme avec le chlore de l'acide chlorhydrique qui se volatilise, tandis que l'oxygène se combine avec l'étain et le transforme en bi-oxyde. Mis en contact avec l'air, ce liquide en absorbe rapidement la vapeur, et se précipite sous forme d'une fumée excessivement épaisse. Versé dans une grande quantité d'eau, il se dissout; s'il est mêlé avec très peu d'eau, il s'y combine rapidement, donne un hydrate cristallin, fait entendre un petit bruit, et il y a dégagement de beaucoup de calorique. Si on le fait bouillir avec de l'acide azotique, celui-ci est décomposé; son oxygène se porte sur l'étain et forme de l'oxyde qui se précipite, tandis que le gaz nitreux (bi-oxyde d'azote) qui résulte de cette décomposition, se dégage avec le chlore du chlorure également décomposé. Le *spiritus Libavii* ne décolore pas le sesquisulfate rouge de manganèse; le *chlore* ne perd point la propriété de décolorer l'indigo en se dissolvant dans ce liquide (M. Gay-Lussac). Il doit être conservé dans des flacons à l'émeri, dont le bouchon soit enduit d'une légère couche d'huile, sans cela on éprouve la plus grande difficulté à les déboucher.

*Préparation.*— On l'obtient en faisant passer du chlore gazeux desséché à travers de l'étain chauffé presque au rouge. Si on veut l'avoir liquide, on sature de chlore un *solutum* aqueux de protochlorure d'étain.

*Composition.* — Il est formé de 45,5 d'étain (un équivalent) et de 54,5 de chlore (deux équivalents).

Le *brome* se combine avec l'étain, avec dégagement de calorique et de lumière et forme un *bibromure* blanc.

L'*azote* est sans action sur l'étain.

L'*eau* est décomposée par ce métal dont la température a été élevée jusqu'au rouge : on obtient du gaz hydrogène et du bi-oxyde d'étain. Il n'altère point le gaz *oxyde de carbone;* il enlève l'oxygène au *protoxyde d'azote*, et il agit probablement de même sur le gaz bi-oxyde.

Il n'exerce aucune action sur l'acide *borique*. A une température élevée, il s'empare d'une portion d'oxygène du gaz acide *carbonique*, qu'il ramène à l'état de gaz oxyde de carbone. Il enlève l'oxygène à l'acide *phosphorique*, pourvu que la température soit assez élevée. Il n'agit pas à froid sur l'acide *sulfurique* concentré; mais si on chauffe le mélange, il y a décomposition d'une portion de l'acide, dégagement de gaz acide sulfureux et production de sulfate d'étain. L'acide sulfurique très étendu n'a aucune action sur lui; s'il n'est que moyennement affaibli et que l'on chauffe, il est décomposé, il se dégage du gaz sulfureux, il se dépose du soufre, et il se forme du sulfate d'étain. On ne connaît pas l'action qu'exercent sur lui les acides *iodique* et *chlorique*. L'acide *sulfureux* liquide hydraté est décomposé par lui; il se dépose du soufre et il se produit du proto-hyposulfite soluble. L'acide *azoti-*

*que* excessivement concentré n'agit pas sur lui : s'il est étendu d'un peu d'eau, l'action est des plus vives et des plus subites, même à froid, et il y a formation de bi-oxyde d'étain *insoluble* dans l'acide, et d'azotate d'ammoniaque (voy. p. 231). Si l'acide *azotique* est plus étendu d'eau, et qu'on le fasse agir sur ce métal, l'eau et l'acide sont décomposés en partie, et il se forme du proto-azotate d'étain et de l'azotate d'ammoniaque ; il ne se dégage aucun gaz si on tient le vase dans l'eau froide pour empêcher la température de s'élever; le *solutum* jaune transparent ne tarde à pas déposer du protoxyde d'étain hydraté ; d'où il suit que le proto-azotate d'étain est peu stable. L'acide *azoteux* est rapidement décomposé par l'étain. Chauffé avec du gaz acide *chlorhydrique*, il s'empare du chlore et met l'hydrogène à nu. Si l'acide est liquide et concentré, la même action a lieu à froid, mais elle est légère, tandis qu'à chaud elle est sensiblement plus vive; il se produit du protochlorure d'étain susceptible de cristalliser. Il décompose également le gaz acide *sulfhydrique*, se combine avec le soufre, et met le gaz hydrogène à nu.

L'étain peut s'allier à plusieurs des métaux précédemment étudiés; tels sont le potassium, le sodium, le fer, etc. En faisant fondre 8 parties d'étain et 1 partie de fer, et en recouvrant le tout de verre pilé, on obtient un alliage cassant, fusible au-dessous de la chaleur rouge, que l'on peut employer pour étamer le cuivre et que l'on appelle étamage polychrome.

Le *fer-blanc* doit être considéré comme une lame de fer dont toutes les surfaces sont combinées avec de l'étain, par conséquent comme un véritable alliage. Cet alliage offre une cristallisation manifeste, même à l'œil nu ; mais on peut lui donner une apparence cristalline plus prononcée et un chatoiement fort agréable, lorsqu'on le traite convenablement par les acides. La découverte de cet art, qui constitue le *moiré métallique*, est due à M. Alard.

*Procédé.* — On fait chauffer légèrement une feuille de ferblanc (celui d'Angleterre doit être préféré); on l'humecte partout avec une éponge trempée dans un mélange d'acide (1); le moiré se forme en moins d'une minute; on trempe la feuille dans l'eau froide, et on la lave en la frottant légèrement avec un peu de coton ou la barbe d'une plume, imprégnés d'eau de rivière, et mieux d'eau distillée contenant une cuillerée d'acide par litre; il importe que ce lavage soit pratiqué au moment convenable, c'est-à-dire lorsqu'on aperçoit quelques taches grises et noires se former: après l'avoir lavé, on le laisse sécher. Dans le cas où on ne voudrait pas le vernir de suite, on le recouvrirait d'une couche un peu épaisse de gomme arabique dissoute dans l'eau. Les nuances colorées que l'on voit sur le *moiré* sont dues à des vernis colorés et transparents.

*Théorie du moiré.* — Le fer-blanc, dès le moment de sa formation, offre une cristallisation visible même à l'œil nu, mais qui étant recouverte d'une couche d'étain fort mince et sans forme régulière, ne s'aperçoit bien que lorsque cette couche a été enlevée par les acides.

*Usages de l'étain.* — L'étain est employé dans la préparation de l'alliage des cloches et des canons, de l'or mussif, de la potée et des divers sels d'étain; on s'en sert pour étamer le cuivre, pour faire la soudure des plombiers, pour mettre les glaces au tain, etc. Il est regardé par plusieurs médecins comme vermifuge, et administré comme tel en limaille, à la dose de 4 à 24 grammes, dans quelques cuillerées d'un liquide anthelmintique; on l'a préconisé dans la lèpre; enfin il entre dans la composition antihectique de Potérius, et dans le *lilium* de Paracelse. On a abandonné depuis longtemps les pilules antihystériques, joviales et autres, dont l'étain ou quelques uns de ses sels faisaient la base.

*Poids d'un équivalent d'étain.* — Il est de 735,294.

*Extraction.* — On n'exploite guère que les mines d'oxyde; on commence par les bocarder pour les séparer de la gangue ou des terres avec lesquelles elles sont mêlées; on y par-

(1) Voici les mélanges les plus convenables d'après M. Herpin de Metz: 1° 2 parties d'acide azotique, 2 d'acide chlorhydrique, 3 ou 4 d'eau distillée; 2° parties égales d'eau et d'acides azotique, chlorhydrique et sulfurique; 3° 4 parties d'acide azotique, 1 de chlorhydrate d'ammoniaque; 4° 4 parties d'acide azotique, 1 de chlorure de sodium, 2 d'eau distillée.

vient facilement en faisant couler sur la mine, posée sur une planche légèrement inclinée, de l'eau qui n'entraîne que la gangue, beaucoup plus légère que le minerai; puis on le mélange avec du charbon mouillé et un peu de chaux éteinte, et on l'introduit dans un four appelé four à manche, qui porte trois ouvertures, l'une supérieure par laquelle on charge le fourneau, l'autre placée inférieurement donne passage au tuyau d'un soufflet, et la troisième enfin placée aussi à la partie inférieure, permet à l'étain réduit de couler et de se condenser dans un bassin placé à côté du four. Si la mine contient des sulfures de fer et de cuivre, on la grille pour transformer ces sulfures en sulfates de fer et de cuivre, et en oxydes de fer, de cuivre et d'étain; on traite ces produits par l'eau, qui ne dissout que les sulfates; on lave les oxydes sur des tables légèrement inclinées : ceux de fer et de cuivre, plus légers que celui d'étain, sont entraînés; celui-ci reste donc presque pur. S'il contenait encore de l'oxyde de fer, on séparerait ce dernier au moyen du barreau aimanté. L'oxyde d'étain ainsi obtenu est traité par le charbon, comme nous venons de le dire.

### DES OXYDES D'ÉTAIN.

On connaît deux oxydes d'étain.

Protoxyde. — Il est le produit de l'art, blanc lorsqu'il est hydraté, gris-noirâtre quand il a été desséché, indécomposable par le feu; il absorbe facilement le gaz oxygène pur ou celui qui est contenu dans l'air, et passe à l'état de bi-oxyde : cette absorption a même lieu avec dégagement de calorique et de lumière lorsque la température est assez élevée. Il ne peut point se transformer en carbonate à l'air. Traité par la potasse liquide, il se dissout; la dissolution, filtrée et abandonnée à elle-même dans un flacon bouché, laisse précipiter, au bout d'un certain temps, de l'étain métallique, et se trouve contenir alors du bi-oxyde d'étain. (Proust.) Ces faits prouvent que le protoxyde a été décomposé par la potasse, et transformé en bi-oxyde d'étain soluble dans l'alcali, et en étain métallique. Il n'a point d'usages. Il est formé de 88,06 parties de métal (un équivalent) et de 11,94 d'oxygène (un équivalent). On l'obtient en décomposant le protochlorure d'étain par l'ammoniaque, et en lavant le précipité : on calcine l'hydrate déposé, ou même on le fait bouillir dans l'eau pour avoir le protoxyde *anhydre*.

BI-OXYDE (*acide stannique*).— On le trouve souvent dans la nature; il existe en Angleterre, en Espagne, en Bohême, en Saxe, à Banca, à Malaca, etc. Il est blanc, passe au jaune par la dessiccation, mais redevient blanc quand il est refroidi; il est infusible, indécomposable au feu, et ne peut plus absorber d'oxygène. Il se dissout très bien dans la potasse ou la soude, au point que plusieurs chimistes le regardent comme un acide auquel ils donnent le nom d'*acide stannique*. On se sert du bi-oxyde naturel pour extraire le métal. Il entre dans la composition de la potée, préparation dont on fait usage pour polir les glaces, et qui est presque entièrement formée de bi-oxyde d'étain et de protoxyde de plomb. Le bi-oxyde d'étain est composé de 78,62 de métal (un équivalent) et de 21,38 d'oxygène (deux équivalents). On l'obtient en traitant l'étain en grenaille par l'acide azotique étendu d'un peu d'eau; l'hydrate de bi-oxyde formé, desséché, perd son eau et donne le bi-oxyde. Sa formule est $Stn\ O^2$.

## DES SELS FORMÉS PAR LE PROTOXYDE D'ÉTAIN.

Les dissolutions salines d'étain peu oxydé ont une saveur astringente, métallique, désagréable; exposées à l'air, elles se troublent, absorbent de l'oxygène, et donnent un précipité qui contient du bi-oxyde. Le *chlore* les transforme en bi-sels. (Voy. *Action du chlore sur les sels de protoxyde de fer.*) L'acide sulfureux est décomposé par elles, leur cède de l'oxygène, et il y a du soufre précipité. Les sulfures de potassium, de sodium et l'acide sulfhydrique les décomposent, et en précipitent un sulfure de couleur de chocolat. La *potasse*, la *soude* et *l'ammoniaque*, y font naître un précipité blanc de protoxyde, soluble dans un excès de potasse et de soude : suivant quelques chimistes, ce précipité est composé de bi-oxyde d'étain et d'étain métallique. (Voy. PROTOXYDE D'ÉTAIN.)

Le chlorure d'or les précipite en pourpre ; le bichlorure de mercure y fait naître un précipité blanc de protochlorure de mercure qui devient gris aussitôt, parce qu'il est réduit à l'état métallique. Le cyanure de potassium et de fer les précipite en blanc. Le zinc et le plomb en séparent l'étain.

## DES SELS FORMÉS PAR LE BI-OXYDE D'ÉTAIN.

Les sels solubles formés par le bi-oxyde d'étain étant saturés d'oxygène, ne se troublent plus par leur exposition à l'air, ni par leur mélange avec le chlore, l'acide sulfureux, les acides azotique, azoteux, etc.; ils ont une saveur métallique très désagréable. Les sulfures solubles et l'acide sulfhydrique *concentré* en précipitent du bisulfure d'étain hydraté *jaune*, soluble dans l'ammoniaque, mais beaucoup moins que le sulfure d'arsenic; la dissolution ammoniacale perd sa couleur jaune et peut rester d'un blanc très légèrement laiteux, ce qui tient à la présence d'un peu de bi-oxyde d'étain que l'acide sulfhydrique n'a point décomposé et que l'ammoniaque ne dissout point. La *potasse*, la soude et l'ammoniaque en séparent le bi-oxyde qui se dissout très facilement dans un excès de potasse ou de soude ; le cyanure jaune de potassium et de fer les précipite en blanc.

On vend dans le commerce un *sel d'étain* que l'on emploie beaucoup dans les manufactures, et qui est composé de protochlorure, de sous-bichlorure d'étain et d'un sel ferrugineux ; il diffère du protochlorure par les propriétés suivantes : l'eau distillée ne le dissout jamais entièrement, ce qui dépend de l'insolubilité du sous-bichlorure qu'il contient ; les sulfures de potassium, de sodium, d'ammoniaque, en précipitent une poudre noirâtre, tandis que le précipité qu'ils forment dans le protochlorure a la couleur du chocolat, etc. On se sert de ce sel d'étain dans les manufactures de porcelaine pour faire le pourpre de Cassius (voy. art. OR), et dans les fabriques de toiles peintes, comme nous le dirons par la suite.

## DU CADMIUM.

Le cadmium existe dans plusieurs variétés de *calamine* et de *blende*. Il a été découvert par M. Hermann en 1818; il ressemble à l'étain par sa couleur, son éclat, sa ductilité et le cri qu'il fait entendre lorsqu'on le ploie; il est cependant plus dur que ce métal, et il le surpasse en ténacité; on peut le réduire en fils et en feuilles très minces; néanmoins il s'écaille çà et là par une percussion soutenue; sa texture est parfaitement compacte, et sa cassure crochue. Son poids spécifique, à la température de 25° th. centigr. est de 8,604. On peut l'obtenir cristallisé en octaèdres, et alors il présente à sa surface l'apparence de feuilles de fougère. Chauffé, il fond bien au-dessous du rouge et se volatilise un peu plus tard que le mercure; étant chauffé avec le contact de l'air, il brûle aussi facilement que l'étain, et donne un oxyde d'un jaune brunâtre *très fixe et indécomposable par la chaleur*. Le *soufre*, le *sélénium*, le *chlore*, le *brome*, l'*iode*, le *phosphore* et l'*arsenic*, s'unissent très bien au cadmium, et forment alors des sulfures, des séléniures, etc., de cadmium.

Les acides *sulfurique*, *chlorhydrique*, étendus d'eau, l'attaquent et le dissolvent avec dégagement d'hydrogène. L'acide *azotique* le dissout facilement à froid. L'acide *acétique* ne le dissout qu'à l'aide de la chaleur.

Le cadmium peut s'unir avec la plupart des métaux avec lesquels on le chauffe, pourvu qu'on évite le contact de l'air : les alliages produits sont pour la plupart aigres et incolores.

Le poids de l'équivalent de cadmium est de 696,767.

*Extraction.*— On dissout dans l'acide sulfurique les blendes qui contiennent du cadmium; on fait passer dans la dissolution acide un courant de gaz acide sulfhydrique qui y détermine la formation d'un précipité : on lave celui-ci; on le fait dissoudre dans l'acide chlorhydrique concentré, et on dégage par l'évaporation l'acide surabondant. On dissout le résidu dans l'eau, et on le précipite par un excès de sesquicarbonate d'ammoniaque qui jouit de la propriété de dissoudre le zinc et le cuivre que l'acide sulfhydrique aurait pu précipiter. On lave le carbonate de cadmium précipité, et on le chauffe pour le priver de l'acide carbonique : l'oxyde obtenu est mêlé avec du noir de fumée et chauffé dans une cornue de verre ou de terre pour en avoir le métal.

Suivant M. Hérapath, il y aurait de l'avantage à extraire le cadmium en distillant les mines de zinc avec du charbon : le cadmium, dit-il, s'élève avant le zinc, et le premier produit de la distillation doit être plus riche en cadmium que le dernier; mais il est probable, comme l'a fait observer M. Gay-Lussac, que lors même que ces deux métaux différeraient davantage en volatilité, leur séparation serait toujours très incomplète par ce moyen, le zinc étant en proportion beaucoup plus considérable que le cadmium.

L'oxyde de cadmium offre des nuances variées selon les circonstances dans lesquelles il est produit; il s'unit bien aux acides et forme des sels.

## DES SELS DE CADMIUM.

Les sels solubles de cadmium sont presque tous incolores, doués d'une saveur acerbe métallique : ils ne sont point précipités par l'eau. La potasse et la soude en séparent l'oxyde à l'état d'hydrate blanc, qu'elles ne redissolvent pas, comme cela a lieu avec les sels de zinc. L'ammoniaque les précipite également, mais l'hydrate est facilement redissous par un excès d'alcali. Les carbonates de potasse, de soude et d'ammoniaque y produisent un précipité blanc qui est un carbonate anhydre; avec les sels de zinc on obtient, au contraire, un carbonate hydraté. Le phosphate de soude y fait naître un précipité blanc pulvérulent, tandis qu'il fournit avec les sels de zinc de belles paillettes cristallines. L'acide sulfhydrique et les sulfures les précipitent en jaune ou en orange : ce dépôt ressemble par sa couleur à l'orpiment, mais il en diffère, parce qu'il est plus pulvérulent, et surtout par sa fixité, et parce qu'il se dissout facilement dans l'acide chlorhydrique concentré. Le cyanure de fer et de potassium précipite les dissolutions de cadmium en blanc. La noix de galle ne les trouble point. Le zinc en précipite le cadmium à l'état métallique, sous forme de feuilles dendritiques qui s'attachent au zinc.

Sulfate. — Il cristallise en gros prismes droits, rectangulaires, transparents, semblables à ceux du sulfate de zinc, et très solubles dans l'eau. Il s'effleurit facilement à l'air. Il se transforme, à une température très élevée, en sous-sulfate qui cristallise en paillettes. Le sulfate neutre est formé de 61,39 d'oxyde (un équivalent) et de 38,61 d'acide (un équivalent). Ses cristaux contiennent 74,27 de sulfate anhydre (un équivalent) et 25,73 d'eau (quatre équivalents). Des observations récentes, qui demanderaient à être confirmées, tendent à prouver que l'on peut employer utilement ce sulfate, dans tous les cas, même invétérés, d'obscurcissement de la cornée avec inflammation chronique, dans lesquels en général les astringents sont indiqués, et de plus, dans les cas où des nuages et des taies ne sont pas accompagnés d'inflammation chronique, mais d'une espèce de boursouflement spongieux de la cornée. On emploierait 5 centigrammes de sulfate dans 8 ou 12 grammes d'eau; on appliquerait une goutte de cette solution sur l'œil, trois ou quatre fois par jour. On l'obtient en dissolvant le métal ou l'oxyde dans l'acide sulfurique.

Azotate. — Il est sous forme de prismes ou d'aiguilles ordinairement groupées en rayons, il attire l'humidité de l'air. Il est formé de 54,05 d'oxyde (un équivalent) et 45,95 d'acide (un équivalent). Cent parties de sel cristallisé contiennent 76 62 d'azotate anhydre (un équivalent) et 23,38 d'eau (quatre équivalents).

## DU COBALT.

Le cobalt se trouve dans la nature, 1° combiné avec l'oxygène; 2° avec le fer, le nickel, l'arsenic et le soufre; 3° avec l'oxygène et un acide à l'état de sel.

Le cobalt est solide, d'une couleur blanche-grisâtre, légèrement ductile; sa texture est granuleuse, serrée; son poids spécifique est de 8,5384. Il est magnétique, mais moins que le fer. Il paraît fondre au même degré de feu que ce métal, c'est-à-dire à 130° du pyromètre de Wedgwood; on en opère facilement la fusion au moyen du chalumeau de Brook (Clarke). Il absorbe le gaz oxygène à une température élevée, et passe à l'état de sesqui-oxyde noir; il n'éprouve point d'altération de la part de ce gaz à froid. Il peut se combiner facilement avec le phosphore et le soufre; il donne trois sulfures avec ce dernier.

La combinaison du *chlore* avec le cobalt s'opère avec dégagement de lumière lorsqu'on a élevé la température. Le chlorure de cobalt, s'il est anhydre, est en écailles cristallines d'un *blanc d'argent* ou d'un *gris de lin;* s'il est hydraté et cristallisé, il est *rouge de rubis;* en dissolvant celui-ci dans peu d'eau, il devient *bleu;* et si la dissolution est affaiblie, il passe au *rose.* Cette dissolution peut être employée comme encre de sympathie : pour s'en servir, on écrit sur du papier, et lorsque les caractères sont secs et invisibles, on les chauffe : la dissolution de cobalt se concentre, passe du rose au bleu foncé, et les caractères deviennent visibles : exposés à l'air dans cet état, ils ne tardent pas à disparaître, phénomène qui dépend de ce que le sel bleu concentré attire l'humidité de l'air et devient d'un rose clair invisible; d'où il suit qu'on peut les faire paraître ou disparaître à volonté. Si la dissolution de cobalt contient du sesquichlorure de fer, les caractères sont verts. On obtient le chlorure de cobalt anhydre en faisant passer du chlore sur du cobalt. Le chlorure hydraté bleu se prépare avec le protoxyde et l'acide chlorhydrique à 15 degrés de l'aréomètre de Baumé. Le chlorure anhydre est formé de 45,5 de cobalt (un équivalent) et de 54,5 de chlore (un équivalent).

Les acides borique, carbonique et phosphorique n'agissent pas sur lui. L'acide sulfurique est décomposé par l'action de la chaleur, ainsi que les acides azotique et chlorhydrique.

Le poids d'un équivalent de cobalt est de 369.

*Extraction.* — On l'obtient en décomposant le protoxyde par le charbon, comme nous l'avons dit en parlant du manganèse (voy. p. 399).

## DES OXYDES DE COBALT.

Le protoxyde de cobalt est le produit de l'art. Lorsqu'il est récemment précipité, il est bleu; mais par son exposition à l'air, il absorbe peu à peu l'oxygène, devient verdâtre, et change de nature. On l'obtient en versant de la potasse dans un sel de cobalt à l'abri de l'air. Lorsqu'on le dessèche, il devient anhydre, et prend une couleur noire. Il est composé d'un équivalent de métal et d'un d'oxygène, ou de 78,68 de métal et de 21,32 d'oxygène. On l'emploie pour colorer en bleu les cristaux, les porcelaines, etc.

L'*azur* n'est autre chose qu'un verre bleu pulvérisé, formé d'acide silicique, de potasse et d'oxyde de cobalt. On l'obtient en calcinant un minerai de cobalt avec ces substances.

## DES SELS FORMÉS PAR LE PROTOXYDE DE COBALT.

Presque tous les sels de cobalt sont d'une couleur rose, lilas ou violette; la potasse, la soude et l'ammoniaque les décomposent et en précipitent le protoxyde bleu, qui peu à peu devient vert. Ce précipité se dissout dans un excès d'ammoniaque, et donne un liquide rouge, si le sel de cobalt est pur; ce liquide est un sel double de cobalt et d'ammoniaque; si la liqueur contient du chlorhydrate d'ammoniaque, les alcalis n'y déterminent aucun précipité. Les sulfures solubles y font naître un dépôt noir de sulfure de cobalt. Il en est de même de l'acide sulfhydrique, si les sels ne sont pas acides; le cyanure jaune de potassium et de fer les précipite en vert sale. Les carbonates, les phosphates, les arséniates et les oxalates solubles donnent lieu à des précipités roses qui sont formés par du carbonate, du phosphate de l'arséniate ou de l'oxalate de cobalt. L'infusion de noix de galle y détermine un précipité jaunâtre.

Phosphate. — Il est d'une couleur rose violacée, insoluble dans l'eau, et soluble dans l'acide phosphorique; il est indécomposable au feu, décomposable par le charbon, par les alcalis et par les sulfures alcalins. Il est composé, d'après Berzélius, de 48,75 d'acide et de 51,25 de protoxyde. Mêlé avec 8 parties d'alumine en gelée et chauffé dans un creuset, il donne un produit d'une belle couleur bleue, qui peut remplacer l'outremer, et qui a été découvert par M. Thénard. Pour obtenir ce produit, on grille la mine de cobalt de Tunaberg, de Saxe ou de Hongrie, pour la priver de la majeure partie du soufre et de l'arsenic qu'elle renferme; on traite le produit par un excès d'acide azotique étendu d'eau, et on évapore le *solutum* presque jusqu'à siccité; on fait bouillir avec de l'eau la masse obtenue, afin de dissoudre l'azotate de cobalt et de séparer une certaine quantité d'arséniate de fer insoluble; on filtre, et on verse du phosphate de soude dans la dissolution; il se forme sur-le-champ un précipité violet, qui est du phosphate de cobalt contenant du fer, du cuivre, etc.; on lave le précipité et on le met sur un filtre; lorsqu'il est encore en gelée, on en mêle 1 partie avec 8 parties d'alumine récemment précipitée, bien lavée et en gelée; on a la certitude que le mélange est parfait lorsqu'on n'aperçoit plus de points violets ni blancs; alors on le fait dessécher et on le chauffe pendant une demi-heure, jusqu'au rouge cerise, dans un creuset de terre recouvert de son couvercle. On peut, au lieu d'une partie de phosphate de cobalt, employer avec égal succès 1/2 partie d'arséniate du même métal, que l'on se procure en versant de l'arséniate de potasse dans la dissolution azotique de cobalt obtenue comme nous venons de le dire. (Voy. pour la composition d'autres bleus le *Journal de Pharmacie*, septembre 1854. Note de M. Gaudin.)

## DU NICKEL.

Le nickel se trouve dans la nature, 1° à l'état de silicate et d'arséniate; 2° à l'état d'arséniure combiné ou non avec du sulfure; 3° enfin, il fait partie de la plupart des pierres météoriques. Il est d'une couleur blanche argentine, très malléable et susceptible de se tirer en fils très fins; il est assez tenace; son poids spécifique est de 8,666 quand il a été forgé, et 8,279 lorsqu'il ne l'a pas été. Il est plus magnétique que le cobalt, mais moins que le fer.

Soumis à l'action du *calorique*, il acquiert une couleur de bronze antique, et ne fond qu'avec la plus grande difficulté : cependant il est sensiblement volatil. S'il a le contact du gaz *oxygène*, et que la température soit assez élevée, il passe à l'état de protoxyde gris de cendre noirâtre, et il y a dégagement de lumière ; il est également oxydé par l'air chaud ; il ne paraît point agir sur ce gaz à la température ordinaire. Le *carbone* semble pouvoir se combiner avec le nickel. Le *phosphore* peut s'unir au nickel à l'aide de la chaleur, et donner un phosphure.

Chauffé avec le *soufre* il fournit deux sulfures, un protosulfure et un sous-sulfure. Le *chlore*, le *brome* et l'*iode* s'unissent très bien au nickel.

Le nickel n'éprouve aucune altération de la part de l'*eau* froide ; mais à une température rouge il la décompose. L'acide *sulfurique* concentré et bouillant l'attaque et le dissout ; s'il est affaibli, l'eau est décomposée, il se dégage du gaz hydrogène, et le protoxyde de nickel formé se dissout dans l'acide, surtout si on élève la température. L'acide *borique* liquide ne l'attaque point ; l'acide *azotique* concentré ou faible l'oxyde et le dissout à l'aide de la chaleur : il se dégage du gaz nitreux (bi-oxyde d'azote). L'acide *chlorhydrique* agit sur lui comme l'acide sulfurique faible. Il peut s'allier avec plusieurs métaux ; uni au *fer*, il fournit un alliage très ductile avec lequel on fait des fourchettes, des cuillers, des couteaux, etc. Il entre pour une forte proportion dans les alliages connus sous les noms de packoud, de toutenague, de maillechort, d'argentan, etc. Tous ces alliages, destinés à remplacer l'argent, sont néanmoins d'un usage fort dangereux à cause de la présence du cuivre qui en fait partie.

Le poids d'un équivalent de nickel est de 369,675.

*Extraction.*— On chauffe à la lampe, dans un tube de verre, du protoxyde de nickel, que l'on fait traverser par un courant de gaz hydrogène qui s'empare de l'oxygène et laisse le métal en petites masses très poreuses.

### DES OXYDES DE NICKEL.

Protoxyde. — Il est d'un gris de cendre noirâtre, lorsqu'il ne contient pas d'eau ; il n'a point de saveur ; il n'est point décomposé par le feu. Il se dissout dans les acides minéraux et donne des *protosels*. Il est insoluble dans la potasse ou la soude, et presque insoluble dans l'ammoniaque ; fondu avec le borax, il le colore en jaune hyacinthe. Combiné avec l'eau, il constitue l'*hydrate de protoxyde de nickel ;* cet hydrate est grenu, cristallin, d'une couleur verte, légèrement blanchâtre et presque insipide. Chauffé, il perd l'eau, et passe au gris noirâtre. On l'obtient par la précipitation d'un sel de nickel au moyen d'un alcali ; on recueille le précipité, qui, étant chauffé, donne l'oxyde anhydre. Il est formé d'un équivalent de nickel, ou de 78,71, et d'un équivalent d'oxygène 21,29. Sa formule est Ni O.

Sesqui-oxyde. — Il est d'un violet puce presque noir ; mis dans les acides sulfurique, azotique ou chlorhydrique, il perd une portion de son oxygène, et se dissout à l'état de protoxyde : il est sans usages. Il paraît formé de 71,14 de nickel (deux équivalents) et de 28,86 d'oxygène (trois équivalents) $Ni^2 O^3$. On peut l'obtenir en faisant passer du chlore gazeux au travers de l'eau mêlée de protoxyde. (Voy. p. 428 pour la théorie.)

### DES SELS FORMÉS PAR LE PROTOXYDE DE NICKEL.

Les sels de nickel privés d'eau sont jaunes ou fauves ; ils sont verts lorsqu'ils sont combinés avec ce liquide. Ceux qui sont solubles dans l'eau ont une saveur d'abord sucrée et astringente, ensuite âcre et métallique. Ils sont précipités par la potasse ou par la soude ; l'hydrate vert, séparé, ne se dissout pas dans un excès d'alcali. L'*ammoniaque* les décompose, en précipite de l'oxyde hydraté, et le redissout si elle est employée en excès ; le sel double résultant est bleu et ne cristallise point. On peut obtenir des sels doubles d'ammoniaque et de nickel avec moins d'ammoniaque ; quelques uns d'entre eux sont susceptibles de cristalliser, mais alors ils sont verts (Tupputi) (1). Le cyanure jaune de potassium et de fer y forme un précipité blanc jaunâtre, tirant insensiblement au vert. L'*infusum* alcoolique de *noix de galle* en sépare des flocons blanchâtres, solubles dans un excès de dissolution saline ou du réactif précipitant, mais qui reparaissent avec une couleur fauve foncée quand on sature la liqueur par un excès d'ammoniaque. Les sulfures précipitent les dissolutions de nickel en noir; le précipité est du sulfure de nickel; le gaz acide sulfhydrique ne les précipite qu'autant qu'elles sont neutres, et surtout que l'affinité de l'oxyde de nickel pour l'acide est faible. (Voyez le *Tableau des précipités formés par l'acide sulfhydrique*, à la fin de ce volume.)

## DES MÉTAUX DE LA QUATRIÈME CLASSE.

Ces métaux ne décomposent plus l'eau, ni à chaud ni à froid; ils absorbent l'oxygène à la température même la plus élevée, et leurs oxydes ne sont pas réductibles par le feu. Ces métaux sont : le molybdène, le vanadium, le chrome, le tungstène, le columbium, l'antimoine, l'urane, le cérium, le lantane, le titane, le bismuth, le plomb et le cuivre.

## DU MOLYBDÈNE.

On n'a jamais trouvé ce métal à l'état de pureté : il existe dans la nature, 1° à l'état de sulfure, 2° à l'état de molybdate; mais ces produits sont excessivement rares.

Le molybdène fondu est blanc, semblable à de l'argent mat, et susceptible d'être poli; son poids spécifique est de 8,615 à 8,636; il est cassant, quoiqu'il s'aplatisse un peu sous le marteau avant de se fondre.

Il a été regardé jusqu'à présent comme infusible; mais on est parvenu, dans ces derniers temps, à le séparer du sulfure, et à le fondre à l'aide du chalumeau à gaz (Clarke).

(1) L'oxalate, le citrate et le tartrate acide de nickel ne sont précipités par aucun de ces trois alcalis.

Chauffé jusqu'au rouge naissant avec le contact de l'air, il se transforme d'abord en oxyde brun, qui finit par devenir bleu. Si on élève davantage la température, il se change en acide molybdique qui se vaporise et cristallise en se refroidissant. Il n'est pas altéré par l'air froid.

La plupart des corps simples non métalliques s'unissent avec le molybdène.

Le molybdène peut s'allier avec un très grand nombre de métaux; mais aucun des alliages qu'il forme n'est employé.

Le poids d'un équivalent de molybdène est de 598,520.

*Extraction.* — On décompose l'acide molybdique dans un creuset brasqué, comme nous l'avons dit en parlant du manganèse (voy. p. 399).

Le *protoxide* de molybdène est le produit de l'art; il est d'un brun cuivreux, difficile à fondre et susceptible d'absorber le gaz oxygène à une température élevée, et de se transformer en partie en bi-oxyde et en partie en acide molybdique : il se dissout dans les acides lorsqu'il est hydraté. Il est formé d'un équivalent de métal 85,9 et d'un équivalent d'oxygène 14,1; on l'obtient par la précipitation d'un de ses sels.

Ce métal produit encore avec l'oxygène un *bi-oxyde* et un *acide*, mais qui sont rares et sans usages.

## DES SELS DE PROTOXYDE DE MOLYBDÈNE.

Ce sels sont fort peu connus. Ils sont noirs ou pourpres, d'une saveur astringente sans arrière-goût métallique; leurs dissolutions précipitent en noir par la potasse, la soude, l'ammoniaque et par le sesquicarbonate d'ammoniaque; ce dernier redissout le précipité.

## DES SELS DE BI-OXYDE DE MOLYBDÈNE.

Ils sont rouges quand ils sont hydratés, et presque noirs s'ils sont anhydres, d'une saveur astringente métallique; leurs dissolutions précipitent, par les alcalis, du bi-oxyde couleur de rouille; les carbonates et les bicarbonates y forment un précipité qu'ils peuvent redissoudre s'ils sont employés en excès; le cyanure jaune de potassium et de fer les précipite en brun foncé; une lame de zinc en sépare du protoxyde noir mêlé d'un peu d'oxyde de zinc.

## DU VANADIUM.

Le vanadium a été découvert par Sefstrom, en 1830, dans un fer suédois remarquable par sa ductilité extraordinaire, qui se trouve à Jaberg en Suède : son nom est dérivé de *Vanadis*, divinité scandinave. On a reconnu depuis qu'il existe aussi à l'état d'acide vanadique dans la mine de plomb de Zimapan au Mexique et en Écosse.

Le vanadium est blanc, et ressemble beaucoup au molybdène lorsque sa surface est polie : il n'est point ductile et se laisse facilement réduire en poudre gris de fer; on ignore quel est son poids spécifique. Il est bon conducteur de l'électricité et fortement négatif envers le zinc. Chauffé avec le contact de l'air, quand il est pulvérulent et qu'il a été réduit au moyen du potassium, il prend feu au-dessous du rouge, brûle sans vivacité, et donne un oxyde noir non fondu qui ne se combine ni avec les acides ni avec les bases. Il produit en outre, avec l'oxygène, un bi-oxyde qui s'unit bien avec les acides et qui est facilement oxygénable par son contact avec l'air; il devient alors $VO^2$.

Le poids de l'équivalent du vanadium est de 856,59. Il est sans usages.

## DE L'ACIDE VANADIQUE.

Il est le produit le plus oxygéné du vanadium. Il est solide, couleur de rouille, insipide et inodore; il rougit le papier de tournesol. Il fond à la chaleur rouge; il peut cristalliser par le refroidissement sans se décomposer, ce qui le distingue de l'acide chromique. Il se dissout légèrement dans l'eau, qu'il colore en jaune clair; il s'unit avec les bases, avec lesquelles il donne des sels bien déterminés. Sa formule est

$VO^3$. On l'obtient en décomposant le vanadate d'ammoniaque par l'action de la chaleur : l'ammoniaque se volatilise, et l'acide reste.

## DES SELS COMPOSÉS DE BI-OXYDE DE VANADIUM ET D'UN ACIDE.

A peu d'exceptions près, ces sels sont d'un bleu d'azur superbe; anhydres, ils sont ordinairement bruns, quelquefois verts. Ils sont doués d'une saveur astringente un peu douceâtre; la plupart sont solubles dans l'eau et précipitables par la potasse et la soude en blanc grisâtre, qui passe au brun hépatique; le précipité se redissout dans un excès d'alcali. Les carbonates les précipitent en gris blanc. L'acide sulfhydrique ne les trouble point; les sulfures les précipitent en noir et redissolvent le précipité en prenant une belle couleur pourpre, si on les emploie en excès; le cyanure jaune de potassium et de fer y occasionne un précipité jaune citron qui verdit à l'air. L'infusion de noix de galle y produit un précipité bleu tellement foncé qu'il paraît noir.

## DU CHROME.

Le chrome entre dans la composition des pierres tombées du ciel (aérolithes) et du fer natif de Sibérie, comme Laugier l'a prouvé le premier. Il se trouve aussi à l'état d'oxyde et de chromate. Le fer chromé du Var et d'Amérique est formé d'oxyde de chrome, de sesqui-oxyde de fer, d'acide silicique et d'alumine. L'acide chromique fait partie du *rubis spinelle* et du *plomb rouge de Sibérie*. Il a été découvert par Vauquelin.

Le chrome est solide, d'un blanc grisâtre, très fragile; son poids spécifique est de 5,900, suivant Klaproth. Il ne fond qu'avec la plus grande difficulté; et lorsqu'il est fortement *chauffé*, il donne une masse poreuse, en partie granuleuse et en partie cristalline. Il n'agit sur le gaz *oxygène* et sur l'*air* qu'autant que la température est très élevée : alors il se transforme en oxyde vert. Parmi les corps simples non métalliques, l'*iode*, le *chlore*, le *brome*, le *phosphore* et le *soufre* sont les seuls que l'on ait combinés avec le chrome.

Le chrome n'exerce point d'action sur l'eau et fort peu ou point sur les acides. L'acide azotique n'en dissout que très peu par une ébullition prolongée. L'acide phtorhydrique le dissout à l'aide de la chaleur, et il se dégage du gaz hydrogène. Il est susceptible de s'unir au fer, comme on peut s'en assurer en chauffant très fortement dans un creuset brasqué un mélange d'oxyde de fer et d'oxyde de chrome : l'alliage est dur, fragile, très brillant. Il s'allie également à l'*acier*, et le produit prend un beau *damassé* lorsqu'on le frotte avec l'acide sulfurique. Chauffé jusqu'au rouge avec de la potasse et le contact de l'air, le chrome se transforme en acide chromique qui s'unit à l'alcali, et donne naissance à du chromate de potasse. Il est sans usages.

*Poids d'un équivalent de chrome.* — Il est de de 351,820.

*Extraction.* — On fait passer du gaz ammoniac sec à travers du chlorure de chrome placé dans un tube de verre chauffé jusqu'au rouge. Le chlorure est préalablement dessèché à la température de 200 à 300° et en vases clos. Le chrome ainsi obtenu est d'un brun de chocolat et prend sous le brunissoir un éclat métallique. (Liébig, *Ann. de Chimie*, nov. 1831.)

## DE L'OXYDE DE CHROME.

PROTOXYDE. — Cet oxyde se trouve fort rarement dans la nature. Il est d'un très beau vert, très difficile à fondre, inaltérable par le feu, par le gaz oxygène et par l'air. Chauffé jusqu'au rouge brun avec du potassium ou avec de la potasse, et exposé à l'air, il en absorbe l'oxygène, et donne du chromate de potasse jaune-serin; il se dissout difficilement dans les acides, à moins qu'il ne soit hydraté. Le chlorate de potasse le transforme en chromate de potasse, et il se dégage du chlore. On l'emploie pour colorer en vert la porcelaine et le verre, et pour en extraire le chrome.

*Composition.* — Il est formé de 70,11 de métal (deux équivalents), et de 29,89 d'oxygène (trois équivalents).

*Préparation.* — On calcine au rouge, dans un creuset de

terre fermé, parties égales de chromate de potasse et de soufre : celui-ci s'empare de l'oxygène de la potasse et d'une partie de celui qui entre dans la composition de l'acide chromique, en sorte que l'on obtient du protoxyde de chrome, du sulfate et du sulfure de potassium. On lessive la masse verdâtre qui en résulte ; on dissout dans l'eau le sulfate et le sulfure, et l'oxyde de chrome se précipite ; il suffit de le laver plusieurs fois pour l'avoir pur. (Lassaigne.)

## DES SELS DE PROTOXYDE DE CHROME.

Ces sels sont à peine connus, plusieurs même n'ont jamais été obtenus ; ils sont le produit de l'art, et n'ont point d'usages. Ils sont d'un vert émeraude, d'une saveur douceâtre, astringente ; leurs dissolutions précipitent en gris verdâtre par les alcalis (la potasse et la soude redissolvent le précipité), en vert par le cyanure jaune de potassium et de fer, en gris verdâtre (protoxyde) avec dégagement d'acide sulfhydrique par les sulfures, en brun par la noix de galle. L'acide sulfhydrique ne les trouble point.

## DE L'ACIDE CHROMIQUE.

L'acide chromique se trouve dans la nature, combiné avec l'oxyde de plomb ; il existe aussi dans le rubis *spinelle*. Il cristallise en prismes de couleur rouge *purpurine* (*caractère essentiel*) plus pesants que l'eau, doués d'une saveur âcre, styptique, et attirant l'humidité de l'air. Il se dissout très bien dans l'eau, à laquelle il communique sa saveur, sa *couleur*, et la propriété de rougir fortement l'*infusum* de tournesol. L'alcool froid le dissout à merveille ; à chaud il se produit de l'acide formique, de l'éther et de l'oxyde de chrome.

*Propriétés essentielles.* — 1° Chauffé dans des vaisseaux fermés, l'acide chromique se décompose, et donne du gaz oxygène et de l'oxyde de chrome vert ; cette décomposition est plus rapide si l'acide est mêlé avec quelque corps avide d'oxygène. 2° Il est décomposé par l'acide *chlorhydrique* à l'aide de la chaleur ; il y a dégagement de chlore, formation d'eau et de chlorure de chrome vert, d'où il suit que l'acide chlorhydrique est également décomposé ; en effet, l'oxygène de l'acide chromique se combine avec l'hydrogène de l'acide chlorhydrique pour former de l'eau, et il y a du chlore mis à nu. 3° L'acide *sulfureux* décompose également l'acide chromique, absorbe une portion de son oxygène, et il en résulte du protosulfate de chrome vert. 4° La dissolution de *protochlorure d'étain* transforme aussi l'acide chromique en oxyde vert qui se précipite. En général, tous les corps avides d'oxygène le décomposent en oxyde de chrome et en oxygène qui est absorbé par le corps réagissant.

Les acides chromique et *sulfurique* peuvent se combiner.

*Composition.* — L'acide chromique est formé de 53,98 de chrome (un équivalent) et de 46,02 d'oxygène (trois équivalents). Sa formule est $Chr\,O^3$.

*Préparation.* — On précipite la potasse du bichromate de potasse au moyen de l'acide phtorhydrique silicé ; on évapore la liqueur jusqu'à siccité dans un vase de platine à une très douce chaleur ; on traite par une petite quantité d'eau qui dissout l'acide et laisse un faible résidu de phtorure silico-potassique. On décante sans filtrer, parce que l'acide charbonnerait le papier et s'altérerait. (Maus.)

## DES CHROMATES.

Presque tous les chromates sont le produit de l'art ; on ne trouve dans la nature que le chromate de plomb, un chromate double de cuivre et de plomb, et un chromate double de magnésie et d'alumine. Ils sont colorés en jaune ou en rouge. La plupart de ceux des cinq dernières classes sont décomposés par le feu ; l'acide chromique se trouve transformé en oxygène et en protoxyde de chrome vert (*caractère essentiel*). Ceux de potasse, de soude, d'ammoniaque, de chaux, de strontiane, de magnésie, de nickel et de cobalt, sont solubles dans l'eau : les autres sont insolubles.

*Propriétés essentielles.* — 1° Les chromates dissous précipitent en *jaune serin* les sels solubles de plomb, en *rouge orangé* les sels de protoxyde de mercure, et en pourpre les sels d'argent : ces divers précipités sont formés par l'acide chromique et par l'oxyde de plomb, de mercure ou d'argent; 2° chauffés avec de l'acide chlorhydrique, les chromates sont décomposés, et l'on obtient du chlorure de chrome vert, et du chlorure du métal qui constitue le chromate; il se dégage du chlore, et il se forme de l'eau : phénomènes faciles à expliquer, en se rappelant ce que nous avons dit lorsque nous avons parlé de l'action de l'acide chlorhydrique sur l'acide chromique (voy. p. 458).

*Préparation.*— Tous les chromates insolubles s'obtiennent par le troisième procédé (voy. 266).

Chromate de potasse.— Il cristallise en prismes rhomboïdaux jaunes, d'une saveur fraîche, amère et désagréable, soluble dans la moitié de son poids d'eau, à peine soluble dans l'alcool, inaltérable à l'air. L'acide chromique et les acides forts en précipitent du bichromate en cristaux rouges. Il n'est pas décomposé par la chaleur, à moins qu'on ne le mêle avec du charbon. Il est formé de 47,5 de potasse (un équivalent) et de 52,5 d'acide (un équivalent). Les cristaux renferment 68,9 de sel anhydre (un équivalent) et 31,1 d'eau (cinq équivalents). On l'emploie dans les fabriques de toiles peintes. Il préserve les substances végétales et animales de la putréfaction ; il enlève même l'odeur infecte aux matières putrides. M. Jacobson l'a administré comme émétique, à la dose de 5 à 10 centigrammes; appliqué à l'extérieur, il agit comme résolutif, et, s'il est concentré, comme caustique; il jouit de la propriété de faire brûler avec une forte et vive incandescence le chanvre, le coton, les cordes, les toiles : aussi s'en est-on servi pour faire des *moxas :* pour cela, on imbibe du papier joseph d'une solution faite avec 1 partie de ce sel et 16 parties d'eau.

*Préparation.*— On l'obtient avec la mine de chrome du département du Var, qui est principalement composée d'oxyde de chrome, d'oxyde de fer, d'acide silicique, d'alumine et de magnésie. On fait rougir dans un creuset, pendant une demi-heure, un mélange de parties égales de cette mine et d'azotate de potasse; l'acide azotique est décomposé; son oxygène se porte sur les oxydes de chrome et de fer, qu'il transforme en acide chromique et en sesqui-oxyde de fer; il se dégage du gaz nitreux (bi-oxyde d'azote), en sorte que l'on obtient une masse jaune, poreuse, formée de chromate de potasse, d'acide silicique, d'alumine, de sesqui-oxyde de fer et de magnésie. On casse le creuset pour mieux en retirer la matière, et on la fait bouillir, pendant un quart d'heure, dans dix ou douze fois son poids d'eau, qui dissout le chromate de potasse et une portion d'acide silicique et d'alumine : ces deux substances sont tenues en dissolution à la faveur de l'excès de potasse. On traite de nouveau le résidu par l'eau pour lui enlever tout ce qui est soluble ; on filtre et on fait évaporer la liqueur ; l'acide silicique et l'alumine se déposent à mesure que la concentration a lieu : on laisse reposer pour filtrer de nouveau et faire cristalliser ; c'est par le moyen d'une seconde cristallisation que l'on parvient à débarrasser le *chromate de potasse* de tout l'acide silicique et de l'alumine. (Grouvelle.)

Bichromate de potasse. — Il cristallise en larges tables rectangulaires d'un rouge intense, solubles dans dix parties d'eau froide, inaltérables à l'air, d'une saveur amère et métallique. Il est anhydre et contient 31,16 de base (un équivalent) et 68,84 d'acide (deux équivalents). On l'obtient comme le précédent, si ce n'est que l'on rend la liqueur acide.

Chromate de plomb. — Il est d'un très beau jaune serin, insoluble dans l'eau et peu soluble dans les acides ; les alcalis employés en petite quantité le transforment en chromate basique insoluble, rouge-orangé et en chromate d'alcali soluble. Il est formé d'un équivalent de protoxyde de plomb (68,15) et d'un équivalent d'acide (31,85). On l'obtient en versant du chromate de potasse dans de l'acétate de plomb. Il est employé dans la peinture sur toile et sur porcelaine, pour faire des fonds jaunes, etc. Les chromates de plomb du commerce (jaune de chrome) contiennent plus ou moins de sulfate de chaux ou de sulfate de plomb.

Chromates de chlorures métalliques. — M. Péligot a fait connaître l'existence de bichromates dans lesquels un chlorure métallique remplace l'oxyde et joue ainsi le rôle de base. (Voy. Sels en général, et *Journ. de Pharm.*, juin 1833.)

## DU TUNGSTÈNE (SCHEELIUM, SCHEELIN).

On trouve le tungstène à l'état de *tungstate de chaux* et de *tungstate double de manganèse et de fer* : ce dernier est plus commun que les autres. Le tungstène est solide, d'un blanc grisâtre comme le fer, très brillant, très dur, inattaquable par la lime, et fragile : son poids spécifique est, suivant MM. d'Elhuyart, de 17,6.

Il ne paraît pas avoir été fondu, même à la température de 170° du pyromètre de Wedgwood (12838° th. c.); on peut pourtant, lorsqu'il a été ainsi chauffé, l'obtenir par le refroidissement en petits cristaux d'une forme indéterminée (Vauquelin). Il n'agit sur le gaz *oxygène* et sur l'*air* qu'à une température élevée : alors il brunit et s'oxyde avec flamme. Il peut donner naissance, par sa combinaison avec l'oxygène, à deux produits : l'un, le protoxyde, qui est pulvérulent, de couleur brune, ne peut pas s'unir avec les acides ; l'autre possède des caractères acides très prononcés et peut fournir des tungstates bien définis. Sa formule est $Tg\,O^3$.

Le poids de l'équivalent du tungstène est de 1183,20.

*Préparation.* — On obtient le tungstène en traitant l'acide tungstique par le charbon. Pour le préparer, on fait chauffer, pendant deux heures, 1 partie de wolfram pulvérisé et séparé de sa gangue (mine composée principalement d'acide tungstique, d'oxyde de fer et d'oxyde de manganèse) avec cinq ou six fois son poids d'acide chlorhydrique liquide, qui dissout les oxydes de fer et de manganèse, et laisse l'acide tungstique sous forme d'une poudre jaune ; mais il est mêlé avec un peu de gangue et avec du wolfram non décomposé ; on le lave, et on le fait dissoudre à froid dans l'ammoniaque ; on filtre et on évapore le tungstate qui a été produit ; lorsqu'il est sec, on le chauffe dans un creuset pour en volatiliser l'ammoniaque, et l'acide reste pur.

## DES TUNGSTATES.

Les tungstates sont tous le produit de l'art, excepté ceux de chaux et de fer : aucun n'est employé. Ils sont, pour la plupart, indécomposables par le feu : il n'y a guère que ceux dont les oxydes se réduisent par la chaleur qui se décomposent. Presque tous sont insolubles dans l'eau.

*Propriétés essentielles.* — 1° Ceux qui se dissolvent dans l'eau sont précipités à froid par les acides sulfurique, azotique, chlorhydrique, etc.; le précipité est blanc, et composé de beaucoup d'acide tungstique, d'une portion de l'oxyde du tungstate et d'un peu de l'acide précipitant. 2° Si, au lieu d'agir à froid, on fait chauffer le mélange, on n'obtient que l'acide tungstique jaune. 3° Le zinc, le fer et le protochlorure d'étain transforment les tungstates que l'on a rendus acides, en tungstate d'oxyde de tungstène bleu.

## DU COLUMBIUM (TANTALE).

Le columbium est excessivement rare : on ne le trouve qu'à l'état d'oxyde ou d'acide, combiné tantôt avec les oxydes de fer et de manganèse, tantôt avec l'yttria.

Il est sous forme d'une poudre noire, qui sous le brunissoir prend de l'éclat métallique et une teinte gris de fer; il donne, avec l'oxygène, comme les précédents, un oxyde noir non salifiable et un acide susceptible de produire des sels.

L'acide columbique s'obtient en traitant le columbium par l'azotate de potasse, et en décomposant le columbate qui en résulte par l'acide chlorhydrique. Il est formé d'un équivalent de columbium et de trois d'oxygène, $Clb\,O^3$.

Le poids d'un équivalent de columbium est 1153,87.

*Extraction.* — On décompose le phtorure de columbium sec par le potassium au rouge naissant; on traite la masse par l'eau qui dissout le phtorure de potassium formé, et le columbium se précipite. On obtient le phtorure de columbium en dissolvant l'acide columbique hydraté dans l'acide phtorhydrique.

## DE L'ANTIMOINE (RÉGULE D'ANTIMOINE).

L'antimoine se trouve, 1° à l'état natif au Hartz, en Hongrie, près de Grenoble, en Bretagne et à Sahlberg en Suède;

2° combiné avec l'oxygène; 3° uni au soufre; 4° enfin combiné à la fois avec l'oxygène et avec le soufre.

L'antimoine est un métal solide, d'une couleur blanche bleuâtre, brillante, semblable à celle de l'argent ou de l'étain, qui ne se ternit que très peu à l'air; sa texture est lamelleuse, sa dureté assez grande; il est très cassant et facile à pulvériser; frotté entre les doigts, il leur communique une odeur sensible; son poids spécifique varie de 6,702 à 6,86 (1).

Chauffé dans des vaisseaux fermés, il entre en fusion à 426°, et si on le laisse refroidir lentement, il forme un culot dont la surface offre une cristallisation que l'on a comparée aux feuilles de fougère; il n'est volatil qu'au rouge blanc d'après Berzélius. A la température ordinaire, il n'agit point sur le gaz *oxygène* ni sur l'*air* atmosphérique parfaitement secs : il paraît, au contraire, absorber une très petite quantité d'oxygène si ces gaz sont humides; mais si on élève la température jusqu'au-dessous de l'incandescence, il passe à l'état de sous-oxyde brun (mélange d'antimoine et de protoxyde); si on le chauffe plus fortement, il se transforme en protoxyde blanc (fleurs d'antimoine), et il y a dégagement de calorique et de lumière, comme on peut s'en assurer en faisant fondre 8 à 10 grammes de ce métal dans un creuset, et en le versant d'une certaine hauteur sur une table ou sur le carreau; il se divise alors en une multitude

(1) Nous devons à Sérullas un travail important sur l'antimoine et ses préparations, dont voici les principaux résultats : 1° L'antimoine, lors même qu'il a été fondu plusieurs fois, le sulfure, les oxydes et le verre de ce métal, le *crocus metallorum*, etc., contiennent de l'*arsenic*, à moins que ces produits n'aient été obtenus avec le sulfure d'antimoine du département de l'Allier, qui ne renferme pas d'arsenic. L'émétique et le beurre d'antimoine sont les seules préparations antimoniales où l'arsenic n'existe pas. 2° On peut démontrer ce fait en traitant l'une ou l'autre de ces substances par le tartrate acidule de potasse, à une température élevée; on obtiendra un alliage de potassium et d'antimoine (voyez *Tartrate acide potasse*, t. II) qui contiendra de l'arsenic, si la préparation antimoniale en renfermait, et il suffira de mettre cet alliage en contact avec l'eau pour donner naissance à du gaz *hydrogène arsénié*, facile à reconnaître.

de petits globules rouges enflammés, qui se transforment en oxyde que l'on voit se volatiliser dans l'air sous forme d'une fumée blanche, inodore lorsque l'antimoine est pur, mais qui répand une odeur d'ail quand il contient de l'arsenic. Le *bore* et le *carbone* n'exercent point d'action sur l'antimoine.

L'*hydrogène* à l'état naissant, en contact avec l'antimoine, se combine avec lui et donne un hydrogène antimonié, gazeux, incolore, inodore, décomposable à la chaleur rouge en antimoine et en hydrogène, brûlant au contact de l'air, avec une flamme bleuâtre et laissant déposer une légère couche d'une poudre grisâtre d'antimoine métallique, si l'air est mélangé en petite quantité avec le gaz, et donnant au contraire de l'oxyde d'antimoine blanc pulvérulent et de l'eau si l'air est en excès. Lorsque le gaz est enflammé sous forme de jet et qu'on refroidit la flamme par l'interposition d'un corps froid tel qu'une capsule, on voit de suite apparaître à la surface de ces corps des taches brillantes métalliques d'antimoine, que l'on ne saurait confondre avec celles que produit l'hydrogène arsénié, surtout si l'on a recours aux réactifs propres à distinguer l'antimoine de l'arsenic (Voyez ma *Toxicologie générale*).

Ce gaz n'est jamais pur, il est toujours mélangé d'hydrogène libre. Le chlore le décompose en produisant de l'acide chlorhydrique et du chlorure d'antimoine blanc. L'azotate d'argent l'absorbe et le décompose.

L'hydrogène antimonié est formé d'un équivalent d'antimoine et de trois d'hydrogène. $Sb H^3$.

On l'obtient en traitant un alliage de zinc et d'antimoine par l'acide sulfurique hydraté. L'eau est décomposée, son oxygène se porte sur le zinc qui s'unit à l'acide sulfurique, tandis que l'antimoine à l'état naissant se combine avec l'hydrogène; on le recueille sur le mercure.

Le *phosphore* peut, à l'aide de la chaleur, s'unir directement à l'antimoine, et donner un phosphure blanc, brillant, cassant, susceptible de se transformer en acide phosphorique et en oxyde d'antimoine lorsqu'on le chauffe à l'air ou avec le gaz oxygène. Le *soufre* jouit aussi de la propriété de se combiner avec l'antimoine à l'aide de la chaleur, et de former un *protosulfure* dont l'histoire nous paraît assez importante pour lui consacrer un article. Il existe encore deux autres sulfures d'antimoine, savoir : 1° le *bisulfure* composé de 66,72 d'antimoine (un équivalent) et de 33,28 de soufre (deux équivalents); on l'obtient en faisant passer du gaz acide sulfhydrique à travers une dissolution d'antimonite de potasse dans l'acide chlorhydrique ; 2° le *persulfure* formé de 61,59 de métal (deux équivalents) et de 38,41 de soufre (cinq équivalents) : on prépare ce dernier en décomposant l'acide *antimonique* hydraté par l'acide sulfhydrique ; peut-être même ce sulfure n'est-il qu'un mélange de soufre et de bisulfure. L'antimoine se combine avec l'*iode* à l'aide de la chaleur, et fournit un iodure d'un rouge foncé décomposable par l'eau en acide iodhydrique et en protoxyde d'antimoine. Il est probablement formé d'un équivalent de métal et de trois d'iode. Le *brome* s'unit à l'antimoine avec dégagement de calorique et de lumière et donne un bromure qui se liquéfie à 94+0°, et qui bout à 270°. Il est en aiguilles incolores, déliquescentes, composées de 35,4 de métal (un équivalent) et de 64,6 de brome (trois équivalents).

Lorsqu'on projette de la poudre de ce métal dans du *chlore* gazeux, celui-ci est absorbé et solidifié; il se produit du *perchlorure* d'antimoine incolore, fumant, et il y a dégagement de calorique et de lumière. Il existe trois chlorures d'antimoine qui correspondent par leur composition aux trois oxydes de ce métal, c'est-à-dire au protoxyde, à l'acide antimonieux et à l'acide antimonique. Ils décomposent l'eau de manière à donner de l'acide chlorhydrique et l'oxyde correspondant. Le *protochlorure* se présente ordinairement sous forme d'une masse épaisse, graisseuse, incolore, qui attire l'humidité de l'air en acquérant une couleur jaune et que l'on a désignée sous le nom de *beurre d'antimoine liquide;* il est demi-transparent, d'une causticité extrême, susceptible de cristalliser en prismes tétraèdres lorsqu'on le fait fondre et qu'on le laisse refroidir lentement, et fusible au-dessous de 100° thermomètre centigrade. Quand le protochlorure a ainsi attiré l'humidité de l'air, il forme un liquide dense, très caustique, qui n'a rien laissé précipiter et qui est d'un emploi facile. Il se décompose au contraire lorsqu'on le met tout-à-coup en contact avec une grande quantité d'eau, et fournit un liquide composé d'acide chlorhydrique et d'un peu d'oxychlorure d'antimoine, et un précipité blanc formé d'oxychlorure d'antimoine (poudre d'Algaroth); ce précipité se dépose sous forme de petites paillettes brillantes. (Voy. OXYCHLORURE, p. 468.) Le beurre d'antimoine est employé en médecine comme caustique; on s'en sert contre la morsure des animaux venimeux. Il est composé de 54,85 d'antimoine (deux équivalents) et de 45,15 de chlore (trois équivalents). $Sb^2 Ch^3$ : On l'a préparé pendant longtemps en faisant chauffer, dans un appareil *desséché* et composé d'une cornue et d'un récipient, un mélange intime de parties égales d'antimoine métallique et de bichlorure de mercure. Le procédé suivant a été conseillé par M. Robiquet. On prend 1 partie d'acide azotique, 4 parties d'acide chlorhydrique, et 1 partie d'antimoine métallique, et l'on obtient un *solutum* de chlorure d'antimoine. On fait évaporer cette dissolution en vaisseaux clos pour chasser l'excès d'acide; lorsque le chlorure est sec, on continue l'action de la chaleur, mais on change de récipient : par ce moyen, on volatilise le protochlorure, qui est très beau, et qui n'a pas besoin d'être sublimé de nouveau, comme cela a lieu lorsqu'on suit le procédé ancien, qui est d'ailleurs beaucoup plus dispendieux. Si la dissolution de l'antimoine dans l'acide a été faite avec lenteur, et qu'au lieu d'obtenir un protochlorure, on ait un perchlorure incapable de produire le protochlorure volatil, on doit ajouter à la dissolution concentrée de l'antimoine très divisé, qui la ramène à l'état de protochlorure; mais cette addition doit se faire *avec beaucoup de précaution*, car la température s'élève considérablement, et le vase peut être brisé Si la dissolution de l'antimoine dans l'acide a été faite avec rapidité, parce qu'on a employé une trop grande quantité d'acide azotique ou pour toute autre cause, et que l'on ait obtenu un mélange de bichlorure et de bi-oxyde d'antimoine, il faudra ajouter un peu d'acide chlorhydrique avant d'évaporer la dissolution, et l'agiter pendant quelque temps avec de l'antimoine très divisé.

OXYCHLORURE D'ANTIMOINE (*Poudre d'Algaroth*). Il est formé de 82 parties de protochlorure et de 18 de protoxyde. Il est blanc, onctueux, à moins qu'il ne soit précipité depuis quelque temps, car alors il est gris et pulvérulent. Il n'est point soluble dans l'eau ; il est fusible et soluble dans l'acide chlorhydrique. On peut l'obtenir en traitant 1 partie de protochlorure par 8 parties d'eau ; mais le plus ordinairement on le prépare en faisant bouillir, dans un matras placé sur un bain de sable, 1 kilogramme 250 de sulfure d'antimoine réduit en poudre très fine, 6 kilogrammes 900 d'acide chlorhydrique à 22 degrés, et 0,080 d'acide azotique; il se forme des protochlorures d'antimoine, de plomb, de fer et de zinc, qui restent en dissolution ; il se dégage du gaz acide sulfhydrique et il se précipite du soufre, du chlorure de plomb et du sulfure d'antimoine non attaqué (1) ; on fait bouillir jusqu'à ce que les gaz aient cessé depuis quelque temps de noircir le papier d'acétate de plomb. On laisse reposer la liqueur, et on la décante lorsqu'elle est transparente; on la verse dans une grande quantité d'eau, et on l'agite à mesure, pour que la poudre d'Algaroth qui se produit soit plus divisée, et que le lavage s'en fasse plus exactement : on lave à grande eau jusqu'à ce que la liqueur ne rougisse plus le papier de tournesol; on laisse égoutter le précipité sur une toile pour le débarrasser d'une portion d'eau.

La poudre d'Algaroth était en usage autrefois; on l'administrait comme émétique, et on la connaissait sous les noms de *mercure de vie*, *mercure de mort*, etc. Elle est généralement abandonnée aujourd'hui.

(1) *Théorie.* — Le plomb, le fer et le zinc existaient dans le sulfure d'antimoine employé ; l'acide sulfhydrique s'est formé aux dépens de l'hydrogène de l'acide chlorhydrique et du soufre du sulfure ; le soufre déposé provient d'une portion d'acide sulfhydrique décomposé par le chlore et l'acide azoteux, mis à nu par suite de la réaction de l'acide azotique sur l'acide chlorhydrique (voyez Eau régale, tome 1er) ; une portion de ce même chlore unie au plomb qui altère le sulfure, constitue le chlorure précipité.

Le *perchlorure* d'antimoine correspond à l'acide antimonique et se compose de 42,15 de métal (deux équivalents) et de 57,85 de chlore (cinq équivalents). $Sb^2 Cl^5$. C'est lui qui se forme lorsqu'on brûle de l'antimoine dans du chlore sec.

L'*azote* est sans action sur l'antimoine. D'après Berzélius, la vapeur *d'eau* est décomposée par ce métal chauffé au rouge; il se forme un oxyde et l'hydrogène se dégage.

Les acides *borique*, *carbonique* et *phosphorique* ne sont pas attaqués par l'antimoine. L'acide *sulfurique* concentré n'agit point sur lui à la température ordinaire; mais il est en partie décomposé à l'aide de la chaleur; il cède une portion de son oxygène au métal, et se transforme en gaz acide sulfureux et en soufre : le protoxyde formé se combine avec l'acide non décomposé, et donne naissance à du sulfate d'antimoine. On ne connaît pas l'action de l'antimoine sur les acides *iodique* et *chlorique*.

L'acide *azotique* concentré est promptement décomposé par lui; il se dégage du gaz bi-oxyde d'azote, et il se forme de l'acide antimonieux blanc et de l'azotate d'ammoniaque; phénomènes semblables à ceux que produisent l'étain et le fer, et dont la théorie a été exposée en détail à la page 425. L'acide *azotique* affaiblit l'oxyde au premier degré, et le dissout.

L'acide *chlorhydrique* liquide n'exerce aucune action sur l'antimoine; on ne sait pas comment il se comporte avec l'acide *iodhydrique*. Il n'agit pas sur l'acide *phtorhydrique*. Suivant Schéele, l'acide *arsénique* oxyde l'antimoine, se combine avec lui, et donne naissance à une poudre blanche insoluble.

Parmi les métaux précédemment étudiés, il n'y a que le *potassium* et le *sodium* qui forment, avec l'antimoine, des alliages ayant quelques propriétés particulières : il y a, pendant leur formation, dégagement de calorique et de lumière.

Lorsqu'on projette dans un creuset chauffé jusqu'au rouge parties égales d'antimoine et d'*azotate de potasse* pulvérisés, et qu'on laisse la matière sur le feu pendant une demi-heure, il y a dégagement de calorique et de lumière, et l'on obtient l'*antimoine diaphorétique non lavé*, dont la composition varie notablement, suivant que la proportion de nitre a été plus ou moins forte et la chaleur plus long-temps soutenue; ainsi admettons que l'on ait employé 2 ou 3 parties de nitre, et que l'on ait chauffé pendant deux heures environ, l'antimoine diaphorétique ne sera que de l'antimoniate de potasse, sauf un peu d'arséniate d'antimoine qu'il pourra contenir d'après Sérullas; il est évident que dans ce cas l'oxygène fourni par l'acide azotique aura pu transformer tout l'antimoine en acide antimonique. Supposons maintenant que la dose de nitre ait été beaucoup moins forte, l'antimoine diaphorétique se composera de protoxyde d'antimoine ou d'acide antimonieux unis à la potasse (hypo-antimonite et antimonite) et d'un excès de potasse; ici l'oxygène de l'acide azotique n'aura pas été en suffisante quantité pour porter l'antimoine à l'état d'acide antimonique. Lorsqu'on traite le produit par l'eau, celle-ci, suivant qu'elle est froide ou bouillante, agit différemment. Dans ce dernier cas elle sépare la masse en deux parties, l'une plus riche en alcali soluble dans l'eau, l'autre insoluble plus riche en oxyde d'antimoine. Si l'eau est froide, elle n'entraîne que de l'azotate et de l'azotite de potasse; d'où il suit que la poudre qui reste après le lavage et qui constitue l'*antimoine diaphorétique lavé* n'est pas toujours identique, d'autant plus que, comme nous l'avons déjà dit, la composition de l'antimoine diaphorétique non lavé est loin d'être toujours la même. Si on verse dans la dissolution aqueuse de potasse et d'acide antimonique (eau de lavage) de l'acide azotique, celui-ci s'empare de la potasse, et l'acide antimonique blanc se précipite : on connaissait autrefois ce précipité sous le nom de *matière perlée de Kerkringius*. On a employé en médecine l'antimoine diaphorétique lavé et non lavé, comme fondant et apéritif dans les maladies cutanées; ce dernier est plus actif que l'autre; on le prescrit à la dose de 1 à 2 grammes dans une potion de 160 à 180 grammes, que l'on fait prendre par cuillerées; il constitue *la poudre de la Chevaleraies*. Ces préparations ne sont guère employées aujourd'hui que comme contro-stimulantes, et l'on devrait, à cause des différences de composition qu'elles présentent, leur préférer les antimonites et les antimoniates de potasse, dont les proportions sont constantes et bien déterminées. L'antimoine diaphorétique non lavé entre dans la composition des *tablettes antimoniales de Daquin*, de la *poudre cornachine*, *du remède de Rotrou*, etc.

*Usages de l'antimoine.* — Il sert à préparer l'alliage des caractères d'imprimerie et plusieurs préparations antimoniales. Les médecins n'emploient jamais l'antimoine pur Il constituait autrefois les *pilules perpétuelles*, le *vomitif perpétuel*, espèces de petites balles que l'on rendait telles qu'on les avait prises. On construisait aussi avec l'antimoine des tasses dans lesquelles on mettait du vin blanc, dont l'acide ne tardait pas à dissoudre le métal oxydé par l'air : ce liquide était alors émétique et purgatif, mais d'une manière variable, suivant la quantité d'acide contenue dans le vin. L'antimoine métallique sert à la préparation du *decoctum antivenereum laxans* de la pharmacopée de Paris; mais dans cette décoction, il se trouve oxydé et dissous par la potasse.

Le poids d'un équivalent d'antimoine est de 1612,90.

*Extraction.* — On fond dans des creusets le sulfure d'antimoine concassé, pour le séparer de sa gangue; on le fait refroidir, et il ne tarde pas à cristalliser. On le grille dans un fourneau à réverbère, en l'agitant de temps en temps; il absorbe l'oxygène de l'air, et se transforme en oxyde d'antimoine sulfuré, terne, d'un gris blanchâtre, et en gaz acide sulfureux. On chauffe 8 parties de cet oxyde préalablement mêlé avec 3 parties d'azotate de potasse et avec 6 parties de tartre (bitartrate de potasse), et il en résulte de l'antimoine métallique que l'on trouve au fond des creusets, et qui se prend en culot par le refroidissement, un mélange de carbonate et de sulfate de potasse, de sulfure de potassium et de sulfure d'antimoine qui surnage le métal, enfin plusieurs produits volatils.

*Théorie.* — L'acide tartrique du tartre se décompose par le feu, comme toutes les substances végétales : l'hydrogène et le carbone qui entrent dans sa composition se combinent avec l'oxygène de l'oxyde, et mettent le métal à nu, tandis que la potasse s'unit aux acides sulfurique et carbonique, et forme, avec une portion de soufre, du sulfure de potassium : il est évident que l'acide azotique de l'azotate se décompose également pour acidifier le soufre. L'antimoine obtenu par ce moyen contient du fer, du plomb, du soufre et de l'arsenic. Il faut le faire fondre à plusieurs reprises avec du nitre dont l'oxygène oxyde le fer, le plomb, le soufre et l'arsenic; les oxydes produits se séparent sous forme de scories avec la potasse du nitre. Toutefois nous conseillerons, lorsqu'on voudra obtenir ce métal à l'état de pureté, de le préparer avec l'émétique ou avec le beurre d'antimoine, ou bien de suivre le procédé indiqué par Wôhler, qui consiste à chauffer jusqu'au rouge dans un creuset un mélange d'une partie d'antimoine métallique, d'une partie 1/4 de nitre et d'une 1/2 partie de carbonate de potasse sec. Lorsque la masse a acquis la consistance de bouillie, on la retire et on la jette dans l'eau bouillante, qui dissout l'excès d'alcali et l'arséniate de potasse, et laisse l'antimoniate de potasse insoluble. On fait fondre cet antimoniate avec la moitié de son poids de tartre, à une chaleur rouge modérée, ce qui fournit un alliage de potassium et d'antimoine; on met cet alliage dans l'eau, qui le décompose et le transforme en potasse soluble et en *antimoine pur* insoluble; il se dégage du gaz hydrogène. (*Journal de Pharmacie*, juillet 1835.)

## DES OXYDES D'ANTIMOINE.

Suivant M. Berzélius, on connaît quatre oxydes d'antimoine.

Le *sous-oxyde* est le produit de l'art. Il est sans usages.

*Composition.* — Elle est inconnue.

Le *protoxyde* existe dans la nature; il entre dans la composition de la poudre d'Algaroth, du sulfate d'antimoine, du tartrate antimonié de potasse (tartre émétique), du kermès, du verre, des foies, des safrans et des rubines d'antimoine. Il est blanc, fusible à une chaleur rouge obscur, et prend par le refroidissement l'aspect d'une masse jaunâtre, opaque, nacrée, pesante, fragile et rayonnée; il est volatil; il brûle au contact de l'air et passe à l'état d'acide antimonieux (bi-oxyde); il est très légèrement soluble dans l'eau, et cette dissolution, selon M. Capitaine, offre, *en apparence*, avec l'acide sulfhydrique et l'ammoniaque, les mêmes réactions que l'acide arsénieux; il est le seul qui se combine bien avec les acides; il est décomposé par le soufre et par le carbone; traité par l'acide azotique à chaud, il le décompose et passe à l'état d'acide antimonieux. Il est formé de 84,32 de métal (un équivalent) et de 15,68 d'oxygène (trois équivalents). On l'obtient en traitant l'oxychlorure d'antimoine (poudre d'Algaroth) par l'ammoniaque ou par le carbonate de potasse, qui s'emparent de tout le chlore et mettent à nu le protoxyde, qu'il suffit de laver et de faire sécher pour l'avoir pur. Berzélius prescrit, pour le préparer, d'oxyder l'antimoine par l'acide azotique, et de traiter la masse par l'eau, jusqu'à ce que le liquide ne rougisse plus le papier de tournesol. C'est cet oxyde qui constitue les *fleurs d'antimoine*, que l'on obtient en introduisant l'antimoine dans un creuset long, que l'on recouvre d'un autre creuset à peu près de même capacité, et que l'on assujettit au moyen d'un lut argileux, en laissant pourtant une ouverture qui donne accès à l'air; on place dans un fourneau à réverbère le creuset qui renferme l'antimoine, et on le dispose de manière qu'il fasse un angle de 45° avec le sol, et que l'extrémité par laquelle il communique avec l'autre soit hors du fourneau d'environ 3 centimètres; le fond du creuset supérieur doit être percé d'un petit trou: on fait fondre l'antimoine; l'oxyde se forme, se réduit en vapeur et se condense dans le creuset supérieur, que l'on peut faire communiquer encore avec un autre creuset qui se trouvera plus éloigné du foyer et qui, par conséquent, favorisera la condensation. Le protoxyde d'antimoine a été employé en médecine comme émétique; on ne l'emploie guère aujourd'hui que comme contro-stimulant, d'après la méthode de Razori.

Acide antimonieux. — Cet acide se trouve dans la nature, mais moins abondamment que le précédent. Il est blanc, infusible et fixe; il rougit l'*infusum* de tournesol à l'état d'hydrate; il est sans action sur le gaz *oxygène* et sur l'*air*;

il est décomposé par le charbon et par le soufre, et il a peu de tendance à s'unir avec les acides; il ne se dissout guère que dans l'acide chlorhydrique, et l'eau le précipite de cette dissolution, quoiqu'il se dissolve un peu dans ce liquide. Il se combine avec les bases, et forme des sels qui portent le nom d'*antimonites*. Il est formé de 80,13 de métal (un équivalent) et de 19,87 d'oxygène (deux équivalents).

*Préparation.* — On l'obtient anhydre en traitant l'antimoine par l'acide azotique, en évaporant à siccité et en chauffant la matière jusqu'au rouge. Si l'on n'employait pas un excès d'acide, l'acide antimonieux serait mêlé de protoxyde, et si l'on ne chauffait pas jusqu'au rouge, on obtiendrait un mélange d'acide antimonieux et d'acide antimonique.

Acide antimonique. — Il a une couleur jaune paille; il se réduit, à une chaleur rouge, en oxygène et en acide antimonieux; il rougit l'*infusum* de tournesol, s'il est à l'état d'hydrate; il n'a point la propriété de neutraliser les acides, mais il se dissout comme le précédent dans l'acide chlorhydrique; ce composé est précipité par un peu d'eau, tandis qu'il ne l'est pas par une grande quantité de ce liquide, ce qui n'arrive pas à l'acide antimonieux dissous dans l'acide chlorhydrique; il s'unit à presque toutes les bases salifiables, et forme des composés analogues aux sels et qui portent le nom d'*antimoniates*. L'antimoniate de potasse est un peu soluble dans l'eau; le *solutum* précipite les sels de chaux, de baryte, de zinc, de fer, de manganèse, de cobalt, de cuivre, de plomb, etc. : il est précipité par le gaz acide carbonique et par l'acide acétique; le précipité blanc formé par l'acide antimonique contient de l'eau.

*Composition.* — Il est formé de 76,34 de métal (deux équivalents) et de 23,66 d'oxygène (cinq équivalents).

*Préparation.* — On obtient l'acide antimonique en dissolvant l'antimoine dans l'eau régale, en évaporant la dissolution jusqu'à siccité, en ajoutant au résidu de l'acide azotique concentré et en chauffant à une température qui ne doit pas s'élever au rouge, jusqu'à ce que l'excès d'acide azotique soit chassé.

## DES SELS FORMÉS PAR LE PROTOXYDE D'ANTIMOINE.

Les sels solubles formés par le protoxyde d'antimoine sont précipités en blanc par l'eau, à moins qu'ils ne soient à double base, ou que l'acide ne soit organique : le précipité est un sous-sel. Les sulfures solubles et l'acide sulfhydrique y font naître un précipité jaune-orangé, plus ou moins foncé, suivant la quantité de réactif employée : ce précipité est du protosulfure d'antimoine hydraté et non pas du kermès; il est légèrement soluble dans l'ammoniaque, *sans que la liqueur perde sa couleur jaune-orangée;* si l'acide sulfhydrique n'était pas employé en excès, le sulfure précipité retiendrait une portion de sel d'antimoine; du moins c'est ce qui arriverait avec le chlorure d'antimoine. L'infusion de noix de galle les trouble sur-le-champ et y occasionne un dépôt d'un blanc jaunâtre, composé de protoxyde d'antimoine et de matière végétale. La potasse et la soude en séparent l'oxyde blanc, et le redissolvent lorsqu'elles sont employées en excès. Le fer et le zinc, doués d'une plus grande affinité pour l'oxygène et pour l'acide que l'antimoine, en précipitent le métal sous forme d'une poudre noire.

Tous les sels et tous les composés d'antimoine contenant de l'oxygène, introduits dans l'appareil de Marsh, donnent du gaz hydrogène antimonié, dont on obtient facilement des taches antimoniales ou un anneau d'antimoine métallique, dès qu'on le décompose par le feu.

Chlorhydrate de chlorure d'antimoine. — Il est liquide et beaucoup plus difficile à décomposer par l'eau que le protochlorure. On l'obtient en dissolvant le protochlorure dans l'acide chlorhydrique. Il est encore plus caustique que le beurre d'antimoine.

## DES ANTIMONITES.

Les antimonites sont en général peu solubles dans l'eau. Les acides y font naître un précipité blanc insoluble dans un excès d'acide, et qui passe au rouge orangé par l'addition de l'acide sulfhydrique. Si, après les avoir fait digérer d'abord dans une dissolution de bitartrate de potasse, puis dans l'acide chlorhydrique, on les met en contact avec une lame de fer métallique, on obtient de l'antimoine métallique. Presque tous les antimonites des métaux des quatre dernières sections sont insolubles.

*Composition.* — Dans les antimonites neutres, l'oxygène de l'acide est à l'oxygène de la base comme 4 : 1.

## DES ANTIMONIATES.

Ils jouissent des mêmes propriétés que nous venons de reconnaître aux antimonites ; il faut, pour les en distinguer, séparer l'acide antimonique et voir s'il jouit des caractères que nous lui avons assignés à la page 474.

*Composition.* — Dans les antimoniates neutres, l'oxygène de l'acide est à celui de la base comme 5 : 1.

## DU PROTOSULFURE D'ANTIMOINE.

Ce sulfure est très abondant dans la nature ; on le trouve dans les départements du Gard, du Puy-de-Dôme, dans le Vivarais, en Toscane, en Saxe, en Hongrie, en Bohême, en Suède, en Angleterre, en Espagne, etc. Il est cristallisé en aiguilles d'un gris bleuâtre, brillantes, inodores et insipides. Il est loin d'être pur, car il contient du sulfure de fer, du sulfure de plomb, du soufre et du sulfure d'arsenic : celui-ci, comme nous l'avons déjà dit, l'accompagne dans presque toutes les préparations médicales dont il fait la base.

Chauffé dans des vaisseaux fermés, il entre promptement en fusion ; plus tard il bout, distille et ne se décompose pas ; mais s'il est en contact avec l'air ou avec le gaz oxygène, il se transforme en gaz acide sulfureux et en protoxyde d'antimoine sulfuré fusible. Ce produit, ainsi grillé, fondu pendant un certain temps dans un creuset d'argile, constitue le *crocus metallorum, safran des métaux, safran d'antimoine;* il est brun-marron ; il a la cassure vitreuse, et contient de l'acide silicique qu'il a enlevé au creuset. Si on continue à le faire fondre et qu'on le coule, il donne par le refroidissement un verre transparent, couleur d'hyacinthe, composé de protoxyde et de sulfure d'antimoine, d'oxydes de fer, de plomb et d'arsenic, d'alumine et d'acide silicique (1), d'où l'on doit conclure que la matière du creuset a été attaquée. Ce verre est opaque s'il contient beaucoup de sulfure. Suivant Vauquelin, il serait jaune-citron s'il ne renfermait pas de fer. On peut y démontrer l'existence de toutes ces substances au moyen de l'acide chlorhydrique. Le verre d'antimoine est employé pour faire le tartre stibié, le vin antimonié; il est fortement émétique, et on l'administre rarement seul. On lit dans Hoffmann des observations d'empoisonnements produits par 35 à 40 centigrammes de cette substance, et terminés par la mort.

On peut combiner, par la fusion et en plusieurs proportions, le protoxyde d'antimoine avec le sulfure; la *rubine* des anciens est formée de 8 parties du premier et de 1 partie du second; le *crocus* dont nous avons déjà parlé peut être préparé avec 3 parties de protoxyde et 1 partie de sulfure; enfin, le *foie d'antimoine* résulte de l'action de 1 partie du dernier sur 2 parties de protoxyde.

En sublimant à une douce chaleur parties égales d'*iode* et de sulfure d'antimoine, on obtient un *sulfo-iodure d'antimoine* sous forme de lames brillantes, translucides, d'un rouge-coquelicot très intense, étudié pour la première fois par MM. Henry fils et Garot. (Voyez *Journal de Pharmacie*, tome 10.)

L'acide *sulfurique* concentré transforme le sulfure d'antimoine, à l'aide de la chaleur, en protosulfate d'antimoine blanc; une partie de l'acide est décomposée, cède de l'oxygène au soufre et à l'antimoine, et se trouve réduite à du

(1) C'est à l'acide silicique que le verre d'antimoine doit sa transparence : en effet, que l'on fasse chauffer dans un creuset de platine du sulfure d'antimoine grillé seul, on n'obtiendra qu'une masse opaque ; que l'on mette, au contraire, un mélange du même sulfure et de sable (acide silicique) dans le même creuset, on ne tarde pas à former du verre transparent.

gaz acide sulfureux qui se dégage. Il en est de même de l'acide *azotique* concentré, excepté qu'il y a dégagement de gaz nitreux (bi-oxyde d'azote). Le sulfure d'antimoine chauffé avec de l'acide *chlorhydrique* liquide, dans une petite fiole à laquelle on adapte un tube recourbé propre à recueillir les gaz, décompose l'acide ; le soufre et l'hydrogène forment du gaz acide *sulfhydrique* qui se dégage, et l'antimoine s'unit au chlore : c'est même par ce moyen que l'on peut se procurer abondamment le gaz acide sulfhydrique.

Lorsqu'on projette dans un creuset chauffé jusqu'au rouge parties égales d'*azotate de potasse* et de sulfure d'antimoine pulvérisé, on obtient un produit brun-marron, connu sous le nom de *foie d'antimoine*, et qui est composé de sulfate de potasse, de sulfure de potassium et d'oxyde d'antimoine ; d'où il suit que l'oxygène de l'acide azotique se porte à la fois sur le soufre et sur l'antimoine. Le foie d'antimoine était très employé autrefois comme vomitif, purgatif et fondant ; on s'en servait et on s'en sert encore quelquefois dans la préparation du vin émétique trouble et non trouble. On obtient le *fondant de Rotrou* en employant, au lieu de parties égales, 5 parties d'*azotate de potasse* et 1 partie de sulfure d'antimoine, et en mettant le feu au mélange au moyen d'un charbon rouge. Le produit qui en résulte est du sulfate de potasse + du *peroxyde* d'antimoine uni à la potasse.

Le sulfure d'antimoine est décomposé, à l'aide de la chaleur, par l'étain, le plomb, le cuivre et l'argent qui s'emparent du soufre qui entre dans sa composition. Il est employé pour extraire le métal et pour préparer le kermès, le soufre doré, le verre d'antimoine, la rubine, le foie d'antimoine, le fondant de Rotrou, etc.

*Composition.* — Il est formé de 72,77 d'antimoine (ou un équivalent) et de 27,23 de soufre. Sa formule est Sb S.

*Préparation.* — On l'obtient pur en faisant fondre 2 parties d'antimoine et 8 parties de soufre, et en donnant vers la fin un coup de feu un peu vif pour fondre le sulfure et chasser le soufre en excès. Il est alors analogue à celui que l'on trouve dans la nature.

KERMÈS (*Oxysulfure d'antimoine hydraté*). — Les chimistes ne sont point d'accord sur la nature du kermès : on a cru, pendant long-temps, qu'il était composé d'acide sulfhydrique et d'une quantité d'oxyde d'antimoine contenant plus d'oxygène qu'il n'en faut pour transformer en eau l'hydrogène de l'acide. Berzélius pense qu'il est formé de soufre et d'antimoine retenant toujours une petite quantité d'eau ; ce serait un véritable sulfure hydraté qui ne contiendrait de l'oxyde d'antimoine qu'autant qu'il n'aurait pas été complétement débarrassé, par les lavages, d'une certaine proportion d'hypo-antimonite de potasse qui se produirait, suivant cet auteur, pendant la préparation du médicament. Il est des chimistes qui le regardent comme un composé de sulfure d'antimoine, d'eau, et d'un oxyde plus oxydé que celui qui fait la base de la poudre d'Algaroth. M. Henry fils établit, dans un Mémoire qu'il a inséré dans le n° de novembre 1828 du *Journal de Pharmacie*, 1° que le kermès obtenu par les carbonates neutres et la voie humide est un *oxysulfure hydraté* (composé de 63 parties de protosulfure d'antimoine, de 27 de protoxyde d'antimoine et de 10 d'eau); 2° que plusieurs kermès récents ou anciens préparés par d'autres procédés, ont présenté des résultats différents, ce qui prouve que ce produit n'est pas toujours le même. MM. Gay-Lussac et Liébig regardent le kermès comme un oxysulfure d'antimoine hydraté. Il est enfin des chimistes qui le considèrent comme un simple *mélange* de protosulfure et de protoxyde d'antimoine et d'eau. Quoi qu'il en soit, il est bien rare que le kermès médicinal ne renferme en outre une petite proportion de sulfure de potassium ou de sodium, suivant qu'il aura été préparé avec de la potasse ou de la soude, pures ou carbonatées.

Le kermès est solide, d'un rouge brun d'autant plus foncé, toutes choses égales d'ailleurs, qu'il a été mieux préservé du contact de la lumière; il est léger, velouté, et il paraît formé de très petits cristaux. M. Becquerel l'a obtenu cristallisé en octaèdres à l'aide d'un appareil électro-chimique (voyez *Annales de Chimie*, novembre 1829); il offre une saveur métallique lorsqu'on le laisse long-temps dans la bouche.

Chauffé dans des vaisseaux fermés, il se décompose et fournit de l'eau, du gaz acide sulfureux et de l'oxyde d'antimoine sulfuré : en effet, une partie du soufre du sulfure d'antimoine se combine avec une portion de l'oxygène du protoxyde d'antimoine, pour former de l'acide sulfureux.

*Propriété essentielle.* — Mêlé avec son volume de charbon et chauffé jusqu'au rouge dans un creuset, le kermès se décompose également, et donne de l'*antimoine* métallique, de l'eau, du gaz acide carbonique et du gaz acide sulfureux.

Exposé à l'air, il se décolore et se décompose. Il est insoluble dans l'eau, mais il peut se dissoudre dans quelques polysulfures ; ceux de potassium et de sodium le dissolvent bien à chaud et très peu à froid ; ceux de baryum, de strontium et de calcium le dissolvent à toutes les températures.

Si l'on met dans un petit flacon à l'émeri une certaine quantité de kermès, et qu'on remplisse le flacon d'acide chlorhydrique étendu du tiers de son volume d'eau, on remarque que ces deux corps réagissent l'un sur l'autre, qu'une portion de kermès se dissout, que le mélange acquiert une couleur jaunâtre, et qu'il se dégage un peu de gaz acide sulfhydrique. Si on bouche le flacon et qu'on le comprime afin d'empêcher ce dégagement, on obtient un liquide d'un blanc jaunâtre, formé de chlorure d'antimoine, et d'une petite quantité d'acide sulfhydrique. Il est évident que l'acide chlorhydrique décompose le kermès, s'empare en partie du protoxyde d'antimoine, avec lequel il forme un chlorure, tandis qu'une autre portion cède son hydrogène au soufre du protosulfure, et produit de l'acide sulfhydrique qui reste en dissolution. Cet acide ne précipite pas l'oxyde d'antimoine, parce qu'il y est en petite quantité, et surtout parce que le chlorure est en grand excès.

Si on décante cette dissolution de chlorure d'antimoine et d'acide sulfhydrique et que l'on y verse quelques gouttes d'eau, on obtient un précipité *jaune orangé* formé de protosulfure d'antimoine hydraté : dans ce cas, l'eau décompose le chlorure, et l'acide sulfhydrique précipite l'oxychlorure d'antimoine comme à l'ordinaire. Ce fait est remarquable en ce qu'il fournit l'exemple d'une dissolution de chlorure d'antimoine que l'eau précipite en jaune orangé au lieu de la précipiter en blanc.

Si on filtre cette dissolution de chlorure d'antimoine et d'acide sulfhydrique, et qu'on la fasse bouillir pendant quelques instants, l'acide sulfhydrique se dégage, et alors le chlorure d'antimoine qui reste précipite en *blanc* par l'eau, ce qui est parfaitement d'accord avec tout ce que nous venons d'exposer.

Si on fait bouillir le *kermès* avec une assez grande quantité de dissolution de potasse ou de soude, il se décompose sur-le-champ, perd sa couleur, et se transforme en protoxyde d'antimoine d'un blanc jaunâtre insoluble, et en polysulfure de potassium tenant un peu de protoxyde d'antimoine en dissolution : aussi, si, après avoir filtré cette dissolution, on y verse quelques gouttes d'acide azotique, celui-ci s'unit avec la potasse, et l'on voit paraître un précipité jaune, plus ou moins rougeâtre, formé de protosulfure d'antimoine hydraté.

*Préparation.* — 1° Pour obtenir de très beau kermès, il faut faire bouillir, pendant une demi-heure, dans une chaudière de fer, 1 partie de sulfure d'antimoine réduit en poudre fine, 22 parties 1/2 de carbonate de soude cristallisé, et 250 parties d'eau, filtrer la liqueur bouillante, la recevoir dans un entonnoir et dans des vases chauds, couvrir ceux-ci et les laisser refroidir. Le kermès est entièrement déposé au bout de vingt-quatre heures; on le met sur un filtre; on le lave avec de l'eau bouillie et refroidie sans le contact de l'air; on le dessèche à la température de 25°, et on le conserve à l'abri du contact de l'air et de la lumière (Cluzel). On obtient par ce procédé beaucoup moins de kermès que par le suivant; mais il est infiniment plus beau. 2° On fait bouillir, pendant un quart d'heure environ, 2 parties de sulfure d'antimoine pulvérisé, 1 partie de potasse caustique ou 4 parties de carbonate de potasse, et 20 à 24 parties d'eau; on filtre la liqueur bouillante, et on finit l'opération comme dans le cas précédent. 3° On fait fondre à une chaleur rouge 4 parties de sulfure d'antimoine pulvérisé avec 1 partie de carbonate de soude desséché; on verse la masse fondue sur une brique, et lorsqu'elle est refroidie, on la réduit en poudre; on fait bouillir pendant une heure 1 partie de cette poudre fine avec 2 parties de carbonate de soude cristallisé dissous dans 16 parties d'eau; on filtre et on laisse refroidir la liqueur : le kermès se dépose sous forme d'une poudre pesante; on décante les eaux-mères, et on les fait de nouveau bouillir avec le résidu. On peut répéter plusieurs fois ces opérations, jusqu'à ce qu'enfin il ne reste plus de crocus jaune ou brun, et on obtient à chaque refroidissement une quantité correspondante de kermès. Il faut éviter de laver le kermès avec de l'eau chaude, parce qu'elle le décompose en lui enlevant surtout de l'oxyde; on parviendrait même, d'après MM. Geiger et Hesse, à décomposer complétement le kermès en acide sulfhydrique qui se dégagerait, et en protoxyde d'antimoine qui resterait en dissolution, si l'on soumettait du kermès récemment préparé à une ébullition très soutenue avec beaucoup d'eau et à l'abri du contact de l'air. Par ce procédé, qui appartient à M. Liébig, on obtient de très beau kermès et en beaucoup plus grande quantité que par la méthode de Cluzel. (*Journ. de Pharm.*, mars 1834.)

Fabroni a proposé de préparer le kermès par un procédé qu'il préfère à ceux qui sont déjà connus. Il chauffe jusqu'au rouge, dans un creuset, 3 ou 4 parties de tartre préalablement mêlé avec 1 partie de sulfure d'antimoine; l'opération est terminée lorsqu'il ne se dégage plus de fumée. On dissout la masse dans l'eau bouillante, on filtre et on sépare le précipité rouge qui se forme dans la solution refroidie. (*Annales de Physique et de Chimie*, janvier 1824.)

*Théorie de la formation du kermès.* — *Une partie du sulfure d'antimoine* est décomposée par l'alcali (potasse ou soude); il se produit, avec l'oxygène de ces alcalis, du protoxyde d'antimoine, et avec le soufre et le potassium ou le sodium, des polysulfures qui, à la température de l'eau bouillante, dissolvent *une partie de sulfure d'antimoine non décomposé* et de l'hypo-antimonite de potasse formé par une portion de protoxyde d'antimoine combiné avec *une* partie de potasse. Une autre portion d'hypo-antimonite de potasse *insoluble* reste sur le filtre avec le sulfure d'antimoine qui n'a pas été attaqué et avec un autre corps insoluble désigné sous le nom de *crocus* (protoxyde d'antimoine et sulfure d'antimoine). Par le refroidissement de la liqueur filtrée, il se dépose un composé de sulfure d'antimoine, de protoxyde d'antimoine, d'eau et d'une certaine quantité de sulfure de potassium ou de sodium; ce composé est *le kermès*. Lorsque celui-ci est lavé avec de l'eau froide, on lui enlève de plus en plus du sulfure alcalin qui se dissout dans l'eau; mais il ne semble pas qu'on puisse le séparer en entier. La liqueur qui reste après la précipitation du kermès contient encore du polysulfure de potassium, de l'hypo-antimonite de potasse, de l'antimonite de potasse qui s'est produit par l'action de l'oxygène de l'air sur l'hypo-antimonite, et du sulfure d'antimoine; il suit de là que pendant la précipitation du kermès, tout le sulfure d'antimoine et tout le protoxyde de ce métal ne se sont point déposés. La liqueur qui surnage est destinée à fournir le *soufre doré*, c'est-à-dire un composé de kermès et d'un autre sulfure plus sulfuré. Nous dirons bientôt que pour l'obtenir il suffit de verser quelques gouttes d'un acide dans l'eau-mère ou dans la liqueur filtrée après que le kermès s'est déposé; l'acide décomposera le polysulfure de potassium ainsi que l'hypo-antimonite et l'antimonite de potasse, s'emparera de l'alcali, dégagera de l'acide sulfhydrique, et précipitera le protoxyde d'antimoine; cet oxyde, réuni à de l'eau, au sulfure d'antimoine qui existait dans la liqueur, et à un sulfure plus sulfuré qui se forme aux dépens du soufre et de l'acide antimonieux, constituera le *soufre doré*.

Il sera maintenant aisé de prévoir ce qui se passe lorsqu'on fait bouillir le sulfure d'antimoine avec de l'eau, de la chaux, de la baryte ou de la strontiane : ces alcalis agissent comme la potasse et la soude, avec cette différence qu'avec ces deux derniers on obtient du kermès par le simple refroidissement de la liqueur bouillante, tandis qu'avec la chaux, la baryte et la strontiane, il ne s'en dépose point à mesure qu'elles se refroidissent, et qu'il faut, pour obtenir l'oxysulfure d'antimoine hydraté, traiter la liqueur par un acide.

Soufre doré. — Ce produit est du kermès mêlé en proportion variable à du sulfure d'antimoine plus sulfuré et correspondant à l'acide antimonieux. Il est solide, jaune orangé, insoluble dans l'eau, et donne, lorsqu'on le calcine avec du charbon, un culot d'antimoine métallique.

*Préparation.*— Si, après avoir obtenu le kermès, on verse dans l'eau mère filtrée, ou dans la liqueur qui surnage, quelques gouttes d'acide azotique, sulfurique ou chlorhydrique, l'on voit paraître un précipité jaune orangé, le *soufre doré*, qu'il s'agit simplement de laver et de dessécher (voy. la théorie du kermès pour savoir ce qui se passe, p. 483).

*Usages.* — En médecine, on se sert de ces deux produits pour remplir à peu près les mêmes indications; mais on préfère presque toujours le kermès. On l'emploie, 1° comme tonique du système pulmonaire dans la dernière période des inflammations aiguës des poumons, dans toutes les périodes des fluxions de poitrine appelées *catarrhales*, sans crachement de sang et sans une grande irritation de la poitrine; dans la coqueluche lorsque l'irritation a cessé; dans l'engorgement des glandes du poumon, dans les catarrhes chroniques, dans l'asthme humide, etc. On l'administre à la dose de 5, 10 ou 15 centigrammes, dans du beurre de cacao, dans l'huile, dans un jaune d'œuf ou dans des extraits; 2° comme contro-stimulant, quoiqu'il soit bien moins énergique que le tartre stibié; 3° comme émétique; on fait prendre souvent 30 à 50 centigrammes de kermès dans 100 ou 120 grammes de sirop d'ipécacuanha, que l'on donne par cuillerées à bouche, de quart d'heure en quart d'heure, jusqu'à ce que le vomissement ait lieu; 4° comme sudorifique et stimulant de la peau, dans les phlegmasies cutanées chroniques, telles que la gale, les dartres, etc.; dans les rhumatismes lents, les sciatiques et gouttes anciennes: dans ce cas on l'associe au camphre et à l'antimoine diaphorétique non lavé. Le *soufre doré* a été principalement préconisé contre la goutte : l'une et l'autre de ces préparations paraissent être d'une très grande utilité dans le traitement de la plique polonaise. Administrées à haute dose elles peuvent donner lieu à tous les symptômes de l'empoisonnement.

Lorsqu'on projette dans un creuset chauffé jusqu'au rouge parties égales d'*azotate de potasse* et de sulfure d'antimoine pulvérisé, on obtient un produit brun-marron, connu sous le nom de *foie d'antimoine*, et qui est composé de sulfate de potasse, de sulfure de potassium et d'oxyde d'antimoine; d'où il suit que l'oxygène de l'acide azotique se porte à la fois sur le soufre et sur l'antimoine. Le foie d'antimoine était très employé autrefois, comme vomitif, purgatif et fondant; on s'en servait et on s'en sert encore quelquefois dans la préparation du vin émétique trouble et non trouble. On obtient le *fondant de Rotrou* en employant, au lieu de parties égales, 3 parties d'*azotate de potasse* et 1 partie de sulfure d'antimoine, et en mettant le feu au mélange à l'aide d'un charbon rouge. Le produit qui en résulte est du sulfate de potasse + de l'acide antimonique uni à la potasse.

Le sulfure d'antimoine est décomposé, à l'aide de la chaleur, par l'étain, le plomb, le cuivre et l'argent qui s'emparent du soufre qui entre dans sa composition. Il est employé pour extraire le métal et pour préparer le kermès, le soufre doré, le verre d'antimoine, la rubine, le foie d'antimoine, le fondant de Rotrou, etc. On s'en sert très rarement en médecine dans quelques cas d'engorgements scrofuleux et de maladies cutanées.

## DE L'URANE.

L'urane ne se trouve dans la nature qu'à l'état de protoxyde et de phosphate; il fait partie de la mine connue sous le nom de *pechblende*.

D'après des recherches récentes de M. Péligot, il paraîtrait que le corps connu jusqu'à ce jour sous le nom d'urane n'est qu'un oxyde d'un métal qu'il nomme *uranium*, et qui est brillant, blanc d'argent, extrêmement combustible, et attaquable par les acides dilués, avec lesquels il donne des sels de couleur verte en dégageant du gaz hydrogène. L'uranium peut se combiner avec les corps simples non métalliques. Le poids de l'équivalent de l'urane est de 2711,36 d'après les anciens travaux. M. Péligot pense que celui de l'uranium est de 8,50.

M. Péligot extrait l'uranium en traitant le chlorure de ce métal par le potassium, comme pour l'aluminium.

Il existerait, d'après ce chimiste, quatre oxydes d'uranium.

Les minerais qui contiennent l'urane sont employés aujourd'hui à la coloration des verres en jaune. L'urane peut seul jusqu'à présent offrir cette teinte avec tous les effets de polychroïsme que ce métal présente.

## DES SELS DE PROTOXYDE D'URANE.

Ils sont d'un vert intense, difficilement cristallisables et d'une saveur astringente; l'air les fait passer à l'état de sesquisels; les alcalis en précipitent le protoxyde hydraté vert grisâtre, insoluble dans un excès d'alcali; ils précipitent en noir par les sulfures, en brun chocolat par l'infusion de noix de galle, en rouge de sang par le cyanure jaune de potassium et de fer. L'acide sulfhydrique ne les trouble pas.

## DES SELS FORMÉS PAR LE SESQUI-OXYDE D'URANE.

Les sesquisels d'urane ont une saveur astringente, forte, sans mélange de saveur métallique. Ils sont tous colorés en jaune ou en blanc jaunâtre. La potasse caustique précipite l'oxyde jaune de ceux qui sont solubles dans l'eau. Les carbonates de potasse et de soude y font naître un précipité jaune citron : ces précipités se dissolvent dans un excès de potasse. Les sulfures y produisent un dépôt noirâtre, qui est du sulfure d'urane. L'acide sulfhydrique ne les trouble pas. Le cyanure jaune de potassium et de fer y forme un précipité rouge brunâtre, et l'infusion de noix de galle un précipité chocolat. Tous ces sels sont sans usages.

## DU CÉRIUM.

On n'a jamais trouvé le cérium à l'état natif; mais il fait partie, 1° de plusieurs minéraux, tels que la cérite, l'ytterbite, l'allanite et l'ortite, qui renferment du silicate de protoxyde de cérium uni ou non à du fer, à de la chaux;

2° de l'yttriocérite composé de phtorures de cérium, d'yttrium et de calcium ; 3° du phtorure de cérium. Ces divers minéraux se trouvent particulièrement en Suède et au Groënland.

Le cérium n'a pas encore été obtenu à l'état de pureté ; il est toujours mêlé d'un peu d'oxyde et quelquefois même de sous-chlorure de cérium. Il est pulvérulent, d'un rouge brun ou chocolat foncé, susceptible d'acquérir par le frottement un éclat grisâtre ; son poids spécifique est inconnu. Il est très difficile à fondre au feu de nos forges : cependant la cérite se fond et se réduit avec la plus grande facilité à l'aide du chalumeau à gaz (Clarke). L'air atmosphérique et le gaz oxygène, à une température élevée, le font brûler et passer à l'état de sesqui-oxyde blanc. On peut, par des moyens indirects, l'unir à plusieurs corps simples. Il donne naissance, par sa combinaison avec l'oxygène, à deux oxydes, un protoxyde et un sesqui-oxyde.

Le poids de son équivalent est de 574,72.

*Extraction.* — On l'obtient en chauffant l'oxyde de cérium dans un creuset brasqué. (Voy. pag. 399.)

## DES SELS FORMÉS PAR LE PROTOXYDE DE CÉRIUM.

Ils sont incolores, d'une saveur sucrée ; la plupart sont solubles dans l'eau ; ils rougissent le tournesol et précipitent en blanc par les alcalis, par les carbonates, par les sulfures de potassium et de sodium, par le cyanure jaune de potassium et de fer ; la noix de galle et l'acide sulfhydrique ne les précipitent pas. Le zinc, le fer et l'étain n'opèrent point la réduction du métal.

## DES SELS FORMÉS PAR LE SESQUI-OXYDE DE CÉRIUM

Ils ont une couleur jaune ou jaune orange et une saveur douce aigrelette fortement astringente ; les alcalis en précipitent du sesqui-oxyde jaune clair hydraté ; l'acide clorhydrique bouillant les change en protosels incolores ; ils précipitent en blanc par les carbonates, par les sulfures, par le cyanure jaune de potassium et de fer ; la noix de galle, l'acide sulfhydrique, le zinc, le fer et l'étain agissent sur eux comme sur les protosels.

## DU LANTANE.

M. Mosander, en examinant de nouveau la cérite de Bastnas, y a trouvé un nouveau métal.

L'oxyde de cérium, extrait de la cérite par le procédé ordinaire, contient à peu près les deux cinquièmes de son poids de l'oxyde de ce nouveau corps, qui ne change du reste que bien peu les propriétés du cérium.

On le prépare en calcinant l'azotate de cérium mêlé d'azotate de lantane ; l'oxyde de cérium perd sa solubilité dans les acides faibles, et l'oxyde de lantane, qui est une base très forte, peut être extrait par l'acide azotique étendu de 100 parties d'eau.

Il paraît que l'oxyde de lantane n'est pas réduit par le potassium ; toutefois, comme ce nouveau corps a été fort peu étudié et que ses propriétés l'ont fait confondre pendant si long-temps avec le cérium, nous le laisserons à côté de ce métal, jusqu'à plus parfait examen.

## DU TITANE.

Le titane se trouve dans la nature, combiné avec l'oxygène ; son oxyde est tantôt uni à la chaux et à l'acide silicique, tantôt à l'oxyde de fer. Les cubes métalliques trouvés dans les scories de plusieurs forges, et que Wollaston regarde comme du titane pur, seraient formés, d'après M. Peschier, de titane et de fer. Le titane est sous forme d'une masse cristalline, cubique, brillante, d'un rouge cuivré, très dur, rayant même l'agate, d'une densité de 5,3, excessivement difficile à fondre, non oxydable par l'air à une température élevée, oxydable au feu, par le moyen de l'azotate de potasse, pouvant former un sulfure d'un vert foncé, que l'on obtient en décomposant l'acide titanique par le sulfure de carbone, et formé de 43,26 de titane et de 56,74 de soufre, fournissant un phosphure métallique blanc et fragile qui se prépare en décomposant le phosphate de titane par le charbon. Lorsqu'on fait passer du *chlore* sec sur de l'acide titanique ou du *ruthile* (acide titanique contenant très peu de sesqui-oxyde de fer), ou sur le métal, chauffés jusqu'au rouge, on obtient un chlorure incolore excessivement fumant à l'air, déliquescent, décomposable par l'eau, qui en précipite de l'acide titanique blanc, formé de 25,5 de titane et de 74,5 de chlore.

Le titane, séparé de l'acide titanique, est insoluble dans les acides, excepté dans l'acide phtorhydrique mêlé d'acide azotique.

*Préparation.* — On l'obtient en soumettant à la plus forte chaleur qu'on puisse produire dans un creuset un mélange d'acide titanique et d'un sixième de poudre de charbon, et en recouvrant celui-ci de verre pilé. (Voy. pag. 399.)

*Poids de l'équivalent.* — Il est de 303,66.

## DE L'OXYDE DE TITANE.

Il est solide, noir, pouvant devenir brillant et acquérir une couleur gris de fer par une forte pression, infusible, ne se suroxydant que très difficilement quand on le fait rougir pendant long-temps à l'air libre, très légèrement soluble dans l'acide chlorhydrique, et plus soluble dans l'acide sulfurique concentré. On l'obtient en chauffant de l'acide titanique avec du potassium, qui s'empare d'une portion d'oxygène de l'acide pour se transformer en potasse.

## DE L'ACIDE TITANIQUE.

Cet acide se trouve cristallisé dans plusieurs départements de France, à Horcajuela, dans la Vieille-Castille, en Hongrie, en Bavière, en Cornouailles, etc.; il existe toujours dans les terrains primitifs. Sa couleur varie extraordinairement, suivant les matières avec lesquelles il est combiné : lorsqu'il a été séparé de ces différentes substances et convenablement préparé dans les laboratoires, il est blanc, très difficile à fondre, et rougit l'infusum de tournesol dans lequel on le met. Il est soluble dans les alcalis; ces dissolutions, évaporées, donnent des *titanates*, dont on peut séparer une partie de l'alcali par des lavages répétés. Il forme des composés insolubles avec les acides sulfurique, arsénique, phosphorique, oxalique ou tartrique; il ne s'agit pour cela que de verser l'un ou l'autre de ces acides dans une dissolution de titanate de potasse dans l'acide chlorhydrique. Il est formé de 60,28 de titane et de 39,72 d'oxygène.

On obtient l'acide titanique en calcinant le titanate de fer natif avec du carbonate de potasse, en décomposant le produit par l'acide chlorhydrique et en précipitant cette dissolution par l'oxalate d'ammoniaque. L'oxalate de titane ainsi obtenu étant calciné, donne l'acide titanique. Sa formule est $Ti\ O^2$.

## DES SELS DE PROTOXYDE DE TITANE.

Ils sont acides ou basiques; les premiers sont seuls solubles, de couleur rouge, et précipitent en bleu par les carbonates alcalins; exposés à l'air humide, ils acquièrent une couleur cannelle; mis dans l'eau, ils passent au vert. Les sels basiques sont noirs ou bleus.

## DES COMPOSÉS D'ACIDE TITANIQUE ET D'UN AUTRE ACIDE.

Ces composés de titane sont en général incolores, d'une saveur acideet peu solubles dans l'eau; leurs dissolutions précipitent en blanc par les carbonates de potasse et de soude, et par l'oxalate d'ammoniaque, en brun rougeâtre sanguin par l'*infusum* de noix de galle et par le cyanure jaune de potassium et de fer : ce dernier réactif les précipite au contraire en vert gazon brunâtre s'ils contiennent du fer, et le précipité passe, par l'addition d'un peu de potasse, au pourpre, puis au bleu, enfin il devient blanc. Une lame d'étain ou de zinc plongée dans une de ces dissolutions fait prendre au liquide qui l'entoure une belle couleur violette ou bleue. Ces composés sont peu stables. Ils sont rarement transparents, et si on les étend d'eau ils laissent déposer l'acide titanique à la chaleur de l'ébullition.

## DES TITANATES.

Les titanates neutres de potasse et de soude sont insolubles dans l'eau et solubles dans l'acide chlorhydrique; ce *solutum* est décomposé par l'ammoniaque, qui précipite du titanate acide d'ammoniaque, lequel étant chauffé laisse de l'acide titanique. L'eau bouillante les transforme en titanates acides et en titanates basiques. On les obtient en faisant fondre dans un creuset l'acide titanique avec deux parties d'alcali, et en séparant l'excès d'alcali par l'eau froide.

## DU BISMUTH.

Le bismuth se trouve, 1° à l'état natif, en France, en Saxe, en Bohême, en Souabe, en Suède; mais il contient toujours un peu d'arsenic et d'argent; 2° combiné avec l'oxygène; 3° uni avec le soufre, le tellure, le plomb et l'arsenic.

Il est solide, d'une couleur blanche rougeâtre, très fragile, à moins qu'il ne soit très pur, car alors il est un peu ductile; il est formé de grandes lames brillantes; son poids spécifique varie de 9,83 à 9,88.

Il entre en fusion à la température de 247°; si on le laisse refroidir lentement, il cristallise en cubes tellement disposés les uns par rapport aux autres, qu'ils forment une pyramide quadrangulaire renversée; on n'observe ce phénomène qu'autant que le métal est pur. Il est complétement volatil sous le charbon, à une température d'environ 30° du pyromètre de Wedgwood (Chaudet).

Il n'agit ni sur l'air ni sur le gaz oxygène à la température ordinaire : il s'oxyde au contraire à l'aide de la chaleur, et l'absorption de l'oxygène est accompagnée d'un dégagement de calorique et de lumière, comme on peut s'en convaincre en projetant sur le sol du bismuth chauffé au rouge blanc. Le *phosphore* ne se combine pas directement avec le bismuth; il existe cependant un composé de phosphore et de ce métal, facilement décomposable à une température peu élevée, et que l'on obtient en décomposant une dissolution saline de bismuth par le gaz hydrogène phosphoré. Le *soufre* s'unit avec lui à l'aide de la chaleur, et donne un sulfure gris de plomb, formé de 81,51 de métal (deux équivalents) et de 18,49 de soufre (trois équivalents). On trouve ce sulfure en Suède, en Saxe et en Bohême; mais il n'est pas pur. L'*iode* peut s'unir au bismuth; l'iodure qui en résulte est brun marron et insoluble dans l'eau.

Le *chlore* gazeux se combine avec ce métal réduit en poudre fine, et il y a dégagement de calorique et de lumière d'un bleu pâle. Le chlorure, connu autrefois sous le nom de *beurre de bismuth*, est blanc, déliquescent, fusible, volatil, et se transforme dans l'eau en oxychlorure blanc insoluble composé de sept équivalents d'oxyde et d'un de chlorure. Il est soluble dans l'acide chlorhydrique faible, qui forme un chlorhydrate de chlorure. On l'obtient en chauffant le bismuth avec du sublimé corrosif. Ce chlorure peut former des combinaisons doubles avec les chlorures alcalins.

Le bismuth n'exerce aucune action sur l'*azote*, sur l'*eau*, ni sur les acides *borique*, *carbonique* et *phosphorique*. L'acide *sulfurique* concentré et bouillant se combine avec lui après l'avoir oxydé; d'où il suit qu'une portion d'acide est décomposée, et qu'il y a dégagement de gaz acide sulfureux. L'acide *sulfureux* n'agit point sur lui. L'acide *azotique* l'attaque, et se décompose avec d'autant plus d'énergie qu'il est plus concentré; le métal s'oxyde et se dissout dans la portion d'acide non décomposé; il se dégage du gaz bi-oxyde d'azote. L'acide *chlorhydrique* liquide n'agit que très lentement sur le bismuth. L'acide *arsénique* peut aussi se combiner avec lui après l'avoir oxydé. Le bismuth s'allie à plusieurs métaux, mais il ne forme avec ceux qui ont été précédemment étudiés, que des alliages peu importants.

*Poids de l'équivalent de bismuth.* — Il est de 1330,377.

*Extraction.* — Si le bismuth que l'on trouve à l'état natif ne contient pas du cobalt, on se borne à le fondre; il ne tarde pas à se rassembler au fond des creusets et à se séparer de la gangue; dans le cas où celle-ci serait très abondante, il faudrait mêler la mine avec un fondant terreux et alcalin. Si le bismuth natif contient du cobalt, on le chauffe dans des tuyaux de fer que l'on incline légèrement dans un fourneau; le bismuth fond et vient se condenser dans un récipient de fer, mais il contient presque toujours de l'arsenic, de l'argent et un peu de soufre; on le chauffe jusqu'au rouge avec un peu de nitre qui acidifie le soufre et l'arsenic, et oxyde en partie le bismuth; on traite par l'eau qui dissout le sulfate et l'arséniate de potasse, et laisse du bismuth, de l'oxyde de bismuth et de l'argent; on dissout ce mélange dans l'acide azotique, et on en sépare l'argent par l'acide chlorhydrique; enfin on décompose l'azotate de bismuth par l'eau, et on réduit le sous-azotate précipité au moyen du charbon.

## DES OXYDES DE BISMUTH.

Protoxyde. — On trouve quelquefois un peu de cet oxyde à la surface du bismuth natif. Il est d'un beau jaune, fusible à la température rouge cerise; il n'éprouve aucune altération de la part de l'air ni du gaz oxygène. L'hydrogène et le carbone s'emparent de son oxygène à une température élevée; le soufre le décompose également, et s'unit à l'oxygène pour former de l'acide sulfureux, et au métal qu'il fait passer à l'état de sulfure. Le chlore en sépare l'oxygène et se combine avec le métal, pourvu que la température soit assez élevée; à froid il n'exerce aucune action sur lui. Il est insoluble dans l'eau et les alcalis. L'acide azotique le dissout à merveille. On le fait servir de fondant aux dorures sur porcelaine. Il est formé, suivant M. Thomson, de 89,87 parties de métal (deux équivalents) et de 10,13 d'oxygène (trois équivalents). On l'obtient comme le protoxyde d'antimoine, en décomposant un sel soluble de bismuth par l'ammoniaque.

Peroxyde (*Acide bismuthique*). — *Bucholtz* et *Brandes* ont obtenu ce peroxyde, qui est solide, d'un brun foncé, comme l'oxyde puce de plomb, et qui fournit, par une chaleur capable de volatiliser le mercure, de l'oxygène et du protoxyde.

Il ne peut se combiner avec les acides qu'autant qu'il perd de l'oxygène et qu'il est ramené à l'état de protoxyde; c'est ainsi qu'il agit à froid sur les acides sulfurique, phosphorique et chlorhydrique concentrés, et à une légère chaleur sur l'acide azotique. Il se combine très bien au contraire avec les alcalis.

Cet oxyde paraît prendre naissance toutes les fois que l'on traite un mélange d'eau, de protoxyde de bismuth et de potasse, par un courant de chlore; il se forme un bismuthate de potasse dont la composition varie avec la proportion d'eau (Jaquelain).

## DES SELS DE BISMUTH.

Ils sont en général d'une couleur blanche. Les dissolutions de bismuth sont incolores et précipitées en blanc par l'eau (le précipité est un sous-sel), en blanc jaunâtre par le cyanure jaune de potassium et de fer. L'acide sulfhydrique et les sulfures solubles y occasionnent un précipité noir de sulfure de bismuth. La potasse, la soude et l'ammoniaque en dissolutions très concentrées en séparent l'oxyde, qui est alors d'une couleur jaune, mais qui serait blanc si les liqueurs étaient étendues d'eau, parce qu'il contiendrait du sous-sel (Jaquelain). L'*infusum* de noix de galle les précipite en jaune légèrement orangé. Le *sesquicarbonate d'ammoniaque* les précipite et *redissout le précipité* s'il est employé en excès, propriété que l'on peut mettre à profit, d'après M. Léonard Laugier, pour séparer le bismuth de plusieurs autres métaux. Le fer, le zinc et l'étain en séparent le bismuth; le cuivre n'agit qu'avec lenteur.

AZOTATE.—Il cristallise en gros prismes comprimés, d'une couleur blanche, rougissant l'*infusum* de tournesol; il attire légèrement l'humidité de l'air, et sa surface se recouvre d'un peu d'oxyde blanc; chauffé jusqu'au rouge, il fournit de l'oxyde jaune : c'est même en suivant ce procédé que l'on peut se procurer avec plus d'avantage l'oxyde de bismuth. Il se dissout très bien dans l'eau, pourvu qu'il soit assez acide. Cette dissolution, versée peu à peu dans une grande masse d'eau, est subitement décomposée, et transformée en *sous-azotate de bismuth* insoluble, qui se précipite sous forme de flocons blancs ou de paillettes nacrées, et en sur-azotate qui reste en dissolution. L'azotate de bismuth neutre est formé de 49,4 d'oxyde, de 33,7 d'acide et de 16,19 d'eau. Le sous-azotate, bien lavé, constitue le *blanc de fard* ou le *magistère de bismuth* composé de 81,4 d'oxyde, de 13,9 d'acide et de 4,7 d'eau. On peut se servir de l'azotate de bismuth comme encre de sympathie : en effet, les caractères tracés sur le papier avec sa dissolution, sèchent et disparaissent, mais ils deviennent visibles et noircissent aussitôt qu'on les met en contact avec le gaz acide sulfhydrique ou les sulfures, qui transforment le sel incolore en sulfure noir. Le blanc de fard (sous-azotate) est employé avec succès dans certaines douleurs d'estomac, connues sous le nom de *crampes;* on en fait prendre 40 ou 50 centigrammes dans du sirop de guimauve; cinq minutes après, on en donne une nouvelle dose. Il serait imprudent d'en administrer beaucoup plus à la fois, car il est vénéneux; uni à la magnésie et au sucre, il a été très utile pour arrêter certains vomissements chroniques, des diarrhées, etc. On l'a également administré contre le pyrosis, les gastro-entéralgies, le choléra spasmodique, etc. On prépare l'azotate de bismuth en faisant dissoudre le métal dans de l'acide azotique affaibli; il se dégage du gaz bi-oxyde d'azote.

## DU PLOMB.

Le plomb se trouve, 1° à l'état natif dans les laves tendres de l'île de Madère; 2° combiné avec l'oxygène; 3° avec le soufre ou avec quelque autre corps simple, tel que le chlore; avec l'oxygène et un acide formant des sels.

Le plomb est un métal solide, d'une couleur gris bleuâtre, brillant, d'une odeur particulière; il est assez mou pour qu'on puisse le rayer avec l'ongle, et le plier en tous sens; il est très peu sonore, plus malléable que ductile, et ne jouit presque d'aucune ténacité; son poids spécifique est de 11,445 s'il est pur.

Il fond à la température de 322°; si on le laisse refroidir, il cristallise, suivant M. Mongez, en pyramides quadrangulaires s'il est parfaitement pur; si, au contraire, on continue à le chauffer jusqu'au blanc, il se volatilise lentement. Soumis à l'action du gaz *oxygène* ou de l'*air* atmosphérique, le plomb fondu passe d'abord à l'état de protoxyde jaune, puis à l'état d'oxyde rouge (minium), et il y a dégagement de calorique; à la température ordinaire, le gaz oxygène le ternit, tandis que l'air atmosphérique, après l'avoir transformé en protoxyde, lui cède son acide carbonique, et le change en protocarbonate blanc. Ces phénomènes sont d'autant plus sensibles, que l'air ou l'oxygène sont plus souvent renouvelés. Cependant cette couche est si mince, que l'on retrouve, en grattant légèrement même avec l'ongle, le plomb présentant tout son brillant métallique.

L'*hydrogène* et le *bore* sont sans action sur le plomb. Le *carbone* peut se combiner avec lui par des moyens indirects et former un carbure noir; on l'obtient en décomposant par le feu le cyanure de plomb ou des sels de plomb à acides végétaux. Le *phosphore* peut se combiner directement avec lui à l'aide de la chaleur, et former un phosphure gris bleuâtre, très malléable, mou, moins fusible que le plomb.

Lorsqu'on fait fondre dans un creuset du plomb et un excès de *soufre*, on obtient un protosulfure, et il y a dégagement de calorique et de lumière. On trouve ce sulfure très abondamment dans la nature, cristallisé en octaèdres, ou en cubes, ou en lames; il existe en France, en Espagne, en Allemagne, et surtout dans le Derbyshire en Angleterre; il est connu sous le nom de *galène*, et alors il est souvent mêlé ou combiné avec d'autres sulfures, comme le sulfure d'argent, celui d'antimoine, celui de zinc, etc. Le *protosulfure* pur est solide, brillant, d'une couleur bleue; il ne fond pas aussi facilement que le plomb; chauffé dans un creuset brasqué, il se vaporise en partie; une autre portion se décompose en soufre et en sous-sulfure. Si on le chauffe avec le contact de l'air ou du gaz oxygène, il se transforme en gaz acide sulfureux et en protosulfate; et si la température est très élevée, il fournit, outre ces deux produits, du plomb métallique. On l'emploie pour en extraire le métal; les potiers de terre s'en servent sous le nom d'*alquifoux*, pour vernir leur poterie. Il est composé d'un équivalent de plomb et d'un équivalent de soufre, ou de 86,55 parties de métal et de 13,45 de soufre. M. Becquerel est parvenu à l'obtenir cristallisé en tétraèdres réguliers en employant un procédé électro-chimique.

On peut, en précipitant l'azotate de plomb par l'iodure de potassium, obtenir un *iodure* de plomb jaune doré, formé d'équivalents égaux d'acide et de plomb; il est soluble dans 1235 parties d'eau froide et dans 194 d'eau bouillante et cristallisable en paillettes hexagones régulières. Il a été employé contre certaines maladies cutanées.

La combinaison du *chlore* gazeux et du plomb s'opère sans dégagement de lumière. Le chlorure formé se trouve dans la nature, et a été connu sous les noms de *muriate de plomb*, de *plomb corné* et d'*hydrochlorate de plomb*. Il est blanc, demi-transparent, inaltérable à l'air, fusible au-dessous de la chaleur rouge, volatil à une température plus élevée : il a une saveur sucrée, et se dissout dans 22 à 24 parties d'eau; cette dissolution fournit par l'évaporation des prismes hexaèdres, incolores, brillants et satinés. Il paraît formé de 74,6 de plomb (un équivalent) et de 25,4 de chlore (un équivalent). Il est sans usages; mais on pourrait, d'après M. Coullier, le substituer à la céruse dans la peinture à l'huile, pour éviter l'altération que l'acide sulfhydrique fait éprouver au blanc de plomb ordinaire. On l'obtient en versant du chlorure de sodium dans une dissolution d'azotate de plomb. Il existe encore un *sous-chlorure de plomb* blanc, pulvérulent, insoluble dans l'eau, qui prend une belle couleur jaune lorsqu'on le chauffe. Le *jaune minéral* n'est que de l'*oxychlorure* de plomb hydraté blanc que l'on a fait fondre et qui est devenu jaune : on l'obtient en faisant réagir et en agitant continuellement 1 partie de sel marin, 4 parties d'eau et 4 ou 7 parties de litharge.

L'*azote* n'agit point sur le plomb. Il en est de même de l'*eau* privée d'air; mais si ce liquide a le contact de l'atmosphère, le métal passe à l'état de protoxyde, qui ne tarde pas à absorber l'acide carbonique, en sorte que, au bout d'un certain temps, il renferme du carbonate de plomb dissous à la faveur d'un excès d'acide carbonique.

Les acides *borique*, *carbonique*, *phosphorique* et *sulfureux*, sont sans action sur le plomb. L'acide *sulfurique* concentré, qui ne l'attaque pas à froid, lui cède une portion de son oxygène à l'aide de la chaleur : il se dégage du gaz acide sulfureux, et le protoxyde formé se combine avec l'acide non décomposé. L'acide *azotique* très concentré n'agit pas sur le plomb, même lorsqu'il est bouillant; étendu d'un peu d'eau, il attaque ce métal avec énergie, le transforme en protoxyde et le dissout; la portion d'acide décomposée pour oxyder le métal, passe à l'état de gaz bi-oxyde d'azote (gaz nitreux). L'acide *chlorhydrique* liquide agit à peine sur le plomb. L'acide *sulfhydrique* est décomposé par ce métal, qui se transforme en sulfure noir, tandis que l'hydrogène se dégage. L'acide *phtorhydrique* est sans action sur lui. Il décompose l'acide *arsénique* à l'aide de la chaleur. On n'a pas déterminé comment les acides *molybdique*, *tungstique* et *chromique* se comportent avec le plomb.

Plusieurs des métaux précédemment étudiés peuvent s'allier avec lui : nous allons examiner les principaux de ces alliages. 1° *Alliages de parties égales de plomb et d'étain.* Lorsqu'on fait fondre ces deux métaux, on obtient un alliage solide, grisâtre, qui fond plus facilement que l'étain, et qui est connu sous le nom de *soudure des plombiers*, parce qu'il sert à souder les tuyaux de plomb. A une température élevée, il absorbe l'oxygène, décompose l'air, et donne lieu à un grand dégagement de calorique et de lumière. 2° *Alliage de* 20 *parties d'antimoine et de* 80 *parties de plomb.* Il est solide, malléable, plus dur que le plomb, et fusible au-dessous du rouge-cerise; on s'en sert pour faire les caractères d'imprimerie. 3° L'alliage fusible de *d'Arcet* est formé de 8 parties de bismuth, de 5 parties de plomb, et de 3 parties d'*étain*; il est remarquable en ce qu'il fond au-dessous de 100° thermomètre centigrade. Uni à une petite quantité de mercure, il devient encore plus fusible, et peut servir à faire des injections anatomiques.

Le plomb est très malléable ; on peut le réduire en feuilles très minces dont tout le monde connaît les nombreux emplois. Quoique peu ductile, on est parvenu à le réduire en fils qui par leur souplesse peuvent remplacer la paille et l'osier pour attacher les plantes, etc.

Le plomb est employé pour préparer des balles, de la grenaille, la soudure des plombiers, les caractères d'imprimerie, le blanc de plomb, la litharge, le massicot, le minium; il sert à la construction des bassins, des conduits, des réservoirs, des chaudières, des chambres où l'on prépare l'acide sulfurique, etc. Il entre dans la composition des émaux.

Dans ces derniers temps, M. Desbassyns de Richemont est parvenu à souder le plomb avec lui-même, sans employer aucun autre métal. Pour cela, il fait fondre sur la partie de plomb à souder, préalablement bien décapée, une petite lame de plomb, à l'aide de la chaleur produite par la combustion du gaz hydrogène avec l'air. Le plomb ainsi fondu n'étant mélangé d'aucune partie d'oxyde, parce que l'hydrogène le réduit aussitôt qu'il se forme, il y a une parfaite homogénéité dans tous les points de contact. On désigne cette opération sous le nom de *soudure autogène;* elle est très utile dans la construction des chambres de plomb.

ÉMAUX.—On donne le nom d'*émail* à des produits vitrifiés, transparents ou opaques, incolores ou colorés, formés principalement par le protoxyde de plomb. Ceux qui sont opaques contiennent de l'oxyde d'étain, ceux qui sont colorés renferment un oxyde métallique coloré.—*Email blanc.* On fait chauffer, avec le contact de l'air, 100 parties de plomb et 15 à 40 parties d'étain: lorsque ces métaux sont transformés en oxydes, on fait fondre dans un four à faïence 100 parties du produit avec 25 ou 30 parties de sel commun, 75 parties de sable et 25 parties de talc (Clouet). On s'en sert pour vernir la faïence, etc.

Le poids d'un équivalent de plomb est de 1294,500.

*Extraction. Exploitation du sulfure.*— On triture et on lave ce minéral pour en séparer la gangue, puis on le grille; cette opération peut déjà fournir un peu de plomb, si la température est très élevée. Mais le produit du grillage consiste principalement en oxyde, en sulfate et en une petite proportion de sulfure de plomb. On le traite dans le fourneau à manche, par de la grenaille de fer, et par du charbon de terre ou de bois. Le charbon décompose l'oxyde et le sulfate de plomb, tandis que le fer s'empare du soufre du sulfure; le plomb mis à nu ne tarde pas à couler dans des bassins : on l'appelle *plomb d'œuvre;* il contient le plus souvent du zinc, de l'antimoine, du cuivre et de l'argent; on le fait chauffer avec le contact de l'air. Le zinc et l'antimoine s'oxydent facilement, et font partie des premières portions de massicot obtenues. Si l'on continue à chauffer, le cuivre s'oxyde également, s'unit au massicot déjà formé, et il reste une portion de *plomb métallique.* Le massicot obtenu dans cette opération peut servir dans les fabriques de poterie.

On peut se procurer du plomb parfaitement pur, en décomposant le carbonate de plomb de Clichy par du charbon.

## DES OXYDES DE PLOMB.

M. Dulong d'abord, et M. Boussingault ensuite, ont signalé l'existence d'un sous-oxyde de plomb, mou, susceptible de former des sels avec les acides, mais se transformant en protoxyde sous les plus faibles influences. Plusieurs chimistes ne considérant ce corps que comme un mélange de protoxyde et de plomb métallique, nous ne nous en occuperons pas davantage.

PROTOXYDE (*Massicot*, *litharge*).— Cet oxyde ne se trouve dans la nature qu'en combinaison avec des acides. Il est solide, jaune, facilement fusible, fixe et indécomposable par la chaleur. Si on le laisse refroidir lentement lorsqu'il a été fondu, il cristallise en lames brillantes jaunes ou d'un jaune rougeâtre, que l'on désigne sous le nom de *litharge.* A une température élevée, il absorbe le gaz oxygène de l'air et passe à l'état de minium; à froid, il s'unit avec l'acide carbonique qui se trouve dans l'atmosphère; c'est ainsi que par la formation de cette couche de carbonate de plomb insoluble à la surface des lames qui servent de toitures, le plomb se trouve préservé d'une oxydation plus considérable. Le carbone, l'hydrogène et tous les corps susceptibles d'absorber l'oxygène, le décomposent et le transforment en plomb métallique. Délayé dans de l'eau, et mis en contact avec du chlore gazeux, il est en partie décomposé; le chlore forme, avec le plomb, du chlorure blanc, et l'oxygène se porte sur une portion de protoxyde qu'il transforme en bi-oxyde. Il se dissout en petite quantité dans l'eau distillée pure; il est très soluble dans la potasse, la soude, la baryte, la strontiane et la chaux, avec lesquelles il forme des dissolutions que l'on peut obtenir cristallisées en écailles blanches, ainsi que l'a fait voir Berthollet. Le protoxyde de plomb dissout l'acide silicique et l'alumine à une température élevée, en sorte qu'il est impossible de le fondre dans des creusets de terre, sans que ceux-ci soient attaqués; il est le seul oxyde de plomb susceptible de se combiner avec les acides sans se décomposer. Chauffé jusqu'au rouge avec du chlorate de potasse, il passe à l'état de bi-oxyde. La litharge exerce une action vive sur tous les sulfures, même à une température peu élevée; le sulfure peut être décomposé en totalité par l'oxygène de la litharge, qui transforme le soufre en acide sulfureux. (Voyez le Mémoire de M. Berthier, *Annales de Chimie*, novembre 1828.) Le massicot est employé pour faire du blanc de plomb; il entre dans la composition du jaune de Naples, etc. La litharge sert à préparer le sel et l'extrait de saturne, l'emplâtre diapalme, l'onguent de la mère, etc.

Le protoxyde de plomb est formé d'un équivalent d'oxygène et d'un équivalent de plomb. Sa formule est $PbO$, ainsi que l'a fait voir M. Payen; on peut l'obtenir en cristaux bien déterminés, mais microscopiques. Lorsqu'il est à l'état d'hydrate cristallisé en octaèdres, il contient, pour un équivalent d'eau, trois équivalents de protoxyde; sa formule est alors $3PbO + HO$.

On obtient le protoxyde de plomb en faisant fondre du plomb dans un four à réverbère sous l'influence d'un courant d'air. Il faut agiter le plomb fondu, et ramener sans cesse sur les bords toute la couche d'oxyde formé, afin de renouveler les surfaces. Les litharges du commerce ne sont pas pures; la litharge anglaise contient du fer et de l'argent; celle d'Allemagne renferme du fer et du cuivre en proportions variables; celle de France contient aussi du fer et un peu moins de cuivre que la précédente.

Bi-oxyde (*Oxyde puce*). — Cet oxyde, d'une couleur puce, est le produit de l'art; il est décomposé par la chaleur en gaz oxygène et en protoxyde de plomb. Mis en contact avec l'eau et avec un excès de chlore gazeux, il n'éprouve aucune altération, d'après les expériences de Vauquelin; trituré avec du soufre, il lui cède une portion de son oxygène, forme du gaz acide sulfureux, et il y a dégagement de calorique et de lumière si le mélange est bien sec. Le gaz acide sulfureux s'empare d'une grande partie de son oxygène, le ramène à l'état de protoxyde, et se transforme en acide sulfurique, qui s'unit au protoxyde et forme ainsi un sulfate. Il ne se combine pas avec les acides et ne forme par conséquent jamais de sels. L'acide azotique ne lui fait éprouver aucun changement. Il est employé dans les laboratoires comme corps oxygénant. Il est formé d'un équivalent de plomb et de deux d'oxygène. Sa formule est $Pb\,O^2$. On l'obtient en chauffant le minium avec 5 à 6 parties d'acide azotique étendu de son poids d'eau; il se forme du proto-azotate de plomb soluble et du *bi-oxyde* qui reste au fond du matras, et qui doit être lavé avec de l'eau chaude. (Voyez Minium.)

Minium. — Ce corps, regardé pendant long-temps comme du bi-oxyde de plomb, est formé de bi-oxyde et de protoxyde. On peut représenter sa composition par un équivalent de protoxyde qui fait fonction de base, et un équivalent de bi-oxyde qui fait fonction d'acide; on a donc $Pb\,O^2 + Pb\,O = Pb^2\,O^3$, qui est la composition la plus généralement admise. Cependant, d'après un travail de M. Dumas publié en 1832, il faudrait considérer le minium comme formé de $Pb\,O^2 + 2\,Pb\,O = Pb^3\,O^4$. Il existe en masses informes d'un rouge peu éclatant, à Langenberg au pays de Hesse-Cassel. Il est d'une belle couleur rouge, susceptible d'être décomposé par la chaleur en oxygène et en protoxyde; il est fusible, et n'a aucune action sur l'air ni sur le gaz oxygène. Il n'est que très peu soluble dans l'eau, d'après les expériences de Vauquelin. L'acide azotique dissout le protoxyde, et laisse le bi-oxyde brun insoluble. Traité par l'acide chlorhydrique, il est décomposé, et l'on obtient du chlorure de plomb d'un blanc jaunâtre, du chlore et de l'eau; ce qui prouve que l'oxygène du minium se combine avec l'hydrogène de l'acide, tandis que le métal s'empare d'une portion du chlore mis à nu. Il se combine avec la potasse, la soude, la chaux, etc., mais moins facilement que le protoxyde. Le minium du commerce contient presque toujours du protoxyde de plomb et quelquefois du bi-oxyde de cuivre. Il est employé à faire le cristal, les vernis sur les poteries, et en peinture.

On prépare le minium en chauffant le massicot ou protoxyde de plomb avec le contact de l'air. Pour cela, on place le massicot dans des cuvettes en tôle peu profondes, et on les introduit dans le four qui a servi à la préparation du massicot, afin de profiter de la chaleur perdue dont le degré est très convenable à l'opération. On abandonne le tout ainsi pendant vingt-quatre heures, alors le massicot absorbe de l'oxygène et produit du minium. Mais comme à cet état il contiendrait encore beaucoup de protoxyde, on le chauffe de nouveau, et même jusqu'à huit fois, mais le plus ordinairement trois. Chaque opération portant le nom de *feu*, on désigne, dans le commerce, la qualité du minium par le nombre de *feux* qu'il a subis.

Le minium obtenu par la calcination du carbonate de plomb étant le plus divisé, est aussi le plus beau; il porte le nom de *mine*.

## DES SELS DE PLOMB.

Parmi les oxydes de plomb, il n'y a que le protoxyde qui puisse se combiner avec les acides et former des sels, qui sont pour la plupart insolubles. Ceux qui se dissolvent fournissent des liquides incolores, doués d'une saveur plus ou moins douceâtre; ils donnent, par l'acide sulfhydrique et par les sulfures solubles, un précipité noir de sulfure de plomb, un précipité jaune-serin de chromate de plomb par l'acide chromique et par les chromates solubles, jaune orangé par l'acide iodhydrique ou par les iodures (le précipité est de l'iodure de plomb), un précipité blanc de protoxyde par la potasse, la soude ou l'ammoniaque; ce précipité jaunit lorsqu'on le fait sécher, et se redissout à merveille dans un excès de potasse ou de soude. Si, avant de décomposer la dissolution de plomb par les alcalis, on l'étend d'une suffisante quantité de chlore liquide, le précipité, jaune d'abord, devient rouge, et finit par passer à l'état de bi-oxyde brun, phénomène qui dépend de ce que l'eau a été décomposée; son oxygène s'est porté sur le protoxyde de plomb, tandis que le chlore s'est uni à l'hydrogène. Les carbonates de potasse, de soude et d'ammoniaque transforment ces dissolutions en carbonate de plomb blanc insoluble ou peu soluble dans l'eau. Elles sont précipitées en blanc par l'acide sulfurique et par les sulfates solubles : dans ce cas, le précipité est du sulfate de plomb. Enfin, le zinc ayant plus d'affinité pour l'oxygène et pour l'acide que le plomb, précipite celui-ci à l'état métallique.

Tous les sels de plomb sont vénéneux, aussi faut-il proscrire l'usage du plomb pour tout ce qui peut servir à la préparation des aliments.

CARBONATE (*Céruse*). — On trouve ce sel en France, en Bretagne, au Hartz, en Bohême, en Écosse et en Daourie. Il est tantôt cristallisé en prismes rhomboïdaux, ou en octaèdres réguliers, ou en petites paillettes brillantes, transparentes, d'une couleur blanche ou jaune-brunâtre; tantôt en petites masses. Celui que l'on prépare dans les laboratoires est pulvérulent, blanc et insipide; chauffé doucement, il se décompose en acide carbonique et en oxyde de plomb; mais soumis à l'action du chalumeau, il se décompose et donne du plomb métallique; il est insoluble dans l'eau, à moins que celle-ci ne contienne du gaz acide carbonique. Il est formé de 83,52 (un équivalent) de protoxyde et de 16,48 (un équivalent) d'acide. MM. Barruel et Mérat ont retiré 64 grammes de carbonate de plomb très bien cristallisé, en faisant évaporer six voies d'eau laissées pendant deux mois dans une cuve doublée en plomb, qui avait été exposée à l'air, et par conséquent en contact avec le gaz acide carbonique. (Thèse de M. Mérat sur la *colique de plomb*.) La céruse est employée pour étendre les couleurs ; on s'en sert aussi pour dessécher les huiles et pour peindre les boiseries des appartements. Elle est toujours mélangée d'un peu de charbon ou d'indigo pour lui donner un reflet bleu ; celle de Hollande est colorée par du sulfure de plomb. Les céruses du commerce, telles que le blanc de Venise, le blanc de Hambourg et le blanc de Hollande, contiennent parties égales au moins de sulfate de baryte qui est nécessaire pour leur donner de l'opacité.

*Préparation.* — On fait arriver un courant de gaz acide carbonique dans une dissolution de *sous-acétate de plomb soluble;* il se précipite du carbonate de plomb, et le sel se trouve ramené à l'état d'acétate neutre ; on le décante, et, à l'aide de la litharge, on le transforme de nouveau en sous-acétate de plomb soluble, que l'on décompose encore par l'acide carbonique ; on lave bien le carbonate précipité, et on le livre au commerce après l'avoir fait sécher. Tel est le procédé suivi dans l'usine de *Clichy*. En Hollande, on prépare le blanc de plomb en soumettant les lames de ce métal à l'action de la vapeur du vinaigre, de l'air et de l'acide carbonique : le plomb s'oxyde, passe à l'état de sous-acétate, qui est ensuite décomposé par l'acide carbonique. Ce procédé est moins économique que le premier, mais il donne une céruse de meilleure qualité.

Azotate. — Il n'existe pas dans la nature ; on peut l'obtenir cristallisé en octaèdres dont les sommets sont tronqués, d'une couleur blanche, opaques ou transparents, inaltérables à l'air, et solubles dans 7 à 8 parties d'eau à 15°. Si, après avoir desséché ce sel, on le chauffe dans des vaisseaux fermés, il se décompose et se transforme en acide hypo-azotique liquide (voy. p. 171), en gaz oxygène et en protoxyde de plomb. Si on fait bouillir la dissolution d'azotate de plomb avec du protoxyde, on obtient un *sous-azotate de plomb* blanc, moins soluble dans l'eau que le précédent. Si, au lieu de la faire bouillir avec du protoxyde, on se sert de lames de plomb très minces, l'acide azotique est décomposé, cède une partie de son oxygène au plomb, et il se forme du *sous-hypo-azotite de plomb ;* il se dégage du gaz bi-oxyde d'azote. On obtient l'azotate de plomb avec de la litharge, et l'acide azotique étendu de trois ou quatre fois son poids d'eau. Il sert à la fabrication des verres pesants destinés aux opticiens et à analyser les minéraux qui renferment une base alcaline à l'état de silicate.

*Composition.* — Il est formé de 67,3 de protoxyde (un équivalent) et de 32,7 d'acide (un équivalent).

CHROMATE (plomb rouge). — On n'a trouvé ce sel que dans la Sibérie. Celui que l'on prépare dans les laboratoires est d'une belle couleur jaune serin lorsqu'il est neutre, insoluble dans l'eau et peu soluble dans les acides; chauffé, il se transforme en oxyde de plomb, en oxyde de chrome, et en oxygène : ce qui l'a fait employer dans l'analyse des substances organiques. Il est formé de 68,15 d'oxyde (un équivalent) et de 31,85 d'acide chromique (un équivalent). On l'obtient en décomposant l'acétate de plomb par le chromate de potasse. On l'emploie pour peindre sur la toile et sur la porcelaine; il fait la base des couleurs jaunes que l'on applique sur les caisses des voitures.

SOUS-CHROMATE. — Il est d'un très beau rouge de cinnabre si on l'a obtenu en faisant fondre du chromate neutre jaune avec de l'azotate de potasse. (Voy. *Ann. de Ch.*, juill. 1831.)

## DU CUIVRE.

Le cuivre se trouve, 1° à l'état natif en France, mais principalement en Sibérie, en Suède, en Angleterre, en Saxe, en Hongrie; 2° combiné avec l'oxygène; 3° avec certains corps simples et avec le soufre; 4° enfin à l'état de sel. On a trouvé de très petites quantités de cuivre dans certains végétaux, comme le quinquina gris, la garance, le café et le froment; le *sang* et tous nos tissus en contiennent.

Le cuivre est un métal solide, d'une belle couleur rouge, d'une odeur et d'une saveur sensibles et désagréables. Quoique brillant, malléable et ductile, il ne possède ces propriétés qu'à un degré inférieur à celui des métaux les plus précieux. Doué d'une force de ténacité moindre que celle du fer, quoique très grande, il est plus sonore que lui et que tous les autres métaux. Le poids spécifique du cuivre écroui est de 8,878.

Soumis à l'action du *calorique*, il fond à 27° du pyromètre de Wedgwood, et ne se volatilise pas; on peut l'obtenir cristallisé en pyramides quadrangulaires si on le refroidit lentement. S'il a le contact de l'*air* ou du gaz *oxygène*, il passe à l'état de bi-oxyde brun sans qu'il se dégage de la lumière; des phénomènes analogues ont lieu à la température ordinaire, pourvu que les gaz soient humides : ainsi le gaz oxygène ternit sa surface et l'oxyde au bout d'un certain temps; l'air atmosphérique non seulement le change en oxyde, mais le fait encore passer à l'état de carbonate verdâtre hydraté mêlé d'hydrate.

On ne connaît pas de composé d'*hydrogène* et de cuivre, ni de *bore* et de cuivre. Il est probable qu'il existe un *carbure* de cuivre, quoiqu'il n'ait pas encore été obtenu; on sait en effet que le cuivre fondu avec du charbon devient un peu aigre.

Le *phosphore* peut se combiner directement avec lui et donner un phosphure d'un blanc grisâtre, brillant, fragile, très dur. Lorsqu'on chauffe ensemble 3 parties de *soufre* et 8 de cuivre, il y a dégagement de calorique et de lumière, et formation d'un *protosulfure* solide, d'un gris de plomb, ou jaunâtre, plus fusible que le cuivre; l'air atmosphérique ou le gaz oxygène transforment ce sulfure en acide sulfureux et en oxyde de cuivre à une température élevée; si la chaleur est moins forte, ils le font passer à l'état d'acide sulfureux et de cuivre. Il est formé d'un équivalent de cuivre (79,73) et d'un de soufre (20,27). Il existe en France, en Cornouailles, en Suède, en Saxe, en Sibérie, en Bohême, au Harz, en Hongrie, etc.; on le désigne sous le nom de *pyrite* de cuivre; celle-ci contient toujours une plus ou moins grande quantité de sulfure de fer; on peut considérer cette pyrite comme composée d'un équivalent de sesquisulfure de fer et d'un de protosulfure de cuivre, avec une très petite quantité d'acide silicique et de sesqui-oxyde de fer interposé. On l'emploie à l'extraction du cuivre du commerce et à la préparation du sulfate de cuivre (couperose bleue). Il existe encore un *bisulfure* de cuivre que l'on prépare en versant de l'acide sulfhydrique dans un sel de bi-oxyde de cuivre. Il est brun-noirâtre et très altérable à l'air froid qui le transforme en sulfate. On peut encore obtenir des sulfures plus sulfurés en versant dans les sels de bi-oxyde de cuivre des sulfures alcalins contenant beaucoup de soufre.

Le composé d'*iode* et de cuivre est d'un blanc grisâtre et insoluble dans l'eau. Il pourrait bien n'être qu'un mélange de proto-iodure et d'iode.

Chauffé avec du *chlore* gazeux, il l'absorbe, rougit et passe à l'état de *chlorure* : ce phénomène a même lieu à froid, et la combustion est des plus intenses si le cuivre est en feuilles minces. On connaît deux composés de ce genre. 1° Le *bichlorure*, que l'on prépare en dissolvant le cuivre dans l'eau régale bouillante et en évaporant la dissolution jusqu'à siccité, est solide, couleur d'écorce de cannelle, très soluble dans l'eau et dans l'alcool, d'une saveur fortement styptique; le *solutum* aqueux est bleu s'il contient beaucoup d'eau, et vert s'il est concentré. Chauffé à l'état solide, il perd de l'eau et du chlore, et se trouve transformé en protochlorure; il est composé d'un équivalent de cuivre (47,1) et d'un de chlore (52,9).

Le *protochlorure* s'obtient en traitant par l'acide chlorhydrique un équivalent de cuivre en limaille, et un équivalent de bi-oxyde de cuivre pulvérisé ; le *solutum* est liquide, brun et opaque ; mais au bout d'un jour ou deux il devient incolore et transparent; cette coloration et cette opacité dépendent de la présence d'une certaine quantite de bi-oxyde de cuivre qui ne tarde pas à se déposer. Le *solutum* ainsi décoloré constitue le protochlorure dissous dans l'acide chlorhydrique; si on l'évapore à l'abri du contact de l'air, et qu'on le chauffe jusqu'à fusion, il est solide, fauve clair, tandis qu'il est blanc lorsqu'il est anhydre et très divisé; quand il se produit lentement, on peut l'obtenir en petits tétraèdres incolores, parfaitement transparents. Il est fusible, insoluble dans l'eau, altérable à l'air, qui le verdit et le change en bichlorure et en oxychlorure. Il se dissout dans l'acide chlorhydrique, et le *solutum* est incolore et décomposable par l'eau, qui le sépare sous forme d'une poudre blanche; l'ammoniaque le dissout sans se colorer, à moins qu'il n'ait le contact de l'air, car alors la liqueur bleuit; on se sert même avec avantage de ce changement de couleur pour constater la présence d'une très petite quantité d'oxygène, dont il est très avide. Lavé à plusieurs reprises avec de l'eau, il est décomposé et changé en protoxyde de cuivre orangé et en acide chlorhydrique (Chenevix). Il est décomposé par une dissolution de potasse, qui cède son oxygène au cuivre pour le transformer en protoxyde orangé, tandis que le chlore s'unit au potassium. Il est formé de 64,1 de cuivre (deux équivalents) et de 35,9 de chlore (un équivalent).

Oxychlorure de cuivre (*Sable vert du Pérou*). — Il existe au Chili. Il est pulvérulent, vert, insoluble dans l'eau, insipide, et formé de 53,7 de bi-oxyde (trois équivalents), de 30,3 de bichlorure (un équivalent) et de 16 d'eau (quatre équivalents). On l'obtient en versant dans un *solutum* de bichlorure de cuivre une quantité d'alcali insuffisante pour le décomposer complétement.

Le cuivre présente, avec le *brome*, les mêmes phénomènes qu'avec le chlore, et donne deux *bromures* inusités.

L'*azote* se combine directement avec le cuivre à une température rouge (Despretz). L'*eau*, les acides *borique* et *carbonique* sont sans action sur le cuivre. L'acide *phosphorique* ne l'attaque qu'à la longue. L'acide *sulfurique* concentré est au contraire rapidement décomposé à la chaleur de l'ébullition; il y a dégagement de gaz acide sulfureux et formation de bi-oxyde de cuivre; celui-ci se combine ensuite avec l'acide non décomposé, et forme du sulfate de bi-oxyde de cuivre anhydre. Il se produit en outre du sulfure de cuivre brun. A la température ordinaire, l'acide sulfurique concentré *est également décomposé* par le cuivre, mais seulement au bout d'un certain temps; il se forme du sulfate de cuivre anhydre en cristaux incolores et du sulfure de cuivre brun. L'acide *azotique*, même étendu d'eau, l'attaque avec énergie à la température ordinaire, le décompose en partie et le fait passer à l'état de bi-oxyde, qui se dissout dans la portion d'acide non décomposé; il se dégage du gaz bi-oxyde d'azote (gaz nitreux). L'acide *hypo-azotique* agit aussi avec beaucoup de force sur le cuivre. L'acide *chlorhydrique* liquide n'exerce pas d'action sur lui à froid ; bouillant et concentré, il n'agit guère mieux si le métal est à l'abri du contact de l'air. Les acides *phtorhydrique* et *arsénique* peuvent également se combiner avec lui après l'avoir oxydé.

Le cuivre peut s'allier avec plusieurs des métaux précédemment étudiés; nous allons parler des principaux de ces alliages. 1° *Alliage de zinc et de cuivre*, connu sous les noms de *laiton*, de *cuivre jaune*, de *similor*, d'*or de Manheim*, d'*alliage du prince Robert*, etc. Il est formé de zinc, de cuivre et de très petites quantités de plomb et d'étain ; ces deux derniers métaux rendent le laiton plus dur, plus roide et moins ductile ; il suffit d'un demi-centième d'étain pour altérer sa ductilité. Le laiton sans plomb convient mieux pour les ouvrages au marteau, tandis que celui qui en renferme est plus propre aux travaux du tourneur. On explique la présence de l'étain parce qu'on fabrique le laiton avec de vieux cuivres qui ont souvent été étamés, et celle du plomb par la même cause (l'étamage se faisant toujours avec un alliage de plomb et d'étain), et par l'emploi du cuivre rosette, qui contient souvent du plomb.

*Composition des laitons.*

| | Cuivre. | Zinc. | Plomb. | Étain. |
|---|---|---|---|---|
| Laiton des tourneurs de Stolberg. | 65,8 | 31,8 | 2,9 | 0,2 |
| — des doreurs . . . . . . | 63,70 | 33,55 | 0,25 | 2,50 |
| — en fil . . . . . . . . | 64,2 | 33,1 | 0,8 | 0,0 |
| — pour le travail au marteau. | 70,1 | 29,9 | 0,0 | 0,0 |
| — des garnitures d'armes. . | 80, | 17, | 0,0 | 3, |
| — statuaire . . . . . . . | 91,22 | 5,57 | 1,43 | 1,78 |
| Chrysocale. . . . . . . . . | 90, | 7,9 | 1,6 | 0,0 |

Le cuivre blanc ou chinois est formé de 40,4 de cuivre, de 25,4 de zinc, de 2,6 de fer et de 31,6 de nickel.

Le laiton est plus fusible que le cuivre; il se transforme en oxydes de ces métaux lorsqu'on le chauffe avec du gaz oxygène ou avec l'air; il produit même une belle flamme verte. On ne le trouve pas dans la nature; il est employé dans la préparation des chaudières, des poêlons, d'un très grand nombre d'instruments de physique, des épingles, des cordes d'instruments, etc.

2° *Alliage d'étain et de cuivre.* On le désigne sous le nom de *bronze* ou *métal de canons* lorsqu'il est formé de 11 parties d'étain et de 100 de cuivre; on l'appelle *métal de cloches* quand il est composé de 22 parties d'étain et de 78 de cuivre; mais il renferme souvent du plomb ou du zinc, qui sont bien moins coûteux que l'étain; on y trouve aussi un peu de bismuth et d'antimoine. L'alliage qui constitue les timbres des horloges contient un peu plus d'étain et un peu moins de cuivre : il porte le nom de *tam-tam*, d'alliage des cymbales, lorsqu'il entre dans sa composition environ 80 parties de cuivre et 20 parties d'étain; mais comme cet alliage est excessivement cassant, il faut le tremper en le chauffant jusqu'au rouge cerise sombre, et en le plongeant dans l'eau froide; alors seulement il peut être aplati sous le marteau et ployé sans casser jusqu'à ce que les deux côtés du morceau forment entre eux un angle de 130 à 140 degrés. Les miroirs de télescopes sont composés d'une partie d'étain et de 2 parties de cuivre. Le bronze monétaire contient, sur 100 parties, de 7 à 11 parties d'étain, ou même d'étain et de zinc. Les propriétés physiques de ces divers alliages varient un peu, suivant les proportions de leurs éléments; leurs propriétés chimiques seront facilement déduites de celles des métaux qui entrent dans leur composition. Le bronze est toujours plus dur et plus fusible que le cuivre; sa densité est supérieure à la densité moyenne des métaux dont il est formé; mélangé avec un centième de fer ou avec trois centièmes de zinc, il devient plus dur et plus tenace, et doit être préféré dans la fabrication des objets de petite dimension. — *Cuivre étamé.* Il n'est autre chose que du cuivre dont la surface, préalablement décapée ou désoxydée au moyen du chlorhydrate d'ammoniaque (sel ammoniac), de la chaleur et du frottement, est recouverte d'une couche mince d'étain, ou d'un alliage d'étain et de plomb, ou d'un alliage d'étain et de fer; une partie de cette couche est combinée avec le cuivre, tandis qu'une autre partie est simplement superposée et en quelque sorte en excès. L'étamage fait avec l'*étain pur* est d'un blanc d'argent, mais devient jaunâtre dès qu'il s'oxyde; il donne du moiré métallique quand on le traite par l'acide acétique, tandis que cela n'a pas lieu si l'étain n'est allié même qu'avec 1/20 de plomb. La destruction de l'étamage pur est due à l'oxydation, à l'action des acides, au frottement et au récurage. Les sels d'étain qui se forment pendant cette destruction ne se produisent pas en assez grande quantité pour offrir un danger réel. L'étamage fait avec un alliage de *plomb* et d'*étain* contient ordinairement un tiers ou un quart de plomb; il est bleuâtre et nullement dangereux, parce que l'action galvanique qui résulte du contact des métaux suffit pour décomposer l'oxyde aussitôt qu'il se forme; il doit être préféré au premier quand il s'agit de le faire pénétrer dans les replis des cannelures, au fond de vases étroits et longs, parce qu'il coule mieux. L'étamage fait avec 8 parties d'étain et une de *fer* est moins fusible, plus durable et plus adhérent que les autres. Dès l'année 1785, Poulain avait fait connaître cet étamage, dont il facilitait la fusion au moyen du borax et du verre. Aujourd'hui on substitue avec avantage au fer du fer-blanc, parce qu'il s'allie mieux à l'étain. L'étamage de Poulain, dont celui de Biberel n'est qu'une imitation, et qui porte le nom d'étamage *polychrome*, résiste beaucoup plus au *récurage* que l'étamage ordinaire; quant aux agents chimiques, il en est qui l'attaquent plus facilement, tandis que d'autres agissent beaucoup moins que sur l'étamage ordinaire; en somme il doit être préféré à ce dernier. Le *melchior, maillechort, argentan,* est un alliage de cuivre, de zinc et de nickel, contenant quelquefois du fer et de l'étain, ressemblant tellement à l'argent au second titre, c'est-à-dire à 800/1000, que le préposé du bureau de garantie y a été trompé. On l'emploie, soit à l'ornement, soit au service de table. Il est plus attaquable que l'argent au titre de 950 millièmes, par tous les réactifs et les substances culinaires.

Tous ces alliages, en général, devraient être rejetés des usages domestiques, car des vases dans lesquels on conserve des aliments pendant un jour ne tardent pas à se couvrir d'une certaine quantité d'un sel de cuivre.

3° *Alliage de 10 parties de cuivre et d'une partie d'arsenic.* — Cet alliage, loin d'être cassant, est légèrement ductile; il est plus fusible que le cuivre, et paraît être employé à faire des cuillers et des vases.

4° L'*alliage* formé de 25 p. d'antimoine et de 75 de cuivre est fragile, violet, susceptible d'être poli, et sans usages.

L'action de l'*ammoniaque* sur le cuivre métallique est remarquable. Que l'on place un peu de tournure de cuivre dans un flacon à l'émeri que l'on remplit ensuite d'ammoniaque liquide et que l'on bouche pour éviter le contact de l'air, le liquide qui surnage le cuivre reste incolore et conserve sa transparence; mais si on débouche le flacon au bout de quelques heures, et qu'on transvase l'ammoniaque, on s'aperçoit qu'elle devient bleue par le contact de l'air: ce qui ne peut avoir lieu sans qu'il y ait du cuivre en dissolution.

Lorsque le cuivre contient un peu de potassium, il acquiert une densité très considérable.

Le cuivre est employé pour faire un très grand nombre d'ustensiles, pour doubler les vaisseaux; il entre dans la composition de toutes les monnaies, qu'il rend plus dures; on s'en sert pour faire le laiton, le bronze, la couperose bleue; il n'est point vénéneux lorsqu'il est pur. Nous ferons l'histoire de l'empoisonnement par les préparations cuivreuses à l'article ACÉTATE DE CUIVRE. (Voy. *Chimie végétale*, t. II.)

Le poids d'un équivalent de cuivre est de 395,6.

*Extraction.* — On grille le sulfure de cuivre (la pyrite), comme nous l'avons dit en parlant de la préparation du soufre, et l'on obtient un mélange d'oxydes de cuivre et de fer, et de sulfure non décomposé. On le chauffe fortement avec du charbon, qui s'empare de l'oxygène; en sorte que le produit, auquel on donne le nom de *matte*, est formé de cuivre, de fer et de soufre. On le grille jusqu'à douze fois de suite, pour le débarrasser du soufre; les oxydes qui résultent du grillage sont fondus avec du charbon et de l'acide silicique; cette dernière substance facilite la fusion de l'oxyde de fer et empêche sa désoxydation ; en sorte que l'on obtient : 1° du cuivre noir qui renferme 0,90 de cuivre, un peu de soufre et un peu de fer; 2° des scories formées d'acide silicique et d'oxyde de fer; 3° une nouvelle matte que l'on grille de nouveau. On affine le cuivre noir en le faisant fondre dans un fourneau dont le sol est recouvert d'une brasque de charbon et d'argile; le soufre et le fer se combinent avec l'oxygène de l'air, que l'on dirige sur la masse au moyen de soufflets, et le cuivre se trouve affiné au bout de deux heures; on le fait couler dans des bassins chauds; on l'arrose avec un peu d'eau, et on le retire sous forme de plaques qui constituent le cuivre *rosette*, ainsi nommé à cause des espèces de roses qui se forment par ce refroidissement brusque. Celui-ci contient toujours du protoxyde de cuivre et presque toujours du plomb; un millième de ce dernier métal le rend cassant et impropre à la fabrication du fil.

Si la mine ne contient pas beaucoup de sulfure, on la traite par l'eau après l'avoir grillée; par ce moyen on dissout les sulfates de fer et de cuivre formés pendant le grillage; on met cette dissolution sur de la vieille ferraille qui précipite tout le cuivre du sulfate (voy. p. 516) : on désigne alors ce métal sous le nom de *cuivre de cémentation*.

On traite les mines d'*oxyde* et de *carbonate de cuivre* par le charbon, et l'on obtient du cuivre métallique. Pour avoir ce métal pur, il faut réduire le proto ou le bi-oxyde par le gaz hydrogène à une température inférieure au rouge.

## DES OXYDES DE CUIVRE.

Protoxyde. — On le trouve en Angleterre, en Sibérie, dans les environs de Cologne. Il est tantôt cristallisé, tantôt en masse ou en poudre; il est jaune orangé lorsqu'il est humide, et rougeâtre quand il a été fondu; il peut se combiner avec l'oxygène à l'aide de la chaleur, et se transformer en bi-oxyde; il a beaucoup moins de tendance à s'unir avec les acides que ce dernier; en effet, il ne se combine guère qu'avec l'acide chlorhydrique, dans lequel il se dissout à merveille. L'acide azotique bouillant le change en bi-oxyde.

Il se dissout dans l'ammoniaque et donne un liquide incolore qui passe au bleu aussitôt qu'il est en contact avec l'air. Il est formé de 88,78 de cuivre (deux équivalents) et de 11,22 d'oxygène (un équivalent).

*Préparation.* — On fait fondre ensemble, à une douce chaleur, 100 parties de sulfate de cuivre et 57 parties de carbonate de soude cristallisé, et on chauffe jusqu'à ce que la masse soit solidifiée; on la pulvérise et on y mêle exactement 25 parties de limaille de cuivre; on l'entasse dans des creusets qu'on chauffe jusqu'au rouge blanc, en soutenant cette température pendant vingt minutes. On pulvérise la matière refroidie et on la lave; le résidu sera le protoxyde de cuivre; les eaux de lavage contiendront du sulfate de soude. Ce procédé fournit un produit très beau et très abondant. (Malagutti. *Ann. de Chim. et de Phys.*, oct. 1833.)

Bi-oxyde. — Il existe très souvent dans la nature combiné avec des acides. Il est d'une couleur bleue lorsqu'il est à l'état d'*hydrate*; mais si l'on sépare l'eau par la dessiccation, il devient d'un brun noirâtre (1); il n'agit point sur le gaz oxygène; mais il s'empare de l'acide carbonique de l'air et se transforme en carbonate de bi-oxyde vert insoluble dans l'eau (vert-de-gris naturel); il se dissout à merveille dans l'ammoniaque, à moins qu'il n'ait été calciné, et donne un liquide d'une couleur bleu de ciel; il est également soluble dans le chlore, avec lequel il forme un chlorure d'oxyde, d'après M. Grouvelle. Il peut être entièrement décomposé par le charbon, qui lui enlève son oxygène à une température élevée, et le métal est mis à nu; le gaz hydrogène le réduit bien au-dessous du rouge; il a la plus grande tendance à s'unir avec les acides. Il est formé de 79,83 parties de cuivre et de 20,17 parties d'oxygène, ou d'un équivalent de métal et d'un d'oxygène. Sa formule est Cu O. L'hydrate contient un équivalent d'oxyde (81,5) et un d'eau (18,5). Ses propriétés vénéneuses ont été mises hors de doute; on l'a employé autrefois en médecine, sous le nom d'*æs ustum*.

(1) Ce bi-oxyde, hydraté ou sec, retient toujours une portion de l'alcali à l'aide duquel il a été précipité.

pour guérir l'épilepsie ; il est émétique et purgatif ; mais il est généralement abandonné aujourd'hui. On s'en sert pour colorer le verre en vert et pour analyser les matières organiques. On l'obtient en calcinant jusqu'au rouge, dans une capsule de platine, de l'azotate de bi-oxyde de cuivre pur, ou en chauffant le cuivre divisé au contact de l'air.

Il existe encore un quadroxyde qui est sans usages.

### DES SELS FORMÉS PAR LE PROTOXYDE DE CUIVRE.

Ces sels sont peu stables et peu connus. L'eau les transforme en sels de bi-oxyde et en cuivre métallique. Les alcalis et les carbonates alcalins les précipitent en jaune orangé. L'acide azotique et le chlore les changent en sels de bi-oxyde.

### DES SELS FORMÉS PAR LE BI-OXYDE DE CUIVRE.

La couleur de ces sels est bleue ou verte ; ils sont presque tous solubles dans l'eau ou dans une eau acidulée. Leurs dissolutions sont décomposées et précipitées en bleu par la potasse, la soude ou l'ammoniaque ; le bi-oxyde de cuivre précipité se dissout dans un excès d'ammoniaque et donne un liquide bleu foncé ; si, au lieu de le traiter par un excès d'ammoniaque, on le met en contact, lorsqu'il est encore à l'état d'hydrate gélatineux, avec de la potasse caustique solide, il devient brun-noirâtre, parce qu'il cède l'eau qu'il contient à l'alcali. Ces dissolutions sont précipitées en noir par l'acide sulfhydrique et par les sulfures solubles (le dépôt est du sulfure de cuivre), en cramoisi ou en brun marron par le cyanure jaune de potassium et de fer, en vert-pré par l'*arsénite de potasse* : le précipité vert, composé d'acide arsénieux et de bi-oxyde de cuivre, devient d'un vert plus foncé par l'addition d'une certaine quantité de potasse.

Une lame de *fer* plongée dans une de ces dissolutions en précipite le cuivre à l'état métallique, en vertu de l'action galvanique qui a lieu entre le fer et le cuivre. (Voy. *Généralités sur les sels.*)

Carbonate vert bibasique (*Malachite*). — On le trouve en Sibérie, à Chessy près Lyon, etc.; il accompagne presque toutes les mines de cuivre; il est tantôt sous forme de masses mamelonnées, tantôt sous forme de fibres ou de houppes soyeuses, d'un vert-pomme ou émeraude. Celui que l'on prépare dans les laboratoires est pulvérulent et d'une couleur vert-pomme très belle; l'un et l'autre sont insolubles dans l'eau, et se décomposent, par la chaleur, en gaz acide carbonique et en bi-oxyde brun. On emploie le carbonate naturel, qui est susceptible de prendre un très beau poli, pour faire des tables et plusieurs autres meubles qui sont d'un très grand prix.

*Préparation.* (Voy. p. 266.) Le carbonate artificiel contient 71,84 d'oxyde, 19,95 d'acide et 8,21 d'eau.

Carbonate sesqui-basique hydraté (*Cuivre azuré*, *azur de cuivre*, *bleu de montagne*). — On le trouve, en très petite quantité à la vérité, dans toutes les mines de cuivre; il colore les pierres d'Arménie, plusieurs terres qui portent le nom de *cendres bleues*, et les os fossiles appelés *turquoises;* quelquefois cependant celles-ci sont colorées par de la malachite. Celui que l'on prépare en Angleterre par un procédé qui est tenu secret, et que l'on débite sous le nom de *cendres bleues*, paraît formé de 69 d'oxyde, de 25,5 d'acide et de 5,5 d'eau. Il est probable qu'on l'obtient en décomposant de l'azotate de cuivre par du sesqui ou du bicarbonate de soude.

Carbonate anhydre. — MM. Colin et Taillefert ont fait voir qu'il suffit de faire bouillir pendant quelques instants avec de l'eau les carbonates de cuivre, vert ou bleu, pour leur faire perdre l'eau qu'ils renferment, et les transformer en carbonate de cuivre *brun anhydre;* si on prolongeait l'ébullition, tout l'acide carbonique serait chassé, et il ne resterait que du bi-oxyde de cuivre. Ce carbonate existe dans la nature et contient, d'après Thomson, acide 16,70, bi-oxyde 60,75, sesqui-oxyde de fer, 19,50, acide silicique 2,10.

Sulfate (*Vitriol bleu*, *couperose bleue*, *vitriol de Chypre*). — On le trouve dans certaines eaux voisines des mines de sulfure de cuivre. Il cristallise en parallélipipèdes obliques, d'un bleu foncé, transparents, doués d'une saveur acide et styptique, rougissant l'*infusum* de tournesol, solubles dans 4 parties d'eau à la température de 15° thermomètre centigrade, et dans 2 parties d'eau bouillante; il s'effleurit à l'air, et se recouvre d'une poussière blanchâtre; lorsqu'on le chauffe, il fond dans son eau de cristallisation; mais celle-ci ne tarde pas à s'évaporer, et alors il devient opaque et blanc; chauffé plus fortement, il se décompose et donne le bi-oxyde brun. Dissous dans l'eau, il absorbe complétement l'hydrogène phosphoré pur, sans agir sur l'hydrogène qui peut se trouver dans ce gaz. L'ammoniaque forme, avec la dissolution de sulfate de cuivre, un sel double, d'une belle couleur bleue, susceptible de cristalliser. Le chlorhydrate d'ammoniaque le décompose en partie, et il se produit deux sels, du sulfate ammoniaco-cuivreux et du chlorhydrate des mêmes bases; le premier est moins soluble et cristallise d'abord. Le sulfate de cuivre anhydre est formé de 49,73 de bi-oxyde (un équivalent) et de 50,27 d'acide (un équivalent). Les cristaux contiennent 63,94 de sel anhydre (un équivalent) et 36,06 d'eau (cinq équivalents). On l'emploie pour faire le vert de Schéele et les cendres bleues, ainsi que l'encre, pour chauler le blé et pour teindre en noir sur soie et sur laine. On en fait usage, ainsi que du sulfate de cuivre ammoniacal, dans l'épilepsie, la danse de Saint-Guy, les névroses abdominales, l'hydropisie, les fièvres intermittentes, etc.; ces sels ont été quelquefois utiles : on commence par en donner 1 ou 2 centigrammes avec de la mie de pain, du sucre et de l'eau, sous forme de pilules, ou bien dissous dans une assez grande quantité de véhicule. Le sulfate de cuivre a été administré quelquefois comme émétique dans l'empoisonnement par l'opium; nous ne croyons pas que le succès que l'on en a obtenu autorise à l'employer de nouveau à la même dose, car il est extrêmement vénéneux, même lorsqu'il est expulsé en grande partie par le vomissement. A l'extérieur on s'en sert pour cautériser les ulcères fongueux, les chancres vénériens, les aphthes. On l'emploie aussi comme styptique dans les hémorrhagies traumatiques, et comme stimulant dans la blennorrhagie, la leucorrhée, les ophthalmies chroniques, etc.

*Préparation.* — On peut l'obtenir en faisant bouillir le métal et l'acide concentré; mais on suit rarement ce procédé. Ordinairement on commence par préparer du sulfure de cuivre en faisant rougir dans un fourneau des lames de cuivre préalablement mouillées et saupoudrées de soufre, en les plongeant dans l'eau froide, et en les remettant dans le four avec une nouvelle quantité de soufre : le sulfure obtenu absorbe l'oxygène de l'air et passe à l'état de sulfate de bi-oxyde soluble dans l'eau, susceptible de cristalliser par l'évaporation : tel est le procédé suivi en France. Il n'en est pas de même à Marienberg, où la mine exploitée contient de l'oxyde d'étain, du sulfure de cuivre et du sulfure de fer; en effet, on grille la mine pour la transformer en sulfate de cuivre et en sulfate de fer solubles; on traite le produit par l'eau, et l'on obtient ces deux sels cristallisés; on les fait dissoudre de nouveau, et on mêle le *solutum* avec un excès de bi-oxyde de cuivre qui ne tarde pas à précipiter l'oxyde de fer. Quelquefois aussi on retire par l'évaporation le sulfate de bi-oxyde de cuivre qui se trouve naturellement dissous dans les eaux.

Azotate. — Il cristallise en parallélipipèdes allongés, bleus, doués d'une saveur âcre, métallique, déliquescents, fusibles dans leur eau de cristallisation. Chauffé dans des vaisseaux fermés, il se transforme d'abord en sous-azotate vert, lamelleux, qui se décompose et fournit du bi-oxyde si on continue à le chauffer. L'azotate de cuivre est plus soluble dans l'eau que le sulfate : en effet, il suffit de verser de l'acide sulfurique à 66 degrés dans une solution concentrée de cet azotate pour former du sulfate de cuivre, qui se dépose en partie sous forme de cristaux. Le zinc décompose également cette dissolution et en précipite du cuivre et de l'oxyde de cuivre, ce qui prouve qu'une partie de l'acide azotique a été décomposée (Vauquelin). Il est formé d'un équivalent d'oxyde (42,26) et d'un équivalent d'acide (57,74). On l'emploie pour préparer les *cendres bleues* et le bi-oxyde de cuivre.

*Préparation.* — 4e procédé. Voy. p. 267.

Cendres bleues. — Il existe des cendres bleues d'Angleterre (voy. Carbonate bleu, p. 517), et de *fausses* cendres bleues; celles-ci sont formées, d'après Pelletier, de bi-oxyde de cuivre, d'eau et de chaux. Pour les obtenir, on mêle de la chaux pulvérisée avec un excès de dissolution faible d'azotate de bi-oxyde de cuivre, afin d'obtenir de l'azotate de chaux soluble et du sous-azotate de cuivre insoluble d'une couleur verte; on lave le précipité à plusieurs reprises; on le laisse égoutter sur un linge; on le triture avec 7,8 ou 10 centièmes de son poids de chaux, et on le fait sécher: le produit constitue les *cendres bleues* (Pelletier). Il est évident qu'en ajoutant de la chaux au sous-azotate, on met à nu l'hydrate de bi-oxyde de cuivre, et que l'on forme en même temps de l'azotate de chaux. On peut aussi préparer cette matière avec du sulfate de cuivre et de la potasse; toutefois, dans ce cas, sa couleur n'est pas très vive. On emploie les cendres bleues pour colorer les papiers en bleu; mais cette couleur a l'inconvénient de verdir à l'air à mesure que le bi-oxyde de cuivre absorbe l'acide carbonique et se transforme en carbonate. Les cendres bleues sont infiniment supérieures.

Arsénite. — L'arsénite de cuivre, ou *vert de Schéele*, est d'une belle couleur vert-pomme; soumis à l'action de la chaleur et d'un corps désoxygénant, comme du charbon ou une matière organique, il est décomposé et répand une odeur alliacée; mis dans l'appareil de Marsh, il fournit des taches arsenicales; chauffé avec de la potasse à l'alcool, il donne de l'*arséniate* de potasse soluble et du *protoxyde* de cuivre. Il est insoluble dans l'eau et très vénéneux. On l'emploie beaucoup dans l'industrie des papiers peints. On le prépare par la double décomposition d'un arsénite de potasse et du sulfate de cuivre. Son emploi comme matière colorante doit être éloigné avec soin de toute substance pouvant servir d'aliment ou d'un usage qui par cela même deviendrait dangereux.

Il est formé d'équivalents égaux d'oxyde de cuivre et d'acide arsénieux.

## DES MÉTAUX DE LA CINQUIÈME CLASSE.

Ces métaux absorbent l'oxygène à une température déterminée, et leurs oxydes sont décomposés par une chaleur plus élevée. Ils ne décomposent l'eau ni à froid ni à chaud. Ce sont : l'osmium, le mercure, le rhodium, l'iridium et l'argent.

### DE L'OSMIUM.

L'osmium n'a été trouvé jusqu'à présent que dans la mine de platine. Il est solide, d'une couleur qui paraît bleue ou noire, moins brillant que le platine. Son poids spécifique est de 10, d'après Berzélius. Il n'est ni fusible ni volatil à l'abri du contact de l'air (Berzélius). Si on élève sa température quand il a le contact de l'air, il passe à l'état d'oxyde (acide osmique), qui se sublime en très beaux cristaux blancs et brillants, doués d'une odeur très forte; s'il est dans un grand état de division, il s'enflamme et brûle en s'entretenant lui-même à la chaleur rouge (Berzélius); il cesse de s'oxyder quand on l'ôte du feu. L'air ni l'oxygène n'agissent sur lui à froid.

Le *phosphore* et le *soufre* s'unissent très bien avec l'osmium. Le chlore donne naissance à trois chlorures particuliers.

L'*iode* ne paraît pas pouvoir se combiner directement avec ce métal. Il forme, avec l'or et l'argent, des alliages ductiles. Il se dissout, à l'aide d'une douce chaleur, dans l'acide azotique et dans l'eau régale, à moins qu'il n'ait été fortement calciné.

Un excellent caractère pour reconnaître la présence de l'osmium, consiste à placer un peu de ce métal sur le bord d'une feuille de platine, et à porter celle-ci dans la flamme de l'alcool de manière à chauffer l'osmium. La partie de la flamme qui s'élève le long de la feuille devient brillante près de l'osmium, comme si elle provenait du gaz oléfiant. (Berzélius, *Ann. de Chim.*, mars 1829.)

*Extraction.* — (Voy. PLATINE.)

Le poids d'un équivalent d'osmium est de 1244,21.

### DES OXYDES D'OSMIUM.

L'*osmium*, par sa combinaison avec l'oxygène, donne naissance à quatre oxydes différents. Les trois premiers sont formés par l'action des alcalis sur les chlorures correspondants. Le quatrième oxyde, ou acide *osmique*, se prépare soit directement, en chauffant l'osmium au rouge avec le contact de l'air ou de l'oxygène, soit en soumettant à l'action de l'acide azotique bouillant de l'osmium métallique ou l'un de ses minerais. Il est cristallisé en prismes blancs flexibles, d'une odeur forte et pénétrante comme celle du chlore; il est très volatil, et sa vapeur très irritante. Il est soluble dans l'eau, l'alcool et l'éther ; il noircit sur-le-champ lorsqu'il est mis en contact avec des matières organiques ; il est également réduit par le fer, le zinc et l'étain. Sa formule est $OsO^4$ = un équivalent d'osmium et quatre d'oxygène.

### DES SELS D'OSMIUM.

Le *protoxyde* d'osmium forme avec les acides des sels de couleur verte, en général solubles dans l'eau; distillés avec de l'acide azotique, ils fournissent de l'acide osmique qui vient se condenser dans le récipient, et qui est facile à reconnaître : il est évident que l'acide azotique a cédé de son oxygène au protoxyde d'osmium. Presque toujours les sels de protoxyde contiennent des sels alcalins, parce qu'il est difficile de se procurer le protoxyde d'osmium exempt d'alcali.

### DU MERCURE (VIF-ARGENT).

Le mercure se trouve, 1° à l'état natif pur ou amalgamé avec de l'argent dans presque toutes les mines de mercure, mais principalement dans celles de sulfure; 2° combiné avec le soufre, l'argent; 3° avec le chlore; 4° avec le sélénium.

Le mercure est un métal liquide, brillant et d'un blanc

tirant légèrement sur le bleu : son poids spécifique est de 13,588 à 4° + 0.

Si, après l'avoir introduit dans une cornue de grès ou de fonte dont le col est entouré d'un nouet de linge qui plonge dans l'eau, on le chauffe graduellement, il entre en ébullition à la température de 360° thermomètre centigrade, se volatilise, et vient se condenser dans le récipient. Il se vaporise même à la température de 15°,5 à 26°,7 centigrades, comme l'a prouvé M. Faraday : en laissant pendant plusieurs semaines une feuille d'or battu à quelques décimètres au-dessus de la surface du mercure, l'or blanchit d'une manière évidente ; rien de semblable n'a eu lieu en hiver. Si, au lieu de chauffer le mercure, on l'entoure d'un mélange frigorifique fait avec 2 parties de chlorure de calcium (muriate de chaux) et une partie de neige, il se congèle, et cristallise en octaèdres, si la température est à 39°,50 — 0 : cette congélation peut être opérée instantanément, et à toutes les températures, à l'aide de l'acide sulfureux anhydre et surtout de l'acide carbonique solide. Ainsi solidifié, il est d'un blanc d'argent, malléable, et ne saurait être appliqué sur la peau sans y déterminer une sensation pénible analogue à celle de la brûlure ; sa densité, d'après Schulze, est de 14,391. Le gaz *oxygène* et l'*air* atmosphérique, qui n'exercent aucune action sur le mercure à froid, le transforment en oxyde rouge à un degré de chaleur voisin de celui auquel il entre en ébullition. L'*hydrogène*, le *bore* et le *carbone* n'agissent point sur lui.

Il existe un *phosphure* rouge de mercure, inaltérable à l'air froid, ainsi qu'à la température de 360°.

Le *soufre*, trituré ou chauffé avec du mercure, peut se combiner avec lui, et donner naissance à un produit noir formé, d'après M. Guibourt, de sulfure de mercure rouge (bisulfure), et de mercure métallique ; en sorte que ce ne serait pas un sulfure particulier : on l'appelait autrefois *éthiops de mercure* ; aujourd'hui il est connu sous le nom de *protosulfure*. On l'obtient pur en décomposant un sel de protoxyde de mercure par de l'acide sulfhydrique ; on le croit formé de 92,64 de métal (deux équivalents) et de 7,36 de soufre (un équivalent). On l'emploie rarement en médecine comme vermifuge, et à l'extérieur pour combattre la gale.

Le *bisulfure rouge de mercure* (cinabre), naturel ou préparé dans les laboratoires, paraît violet lorsqu'il est en fragments ; il est, au contraire, d'un beau rouge quand il est pulvérisé, et porte le nom de *vermillon*. Il est susceptible d'être sublimé en aiguilles cristallines lorsqu'on le chauffe jusqu'au rouge brun ; il serait décomposé si on le chauffait avec le contact de l'air, et donnerait du mercure et du gaz acide sulfureux. Le fer et plusieurs autres métaux lui enlèvent le soufre à l'aide de la chaleur, et le mercure se volatilise. Il n'éprouve aucune altération de la part de l'air ni du gaz oxygène à froid ; il est insoluble dans l'eau et inattaquable par l'acide azotique. Il est formé de 86,3 de mercure (un équivalent) et de 13,7 de soufre (un équivalent). On le trouve en France, à Idria en Carniole, à Almaden en Espagne, près de Schemnitz en Hongrie, en Chine, au Pérou et dans quelques autres parties de l'Amérique. Il est employé en peinture et pour obtenir le mercure. On s'en sert en médecine, surtout sous forme de fumigations, dans le traitement des dartres vénériennes, des douleurs ostéocopes, de la roséole, de la syphilide pustuleuse, des rhagades invétérées et du prurigo pédiculaire.

*Préparation.* — On le prépare à l'aide de deux procédés différents. Dans le premier, on fait fondre le soufre dans un creuset ou dans une bassine de fonte ; on y ajoute 3 ou 4 parties de mercure que l'on fait passer à travers une peau de chamois, ce qui forme une pluie mercurielle extrêmement fine, et l'on obtient une masse noirâtre appelée *éthiops de mercure* (protosulfure). On fait chauffer cette masse dans un matras de verre à long col, luté extérieurement ; le cinabre se sublime sous forme de belles aiguilles violettes, tandis que l'excès de mercure se dégage. L'autre procédé, plus particulièrement employé pour la préparation du vermillon, consiste à triturer d'abord un mélange de 5 parties de mercure et de 1 partie de soufre sublimé, humecté, auquel on ajoute 2 parties de potasse caustique dissoute dans une égale quantité d'eau ; on chauffe doucement en agitant continuellement. Au bout de deux heures, la masse devient rouge, et lorsqu'elle se présente sous forme de gelée, on retire du feu et on lave le sulfure par décantation. Il se présente alors avec une fort belle couleur, et est employé en peinture.

L'*iode* peut être combiné avec le mercure en trois proportions : le *protiodure* est vert, insoluble dans l'eau et dans l'alcool; il se volatilise lorsqu'on le met sur un charbon ardent, et donne des vapeurs jaunes mêlées de vapeurs violettes d'iode; s'il est chauffé plus lentement, il se convertit en mercure et en *bi-iodure*. Il est formé de 61,6 de métal et de 38,4 d'iode, et correspond au protoxyde. Le *sesqui-iodure* est jaune et composé de 51,9 de métal et de 48,1 d'iode. Sous l'influence de la lumière il devient d'un vert-olive foncé. Le *bi-iodure* est d'un très beau rouge; il jaunit lorsqu'on le chauffe; il est fusible et susceptible de se sublimer en lames rhomboïdales; mis sur les charbons ardents, il donne des vapeurs jaunâtres au milieu desquelles on peut apercevoir une coloration violette; l'eau ne le dissout point; il est soluble dans l'iodure de potassium, les sels mercuriels, les acides et l'alcool. Il est formé de 44,5 de mercure et de 55,5 d'iode.

*Préparation.* — On obtient le *protiodure* en triturant du mercure avec de l'iode et quelques gouttes d'alcool; celui-ci s'évapore, et il reste de l'iodure vert. Le *sesqui-iodure* se prépare en précipitant le proto-azotate de mercure par du sesqui-iodure de potassium. Enfin on forme le bi-iodure en décomposant un équivalent de sublimé corrosif dissous par un équivalent d'iodure de potassium. Ces *iodures* sont employés avec succès dans le traitement des maladies vénériennes et scrofuleuses; la dose est de 1 à 2 centigrammes par jour en commençant; et si on fait usage de pommade, de 30 grammes d'axonge et de 1 à 2 grammes d'iodure. Le bi-iodure est plus énergique. On est parvenu à fixer la belle couleur de cet iodure sur les tissus.

On peut combiner le *brome* avec le mercure en deux proportions.

Le *chlore* gazeux se combine avec le mercure, même à la température ordinaire; si on chauffe le mélange, il se produit une flamme d'un rouge pâle, et le mercure passe à l'état de chlorure. On connaît deux combinaisons de ce genre.

### DU PROTOCHLORURE DE MERCURE (CALOMÉLAS).

Le *protochlorure* de mercure, appelé aussi *mercure doux*, *panacée mercurielle*, *précipité blanc*, existe dans la nature en petite quantité. Il est solide, blanc, insipide, insoluble dans l'eau; exposé à l'action du calorique, il fond, se sublime, à la vérité moins facilement que le bichlorure, et fournit des cristaux qui sont des prismes tétraèdres terminés par des pyramides à quatre faces; il jaunit, et finit même par noircir lorsqu'il est exposé pendant long-temps à la lumière; il n'éprouve, du reste, aucune altération à l'air; le *phosphore* lui enlève le chlore à l'aide de la chaleur, passe à l'état de protochlorure de phosphore très volatil (voy. p. 74), et le mercure est mis à nu. L'*iode* décompose le protochlorure de mercure, s'empare d'une portion de mercure et le ramène à l'état de sublimé corrosif (bi-chlorure); il se forme du bi-iodure de mercure, à moins qu'on n'ait employé peu d'iode; car alors on obtient du protiodure de ce métal mêlé d'un peu de bi-iodure (Planche et Soubeiran, année 1826). Le *chlore* le dissout lorsqu'il est récemment fait, et le change en bichlorure (sublimé corrosif). Mêlé avec du charbon et la quantité d'eau nécessaire pour faire une pâte, il est décomposé si on le chauffe, et l'on obtient du mercure métallique, du gaz acide chlorhydrique, du gaz acide carbonique et un peu de gaz oxygène : dans cette expérience, l'eau est également décomposée, l'hydrogène s'unit au chlore, tandis que l'oxygène se combine en partie avec le charbon. Chauffé avec de la potasse solide, il fournit du mercure et du gaz oxygène qui se volatilisent, et du chlorure de potassium fixe : d'où il suit qu'il est décomposé, ainsi que la potasse; le chlore s'unit au potassium de celle-ci, tandis que le mercure mis à nu et le gaz oxygène provenant de la potasse décomposée se dégagent.

Depuis long-temps on savait que les chlorures alcalins avaient la propriété de décomposer le protochlorure de mercure et d'en changer une partie en bichlorure. M. Mialhe, qui vient de reprendre ces expériences sous le point de vue thérapeutique, a étendu cette observation de manière à la transformer en généralité. Quoique l'importance des conclusions de ce travail exige la confirmation et le contrôle d'une expérience plus longue, puisqu'elles soulèvent des objections de la part des chimistes et des médecins, nous exposerons le résumé de toutes les observations de M. Mialhe, telles qu'il les a publiées dans ses Mémoires ; seulement, nous ferons observer ici que M. Mialhe pose comme base de ces expériences l'action qu'exerce sur les sels de mercure un mélange de chlorure de sodium et de chlorhydrate d'ammoniaque, quoique l'existence d'un produit ammoniacal paraisse impossible pendant la vie dans la circulation, et que la plupart des chimistes s'accordent à n'en pas trouver dans le sang parfaitement frais. Voici ces conclusions : 1° toutes les préparations mercurielles usitées en médecine, en réagissant sur les dissolutions des chlorures alcalins, seules ou avec le concours de l'air, produisent une certaine quantité de sublimé corrosif, ou pour mieux dire un chlorure *hydrargyro-alcalin ;* 2° la quantité de sublimé produit avec les divers sels de mercure est loin d'être la même pour chacun d'eux ; 3° on pourrait dire, médicalement parlant, que les protosels n'agissent jamais que par les faibles proportions du sublimé auquel leur décomposition donne naissance. En outre, M. Mialhe a vu que la quantité de bichlorure produite était toujours en raison directe de la concentration de la liqueur chlorurée.

Le protochlorure de mercure est employé en médecine, 1° comme un excellent fondant, dans le carreau, les diverses maladies scrofuleuses, les engorgements du foie, de la rate, etc. ; 2° comme purgatif ; 3° comme antivermineux ; on s'en est souvent servi pour prévenir ou pour combattre la diathèse vermineuse dans les petites-véroles épidémiques ; 4 comme antisyphilitique. Clare a conseillé, pour guérir la vérole, de frictionner légèrement, matin et soir, l'intérieur des joues, les lèvres et les gencives avec ce médicament. On l'administre aux adultes depuis 10 jusqu'à 40 et 60 centigrammes, suivant l'indication que l'on veut remplir ; on le donne aux enfants depuis 1 jusqu'à 5 ou 10 centigrammes, suivant l'âge ou l'affection ; on l'associe ordinairement à des extraits. Il est formé de 85,1 de mercure (deux équivalents) et de 14,9 de chlore (un équivalent).

*Préparation.*—On l'obtient, 1° en versant dans une dissolution de proto-azotate de mercure du chlorure de sodium dissous, et en lavant le dépôt dans une très grande quantité d'eau : ce dépôt, qui est le protochlorure, portait autrefois le nom de *précipité blanc;* il retient toujours un peu de chlorure de sodium qui le rend légèrement soluble et plus actif. La théorie de sa formation est la même que celle qui a été exposée à la page 245, en parlant de l'action de l'azotate d'argent sur les chlorures ; 3° en triturant 17 parties de sublimé corrosif légèrement humecté, et 13 de mercure métallique, et en sublimant le mélange dans un matras à fond plat : le chlore, dans cette circonstance, se partage entre le mercure du sublimé et le métal ajouté ; 3° en faisant chauffer du sel commun avec du sulfate de protoxyde de mercure dans le même appareil que celui qui sert à préparer le sublimé corrosif; le protochlorure sublimé doit être lavé à grande eau pour le débarrasser du sublimé corrosif qu'il contient presque toujours. Ce procédé, qui est sans contredit le plus économique, peut être avantageusement modifié lorsqu'on veut obtenir du protochlorure d'une très grande ténuité et en employant la vapeur d'eau. Voici la description de l'appareil et du procédé tels qu'ils ont été modifiés par M. Henry fils. On introduit dans une cornue de grès parfaitement lutée un mélange bien homogène de 6 parties de protosulfate de mercure et de 4 parties de sel commun ; on la place dans un fourneau, de manière que son col soit presque entièrement contenu dans le fourneau, afin que les vapeurs de protochlorure condensées n'obstruent pas le col et ne déterminent pas la rupture de l'appareil. On adapte au col de cette cornue un ballon de verre à triple ouverture, dont deux sont latérales, et la troisième placée à la partie inférieure; celle-ci plonge dans un flacon à deux tubulures, rempli, jusqu'à moitié, d'eau distillée : une des tubulures de ce flacon sert de récipient, et la deuxième est surmontée d'un tube en S, destiné à laisser dégager l'air et la vapeur d'eau, qui ne serait pas condensée en traversant l'eau du flacon. A la deuxième tubulure latérale du ballon, est adaptée une seconde cornue remplie jusqu'aux deux tiers d'eau, qu'on place sur un triangle de gros fil de fer. On lute les jointures de la cornue et du ballon, et on chauffe les deux cornues; celle qui contient de l'eau est chauffée un peu plus vite que l'autre, afin qu'une portion du liquide réduit en vapeur, occupe la capacité du ballon lors de l'arrivée des vapeurs du protochlorure : ces deux vapeurs se condensent en même temps et tombent sous forme d'un liquide chargé d'une poudre blanche, par la tubulure inférieure dans le flacon qui sert de récipient. Il faut avoir soin de tenir toujours très chaud le col de la cornue d'où se vaporise le protochlorure, afin que la condensation des vapeurs n'ait pas lieu dans cet endroit, ce qui ferait cesser l'opération. On continue de chauffer jusqu'à ce que l'on s'aperçoive que la cornue qui renferme le mélange ne donne plus de vapeur. Alors on laisse refroidir lentement et on démonte l'appareil. On recueille le protochlorure sur un filtre, et on le lave avec de l'eau bouillante jusqu'à ce que la liqueur ne se trouble plus par l'eau de chaux; alors on le fait sécher. Il est évident que, préparé ainsi, le protochlorure ne peut plus contenir de sublimé corrosif. La *panacée mercurielle* est le protochlorure de mercure sublimé cinq ou six fois.

### DU BICHLORURE DE MERCURE (Sublimé corrosif).

Le *bichlorure* est un produit de l'art : il est le plus ordinairement sous forme de masses blanches, compactes, demi-transparentes sur leurs bords, hémisphériques et concaves; la paroi externe de ces masses est polie et luisante; l'interne est inégale, hérissée de petits cristaux brillants tellement comprimés, qu'on ne peut en distinguer les faces; il est sous forme de faisceaux aiguillés, de cubes ou de prismes quadrangulaires; il a une saveur extrêmement âcre et caustique : son poids spécifique est de 5,1398. Il se volatilise plus facilement que le précédent, et répand une fumée blanche, épaisse, d'une odeur piquante, nullement alliacée, susceptible de ternir une lame de cuivre parfaitement décapée. Si l'on frotte la partie de cette lame où la couche de bichlorure est appliquée, elle acquiert la couleur blanche, brillante, argentine, qui caractérise le mercure; d'où il suit que le cuivre s'empare du chlore et met le métal à nu. Exposé à l'air, le bichlorure perd un peu de sa transparence, et devient opaque et pulvérulent à sa surface. Le phosphore, le charbon et la potasse agissent sur lui comme sur le protochlorure.

Chauffé avec de l'antimoine, de l'étain, etc., le bichlorure de mercure est décomposé facilement, il se forme des chlorures de ces métaux et du mercure métallique qui peut à son tour s'amalgamer avec eux. Le bichlorure de mercure (sublimé corrosif) se dissout dans 16 parties d'eau froide et dans 3 parties d'eau bouillante. Il est formé de 74,04 parties de mercure (un équivalent) et de 25,96 de chlore (un équivalent). Les cristaux qu'on peut obtenir de cette dissolution sont anhydres. Sept parties d'alcool froid en dissolvent 3, et 6 s'il est bouillant. Il est encore plus soluble dans l'éther.

Le *solutum* aqueux de sublimé corrosif est liquide, transparent, incolore, doué d'une saveur styptique, métallique, désagréable. Le cyanure jaune de potassium et de fer, les sulfures et les alcalis se comportent avec lui comme avec les dissolutions de bi-oxyde (voy. p. 540). L'eau de chaux le décompose; en se décomposant, son oxygène se porte sur le mercure, tandis que le calcium s'unit au chlore; le mélange de chlorure de calcium et de bi-oxyde de mercure qui en résulte porte le nom d'*eau phagédénique* (1). L'*eau distillée* ne le trouble point; l'azotate d'argent agit sur lui comme sur tous les chlorures, le décompose, et en précipite du chlorure d'ar-

(1) Quand l'eau phagédénique a été préparée, comme cela paraît convenable, avec un excès d'eau de chaux, elle est jaune et contient en dissolution, outre le chlorure de calcium et l'excès de chaux, un peu de bioxyde de mercure; la majeure partie de cet oxyde, au contraire, n'est que suspendue.

gent blanc, caillebotté, insoluble dans l'eau et dans l'acide azotique; il reste alors dans la dissolution, de l'azotate de bi-oxyde de mercure (voy. p. 245). Le protochlorure d'étain, dissous dans l'eau, en précipite sur-le-champ du protochlorure de mercure (calomélas), et la dissolution se trouve contenir alors du bichlorure d'étain; d'où il suit que le bichlorure de mercure a cédé une portion de chlore au protochlorure d'étain.

Le *mercure* métallique, mis en contact avec la dissolution de bichlorure de mercure, se ternit et le liquide se trouble; le sel est entièrement décomposé, et l'on n'obtient que du protochlorure de mercure : il est évident que la moitié du chlore du bichlorure s'est portée sur le mercure métallique.

Une lame de *cuivre*, plongée dans la dissolution de bichlorure, la décompose, et l'on obtient du bichlorure de cuivre soluble, et un précipité grisâtre formé, 1° par du protochlorure de mercure (calomélas); 2° par un amalgame de cuivre et de mercure; 3° par un peu de mercure. (Voy. notre *Toxicologie*, tome 1^er^, 4^e^ édition.) Il suffit, pour expliquer la formation de ces divers produits, d'admettre, ce qui est réel, que le cuivre a plus d'affinité pour le chlore que le mercure : une partie de ce métal doit donc être mise à nu dès que l'action commence; ce mélange se trouve alors à peu près dans les mêmes conditions que celui dont nous avons parlé dans le paragraphe précédent; il doit donc se précipiter du protochlorure de mercure. Mais la lame de cuivre se trouve quelquefois noircie par de l'oxyde de cuivre, qu'il faut faire disparaître en la traitant, soit par l'acide chlorhydrique, soit par un chlorure alcalin; alors elle offre une tache blanche métallique dont l'intensité augmente par le frottement. Si on substitue à la lame de cuivre une lame de zinc, on transforme le bichlorure de mercure en chlorure de zinc, et il se forme un précipité, composé : 1° de mercure métallique; 2° de protochlorure de mercure; 3° d'un amalgame de zinc et de mercure; 4° de fer et de charbon, substances qui se trouvent dans le zinc du commerce.

Lorsqu'on plonge dans une dissolution, même très étendue, de sublimé corrosif, une lame ou un anneau d'or, que l'on a préalablement recouverts en spirale d'une petite feuille d'étain roulée, si l'on ajoute une ou deux gouttes d'acide chlorhydrique, on voit au bout de quelques minutes le mercure du sublimé se porter sur l'or et le *blanchir :* la lame ainsi blanchie n'est pas attaquée et reste blanche, lorsqu'on la traite par l'acide chlorhydrique concentré et *pur;* il suffit de la chauffer pour volatiliser le mercure et faire reprendre la couleur jaune à la portion blanche. Il est évident que, dans cette expérience, l'étain s'empare du chlore du bichlorure de mercure, tandis que ce métal est attiré par l'or. Ce caractère n'offre de valeur en médecine légale qu'autant qu'il a été constaté tel que nous venons de l'exposer; en effet, la lame d'or peut être blanchie dans un liquide *non mercuriel* qui contient de l'acide chlorhydrique ou du chlorure de sodium; la couche blanche est alors formée par de l'étain qui s'est appliqué sur l'or; mais cette couche *disparaît* assez promptement par l'action de l'acide chlorhydrique pur, et la lame ainsi blanchie, chauffée dans des vaisseaux clos, *ne fournit point de mercure*, quoiqu'elle perde sa couleur blanche. (Voyez mon Mémoire dans le *Journal de Chimie médicale*, juin 1829.)

L'*éther* sulfurique, mêlé avec la dissolution de bichlorure de mercure, s'empare d'une grande quantité de ce sel, de sorte que la couche éthérée qui est à la surface du liquide s'en trouve fortement chargée, tandis que l'eau qui forme la couche inférieure en est presque entièrement privée. (Wenzel et M. Henry.)

La dissolution aqueuse du sublimé corrosif joue le rôle d'acide vis-à-vis des chlorures électro-positifs, tels que ceux de potassium, de lithium, de baryum, de strontium, de calcium, de magnésium, etc.; elle les dissout, se combine avec eux et forme des composés cristallins que l'on peut considérer comme des sels.

*Préparation.* — On introduit dans des matras de verre vert, à fond plat, d'environ trois litres de capacité, un mélange pulvérulent de 4 parties de sel commun fondu, et de tout le sulfate de bi-oxyde de mercure obtenu, en faisant bouillir 5 parties d'acide sulfurique concentré avec 4 parties de mercure (1). On met ces matras dans un bain de sable, de manière qu'ils soient entourés jusqu'à la naissance de leur col : on place sur leurs extrémités ouvertes un petit pot renversé, et on les chauffe graduellement; quinze ou dix-huit heures après, l'opération est terminée : le sublimé corrosif se trouve attaché aux parois des matras, et il reste au fond du sulfate de soude; on fait rougir légèrement le fond du bain de sable pour donner au sublimé plus de densité, et pour lui faire éprouver un commencement de fusion : on casse les matras et on retire les produits.

L'action qui se passe dans cette opération est analogue à celle qui a lieu dans la préparation du protochlorure; seulement, comme on emploie ici le sulfate de bi-oxyde de mercure, et que ce bi-oxyde renferme moitié moins de mercure que le protoxyde, il en résulte que la proportion de chlore contenu dans le chlorure de sodium doit transformer le mercure en bichlorure, puisqu'il se produit toujours une quantité équivalente de sulfate de soude. On obtient aussi presque toujours une petite quantité de protochlorure de mercure (calomélas); mais il est moins volatil que le bichlorure, au-dessous duquel il se trouve formant une zone distincte et facile à séparer.

Le sublimé corrosif est employé pour conserver les matières animales. (Voy. t. IIe, article PUTRÉFACTION.) Il est souvent administré comme antivénérien; on le donne dissous dans l'eau distillée, dans l'alcool ou dans quelque sirop sudorifique combiné avec du lait, des tisanes ou des extraits; en général, la dose pour les adultes est de 2 à 3 centigrammes par jour en deux prises, matin et soir; on peut augmenter graduellement la quantité jusqu'à ce que le malade en prenne 5 centigrammes, si toutefois l'on n'observe aucun symptôme fâcheux qui en commande la suspension; ces doses doivent être étendues dans un verre de véhicule; le plus ordinairement 80 centigrammes ou 1 gramme suffisent pour faire dissiper tous les accidents et compléter le traitement :

(1) Ordinairement on cesse l'ébullition lorsque les 9 parties d'acide et de métal sont réduites à 5.

il est cependant des cas où, pour obtenir du succès, il faut en administrer beaucoup plus. *Cirillo* a proposé d'incorporer le sublimé corrosif dans de l'axonge pour en faire une espèce d'onguent que l'on applique à la plante des pieds ; ce moyen a été quelquefois employé avec avantage. On se sert aussi du sublimé sous forme de bain à la dose de 1 à 30 grammes pour 100 kilogrammes d'eau, lorsqu'on redoute l'action du sublimé sur l'estomac. On fait usage de l'*eau phagédénique* pour toucher les chancres et les ulcères vénériens. Quelques médecins ont employé le sublimé corrosif dans les maladies scrofuleuses, cutanées, etc. ; mais on s'en sert rarement dans ces sortes d'affections.

L'*azote* est sans action sur le mercure. Lorsqu'on agite pendant long-temps ce métal avec de l'*eau* distillée privée d'air, ses molécules s'atténuent prodigieusement et finissent par devenir noires ; l'eau n'est pas décomposée et le mercure ne se trouve pas oxydé ; elle n'exerce non plus aucune action sur ce métal à la température de 100°, elle n'acquiert point de saveur, et les réactifs capables de découvrir des atomes de mercure n'en décèlent aucune trace dans le liquide ; aussi pensons-nous que c'est à tort que l'on a considéré cette eau comme vermifuge (Girardin).

Cependant si l'eau n'était pas pure et qu'elle contînt des chlorures, il se produirait du sublimé corrosif, surtout avec le contact de l'air (Mialhe).

Les acides *borique*, *carbonique* et *phosphorique* n'agissent pas sur le mercure. L'acide *sulfurique* concentré, qui n'exerce aucune action sur lui à froid, l'attaque à l'aide de la chaleur, lui cède une portion de son oxygène, passe à l'état de gaz acide sulfureux, et, s'il est employé en assez grande quantité, le transforme en bi-oxyde qui se combine avec l'acide non décomposé, en sorte que la masse blanche que l'on obtient est composée d'une plus ou moins grande quantité d'acide sulfurique et de bi-oxyde de mercure. Si l'acide sulfurique est étendu de son poids d'eau, il se dégage peu d'acide sulfureux, et il se forme du protosulfate. L'acide *azotique* concentré agit rapidement à froid sur ce métal, se décompose en partie et le transforme en bi-oxyde qui se dissout dans l'acide non décomposé ; le gaz nitreux (bi-oxyde d'azote) provenant de la portion d'acide décomposé reste pendant quelque temps en dissolution dans la liqueur et la colore en vert; mais bientôt après la température s'élève, le gaz se dégage, répand des vapeurs orangées, et la dissolution se décolore. Si l'acide azotique est étendu de 4 ou 5 parties d'eau, et que le mercure soit en excès, celui-ci ne passe qu'à l'état de protoxyde, et il ne se forme que de l'azotate de protoxyde, si l'on fait bouillir la liqueur pendant une demi-heure. L'acide *hypo-azotique* attaque aussi ce métal, l'oxyde et le transforme en azotate et en azotite. Les acides *chlorhydrique* et *phtorhydrique* n'ont point d'action sur le mercure. Plusieurs des *métaux* précédemment étudiés peuvent se combiner avec lui et donner des alliages que l'on connaît sous le nom d'*amalgames*.

*Amalgames de potassium et de sodium.* — Le sodium s'unit au mercure avec chaleur et lumière, et le potassium avec chaleur seulement (Sérullas) ; du reste les amalgames qui en résultent sont solides ou liquides, suivant la quantité de mercure qui entre dans leur composition. Nous avons examiné déjà l'action curieuse qu'exerce ce composé sur l'ammoniaque et la théorie à laquelle elle a conduit. (Voy. article AMMONIAQUE.)

*Amalgame de 3 parties de mercure et de 1 partie d'étain.* — Il est mou et cristallisé; il est liquide s'il est formé par 10 parties de mercure. On l'emploie pour étamer les glaces : cette opération consiste à verser du mercure sur une lame d'étain étendue horizontalement, à appliquer la glace dessus et à la charger de poids afin de la faire adhérer à l'amalgame, qui se forme aussitôt que le contact des deux métaux a lieu.

*Amalgame de 4 parties de mercure et de 1 partie de bismuth.* — On s'en sert pour étamer la surface interne des globes de verre ; après avoir chauffé ces globes pour les sécher, on y verse l'amalgame fondu, et on l'agite pour le disséminer sur toute la surface, à laquelle il ne tarde pas à adhérer fortement.

On emploie le mercure pour construire des thermomètres, des baromètres, des cuves hydrargyro-pneumatiques, à l'aide desquelles on recueille les gaz solubles dans l'eau, pour faire les diverses préparations mercurielles, les amalgames, etc., et pour exploiter les mines d'or et d'argent. On s'est quelquefois servi avec succès du mercure dans la constipation rebelle et le volvulus qui n'est pas accompagné d'*inflammation*; dans ces cas il force les obstacles et développe par son poids les intestins; plusieurs praticiens ont employé comme vermifuge l'eau dans laquelle le mercure avait bouilli; enfin ce métal, dans un grand état de division, fait la base de l'onguent gris et de l'onguent napolitain, si souvent employés en frictions, contre la syphilis, dans certaines inflammations, telles que la péritonite puerpérale, etc.; dans les engorgements chroniques, les tumeurs blanches, etc. L'onguent mercuriel a été quelquefois donné aussi à l'intérieur, en pilules, à la dose de 1 à 2 décigrammes par jour. Le mercure métallique, très divisé par le calorique, par de l'eau, par des sucs animaux, des graisses, etc., est absorbé et doit être regardé comme un poison. (Voy. notre TOXICOLOGIE, t. I, 4e édit.)

Le poids d'un équivalent de mercure est de 1265,8 = Hg.

*Extraction. — Exploitation du sulfure.* — 1° On introduit la mine triée, broyée et mêlée avec de la chaux éteinte, dans des cornues de fonte auxquelles on adapte des récipients contenant une certaine quantité d'eau; on chauffe; le mercure se volatilise, vient se condenser dans les récipients, et il reste dans la cornue du sulfure de calcium; d'où il suit que le cinnabre a été décomposé. Ce procédé est pratiqué dans le département du Mont-Tonnerre. 2° A Almaden et à Idria on chauffe la mine triée, broyée et pétrie avec de l'argile; le soufre s'empare de l'oxygène de l'air, passe à l'état d'acide sulfureux; le mercure mis à nu se volatilise et va se condenser, en traversant une série d'aludels, dans un bâtiment qui tient lieu de récipient (voy. pl. 7, fig. 4).

## DES OXYDES DE MERCURE.

On ne connaît que deux oxydes de mercure.

PROTOXYDE. — Il est le produit de l'art, et il n'existe que dans les sels de mercure au *minimum*; on ne peut pas l'obtenir isolé, car lorsqu'on cherche à le séparer de l'azotate de protoxyde par la potasse, on obtient un précipité noirâtre que l'on a décrit jusqu'à présent sous le nom de *protoxyde*, et qui est formé, d'après M. Guibourt, de bi-oxyde et de mercure métallique très divisé ; en effet, ce précipité noirâtre comprimé entre deux corps durs présente de petits globules mercuriels visibles à l'œil ; il se transforme en mercure et en bi-oxyde lorsqu'on le chauffe jusqu'au rouge obscur. Il est formé de 96,20 de métal (deux équivalents) et de 3,80 d'oxygène (un équivalent).

*Préparation.*— Il ne peut pas être obtenu pur, d'après les expériences de M. Guibourt. La poudre noire que l'on sépare en décomposant un sel de protoxyde de mercure par la potasse est un mélange de bi-oxyde et de mercure très divisé.

Bi-oxyde (précipité rouge, précipité *per se*). — On ne le trouve pas dans la nature ; il est jaune serin lorsqu'il contient de l'eau, jaune orangé quand il provient de la calcination de l'azotate de mercure bien broyé, orange foncé si l'azotate qui l'a fourni était en cristaux volumineux, et rouge orangé s'il était en petits grains cristallins (M. Gay-Lussac). Chauffé dans des vaisseaux fermés, il se transforme, au-dessus du rouge brun, en gaz oxygène et en mercure ; il est également décomposé par la lumière ; trituré avec du mercure, il fournit une poudre brune que l'on a cru être du protoxyde, et qui n'est autre chose qu'un mélange de bi-oxyde et de mercure très divisé : il se dissout dans l'eau et lui communique une forte saveur métallique, la propriété de verdir le sirop de violettes et de brunir par l'addition de l'acide sulfhydrique. L'ammoniaque décompose également cette dissolution aqueuse et produit un précipité formé de bi-oxyde et d'ammoniaque, décomposable par la chaleur. Le bi-oxyde de mercure est décomposé, à l'aide d'une douce chaleur, par la plupart des corps avides d'oxygène. Le chlore le décompose également ; il en dégage une partie de l'oxygène, donne une certaine quantité de bichlorure qui s'unit avec l'autre portion de bi-oxyde non décomposé sous forme d'une poudre noire. Le bi-oxyde de mercure est employé en médecine comme escarrotique, surtout dans les maladies vénériennes, pour détruire les chairs fongueuses, et exciter certaines ulcérations vénériennes; à l'état pulvérulent il sert à tuer les poux et les morpions; mêlé avec de la graisse, il constitue un onguent dont on fait quelquefois usage dans les maladies syphilitiques et dans les ophthalmies chroniques entretenues par l'ulcération du bord libre des paupières. En général, l'application extérieure de cet oxyde peut être suivie de symptômes funestes, et on ne doit le prescrire qu'à la dose de quelques centigrammes. Il est formé de 92,68 parties de métal et de 7,32 parties d'oxygène, ou d'un équivalent de mercure et d'un d'oxygène. Sa formule est Hg O. On le prépare, 1° en décomposant dans une fiole, à une chaleur voisine du rouge brun, de l'azotate de mercure; on l'appelle dans ce cas *précipité rouge :* si l'on chauffait très fortement, on le transformerait en oxygène et en mercure; 2° en versant de la potasse, de la soude ou de la chaux dans une dissolution d'un sel de bi-oxyde de mercure; 3° en chauffant pendant dix, douze ou quinze jours le mercure avec le contact de l'air, et de manière à le faire entrer presque en ébullition. On donnait autrefois à l'oxyde préparé par ce moyen le nom de *précipité per se*, et celui d'*enfer de Boyle* au matras qui renfermait le métal.

## DES SELS FORMÉS PAR LE PROTOXYDE DE MERCURE.

Les sels formés par cet oxyde sont décomposés et précipités en noir par la potasse, la soude et l'ammoniaque; le dépôt, comme nous venons de le voir, est un mélange de mercure métallique divisé et de bi-oxyde; l'acide chromique et les chromates les transforment en chromate de mercure orangé-rougeâtre insoluble dans l'eau; l'acide chlorhydrique les fait passer à l'état de protochlorure blanc (calomélas); d'où il suit que l'hydrogène de l'acide se combine avec l'oxygène du protoxyde pour former de l'eau, tandis que le mercure mis à nu s'unit au chlore; une lame de cuivre en sépare du mercure métallique. Ces caractères suffisent pour distinguer ces sels de ceux qui sont formés par le bi-oxyde.

Sulfate. — Il est blanc, pulvérulent, presque insipide, soluble dans 500 parties d'eau froide et dans 287 parties d'eau bouillante, indécomposable par ce liquide, susceptible de fournir, par une évaporation convenable, de petits cristaux prismatiques ; il est inaltérable à l'air ; il noircit par son exposition à la lumière. Il peut se combiner avec l'acide sulfurique et former un *sulfate très acide;* si on lui enlève au contraire un peu d'acide au moyen d'un alcali, il passe à l'état de sous-sulfate de protoxyde.

*Préparation.* — On l'obtient en traitant le mercure par l'acide sulfurique étendu de son poids d'eau.

Azotate. — Il cristallise en prismes blancs, doués d'une saveur âcre, styptique, rougissant l'*infusum* de tournesol ; il est décomposé par l'eau et transformé en *azotate très acide*, soluble, incolore, appelé *eau mercurielle*, *remède du capucin*, *remède du duc d'Antin,* et en sous-azotate insoluble blanc. Il passe très facilement à l'état d'azotate de bi-oxyde par son exposition à l'air ; aussi faut-il avoir soin de laisser dans les dissolutions une certaine quantité de mercure métallique. L'azotate de protoxyde de mercure entre dans la composition du sirop de *Belet*, dont on prend une cuillerée étendue dans une boisson mucilagineuse. Ce sirop a été utile dans les maladies de la peau, les écrouelles, les érysipèles, les dartres anciennes ; mais il faut l'employer avec précaution, surtout chez les individus faibles. Le *remède du capucin* est caustique et peut être appliqué avec succès sur les chancres, les verrues syphilitiques, les ulcères sanieux, et certaines dartres.

*Préparation.* — On fait bouillir pendant demi-heure de l'acide azotique étendu de quatre à cinq fois son poids d'eau avec un excès de mercure, et par le refroidissement de la liqueur on obtient des cristaux d'azotate de protoxyde : il suffit de les broyer avec de l'eau pour les transformer en *sous* et en *sur-azotate*. Si, au lieu d'agir à la chaleur de l'ébullition, on fait l'expérience à froid, le sel contient de l'azotate et de l'azotite de mercure. L'azotate de protoxyde neutre est formé de 74,54 de protoxyde de mercure (un équivalent), de 19,09 d'acide (un équivalent), et de 6,37 d'eau (deux équivalents), tandis que l'azotate avec excès de base, celui que l'on obtient en traitant l'azotate de protoxyde neutre par un excès de mercure, contient 82,40 de protoxyde, 14,08 d'acide, et 3,52 d'eau (trois équivalents d'oxyde, deux d'acide et trois d'eau) (1).

## DES SELS FORMÉS PAR LE BI-OXYDE DE MERCURE.

Ces sels sont tous décomposés par la potasse ou la soude, qui s'emparent de l'acide, et mettent à nu l'oxyde jaune serin, si on les a employés en suffisante quantité. L'ammoniaque les transforme en un sel double blanc, qui se précipite et qui se dissout dans un excès d'ammoniaque ; il faut toutefois en excepter l'acétate. Le cyanure jaune de potassium et de fer y occasionne également un trouble blanc; les sulfures solubles et l'acide sulfhydrique les décomposent et les précipitent en noir; l'iodure de potassium forme avec ces sels un précipité d'un beau rouge de bi-iodure. Les borates alcalins agissent sur les sels de mercure de même que les alcalis. Le cuivre en sépare du mercure.

Sulfate. — Il est sous forme d'une masse blanche, attirant légèrement l'humidité de l'air, rougissant l'*infusum* de tournesol, et susceptible d'être décomposée par l'eau en *sulfate de bi-oxyde très acide*, soluble, incolore, et en *sous-sulfate de bi-oxyde jaune*, insoluble, ou *turbith minéral*. Ce turbith est décomposé par le calorique, et fournit du gaz oxygène, du gaz acide sulfureux, et du mercure métallique ; il est également décomposé et dissous par l'acide azotique, qui le transforme en azotate de bi-oxyde incolore ; enfin la potasse caustique

(1) Le mercure soluble d'Hahnemann est un sous-sel à double base, composé de 92,2 de protoxyde de mercure, de 1,9 d'ammoniaque et de 5,9 d'acide azotique, c'est-à-dire d'un équivalent d'azotate d'ammoniaque et de quatre de protoxyde, composition qui s'accorde mieux avec l'état de saturation *quinti*-basique auquel tendent tous les sous-azotates, qu'avec la saturation *quadri*-basique pour ainsi dire exceptionnelle que lui assigne M. Mitscherlich le jeune. On l'obtient en versant goutte à goutte de l'ammoniaque dans de l'azotate de protoxyde de mercure. Il est gris et peu employé en France, parce qu'on lui préfère le mercure métallique très divisé.

lui enlève l'acide par la simple agitation, et il se forme du sulfate de potasse soluble et du bi-oxyde de mercure jaune-serin; il ne se dissout que dans 2000 parties d'eau froide. Boerhaave et Lobb ont fait l'éloge du turbith minéral, comme étant propre à prévenir la petite vérole; d'autres médecins l'ont administré comme émétique dans la morsure des chiens enragés; on l'a aussi prôné dans les engorgements, dans les maladies vénériennes, et à l'extérieur dans le traitement de quelques dartres indolentes.

*Préparation.* — On l'obtient en faisant bouillir, pendant trois ou quatre heures, un excès d'acide sulfurique concentré avec du mercure (voy. p. 534, pour la théorie). Il suffit de mettre ce sel dans de l'eau chaude pour obtenir le *turbith minéral* insoluble (sous-sulfate de bi-oxyde de mercure) et le *sur-sulfate* de bi-oxyde soluble.

Azotate neutre. — Il est incolore, incristallisable, d'une saveur métallique insupportable; il rougit le tournesol. Évaporé, il se décompose et fournit des cristaux de *sous-azotate*. Chauffé dans un matras, il se décompose aussi, et laisse du *bi-oxyde rouge* (précipité rouge) qui se transforme lui-même en oxygène et en mercure si on élève assez la température. Mis dans l'eau froide, ce sel se change en azotate *très acide*, soluble et incolore, et en *sous-azotate insoluble*, auquel on peut enlever tout l'acide par des lavages réitérés. On l'emploie pour faire le précipité rouge, la pommade citrine, et pour feutrer les poils de lièvre et de lapin. Il est formé, d'après M. Mitscherlich, de 66,85 de bi-oxyde (un équivalent) et de 33,15 d'acide (un équivalent).

*Préparation.* — On l'obtient comme l'azotate de protoxyde, excepté que l'on emploie plus d'acide azotique et qu'il est moins affaibli. Lorsque la liqueur ne précipite plus par l'acide chlorhydrique ou par un chlorure, on a la certitude qu'elle ne renferme plus de protoxyde, et par conséquent il ne s'agit plus que de la faire évaporer pour en obtenir des cristaux aiguillés. Le *sous-azotate* cristallisé contient 75,9 de bi-oxyde, 18,9 d'acide et 5,2 d'eau. On le prépare en broyant l'azotate de bi-oxyde avec de l'eau.

Toutes les préparations mercurielles sont vénéneuses; le

protochlorure l'est cependant beaucoup moins que les autres. Introduites dans l'estomac ou appliquées à l'extérieur, elles déterminent une irritation locale très vive, sont absorbées, et exercent une action délétère sur le cerveau, le cœur et le canal digestif; il est donc de la plus haute importance de les administrer avec prudence, et de ne pas en appliquer une trop grande quantité sur la peau, principalement sur les parties ulcérées. Parmi les antidotes proposés pour neutraliser les sels mercuriels, le protosulfure de fer et l'albumine (blanc d'œuf délayé dans l'eau) doivent occuper le premier rang, comme nous l'avons prouvé. (Voy. *Toxicologie générale*, tome 1er.)

## DU RHODIUM.

Le rhodium n'a été trouvé jusqu'à présent que dans la mine de platine et uni à l'or. Il a une couleur blanche peu différente de celle du palladium; il est très dur, fragile et plus difficile à fondre qu'aucun autre métal après l'iridium; son poids spécifique paraît être de 11 environ. Il s'oxyde lorsqu'on le fait rougir avec le contact de l'air, pourvu qu'il soit très divisé et tel qu'on l'obtient par la réduction des sels rouges de rhodium, au moyen de l'hydrogène. (Berzélius, *Annales de Chimie*, janvier 1829, p. 66.)

Le soufre et le chlore s'unissent très bien avec lui et donnent plusieurs composés diversement colorés.

Le *rhodium* est insoluble dans les acides, sans en excepter l'*eau régale* : or, comme le rhodium qui se trouve dans la mine de platine est dissous par l'eau régale, il faut admettre que sa dissolution est due à ce qu'il est allié à d'autres métaux (Vauquelin). Il peut s'unir avec un très grand nombre de substances métalliques et avec l'acier; lorsqu'il est allié à trois parties de bismuth, de cuivre ou de plomb, il se dissout à merveille dans l'eau régale. Calciné avec l'hydrate de protoxyde de potassium ou de sodium, il se transforme en sesqui-oxyde qui s'unit à l'alcali. Il n'a point d'usages.

Le poids d'un équivalent de rhodium est de 651,38.

***Extraction.*** (Voyez Platine).

## DES OXYDES DE RHODIUM.

L'on n'a encore isolé qu'un sesqui-oxyde de rhodium gris tirant sur le vert, formé de deux équivalents de rhodium et de trois d'oxygène $Rh^2 O^3$. On l'obtient, en calcinant jusqu'au rouge du rhodium finement pulvérisé avec de la potasse caustique et un peu d'azotate de potasse ; on traite par l'eau, puis par un peu d'acide sulfurique faible qui dissout l'excès de potasse, et laisse le sesqui-oxyde.

On admet aussi d'autres oxydes de rhodium, qui ne paraissent être que des composés en proportions variables de protoxyde et de sesqui-oxyde.

## DES SELS DE SESQUI-OXYDE DE RHODIUM.

Ils sont rouges, jaunes ou bruns quand ils sont concentrés, et roses s'ils sont étendus. Les carbonates alcalins, le cyanure jaune de potassium et de fer et l'acide sulfureux ne les troublent point; il en est de même des alcalis caustiques, qui finissent cependant par en précipiter le sesqui-oxyde verdâtre, au bout d'un certain temps. L'acide sulfhydrique en précipite du sulfure noir, à chaud. Le zinc et le fer en séparent le rhodium.

## DE L'IRIDIUM.

L'iridium, découvert en 1803, par Descostils, n'existe que dans la mine de platine. Il est gris, métallique et semblable au platine obtenu du chlorhydrate ammoniacal de platine; il est demi-ductile, fort dur et tellement difficile à fondre, que jusqu'à présent il n'a été obtenu fondu qu'en l'exposant à la décharge de la grande batterie électrique de Children : sous cet état, il était blanc, très brillant, un peu poreux et d'une densité de 18,68. *Il peut se combiner avec l'oxygène de l'air, et former un oxyde d'iridium;* le *carbone*, le *soufre*, le *phosphore*, le *chlore* et *l'iode* s'unissent très bien à l'iridium.

Le poids de l'équivalent de l'iridium est de 1233,26.

*Extraction.* (Voyez PLATINE.)

## DES OXYDES D'IRIDIUM.

Berzélius admet quatre oxydes d'iridium : le protoxyde est noir, et à peine attaqué par les acides, quoiqu'ils le colorent un peu en vert : sa formule est Ir O; un sesqui-oxyde en poudre d'un bleu noir $= Ir^2 O^3$ insoluble dans les acides; un bi-oxyde $= Ir O^2$ et enfin un tritoxyde $= Ir O^3$ qui peut s'unir assez facilement aux alcalis.

## DES SELS D'IRIDIUM.

Les *sels de protoxyde* sont en partie d'un vert foncé, en partie d'un brun verdâtre; ils sont incristallisables.

Les *sels de sesqui-oxyde* sont d'un brun excessivement foncé et donnent par les alcalis un précipité de même couleur.

Les sels de *bi-oxyde* sont noirs à l'état cristallin, et rouges s'ils sont finement pulvérisés. Leurs dissolutions aqueuses, très étendues, sont jaunes; concentrées, elles sont d'un rouge foncé et les alcalis ne les précipitent pas.

## DE L'ARGENT.

L'argent se trouve dans la nature, 1° à l'état natif, en Norwége, en Misnie, au Hartz, en Sibérie, en Espagne, en France, mais principalement au Mexique et au Pérou; il est cristallisé ou en masses, et contient presque toujours du fer, du cuivre, de l'arsenic ou de l'or; 2° à l'état d'alliage binaire avec l'antimoine, l'arsenic, le tellure, le mercure, l'or; 3° combiné avec le soufre et uni à d'autres sulfures, tels que ceux d'antimoine, d'arsenic, de mercure; 4° uni au chlore, à l'iode, au sélénium; 5° à l'état de carbonate.

L'argent est solide, d'une belle couleur blanche très brillante, peu dur; il est très ductile et le plus malléable des métaux après l'or; sa ténacité est très grande; son poids spécifique est de 10,4743, et de 10,61 s'il est écroui.

Soumis à l'action du calorique dans des vaisseaux fermés, il fond assez facilement à 20° du pyromètre et se volatilise en partie; si on le laisse refroidir lentement, il cristallise en pyramides quadrangulaires. Il n'éprouve aucune altération de la part du gaz *oxygène* ni de celle de l'*air* à la température ordinaire, s'il est pur; il absorbe au contraire une petite quantité d'oxygène, si on le chauffe assez dans un creuset pour le fondre; mais dès qu'on vient à le refroidir, le gaz oxygène absorbé se dégage, comme on peut s'en assurer en jetant dans l'eau de l'argent pur tenu pendant quelque temps en fusion au contact de l'air ou du gaz oxygène (Samuel Lucas). On réussit encore beaucoup plus sûrement, comme l'a prouvé M. Gay-Lussac, en tenant de l'argent fondu, pendant vingt-cinq à trente minutes, dans un tube de porcelaine traversé par un courant de gaz oxygène. Si on chauffe l'argent au moyen du chalumeau à gaz oxygène, il se volatilise, absorbe l'oxygène, et l'oxyde produit se dégage sous forme d'une fumée que l'on peut recevoir dans un verre renversé au-dessus, et dont la surface se recouvre d'un enduit jaune-brunâtre; cette oxydation a lieu avec une flamme jaune (Vauquelin).

L'*hydrogène*, le *bore* et l'*azote* n'exercent aucune action sur l'argent. Berzélius admet un composé d'argent et de fort peu de *carbone* que l'on obtiendrait en chauffant ces corps ensemble. Le *phosphore* peut se combiner avec lui à l'aide de la chaleur et former un phosphure solide, grenu, cristallin, fragile, brillant, plus fusible que l'argent. Ce métal peut aussi se combiner avec le *soufre* et donner un sulfure solide, très mou, d'un gris bleuâtre, ductile, d'un tissu lamelleux, plus fusible que l'argent, susceptible de cristalliser, décomposable par le feu en soufre et en métal; chauffé avec le contact de l'air ou du gaz oxygène, ce sulfure se transforme en gaz acide sulfureux et en argent : il est formé de 87,05 parties d'argent (un équivalent) et de 12,95 de soufre (un équivalent). Il se produit toutes les fois que l'argent est en contact avec de l'acide sulfhydrique, soit dans les fosses d'aisances, soit dans les eaux sulfureuses, soit dans les œufs, et que la température est un peu élevée. On l'obtient par les deux procédés décrits à la page 240. On le trouve dans presque toutes les mines d'argent au Mexique, en Hongrie, en Bohême, etc.

L'*iode* peut s'unir avec l'argent et former un iodure jaune pâle, à moins qu'il ne soit fondu, car alors il est rouge foncé ; il est blanc s'il est obtenu par la voie humide ; il est *insoluble* dans l'eau et dans l'*ammoniaque*. On le prépare en décomposant l'azotate d'argent par un iodure soluble.

DAGUERRÉOTYPE. — C'est sur la propriété que possèdent les composés d'argent d'être modifiés sous l'influence de la lumière qu'est fondé le daguerréotype. En effet, ce procédé consiste à prendre une feuille d'argent plaqué dont le poids ne doit pas excéder celui d'une forte carte ; on la polit au moyen de tripoli très pur et de rouge d'Angleterre que l'on étend simultanément à l'aide d'un tampon de coton imprégné d'acide azotique dissous dans seize fois son volume d'eau. Lorsque la plaque est parfaitement brunie, on l'expose à l'action de la vapeur d'iode à froid, jusqu'à ce qu'elle ait acquis une teinte jaune d'or et qu'il se soit formé de l'iodure d'argent ; si on la laissait plus long-temps, elle deviendrait violette et ne serait plus aussi sensible à l'action de la lumière. On la place alors dans la chambre noire, de telle sorte qu'elle se trouve exactement dans le même plan que la glace dépolie qui y avait été glissée quelques minutes auparavant. Il n'y a pas de guide certain qui puisse déterminer le temps pendant lequel la plaque doit rester ainsi exposée aux rayons lumineux ; ce temps varie suivant la teinte plus ou moins foncée de la couche d'iodure d'argent, la clarté de l'objet à daguerréotyper, etc. Lorsqu'on pense que l'épreuve doit être terminée, on la retire de la chambre noire, en évitant avec soin de la laisser en contact avec la lumière. A cette époque, l'épreuve est dessinée sur la plaque, mais elle n'est pas encore visible ; pour qu'elle le devienne, il faut l'exposer à la vapeur mercurielle dans un appareil particulier. Chaque portion de l'iodure d'argent qui a été en contact avec la lumière a été altérée, et permet au mercure de se déposer à la surface de l'argent sous forme de globules microscopiques (c'est de cette manière que sont constitués les blancs). Chaque portion d'iodure d'argent au contraire qui est restée dans l'ombre est demeurée intacte, le mercure ne peut donc s'y déposer ; et lorsque, par un lavage convenable, on aura dissous l'iodure d'argent, il restera de l'argent parfaitement bruni (c'est ainsi que sont produites les parties noires de l'épreuve). Une dernière phase de l'opération consiste donc à débarrasser la plaque de l'iodure d'argent restant, ce qui se fait très facilement à l'aide d'une dissolution d'hyposulfite de soude.

Dans ces derniers temps, M. Fizeau a eu l'heureuse idée de plonger les épreuves daguerriennes dans une solution bouillante de chlorure d'or : de cette façon elles sont rendues inaltérables et peuvent résister à un frottement même assez énergique. Enfin l'emploi du brome, concurremment avec l'iode, dans le but d'accélérer la formation des images, vient de faire faire tout récemment un pas immense à cette admirable découverte.

Le *bromure* d'argent obtenu par la voie humide, en décomposant l'azotate d'argent par un bromure soluble, est jaune-serin, caillebotté, insoluble dans l'eau, *soluble* dans une quantité notable d'ammoniaque, fusible, indécomposable au feu, et formé de 58 d'argent (un équivalent) et de 42 de brome (un équivalent).

Chauffé avec du *chlore* gazeux, l'argent l'absorbe sans qu'il y ait dégagement de lumière, et passe à l'état de *chlorure* (muriate d'argent). On le trouve en petite quantité en Saxe, en Sibérie, au Hartz, en France, au Pérou, etc.; il est tantôt cristallisé en cubes, tantôt en masses. Celui que l'on obtient dans les laboratoires est blanc, insipide, caillebotté, et passe rapidement au violet foncé lorsqu'on l'expose à la lumière et qu'il est recouvert d'eau. M. Gay-Lussac a prouvé que dans cet état il contient moins de chlore, et que l'eau qui le surnage renferme de l'acide chlorique et de l'acide chlorhydrique produits par l'action d'une portion du chlore sur l'oxygène et sur l'hydrogène de l'eau. Le chlorure d'argent est insoluble dans l'eau et n'éprouve aucune altération de la part de ce liquide lorsqu'il est dans l'obscurité; il est très soluble dans l'ammoniaque, soluble dans une dissolution concentrée de sel ammoniac, surtout lorsqu'elle est bouillante; l'eau peut le précipiter en grande partie de ce *solutum*. Il est peu soluble dans les acides forts, y compris l'acide azotique bouillant, qui n'en dissout pas la moindre trace;

toutefois l'acide chlorhydrique concentré en dissout beaucoup. Si on le chauffe après l'avoir desséché sur un filtre, il fond à 260° et fournit, après le refroidissement, une masse grisâtre, demi-transparente, flexible, connue autrefois sous le nom d'*argent corné*, que l'on peut obtenir cristallisée en octaèdres. Il est décomposé par l'hydrogène, qui s'unit au chlore et met l'argent à nu. Cette expérience peut être faite en mêlant du chlorure d'argent avec du zinc, de l'eau et de l'acide sulfurique, substances propres à fournir de l'hydrogène. (Voyez page 56.) (Arfwedson.) La potasse, la soude, la baryte ou la chaux en opèrent aussi la décomposition à une température élevée, et l'on obtient du chlorure de potassium, de sodium, etc., de l'argent *pur* et du gaz oxygène; d'où il suit que l'alcali est également décomposé. Le plomb ou l'antimoine, chauffés avec ce chlorure, le décomposent en s'emparant du chlore; le fer et le zinc peuvent opérer cette décomposition dans l'eau froide; le liquide se décompose en partie, et l'on obtient du chlorure de fer ou de zinc et de l'argent métallique sous forme d'une poussière blanche. Le procédé le plus simple pour retirer l'argent du chlorure consiste à le placer dans un vase de zinc ou dans une marmite de fonte, et à le recouvrir de 2 ou 3 centimètres d'eau; si les métaux sont bien décapés, la décomposition marche rapidement. Le chlorure d'argent est formé de 75,34 d'argent (un équivalent) et de 24,66 de chlore (un équivalent). On l'obtient en versant du chlorure de sodium dans de l'azotate d'argent et en lavant le précipité. On s'en sert quelquefois pour obtenir l'argent pur.

L'*eau* et les acides *borique*, *carbonique*, *phosphorique*, *sulfureux* et *phtorhydrique* sont sans action sur l'argent. L'acide *sulfurique* concentré, qui ne l'attaque pas à froid, l'oxyde à l'aide de la chaleur, se décompose, fournit du gaz acide sulfureux, et il se forme du sulfate d'argent. L'acide *azotique* pur dissout l'argent après l'avoir oxydé, même à la température ordinaire; il se produit du gaz bi-oxyde d'azote, qui reste d'abord dans la liqueur et la colore en vert, mais qui ne tarde pas à se dégager lorsque la température s'élève : il est évident qu'une portion de l'acide azotique a dû être décomposée. L'acide *chlorhydrique* concentré et bouillant l'attaque un peu ; les expériences de M. Boussingault prouvent qu'à une chaleur rouge l'argent décompose le gaz acide chlorhydrique, qu'il se dégage de l'hydrogène et qu'il se produit du chlorure d'argent : ce fait est d'autant plus extraordinaire qu'à la même température l'hydrogène réduit le chlorure d'argent, s'empare du chlore pour former de l'acide chlorhydrique et met le métal à nu. (*Ann. de Chim.*, nov. 1833.) La dissolution de *chlorhydrate d'ammoniaque*, aidée du contact de l'air, transforme l'argent en chlorure, qui se dissout dans la portion de sel non décomposé. (Vogel.) L'acide *arsénique* dissous dans l'eau se décompose *en partie* et oxyde l'argent à l'aide de la chaleur : il se produit de l'acide arsénieux et de l'arséniate d'argent.

L'acier et plusieurs des métaux précédemment étudiés peuvent se combiner avec l'argent.

1° *Alliage de 9 parties d'argent et de 1 partie de cuivre.* — On l'emploie pour souder l'argent et faire la monnaie. Les couverts et la vaisselle sont composés de 9 parties et demie d'argent et d'une demi-partie de cuivre ; dans les bijoux il y a 8 parties du premier et 2 parties du second : ces divers alliages sont blancs, plus fusibles et moins ductiles que l'argent.

2° *Alliage de 7 parties d'argent et de 1 partie de plomb.* — Il est solide, d'un blanc grisâtre, et se transforme, lorsqu'on le fait fondre avec le contact de l'air, en protoxyde de plomb, qui se vitrifie, et en argent pur. C'est même sur cette propriété qu'est fondé le procédé d'analyse d'un alliage de cuivre et d'argent connu sous le nom de *coupellation* ; pour cela on introduit dans une coupelle, préparée avec des os calcinés, broyés et lavés, une certaine quantité de plomb métallique (1) ; on chauffe la coupelle dans un fourneau spécial, et lorsque le plomb est fondu on y ajoute une partie de l'alliage

(1) Lorsqu'on agit sur l'alliage qui constitue les monnaies de France, et dans lequel il y a 9 parties d'argent et 1 de cuivre, on emploie 7 parties de plomb ; il n'en faut que 3 parties pour l'argent de vaisselle ; il en

enveloppé dans du papier; le plomb favorise la fusion du cuivre; l'un et l'autre de ces deux métaux passent à l'état d'oxydes aux dépens de l'oxygène de l'air; les oxydes formés fondent, se volatilisent en partie sous forme de fumée; mais la majeure partie est absorbée par la coupelle, qui peut être regardée, jusqu'à un certain point, comme un filtre pouvant donner passage à ces oxydes fondus; ajoutons que l'absorption de l'oxyde de cuivre est favorisée par l'oxyde de plomb qui le tient en dissolution. Au bout d'un certain temps on remarque un phénomène connu sous le nom d'*éclair;* l'alliage devient brillant, et l'opération est terminée; l'argent se trouve seul dans l'intérieur de la coupelle, tandis que les oxydes de cuivre et de plomb ont été complétement absorbés ou volatilisés; on laisse refroidir l'appareil; on pèse le bouton d'argent, et on connaît la quantité qui entre dans la composition de l'alliage : en retranchant cette quantité du poids de l'alliage soumis à l'expérience, on a celle du cuivre.

Toutefois cette méthode d'*essai* est loin d'offrir une grande précision; en effet, l'oxyde de plomb entraîne un peu d'argent à l'état d'oxyde dans la coupelle, surtout quand on emploie trop de plomb ou qu'il y a fort peu de cuivre dans l'alliage; en outre il peut y avoir perte d'argent quand le bouton *végète* ou *roche*, quand l'essai a eu *trop chaud;* il peut se faire aussi que l'argent retienne du plomb quand l'essai a eu *trop froid*, ce que l'on juge parce que la teinte du bouton n'est pas uniforme, que sa surface inférieure est bulleuse, qu'il reste des écailles jaunâtres d'oxyde de plomb au fond de la coupelle, et que le bouton d'essai y adhère alors fortement.

L'*essai de l'argent* par la voie humide, préférable à celui dont je viens de parler, doit trouver ici sa place; nous en devons la connaissance à M. Gay-Lussac. Cet essai a pour objet de déterminer combien il y a réellement d'argent dans les divers alliages désignés sous les noms d'*argent de monnaie*, de *vaisselle*, de *bijoux*, etc.

faut, au contraire, 10 parties pour faire l'essai de la monnaie de billon : en général, il en faudra d'autant plus que l'alliage contiendra plus de cuivre.

*Procédé.* — On dissout dans l'acide azotique 1 gramme de l'alliage à essayer, on verse la dissolution dans un flacon à l'émeri, et l'on ajoute *autant de sel marin* dissous qu'il en faudrait pour précipiter tout l'argent que l'alliage doit contenir (on sait que la monnaie doit en renfermer 9/10, les couverts et la vaisselle 19/20 et les bijoux 8/10). On secoue vivement le flacon pendant quelques minutes, et l'on voit tout le chlorure d'argent formé se ramasser au fond, tandis que la liqueur surnageante est limpide. Il est évident que si l'alliage n'est pas aussi riche en argent qu'il doit l'être, la liqueur contiendra du sel commun dissous qui se sera trouvé en excès; si au contraire cette liqueur renferme de l'azotate d'argent, l'alliage était plus riche en argent qu'il ne devait être; enfin, si la dissolution ne contient ni azotate d'argent, ni chlorure de sodium, l'alliage était bon.

Partant de ces principes, admettons que l'on ait fait dissoudre dans l'acide azotique une quantité d'alliage devant contenir gramme 0,500 d'argent pour être au titre, et que l'on ait ajouté une dissolution de sel marin pur, pesée avec soin, et contenant gramme 0,27136 de ce sel, tout l'argent sera précipité, et il ne restera dans la liqueur ni azotate d'argent ni chlorure de sodium, parce que la quantité de chlore contenue dans 0,27136 de sel est exactement celle qui est nécessaire pour transformer en chlorure d'argent 0 gr. 500 d'argent : on conclura que l'alliage est au titre voulu. Supposons maintenant que la liqueur se trouve contenir, après la précipitation, un excès de chlorure de sodium ou d'azotate d'argent, on tirera une conclusion inverse. Si le sel marin domine, on ajoutera au moyen d'un *tube gradué* très étroit de l'azotate d'argent titré, jusqu'à ce que la liqueur soit dépouillée : en retranchant de 0 gr. 500 la quantité d'argent ajoutée, le reste représentera le titre de l'alliage; ainsi, admettons que l'argent faisant partie de l'azotate que l'on a été obligé de verser dans le tube gradué soit de 0,025, il est certain que l'alliage ne renfermait que 0 gr. 475 d'argent. Si, au contraire, il y avait dans la liqueur, après la précipitation, un excès d'azotate d'argent, on y verserait une dissolution très faible de sel marin titré, au moyen d'un *tube gradué*, et l'on s'arrêterait dès que la précipitation serait complète : la nouvelle quantité de chlorure d'argent qui se précipiterait contiendrait une proportion d'argent qu'il serait aisé de calculer, puisque l'on sait combien la liqueur contient de chlorure par chaque degré du tube, et par conséquent combien chaque division doit précipiter d'argent (100 parties de ce chlorure renferment 75,34 d'argent), et qu'il faudrait ajouter à 0 gr. 500 pour avoir le titre de l'alliage, qui, dans ce cas, serait plus riche en argent qu'il ne devrait être.

M. Gay-Lussac a eu l'occasion de soumettre à l'essai un lingot d'argent, contenant, outre l'or et le cuivre, *du mercure*, et il a remarqué qu'en procédant par la voie humide, c'est-à-dire avec l'acide azotique et le chlorure de sodium, le mercure était dissous comme l'argent et précipité comme lui à l'état de chlorure. Les résultats de l'essai étaient donc défectueux, puisque dans le procédé qui vient d'être décrit, on part de ce principe que le sel commun ne précipite de la dissolution azotique que de l'argent. Voici comment M. Gay-Lussac parvient à reconnaître des traces de mercure dans l'argent. Il dissout le lingot dans l'acide azotique et précipite le *solutum* par le chlorure de sodium ; si le précipité est uniquement formé de chlorure d'argent, il bleuit assez vite par la lumière, même lorsque celle-ci est diffuse ; s'il contient quatre à cinq millièmes de mercure, il ne bleuit plus, il reste d'un blanc mat ; avec trois millièmes de mercure, il n'y a pas encore de coloration très prononcée ; avec deux millièmes elle est légère ; avec un elle est beaucoup plus marquée, mais elle a cependant moins d'intensité que celle du chlorure d'argent pur. S'il n'y avait qu'un *demi-millième de mercure*, il faudrait, après avoir fait la dissolution azotique, n'ajouter que le quart de la dissolution de sel commun qui aurait été nécessaire pour précipiter le chlorure : tout le chlorure de mercure serait précipité, tandis qu'il n'y aurait que le quart du chlorure d'argent de déposé, en sorte que le chlorure de mercure se trouverait concentré dans une quantité de chlorure d'argent quatre fois plus petite ; c'est comme si, l'argent ayant été précipité en totalité, on eût pris une quantité de mercure quatre fois plus grande ou égale à deux millièmes. On expose alors le mélange des deux chlorures à l'action de la lumière, comme il a été dit (*Annales de Chimie*, février 1835).

Les *alcalis* attaquent à peine l'argent; cependant, lorsqu'on fait fondre de la potasse dans un creuset de ce métal, elle se charge à la fois d'un peu d'oxyde d'argent et d'argent métallique.

L'argent sert principalement à préparer des alliages, la pierre infernale, etc.

Le poids d'un équivalent d'argent est de 1351,60.

*Extraction. — Exploitation des mines d'Europe.* — Si la mine est riche, on la débarrasse de sa gangue par des lavages, et on la fait fondre avec un poids de plomb égal au sien. Cet alliage est ensuite soumis à la coupellation : pour cela on l'introduit dans une coupelle oblongue que l'on fait chauffer dans un fourneau particulier, et sur laquelle on ne tarde pas à diriger le vent d'un ou de deux soufflets : l'alliage fond, le plomb s'oxyde aux dépens de l'oxygène de l'air, passe à l'état de protoxyde ou de litharge, qui s'écoule, et l'argent, plus pesant, se ramasse en culot au fond de la coupelle.

Il arrive quelquefois que le *plomb d'œuvre*, préparé comme nous l'avons dit (pag. 500), contient assez d'argent pour que l'on doive chercher à l'obtenir; alors il faut le soumettre à la coupellation pour le transformer en litharge et en argent pur. Si le cuivre *rosette*, dont nous avons décrit l'extraction, contenait assez d'argent pour pouvoir être exploité avec succès, comme cela arrive quelquefois, on le ferait fondre avec trois fois son poids de plomb; on laisserait refroidir l'alliage, et on le chaufferait doucement : la majeure partie du plomb entrerait en fusion et entraînerait presque tout l'argent; on séparerait ces deux métaux par la coupellation, tandis que l'on continuerait à chauffer le cuivre pour en extraire tout le plomb.

La mine argentifère de Freyberg, qui renferme très peu de sulfure d'argent uni à une très grande quantité de sulfure de cuivre et de fer, doit être soumise à d'autres opérations : on la grille après l'avoir mêlée avec le dixième de son poids de sel marin; il se dégage du gaz acide sulfureux, et l'on obtient une masse composée de chlorure de fer, de sulfates de soude, de fer et de cuivre solubles, et de chlorure d'argent, d'oxyde de fer et d'oxyde de cuivre insolubles; on la réduit en poudre fine et on l'agite pendant seize ou dix-huit heures dans des tonneaux, avec 50 parties de mercure, 30 parties d'eau et 6 parties de fer; les sels solubles se dissolvent, le chlorure d'argent est décomposé par le fer, et l'argent s'amalgame avec le mercure; on presse fortement l'amalgame pour en séparer l'excès de mercure, et on le soumet à la distillation : le mercure se volatilise, et l'argent reste. Si la mine renferme très peu d'argent et beaucoup de gangue, on la mêle avec de la pyrite et on la fait fondre; celle-ci entraîne l'argent et les autres métaux : alors on la grille à plusieurs reprises pour en séparer le soufre; on fait fondre de nouveau le produit avec de la mine, puis avec du plomb, et l'on obtient du plomb argentifère, dont on sépare l'argent par la coupellation.

*Exploitation des mines du Mexique et du Pérou.* — Ces mines sont le plus souvent formées d'argent natif, de chlorure d'argent, d'oxyde d'argent, d'argent antimonial, de pyrites de cuivre et de fer, de silex, etc. On les réduit en poudre et on les mêle avec deux centièmes et demi de sel marin; on abandonne le mélange à lui-même, et au bout de quelques jours on y ajoute de la chaux : on ne sait pas trop ce qui se passe dans cette opération; on incorpore le mélange avec du mercure, qui s'amalgame avec l'argent et se précipite; on traite par l'eau pour dissoudre toutes les matières solubles, et on distille l'amalgame pour en avoir l'argent : ce n'est guère qu'au bout de plusieurs mois que cette opération est terminée.

## DES OXYDES D'ARGENT.

Protoxyde. — Il se trouve dans la nature combiné avec l'oxyde d'antimoine sulfuré. Il est solide, d'une couleur olive foncée, réductible au-dessous de la chaleur rouge et par une longue exposition à la lumière; il attire rapidement l'acide carbonique de l'air, en sorte qu'il faut le conserver dans des vaisseaux fermés; il est sensiblement soluble dans l'eau, et le *solutum* verdit le sirop de violettes, propriété qui le rapproche singulièrement des alcalis. Il est susceptible de se combiner avec un très grand nombre d'acides. L'acide azotique le dissout à merveille. L'eau oxygénée, mêlée d'acide azotique, agit sur lui avec énergie; il se produit une vive effervescence due au dégagement du gaz oxygène de l'eau; une partie de l'oxyde d'argent se dissout, l'autre se réduit d'abord, et se dissout ensuite elle-même, pourvu que l'acide soit en quantité convenable. L'acide chlorhydrique le décompose en se décomposant lui-même, et le transforme en *chlorure d'argent* insoluble; d'où il suit que l'hydrogène de l'acide se combine avec l'oxygène de l'oxyde pour former de l'eau. L'eau oxygénée, aiguisée d'acide *chlorhydrique*, est rapidement décomposée; il y a formation d'eau, dégagement de gaz oxygène, vive effervescence, et production de chlorure d'argent violet. Il est *très soluble dans l'ammoniaque*. La dissolution ammoniacale très concentrée, abandonnée à elle-même pendant plusieurs mois, se décompose; l'hydrogène de l'ammoniaque se combine avec l'oxygène de l'oxyde et forme de l'eau, tandis que l'argent se précipite à l'état métallique. (Faraday.) Le protoxyde d'argent est sans usages. Il est formé de 93,11 parties d'argent et de 6,89 d'oxygène, ou d'un équivalent de chacun de ces corps. On l'obtient en décomposant l'azotate d'argent par la potasse pure, en lavant le précipité et en le desséchant.

Peroxyde. — Il est en longues aiguilles d'un éclat métallique; il abandonne facilement une partie de son oxygène, soit qu'on le traite par le phosphore, par l'ammoniaque, ou par les acides sulfurique et phosphorique, etc. Il est le résultat de la décomposition de l'azotate d'argent très étendu d'eau, par la pile électrique.

## DES SELS DE PROTOXYDE D'ARGENT.

Tous les sels d'argent chauffés au chalumeau sont décomposés, et le métal est mis à nu. Ils sont presque tous insolubles dans l'eau; aucun ne se trouve dans la nature; la plupart d'entre eux brunissent à la lumière. Ceux qui sont solubles précipitent en noir par l'acide sulfhydrique et par les sulfures de potassium et de sodium; le précipité est du sulfure d'argent. L'acide chlorhydrique, les chlorures et le chlore y font naître un dépôt blanc, caillebotté, de chlorure d'argent, soluble dans l'ammoniaque et insoluble dans l'acide azotique bouillant. La potasse, la soude et l'eau de chaux, privées de chlorures, en séparent le protoxyde olive hydraté; l'ammoniaque produit le même phénomène; mais redissout le précipité avec la plus grande facilité. Les carbonates en précipitent du carbonate d'argent d'un blanc jaunâtre; les phosphates y font naître un précipité jaune qui est du phosphate d'argent. L'acide arsénique et les arséniates y déterminent un précipité rouge-brique. En plongeant une lame de cuivre dans une de ses dissolutions, l'argent en est séparé à l'état métallique. (Voyez *généralités sur les sels*, pour la théorie.)

Sulfate. — Il est sous forme d'une masse blanche, soluble dans l'acide sulfurique concentré; il est précipité de cette dissolution par l'eau, et redissous par une plus grande quantité de ce liquide; ce dernier *solutum* est incolore, et fournit par l'évaporation des cristaux prismatiques blancs et brillants. Le sulfate d'argent est complétement réduit à une température un peu élevée. On l'obtient par le 3e procédé. (Voy. p. 266.) Il se produit pendant l'affinage de l'or, métal qui ne se dissout pas dans l'acide sulfurique, tandis que l'argent y est soluble.

Azotate. — Il cristallise en lames minces carrées, brillantes, demi-transparentes, qui sont des hexaèdres, des tétraèdres ou des triangles; sa saveur est amère, styptique et caustique; il n'attire point l'humidité de l'air; abandonné à lui-même, il se réduit au bout d'un certain temps, lorsqu'il est en contact avec des matières organiques, et se trouve converti en argent métallique; c'est du moins ce qui a été observé par M. de Filière, qui, ayant placé, en 1826, de très beaux cristaux d'azotate d'argent dans un papier non collé, s'aperçut, en novembre 1829, qu'ils étaient changés en lames d'argent métallique très malléable. (*Annales de Chimie*, novembre 1829.) L'azotate d'argent se dissout dans un poids d'eau froide égal au sien, dans une moindre proportion d'eau bouillante, et dans 10 parties d'alcool. La dissolution aqueuse est incolore, tache la peau en violet, et peut être décomposée à la température de l'ébullition, par le charbon et par le phosphore, qui s'emparent de l'oxygène de l'oxyde. L'acide chromique et les chromates y font naître un dépôt de chromate d'argent rouge. Le proto-azotate d'étain mêlé d'acide sulfurique étendu la précipite en pourpre, semblable pour la couleur à celui de Cassius. Le mercure en précipite l'argent sous forme de petits cristaux brillants, semblables, par leur disposition, aux rameaux et aux feuillages d'un arbre : on connaissait autrefois ce précipité d'argent, qui retient un peu de mercure, sous le nom d'*arbre de diane* (voy. pour la théorie, *les généralités sur les sels*). Si l'on sépare l'oxyde de la dissolution de l'azotate à l'aide de la potasse, de la soude ou de l'eau de chaux, et qu'après l'avoir lavé on en mette 10 ou 15 centigrammes dans une petite capsule avec la quantité d'*ammoniaque liquide* suffisante pour en faire une bouillie très claire, on obtient au bout de quelques heures, lorsque tout le liquide s'est évaporé, une masse solide, qu'il suffit de chauffer, et même de toucher avec un tube de verre ou la barbe d'une plume, pour faire détoner avec la plus grande violence. Cette masse, qui, d'après Gay-Lussac et Sérullas, est composée d'azote et d'argent, et qui est connue sous le nom d'argent *fulminant*, a été découverte par Berthollet; sa préparation est accompagnée des plus grands dangers lorsqu'on agit sur quelques centigrammes, et que l'on cherche à les séparer en plusieurs parties. L'*argent fulminant* est solide, gris, inodore, insoluble dans l'eau, soluble dans l'ammoniaque, et décomposable par l'acide sulfurique étendu qui laisse dégager un peu d'azote; mais la majeure partie se trouve transformée en sulfate d'argent et en sulfate d'ammoniaque. (Sérullas, *Annales de Ch.*, octobre 1829.)

Soumis à l'action du calorique, l'azotate d'argent cristallisé se boursoufle, perd une petite quantité d'eau qui était logée mécaniquement entre les lames des cristaux, fond et constitue la pierre infernale, que l'on coule dans des moules cylindriques : elle est parfaitement blanche si on l'a coulée dans un tube de verre ; elle est, au contraire, grisâtre et même noire, si le moule dont on s'est servi est de fer ou de cuivre : cette couleur est due à une portion d'argent très divisé, séparé de l'azotate par le métal de la lingotière et à une petite quantité de charbon mis à nu par la décomposition du suif avec lequel on graisse la lingotière dans laquelle on coule le sel. Si on chauffe plus fortement l'azotate d'argent desséché, il se décompose ; l'argent est mis à nu, et il se dégage du gaz bi-oxyde d'azote et du gaz oxygène. L'azotate d'argent solide, mêlé avec du phosphore, produit une détonation violente lorsqu'il est fortement frappé avec un marteau ; on observe des phénomènes analogues, en substituant le soufre au phosphore. Ce sel est formé d'un équivalent d'acide et d'un équivalent d'oxyde.

*Préparation.*—On fait chauffer légèrement de l'argent *pur* en grenaille, avec de l'acide azotique pur étendu de son poids d'eau distillée (quatrième procédé, page 267) ; on évapore la dissolution pour la faire cristalliser. — *Pierre infernale.* On fait fondre l'azotate d'argent à une douce chaleur dans un creuset d'argent : lorsqu'il est fondu, on le coule dans une lingotière de fer ou de cuivre, que l'on enduit d'un peu de suif : le sel, qui était parfaitement blanc, se colore. (Voyez plus haut.) Si on ne le chauffe pas assez pour le dessécher complétement, il n'est pas aussi caustique qu'il doit être ; si on le chauffe trop, il est décomposé, et au lieu de pierre infernale, on obtient de l'*argent.*

Si l'on prépare l'azotate d'argent avec de l'argent de monnaie qui contient du cuivre, il faut, après avoir dissous les deux métaux dans de l'acide azotique, précipiter l'argent à l'état de chlorure par l'acide chlorhydrique, et réduire le chlorure par le carbonate de soude dans un creuset.

L'azotate d'argent est souvent employé comme réactif pour découvrir l'acide chlorhydrique et les chlorures. On s'en sert en médecine, dans certaines maladies nerveuses, convulsives, l'angine de poitrine, etc. ; il paraît avoir été utile dans l'épilepsie, la danse de Saint-Guy, les névralgies faciales rebelles, etc. On l'a également administré comme diurétique, et à l'extérieur comme astringent sous forme de collyre. On le donne à la dose de 5 à 10 centigrammes, associé à quelques extraits narcotiques. Administré à forte dose, il détermine l'inflammation des tissus du canal digestif, les symptômes de l'empoisonnement par les corrosifs, et la mort. La pierre infernale est employée pour détruire les cicatrices, pour ronger les chairs fongueuses, etc. Ce caustique est d'autant plus précieux, qu'il borne, en général, ses effets aux parties qu'il touche.

## DES MÉTAUX DE LA SIXIÈME CLASSE.

Ces métaux, au nombre de trois, savoir : l'or, le platine et le palladium, ne peuvent opérer la décomposition de l'eau, ni absorber l'oxygène de l'air à aucune température. Les acides sulfurique et azotique n'ont pas d'action sur eux. L'eau régale peut, au contraire, dissoudre l'or et le platine.

### DE L'OR.

On ne trouve l'or qu'à l'état natif, ou combiné avec un peu d'argent, de cuivre, de fer, de tellure, etc., mais surtout avec l'argent ; il existe en Transylvanie, en Sibérie, à Kordovan en Afrique, près du Sénégal, vis-à-vis Madagascar, mais principalement au Pérou, au Mexique, au Brésil, etc. Il est sous forme de grains, de filaments ou de cristaux, et ne se trouve guère que dans les terrains primitifs, intermédiaires et d'alluvion.

L'or est un métal solide, presque aussi mou que du plomb, d'une couleur jaune très brillante ; il est extrêmement ductile et malléable ; on le réduit en feuilles si minces, que 30 grammes d'or suffisent pour couvrir un fil d'argent de plus de 200 myriamètres ; sa ténacité est très grande ; son poids spécifique est de 19,257.

Certains physiciens pensent que l'or est transparent quand il est réduit en couches très minces, et qu'alors il possède une couleur verte.

Soumis à l'action du *calorique*, l'or entre en fusion à environ 32° du pyromètre de Wedgwood (au-dessus de la chaleur rouge); si on le laisse refroidir lentement, on peut l'obtenir cristallisé en prismes quadrangulaires; il est peu volatil; cependant il se volatilise lorsqu'on le fait fondre au foyer d'un grand miroir ardent, comme le prouvent les expériences de Macquer. Le gaz *oxygène*, l'*air*, l'*hydrogène*, le *bore*, le *carbone* et l'*azote* sont sans action sur lui; il en est de même du *soufre*, avec lequel on peut cependant le combiner en deux proportions par des moyens indirects. Le *phosphore* s'unit à l'or à l'aide de la chaleur, et donne un phosphure brillant, jaune, fragile. L'*iode* n'agit point sensiblement sur lui : toutefois il existe un iodure d'or pulvérulent, d'un jaune verdâtre, obtenu pour la première fois par Pelletier. Le *chlore* dissous dans l'eau dissout ce métal et forme un chlorure, pourvu que l'or soit assez divisé; il existe deux chlorures d'or.

Le *protochlorure* obtenu en chauffant le perchlorure à 200° environ, est jaune pâle, insoluble dans l'eau, décomposable, par la chaleur et la lumière, en or et en chlore, et par l'eau chaude en or et en sesquichlorure; il est formé de 84,9 d'or et de 15,1 de chlore, ou de deux équivalents d'or pour un de chlore, $Cl\,Au^2$. Le *sesquichlorure*, d'un rouge brun foncé, fusible, décomposable à environ 200° en chlore, en protochlorure et en or, est déliquescent, très soluble dans l'eau, d'une saveur acerbe, amère, soluble dans l'acide chlorhydrique, avec lequel il forme un chlorhydrate de chlorure d'or. Il est composé de 65,1 d'or et de 34,9 de chlore. Sa formule est $Cl^2\,Au^3$. Il joue vis-à-vis les chlorures électro-positifs le même rôle que le sublimé corrosif. (Voyez pag. 532.) On l'obtient en traitant l'or par l'eau régale et en chauffant jusqu'à siccité.

Aucun des *acides* formés par l'oxygène n'attaque l'or; on a mis à profit le défaut d'action de l'acide sulfurique concentré bouillant sur l'or, pour séparer en grand ce métal de l'argent, qui au contraire se dissout dans l'acide sulfurique bouillant. L'*or* n'est pas attaqué non plus par les acides *phtorhydrique*, *sulfhydrique* et *chlorhydrique*, ni par les sulfures dissous. L'*eau régale*, préparée avec 8 parties d'acide chlorhydrique à 22 degrés et 2 parties d'acide azotique à 40 degrés, peut dissoudre une partie et neuf dixièmes d'or à l'aide d'une légère chaleur; il se dégage du gaz bi-oxyde d'azote, et l'on obtient du sesquichlorure d'or. Avant d'expliquer ce qui se passe dans cette opération, nous devons rappeler que l'eau régale dont on se sert est composée de beaucoup d'acide chlorhydrique, d'une petite quantité d'acide azotique et d'acide azoteux, de chlore et d'eau (voy. p. 198); l'oxygène des acides azotique et azoteux se porte sur l'hydrogène de l'acide chlorhydrique pour former de l'eau, et le chlore s'unit à l'or.

L'or peut s'allier avec un très grand nombre de métaux.

1° *Alliage de 9 parties d'or et de 1 partie de cuivre.* — Il est employé à faire la monnaie d'or, composée de 900 d'or et de 100 de cuivre. Les bijoux d'or ont trois titres, savoir : 750, 840 et 920 millièmes d'or; le reste est du cuivre. Les instruments et ustensiles d'or sont aussi formés par ces deux métaux, mais dans d'autres proportions. Ces divers alliages contiennent en outre un peu d'argent qui se trouve naturellement combiné avec l'or; il suit de là que pour en faire l'*essai* il faut déterminer la quantité de cuivre qui entre dans leur composition au moyen du plomb et celle d'argent et d'or par la coupellation (voy. article ARGENT, pag. 549), puis traiter le bouton de retour par l'acide azotique, qui dissout l'argent sans attaquer l'or; la différence de poids avant et après l'opération en indique la quantité. Seulement il pourrait arriver que la quantité d'argent fût insuffisante pour pouvoir être séparée convenablement; il faudrait alors en ajouter une proportion déterminée à l'avance par la balance, qui, en s'unissant à l'argent contenu dans l'alliage, empêcherait la perte, qui sans cela serait inévitable.

2° *Alliage de 11 parties d'or et de 1 partie de plomb.* — Il est d'un jaune pâle, aussi fragile que le verre, plus dur et plus fusible que l'or. Il paraît qu'il suffit d'allier avec l'or 1/1920 de son poids de plomb pour le rendre cassant; il en est de même de l'*antimoine*. 3° *Amalgame d'or fait avec 1 partie d'or et 8 parties de mercure.* Il est mou, soluble dans le mercure, et sert à dorer le cuivre et l'argent ; pour cela on l'applique sur le morceau que l'on veut dorer, et on chauffe pour volatiliser le mercure ; on frotte sous l'eau la pièce ainsi dorée, puis on la polit : on donne le nom de *vermeil* à l'argent doré par ce procédé. (Voy. p. 257, GALVANOPLASTIE pour les autres procédés de dorure.) 4° *Alliage d'or et d'argent*. On le trouve dans la nature ; il est solide, blanc ou vert, suivant les proportions d'argent ou d'or. Il est plus fusible que ce métal. L'or vert est formé de 70 parties d'or et de 30 parties d'argent.

Dans le commerce, pour savoir si un métal contient de l'or, on se contente de frotter la pièce sur un morceau de cornéenne lydienne, appelée pierre de touche, jusqu'à ce que l'on ait produit une trace suffisamment prononcée ; alors on passe sur cette couche un liquide composé de 25 parties d'eau et de 38 d'acide azotique à 1,34 de densité, et de 2 d'acide chlorhydrique à 1,17 ; si la trace persiste sans altération, on en conclut que le métal est de l'or, puisqu'il n'est pas attaqué par ces acides ; si, au contraire, elle diminue d'intensité ou qu'elle disparaisse tout-à-fait, il est évident que l'or était allié ou que le métal est tout autre que de l'or.

Lorsqu'on fait fondre dans un creuset parties égales de potasse ou de soude et de soufre avec 1/8 de feuilles d'or, on obtient une masse soluble dans l'eau qui contient le métal.

Les *usages* de l'or sont les mêmes que ceux de l'argent ; toutefois, lorsqu'il est très divisé et préparé au moyen du protosulfate de fer (voy. p. 565), il est administré à l'intérieur, comme le chlorhydrate de chlorure d'or (voy. page 567), quoiqu'il soit beaucoup moins actif. On l'emploie à l'extérieur pour exciter les ulcérations vénériennes du voile du palais.

Le poids d'un équivalent d'or est de 2486,02.

*Extraction. — Exploitation de l'or mêlé avec du sable ou avec une gangue.* — Lorsque la mine est réduite en poudre, on la lave sur des planches inclinées : l'or, beaucoup plus pesant, reste, tandis que les parties terreuses sont entraînées ; on l'amalgame avec du mercure pour le séparer d'un peu de sable, et on distille l'amalgame pour en volatiliser le mercure.

*Exploitation des sulfures aurifères.*— 1° On les grille suffisamment pour en séparer le soufre, et on les fait fondre avec du plomb d'œuvre, puis on soumet l'alliage à la coupellation : cependant l'or que l'on obtient peut contenir du fer, de l'étain et de l'argent. On en sépare le fer et l'étain en le faisant fondre avec du nitre, qui oxyde ces deux métaux sans altérer l'or ni l'argent; nous dirons tout-à-l'heure comment on le prive de ce dernier métal. 2° *Procédé d'amalgamation.* — Si le sulfure est riche en or, on le traite directement par le mercure, et on distille l'amalgame; s'il n'en renferme que très peu, on est obligé de le griller avant de l'amalgamer avec le mercure.

Si l'or obtenu par l'un ou l'autre de ces procédés contient de l'argent, on doit l'en priver. Supposons qu'il en renferme 3 parties sur 4; on le fait bouillir pendant demi-heure avec un poids égal au sien d'acide azotique à 25 degrés; on décante et on traite le résidu par une égale quantité du même acide; il se forme de l'azotate d'argent soluble, tandis que l'or n'est pas attaqué; mais comme tout l'argent peut ne pas avoir été dissous, on fait encore bouillir l'or avec le double de son poids d'acide sulfurique concentré, qui enlève les dernières portions d'argent; ensuite on précipite l'argent de l'azotate et du sulfate, en chauffant ces sels avec des lames de cuivre et en ayant la précaution de décomposer le sulfate acide dans des vases de plomb : l'azotate peut être chauffé dans des vases de bois.

Si l'or ne contient pas les 3/4 de son poids d'argent, on est obligé, avant de le traiter par l'acide azotique, de le fondre avec assez d'argent pour que les proportions du mélange soient dans ce rapport : sans cela l'argent ne serait pas entièrement dissous.

## DES OXYDES D'OR.

Il existe deux oxydes d'or.

Le *protoxyde* est pulvérulent, vert foncé, réductible par

la lumière, ne formant pas de sels, décomposable par les acides en or et en sesqui-oxyde, et composé de 96,13 d'or (un équivalent) et de 3,87 d'oxygène (un équivalent).

Le *sesqui-oxyde* est un produit de l'art; il est brun, à peine soluble dans l'acide azotique concentré, d'où il peut être entièrement précipité par l'eau, insoluble ou presque insoluble dans l'acide sulfurique, soluble dans l'acide chlorhydrique, avec lequel il forme un sesquichlorure stable, que l'eau ne précipite point; il est décomposable par la lumière en or et en oxygène; il est susceptible de se combiner avec les alcalis et avec d'autres oxydes métalliques, vis-à-vis desquels il joue en quelque sorte le rôle d'acide pour former des *aurates*, dont les acides, excepté l'acide chlorhydrique, précipitent l'oxyde d'or. Il n'a point d'usages. Il est formé de 89,23 parties d'or (un équivalent) et de 10,77 d'oxygène (trois équivalents). On l'obtient en décomposant le sesquichlorure d'or par l'eau de baryte, à l'aide de la chaleur, et en traitant le précipité par l'acide azotique pour lui enlever la baryte qu'il retient. On l'a employé dans les scrofules compliquées de syphilis à la dose de 5 à 50 milligrammes par jour.

## DES SELS D'OR.

On ne connaît réellement que les chlorures d'or, le chlorhydrate de sesquichlorure et le séléniate. L'azotate et le sulfate préparés avec l'oxyde d'or et les acides azotique et sulfurique concentrés, ne contiennent que très peu d'oxyde en dissolution, et il suffit d'y ajouter de l'eau pour le précipiter en entier.

Chlorhydrate de sesquichlorure d'or (*muriate d'or, sel d'or, chlorure d'or*). — Il cristallise en prismes quadrangulaires aiguillés ou en octaèdres tronqués, d'un jaune foncé, qui se liquéfient en été; il est doué d'une saveur styptique très astringente et désagréable, et se décompose par le calorique en acide chlorhydrique et en sesquichlorure d'or, à moins qu'on ne chauffe davantage, car alors il fournit en outre du chlore et du protochlorure d'or; et si la température est encore plus élevée, on finit par n'obtenir que du chlore et de l'or spongieux et mat. Il attire fortement l'humidité de l'air, et se dissout très bien dans l'eau. Le *solutum*, d'une couleur jaune plus ou moins foncée, suivant son degré de concentration, rougit l'*infusum* de tournesol et colore l'épiderme de presque toutes les substances végétales et animales en pourpre foncé : cette couleur est indélébile. Il peut être décomposé par un très grand nombre de corps simples ou composés, avides d'oxygène, qui s'emparent de l'oxygène de l'eau, tandis que l'hydrogène s'unit au chlore, et il se précipite de l'or.

1° Si l'on met un cylindre de phosphore dans ce *solutum* étendu, et qu'on renouvelle celui-ci à mesure qu'il se décolore, on pourra, au bout de quelque temps, en mettant le cylindre dans l'eau bouillante, fondre le phosphore qui était en excès, et obtenir un canon d'or pourpre susceptible d'être bruni. 2° Le sulfate de protoxyde de fer versé dans cette dissolution la précipite tout-à-coup en brun, et on voit paraître à la surface du liquide des pellicules d'or excessivement minces ; le précipité formé par l'or métallique en prend tout l'éclat par le frottement ; le sel de fer passe à l'état de sulfate de sesqui-oxyde. 3° L'éther et les huiles volatiles (substances avides d'oxygène) commencent par s'unir avec cette dissolution ; mais au bout de quelque temps l'or se précipite en lames, en écailles ou en feuillets brillants. 4° Le protochlorure d'étain concentré, versé dans cette dissolution également concentrée, y fait naître un précipité brun composé d'or métallique. Si les dissolutions sont étendues, le précipité sera pourpre, et formé, d'après les expériences de Proust, Oberkampf, etc., d'or métallique et de bi-oxyde d'étain et d'eau, tandis que d'après Berzélius ce serait un mélange d'oxyde d'étain et d'un hydrate de bi-oxyde d'étain combiné avec un oxyde d'or plus oxydé que le protoxyde et moins que le sesqui-oxyde, tel que l'oxyde pourpre. Ce précipité est désigné sous le nom de *pourpre de Cassius ;* sa couleur est d'autant plus rosée que l'on a employé plus de chlorure d'or, et d'autant plus violette qu'il y a plus de sel d'étain ; il paraît d'ailleurs que la nuance est plus éclatante lorsque le protochlorure d'étain a été étendu d'un peu d'acide azotique affaibli. Fischer préfère l'azotate de protoxyde au protochlorure d'étain pour obtenir le pourpre de Cassius. 5° L'azotate de protoxyde de mercure précipite le chlorure d'or en bleu gris ; le précipité est formé de bi-oxyde de mercure et de protoxyde d'or. 6° Le gaz hydrogène et les acides phosphoreux et hypophosphoreux, tels qu'ils sont obtenus dans les laboratoires, le décomposent également.

La potasse, la soude, la baryte, la strontiane et la chaux, versées en petite quantité dans le chlorhydrate de sesquichlorure d'or peu acide, en précipitent un sous-chlorure jaune, tandis qu'elles en séparent de l'oxyde brun si on les emploie en excès et que l'on chauffe la liqueur. Si le chlorhydrate est très acide, il se forme des sels doubles solubles, et il n'y a point de précipité (1) ; cependant, suivant Figuier, la potasse précipite cette dissolution à froid au bout d'un certain temps, même lorsqu'elle est très acide. L'acide sulfhydrique et les sulfures y font naître un dépôt chocolat foncé, qui est du sulfure d'or. Le cyanure jaune de potassium et de fer ne le précipite point; toutefois la liqueur verdit et laisse déposer, au bout d'un certain temps, du bleu de Prusse provenant du cyanure. L'ammoniaque en sépare des flocons jaunes rougeâtres lorsqu'on l'emploie en petite quantité ; un excès du réactif change cette couleur en jaune-serin : les flocons ainsi obtenus, lavés et séchés à une douce chaleur, constituent l'*or fulminant,* qui est solide, jaune, insipide, inodore, décomposable par la chaleur, par les rayons lumineux concentrés, ou par un frottement subit et vif; cette décomposition est accompagnée d'une forte détonation. Suivant M. Dumas, l'or fulminant est formé de deux équivalents d'azoture d'or ammoniacal, d'un équivalent de sous-chlorure d'or ammoniacal et de l'eau nécessaire pour transformer l'azote en ammoniaque et tout l'or en oxyde.

On emploie ce sel dans les arts pour préparer le pourpre de Cassius et l'or métallique très divisé : on se sert de celui-ci pour dorer la porcelaine, et du pourpre de Cassius pour la colorer en rose ou en violet.

Les préparations d'or, employées autrefois par plusieurs

(1) Pelletier n'admet point l'existence des sels doubles dont nous parlons; il les considère comme de simples mélanges.

praticiens, étaient bannies depuis long-temps, lorsque Chrestien proposa de les introduire de nouveau dans la pratique de la médecine. L'or métallique, le pourpre de Cassius, le chlorhydrate de sesquichlorure et de sodium et l'oxyde d'or ont été administrés comme antisyphilitiques et antiscrofuleux, et paraissent avoir réussi dans quelques circonstances où les préparations mercurielles avaient échoué; on les emploie ordinairement en frictions sur la langue, savoir : l'or métallique à des doses croissantes de 1 à 20 centigrammes par jour; le sesqui-oxyde d'or et le pourpre de Cassius de 5 à 50 milligrammes, et le sel double d'or et de sodium de 2 à 16 milligrammes : on associe ce dernier à quelque poudre végétale inerte. Administrés à plus forte dose et de la même manière, ils excitent puissamment le sytème artériel et donnent lieu à des accidents fâcheux. (On peut consulter avec fruit l'ouvrage du docteur Legrand, intitulé : *de l'Or et de son emploi en médecine*. Paris, 1828, 1 vol.)

*Préparation.* — On met l'or en lames minces dans une dissolution de chlore ou dans l'eau régale, et on fait évaporer la liqueur à une basse température.

Il est formé d'un équivalent d'or et de trois de chlore.

## DU PLATINE.

Le platine se trouve dans plusieurs parties des Indes occidentales, principalement à Choco, à Barbacoas, à Saint-Domingue, au Brésil, etc.; il en existe une très petite quantité dans quelques minerais d'Alloué et de Melle, en France. Il est sous forme de petits grains aplatis, contenant, outre le platine, un très grand nombre de métaux, du soufre, de l'acide silicique, etc.; quelquefois cependant il existe sous forme de masses du poids de 500 ou 750 grammes. On a même trouvé dans l'Oural un morceau de platine du poids de 4 kil. 320. Vauquelin en a retiré de la mine d'argent de Guadalcanal, en Espagne.

Il est solide, très brillant, d'une couleur presque aussi belle que celle de l'argent (1), très ductile et très malléable;

(1) Le platine réduit du chlorure de platine par la potasse et l'alcool,

il a beaucoup de ténacité; sa dureté est assez considérable, surtout quand il a été mal préparé et qu'il retient de l'iridium; son poids spécifique est de 21,53 lorsqu'il n'a pas été forgé. Il est moins bon conducteur du calorique que l'argent, le cuivre, etc.

Il ne peut être *fondu* qu'au moyen du feu alimenté par le gaz oxygène, ou à l'aide du chalumeau de Brook : dans aucune de ces circonstances il ne s'oxyde; d'où il suit que l'*air* et le gaz *oxygène* sont sans action sur lui; cependant, d'après Doebereiner, le platine très divisé étant exposé à la lumière et à l'air absorbe 200 à 250 fois son volume d'oxygène sans se combiner chimiquement avec lui. Il n'agit pas sur le gaz *hydrogène*, si toutefois l'on en excepte ce qui a été dit à la page 54. Le *bore* ne s'unit pas directement avec le platine : mais si l'on fait un mélange de charbon, d'acide borique et de platine très divisé, épaissi par de l'huile grasse, et qu'on le fasse chauffer fortement dans un creuset brasqué, on obtient du *borure* de platine solide, fragile, insipide, inodore et fusible (Descostils). Si on soumet pendant quelques heures à l'action d'un feu très violent un mélange de *charbon* et de platine, le métal fond et augmente de poids; son aspect est blanc-grisâtre; il se lime difficilement et ne pèse plus que 20,5 : d'après M. Boussingault, le platine, dans cette expérience, aurait décomposé l'acide silicique contenu dans le charbon pour s'unir au *silicium*, en sorte que la masse fondue serait un alliage de platine et de silicium. Descostils avait déjà remarqué que le charbon diminuait la densité du platine et le rendait plus fusible. Le *phosphore* s'unit directement au platine à l'aide de la chaleur, et donne un protophosphure composé de 100 parties de métal et de 21,21 de phosphore; il est solide, très dur, d'un blanc d'acier, plus fusible que le platine, et susceptible de se transformer en acide phosphorique et en platine lors-

est sous forme d'une *poudre noire*, qui se comporte avec le gaz hydrogène comme l'éponge de platine (V. p 54.); toutefois il agit encore sur ce gaz avec plus d'intensité. M. Liébig, à qui nous devons ces détails, explique l'incandescence par la grande condensation qu'ont éprouvée le gaz hydrogène et l'air. (*Ann. de Chim.* Novembre 1829.)

qu'il est chauffé à l'air ou dans le gaz oxygène. Le *perphosphure* de platine est d'un gris de fer, avec un léger éclat métallique; il est composé de 100 parties de platine et de 42,85 de phosphore.

Le *soufre* peut s'unir directement avec ce métal à une chaleur rouge et former un protosulfure gris-bleuâtre indécomposable en vases clos, décomposable par l'air à chaud, qui le transforme en acide sulfureux et en platine; il est formé de 85,8 de platine et de 14,2 de soufre. Bisulfure.— Il est noir, décomposable en vaisseaux clos, en soufre et en protosulfure, passant à l'état de sulfate de bi-oxyde lorsqu'on le traite par l'acide azotique. Ces deux sulfures sont solubles dans les sulfures alcalins, dans les alcalis caustiques ou carbonatés; ce fait explique la formation d'un sulfure double de potassium et de platine lorsqu'on fait fondre du foie de soufre dans un creuset de ce même métal.

L'*iode* ne peut pas se combiner directement avec le platine, mais on obtient deux *iodures* en faisant agir le proto ou le bichlorure de platine sur l'iodure de potassium dissous, le premier à la température de l'ébullition; ces iodures sont noirs, pulvérulents et insolubles dans l'eau, et formés, l'un d'un équivalent d'iode et l'autre de deux pour un équivalent de platine. Le bi-iodure de platine se combine facilement à d'autres iodures, et produit des composés doubles cristallisables à proportions déterminées (Lassaigne, 1832.)

Le *chlore* peut former deux chlorures avec le platine.

Protochlorure.—Il est solide, vert, insoluble dans l'eau, inaltérable à l'air, soluble dans le bichlorure, décomposable à une chaleur rouge et par les alcalis. Il est formé de 73,59 de platine (un équivalent) et de 26,41 de chlore (un équivalent). On l'obtient en décomposant le bichlorure à une température convenable; il se dégage du chlore, et il reste du protochlorure.

Bichlorure.— Il est d'un rouge intense lorsqu'il est solide ou en dissolution concentrée, jaune s'il est étendu de beaucoup d'eau; il est déliquescent, très soluble dans l'eau et soluble dans l'alcool; on peut l'obtenir cristallisé en prismes en évaporant le *solutum* aqueux. Il peut s'unir à l'acide chlorhydrique et former un *chlorhydrate de bichlorure* qui constitue la dissolution généralement désignée sous les noms de *muriate*, d'*hydrochlorate*, de *chlorure* ou de *sel de platine* (voy. SELS DE PLATINE). Si on le chauffe fortement, il fournit du chlore et du platine en éponge. Il est formé de 58,22 de platine (un équivalent) et de 41,78 de chlore (deux équivalents). On l'obtient en dissolvant le platine dans l'eau régale, en évaporant et en desséchant; mais il est rare qu'en suivant ce procédé il soit exempt d'acide chlorhydrique. Pour le priver de cet acide il faut dissoudre le produit de l'évaporation dans une petite quantité d'eau et y verser de l'acide sulfurique concentré, qui en sépare sur-le-champ du *bichlorure anhydre*.

BICHLORURES DOUBLES. — Ces bichlorures sont formés de bichlorure de platine et d'un autre chlorure, tels que ceux de potassium, de sodium, de baryum, de strontium, de calcium, etc. Ils sont en général insolubles et facilement décomposables par le feu; le chlorure de platine se transforme alors en platine spongieux si l'autre chlorure est volatil comme le chlorure d'ammonium (chlorhydrate d'ammoniaque), ou en platine pulvérulent très divisé, si au contraire il est fixe; on le débarrasse de ce dernier par des lavages à l'eau chaude.

Les *acides simples* n'exercent aucune action sur ce métal. L'*eau régale* le dissout, et se comporte avec lui comme avec l'or, avec cette différence qu'elle agit très bien sur ce dernier métal lorsqu'elle ne marque que 10 ou 11 degrés à l'aréomètre, tandis qu'elle n'exerce aucune action sur le platine, à moins d'être à 15 ou 16 degrés : sa dissolution est un chlorhydrate de bichlorure.

Le platine peut s'allier avec presque tous les métaux et avec l'acier. Uni avec dix fois son poids d'*arsenic*, il donne un produit blanchâtre, très fragile, fusible un peu au-dessus de la chaleur rouge; chauffé avec le contact de l'air, cet alliage se décompose; l'arsenic se volatilise à l'état d'acide arsénieux, et le platine reste. Jeannety a mis cette propriété à profit pour extraire le platine de sa mine; mais le métal ainsi obtenu n'est jamais complétement débarrassé des matières étrangères. Chauffé fortement avec l'or, il donne un alliage plus fusible que lui, sans action sur l'air ou sur le gaz oxygène, et attaquable par l'acide azotique, phénomène d'autant plus extraordinaire qu'aucun des deux métaux n'a d'action sur cet acide; cet alliage est encore remarquable en ce qu'il a la même couleur que le platine, lors même qu'il est composé d'une partie de ce métal et de 11 parties d'or.

La potasse, la soude ou l'azotate de potasse, fondus dans un creuset de platine, l'attaquent, et il se forme une poudre noire qui, mise en contact avec l'acide chlorhydrique, se transforme sur-le-champ en bichlorure de platine et de potassium ou de sodium. La facilité avec laquelle ces substances, le phosphore et le foie de soufre, agissent sur ce métal diminue singulièrement les avantages que l'on avait cru d'abord retirer des creusets de platine pour les opérations chimiques.

Le platine est employé pour préparer des cornues, des creusets, des capsules, et divers ustensiles de chimie : il serait à souhaiter qu'on pût l'obtenir avec assez d'économie pour que son usage devînt plus général, car il est le moins fusible et le moins altérable de tous les métaux connus; on s'en sert pour faire des chaudières avec lesquelles on concentre l'acide sulfurique en grand. On est même parvenu à souder deux bouts de platine sans addition d'aucun autre métal, ce qui peut devenir d'une très grande utilité pour réparer les vases de ce métal qui ont été perforés.

Le poids d'un équivalent de platine est de 1233,22.

*Extraction.* — La mine de platine renferme du *platine*, du *rhodium*, du *palladium*, du cuivre, du plomb, du mercure, du fer, du soufre, de l'*osmium*, de l'*iridium*, du chrome, du titane, de l'alumine et du sable. On la traite en vases clos par cinq ou six fois son poids d'un mélange fait avec 3 parties d'acide chlorhydrique et 1 partie d'acide azotique (eau régale); on obtient une dissolution brune-jaunâtre, que l'on décante; on fait bouillir à plusieurs reprises avec une nouvelle quantité d'eau régale, jusqu'à ce qu'il n'y ait plus d'action : dans cette expérience le soufre est acidifié, tous les métaux sont oxydés, excepté une grande partie de l'iridium et de l'osmium; plusieurs de ces oxydes sont dissous; il reste au fond de la cornue une poudre. La dissolution *A* renferme des sels de platine, de rhodium, de palladium, de cuivre, de plomb, de mercure, de fer, d'un peu d'iridium et d'osmium; elle contient en outre de l'acide sulfurique. Le résidu noir pulvérulent *B* est formé d'iridium, d'osmium, de sable, d'un peu d'alumine, d'oxyde de fer, d'oxyde de chrome et d'oxyde de titane : ces trois derniers sont unis entre eux et ne se dissolvent pas dans l'eau régale. Enfin le liquide *C*, condensé dans le récipient, renferme, d'après les expériences de Laugier, beaucoup d'acide et une certaine quantité d'*osmium* oxydé.

*Examen du résidu B.* — On fait un mélange intime d'une partie de ce résidu, de 2 parties de carbonate de soude, et de 3 parties de soufre sublimé. On le projette peu à peu dans un creuset de terre préalablement chauffé au rouge, et quand tout le mélange est introduit, on ferme avec le couvercle du creuset. Le fourneau étant bien rempli de charbon, on porte la chaleur jusqu'au rouge blanc, et le creuset doit être maintenu à cette température pendant quelques minutes; après quoi on le retire du feu pour le laisser refroidir. Dans le fond du creuset se trouve un culot formé de petits cristaux ayant l'aspect de la pyrite, et composé de *sulfures* de tous les métaux que contient le résidu B, et dont quelques uns sont unis au sulfure de sodium qui s'est formé. Au-dessous de ce culot on voit une couche de sulfure de sodium, et tout-à-fait à la surface, une croûte de silicate légèrement coloré en brun. On enlève les scories autant que possible, et on traite par l'eau le mélange fondu contenant les sulfures; ce liquide dissout l'excès de sulfure de sodium et le sulfure double de platine (s'il en existait), tandis que les sulfures de fer, d'osmium et d'iridium restent en suspension; on décante le liquide et on laisse déposer ces trois sulfures. On répète les lavages pour enlever tout ce qui est sulfure métallique et pour débarrasser les trois sulfures dont nous parlons, des parcelles de creusets et des scories provenant de la calcination.

On introduit dans un matras les trois sulfures de fer, d'iridium et d'osmium, et on les traite à chaud par l'acide chlorhydrique étendu, qui dissout le fer avec dégagement de gaz acide sulfhydrique; l'action de cet acide étant épuisée, on lave les sulfures d'iridium et d'osmium non dissous, et on les dessèche. Alors on introduit dans une cornue de grès munie d'une allonge qui va se rendre dans un récipient, un mélange d'une partie de ces deux sulfures et de 3 parties de sulfate de mercure : on chauffe graduellement la cornue jusqu'au rouge intense; à cette température il se dégage beaucoup de gaz acide sulfureux, et il se condense *sur les parois de l'allonge* un liquide dense bleu indigo (oxysulfure d'osmium); *le col de la cornue* est presque entièrement obstrué par un mélange d'oxyde d'osmium et de mercure; enfin, lorsque le dégagement de gaz a cessé, on trouve *dans la cornue* de l'*oxyde d'iridium*. On réduit celui-ci à l'état métallique en le chauffant dans un tube de porcelaine au milieu d'un courant de gaz hydrogène; si l'on avait à craindre que l'oxyde d'iridium employé ne contînt de l'osmium, on le ferait fondre préalablement avec de la potasse, dans un creuset d'argent; il se produirait de l'osmiate de potasse soluble, que l'on séparerait par l'eau de l'oxyde d'iridium. Pour obtenir l'*osmium* du mélange d'oxyde d'osmium et de mercure, qui obstrue presque entièrement le col de la cornue, on introduit celui-ci dans un tube de verre légèrement incliné, à travers lequel on fait arriver un courant de gaz hydrogène; en chauffant un peu le tube, le mercure se volatilise, et l'osmium pur réduit par l'hydrogène reste pour résidu. Pour extraire l'osmium de l'oxysulfure bleu qui s'est condensé sur les parois de l'allonge, on traite le composé bleu par l'eau, qui le transforme en une combinaison brune insoluble : on lave celle-ci, on la dessèche et on la réduit par l'hydrogène, comme il vient d'être dit. (Persoz, *Ann. de Ch.* Fév. 1834.)

La dissolution *A*, contenant le platine, le palladium, le rhodium et plusieurs autres métaux (p. 572), doit être évaporée et concentrée pour en chasser l'excès d'acide; on l'étend de dix fois son poids d'eau, et l'on y verse un excès de dissolution concentrée de chlorhydrate d'ammoniaque : il se produit sur-le-champ un précipité jaune de chlorhydrate d'ammoniaque et de platine, que l'on lave et que l'on chauffe peu à peu pour en volatiliser le sel ammoniac et le chlore, et l'on obtient le *platine* sous forme d'une masse spongieuse. Il suffit d'allier cette masse avec 1/8 d'arsenic et de la chauffer ensuite graduellement jusqu'au rouge blanc, avec le contact de l'air, pour avoir le platine en lingots ; l'arsenic que l'on a employé pour rendre le platine fusible passe à l'état d'acide arsénieux et se volatilise.

La dissolution *A*, dont on a séparé le platine, renferme beaucoup de métaux, parmi lesquels se trouvent le *palladium* et le *rhodium*, et même une certaine quantité de *platine*. On y plonge des lames de fer, et l'on obtient un précipité noir composé de fer, de cuivre, de plomb, de mercure, de palladium, d'iridium, de rhodium, d'osmium et de platine : ces cinq derniers métaux paraissent être combinés et oxydés. On traite ce précipité à froid par l'acide azotique, qui dissout du fer, du cuivre, du plomb, du mercure et un peu de palladium ; le résidu est mis en contact avec l'acide chlorhydrique à la température ordinaire, qui dissout beaucoup de fer, du cuivre, un peu de palladium, de platine et de rhodium ; on recommence le traitement par l'acide azotique et par l'acide chlorhydrique, jusqu'à ce qu'il n'y ait plus d'action ; le résidu contient la majeure partie du rhodium et du palladium, du platine, de l'iridium, du chlorure de mercure, du mercure, du chlorure de cuivre, du fer et du cuivre. On le lave et on le fait dessécher fortement ; il se volatilise du mercure, du chlorure de cuivre, du chlorure de mercure, et peut-être un peu d'oxyde d'osmium ; on le fait chauffer à deux reprises différentes avec de l'eau régale concentrée, qui en dissout la majeure partie : la portion non dissoute contient beaucoup d'*iridium*.

La liqueur obtenue avec l'eau régale, qui renferme du platine, du rhodium, du palladium, de l'iridium, du fer et du cuivre, est évaporée jusqu'à consistance de sirop, étendue de dix fois son poids d'eau, et précipitée par une dissolution concentrée de chlorhydrate d'ammoniaque afin d'en précipiter du *platine* à l'état de chlorhydrate double ; on la filtre et on l'évapore de nouveau presque jusqu'à siccité ; on l'étend d'eau, et il se sépare encore une portion du même sel coloré en rouge-grenade par un peu de chlorure d'iridium. Cette liqueur, privée de tout le platine, est rendue acide par un peu d'acide chlorhydrique ; alors on la sature par l'ammoniaque, et l'on voit paraître un précipité cristallin, brillant, d'un beau rose, formé par le sous-chlorure de *palladium*, qu'il suffit de laver et de calciner pour en extraire le métal.

La dissolution ainsi précipitée, et qui contient encore le rhodium et les autres métaux dont nous avons parlé, est évaporée jusqu'à ce qu'elle puisse cristalliser par le refroidissement ; on égoutte les cristaux et on les traite à plusieurs reprises par l'alcool à 36 degrés, qui dissout les chlorures de fer, de cuivre et de palladium non séparés, et il reste une poudre rouge qui est du chlorhydrate d'ammoniaque et de rhodium ; on la dissout dans une petite quantité d'eau et d'acide chlorhydrique pour la séparer d'un peu de chlorhydrate d'ammoniaque et de platine qu'elle peut contenir ; on fait évaporer la dissolution et on la chauffe jusqu'au rouge pour avoir le *rhodium*.

La liqueur *C* condensée dans le récipient renferme beaucoup d'acide et d'oxyde d'osmium ; on sature l'acide par un lait de chaux, et on soumet le mélange à la distillation ; l'oxyde d'*osmium* se volatilise. (Laugier.)

Le procédé dont nous venons d'exposer les détails appartient en grande partie à Vauquelin. Il en existe un autre de Wollaston, à l'aide duquel on peut aussi se procurer très bien ces divers métaux, et qui diffère beaucoup du précédent. (Voy. *Ann. de Ch.*) On consultera également avec fruit les mémoires de Berzélius et de Wôhler, insérés dans les *Annales de Chimie* de janvier, de février, de mars et d'octobre 1829, et de novembre 1833.

## DES OXYDES DE PLATINE.

PROTOXYDE. — M. Doebereiner décrivit, en 1833, le protoxyde de platine qu'il avait obtenu en chauffant dans un creuset jusqu'au rouge vif un composé de *bichlorure de platine et de platinate de chaux*, et il lui assigna les propriétés suivantes : il est d'un violet foncé, décomposable au-dessous de la chaleur rouge avec détonation, insoluble dans les oxacides, se combinant toutefois avec l'acide oxalique, par une longue digestion, réductible en mousse de platine par l'acide formique avec un dégagement tumultueux d'acide carbonique; d'où il suit que l'oxygène du protoxyde s'est uni au carbone de l'acide formique. Il est composé de 92,204 de platine (un équivalent) et de 7,796 d'oxygène (un équivalent). On l'obtient comme il vient d'être dit.

Bi-oxyde.—Il est noir à l'état anhydre, et brun-rougeâtre s'il est hydraté. Chauffé, il perd facilement son eau. Il se combine à la fois avec les acides, les alcalis et d'autres oxydes vis-à-vis desquels il joue en quelque sorte le rôle d'acide. Il est formé de 86,05 de platine (un équivalent) et de 15,95 d'oxygène (deux équivalents). On l'obtient en versant dans un solutum d'azotate de bi-oxyde de platine la moitié de la soude qui serait nécessaire pour décomposer la totalité du sel; si l'on employait plus de soude, au lieu d'un précipité d'hydrate de bi-oxyde, il se déposerait du sous-azotate de platine.

## DES SELS DE PLATINE.

Sels de protoxyde. — Ils sont peu connus. Ils sont d'un vert olive ou bruns-verdâtres, précipitables par la potasse en noir; l'hydrate décomposé peut se redissoudre dans un excès d'alcali, et former un sel double vert. Le sel ammoniac ne les trouble pas.

Sels de bi-oxyde.—Ils sont jaunes ou jaunes-rougeâtres. Le chlorure de potassium précipite de leurs dissolutions concentrées, du bichlorure double de potassium et de platine, soluble dans beaucoup d'eau, et dont les caractères ont été exposés à la page 306. Le sel ammoniac se comporte de même; le précipité, soluble dans une grande quantité d'eau, est du chlorhydrate d'ammoniaque uni à du bichlorure de platine. La soude et les sels de soude forment avec eux des sels doubles *solubles* : aussi ne remarque-t-on aucun précipité, à moins que les dissolutions ne soient excessivement concentrées. La potasse et l'ammoniaque ne les précipitent qu'incomplétement, parce qu'il se forme des sels doubles; le précipité est jaune serin, comme celui que déterminent le chlorure de platine et le sel ammoniac. L'acide sulfhydrique et les sulfures y font naître un précipité noir de bisulfure de platine. Le phosphore, le zinc, le fer, le cuivre, etc., en séparent le platine. Les sels de protoxyde de fer et le bichlorure d'étain ne les troublent pas. Le protochlorure d'étain leur communique une couleur rouge s'ils sont concentrés, et jaune s'ils sont étendus; dans tous les cas, si les sels sont neutres, il se produit un précipité jaune. Le cyanure jaune de potassium et de fer les précipite en jaune. L'infusion de noix de galle y occasionne un précipité d'un vert foncé, qui devient plus clair par son exposition à l'air. L'iodure de potassium, étendu de beaucoup d'eau, leur communique une teinte jaune qui se fonce peu à peu, et qui, au bout de 10 à 15 minutes, a une couleur rouge vineuse; ce caractère est un des plus sensibles pour reconnaître un sel de bi-oxyde de platine. Tous les sels de bi-oxyde de platine sont décomposés à une chaleur blanche et laissent du platine.

*Chlorhydrate de bichlorure* (composé d'acide chlorhydrique et de *bichlorure*, désigné sous les noms de *sel de platine*, de *muriate*, d'*hydrochlorate* et de *chlorure de platine*). Il est le produit de l'art : on peut l'obtenir en cristaux bruns, mais le plus souvent il est sous forme d'un liquide jaune s'il est très étendu, et brun quand il est concentré; il est rouge s'il contient du chlorure d'iridium ; sa saveur est styptique et désagréable; il rougit le tournesol; il est déliquescent et très soluble dans l'eau. Évaporé, il se décompose, fournit du gaz acide chlorhydrique et du bichlorure retenant un peu d'acide. Chauffé plus fortement, il perd le restant de l'acide et une certaine quantité de chlore; enfin, si la chaleur est beaucoup plus forte, il perd tout le chlore, et il ne reste que du platine en éponge. Il partage d'ailleurs toutes les propriétés des sels de bi-oxyde de platine. Il est souvent employé comme réactif pour distinguer la potasse et les sels de potasse, de la soude et des sels de soude.

*Préparation.*— On l'obtient en dissolvant le platine purifié dans l'eau régale.

## DU PALLADIUM.

Le palladium, découvert par Wollaston en 1803, se trouve, 1° dans la mine de platine, où il est combiné avec une multitude d'autres métaux; 2° uni à une petite quantité d'iridium, sous forme de petites fibres divergentes, dans les mines de platine du Brésil qui accompagne l'or natif en grains.

Le palladium est solide, d'une couleur semblable à celle du platine, excepté qu'elle est d'un blanc plus mat; il est malléable et ductile; son poids spécifique est de 11,3 quand il a été fondu, et de 11,8 après avoir été laminé. Il ne peut être *fondu* que par un excellent feu de forge, ou par le moyen du gaz oxygène: alors il entre en ébullition, se volatilise et *paraît* absorber une certaine quantité de gaz oxygène; du moins il se produit des aigrettes lumineuses très éclatantes d'après Vauquelin. Il existe un *carbure* de palladium noir, fragile, facilement réductible. Le *soufre* peut se combiner directement avec le palladium à l'aide de la chaleur et former un *protosulfure* blanc gris, brillant, fusible. Il existe un seul *iodure* de palladium qui ne peut pas se combiner avec les iodures alcalins (Lassaigne).

On connaît deux *chlorures* de palladium. *Protochlorure.* Il est cristallisé, brun foncé; sa poussière est jaune; à l'état anhydre il est noir. Sa dissolution aqueuse est rouge; évaporée jusqu'à siccité, elle fournit de l'acide chlorhydrique, parce que l'eau est décomposée, et une poudre d'un jaune foncé qui est probablement un oxychlorure; celui-ci chauffé plus fortement laisse du palladium. Il est formé de 60,03 de métal (un équivalent) et de 39,97 de chlore (un équivalent). On l'obtient en traitant le métal par l'eau régale. Le chlorure de palladium possède, comme celui de platine, la propriété de former des chlorures doubles avec les chlorures des métaux alcalins, qui jouissent de propriétés à peu près analogues.

L'acide *sulfurique* bouilli avec du palladium le dissout en partie, et acquiert une couleur bleue rosée; le métal est probablement oxydé par l'air. L'acide *azotique*, et surtout l'acide hypo-azotique, l'attaquent aussi à l'aide de la chaleur, lui cèdent une portion de leur oxygène, et donnent des dissolutions rouges. L'acide chlorhydrique le dissout également à la chaleur de l'ébullition, et devient d'un beau rouge. Le véritable dissolvant du palladium est l'eau régale, qui le transforme en chlorure. (Voy. Or.)

Il peut s'unir à la potasse ou à la soude par la fusion. Mis en contact avec l'ammoniaque liquide pendant quelques jours à l'air, il s'oxyde, et la liqueur prend une teinte bleuâtre. Il peut s'allier avec un très grand nombre de métaux et avec l'acier; il a la faculté, comme le platine, de faire disparaître la couleur de l'or; l'alliage de ces deux métaux est très dur et a la couleur du platine; on s'en est servi pour graver l'instrument circulaire de l'observatoire de Greenwich, construit par M. Troughton. Du reste, le palladium est devenu un peu moins rare, et sert depuis quelque temps à frapper des médailles.

Le poids d'un équivalent de palladium est de 665,89.

*Extraction.* — (V. Platine.)

### DES OXYDES DE PALLADIUM.

Il en existe deux. *Protoxyde.* Il est noir et brillant, s'il est anhydre, et d'un brun très foncé s'il est hydraté; le premier se dissout lentement dans les acides forts, et ne se combine pas avec les alcalis; l'hydrate fournit des combinaisons solubles avec les alcalis et avec certains acides. Il est formé de 86,94 de palladium (un équivalent) et de 13,06 d'oxygène (un équivalent). *Bi-oxyde.* Il a été difficile, pour ne pas dire impossible, de le séparer complétement de la potasse avec laquelle il a été préparé.

### DES SELS DE PROTOXYDE DE PALLADIUM.

Les sels de palladium sont rouges ou d'un jaune brunâtre à l'état solide, et d'un rouge intense tirant sur le jaune lorsqu'ils sont dissous. Le sulfate de protoxyde de fer en précipite du palladium. Les sulfures solubles et l'acide sulfhydrique y font naître un précipité brun foncé de sulfure de palladium. Le protochlorure d'étain y occasionne sur-le-champ un précipité noir de palladium. Le cyanure jaune de potassium et de fer y détermine un précipité olive. Le cyanure de potassium le précipite en blanc. Le sulfate, l'azotate de potasse et le chlorure de potassium les précipitent en orangé plus ou moins foncé. Tous les métaux excepté l'or, l'argent, le platine, le rhodium, l'iridium et l'osmium en précipitent le palladium à l'état métallique. La potasse et la soude en précipitent un sel jaune soluble dans un excès d'alcali sans colorer la liqueur. Le gaz hydrogène les réduit à l'aide de la chaleur, et on obtient le palladium.

TABLEAU *des principaux sels qui se décomposent mutuellement, et qui, par conséquent, ne peuvent point exister ensemble dans une liqueur.*

| NOMS des DISSOLUTIONS SALINES. | SELS avec lesquels elles ne peuvent pas exister. |
|---|---|
| Carbonate de potasse, de soude et d'ammoniaque . . . . | Aucun des sels solubles des cinq dernières classes. Les sels de baryte, de strontiane et de chaux. |
| Sulfates solubles . . . . . . | Les sels solubles de baryte, de strontiane, de chaux (1), de bismuth, d'antimoine, de plomb, le protoazotate de mercure. |
| Phosphates et borates solubles. | Les sels solubles de chaux, de baryte, de strontiane, de magnésie, et des oxydes des cinq dernières classes. |
| Sulfures solubles . . . . . . | Les sels des oxydes des cinq dernières classes, excepté ceux de glucyne et d'yttria. |
| Chlorures solubles. . . . . | Les sels solubles d'argent, de protoxyde de mercure, de plomb. |
| Iodures solubles . . . . . | Les sels solubles d'argent, de mercure, de plomb (2). |

(1) Excepté le sulfate de chaux.

(2) Si les dissolutions salines dont nous parlons étaient très étendues d'eau, il pourrait se faire que quelques unes d'entre elles ne fussent point décomposées; on pourrait alors les trouver ensemble dans une liqueur; mais leur décomposition aurait constamment lieu en les faisant évaporer pendant quelque temps.

TABLEAU *des précipités formés par les alcalis, l'acide sulf- et l'infusum de noix de galle*

| NOMS des DISSOLUTIONS SALINES. | PRÉCIPITÉS FORMÉS par la potasse et la soude. | PRÉCIPITÉS FORMÉS par l'acide sulfhydrique. |
|---|---|---|
| Sels de manganèse au minimum. | précipité blanc. | point de précipité. |
| — de zinc. . . . . . . . | blanc . . . . | précipité blanc (1). |
| — de protoxyde de fer. . . | idem. . . . | point de précipité. |
| — de sesqui-oxyde de fer. . | rouge-jaunâtre. | précipité de soufre. |
| — de protoxyde d'étain. . . | blanc . . . . | précipité chocolat. |
| — de bi-oxyde d'étain . . . | idem. . . . | précipité jaune (3). |
| — de bi-oxyde de molybdène , | . . . . . . . | . . . . . . . |
| — de bi-oxyde de vanadium . | blanc-grisâtre . | point de précipité. |
| — de chrome. . . . . . . | vert. . . . . | idem. . . . |
| — de protoxyde d'antimoine. | blanc . . . . | précipité orangé . |
| — de tellure . . . . . . | idem. . . . | noir . . . . . . |
| — de protoxyde d'urane . . | vert-grisâtre. . | point de précipité. |
| — de sesqui-oxyde d'urane . | jaune . . . . | idem. . . . |
| — de protoxyde de cérium. . | blanc . . . . | idem. . . . |
| — de sesqui-oxyde de cérium. | jaune . . . . | idem. . . . |
| — de cobalt . . . . . . | bleu . . . . | précipité noir . . |
| — de bismuth . . . . . | blanc . . . . | noirâtre . . . . |
| — de plomb . . . . . . | idem. . . . | idem. . . . |
| — de protoxyde de cuivre. . | jaune-orangé . | brun foncé . . . |
| — de bi-oxyde de cuivre . . | bleu . . . . | idem. . . . |
| — de nickel . . . . . . | vert . . . . | point de précipité. |
| — de protoxyde de mercure . | noirâtre . . . | précipité noir . . |
| — de bi-oxyde de mercure. . | jaune-serin . . | idem. . . . |
| — d'argent. . . . . . . | olive foncé . . | idem. . . . |
| — d'or. . . . . . . . | brun . . . . | idem. . . . |
| — de protoxyde de platine. . | noir . . . . | |
| — de bi-oxyde de platine . . | jaune (la soude ne le préc. pas). | idem. . . . |
| — de palladium . . . . . | jaune . . . . | brun foncé . . . |
| — de rhodium . . . . . | verdâtre . . . | noir . . . . . . |
| — de sesqui-oxyde d'iridium. | brun foncé . . | |

(1) Si le sel est acide, il n'y a point de précipité.
(2) Le précipité ne tarde pas cependant à avoir lieu si la dissolution est en contact avec l'air.
(3) A moins que l'acide sulfhydrique ne soit trop faible.
(4) Il faut ajouter à ce que nous venons de dire, 1° que l'acide sulfhydrique ne précipite aucun des sels de la première classe, 2° que l'ammoniaque agit sur les sels qui composent ce tableau, comme la potasse, excepté qu'elle précipite en blanc ceux qui sont formés par le bi-oxyde de mercure.

La plus légère attention suffit pour voir qu'il existe un certain nombre de dissolutions métalliques des cinq dernières classes qui sont précipitées par les sulfures, et qui ne sont pas troublées par l'acide sulfhydrique; cependant *hydrique, les sulfures, le cyanure jaune de potassium et de fer, dans les dissolutions salines.*

| PRÉCIPITÉS FORMÉS par les sulfures solubles. | PRÉCIPITÉS FORMÉS par le cyanure jaune de potassium et de fer. | PRÉCIPITÉS FORMÉS par l'infusum de noix de galle. |
|---|---|---|
| précipité blanc-rosé. | blanc. . . . . . . . | point de précipité. |
| blanc. . . . . . | blanc . . . . . . . | idem. |
| noir . . . . . . . | blanc, qui bleuit à l'air. | idem (2). |
| idem. . . . . | bleu très foncé . . . | violet presque noir. |
| chocolat. . . . . | blanc . . . . . . . | jaunâtre. |
| jaune . . . . . | idem. . . . . . . | idem. |
| . . . . . . . . . | brun . . . . . . . | brun foncé. |
| noir. . . . . . | jaune-citron . . . . | bleu très foncé. |
| gris verdâtre . . . | vert. . . . . . . . | brun. |
| orangé rouge . . . | blanc . . . . . . . | blanc jaunâtre. |
| noir. . . . . . | point de précipité . . | jaune. |
| noir. . . . . . | rouge de sang. . . . | chocolat. |
| noirâtre. . . . . | | |
| blanc. . . . . . | blanc . . . . . . . | point de précipité. |
| idem. . . . . | idem. . . . . . | idem. |
| noir. . . . . . | vert d'herbe . . . . | blanc jaunâtre. |
| idem. . . . . | blanc . . . . . . . | orangé. |
| idem. . . . . | idem. . . . . . | blanc. |
| idem. . . . . | idem. . . . . . | olive. |
| idem. . . . . | cramoisi . . . . . | brun. |
| idem. . . . . | vert-pomme . . . . | blanc verdâtre. |
| idem. . . . . | blanc, passant au jaune. | jaune orangé. |
| idem. . . . . | idem. idem. . . | idem. |
| idem. . . . . | blanc . . . . . . . | jaune brunâtre. |
| idem. . . . . | point de précipité . . | brun. |
| noir . . . . . . . | jaune-serin . . . . | vert foncé. |
| brun foncé. . . . | olive. . . . . . . . | |
| noir (4). . . . . | point de précipité . . | |

on ne saurait énoncer ce fait d'une manière générale sans induire en erreur. M. Gay-Lussac a prouvé que l'acide sulfhydrique seul ne précipite pas les dissolutions métalliques ci-dessus mentionnées, lorsqu'elles sont formées par un acide fort, tel que l'acide sulfurique, azotique, etc.; mais qu'il n'en est aucune qui ne soit précipitée par ce réactif lorsque l'acide qui la compose est faible : ainsi, les acétates, les tartrates, et les oxalates de fer et de manganèse sont partiellement décomposés et précipités par l'acide sulfhydrique. Ce savant a encore démontré que les dissolutions salines non précipitables par ce réactif, le deviennent lorsqu'on les mêle avec de l'acétate de potasse, qui les décompose et les transforme en acétates.

# SUPPLÉMENT.

## ACIDE HYPOSULFURIQUE BISULFURÉ.

Depuis longtemps on connaît la propriété que possèdent les hyposulfites d'absorber une certaine quantité d'iode. On pensait que dans cette réaction l'iode réagissait sur l'acide hyposulfureux comme sur l'acide sulfureux et qu'il se formait de l'acide sulfurique et de l'acide iodhydrique par la décomposition de l'eau. Il n'en est pas ainsi, malgré la grande quantité d'iode que les hyposulfites peuvent absorber; car MM. Gélis et Fordos, en examinant cette action de plus près, n'y ont jamais reconnu la présence de l'acide sulfurique, mais bien celle d'un *nouvel oxacide* du soufre.

Cet acide est liquide, incolore et transparent. Soumis à l'ébullition, il est décomposé en soufre, en acide sulfureux et en acide sulfurique. Libre ou combiné, il n'est pas altéré par les acides chlorhydrique et sulfurique. L'acide azotique, au contraire, en précipite du soufre. Il ne précipite pas les sels de zinc, de fer, de cuivre, etc.; mais il donne un précipité blanc avec le protochlorure d'étain et le bichlorure de mercure. Avec l'azotate de protoxyde de mercure, il fournit un précipité jaunâtre qu'un excès d'acide fait passer au noir. Il en est de même avec l'azotate d'argent. MM. Gélis et Fordos obtiennent cet acide en décomposant le sel de baryte, que l'on prépare en saturant d'iode l'hyposulfite de cette base; il se forme de l'iodure de baryum et de l'hyposulfate bisulfuré de baryte; on traite ce sel par l'alcool, qui dissout l'excès d'iode et l'iodure de baryum; l'hyposulfate bisulfuré reste sous forme d'une poudre blanche qui, étant dissoute dans l'eau, peut donner par l'évaporation de beaux cristaux.

On décompose cet hyposulfate bisulfuré par la quantité d'acide sulfurique strictement nécessaire pour précipiter toute la base, c'est-à-dire par 24,67 d'acide sulfurique à 66° p. 100 grammes de sel.

## ACIDES DU CHLORE.

Le deutoxyde de chlore est un véritable acide (*hypo-chlorique*).

Il a pour formule $Cl\,O^4$.

Il est liquide jusqu'à + 20°; au-delà il forme un gaz un peu plus foncé que le chlore.

Tous les procédés de préparation décrits jusqu'ici le donnaient à l'état de gaz et à l'état de mélange (chlore, oxygène, acide chloreux).

Pour l'obtenir en quantité un peu notable, il faut agir avec 100 grammes d'acide sulfurique refroidi et 15 ou 20 grammes de chlorate. On distille ensuite en portant lentement et graduellement la température jusqu'à + 40°.

Ce composé offre deux propriétés très remarquables :

1° Il se décompose entièrement à + 60° en ses éléments, chlore et oxygène; 2 vol. du premier, 4 du second. Sa décomposition est accompagnée de lumière et de bruit très violent.

2° Au contact des bases alcalines, il se décompose en chlorate et en chlorite, constituant ainsi un acide complexe analogue à l'acide hypo-azotique.

$$2\,Cl\,O^4 + 2\,KO = Cl\,O^5,\,KO + Cl\,O^3,\,KO.$$

Il ne se forme pas la moindre trace de chlorure, comme on l'avait toujours prétendu lorsqu'on agissait sur un produit impur.

Acide chloreux $= Cl\,O^3$.

C'est un acide gazeux qui se combine aux bases avec beaucoup de lenteur, mais sans éprouver aucun dérangement dans sa constitution.

Il se produit toutes les fois qu'on désoxyde le chlorate de potasse à une température qui ne dépasse pas 57° + 0°.

L'acide azotique est l'intermédiaire le plus favorable pour cette désoxydation de l'acide chlorique.

Lorsqu'on enlève de l'oxygène à l'acide azotique, celui-ci le reprend aussitôt à l'acide chlorique, qu'il convertit en acide chloreux.

Aussi obtient-on cet acide toutes les fois qu'on ajoute une substance désoxydante (métal, oxyde inférieur, substance organique, sucre, gomme, amidon, acide tartrique, etc.) à une dissolution de chlorate de potasse dans l'acide azotique.

Il en résulte que l'acide chloreux est inerte à l'égard de presque tous les métaux et de presque toutes les substances organiques.

On l'obtient tout-à-fait pur en décomposant un chlorite par un acide plus énergique, comme l'acide sulfurique étendu de son volume d'eau; la liqueur se sature d'acide chloreux, que l'on chasse ensuite par la chaleur.

L'acide chloreux possède un pouvoir tinctorial des plus grands à l'égard de l'eau, qui en dissout sept à huit fois son volume.

Il se décompose à la température de + 57°, mais en produisant une secousse très faible et en donnant naissance à de l'acide perchlorique.

Il forme encore de l'acide perchlorique aux températures les plus hautes.

Enfermé dans un flacon sec et abandonné à la lumière diffuse, il se convertit en acide perchlorique solide dont les cristaux recouvrent les parois du flacon.

Le gaz parfaitement sec, exposé à la lumière solaire la plus vive (celle du matin agit beaucoup plus efficacement que celle du soir), se convertit en un liquide d'un rouge brun, si on empêche la température du flacon de dépasser + 20; ce qui se réalise très bien en plongeant le flacon bien bouché dans une grande cloche de verre pleine d'eau. Ce liquide, d'un rouge brun, constitue une nouvelle combinaison de chlore et d'oxygène qui se dédouble, au contact des bases, en perchlorate et en chlorite.

$$2\,Cl\,O^7 + Cl\,O^3.$$

Ce liquide est tellement fumant au contact de l'air humide, qu'il suffit d'en verser quelques gouttes dans un appartement fraîchement arrosé pour le rendre entièrement nébuleux.

Le phénomène s'accomplit en petit dans un flacon de plusieurs litres.

Le liquide rouge $2\ Cl\ O^7 + Cl\ O^5$ (acide chloroso-perchlorique) finit par se transformer en acide perchlorique.

L'expérience du flacon nébuleux démontre que certains phénomènes physiques peuvent se lier à des phénomènes chimiques qui n'ont qu'une existence transitoire et qui passent ainsi inaperçus. Sans la découverte du liquide rouge et de ses propriétés, la production du nuage qui remplit le flacon serait entièrement inexplicable; le liquide rouge qui donne lieu aux vapeurs se forme peu à peu et se détruit presque aussitôt.

Toutes les combinaisons oxygénées du chlore peuvent se représenter par la réunion de l'acide chloreux à l'acide perchlorique.

$Cl\,O^7 + Cl\,O^3 = 2\ Cl\,O^5$ = acide chlorique.
$2\ Cl\,O^7 + Cl\,O^3 = Cl^3\,O^{17}$ = acide chloroso-perchlorique.
$Cl\,O^7 + 3\ Cl\,O^3 = Cl^4\,O^{16} = 4\ Cl\,O^4$ = acide hypochlorique.
$Cl\,O^7$
$Cl\,O^3$

Il existe encore une autre combinaison qui a pour formule:

$$Cl\,O^7 + 2\ Cl\,O^3.$$

Enfin,

$$2\ Cl\,O^3 + Cl\,O^6.$$
$$Cl$$

Un équivalent de chlore remplaçant un équivalent d'oxygène, on reste dans le groupement de l'acide perchlorique. (Millon.)

## DES ACIDES MÉTALLIQUES EN GÉNÉRAL.

En soumettant les acides métalliques à un examen général, M. Frémy a trouvé de nouvelles combinaisons de l'oxygène avec les métaux, lesquelles forment avec les bases des composés bien définis, et remarquables surtout par leurs formes cristallines; il a classé tous ces acides en deux catégories;

dans la première, il place ceux qui résultent de la combinaison directe des métaux avec l'oxygène, et qui se dissolvent à froid dans les alcalis ; dans la seconde, ceux qui sont produits par un oxyde soumis à l'influence simultanée d'un alcali et d'un corps oxygénant. Les premiers sont en général stables, et peuvent former avec les bases des sels bien définis et cristallisables, tandis que les seconds sont facilement décomposés, et perdent sous de faibles influences une partie de leur oxygène.

Pour acidifier les métaux, M. Frémy emploie divers procédés : 1° *par la voie sèche.* Il calcine les oxydes métalliques avec du peroxyde de potassium, ou bien il jette sur le métal divisé et préalablement chauffé au rouge, de l'azotate de potasse sec et pulvérisé; 2° *par la voie humide.* Il fait passer un courant de chlore dans une dissolution très concentrée de potasse caustique tenant en suspension l'hydrate de l'oxyde métallique. Dans cette réaction, il ne se produit ni du chlorate de potasse ni du chlorure de potassium, comme on l'avait pensé jusqu'ici, mais bien un composé de potasse et de chlore (potasse chlorée); c'est ainsi qu'en calcinant du peroxyde de fer avec du bi-oxyde de potassium, M. Frémy a obtenu un acide ferrique $Fe\,O^3$, correspondant aux acides manganique, chromique, sulfurique, etc., très instable, car à une température de 100° c., il se décompose instantanément en potasse, en sesqui-oxyde de fer et en oxygène qui se dégage. Toutes les substances organiques lui font éprouver une décomposition analogue. Du reste, M. Frémy annonce devoir continuer son travail et examiner successivement tous les oxydes métalliques sous ce rapport; nous renverrons donc, pour plus amples renseignements, aux divers mémoires qu'il a publiés dans les comptes-rendus de l'Académie des sciences.

FIN DU PREMIER VOLUME.

# ERRATA.

Page 44, lig. 36, *au lieu de* 37,075... *lisez :* 75,075.

57 10 *lisez :*

| Proportions des matières employées. | | Proportions produites. | | |
|---|---|---|---|---|
| 1 d'eau. . . | 112,48 | 1 d'hydrogène. . . . . . . . | | 12,48 |
| 1 de zinc. . | 414,00 | 1 de sulf. de zinc. | 1 d'oxyde. | 514,00 |
| 1 d'acide réel. | 501,16 | | 1 d'acide. | 501,16 |
| Total. | 1027,64 | | | 1027,64 |

| Page | Lig. | | |
|---|---|---|---|
| 85 | 5 | *au lieu de* | quatre équivalents... *lisez :* deux équivalents. |
| 92 | 33 | — | planche 2... *lisez :* planche 3. |
| 97 | 23 | — | planche 3... *lisez :* fig. 3. |
| 97 | 28 | — | planche 3... *lisez :* fig. 4. |
| 131 | 10 | — | planche 7... *lisez :* planche 6. |
| 154 | 2 | — | il ne s'enflamme pas... *lisez :* il ne l'enflamme pas. |
| 159 | 15 | — | décolore sulfate... *lisez :* décolore le sulfate. |
| 159 | 16 | — | il précipite le... *lisez :* il précipite. |
| 162 | 27 | — | précipite... *lisez :* ne précipite pas. |
| 170 | 32 | — | du gaz bi-oxyde d'azote... *lisez :* de l'acide azoteux. |
| 187 | 4 | — | planche 6, fig. 2 bis... *lisez :* planche 5, fig. 4. |
| 190 | 22 | — | phtorure de la base... *lisez :* phtorure du métal contenu dans la base. |
| 194 | 19 | — | hyperazotique... *lisez :* hypo-azotique. |
| 194 | 36 | — | 1/100 et souvent 1/300... *lisez :* 1/300 et souvent 1/100. |
| 234 | 38 | — | hypo-azoteux... *lisez :* azoteux. |
| 235 | 1 | — | d'hypo-azotite... *lisez :* azotite. |
| 239 | 11 | — | deux équivalents... *lisez :* un équivalent. |
| 262 | 35 | — | bien deux sels... *lisez :* bien à deux sels. |
| 264 | 35 | — | les phosphates... *lisez :* les chlorates. |
| 303 | 2 | — | d'eau et de chaux... *lisez :* d'eau avec un poids de. |
| 334 | 26 | — | phosphate de soude... *lisez :* biphosphate de soude. |
| 335 | 28 | — | cependant la... *lisez :* cependant si la. |
| 362 | 27, 28 | | *à supprimer.* |
| 406 | 27 | — | agissent... *lisez :* n'agissent pas. |
| 410 | 32 | — | 403,23... *lisez :* 414 (Jacquelain 1843). |
| 435 | | | L'étain doit être rangé dans la quatrième classe. Voy. p. 453. |
| 453 | 16 | *lisez :* | ne décomposent plus l'eau à froid, mais la décomposent avec beaucoup d'énergie à la chaleur rouge; excepté les trois derniers, ils ont une grande tendance à former avec l'oxygène des composés qui jouent le rôle d'acides. |
| 469 | 22 | — | affaiblit... *lisez :* affaibli. |
| 469 | 32 | — | particulières... *lisez :* remarquables. |
| 497 | 9 | — | d'acide... *lisez :* d'iode. |
| 507 | 28 | — | de cuivre... *lisez :* sous-sulfate de cuivre. |

## CLASSIFICATION DES MÉTAUX, D'APRÈS M. REGNAULT (1).

CLASSE I^re.

Potassium.
Sodium
Lithium.
Baryum.
Strontium.
Calcium.
*Magnésium.*

CLASSE II^e.

Glucynium.
Aluminium.
Zirconium.
Thorium.
Yttrium.
*Cérium.*
*Manganèse.*

CLASSE III^e.

Fer.
Nickel.
Cobalt.
Zinc.
Cadmium.
*Chrome.*
*Vanadium.*

CLASSE IV^e.

Tungstène.
Molybdène.
*Osmium.*
Tantale ou Columbium.
Titane.
Étain.
Antimoine.
Urane.

CLASSE V^e.

Cuivre.
Plomb.
Bismuth (2).

CLASSE VI^e.

*Mercure.*
*Argent.*
*Rhodium.*
*Iridium.*
Palladium.
Platine.
Or.

(1) J'ai désigné en italique ceux des métaux que je n'ai point fait figurer dans les classes proposées par M. Regnault. (Ann. de ch. et de phys., t. 62^e).

(2) Ces trois métaux ne décomposent l'eau que faiblement et à une température très élevée. Ils n'ont pas de tendance à former avec l'oxygène des composés acides.

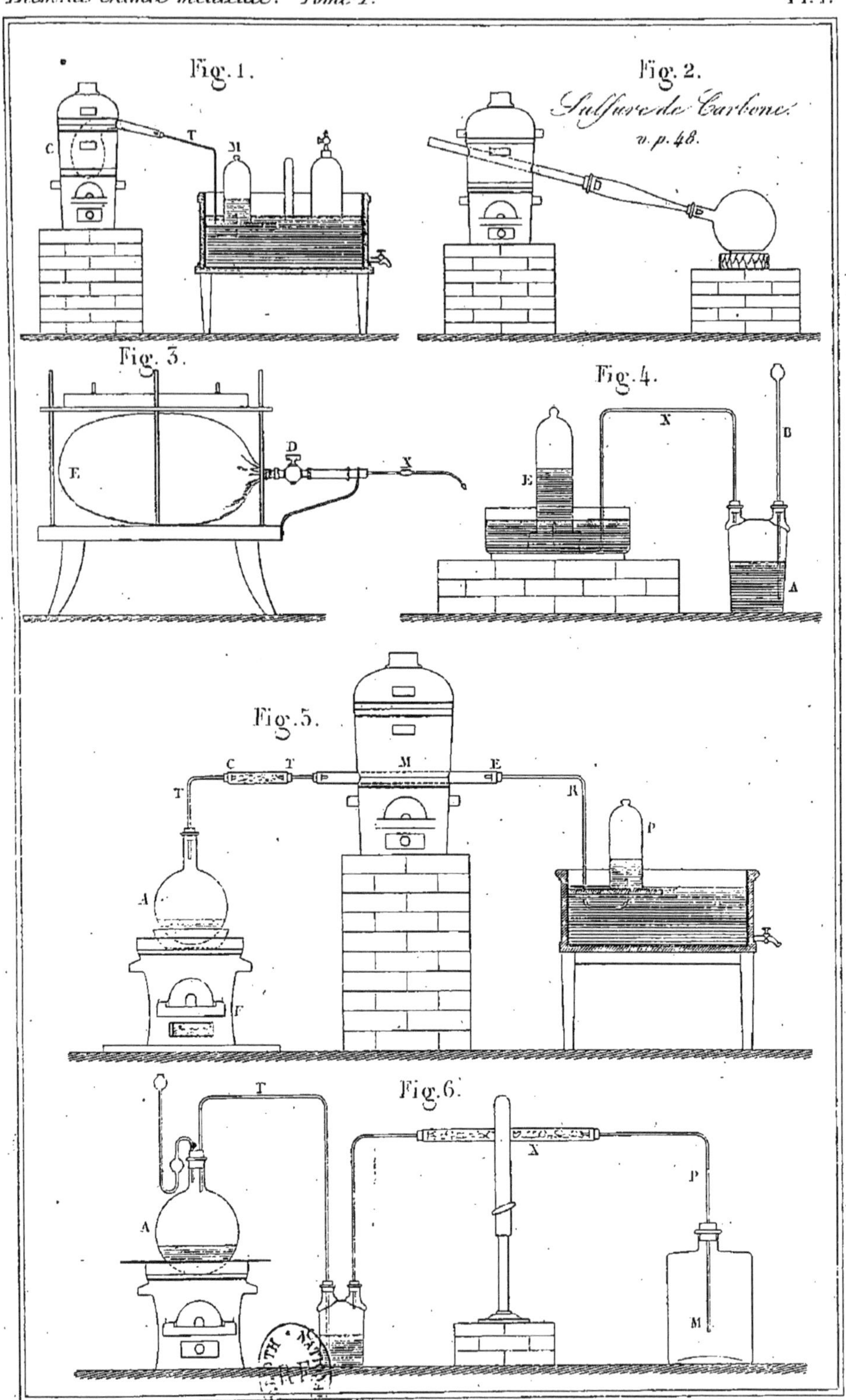


Publié par Fortin, Masson et Cie.

E. Wormser sc.

Fig. 1.
D
k
a
s r
B
v
v'
T
T
C
C
A
Fig. 3.
T
E
M
M'
E'
Fig. 2.
r
m'
m
B
Détails du Condensateur.
Fig. 3'.

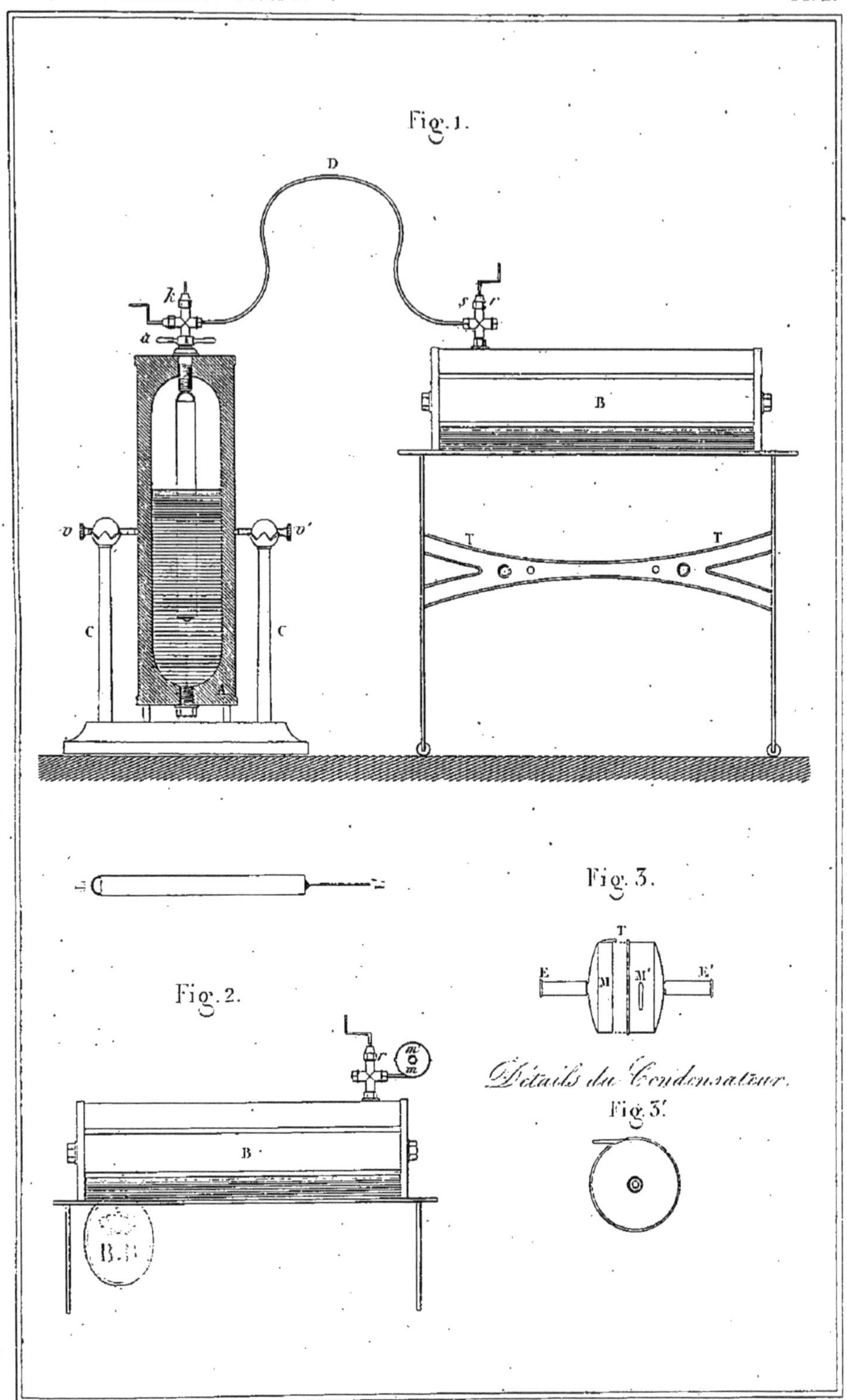

E. Wormser sc.

Fig. 1.
A
B
D
F
Fig. 2.
D
A
C
C
Fig. 3.
Analyse de l'air par le Phosphore.
v. p. 97.
C
Fig. 4.
X
X
Fig. 5.
Eudiomètre.
v. p. 97.
Fig. 6.
B

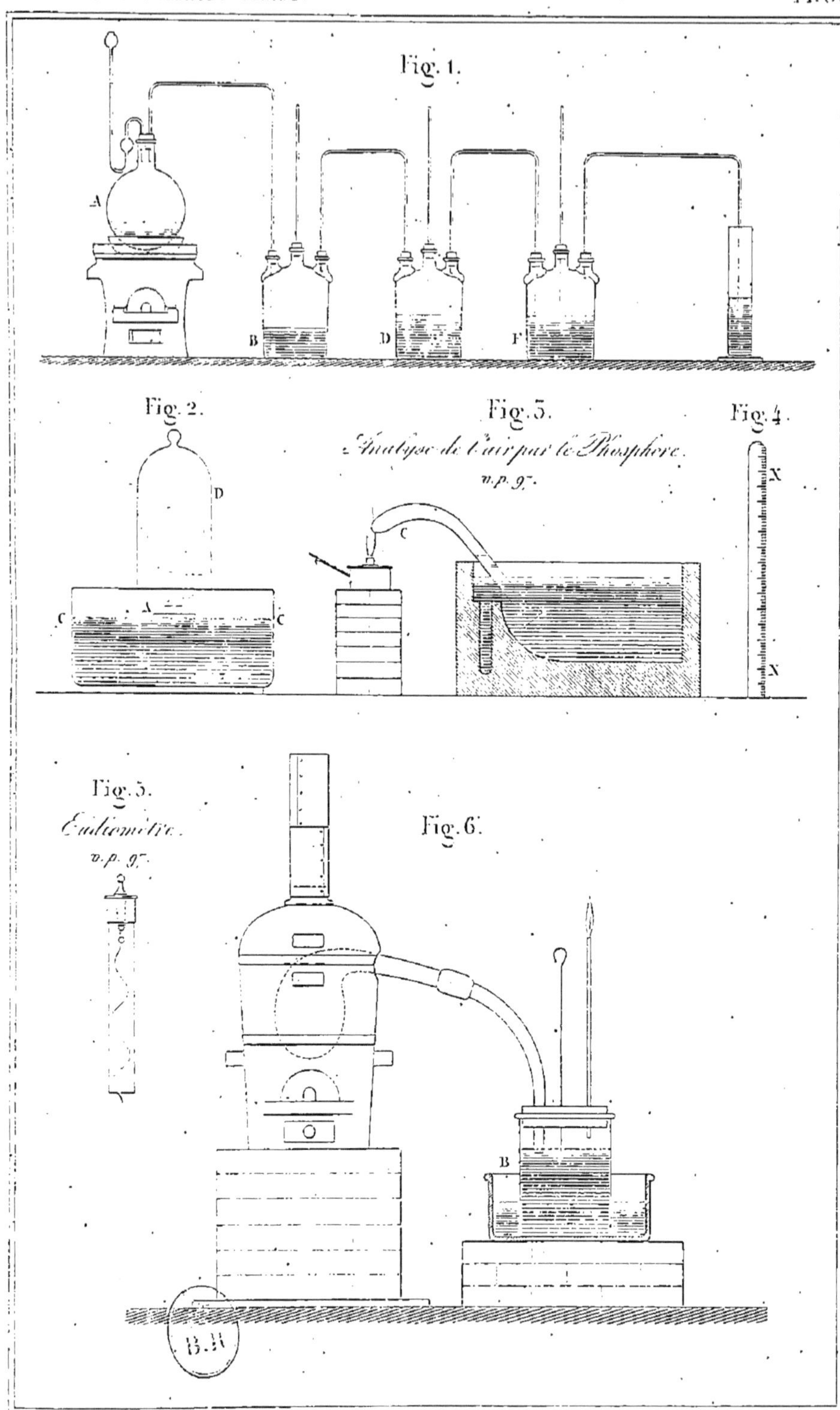

E. Wormser sc.

# Analyse de l'Air.

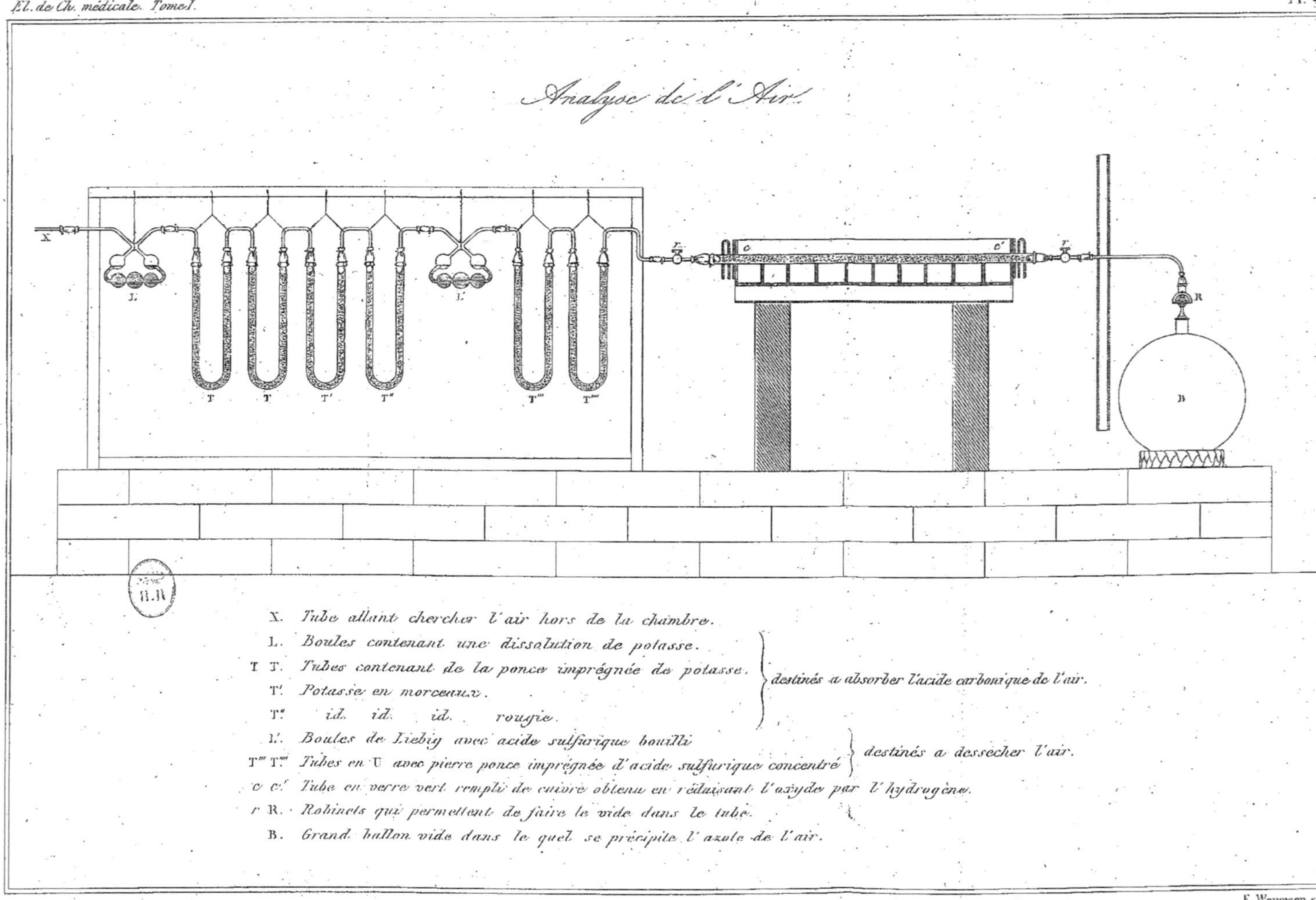


X. Tube allant chercher l'air hors de la chambre.

L. Boules contenant une dissolution de potasse.

T T. Tubes contenant de la ponce imprégnée de potasse.

T'. Potasse en morceaux.

T''. id. id. id. rougie.

} destinés a absorber l'acide carbonique de l'air.

L'. Boules de Liebig avec acide sulfurique bouilli

T''' T''''. Tubes en U avec pierre ponce imprégnée d'acide sulfurique concentré

} destinés a dessecher l'air.

c c'. Tube en verre vert rempli de cuivre obtenu en réduisant l'oxyde par l'hydrogène.

r R. Robinets qui permettent de faire le vide dans le tube.

B. Grand ballon vide dans le quel se précipite l'azote de l'air.

E. Wormser sc.

Fig. 1. Distillation de l'Eau. v. p. 117.
Alambic.
Serpentin.
Cucurbite.
Fig. 2. Décomposition de l'Eau. v. p. 114.
Pile électrique.
Fig. 3. Acide sulfureux anhydre. v. p. 126.
Fig. 4. Flacon en Platine.

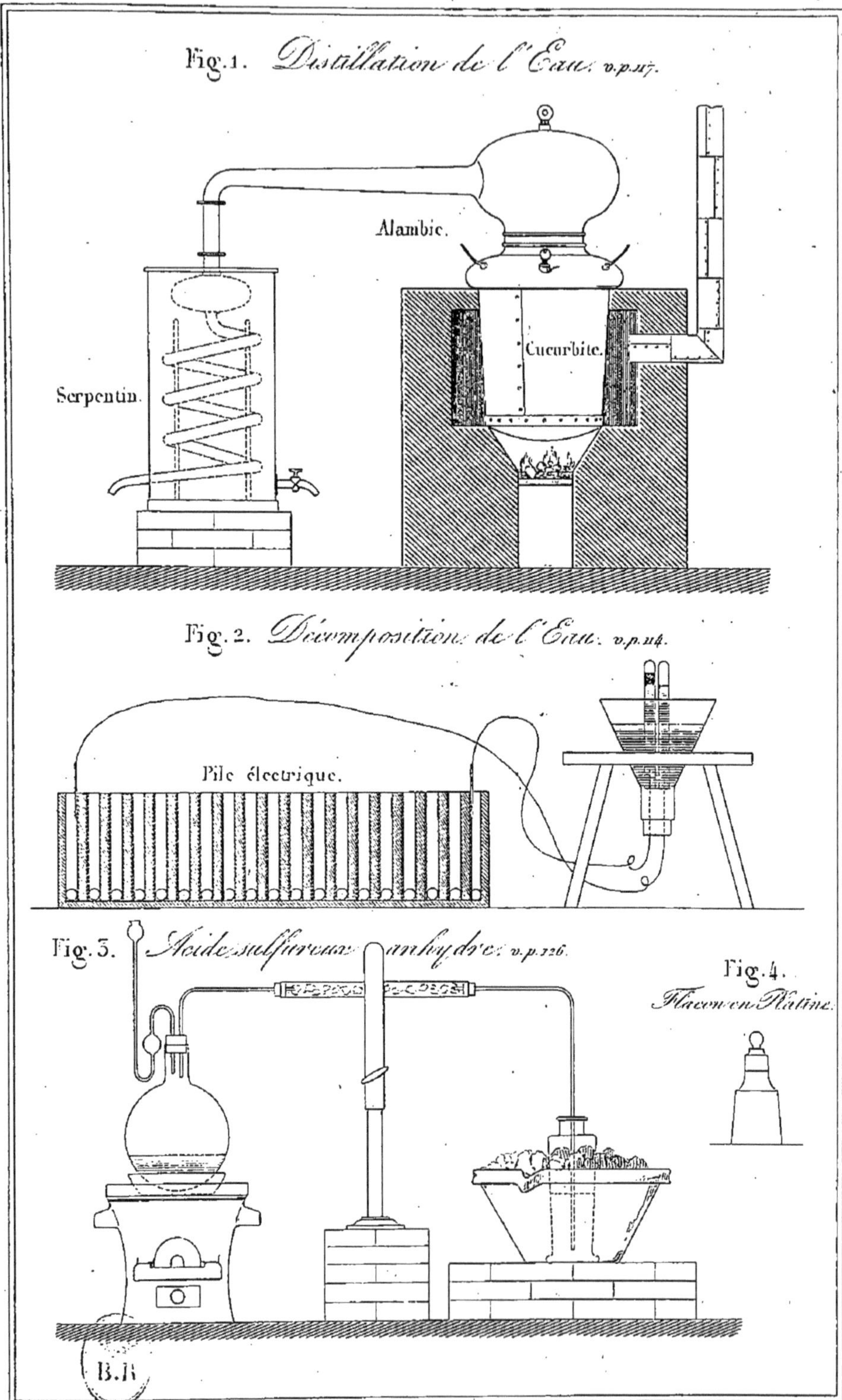

E. Wormser sc.

Fig. 1. Acide sulfurique.
B
Fig. 2.
B
A
E
Fig. 3. Acide azotique. v. p. 77.
Fig. 5.
C
A
d
B
B'
m
m'
d'

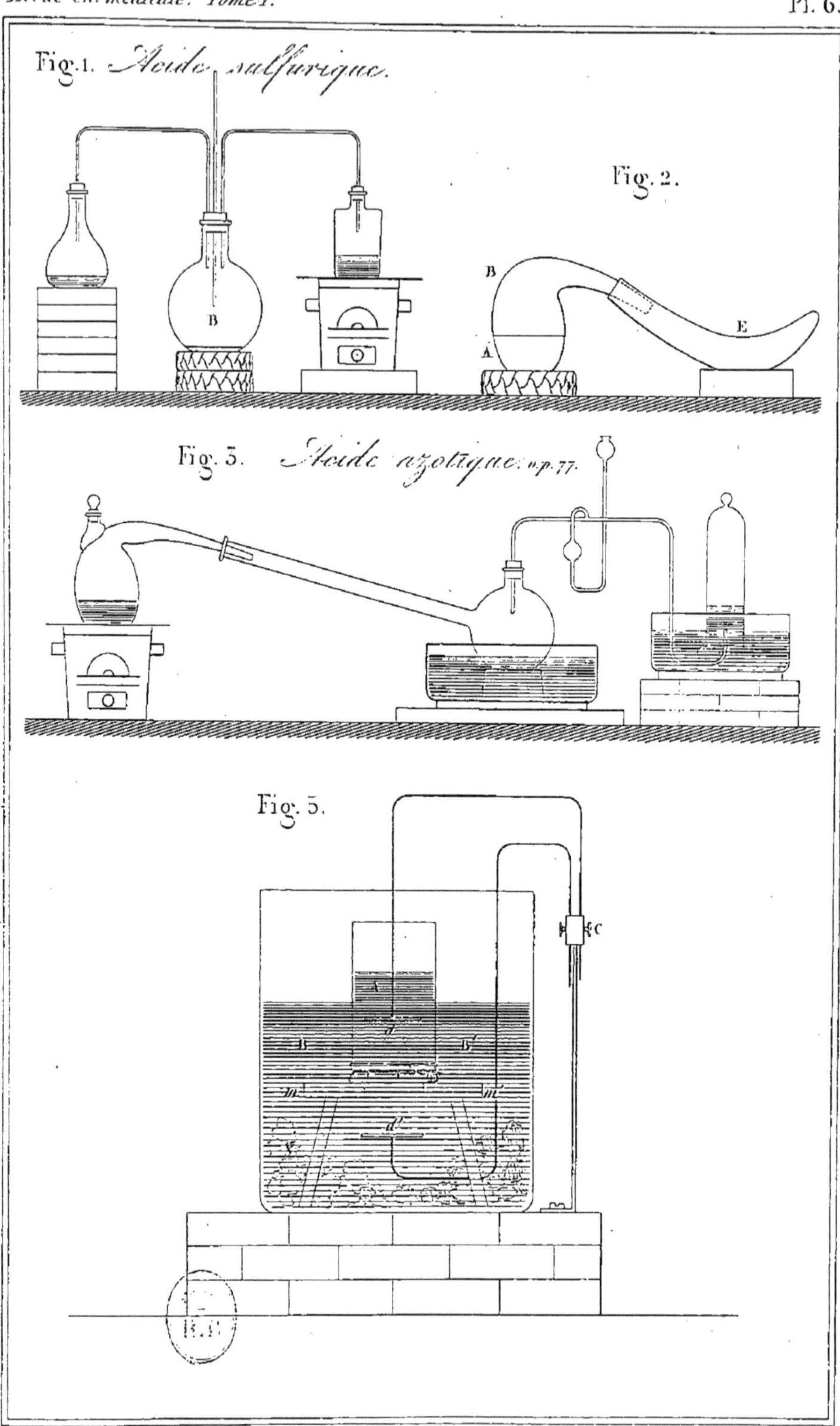

E. Wormser sc.

Fig. 1.
R
a
S
T
p
q
r
O
C
B
x
Fig. 2.
Acide hypoazotique.
Fig. 3.
B
D
O
x
A
Fig. 4.
Extraction du Mercure.
Appareil d'Almaden.
m
K
d
f
f'
e
e'
a
b
c
h
h'
g
g'

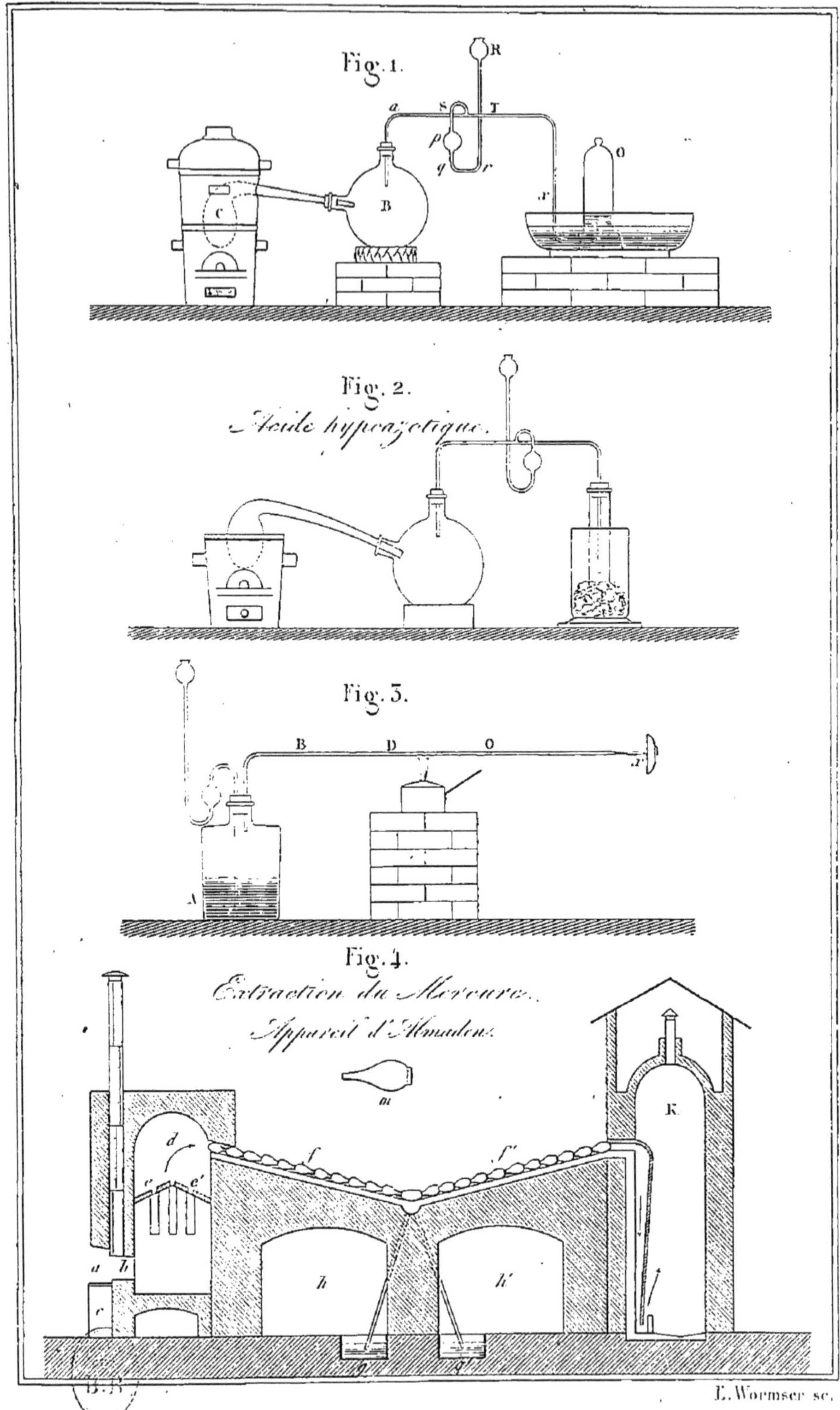

E. Wormser sc.

www.ingramcontent.com/pod-product-compliance
Ingram Content Group UK Ltd.
Pitfield, Milton Keynes, MK11 3LW, UK
UKHW021935200726
13855UKWH00007B/40

9 782013 407793